中 国 国 家 标 准 汇 编

2008 年修订-44

中国标准出版社　编

中 国 标 准 出 版 社

北　京

图书在版编目（CIP）数据

中国国家标准汇编：2008 年修订 .44/中国标准出版社编 .—北京：中国标准出版社，2009

ISBN 978-7-5066-5483-8

Ⅰ.中… Ⅱ.中… Ⅲ.国家标准-汇编-中国-2008 Ⅳ.T-652.1

中国版本图书馆 CIP 数据核字（2009）第 182777 号

中国标准出版社出版发行
北京复兴门外三里河北街 16 号
邮政编码：100045

网址 www.spc.net.cn
电话：68523946 68517548
中国标准出版社秦皇岛印刷厂印刷
各地新华书店经销

*

开本 880×1230 1/16 印张 38 字数 1 113 千字
2009 年 11 月第一版 2009 年 11 月第一次印刷

*

定价 200.00 元

ISBN 978-7-5066-5483-8

出 版 说 明

1.《中国国家标准汇编》是一部大型综合性国家标准全集。自1983年起，按国家标准顺序号以精装本、平装本两种装帧形式陆续分册汇编出版。它在一定程度上反映了我国建国以来标准化事业发展的基本情况和主要成就，是各级标准化管理机构，工矿企事业单位，农林牧副渔系统，科研、设计、教学等部门必不可少的工具书。

2.《中国国家标准汇编》收入我国每年正式发布的全部国家标准，分为"制定"卷和"修订"卷两种编辑版本。

"制定"卷收入上年度我国发布的、新制定的国家标准，顺延前年度标准编号分成若干分册，封面和书脊上注明"20××年制定"字样及分册号，分册号一直连续。各分册中的标准是按照标准编号顺序连续排列的，如有标准顺序号缺号的，除特殊情况注明外，暂为空号。

"修订"卷收入上年度我国发布的、被修订的国家标准，视篇幅分设若干分册，但与"制定"卷分册号无关联，仅在封面和书脊上注明"20××年修订-1,-2,-3,……"字样。"修订"卷各分册中的标准，仍按标准编号顺序排列(但不连续)；如有遗漏的，均在当年最后一分册中补齐。需提请读者注意的是，个别非顺延前年度标准编号的新制定的国家标准没有收入在"制定"卷中，而是收入在"修订"卷中。

读者配套购买《中国国家标准汇编》"制定"卷和"修订"卷则可收齐上一年度我国制定和修订的全部国家标准。

3. 由于读者需求的变化，自1996年起，《中国国家标准汇编》仅出版精装本。

4. 2008年制修订国家标准共5946项。本分册为"2008年修订-44"，收入新制修订的国家标准51项。

中国标准出版社

2009年10月

出版说明

目　录

ICS 71.040.99
B 72

中华人民共和国国家标准

GB/T 8143—2008
代替 GB/T 8143—1987

紫胶产品检验方法

Test methods of lac products

2008-12-31 发布　　　　2009-03-01 实施

中华人民共和国国家质量监督检验检疫总局
中国国家标准化管理委员会　发布

前言

本标准代替 GB/T 8143—1987《紫胶产品检验方法》。

本标准与 GB/T 8143—1987 相比，主要变化如下：

——增加了规范性引用文件；

——修改了挥发物(水分)的测定原方法二中干燥温度和时间的规定，将原方法二调整为方法一；

——修改了热乙醇不溶物测定原方法二中测定程序的规定，将原方法二调整为方法一；

——增加了颜色指数测定方法一，将原方法调整为方法二；

——修改了碘值测定中测定程序的规定；

——修改了酸值测定中指示剂的规定。

本标准由国家林业局提出。

本标准由中国林业科学研究院林产化学工业研究所归口。

本标准负责起草单位：中国林业科学研究院林产化学工业研究所。

本标准参加起草单位：昆明林产化工有限责任公司、昆明苏化生物科技有限公司、云南云县忙怀林化厂等。

本标准主要起草人：汪咏梅、陈箢鸿、吴冬梅、吴在嵩。

本标准所代替标准的历次版本发布情况为：

——GB/T 8143—1987。

紫胶产品检验方法

1 范围

本标准规定了紫胶产品的检验方法。

本标准适用于颗粒紫胶、紫胶片、脱色紫胶片、脱蜡紫胶片、脱色脱蜡紫胶片、军用紫胶片、漂白紫胶和精制漂白紫胶等紫胶产品。

2 规范性引用文件

下列文件中的条款通过本标准的引用而成为本标准的条款。凡是注日期的引用文件，其随后所有的修改单(不包括勘误的内容)或修订版均不适用于本标准，然而，鼓励根据本标准达成协议的各方研究是否可使用这些文件的最新版本。凡是不注日期的引用文件，其最新版本适用于本标准。

GB/T 601—2002 化学试剂 标准滴定溶液的制备

GB/T 603—2002 化学试剂 试验方法中所用试剂及制品的制备

GB/T 6682—1992 分析实验室用水规格和试验方法

3 挥发物(水分)的测定

3.1 方法一

3.1.1 原理

挥发物(水分)的测定是在规定条件下处理样品，根据样品失重计算挥发物(水分)的含量。

3.1.2 仪器

3.1.2.1 称量瓶：直径 5 cm，高 3 cm。

3.1.2.2 干燥器：直径 15 cm。

3.1.2.3 电热鼓风干燥箱。

3.1.3 测定程序

称取通过孔径约 0.4 mm 筛(相当于 40 目)样品约 2 g，精确到 0.1 mg，置于事先在 60 ℃±1 ℃下已恒重的称量瓶中，放入 60 ℃±1 ℃的干燥箱中干燥 2 h，取出放硅胶干燥器中冷却至室温称重。

3.1.4 结果计算

水分以质量分数 X_1 计，数值以%表示，按式(1)计算：

$$X_1 = \frac{m_1 - m_2}{m} \times 100 \qquad \cdots\cdots(1)$$

式中：

m_1——称量瓶和样品在干燥前质量的数值，单位为克(g)；

m_2——称量瓶和样品在干燥后质量的数值，单位为克(g)；

m——样品质量的数值，单位为克(g)。

在重复性条件下获得的两次独立测试结果的绝对差值不大于 0.2%。取其算术平均值为测定结果。

3.2 方法二

3.2.1 原理

见 3.1.1。

3.2.2 试剂

硫酸(GB/T 625):化学纯。

3.2.3 仪器

3.2.3.1 称量瓶:直径 5 cm,高 3 cm。

3.2.3.2 真空干燥器:直径 15 cm。

3.2.3.3 电热鼓风干燥箱。

3.2.4 测定程序

称取通过孔径约 0.4 mm 筛(相当于 40 目)样品约 2 g,精确到 0.1 mg,置于事先在 40 ℃±2 ℃下已恒重的称量瓶中,放入 40 ℃±2 ℃的电热鼓风干燥箱中干燥 4 h,取出放在浓硫酸干燥器中,在真空状态下连续干燥 18 h 后称重。

3.2.5 结果计算

按 3.1.4 进行。

4 热乙醇不溶物的测定

4.1 方法一

4.1.1 原理

用 95%乙醇加热萃取已知重量的紫胶样品,以不溶残渣的质量分数(%)表示紫胶的热乙醇不溶物。

4.1.2 试剂

95%乙醇(GB/T 679):分析纯。

4.1.3 仪器

4.1.3.1 坩埚:容积 25 mL~30 mL,古氏坩埚或砂芯过滤坩埚 G3。

4.1.3.2 烧杯:100 mL。

4.1.3.3 抽滤瓶:500 mL。

4.1.3.4 快速定性滤纸。

4.1.4 测定程序

称取通过孔径约 0.4 mm 筛(相当于 40 目)样品约 1 g,精确到 0.1 mg,置于烧杯中,加 40 mL 乙醇,放于 60 ℃~70 ℃水浴中加热 30 min 并不时搅拌使其溶解,倾入事先在 100 ℃±2 ℃已恒重的坩埚(古氏坩埚放置好滤纸)中抽滤,用热乙醇洗涤残渣,至滤液无色为止。取出坩埚,用乙醇冲洗外部。放入 100 ℃±2 ℃的干燥箱中干燥 1 h,取出放在干燥器中冷却至室温称重。重复干燥 30 min,冷却至室温称重。直至前后两次重量差不超过 0.000 8 g 为止。

4.1.5 结果计算

热乙醇不溶物以质量分数 X_2 计,数值以%表示,按式(2)计算:

$$X_2 = \frac{m_2 - m_1}{m} \times 100 \qquad \cdots\cdots(2)$$

式中:

m_2——砂芯坩埚(或古氏坩埚和滤纸)加残渣质量的数值,单位为克(g);

m_1——砂芯坩埚(或古氏坩埚和滤纸)质量的数值,单位为克(g);

m——样品质量的数值,单位为克(g)。

在重复性条件下获得的两次独立测试结果的绝对差值不大于 0.1%。取其算术平均值为测定结果。

4.2 **方法二**

4.2.1 **原理**

见 4.1.1。

4.2.2 **试剂**

4.2.2.1 95%乙醇(GB/T 679):分析纯。

4.2.3 **仪器**

4.2.3.1 抽提器:见图 1。

单位为毫米

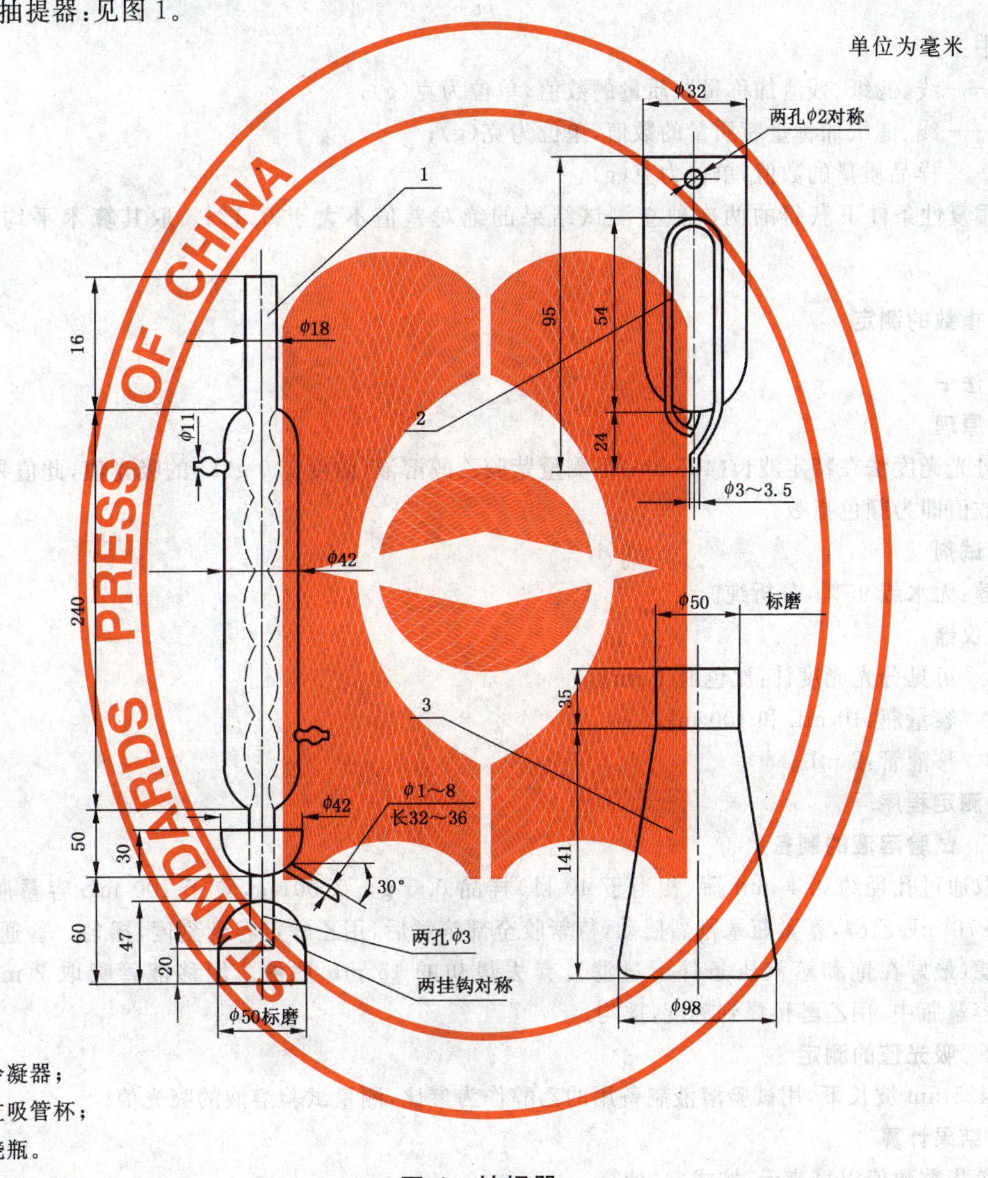

1——冷凝器;

2——虹吸管杯;

3——烧瓶。

图 1 抽提器

4.2.3.2 快速定性滤纸:直径 12.5 cm,预先用热乙醇萃取处理。

4.2.3.3 棉线或细铜丝:棉线预先用热乙醇萃取处理。

4.2.3.4 烧杯:150 mL。

4.2.3.5 称量瓶:高型,直径 3.5 cm,高 7 cm。

4.2.4 **测定程序**

称取通过孔径约 0.4 mm 筛(相当于 40 目)样品约 2 g,精确到 0.1 mg,用已在 100 ℃±2 ℃下恒重的滤纸严密包好(线、滤纸与称量瓶同时恒重)并用线扎起来,将此纸包放在 150 mL 烧杯中,加入乙醇浸没纸包,放在水浴上加热至沸不少于 30 min,使样品全部溶解,立即将此纸包移入抽提器的虹吸管杯中，并用100 mL乙醇加热萃取4 h，当乙醇充满杯时，纸包应保持在液面下，快速萃取（提取器浸入沸水浴中）。萃取完后取出纸包，放入称量瓶中，置于100 ℃±2 ℃的烘箱中干燥2 h，取出放在干燥器中冷却至室温称重。重复干燥1 h，冷却至室温称重。直至前后两次重量差不超过0.001 0 g为止。

4.2.5 结果计算

热乙醇不溶物以质量分数X_2计，数值以%表示，按式(3)计算：

$$X_2 = \frac{m_2 - m_1}{m} \times 100 \quad \cdots\cdots (3)$$

式中：

m_2——线、滤纸、残渣加称量瓶质量的数值，单位为克(g)；

m_1——线、滤纸加称量瓶质量的数值，单位为克(g)；

m——样品质量的数值，单位为克(g)。

在重复性条件下获得的两次独立测试结果的绝对差值不大于0.1%。取其算术平均值为测定结果。

5 颜色指数的测定

5.1 方法一

5.1.1 原理

用分光光度法在特定波长(425 nm)下测量紫胶乙醇溶液(浓度1.0 g/L)的吸光值，此值乘以136.9得到的数值即为颜色指数。

5.1.2 试剂

乙醇：无水或95%，分析纯。

5.1.3 仪器

5.1.3.1 可见分光光度计：比色皿1 cm。

5.1.3.2 容量瓶：10 mL和100 mL。

5.1.3.3 移液管：2 mL。

5.1.4 测定程序

5.1.4.1 试验溶液的制备

称取通过孔径约0.4 mm筛(相当于40目)样品0.5 g±0.001 g，置于100 mL容量瓶中，加入60 mL～70 mL乙醇，塞紧瓶塞剧烈摇动，待紫胶全部溶解后，用乙醇定容到刻度，摇匀。普通漏斗中速滤纸过滤(最好在饱和蒸汽压条件下过滤)，弃去最初的15 mL滤液。用移液管吸取2 mL滤液到10 mL容量瓶中，用乙醇稀释到刻度，摇匀。

5.1.4.2 吸光值的测定

在425 nm波长下，用试验溶液制备用的乙醇作为参比，测量试验溶液的吸光值。

5.1.5 结果计算

颜色指数数值以号表示，按式(4)计算：

$$颜色指数(号) = 吸光值 \times 136.9 \quad \cdots\cdots (4)$$

在重复性条件下获得的两次独立测试结果的绝对差值不大于1号。取其算术平均值为测定结果。

5.2 方法二

5.2.1 原理

将过滤的紫胶乙醇溶液的颜色与碘标准溶液的颜色进行比较，稀释其中颜色较深的一个溶液，直至两溶液颜色相同，以确定相应的颜色指数。

5.2.2 试剂

5.2.2.1 碘(GB/T 675)：分析纯。

5.2.2.2 碘化钾(GB/T 1272):分析纯。

5.2.2.3 95%乙醇(GB/T 679):分析纯。

5.2.2.4 水:GB/T 6682—1992,三级。

5.2.2.5 盐酸(GB/T 622):分析纯。0.1 mol/L 溶液:量取 9 mL 盐酸,注入 1 000 mL 水中,摇匀。

5.2.2.6 硫代硫酸钠(GB/T 637)标准溶液(0.1 mol/L):按 GB/T 601—2002 中 4.6 的规定。

5.2.2.7 淀粉指示液(10 g/L):按 GB/T 603—2002 中 4.1.4.20 的规定。

5.2.2.8 0.1 mol/L 碘液的配制与标定

称取 35 g 碘化钾及 13 g 碘片,溶于 100 mL 水中,充分搅拌,待碘完全溶解后,加入 3 滴浓盐酸及 900 mL 水,摇匀,溶液保存于棕色瓶中备用。于低温阴暗处保存。

准确吸取 25 mL 上述碘液两份,分别加入 100 mL 水及 5 mL 0.1 mol/L 盐酸,用 0.1 mol/L 的硫代硫酸钠标准溶液滴定,近终点(溶液呈浅黄色)时加入 2 mL 淀粉指示液,继续滴定至蓝色刚消失为终点。同时另取 100 mL 水及 5 mL 0.1 mol/L 盐酸,同上滴定,对所消耗的硫代硫酸钠体积作校正。根据标定结果调整浓度,准确到 0.100 0 mol/L。

碘液的浓度以 c 计,数值以 mol/L 表示,按式(5)计算:

$$c = \frac{(V_1 - V_0)c_1}{V} \qquad \cdots\cdots(5)$$

式中:

V_1——样品消耗的硫代硫酸钠标准溶液体积的数值,单位为毫升(mL);

V_0——空白消耗的硫代硫酸钠标准溶液体积的数值,单位为毫升(mL);

c_1——硫代硫酸钠标准溶液浓度的准确数值,单位为摩尔每升(mol/L);

V——碘液的体积的数值,单位为毫升(mL)。

5.2.2.9 0.005 mol/L 碘标准溶液的配制

用移液管准确吸取 5 mL 0.1 mol/L 的碘标准液,置于 100 mL 棕色容量瓶中,加蒸馏水稀释至刻度,摇匀。此溶液的颜色指数相当于 5。

5.2.2.10 0.001 mol/L 碘标准溶液的配制

用移液管吸取 1 mL 0.1 mol/L 的碘标准液,置于 100 mL 棕色容量瓶中,加蒸馏水稀释至刻度,摇匀。此溶液的颜色指数相当于 1。

5.2.3 仪器

5.2.3.1 比色管:25 mL 或 50 mL。

5.2.3.2 磨口锥形瓶:50 mL。

5.2.3.3 玻璃漏斗:直径 6 cm。

5.2.3.4 移液管:1 mL,5 mL 和 25 mL。

5.2.3.5 容量瓶:棕色 100 mL。

5.2.3.6 快速定性滤纸。

5.2.3.7 碘价瓶:250 mL。

5.2.3.8 量筒:10 mL 和 100 mL。

5.2.4 深色(5 号以上)紫胶产品颜色指数的测定

5.2.4.1 试液配制

称取通过孔径约 0.4 mm 筛(相当于 40 目)样品 2 g±0.001 g,置于锥形瓶中,准确加入 20 mL 乙醇,塞紧瓶塞摇动 30 min 左右,待紫胶全部溶解后,迅速过滤,将最初几滴弃去。

5.2.4.2 测定程序

用移液管吸取 5 mL 试液放入比色管中。另取 5 mL 新配制的 0.005 mol/L 碘标准溶液于另一支比色管中,两支比色管的直径和透光度应一致。将两支比色管放在日光灯比色架上比色,用滴定管加乙醇至紫胶溶液中,摇动比色管,直到紫胶溶液的颜色和碘标准溶液的颜色相同为止。

5.2.4.3 结果计算

颜色指数数值以号表示,按式(6)计算:

$$颜色指数(号) = 加入乙醇毫升数 + 5 \qquad (6)$$

在重复性条件下获得的两次独立测试结果的绝对差值不大于1号。取其算术平均值为测定结果。

5.2.5 浅色(5号以下)紫胶产品颜色指数的测定

5.2.5.1 试液配制

按5.2.4.1进行。

5.2.5.2 测定程序

用移液管吸取5 mL脱色或漂白紫胶试液放入比色管中,另取5 mL新配制的0.001 mol/L碘标准溶液于另一支比色管中,两支比色管直径和透光度应一致。将两支比色管放在日光灯比色架上进行比色,如样品比标准溶液的颜色浅,则用滴定管加水到碘标准溶液中,直至两管溶液颜色相同;如样品比标准溶液的颜色深,则加乙醇到紫胶溶液中直至颜色相同为止。

5.2.5.3 结果计算

颜色指数数值以号表示,按式(7)计算:

$$颜色指数(号) = \frac{V_1 + 5}{V_2 + 5} \qquad (7)$$

式中:

V_1——在试液中加入乙醇的体积的数值,单位为毫升(mL);

V_2——在碘标准溶液中加入水的体积的数值,单位为毫升(mL)。

在重复性条件下获得的两次独立测试结果的绝对差值不大于0.2号。取其算术平均值为测定结果。

6 蜡质的测定

6.1 原理

将定量的紫胶溶于碳酸钠的热溶液中,冷却后,用过滤方法将蜡分离出,再用溶剂萃取。

6.2 试剂

6.2.1 无水碳酸钠(GB/T 639):分析纯。

6.2.2 四氯化碳(GB/T 688):分析纯。

6.2.3 水:GB/T 6682—1992,三级。

6.3 仪器

6.3.1 烧杯:250 mL。

6.3.2 表面皿:直径5 cm~7 cm。

6.3.3 索氏提取器:150 mL。

6.3.4 玻璃漏斗:直径9 cm。

6.3.5 棉线。

6.4 测定程序

称取通过孔径约0.4 mm筛(相当于40目)样品约10 g,精确到1 mg,放入烧杯中,加150 mL溶有2.5 g碳酸钠的热水,放在沸水浴中加热,搅拌。待试样溶解后再加热2 h~3 h,不要搅拌。将烧杯从水浴中取出,冷却至室温,溶液表面将会浮现一层蜡,用四氯化碳萃取过的定性滤纸过滤,用水洗涤至滤液无色,将滤纸取出放在60 ℃±2 ℃的烘箱中烘去水分,再用一张(四氯化碳萃取过的)滤纸包好,用棉线捆紧,放入事先在100 ℃±2 ℃恒重过萃取瓶的索氏提取器中,用四氯化碳提取蜡,萃取4 h,将萃取瓶中的四氯化碳蒸除,放入干燥箱中,在100 ℃±2 ℃下干燥30 min,在干燥器中冷却至室温称重。重复干燥 30 min,冷却至室温称重。直至前后两次重量差不超过 0.002 g 为止。

6.5 结果计算

蜡值以质量分数 X_3 计,数值以%表示,按式(8)计算:

$$X_3 = \frac{m_1 - m_2}{m} \times 100 \quad \cdots\cdots\cdots\cdots (8)$$

式中:

m_1——萃取瓶加蜡质量的数值,单位为克(g);

m_2——萃取瓶质量的数值,单位为克(g);

m——样品质量的数值,单位为克(g)。

在重复性条件下获得的两次独立测试结果的绝对差值不大于 0.2%。如系脱蜡胶,在重复性条件下获得的两次独立测试结果的绝对差值不大于 0.03%。取其算术平均值为测定结果。

7 松香的检验(Liebermann-Storch 反应)

7.1 原理

含有松香的紫胶乙酸酐溶液,遇硫酸就会立即产生易消失的紫色。

7.2 试剂

7.2.1 乙酸酐(GB/T 677):分析纯。

7.2.2 硫酸(GB/T 625):分析纯。

7.2.3 硫酸试剂:把 35.7 mL 浓硫酸缓缓加入 34.7 mL 水中,冷却至室温,贮于带玻塞的瓶中。

7.3 仪器

瓷点滴板。

7.4 测定程序

将约 0.01 g 的粉状试样放入白瓷点滴板的凹处,加入约 1 mL 乙酸酐让其溶解片刻,滴加一滴硫酸试剂。如果含有松香,将立即产生易消失的紫色。同时,用含有松香的对照样品进行比较,以判断样品的颜色是否由样品中松香所产生。

8 雌黄的检验

8.1 原理

紫胶中含有雌黄,就会出现不透明的黄色外观;如果紫胶中不含污物,即使微量雌黄都能从乙醇中沉淀出来。

8.2 试剂

95%乙醇(GB/T 679):分析纯。

8.3 仪器

锥形瓶:磨口,50 mL。

8.4 测定程序

称取通过孔径约 0.4 mm 筛(相当于 40 目)样品 4 g,置于锥形瓶中,加入 20 mL 最好是冷至 0 ℃的乙醇,溶解后,让其静置,雌黄就在瓶底沉积一层,有黄色微粒表明存在雌黄。

9 灰分的测定

9.1 原理

试样经炭化、高温灼烧,灰化,称量,计算灰分。

9.2 仪器

瓷坩埚:30 mL。

9.3 测定程序

称取通过孔径约 0.4 mm 筛(相当于 40 目)样品约 3 g,精确到 0.1 mg,放入事先在 500 ℃～550 ℃下灼烧至恒重的瓷坩埚中,先低温炭化完全,再移入马福炉中,在 500 ℃～550 ℃下灼烧 1 h,至全部灰化后,取出稍冷,放在干燥器中冷却至室温称重。重复灼烧 30 min,冷却至室温称重。直至前后两次重量差不超过 0.000 5 g 为止。

9.4 结果计算

灰分以质量分数 X_4 计,数值以%表示,按式(9)计算:

$$X_4 = \frac{m_2 - m_1}{m} \times 100 \qquad \cdots\cdots(9)$$

式中:

m_2——坩埚加残渣质量的数值,单位为克(g);

m_1——空坩埚质量的数值,单位为克(g);

m——样品质量的数值,单位为克(g)。

在重复性条件下获得的两次独立测试结果的绝对差值不大于 0.05%。取其算术平均值为测定结果。

10 水溶物的测定及其水萃取物酸、碱性检验

10.1 原理

试样在规定条件下用水处理,浸提出其中的水可溶物质,过滤,蒸干滤液,称量,计算出水溶物重量。滤液应分别对甲基红和溴百里香酚蓝呈中性反应。

10.2 试剂

10.2.1 水:GB/T 6682—1992,三级。

10.2.2 甲基红指示液(1g/L):按 GB/T 603—2002 中 4.1.4.6 的规定。

10.2.3 溴百里香酚蓝指示液(1 g/L):按 GB/T 603—2002 中 4.1.4.27 的规定。

10.3 仪器

10.3.1 锥形瓶:带塞,150 mL。

10.3.2 烧杯:150 mL。

10.3.3 玻璃漏斗:直径 6 cm。

10.3.4 容量瓶:100 mL。

10.4 测定程序

称取通过孔径约 0.3 mm 筛(相当于 60 目)样品 10 g,精确到 1 mg,放入锥形瓶中,加 80 mL 水,间歇摇动,室温放置 4 h,过滤。滤渣用 20 mL 水分数次洗涤,滤液和洗液收集在 100 mL 容量瓶中,加水至刻度,摇匀。吸取 50 mL 滤液,放入已在 100 ℃±2 ℃下恒重的烧杯中,在电炉或电热板上蒸干,把烧杯放在 100 ℃±2 ℃的烘箱中,干燥 1 h 取出,放在干燥器中冷却至室温称重。重复干燥 30 min,冷却至室温称重。直至前后两次重量差不超过 0.001 g 为止。

10.5 结果计算

水溶物以质量分数 X_5 计,数值以%表示,按式(10)计算:

$$X_5 = \frac{m_2 - m_1}{m \times V} \times 100 \times 100 \qquad \cdots\cdots(10)$$

式中:

m_2——烧杯加残渣质量的数值,单位为克(g);

m_1——烧杯质量的数值,单位为克(g);

m——样品质量的数值,单位为克(g);

V——滤液体积的数值，单位为毫升(mL)($v=50$)。

在重复性条件下获得的两次独立测试结果的绝对差值不大于 0.05%。取其算术平均值为测定结果。

如用于水分含量大于 2% 的漂白胶，水溶物按式(11)计算：

$$X_5 = \frac{m_2 - m_1}{m \times V(1 - X_1)} \times 100 \times 100 \quad \cdots\cdots(11)$$

式中：

X_1——试样水分的质量分数，%。

10.6 水萃取物酸、碱性检验

从余下的滤液中，取 2 个 20 mL 分别装入两支试管中，在一支试管中滴加数滴甲基红不得显红色，另一支试管中滴加数滴溴百里香酚蓝不得显蓝色。如用酸度计检验，pH 为 5.4～7.0。

11 热硬化时间(热寿命)的测定

11.1 原理

紫胶在受热时脱水聚合。热硬化时间就是在规定条件下，测定紫胶聚合所需要的时间。

11.2 仪器

11.2.1 热硬化时间测定器：见图 2。

单位为毫米

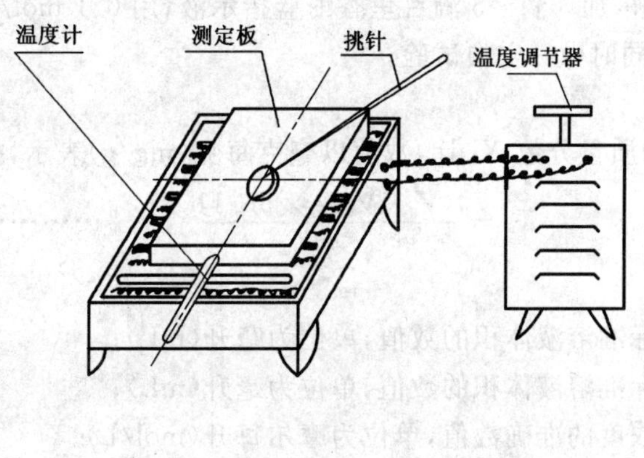

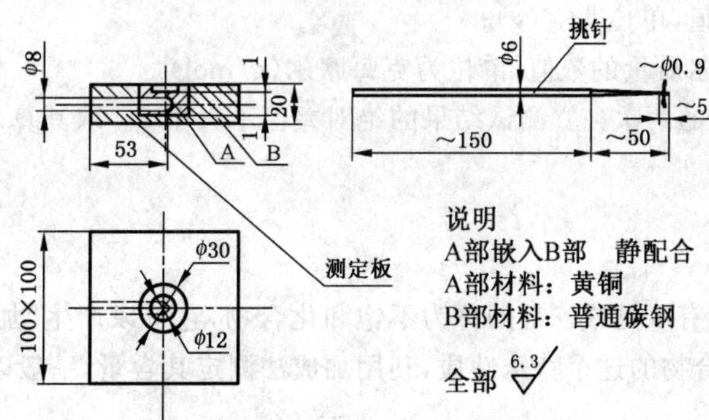

图 2 热硬化时间测定器及装置图

11.2.2 电炉：1 kW，带有可调变压器。

11.2.3 温度计：150 ℃～200 ℃，每刻度为 0.1 ℃。

11.2.4 秒表：每一刻度为 0.2 s。

11.3 测定程序

称取通过孔径约 0.4 mm 筛(相当于 40 目)样品 0.05 g±0.001 g，均匀放入温度为 170 ℃±0.5 ℃ 的热硬化测定器的铜块凹处，当样品全部熔融时立刻按动秒表。测定针同水平面约成 30°角，用针尖以

60 r/min 的速度搅拌，在接近终点时常用针尖挑动样品，当测定针能把样品挑离时即为终点，立即按停秒表，秒表记录下的时间即为热硬化时间。每个样品测定 2 次～3 次，取其中两次相差数值在 5 s 以内的时间较短的一次为准。若差值超过 5 s，则重测，直至符合要求为止。

12 酸值的测定

12.1 原理

用氢氧化钾-乙醇标准溶液滴定紫胶乙醇液，以百里香酚蓝作指示剂。

12.2 试剂

12.2.1 氢氧化钾(GB/T 1919)：分析纯。

12.2.2 95%乙醇(GB/T 679)：分析纯。

12.2.3 氢氧化钾-乙醇标准溶液(0.1 mol/L)：按 GB/T 601—2002 中 4.24 的规定。

12.2.4 百里香酚蓝(GB/T 15353)指示液(1 g/L)：按 GB/T 603—2002 中 4.1.4.12 的规定。

12.3 仪器

12.3.1 锥形瓶：磨口，250 mL。

12.3.2 滴定管：碱式，25 mL。

12.4 测定程序

称取通过孔径约 0.4 mm 筛(相当于 40 目)样品 0.25 g～0.3 g，精确到 0.1 mg，放入 250 mL 锥形瓶中，加入 50 mL 乙醇使其溶解，加 3 滴～5 滴百里香酚蓝指示液，用 0.1 mol/L 氢氧化钾-乙醇标准溶液滴定至紫红色出现为终点。同时做一空白试验。

12.5 结果计算

酸值以氢氧化钾(KOH)的质量分数 X_6 计，数值以毫克每克(mg/g)表示，按式(12)计算：

$$X_6 = \frac{(V - V_0)c \times 56.11}{m} \qquad \cdots\cdots(12)$$

式中：

V——样品消耗氢氧化钾标准溶液体积的数值，单位为毫升(mL)；

V_0——空白消耗氢氧化钾标准溶液体积的数值，单位为毫升(mL)；

c——氢氧化钾标准溶液浓度的准确数值，单位为摩尔每升(mol/L)；

m——样品质量的数值，单位为克(g)；

56.11——氢氧化钾的摩尔质量的数值，单位为克每摩尔(g/mol)。

在重复性条件下获得的两次独立测试结果的绝对差值不大于 2。取其算术平均值为测定结果。

13 碘值的测定

13.1 原理

有机化合物分子中含有双键或三键的称为不饱和化合物，它可以产生“加成反应”。在有机定量分析中，就是根据不饱和化合物的这个特殊性质，利用加成法测定其含量，一般以“碘值”表示。

13.2 试剂

13.2.1 碘(GB/T 675)：分析纯。

13.2.2 溴(GB/T 1281)：分析纯。

13.2.3 冰乙酸(GB/T 676)：分析纯。

13.2.4 水：GB/T 6682—1992，三级。

13.2.5 95%乙醇(GB/T 679)：分析纯。

13.2.6 硫代硫酸钠(GB/T 637)标准溶液(0.1 mol/L)：按 GB/T 601—2002 中 4.6 的规定。

13.2.7 碘化钾(GB/T 1272) 溶液(10%)。

13.2.8 溴化碘冰乙酸溶液(0.2 mol/L):称取 13 g±0.01 g 碘,溶于 900 mL 冰乙酸中(为促使碘溶解可微微加热),冷却后,精确加入 2.60 mL 溴液,转移至 1 000 mL 容量瓶中,用冰乙酸稀释至刻度。贮于棕色玻璃瓶中备用。于低温阴暗处保存。

13.2.9 淀粉指示液(10 g/L):按 GB/T 603—2002 中 4.1.4.20 的规定。

13.3 仪器

13.3.1 碘价瓶:500 mL。

13.3.2 移液管:20 mL。

13.3.3 移液管:带刻度,5 mL。

13.3.4 量筒:10 mL,50 mL 和 100 mL。

13.4 测定程序

称取通过孔径约 0.4 mm 筛(相当于 40 目)样品 0.25 g～0.3 g,精确到 0.1 mg,放入 500 mL 碘价瓶中,加入 10 mL 乙醇,待样品溶解后,准确加入 20 mL 0.2 mol/L 溴化碘的冰乙酸溶液,塞紧瓶塞,摇匀后,用少许碘化钾溶液封闭瓶口(不许流入瓶内),静置暗处 30 min。然后,将 15 mL 10%的碘化钾溶液逐渐倾于瓶口,轻轻转动瓶塞,使碘化钾溶液缓缓流入瓶内,摇匀,打开瓶塞,加入 35 mL 乙醇和 15 mL 水,用 0.1 mol/L 硫代硫酸钠标准溶液滴定至淡黄色,加入 2 mL 淀粉指示液,强烈摇动,滴至蓝色恰好消失。在同样条件下做空白试验。

13.5 结果计算

碘值以碘(I)的质量分数 X_7 计,数值以克每 100 克(g/100 g)表示,按式(13)计算:

$$X_7 = \frac{(V_0 - V)c \times 126.9}{m \times 1\,000} \times 100 \qquad \cdots\cdots(13)$$

式中:

V_0——空白消耗的硫代硫酸钠标准溶液体积的数值,单位为毫升(mL);

V——样品消耗的硫代硫酸钠标准溶液体积的数值,单位为毫升(mL);

c——硫代硫酸钠标准溶液的浓度的准确数值,单位为摩尔每升(mol/L);

m——样品质量的数值,单位为克(g);

126.9——碘的摩尔质量的数值,单位为克每摩尔(g/mol)。

在重复性条件下获得的两次独立测试结果的绝对差值不大于 1。取其算术平均值为测定结果。

14 氯含量的测定

14.1 原理

漂白胶的质量及其稳定性与氯的存在有密切的关系,用金属钠处理漂白胶,将全部氯转化为可溶性氯化物,用容量法测定。

14.2 试剂

14.2.1 金属钠:块状。

14.2.2 水:GB/T 6682—1992,三级。

14.2.3 无水乙醇(GB/T 678):分析纯。

14.2.4 乙醚(HG 3-1002):分析纯。

14.2.5 硝酸(GB/T 626)溶液(1+4)。

14.2.6 硝酸银(GB/T 670)溶液(17g/L):按 GB/T 603—2002 中 4.1.2.36 的规定。

14.2.7 硫氰酸钾(GB/T 648)标准溶液(0.1 mol/L):按 GB/T 601—2002 中 4.20 的规定。

14.2.8 硫酸铁铵(GB/T 1279)指示液(80 g/L):按 GB/T 603—2002 中 4.1.4.25 的规定。

14.3 仪器

14.3.1 锥形瓶:磨口,250 mL 和 500 mL。

14.3.2 移液管:10 mL。

14.3.3 冷凝管:球形。

14.3.4 量筒:5 mL,10 mL 和 50 mL。

14.4 测定程序

称取通过孔径约 0.4 mm 筛(相当于 40 目)样品 0.5 g,精确到 0.1 mg,放入 250 mL 锥形瓶中,加入 50 mL 无水乙醇,装上冷凝器,在水浴上加热回流,至全部样品溶解后,从冷凝器顶部一块一块地加入新切成约 3 mm 的钠块约 1 g。反应完全且全部钠溶解后,取下冷凝器,加入 50 mL 水,把溶液移入 500 mL 锥形瓶中,用 50 mL 水冲洗 2 次~3 次,在水浴上蒸发溶液至体积减少一半以除去乙醇,冷却,加入稀硝酸至溶液略显酸性。用移液管加入 10 mL 硝酸银溶液、2 mL 乙醚和 1 mL 硫酸铁铵溶液,强烈摇动使沉淀物凝结。用硫氰酸钾标准溶液滴定剩下的硝酸银至持久的淡红棕色出现为止。同时做一空白试验。

14.5 结果计算

氯含量以质量分数 X_8 计,数值以%表示,按式(14)计算:

$$X_8 = \frac{(V_0 - V)c \times 0.035\,46}{m} \times 100 \qquad (14)$$

式中:

V_0——用于空白试验的硫氰酸钾标准溶液体积的数值,单位为毫升(mL);

V——用于样品试验的硫氰酸钾标准溶液体积的数值,单位为毫升(mL);

c——硫氰酸钾标准溶液的浓度的准确数值,单位为摩尔每升(mol/L);

m——样品质量的数值,单位为克(g);

0.035 46——每毫摩尔硫氰酸钾相当氯的质量,单位为克每毫摩尔(g/mmol)。

在重复性条件下获得的两次独立测试结果的绝对差值不大于 0.1%。取其算术平均值为测定结果。

15 冷乙醇可溶物的测定

15.1 原理

测定溶于冷乙醇的物质,就是测定紫胶中的可溶树脂含量。用冷乙醇溶解紫胶,过滤除去杂质,蒸干乙醇,称量确定紫胶树脂的含量。

15.2 试剂

95%乙醇(GB/T 679):分析纯。

15.3 仪器

15.3.1 烧杯:250 mL。

15.3.2 锥形瓶:100 mL。

15.3.3 玻璃漏斗:直径 6 cm。

15.3.4 中速定性滤纸。

15.4 测定程序

称取通过孔径约 0.4 mm 筛(相当于 40 目)样品 1 g,精确到 0.1 mg,放入锥形瓶中,加入 60 mL 乙醇,塞好瓶塞并不断摇动使其溶解。用锥形漏斗过滤到已在 100 ℃±2 ℃下恒重的烧杯中,残渣及滤纸反复用乙醇洗涤至滤液无色为止,将烧杯置于水浴上蒸干,再移入 100 ℃±2 ℃烘箱中干燥 1 h 取出,放在干燥器中冷却至室温称重。重复干燥 30 min,冷却至室温称重。直至前后两次重量差不超过 0.002 0 g 为止。

15.5 结果计算

冷乙醇可溶物以质量分数 X_9 计,数值以%表示,按式(15)计算:

$$X_9 = \frac{m_2 - m_1}{m} \times 100 \quad \cdots\cdots (15)$$

式中：

m_2——烧杯加冷乙醇可溶物质量的数值，单位为克(g)；

m_1——烧杯质量的数值，单位为克(g)；

m——样品质量的数值，单位为克(g)。

在重复性条件下获得的两次独立测试结果的绝对差值不大于1%。取其算术平均值为测定结果。

如试样水分含量大于2%，计算式中应代入水分量，以绝干物料计，按式(16)计算：

$$X_9 = \frac{m_2 - m_1}{m(1 - X_1)} \times 100 \quad \cdots\cdots (16)$$

式中：

X_1——试样水分的质量分数，%。

16 软化点的测定

16.1 原理

紫胶是一种多羟基羧酸的混合物，所测软化点只是混合物的平均软化点。一般采用环球法测定。

16.2 仪器

16.2.1 软化点测定器：见图3。

单位为毫米

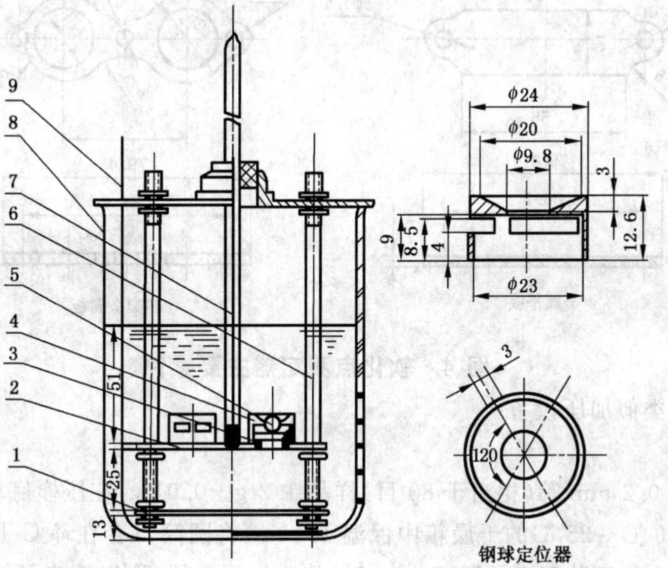

1——金属平板；

2——环架金属板；

3——圆环；

4——钢球定位器；

5——钢球；

6——环架；

7——温度计；

8——烧杯；

9——搅拌器。

图3 软化点测定装置

16.2.2 水银温度计：100 ℃。

16.2.3 压模：见图 4。

单位为毫米

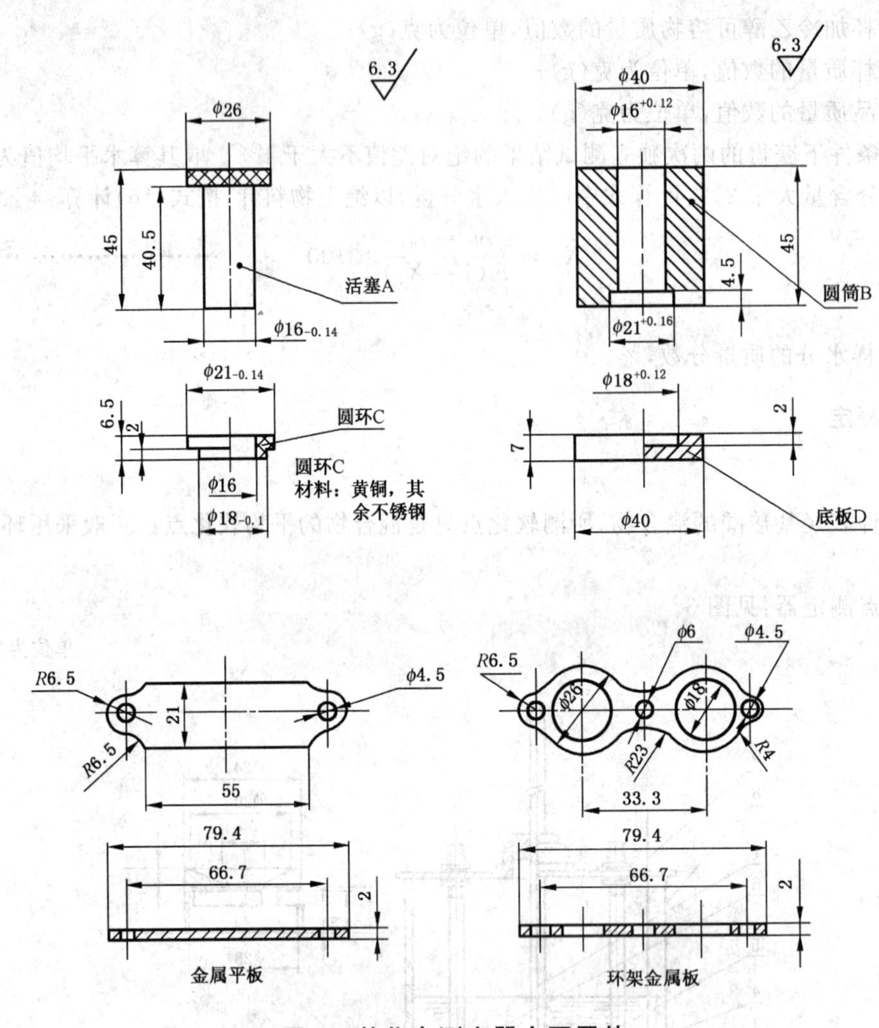

图 4 软化点测定器主要零件

16.2.4 台钳或其他类似加压设备。

16.3 制样

称取通过孔径约 0.2 mm 筛(相当于 80 目)样品 1.2 g±0.01 g，在压模底板 D 上放上环 C(室温低于 20 ℃时，环 C 在 20 ℃～25 ℃的干燥箱中保温 10 min)将圆筒 B 套在环 C 上。然后将样品倒入圆筒 B 中，插入活塞 A，放在加压装置上压紧，5 min 后，放松加压装置，取出填充了样品的环 C。平行制两个样供测定用。

16.4 测定程序

将已填充压紧试样的两个环，分别放在软化点测定器环架的套孔中，将环架置于已装有新煮沸并已冷却的水的烧杯(直径 85 mm，高 127 mm)中，调节水温至 35 ℃±1 ℃，保持 15 min，然后将两个钢球(直径 9.5 mm，重 3.45 g ～3.55 g)置于套有钢球定位器试样表面的中央，环上端至水面的距离为 50 mm，放入温度计，温度计水银球的位置要同环保持同样高度，调节万用电炉加热，在测定过程中充分搅拌，使水温均匀上升，开始加热 3 min 后，水温上升保持每分钟 5 ℃±0.5 ℃，样品逐渐软化，钢球逐渐下沉，当钢球接触到底板时，读取其温度。

在重复性条件下获得的两次独立测试结果的绝对差值不大于 1 ℃。取其算术平均值为测定结果。

17 无机酸的测定

17.1 原理

用 0.01 mol/L 氢氧化钠标准溶液滴定按规定处理漂白胶后得到的滤液。

17.2 试剂

17.2.1 水:GB/T 6682—1992,三级。

17.2.2 95% 乙醇(GB/T 679):分析纯。

17.2.3 氯化钠(GB /T 1266)溶液(10%)。

17.2.4 氢氧化钠(GB/T 629)标准溶液(0.01 mol/L):按 GB/T 601—2002 中 4.1 的规定。

17.2.5 甲基红(HGB 3040)指示液(1 g/L):按 GB/T 603—2002 中 4.1.4.6 的规定。

17.3 仪器

17.3.1 锥形瓶:500 mL,带塞。

17.3.2 烧杯:800 mL。

17.3.3 量筒:250 mL。

17.3.4 滴定管:碱式,50 mL。

17.3.5 漏斗:直径 7 cm。

17.4 测定程序

称取通过孔径约 0.4 mm 筛(相当于 40 目)样品约 5 g,精确到 1 mg,放入 500 mL 锥形瓶中,加 50 mL 乙醇,溶解后,在摇动下加入 200 mL 新煮沸并已冷却的水,然后,加 50 mL 10%的氯化钠溶液,摇动 1 h,使紫胶充分凝聚,静置,抽滤,用 25 mL 水洗涤 2 次,将滤液和洗液转移到烧杯中,加几滴甲基红指示液,用 0.01 mol/L 氢氧化钠标准溶液滴定至红色消失为终点。同时做一空白试验。

17.5 结果计算

无机酸以硫酸的质量分数 X_{10} 计,数值以%表示,按式(17)计算:

$$X_{10}=\frac{(V-V_0)c\times0.049}{m}\times100 \qquad (17)$$

式中:

V——试样消耗氢氧化钠标准溶液体积的数值,单位为毫升(mL);

V_0——空白消耗氢氧化钠标准溶液体积的数值,单位为毫升(mL);

c——氢氧化钠标准溶液的浓度的准确数值,单位为摩尔每升(mol/L);

m——试样质量的数值,单位为克(g);

0.049——1/2 硫酸的摩尔质量,单位为克每毫摩尔(g/mmol)。

如漂白胶水分含量大于 2%,计算式中应代入水分量,以绝干物料计,按式(18)计算:

$$X_{10}=\frac{(V-V_0)c\times0.049}{m(1-X_1)}\times100 \qquad (18)$$

式中:

X_1——试样水分的质量分数,%。

18 游离氯或过氧化物的检验

18.1 原理

残留在漂白胶中的游离氯或过氧化物遇碘化物能将碘离子氧化成碘,碘与淀粉试液产生蓝色反应,这表明有游离氯或过氧化物存在。

18.2 试剂

18.2.1 碘化钾(GB /T 1277)溶液(100 g/L)。

18.2.2 淀粉(HGB 3095)指示液(10 g/L):按 GB/T 603—2002 中 4.1.4.20 的规定。

18.3 仪器

18.3.1 锥形瓶:50 mL,带塞。

18.3.2 漏斗:直径 6 cm。

18.3.3 研钵:白瓷或玻璃研钵。

18.3.4 瓷点滴板。

18.4 测定程序

称取通过孔径约 0.4 mm 筛(相当于 40 目)样品约 5 g ,放入研钵中。加水 20 mL,研磨。过滤,取几滴滤液,放入瓷点滴板凹处。加约 1 mL 碘化钾溶液,滴加 2 滴淀粉指示液,如不立即产生蓝色,则不含游离氯或过氧化物。

ICS 83.080.01
G 31

中华人民共和国国家标准

GB/T 8144—2008
代替 GB/T 8144—1987

阳离子交换树脂交换容量测定方法

Determination of exchange capacity of cation exchange resin

2008-06-30 发布　　　　2009-02-01 实施

中华人民共和国国家质量监督检验检疫总局
中国国家标准化管理委员会　发布

前　言

本标准代替 GB/T 8144—1987《离子交换树脂交换容量测定方法》。

本标准与 GB/T 8144—1987 标准相比，主要变化如下：

——增加了钠型阳离子交换树脂的交换容量测定方法。

本标准由中国石油和化学工业协会提出。

本标准由全国塑料标准化技术委员会通用方法和产品分会(SAC/TC 15/SC 4)归口。

本标准主要起草单位：西安热工研究院有限公司、江苏苏青水处理工程集团公司、浙江争光实业股份有限公司、淄博东大化工股份有限公司、国家合成树脂质检中心。

本标准主要起草人：王广珠、钱平、蔡小华、沈建华、崔焕芳、翟静华、王建东。

本标准所代替标准的历次版本发布情况为：

——GB/T 8144—1987。

阳离子交换树脂交换容量测定方法

1 范围

本标准规定了苯乙烯系强酸性氢型和钠性阳离子交换树脂、丙烯酸系弱酸性阳离子交换树脂的交换容量测定方法。

本标准适用于苯乙烯系强酸性氢型和钠性阳离子交换树脂、丙烯酸系弱酸性阳离子交换树脂交换容量的测定。

2 规范性引用文件

下列文件中的条款通过本标准的引用而成为本标准的条款。凡是注日期的引用文件，其随后所有的修改单(不包括勘误的内容)或修订版均不适用于本标准，然而，鼓励根据本标准达成协议的各方研究是否可使用这些文件的最新版本。凡是不注日期的引用文件，其最新版本适用于本标准。

GB/T 601 化学试剂 标准溶液的制备

GB/T 603 化学试剂 试验方法中所用制剂及制品制备

GB/T 5475 离子交换树脂取样方法

GB/T 5476 离子交换树脂预处理方法

GB/T 5757 离子交换树脂含水量测定方法

GB/T 5760 氢氧型阴离子交换树脂交换容量测定方法

GB/T 6682 分析实验室用水规格和试验方法

3 方法概要

3.1 测定氢型阳离子交换树脂交换容量的方法概要

当氢型阳离子交换树脂与过量(定量)的一元强碱(例如氢氧化钠)溶液反应时，可根据滴定未反应的碱量而计算出阳离子交换树脂的全交换容量，其反应式是：

$$RH + NaOH \longrightarrow RNa + H_2O$$

式中：

RH——表示阳离子交换树脂(氢型)，其官能团可以是磺酸基和/或羧基和酚基；

RNa——表示阳离子交换树脂(钠型)。

当氢型阳离子交换树脂浸泡在氯化钙溶液中时，只有强酸基团(磺酸基)才能发生反应，滴定置换出来的氢离子(H^+)，计算阳离子交换树脂强酸基团的交换容量。其反应式是：

$$2RH + CaCl_2 \longrightarrow R_2Ca + 2HCl$$

以阳离子交换树脂全交换容量与强酸基团交换容量之差值计算弱酸基团的交换容量。

3.2 测定钠型阳离子交换树脂交换容量的方法概要

钠型阳离子交换树脂在动态下通过过量的 1 mol/LHCl 溶液再生，再用纯水洗去过剩量的 HCl 溶液，树脂转为氢型。在动态下通过过量的 1 mol/LNaCl 溶液，交换基团中的氢离子被钠离子取代至溶液中，其反应式如下：

$$RH + NaCl \longrightarrow RNa + HCl$$

收集全部流出液，测定其中氢离子的量用于计算树脂全交换容量。

4 仪器

4.1 玻璃交换柱：见 GB/T 5760。

4.2 分液漏斗:见 GB/T 5760。

4.3 玻璃离心过滤管:见 GB 5760。

4.4 电动离心沉淀机:见 GB/T 5757。

4.5 秒表:分度 0.02 s。

4.6 电热恒温水浴锅:水温波动±1℃。

4.7 称量瓶:ϕ40×20 mm。

4.8 具塞三角烧瓶:250 mL。

4.9 滴定管:25 mL。

4.10 移液管:25 mL,100 mL。

4.11 量筒:50 mL,100 mL。

4.12 三角烧瓶:25 mL。

4.13 分析天平:精度 0.1 mg。

4.14 架盘天平:精度 1 g。

5 试剂和溶液

5.1 盐酸标准滴定溶液[c(HCl)=0.1 mol/L]:按 GB/T 601 配制。

5.2 氢氧化钠标准滴定溶液[c(NaOH)=0.1 mol/L]:按 GB /T 601 配制。

5.3 1%酚酞指示液:按 GB/T 603 配制。

5.4 甲基红-次甲基蓝混合指示液:将 0.2 g 甲基红溶于 100 mL 无水乙醇中;将 0.1 g 次甲基蓝溶于 100 mL 无水乙醇中;将上述两种溶液等体积混合。

5.5 甲基橙指示液:按 GB/T 603 配制。

5.6 盐酸溶液[c(HCl=1 mol/L)]:量取 86 mL 分析纯盐酸溶液,注入 918 mL 纯水中,摇匀。

5.7 0.5 mol/L 氯化钙溶液[c(CaCl=0.5 mol/L)]:用架盘天平称取 58 g 分析纯无水氯化钙,加入 976 mL 纯水溶解,用量筒取出 100 mL 置于三角烧瓶中,加入 1 滴酚酞指示液,若出现红色,用 0.1 mol/L 盐酸标准溶液滴定至红色刚退,记录耗用盐酸标准滴定溶液体积。按体积比例向配成的 0.5 mol/L 氯化钙溶液加入同样的盐酸标准溶液。

5.8 NaCl 溶液[c(NaCl=1 mol/L)]:称取 58.5 g 分析纯 NaCl,加少量纯水溶解后稀释至 1 000 mL。

5.9 试剂水:满足 GB/T 6682 规定的三级试剂水。

6 操作步骤

6.1 取样

按 GB/T 5475 进行。

6.2 试样预处理

按 GB/T 5476 进行。

6.3 氢型阳离子交换树脂交换容量的测定

6.3.1 氢型阳离子交换树脂样品的制备

6.3.1.1 将玻璃交换柱倒放,用自来水自下而上赶去柱内气泡,关闭活塞。然后从旋塞下部放水,直到液面高出砂芯 5 cm,保证砂芯下部没有气泡,否则重新操作。

6.3.1.2 用量筒量取约 15 mL 经预处理的阳树脂,置于交换柱中,除去树脂层中的气泡,排水至液面高出树脂层 2 cm。

6.3.1.3 在分液漏斗中,加入 1 mol/L 的盐酸溶液 375 mL,以约 6 mL/min 的流量自上而下通过树脂层。

6.3.1.4 以同样流量,通入纯水洗涤树脂直到在(5~7) mL 流出液中加入一滴甲基橙指示液不呈红色为止。

6.3.1.5 按 GB/T 5757 除去树脂外部水分，置于称量瓶中。

6.3.2 氢型强酸性阳离子交换树脂交换容量测定

6.3.2.1 在分析天平上用减量法称取氢型强酸性阳离子交换树脂 1.5 g(精确至 0.000 1 g)二份，2 g(精确至 0.000 1 g)二份，分别置于干燥的具塞三角烧瓶中。

6.3.2.2 向每个置 1.5 g 样品的三角烧瓶中，用移液管加入 0.1 mol/L 氢氧化钠标准溶液100.00 mL，摇匀，将瓶塞盖严，在常温(大于 12℃)下浸 2 h。

6.3.2.3 用移液管从具塞三角烧瓶中取出 25 mL 浸泡液(不得吸出树脂颗粒)置于三角烧瓶中，加入 50 mL 纯水和 3 滴混合指示液。

6.3.2.4 用 0.1 mol/L 的盐酸标准滴定溶液滴定至微紫红色保持 15 s 不褪色，即为终点，同时进行空白试验。

6.3.2.5 向每个置 2 g 样品的三角烧瓶中，用移液管加入 0.5 mol/L 氯化钙溶液 100 mL，摇匀，将瓶盖严，室温下浸泡 2h。

6.3.2.6 用移液管从具塞三角烧瓶中取出 25 mL 浸泡液(不得吸出树脂颗粒)置于三角烧瓶中，加入 50 mL 纯水和 2 滴酚酞指示液。

6.3.2.7 用 0.1 mol/L 氢氧化钠标准滴定溶液滴定至微红色保持 15 s 不褪色，即为终点，同时进行空白试验。

6.3.3 氢型弱酸性阳离子交换树脂全交换容量的测定

6.3.3.1 在分析天平上用减量法称取两份氢型弱酸性阳离子交换树脂，每份(0.9～1.1)g(精确至 0.000 1 g)，分别置于干燥的具塞三角烧瓶中。

6.3.3.2 向每个置样品的三角烧瓶中，用移液管加入 0.1 mol/L 氢氧化钠标准溶液 100.00 mL，摇匀，将瓶塞盖严，放至 60℃水浴锅中浸泡 3 h，取出，冷却至室温。

注：在水浴锅中，要注意防止瓶塞跳开，可加约 500 g 的重物压住。

6.3.3.3 用移液管从具塞三角烧瓶中取出 25 mL 浸泡液(不得吸出树脂颗粒)置于三角烧瓶中，加入 50 mL 纯水和 3 滴混合指示液。

6.3.3.4 用 0.1 mol/L 盐酸标准溶液滴定至微紫红色保持 15 s 不褪色，即为终点，同时进行空白试验。

6.4 钠型阳离子交换树脂交换容量的测定

6.4.1 在分析天平上称取经 GB/T 5757 方法除去外部水分的钠型强酸性阳离子交换树脂 (1.0～1.2)g(精确至 0.000 1 g)2 份，分别置于交换柱中，加入约 5 mL 的纯水。

6.4.2 在每个置样的交换柱上装好分液漏斗，在分液漏斗中加 150 mL 1 mol/L 盐酸溶液，以约 4 mL/min 的流量通过树脂层，弃去流出液；用纯水洗净分液漏斗后，加入约 200 mL 纯水。

6.4.3 以(4～6) mL/min 流量用纯水洗涤树脂，直至流出液用甲基橙指示液检查呈黄色为止。

6.4.4 在分液漏斗中加入 100 mL 1 mol/L NaCl 溶液，以 2 mL/min～3 mL/min 的流量通过树脂层，收集流出液于 250 mL 三角烧瓶中。

6.4.5 在流出液中加入 1 滴酚酞指示液，用 0.1 mol/L NaOH 标准溶液滴定至微红色保持 15 s 不褪色为止。记录耗用的标准溶液体积。

6.4.6 每次配制 1 mol/L NaCl 溶液后均应进行空白试验，记录空白试验耗用的标准 NaOH 溶液体积。

6.5 含水量的测定按 GB/T 5757 进行。

7 结果表示

计算结果均保留小数点后二位，取二次测定结果的平均值。

7.1 氢型强酸性阳离子交换树脂湿基全交换容量按式(1)计算：

$$Q'_T = \frac{4(V_2 - V_1)c(HCl)}{M'_1} \quad \cdots\cdots(1)$$

式中：

Q'_T——氢型强酸性阳离子交换树脂湿基全交换容量，单位为毫摩尔每克(mmol/g)；

$c(HCl)$——盐酸标准溶液的浓度，单位为摩尔每升(mol/L)；

V_2——空白试验消耗盐酸标准溶液体积，单位为毫升(mL)；

V_1——6.3.2.4 滴定浸泡溶液消耗的盐酸标准溶液体积，单位为毫升(mL)；

M'——6.3.2.1 树脂样品的质量，单位为克(g)。

7.2 氢型强酸性阳离子交换树脂全交换容量按式(2)计算：

$$Q_T = \frac{Q'_T}{1 - X} \quad \cdots\cdots(2)$$

式中：

Q_T——氢型强酸性阳离子交换树脂全交换容量，单位为毫摩尔每克(mmol/g)；

Q'_T——氢型强酸性阳离子交换树脂湿基全交换容量，单位为毫摩尔每克(mmol/g)；

X——氢型树脂样品的含水量。

7.3 氢型强酸性阳离子交换树脂湿基强酸基团交换容量按式(3)计算：

$$Q'_S = \frac{4(V_3 - V_4)c(NaOH)}{M'_2} \quad \cdots\cdots(3)$$

式中：

Q'_S——氢型强酸性阳离子交换树脂湿基强酸基团交换容量，单位为毫摩尔每克(mmol/g)；

$c(NaOH)$——氢氧化钠标准溶液的浓度，单位为摩尔每升(mol/L)；

V_3——6.3.2.7 滴定浸泡液消耗的氢氧化钠标准溶液的体积，单位为毫升(mL)；

V_4——空白溶液消耗氢氧化钠标准溶液的体积，单位为毫升(mL)；

M'_2——6.3.2.1 树脂样品的质量，单位为克(g)。

7.4 氢型强酸性阳离子交换树脂强酸基团交换容量按式(4)计算：

$$Q_S = \frac{Q'_S}{1 - X} \quad \cdots\cdots(4)$$

式中：

Q_S——氢型强酸性阳离子交换树脂强酸基团交换容量，单位为毫摩尔每克(mmol/g)；

Q'_S——氢型强酸性阳离子交换树脂湿基强酸基团交换容量，单位为毫摩尔每克(mmol/g)；

X——氢型树脂样品的含水量。

7.5 氢型强酸性阳离子交换树脂弱酸基团交换容量按式(5)计算：

$$Q_W = Q_T - Q_S \quad \cdots\cdots(5)$$

式中：

Q_W——氢型阳离子交换树脂弱酸基团交换容量，单位为毫摩尔每克(mmol/g)；

Q_T——氢型阳离子交换树脂全交换容量，单位为毫摩尔每克(mmol/g)；

Q_S——氢型阳离子交换树脂强酸基团交换容量，单位为毫摩尔每克(mmol/g)。

对于弱酸性阳离子交换树脂，其弱酸基团交换容量等于全交换容量，计算公式可参照 7.1～7.2 进行。

7.6 钠型强酸性阳离子交换树脂交换容量按式(6)计算，计算结果均保留小数点后二位，取二次测定结果的平均值。

$$Q = \frac{(V_2 - V_1) \times c(NaOH)}{M \times (1 - X)} \quad \cdots\cdots(6)$$

式中：

Q——钠型强酸性阳离子交换树脂交换容量，单位为毫摩尔每克(mmol/g)；

V_2——6.4.5滴定交换流出液耗用的标准NaOH溶液体积，单位为毫升(mL)；

V_1——滴定空白试验耗用的标准NaOH溶液体积，单位为毫升(mL)；

c(NaOH)——标准NaOH溶液的浓度，单位为摩尔每升(mol/L)；

M——6.4.1试样量，单位为克(g)；

X——钠型试样含水量。

8 精密度

8.1 氢型阳离子交换树脂交换容量的精密度列于表1。

表1 氢型阳离子交换树脂交换容量的精密度 单位为毫摩尔每克(mmol/g)

项目		重复性限(r)	再现性限(R)
强酸性阳离子交换树脂	全交换容量	0.082	0.162
	强酸基团交换容量	0.070	0.194
弱酸性阳离子交换树脂	全交换容量	0.138	0.250

8.2 钠型强酸性阳离子交换树脂交换容量的精密度如下：

重复性限(r)：r=0.05 mmoL/g。

再现性限(R)：R=0.14 mmoL/g。

9 试验报告

试验报告应包括下列各项：

a) 试验方法和标准号；

b) 受检产品的完整标识：包括产品名称、型号、生产厂名等；

c) 测量结果；

d) 试验人员和试验日期。

ICS 77.140.75
H 48

中华人民共和国国家标准

GB/T 8162—2008
代替 GB/T 8162—1999

结构用无缝钢管

Seamless steel tubes for structural purposes

2008-08-19 发布　　2009-04-01 实施

中华人民共和国国家质量监督检验检疫总局
中国国家标准化管理委员会　发布

前　言

本标准与 EN 10297-1:2003《用于机械和一般工程用途的无缝钢管交货技术条件》的一致性程度为非等效。

本标准代替 GB/T 8162—1999《结构用无缝钢管》。本标准与 GB/T 8162—1999 相比，主要变化如下：

——增加了订货内容；

——修改了尺寸允许偏差；

——增加了全长弯曲度要求；

——增加了端头切斜要求；

——取消了标记示例；

——增加了钢牌号；

——取消了扩口试验要求；

——增加了无损检验协商条款。

本标准由中国钢铁工业协会提出。

本标准由全国钢标准化技术委员会归口。

本标准主要起草单位：鞍钢股份有限公司、攀钢集团成都钢铁有限责任公司、湖南衡阳钢管集团有限公司。

本标准主要起草人：张会轩、章澎、朴志民、李奇、赵斌、李志。

本标准所代替标准的历次版本发布情况为：

——GB/T 8162—1987、GB/T 8162—1999。

结构用无缝钢管

1 范围

本标准规定了结构用无缝钢管的订货内容、尺寸、外形、重量、技术要求、试验方法、检验规则、包装、标志和质量证明书。

本标准适用于机械结构、一般工程结构用无缝钢管。

2 规范性引用文件

下列文件中的条款通过本标准的引用而成为本标准的条款。凡是注日期的引用文件，其随后所有的修改单(不包括勘误的内容)或修订版均不适用于本标准，然而，鼓励根据本标准达成协议的各方研究是否可使用这些文件的最新版本。凡是不注日期的引用文件，其最新版本适用于本标准。

GB/T 222 钢的成品化学成分允许偏差

GB/T 223.3 钢铁及合金化学分析方法 二安替比林甲烷磷钼酸重量法测定磷量

GB/T 223.5 钢铁及合金化学分析方法 还原型硅钼酸盐光度法测定酸溶硅含量

GB/T 223.8 钢铁及合金化学分析方法 氟化钠分离-EDTA 容量法测定铝含量

GB/T 223.9 钢铁及合金 铝含量的测定 铬天青 S 分光光度法

GB/T 223.11 钢铁及合金化学分析方法 过硫酸铵氧化容量法测定铬量

GB/T 223.12 钢铁及合金化学分析方法 硫酸钠分离-二苯碳酸二肼光度法测定铬量

GB/T 223.13 钢铁及合金化学分析方法 硫酸亚铁铵滴定法测定钒含量

GB/T 223.14 钢铁及合金化学分析方法 钽试剂萃取光度法测定钒含量

GB/T 223.16 钢铁及合金化学分析方法 变色酸光度法测定钛量

GB/T 223.18 钢铁及合金化学分析方法 硫代硫酸钠分离-碘量法测定铜量

GB/T 223.19 钢铁及合金化学分析方法 新亚铜灵三氯甲烷萃取光度法测定铜量

GB/T 223.23 钢铁及合金 镍含量的测定 丁二铜肟分光光度法

GB/T 223.25 钢铁及合金化学分析方法 丁二铜肟重量法测定镍量

GB/T 223.26 钢铁及合金 钼含量的测定 硫氰酸盐分光光度法

GB/T 223.36 钢铁及合金化学分析方法 蒸馏分离-中和滴定法测定氮量

GB/T 223.37 钢铁及合金化学分析方法 蒸馏分离-靛酚蓝光度法测定氮量

GB/T 223.40 钢铁及合金 铌含量的测定 氯磺酚 S 分光光度法

GB/T 223.43 钢铁及合金 钨含量的测定 重量法和分光光度法

GB/T 223.53 钢铁及合金化学分析方法 火焰原子吸收分光光度法测定铜量

GB/T 223.54 钢铁及合金化学分析方法 火焰原子吸收分光光度法测定镍量

GB/T 223.58 钢铁及合金化学分析方法 亚砷酸钠-亚硝酸钠滴定法测定锰量

GB/T 223.59 钢铁及合金化学分析方法 锑磷钼蓝光度法测定磷量

GB/T 223.60 钢铁及合金化学分析方法 高氯酸脱水重量法测定硅含量

GB/T 223.61 钢铁及合金化学分析方法 磷钼酸胺容量法测定磷量

GB/T 223.62 钢铁及合金化学分析方法 乙酸丁酯萃取光度法测定磷量

GB/T 223.63 钢铁及合金化学分析方法 高碘酸钠(钾)光度法测定锰量

GB/T 223.64 钢铁及合金 锰含量的测定 火焰原子吸收光谱法

GB/T 223.66 钢铁及合金化学分析方法 硫氰酸盐-盐酸氯丙嗪-三氯甲烷萃取光度法测定钨量

GB/T 223.67 钢铁及合金 硫含量的测定 次甲基蓝分光光度法

GB/T 223.68 钢铁及合金化学分析方法 管式炉内燃烧后碘酸钾滴定法测定硫含量

GB/T 223.69 钢铁及合金 碳含量的测定 管式炉内燃烧后气体容量法

GB/T 223.71 钢铁及合金化学分析方法 管式炉内燃烧后重量法测定碳含量

GB/T 223.72 钢铁及合金 硫含量的测定 重量法

GB/T 223.74 钢铁及合金化学分析方法 非化合碳含量的测定

GB/T 223.75 钢铁及合金 硼含量的测定 甲醇蒸馏-姜黄素光度法

GB/T 223.76 钢铁及合金化学分析方法 火焰原子吸收光谱法测定钒量

GB/T 223.78 钢铁及合金化学分析方法 姜黄素直接光度法测定硼含量(GB/T 223.78—2000, ISO 10153:1997,IDT)

GB/T 228 金属材料 室温拉伸试验方法(GB/T 228—2002, eqv ISO 6892:1998)

GB/T 229 金属材料 夏比摆锤冲击试验方法(GB/T 229—2007,ISO 148-1:2006,MOD)

GB/T 231.1 金属布氏硬度试验 第1部分:试验方法(GB/T 231.1—2002,ISO 6506-1:1999, EQV)

GB/T 244 金属管 弯曲试验方法(GB/T 244—2008,ISO 8491:1996,IDT)

GB/T 246 金属管 压扁试验方法(GB/T 246—2007,ISO 8492:1998,IDT)

GB/T 699 优质碳素结构钢

GB/T 1591 低合金高强度结构钢

GB/T 2102 钢管的验收、包装、标志和质量证明书

GB/T 2975 钢及钢产品 力学性能试验取样位置及试样制备(GB/T 2975—1998,eqv ISO 377:1997)

GB/T 3077 合金结构钢

GB/T 4336 碳素钢和中低合金钢 火花源原子发射光谱分析方法(常规法)

GB/T 5777 无缝钢管超声波探伤检验方法(GB/T 5777—2008,ISO 9303:1989,MOD)

GB/T 7735 钢管涡流探伤检验方法(GB/T 7735—2004,ISO 9304:1989,MOD)

GB/T 12606 钢管漏磁探伤方法(GB/T 12606—1999,eqv ISO 9402:1989、ISO 9598:1989)

GB/T 17395 无缝钢管尺寸、外形、重量及允许偏差(GB/T 17395—2008,ISO 1127:1992、ISO 4200:1991、ISO 5252:1991,NEQ)

GB/T 20066 钢和铁 化学成分测定用试样的取样和制样方法(GB/T 20066—2006,ISO 14284:1996,IDT)

GB/T 20123 钢铁 总碳硫含量的测定 高频感应炉燃烧后红外吸收法(常规方法)(GB/T 20123—2006,ISO 15350:2000,IDT)

GB/T 20124 钢铁 氮含量的测定 惰性气体熔融热导法(常规方法)(GB/T 20124—2006,ISO 15351:1999,IDT)

GB/T 20125 低合金钢 多元素的测定 电感耦合等离子体发射光谱法

3 订货内容

按本标准订购钢管的合同或订单应包括下列内容:

a) 标准编号;

b) 产品名称;

c) 钢的牌号,有质量等级的需注明质量等级;

d) 尺寸规格;

e) 订购数量(总重量或总长度);

f) 交货状态；

g) 特殊要求。

4 尺寸、外形和重量

4.1 外径和壁厚

钢管的外径(D)和壁厚(S)应符合 GB/T 17395 的规定。

根据需方要求，经供需双方协商，可供应其他外径和壁厚的钢管。

4.2 外径和壁厚的允许偏差

4.2.1 钢管的外径允许偏差应符合表 1 的规定。

表 1 钢管的外径允许偏差

单位为毫米

钢管种类	允许偏差
热轧(挤压、扩)钢管	±1%D 或±0.50,取其中较大者
冷拔(轧)钢管	±1%D 或±0.30,取其中较大者

4.2.2 热轧(挤压、扩)钢管壁厚允许偏差应符合表 2 的规定。

表 2 热轧(挤压、扩)钢管壁厚允许偏差

单位为毫米

钢管种类	钢管公称外径	S/D	允许偏差
热轧(挤压)钢管	≤102	—	±12.5%S 或±0.40,取其中较大者
	>102	≤0.05	±15%S 或±0.40,取其中较大者
		>0.05～0.10	±12.5%S 或±0.40,取其中较大者
		>0.10	$^{+12.5\%S}_{-10\%S}$
热扩钢管	—		±15%S

4.2.3 冷拔(轧)钢管的壁厚允许偏差应符合表 3 的规定。

表 3 冷拔(轧)钢管壁厚允许偏差

单位为毫米

钢管种类	钢管公称壁厚	允许偏差
冷拔(轧)	≤3	$^{+15\%S}_{-10\%S}$ 或±0.15,取其中较大者
	>3	$^{+12.5\%S}_{-10\%S}$

4.2.4 根据需方要求，经供需双方协商，并在合同中注明，可生产表 1、表 2、表 3 规定以外尺寸允许偏差的钢管。

4.3 长度

4.3.1 通常长度

钢管的通常长度为 3 000 mm～12 500 mm。

4.3.2 范围长度

根据需方要求，经供需双方协商，并在合同中注明，钢管可按范围长度交货。范围长度应在通常长度范围内。

4.3.3 定尺和倍尺长度

4.3.3.1 根据需方要求，经供需双方协商，并在合同中注明，钢管可按定尺长度或倍尺长度交货。

4.3.3.2 钢管的定尺长度应在通常长度范围内，其定尺长度允许偏差应符合如下规定：

a) 定尺长度不大于 6 000 mm，$^{+10}_{0}$ mm；

b) 定尺长度大于 6 000 mm，$^{+15}_{0}$ mm。

4.3.3.3 钢管的倍尺总长度应在通常长度范围内，全长允许偏差为：$^{+20}_{\ 0}$ mm，每个倍尺长度应按下述规定留出切口余量：

a) 外径不大于 159 mm，5 mm～10 mm；

b) 外径大于 159 mm，10 mm～15 mm。

4.4 弯曲度

4.4.1 钢管的每米弯曲度应符合表 4 的规定。

表 4 钢管的弯曲度

钢管公称壁厚/mm	每米弯曲度/(mm/m)
≤15	≤1.5
>15～30	≤2.0
>30 或 D≥351	≤3.0

4.4.2 钢管的全长弯曲度应不大于钢管总长度的 1.5‰。

4.5 不圆度和壁厚不均

根据需方要求，经供需双方协商，并在合同中注明，钢管的不圆度和壁厚不均应分别不超过外径和壁厚公差的 80%。

4.6 端头外形

4.6.1 公称外径不大于 60 mm 的钢管，管端切斜应不超过 1.5 mm；公称外径大于 60 mm 的钢管，管端切斜应不超过钢管公称外径的 2.5%，但最大应不超过 6 mm。钢管的切斜见图 1 所示。

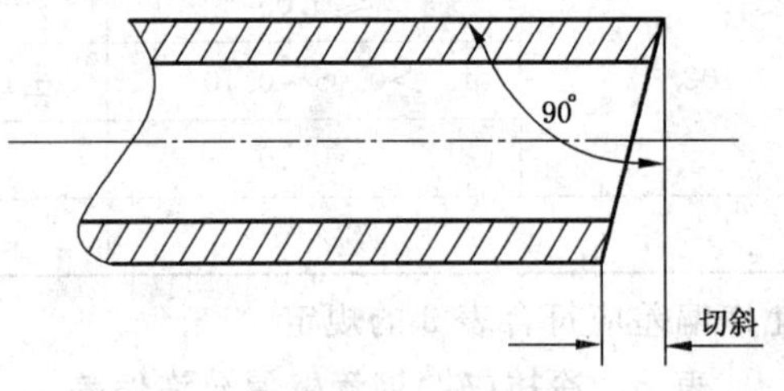

图 1 切斜

4.6.2 钢管的端头切口毛刺应予清除。

4.7 重量

4.7.1 钢管按实际重量交货，亦可按理论重量交货。钢管理论重量的计算按 GB/T 17395 的规定，钢的密度取 7.85 kg/dm³。

4.7.2 根据需方要求，经供需双方协商，并在合同中注明，交货钢管的理论重量与实际重量的偏差应符合如下规定：

a) 单支钢管：±10%；

b) 每批最小为 10 t 的钢管：±7.5%。

5 技术要求

5.1 钢的牌号和化学成分

5.1.1 优质碳素结构钢的牌号和化学成分(熔炼分析)应符合 GB/T 699 中 10、15、20、25、35、45、20Mn、25Mn 的规定。

低合金高强度结构钢的牌号和化学成分(熔炼分析)应符合 GB/T 1591 的规定，其中质量等级为 A、B、C 级钢的磷、硫含量均应不大于 0.030%。

合金结构钢的牌号和化学成分(熔炼分析)应符合 GB/T 3077 的规定。

牌号为 Q235、Q275 钢的化学成分(熔炼分析)应符合表 5 的规定。

表 5 Q235、Q275 钢的化学成分(熔炼分析)

牌号	质量等级	化学成分(质量分数)[a]/%					
		C	Si	Mn	P	S	Alt(全铝)[b]
					不大于		
Q235	A	≤0.22	≤0.35	≤1.40	0.030	0.030	—
	B	≤0.20					—
	C	≤0.17			0.030	0.030	—
	D				0.025	0.025	≥0.020
Q275	A	≤0.24	≤0.35	≤1.50	0.030	0.030	—
	B	≤0.21					—
	C	≤0.20			0.030	0.030	—
	D				0.025	0.025	≥0.020

[a] 残余元素 Cr、Ni 的含量应各不大于 0.30%,Cu 的含量应不大于 0.20%。

[b] 当分析 Als(酸溶铝)时,Als≥0.015%。

5.1.2 根据需方要求,经供需双方协商,可生产其他牌号的钢管。

5.1.3 当需方要求做成品分析时,应在合同中注明,成品钢管的化学成分允许偏差应符合 GB/T 222 的规定。

5.2 制造方法

5.2.1 钢的冶炼方法

钢应采用电弧炉加炉外精炼或氧气转炉加炉外精炼方法冶炼。

经供需双方协商,钢也可采用较高要求的其他方法冶炼。需方指定某一种冶炼方法时,应在合同中注明。

5.2.2 管坯的制造方法

管坯采用连铸或热轧(锻)方法制造,钢锭也可直接用做管坯。

5.2.3 钢管的制造方法

钢管应采用热轧(挤压、扩)或冷拔(轧)无缝方法制造。需方指定某一种方法制造钢管时,应在合同中注明。

5.3 交货状态

5.3.1 热轧(挤压、扩)钢管应以热轧状态或热处理状态交货。要求热处理状态交货时,应在合同中注明。

5.3.2 冷拔(轧)钢管应以热处理状态交货。根据需方要求,经供需双方协商,并在合同中注明,冷拔(轧)钢管也可以冷拔(轧)状态交货。

5.4 力学性能

5.4.1 拉伸性能

5.4.1.1 优质碳素结构钢、低合金高强度结构钢和牌号为 Q235、Q275 的钢管,其交货状态的拉伸性能应符合表 6 的规定。

5.4.1.2 合金结构钢钢管试样毛坯按表 7 推荐热处理制度进行热处理后制成试样测出的纵向拉伸性能应符合表 7 的规定。

5.4.1.3 冷拔(轧)状态交货钢管的力学性能由供需双方协商。

表 6　优质碳素结构钢、低合金高强度结构钢和牌号为 Q235、Q275 的钢管的力学性能

牌号	质量等级	抗拉强度 R_m/MPa	下屈服强度 R_{eL}[a]/MPa 壁厚/mm			断后伸长率 A/%	冲击试验	
			≤16	>16～30	>30		温度/℃	吸收能量 KV_2/J
			不小于					不小于
10	—	≥335	205	195	185	24	—	—
15	—	≥375	225	215	205	22	—	—
20	—	≥410	245	235	225	20	—	—
25	—	≥450	275	265	255	18	—	—
35	—	≥510	305	295	285	17	—	—
45	—	≥590	335	325	315	14	—	—
20Mn	—	≥450	275	265	255	20	—	—
25Mn	—	≥490	295	285	275	18	—	—
Q235	A	375～500	235	225	215	25	—	—
	B						+20	27
	C						0	
	D						−20	
Q275	A	415～540	275	265	255	22	—	—
	B						+20	27
	C						0	
	D						−20	
Q295	A	390～570	295	275	255	22	—	—
	B						+20	34
Q345	A	470～630	345	325	295	20	—	—
	B						+20	34
	C					21	0	
	D						−20	
	E						−40	27
Q390	A	490～650	390	370	350	18	—	—
	B						+20	34
	C					19	0	
	D						−20	
	E						−40	27
Q420	A	520～680	420	400	380	18	—	—
	B						+20	34
	C					19	0	
	D						−20	
	E						−40	27
Q460	C	550～720	460	440	420	17	0	34
	D						−20	
	E						−40	27

[a] 拉伸试验时，如不能测定屈服强度，可测定规定非比例延伸强度 $R_{p0.2}$ 代替 R_{eL}。

表 7 合金钢钢管的力学性能

序号	牌号	推荐的热处理制度[a]					拉伸性能			钢管退火或高温回火交货状态布氏硬度 HBW
		淬火(正火)			回火		抗拉强度 R_m/MPa	下屈服强度[f] R_{eL}/MPa	断后伸长率 A/%	
		温度/℃		冷却剂	温度/℃	冷却剂				
		第一次	第二次				不小于			不大于
1	40Mn2	840	—	水、油	540	水、油	885	735	12	217
2	45Mn2	840	—	水、油	550	水、油	885	735	10	217
3	27SiMn	920	—	水	450	水、油	980	835	12	217
4	40MnB[b]	850	—	油	500	水、油	980	785	10	207
5	45MnB[b]	840	—	油	500	水、油	1 030	835	9	217
6	20Mn2B[b,e]	880	—	油	200	水、空	980	785	10	187
7	20Cr[c,e]	880	800	水、油	200	水、空	835	540	10	179
							785	490	10	179
8	30Cr	860	—	油	500	水、油	885	685	11	187
9	35Cr	860	—	油	500	水、油	930	735	11	207
10	40Cr	850	—	油	520	水、油	980	785	9	207
11	45Cr	840	—	油	520	水、油	1 030	835	9	217
12	50Cr	830	—	油	520	水、油	1 080	930	9	229
13	38CrSi	900	—	油	600	水、油	980	835	12	255
14	12CrMo	900	—	空	650	空	410	265	24	179
15	15CrMo	900	—	空	650	空	440	295	22	179
16	20CrMo[c,e]	880	—	水、油	500	水、油	885	685	11	197
							845	635	12	197
17	35CrMo	850	—	油	550	水、油	980	835	12	229
18	42CrMo	850	—	油	560	水、油	1 080	930	12	217
19	12CrMoV	970	—	空	750	空	440	225	22	241
20	12Cr1MoV	970	—	空	750	空	490	245	22	179
21	38CrMoAl[c]	940	—	水、油	640	水、油	980	835	12	229
							930	785	14	229
22	50CrVA	860	—	油	500	水、油	1 275	1130	10	255
23	20CrMn	850	—	油	200	水、空	930	735	10	187
24	20CrMnSi[e]	880	—	油	480	水、油	785	635	12	207
25	30CrMnSi[c,e]	880	—	油	520	水、油	1 080	885	8	229
							980	835	10	229
26	35CrMnSiA[e]	880	—	油	230	水、空	1 620	—	9	229

表 7（续）

序号	牌号	推荐的热处理制度[a]					拉伸性能			钢管退火或高温回火交货状态布氏硬度 HBW
		淬火（正火）			回火		抗拉强度 R_m/MPa	下屈服强度[f] R_{eL}/MPa	断后伸长率 A/%	
		温度/℃		冷却剂	温度/℃	冷却剂				
		第一次	第二次				不小于			不大于
27	20CrMnTi[d,e]	880	870	油	200	水、空	1 080	835	10	217
28	30CrMnTi[d,e]	880	850	油	200	水、空	1 470	—	9	229
29	12CrNi2	860	780	水、油	200	水、空	785	590	12	207
30	12CrNi3	860	780	油	200	水、空	930	685	11	217
31	12Cr2Ni4	860	780	油	200	水、空	1 080	835	10	269
32	40CrNiMoA	850	—	油	600	水、油	980	835	12	269
33	45CrNiMoVA	860	—	油	460	油	1 470	1325	7	269

[a] 表中所列热处理温度允许调整范围：淬火±20 ℃，低温回火±30 ℃，高温回火±50 ℃。

[b] 含硼钢在淬火前可先正火，正火温度应不高于其淬火温度。

[c] 按需方指定的一组数据交货；当需方未指定时，可按其中任一组数据交货。

[d] 含铬锰钛钢第一次淬火可用正火代替。

[e] 于 280 ℃～320 ℃等温淬火。

[f] 拉伸试验时，如不能测定屈服强度，可测定规定非比例延伸强度 $R_{p0.2}$ 代替 R_{eL}。

5.4.2 硬度试验

以退火或高温回火状态交货、且壁厚不大于 5 mm 的合金结构钢钢管，其布氏硬度应符合表 7 的规定。

5.4.3 冲击试验

5.4.3.1 低合金高强度结构钢和牌号为 Q235、Q275 的钢管，当外径不小于 70 mm，且壁厚不小于 6.5 mm时，应进行冲击试验，其夏比 V 型缺口冲击试验的冲击吸收能量和试验温度应符合表 6 的规定。冲击吸收能量按一组 3 个试样的算术平均值计算，允许其中一个试样的单个值低于规定值，但应不低于规定值的 70%。

5.4.3.2 表 6 中的冲击吸收能量为标准尺寸试样夏比 V 型缺口冲击吸收能量要求值。当钢管尺寸不能制备标准尺寸试样时，可制备小尺寸试样。当采用小尺寸冲击试样时，其最小夏比 V 型缺口冲击吸收能量要求值应为标准尺寸试样冲击吸收能量要求值乘以表 8 中的递减系数。冲击试样尺寸应优先选择尽可能的较大尺寸。

表 8 小尺寸试样冲击吸收能量递减系数

试样规格	试样尺寸（高度×宽度）/（mm×mm）	递减系数
标准试样	10×10	1.00
小试样	10×7.5	0.75
小试样	10×5	0.50

5.4.3.3 根据需方要求，经供需双方协商，并在合同中注明，其他牌号、质量等级也可进行夏比 V 型缺口冲击试验，其试验温度、试验尺寸、冲击吸收能量由供需双方协商确定。

5.5 工艺性能

5.5.1 压扁试验

由10、15、20、25、20Mn、25Mn、Q235、Q275、Q295、Q345钢制造，外径＞22 mm～400 mm，并且壁厚与外径比值不大于10%的钢管应进行压扁试验，钢管压扁后平板间距离应符合表9的规定。

压扁后，试样上不允许出现裂缝或裂口。

表9 钢管压扁平板间距离

牌号	压扁试验平板间距（H）[a]/mm
10、15、20、25、Q235	2/3D
Q275、Q295、Q345、20Mn、25Mn	7/8D

[a] 压扁试验的平板间距（H）最小值应是钢管壁厚的5倍。

5.5.2 弯曲试验

根据需方要求，经供需双方协商，并在合同中注明，外径不大于22 mm的钢管可做弯曲试验，弯曲角度为90°，弯芯半径为钢管外径的6倍，弯曲后试样弯曲处不允许出现裂缝或裂口。

5.6 表面质量

钢管的内外表面不允许有目视可见的裂纹、折叠、结疤、轧折和离层。这些缺陷应完全清除，清除深度应不超过公称壁厚的负偏差，清理处的实际壁厚应不小于壁厚偏差所允许的最小值。

不超过壁厚负偏差的其他局部缺欠允许存在。

5.7 无损检验

根据需方要求，经供需双方协商，并在合同中注明，钢管可采用以下方法中的一种或多种方法进行无损检验，或其他方法进行无损检验：

a) 按GB/T 5777的规定进行超声波检验，人工缺陷尺寸：冷拔（轧）管为L3（C10），热轧（挤压、扩）钢管为L4（C12）；

b) 按GB/T 7735的规定进行涡流检验，验收等级A；

c) 按GB/T 12606的规定进行漏磁检验，验收等级L4。

6 试验方法

6.1 钢管的尺寸和外形应采用符合精度要求的量具进行测量。

6.2 钢管的内外表面应在充分照明条件下进行目视检查。

6.3 钢管其他检验项目的取样方法和试验方法应符合表10的规定。

表10 钢管的检验项目、取样数量、取样方法、试验方法

序号	检验项目	取样数量	取样方法	试验方法
1	化学成分	每炉取1个试样	GB/T 20066	GB/T 223 GB/T 4336 GB/T 20123 GB/T 20124 GB/T 20125
2	拉伸试验	每批在两根钢管上各取1个试样	GB/T 2975	GB/T 228
3	硬度试验	每批在两根钢管上各取1个试样	GB/T 2975	GB/T 231.1
4	冲击试验	每批在两根钢管上各取一组3个试样	GB/T 2975	GB/T 229
5	压扁试验	每批在两根钢管上各取1个试样	GB/T 246	GB/T 246

表 10（续）

序号	检验项目	取样数量	取样方法	试验方法
6	弯曲试验	每批在两根钢管上各取 1 个试样	GB/T 244	GB/T 244
7	超声波探伤检验	逐根	—	GB/T 5777
8	涡流探伤检验	逐根	—	GB/T 7735
9	漏磁探伤检验	逐根	—	GB/T 12606

7 检验规则

7.1 检查和验收

钢管的检查和验收由供方质量技术监督部门进行。

7.2 组批规则

7.2.1 钢管按批进行检查和验收。

7.2.2 若钢管在切成单根后不再进行热处理，则从一根管坯轧制的钢管截取的所有管段都应视为一根。

7.2.3 每批应由同一牌号、同一炉号、同一规格和同一热处理制度（炉次）的钢管组成。每批钢管的数量不应超过如下规定：

a） 外径不大于 76 mm，并且壁厚不大于 3 mm：400 根；

b） 外径大于 351 mm：50 根；

c） 其他尺寸：200 根。

7.2.4 当需方事先未提出特殊要求时，10、15、20、25、35、45、Q235、Q275、20Mn、25Mn 可以不同炉号的同一牌号、同一规格的钢管组成一批。

7.2.5 剩余钢管的根数，如不少于上述规定的 50%时则单独列为一批，少于上述规定的 50%时可并入同一牌号、同一炉号和同一规格的相邻一批中。

7.3 取样数量

每批钢管各项检验的取样数量应符合表 10 的规定。

7.4 复验与判定规则

钢管的复验与判定规则应符合 GB/T 2102 的规定。

8 包装、标志和质量证明书

钢管的包装、标志和质量证明书应符合 GB/T 2102 的规定。

ICS 77.140.75
H 48

中华人民共和国国家标准

GB/T 8163—2008
代替 GB/T 8163—1999

输送流体用无缝钢管

Seamless steel tubes for liquid service

2008-08-19 发布　　　　2009-04-01 实施

中华人民共和国国家质量监督检验检疫总局
中国国家标准化管理委员会　发布

前　言

本标准与 EN 10216-1:2004《用于压力的无缝钢管交货技术条件　第1部分:规定室温性能的非合金钢管》的一致性程度为非等效。

本标准代替 GB/T 8163—1999《输送流体用无缝钢管》。本标准与 GB/T 8163—1999 相比主要变化如下:

——增加了订货内容;

——修改了尺寸允许偏差;

——增加了全长弯曲度要求;

——增加了端头切斜度要求;

——取消了标记示例;

——增加了钢牌号;

——修改了 Q345 的屈服强度;

——对按钢级交货,质量等级 B 及以上的钢牌号增加了冲击试验要求;

——修改了组批规则。

本标准由中国钢铁工业协会提出。

本标准由全国钢标准化技术委员会归口。

本标准主要起草单位:鞍钢股份有限公司、攀钢集团成都钢铁有限责任公司、湖南衡阳钢管(集团)有限公司。

本标准主要起草人:张会轩、章澎、朴志民、李志、赵斌、晏如。

本标准所代替标准的历次版本发布情况为:

——GB/T 8163—1987、GB/T 8163—1999。

输送流体用无缝钢管

1 范围

本标准规定了输送流体用无缝钢管的订货内容、尺寸、外形、重量、技术要求、试验方法、检验规则、包装、标志和质量证明书。

本标准适用于输送流体用一般无缝钢管。

2 规范性引用文件

下列文件中的条款通过本标准的引用而成为本标准的条款。凡是注日期的引用文件，其随后所有的修改单(不包括勘误的内容)或修订版均不适用于本标准，然而，鼓励根据本标准达成协议的各方研究是否可使用这些文件的最新版本。凡是不注日期的引用文件，其最新版本适用于本标准。

GB/T 222 钢的成品化学成分允许偏差

GB/T 223.3 钢铁及合金化学分析方法 二安替比林甲烷磷钼酸重量法测定磷量

GB/T 223.5 钢铁及合金化学分析方法 还原型硅钼酸盐光度法测定酸溶硅含量

GB/T 223.9 钢铁及合金化学分析方法 铬天青S光度法测定铝含量

GB/T 223.11 钢铁及合金化学分析方法 过硫酸铵氧化容量法测定铬量

GB/T 223.12 钢铁及合金化学分析方法 硫酸钠分离-二苯碳酰二肼光度法测定铬量

GB/T 223.13 钢铁及合金化学分析方法 硫酸亚铁铵滴定法测定钒含量

GB/T 223.14 钢铁及合金化学分析方法 钽试剂萃取光度法测定钒含量

GB/T 223.16 钢铁及合金化学分析方法 变色酸光度法测定钛量

GB/T 223.18 钢铁及合金化学分析方法 硫代硫酸钠分离-碘量法测定铜量

GB/T 223.19 钢铁及合金化学分析方法 新亚铜灵三氯甲烷萃取光度法测定铜量

GB/T 223.23 钢铁及合金化学分析方法 丁二酮肟分光光度法测定镍量

GB/T 223.26 钢铁及合金化学分析方法 硫氰酸盐-乙酸丁酯萃取分光光度法测定钼量

GB/T 223.37 钢铁及合金化学分析方法 蒸馏分离-靛酚蓝光度法测定氮量

GB/T 223.40 钢铁及合金 铌含量的测定 氯磺酚S分光光度法

GB/T 223.49 钢铁及合金化学分析方法 萃取分离-偶氮氯膦mA分光光度法测定稀土总量

GB/T 223.53 钢铁及合金化学分析方法 火焰原子吸收分光光度法测定铜量

GB/T 223.54 钢铁及合金化学分析方法 火焰原子吸收分光光度法测定镍量

GB/T 223.58 钢铁及合金化学分析方法 亚砷酸钠-亚硝酸钠滴定法测定锰量

GB/T 223.59 钢铁及合金化学分析方法 锑磷钼蓝光度法测定磷量

GB/T 223.60 钢铁及合金化学分析方法 高氯酸脱水重量法测定硅含量

GB/T 223.61 钢铁及合金化学分析方法 磷钼酸铵容量法测定磷量

GB/T 223.62 钢铁及合金化学分析方法 乙酸丁酯萃取光度法测定磷量

GB/T 223.63 钢铁及合金化学分析方法 高碘酸钠(钾)光度法测定锰量

GB/T 223.64 钢铁及合金化学分析方法 火焰原子吸收光谱法测定锰量

GB/T 223.67 钢铁及合金化学分析方法 还原蒸馏-次甲基蓝光度法测定硫量

GB/T 223.68 钢铁及合金化学分析方法 管式炉内燃烧后碘酸钾滴定法测定硫含量

GB/T 223.69　钢铁及合金化学分析方法　管式炉内燃烧后气体容量法测定碳含量

GB/T 223.71　钢铁及合金化学分析方法　管式炉内燃烧后重量法测定碳含量

GB/T 223.72　钢铁及合金化学分析方法　氧化铝色层分离-硫酸钡重量法测定硫量

GB/T 228　金属材料　室温拉伸试验方法(GB/T 228—2002,eqv ISO 6892:1998)

GB/T 229　金属材料　夏比摆锤冲击试验方法(GB/T 229—2007,ISO 148-1:2006,MOD)

GB 241　金属管　液压试验方法

GB/T 242　金属管　扩口试验方法(GB/T 242—2007,ISO 8493:1998,IDT)

GB/T 244　金属管　弯曲试验方法(GB/T 244—2008,ISO 8491:1986,IDT)

GB/T 246　金属管　压扁试验方法(GB/T 246—2007,ISO 8492:1998,IDT)

GB/T 699　优质碳素结构钢

GB/T 1591　低合金高强度结构钢

GB/T 2102　钢管的验收、包装、标志和质量证明书

GB/T 2975　钢及钢产品　力学性能试验取样位置及试样制备(GB/T 2975—1998,eqv ISO 377:1997)

GB/T 4336　碳素钢和中低合金钢　火花源原子发射光谱分析方法(常规法)

GB/T 5777　无缝钢管超声波探伤检验方法(GB/T 5777—2008,ISO 9303:1989,MOD)

GB/T 7735　钢管涡流探伤检验方法(GB/T 7735—2004,ISO 9304:1989,MOD)

GB/T 12606　钢管漏磁探伤方法(GB/T 12606—1999,eqv ISO 9402:1989、ISO 9598:1989)

GB/T 17395　无缝钢管尺寸、外形、重量及允许偏差(GB/T 17395—2008,ISO 1127:1992、ISO 4200:1991、ISO 5252:1991,NEQ)

GB/T 20066　钢和铁　化学成分测定用试样的取样和制样方法(GB/T 20066—2006,ISO 14284:1996,IDT)

GB/T 20123　钢铁　总碳硫含量的测定　高频感应炉燃烧后红外吸收法(常规方法)(GB/T 20123—2006,ISO 15350:2000,IDT)

GB/T 20124　钢铁　氮含量的测定　惰性气体熔融热导法(常规方法)(GB/T 20124—2006,ISO 15351:1999,IDT)

3　订货内容

按本标准订购钢管的合同或订单应包括下列内容:

a)　标准编号;

b)　产品名称;

c)　钢的牌号,有质量等级的应注明质量等级;

d)　尺寸规格;

e)　订购数量(总重量或总长度);

f)　交货状态;

g)　特殊要求。

4　尺寸、外形和重量

4.1　外径和壁厚

钢管的外径(D)和壁厚(S)应符合 GB/T 17395 的规定。

根据需方要求,经供需双方协商,可供应其他外径和壁厚的钢管。

4.2　外径和壁厚的允许偏差

4.2.1　钢管的外径允许偏差应符合表 1 的规定。

表 1 钢管的外径允许偏差

单位为毫米

钢管种类	允许偏差
热轧(挤压、扩)钢管	±1%D或±0.50,取其中较大者
冷拔(轧)钢管	±1%D或±0.30,取其中较大者

4.2.2 热轧(挤压、扩)钢管壁厚允许偏差应符合表2的规定。

表 2 热轧(挤压、扩)钢管壁厚允许偏差

单位为毫米

钢管种类	钢管公称外径	S/D	允许偏差
热轧(挤压)钢管	≤102	—	±12.5%S或±0.40,取其中较大者
	>102	≤0.05	±15%S或±0.40,取其中较大者
		>0.05～0.10	±12.5%S或±0.40,取其中较大者
		>0.10	$^{+12.5\%S}_{-10\%S}$
热扩钢管	—		±15%S

4.2.3 冷拔(轧)钢管壁厚允许偏差应符合表3的规定。

表 3 冷拔(轧)钢管壁厚允许偏差

单位为毫米

钢管种类	钢管公称壁厚	允许偏差
冷拔(轧)	≤3	$^{+15\%S}_{-10\%S}$或±0.15,取其中较大者
	>3	$^{+12.5\%S}_{-10\%S}$

4.2.4 根据需方要求,经供需双方协商,并在合同中注明,可供应表1、表2、表3规定以外尺寸允许偏差的钢管。

4.3 长度

4.3.1 通常长度

钢管的通常长度为3 000 mm～12 500 mm。

4.3.2 范围长度

根据需方要求,经供需双方协商,并在合同中注明,钢管可按范围长度交货。范围长度应在通常长度范围内。

4.3.3 定尺和倍尺长度

4.3.3.1 根据需方要求,经供需双方协商,并在合同中注明,钢管可按定尺长度或倍尺长度交货。

4.3.3.2 钢管的定尺长度应在通常长度范围内,全长允许偏差应符合以下规定:

a) 定尺长度不大于6 000 mm,$^{+10}_{0}$ mm;

b) 定尺长度大于6 000 mm,$^{+15}_{0}$ mm。

4.3.3.3 钢管的倍尺总长度应在通常长度范围内,全长允许偏差为:$^{+20}_{0}$ mm,每个倍尺长度应按下述规定留出切口余量:

a) 外径不大于159 mm,5 mm～10 mm;

b) 外径大于159 mm,10 mm～15 mm。

4.4 弯曲度

4.4.1 钢管的每米弯曲度应符合表4的规定。

表 4 钢管的弯曲度

钢管公称壁厚/mm	每米弯曲度/(mm/m)
≤15	≤1.5
>15～30	≤2.0
>30 或外径≥351	≤3.0

4.4.2 钢管的全长弯曲度应不大于钢管总长度的 1.5‰。

4.5 不圆度和壁厚不均

根据需方要求，经供需双方协商，并在合同中注明，钢管的不圆度和壁厚不均应分别不超过外径和壁厚公差的 80%。

4.6 端头外形

4.6.1 外径不大于 60 mm 的钢管，管端切斜应不超过 1.5 mm；外径大于 60 mm 的钢管，管端切斜应不超过钢管外径的 2.5%，但最大应不超过 6 mm。钢管的切斜见图 1 所示。

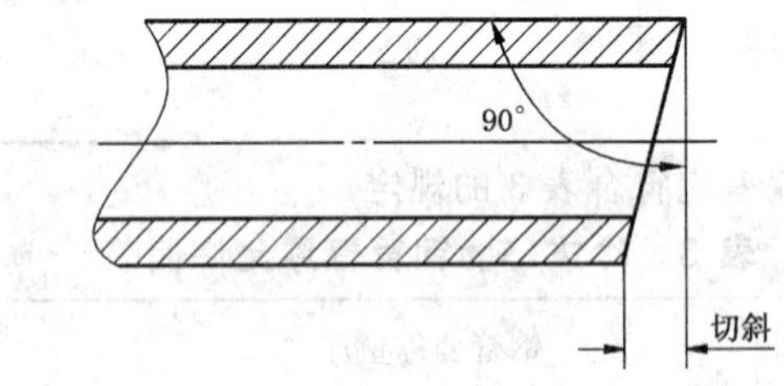

图 1 切斜

4.6.2 钢管的端头切口毛刺应予清除。

4.7 重量

4.7.1 钢管按实际重量交货，亦可按理论重量交货。钢管理论重量的计算按 GB/T 17395 的规定，钢的密度取 7.85 kg/dm^3。

4.7.2 根据需方要求，经供需双方协商，并在合同中注明，交货钢管的理论重量与实际重量的偏差应符合如下规定：

单支钢管：±10%；

每批最小为 10 t 的钢管：±7.5%。

5 技术要求

5.1 钢的牌号和化学成分

5.1.1 钢管由 10、20、Q295、Q345、Q390、Q420、Q460 牌号的钢制造。

5.1.2 根据需方要求，经供需双方协商，可生产 GB/T 699 中其他牌号的钢管，其化学成分(熔炼分析)应符合相应标准的规定。

5.1.3 牌号为 10、20 钢的化学成分(熔炼分析)应符合 GB/T 699 的规定。

5.1.4 牌号为 Q295、Q345、Q390、Q420 和 Q460 钢的化学成分(熔炼分析)应符合 GB/T 1591 的规定，其中质量等级为 A、B、C 级钢的磷、硫含量均应不大于 0.030%。

5.1.5 当需方要求做成品分析时，应在合同中注明，成品钢管的化学成分允许偏差应符合 GB/T 222 的规定。

5.2 制造方法

5.2.1 钢的冶炼方法

钢应采用电弧炉加炉外精炼或氧气转炉加炉外精炼方法冶炼。

经供需双方协商，也可采用较高要求的其他方法冶炼。需方指定某一种冶炼方法时，应在合同中注明。

5.2.2 管坯的制造方法

管坯采用连铸或热轧(锻)方法制造，钢锭也可直接用做管坯。

5.2.3 钢管的制造方法

钢管应采用热轧(挤压、扩)或冷拔(轧)无缝方法制造。需方指定某一种方法制造钢管时，应在合同中注明。

5.3 交货状态

5.3.1 热轧(挤压、扩)钢管应以热轧状态或热处理状态交货。要求热处理状态交货时，需在合同中注明。

5.3.2 冷拔(轧)钢管应以热处理状态交货。根据需方要求，经供需双方协商，并在合同中注明，也可以冷拔(轧)状态交货。

5.4 力学性能

5.4.1 拉伸性能

交货状态下钢管的纵向拉伸性能应符合表 5 的规定。

表 5 钢管的力学性能

牌号	质量等级	拉伸性能					冲击试验	
		抗拉强度 R_m/MPa	下屈服强度[a] R_{eL}/MPa			断后伸长率 A/%	温度/℃	吸收能量 KV_2/J
			壁厚/mm					
			≤16	>16~30	>30			
			不小于					不小于
10		335~475	205	195	185	24	—	—
20		410~530	245	235	225	20	—	—
Q295	A	390~570	295	275	255	22	—	—
	B						+20	34
Q345	A	470~630	345	325	295	20	—	—
	B						+20	34
	C					21	0	
	D						−20	
	E						−40	27
Q390	A	490~650	390	370	350	18	—	—
	B						+20	34
	C					19	0	
	D						−20	
	E						−40	27
Q420	A	520~680	420	400	380	18	—	—
	B						+20	34
	C					19	0	
	D						−20	
	E						−40	27
Q460	C	550~720	460	440	420	17	0	34
	D						−20	
	E						−40	27

[a] 拉伸试验时，如不能测定屈服强度，可测定规定非比例延伸强度 $R_{p0.2}$ 代替 R_{eL}。

5.4.2 **冲击试验**

5.4.2.1 牌号为Q295、Q345、Q390、Q420、Q460,质量等级为B、C、D、E的钢管,当外径不小于70 mm,且壁厚不小于6.5 mm时,应进行冲击试验,其夏比V型缺口冲击试验的冲击吸收能量和试验温度应符合表5的规定。冲击吸收能量按一组3个试样的算术平均值计算,允许其中一个试样的单个值低于规定值,但应不低于规定值的70%。

5.4.2.2 表5中的冲击吸收能量为标准尺寸试样夏比V型缺口冲击吸收能量要求值。当不能制备标准尺寸试样时,可制备小尺寸试样。当采用小尺寸冲击试样时,其最小夏比V型缺口冲击吸收能量要求值应为标准尺寸试样冲击吸收能量要求值乘以表6中的递减系数。冲击试样尺寸应优先选择尽可能的较大尺寸。

表6 小尺寸试样冲击吸收能量递减系数

试 样 规 格	试样尺寸(高度×宽度)/(mm×mm)	递 减 系 数
标准试样	10×10	1.00
小试样	10×7.5	0.75
小试样	10×5	0.50

5.4.2.3 根据需方要求,经供需双方协商,并在合同中注明,其他牌号、质量等级也可进行夏比V型缺口冲击试验,其试验温度、试样尺寸、冲击吸收能量由供需双方协商确定。

5.5 **工艺试验**

5.5.1 **压扁试验**

对于外径大于22 mm~400 mm,并且壁厚与外径比值不大于10%的10、20、Q295和Q345牌号的钢管应进行压扁试验。压扁试验平板间距(H)按式(1)计算:

$$H=\frac{(1+\alpha)S}{\alpha+S/D} \qquad \cdots\cdots(1)$$

式中:

H——平板间距,单位为毫米(mm);

S——钢管公称壁厚,单位为毫米(mm);

D——钢管公称外径,单位为毫米(mm);

α——单位长度变形系数,10钢取0.09;20钢取0.07;Q295、Q345取0.06。

压扁试验后,试样不允许出现裂缝或裂口。

5.5.2 **扩口试验**

根据需方要求,经供需双方协商,并在合同中注明,对于壁厚不大于8 mm的10、20、Q295和Q345牌号的钢管,可做扩口试验。扩口试验顶心锥度为30°、45°、60°中的一种。扩口后试样的外径扩口率应符合表7的规定,扩口后试样不允许出现裂缝或裂口。

表7 钢管外径扩口率

牌 号	钢管外径扩口率/%		
	内径/外径		
	≤0.6	>0.6~0.8	>0.8
10、20	10	12	17
Q295、Q345	8	10	15

5.5.3 **弯曲试验**

根据需方要求,经供需双方协商,并在合同中注明,外径不大于22 mm的钢管可做弯曲试验,弯曲角度为90°,弯芯半径为钢管外径的6倍,弯曲后弯曲处不允许出现裂缝或裂口。

5.5.4 液压试验

钢管应逐根进行液压试验，试验压力按式(2)计算，最大试验压力不超过 19.0 MPa。在试验压力下，稳压时间应不少于 5 s，钢管不允许出现渗漏现象。

$$P = 2SR/D \quad \cdots\cdots (2)$$

式中：

P——试验压力，单位为兆帕(MPa)；

S——钢管的公称壁厚，单位为毫米(mm)；

D——钢管的公称外径，单位为毫米(mm)；

R——允许应力，取规定下屈服强度的 60%，单位为兆帕(MPa)。

供方可用涡流探伤、漏磁探伤或超声波探伤代替液压试验。用涡流探伤时，应采用 GB/T 7735 中的验收等级 A；用漏磁探伤时，应采用 GB/T 12606 中的验收等级 L4；用超声波探伤时，人工缺陷尺寸应采用 GB/T 5777 中 L4(C12)。

5.6 表面质量

钢管的内外表面不允许有目视可见的裂纹、折叠、结疤、轧折和离层。这些缺陷应完全清除，清除深度应不超过公称壁厚的负偏差，清理处的实际壁厚应不小于壁厚偏差所允许的最小值。

不超过壁厚负偏差的其他局部缺欠允许存在。

6 试验方法

6.1 钢管的尺寸和外形应采用符合精度要求的量具进行测量。

6.2 钢管的内外表面应在充分照明条件下进行目视检查。

6.3 钢管其他检验项目的取样方法和试验方法应符合表 8 的规定。

表 8 钢管的检验项目、取样数量、取样方法、试验方法

序号	检验项目	取样数量	取样方法	试验方法
1	化学成分	每炉取 1 个试样	GB/T 20066	GB/T 223 GB/T 4336 GB/T 20123 GB/T 20124
2	拉伸试验	每批在两根钢管上各取 1 个试样	GB/T 2975	GB/T 228
3	冲击试验	每批在两根钢管上各取一组 3 个试样	GB/T 2975	GB/T 229
4	压扁试验	每批在两根钢管上各取 1 个试样	GB/T 246	GB/T 246
5	扩口试验	每批在两根钢管上各取 1 个试样	GB/T 242	GB/T 242
6	弯曲试验	每批在两根钢管上各取 1 个试样	GB/T 244	GB/T 244
7	液压试验	逐根	—	GB/T 241
8	超声波探伤检验	逐根	—	GB/T 5777
9	涡流探伤检验	逐根	—	GB/T 7735
10	漏磁探伤检验	逐根	—	GB/T 12606

7 检验规则

7.1 检查和验收

钢管的检查和验收由供方质量技术监督部门进行。

7.2 组批规则

7.2.1 钢管按批进行检查和验收。

7.2.2 若钢管在切成单根后不再进行热处理，则从一根管坯轧制的钢管截取的所有管段都应视为一根。

7.2.3 每批应由同一牌号、同一炉号、同一规格和同一热处理制度（炉次）的钢管组成。每批钢管的数量应不超过如下规定：

a) 外径不大于 76 mm，并且壁厚不大于 3 mm：400 根；

b) 外径大于 351 mm：50 根；

c) 其他尺寸：200 根。

7.2.4 需方如无特殊要求时，10、20 钢可以不同炉号的同一牌号、同一规格的钢管组成一批。

7.2.5 剩余钢管的根数，如不少于上述规定的 50% 时则单独列为一批，少于上述规定的 50% 时可并入同一牌号、同一炉号和同一规格的相邻一批中。

7.3 取样数量

每批钢管各项检验的取样数量应符合表 8 的规定。

7.4 复验与判定规则

钢管的复验与判定规则应符合 GB/T 2102 的规定。

8 包装、标志和质量证明书

8.1 钢管的包装、标志和质量证明书应符合 GB/T 2102 的规定。

8.2 根据需方要求，经供需双方协商，并在合同中注明，钢管的内外表面可涂保护层。

ICS 77.140.50
H 46

中华人民共和国国家标准

GB/T 8165—2008
代替 GB/T 8165—1997、GB/T 17102—1997

不锈钢复合钢板和钢带

Stainless steel clad plates, sheets and strips

2008-09-11 发布　　　　2009-05-01 实施

中华人民共和国国家质量监督检验检疫总局
中国国家标准化管理委员会　发布

前　言

本标准对 GB/T 8165—1997《不锈钢复合钢板和钢带》和 GB/T 17102—1997《不锈复合钢冷轧薄钢板和钢带》进行合并修订。

本标准代替 GB/T 8165—1997、GB/T 17102—1997 标准。与 GB/T 8165—1997、GB/T 17102—1997 相比，主要变化如下：

——调整了复合板(带)的材质、类型；

——修改了结合率的判定方法；

——修改了性能检测方法。

本标准的附录 A 为规范性附录。

本标准由中国钢铁工业协会提出。

本标准由全国钢标准化技术委员会归口。

本标准主要起草单位：山西太钢不锈钢股份有限公司、冶金工业信息标准研究院。

本标准主要起草人：李国平、弓建忠、王晓虎、常太根、范述宁、董莉。

本标准所代替标准的历次版本发布情况为：

——GB/T 8165—1987、GB/T 8165—1997；

——GB/T 17102—1997。

不锈钢复合钢板和钢带

1 范围

本标准规定了采用爆炸法、爆炸轧制法和轧制法生产的不锈钢复合钢板和钢带(以下简称“复合板(带)”)的术语和定义、分类和代号、尺寸、外形、重量、技术要求、试验方法、检验规则、包装、标志及质量证明书等。

本标准适用于以不锈钢做复层、碳素钢和低合金钢做基层的复合钢板(带)。包括用于制造石油、化工、轻工、海水淡化、核工业的各类压力容器、贮罐等结构件的不锈钢复层厚度≥1 mm 的复合中厚板，以及用于轻工机械、食品、炊具、建筑、装饰、焊管、铁路客车、医药卫生、环境保护等行业的设备或用具制造需要的复层厚度≤0.8 mm 的单面、双面对称和非对称复合钢带及其剪切钢板。

2 规范性引用文件

下列文件中的条款通过本标准的引用而成为本标准的条款。凡是注日期的引用文件，其随后所有的修改单(不包括勘误的内容)或修订版均不适用于本标准，然而，鼓励根据本标准达成协议的各方研究是否可使用这些文件的最新版本。凡是不注日期的引用文件，其最新版本适用于本标准。

GB/T 247 钢板和钢带验收、包装、标识及质量证明书的一般规定

GB/T 708 冷轧钢板和钢带的尺寸、外形、重量及允许偏差

GB/T 709 热轧钢板和钢带的尺寸、外形、重量及允许偏差

GB/T 710 优质碳素结构钢热轧薄钢板和钢带

GB/T 711 优质碳素结构钢热轧厚钢板和钢带

GB 713 锅炉和压力容器用钢板

GB/T 2975 钢及钢产品 力学性能试验取样位置及试样制备(GB/T 2975—1998，eqv ISO 377：1997)

GB/T 3274 碳素结构钢和低合金结构钢热轧厚钢板和钢带

GB/T 3280 不锈钢冷轧钢板和钢带

GB 3531 低温压力容器用低合金钢钢板

GB/T 4156 金属杯突试验方法

GB/T 4237 不锈钢热轧钢板和钢带

GB/T 4334 金属和合金的腐蚀 不锈钢晶间腐蚀试验方法

GB/T 6396 复合钢板力学及工艺性能试验方法

JB/T 10061 A 型脉冲反射式超声探伤仪通用技术条件

3 术语和定义

本标准采用下列术语和定义：

3.1

不锈钢复合钢板和钢带 stainless steel clad plates，sheets and strips

以碳素钢或低合金钢为基层，采用爆炸法或其他方法，在其一面或两面整体连续地包覆一定厚度不锈钢的复合材料。

3.2

复层 cladding metal

复合钢板中接触工作介质和大气的不锈钢。

3.3

基层　base metal

复合钢板中主要承受结构强度的碳素钢或低合金钢。

3.4

爆炸法　explosion method

以爆炸方法实现复、基层间冶金焊合的复合方法。

3.5

爆炸轧制法　exploded rolling method

以爆炸方法进行复、基层坯料的初始焊合，再进行轧制焊合的复合方法。

3.6

轧制复合法　rolled compounding method

不进行爆炸，只在轧制过程中实现复合的复合方法。

3.7

复合界面　compound contact interface

复合钢板复层和基层之间的分界面。

3.8

结合率　union rate

复合钢板复、基层间呈冶金焊合状态的面积占总界面面积的百分率。

3.9

修补焊接　patched welding

按一定要求除去未结合部分的复层，在基层上堆焊不锈钢，然后进行各种处理，使复合钢板复层保持原有性能的作业。

4　分类和代号

4.1　制造方法

4.1.1　复合钢板(带)的不锈钢复层可以在碳素钢、低合金钢基层的一面或双面进行复合。

4.1.2　复合钢板(带)可以采用爆炸法(代号 B)、轧制法(代号 R)或爆炸轧制法(代号 BR)制造。

4.2　分类级别

按制造方法和用途，复合钢板(带)的分类级别及代号见表 1。

表 1

级别	代号			用途
	爆炸法	轧制法	爆炸轧制法	
Ⅰ级	BⅠ	RⅠ	BRⅠ	适用于不允许有未结合区存在的、加工时要求严格的结构件上
Ⅱ级	BⅡ	RⅡ	BRⅡ	适用于可允许有少量未结合区存在的结构件上
Ⅲ级	BⅢ	RⅢ	BRⅢ	适用于复层材料只作为抗腐蚀层来使用的一般结构件上

5　订货内容

按本标准订货的合同或订单应包括下列内容：

a) 标准编号；

b) 产品名称；

c) 牌号：复层牌号＋基层牌号；

d) 产品级别和代号；

e) 尺寸及偏差；

f) 重量；

g) 交货状态；

h) 用途；

i) 特殊要求。

6 尺寸、外形、重量及允许偏差

6.1 尺寸

6.1.1 复合中厚板总公称厚度不小于 6.0 mm。轧制复合带及其剪切钢板总公称厚度为 0.8 mm～6.0 mm，见表 2。供需双方协商也可供 0.8 mm～6.0 mm 的其他公称厚度规格或其他复层厚度规格。

表 2

单位为毫米

<table>
<tr><th rowspan="3">轧制复合板(带)总公称厚度</th><th colspan="3">复层厚度 不小于</th><th colspan="2">表 示 法</th></tr>
<tr><th rowspan="2">对称型 AB 面</th><th colspan="2">非对称型</th><th rowspan="2">对称型</th><th rowspan="2">非对称型</th></tr>
<tr><th>A 面</th><th>B 面</th></tr>
<tr><td>0.8</td><td>0.09</td><td>0.09</td><td>0.06</td><td rowspan="8">总厚度(复×2＋基)
例：3.0(0.25×2＋2.50)</td><td rowspan="8">总厚度
(A 面复层＋B 面复层＋基层)
例：1.5(0.20＋0.13＋1.17)</td></tr>
<tr><td>1.0</td><td>0.12</td><td>0.12</td><td>0.06</td></tr>
<tr><td>1.2</td><td>0.14</td><td>0.14</td><td>0.06</td></tr>
<tr><td>1.5</td><td>0.16</td><td>0.16</td><td>0.08</td></tr>
<tr><td>2.0</td><td>0.18</td><td>0.18</td><td>0.10</td></tr>
<tr><td>2.5</td><td>0.22</td><td>0.22</td><td>0.12</td></tr>
<tr><td>3.0</td><td>0.25</td><td>0.25</td><td>0.15</td></tr>
<tr><td>3.5～6.0</td><td>0.30</td><td>0.30</td><td>0.15</td></tr>
<tr><td colspan="6">注：A 面为钢板较厚复层面。</td></tr>
</table>

6.1.2 复合中厚板公称宽度 1 450 mm～4 000 mm，轧制复合带及其剪切钢板公称宽度为 900 mm～1 200 mm。也可根据需方需要，由供需双方协商确定。

6.1.3 复合中厚板公称长度为 4 000 mm～10 000 mm。也可根据需方需要，由供需双方协商确定。轧制复合带可成卷交货，其剪切钢板公称长度为 2 000 mm，或其他定尺。成卷交货的钢带内径应在合同中注明。

6.1.4 单面复合中厚板的复层公称厚度 1.0 mm～18 mm，通常为 2 mm～4 mm。也可根据需方需要，由供需双方协商确定。

6.1.5　单面复合中厚板的基层最小厚度为5 mm，也可根据需方需要，由供需双方协商确定。

6.1.6　单面或双面复合板（带）用于焊接时复层最小厚度为0.3 mm，用于非焊接时复层最小厚度为0.06 mm。

6.2　尺寸允许偏差

6.2.1　复合中厚板

6.2.1.1　厚度允许偏差应符合表3的规定。

表3

<table>
<tr><th colspan="2">复层厚度允许偏差</th><th colspan="3">复合中厚板总厚度允许偏差</th></tr>
<tr><th rowspan="2">Ⅰ级、Ⅱ级</th><th rowspan="2">Ⅲ级</th><th rowspan="2">复合中厚板总公称厚度/mm</th><th colspan="2">允许偏差/%</th></tr>
<tr><th>Ⅰ级、Ⅱ级</th><th>Ⅲ级</th></tr>
<tr><td rowspan="6">不大于复层公称尺寸的±9%，且不大于1 mm</td><td rowspan="6">不大于复层公称尺寸的±10%，且不大于1 mm</td><td>6～7</td><td>+10
−8</td><td>±9</td></tr>
<tr><td>>7～15</td><td>+9
−7</td><td>±8</td></tr>
<tr><td>>15～25</td><td>+8
−6</td><td>±7</td></tr>
<tr><td>>25～30</td><td>+7
−5</td><td>±6</td></tr>
<tr><td>>30～60</td><td>+6
−4</td><td>±5</td></tr>
<tr><td>>60</td><td>协商</td><td>协商</td></tr>
</table>

6.2.1.2　宽度允许偏差，应符合表4要求。

表4　　单位为毫米

<table>
<tr><th rowspan="3">公称厚度</th><th colspan="4">下列宽度的宽度允许偏差</th></tr>
<tr><th rowspan="2"><1 450</th><th colspan="3">≥1 450</th></tr>
<tr><th>Ⅰ级</th><th>Ⅱ级</th><th>Ⅲ级</th></tr>
<tr><td>6～7</td><td rowspan="3">按GB/T 709</td><td>+6
0</td><td>+10
0</td><td>+15
0</td></tr>
<tr><td>>7～25</td><td>+20
0</td><td>+25
0</td><td>+30
0</td></tr>
<tr><td>>25</td><td>+25
0</td><td>+30
0</td><td>+35
0</td></tr>
</table>

6.2.1.3　长度允许偏差，按基层钢板标准相应的规定。特殊要求由供需双方协商。

6.2.1.4　不平度，每米不平度应符合表5要求。不允许有明显凹凸不平。

表 5

单位为毫米

复合钢板总公称厚度	下列宽度的允许不平度	
	1 000～1 450	>1 450
6～8	9	10
>8～15	8	9
>15～25	8	9
>25	7	8

6.2.2 **轧制复合带及其剪切的钢板**

6.2.2.1 厚度允许偏差应符合表 6 的规定。

表 6

单位为毫米

公 称 厚 度	复层厚度允许偏差	厚度允许偏差	
		A 级精度	B 级精度
0.8～1.0	不大于复层公称尺寸的±10%	±0.07	±0.08
>1.0～1.2		±0.08	±0.10
>1.2～1.5		±0.10	±0.12
>1.5～2.0		±0.12	±0.14
>2.0～2.5		±0.13	±0.16
>2.5～3.0		±0.15	±0.17
>3.0～3.5		±0.17	±0.19
>3.5～4.0		±0.18	±0.20
>4.0～5.0		±0.20	±0.22
>5.0～6.0		±0.22	±0.25

6.2.2.2 宽度和长度的允许偏差应符合 GB/T 708 的规定。

成卷交货时钢卷头、尾厚度不正常的长度各不超过 6 000 mm。

6.2.2.3 不平度

不平度应不大于 10 mm/m。

6.3 **重量**

复合板按理论重量交货或实际重量交货。按理论计重时，复合板重量为基层及复层各自相关标准中规定的理论重量之和。钢带按实际重量交货。

7 技术要求

7.1 复合板(带)复层和基层材料应符合表 7 的规定。根据需方要求也可选用表 7 以外的牌号。材料的组合由需方决定。复层和基层钢板均应是符合各自相应标准的合格钢板，应有质量证明书或其复印件。

表 7

复层材料		基层材料	
标准号	GB/T 3280、GB/T 4237	标准号	GB/T 3274、GB 713、GB 3531、GB/T 710
典型钢号	06Cr13 06Cr13Al 022Cr17Ti 06Cr19Ni10 06Cr18Ni11Ti 06Cr17Ni12Mo2 022Cr17Ni12Mo2 022Cr25Ni7Mo4N 022Cr22Ni5Mo3N 022Cr19Ni5Mo3Si2N 06Cr25Ni20 06Cr23Ni13	典型钢号	Q235-A、B、C Q345-A、B、C Q245R、Q345R、15CrMoR 09MnNiDR 08Al
注：根据需方要求也可选用表 7 以外的牌号，其质量应符合相应标准并有质量证明书。			

7.2 界面结合率

7.2.1 复合中厚板

7.2.1.1 复层与基层间面积结合率应符合表 8 的规定。

7.2.1.2 复合钢板的结合率达不到表 8 规定时，允许对复合缺陷的复层进行熔焊修补，这种修补应满足以下要求。

7.2.1.2.1 去掉缺陷部分的复层后，基层下挖 0.2 mm～0.5 mm。

7.2.1.2.2 应由相应资质的焊工按经评定合格的焊接工艺进行补焊，并做出补焊记录，补焊记录应提交需方。

7.2.1.2.3 补焊必须经超声波探伤检查合格后再进行着色检查，补焊表面不应有裂纹、气孔。在合同中注明压力容器用的复合钢板，缺陷部位最多允许修补 2 次。表面必须打磨光洁，并保证钢板最小厚度。

7.2.2 轧制复合带及其剪切钢板

7.2.2.1 轧制复合带及其剪切钢板每面的复基层间的面积结合率各不小于 99%（检测方法见附录 A）。

7.2.2.2 轧制复合带及其剪切钢板不允许进行熔焊修补。

表 8

界面结合级别	类别	结合率/%	未结合状态	检测细则
Ⅰ级	BⅠ BRⅠ RⅠ	100	单个未结合区长度不大于 50 mm，面积不大于 900 mm² 以下的未结合区不计	见附录 A
Ⅱ级	BⅡ BRⅡ RⅡ	≥99	单个未结合区长度不大于 50 mm，面积不大于 2 000 mm²	
Ⅲ级	BⅢ BRⅢ RⅢ	≥95	单个未结合区长度不大于 75 mm，面积不大于 4 500 mm²	

7.3 力学性能

7.3.1 复合中厚板

常规力学性能应符合表 9 的要求。

表 9

级 别	界面抗剪强度 τ/MPa	上屈服强度[a] R_{eH}/MPa	抗拉强度 R_m/MPa	断后伸长率 A/%	冲击吸收能量 KV_2/J
Ⅰ级 Ⅱ级	≥210	不小于基层对应厚度钢板标准值[b]	不小于基层对应厚度钢板标准下限值，且不大于上限值 35 MPa[c]	不小于基层对应厚度钢板标准值[d]	应符合基层对应厚度钢板的规定[e]
Ⅲ级	≥200				

a 屈服现象不明显时，按 $R_{p0.2}$。

b 复合钢板和钢带的屈服下限值亦可按式(1)计算：

$$R_p=\frac{t_1R_{p1}+t_2R_{p2}}{t_1+t_2} \quad\cdots\cdots(1)$$

式中：R_{p1}——复层钢板的屈服点下限值，单位为兆帕(MPa)；

R_{p2}——基层钢板的屈服点下限值，单位为兆帕(MPa)；

t_1——复层钢板的厚度，单位为毫米(mm)；

t_2——基层钢板的厚度，单位为毫米(mm)。

c 复合钢板和钢带的抗拉强度下限值亦可按式(2)计算：

$$R_m=\frac{t_1R_{m1}+t_2R_{m2}}{t_1+t_2} \quad\cdots\cdots(2)$$

式中：R_{m1}——复层钢板的抗拉强度下限值，单位为兆帕(MPa)；

R_{m2}——基层钢板的抗拉强度下限值，单位为兆帕(MPa)；

t_1——复层钢板的厚度，单位为毫米(mm)；

t_2——基层钢板的厚度，单位为毫米(mm)。

d 当复层伸长率标准值小于基层标准值、复合钢板伸长率小于基层、但又不小于复层标准值时，允许剖去复层仅对基层进行拉伸试验，其伸长率应不小于基层标准值。

e 复合钢板复层不做冲击试验。

7.3.2 轧制复合带及其剪切钢板

应符合基层材料相应标准的规定。当基层选用深冲钢时，其力学性能应符合表 10 的规定。复层为 06Cr13 钢时，其力学性能按复层为铁素体不锈钢的规定。

表 10

基 层 钢 号	上屈服强度[a] R_{eH}/MPa	抗拉强度 R_m/MPa	断后伸长率 A/%	
			复层为奥氏体不锈钢	复层为铁素体不锈钢
08Al	≤350	345～490	≥28	≥18

a 屈服现象不明显时，按 $R_{p0.2}$。

7.4 工艺性能

7.4.1 冷弯性能

7.4.1.1 复合中厚板弯曲试验条件及结果应符合表 11 的规定。

表 11

<table>
<tr><th rowspan="2">总公称厚度/mm</th><th rowspan="2">试样宽度/mm</th><th rowspan="2">弯曲角度</th><th colspan="2">弯芯直径 d</th><th colspan="2">试验结果</th></tr>
<tr><th>内　弯</th><th>外　弯</th><th>内　弯</th><th>外　弯</th></tr>
<tr><td>≤25</td><td>$b=2a$</td><td>180°</td><td>$a<20$ mm,$d=2a$
$a\geqslant 20$ mm,$d=3a$</td><td>$a<20$ mm,$d=2a$
$a\geqslant 20$ mm,$d=3a$</td><td colspan="2" rowspan="2">在弯曲部分的外侧不得产生肉眼可见的裂纹</td></tr>
<tr><td>>25</td><td>$b=2a$</td><td>180°</td><td>加工复层厚度至 25 mm,弯芯直径按基层钢板标准</td><td>加工基层厚度至 25 mm,弯芯直径按基层钢板标准</td></tr>
<tr><td colspan="7">注:a 为复合钢板总公称厚度。</td></tr>
</table>

7.4.1.2　轧制复合带及其剪切钢板弯曲试验条件及结果应符合表 12 的规定。复材不锈钢板标准中没有弯曲试验规定时,可不作外弯试验,如需方要求,则弯芯直径 $d=4a$。双面对称型复合钢板任做一个弯曲试验、非对称复合钢板进行外弯试验时复层厚度大的 A 面在外侧。

表 12

总公称厚度/mm	试样宽度 b/mm	弯曲角度	弯芯直径 d	内弯、外弯试验结果
0.8~6.0	$b=10$	180°	$d=2a$	在弯曲部分的外侧不得产生裂纹
注:a 为复合钢板总厚度。				

7.4.2　轧制复合带及其剪切钢板的杯突试验

当基层为 08Al 钢时的双面对称轧制复合带及其剪切钢板,经供需双方协商并在合同中注明交货状态的可进行杯突试验,其每个测量点的杯突值应符合表 13 的规定。基层为其他牌号时,不进行杯突试验。

表 13

单位为毫米

公称厚度	拉　延　级　别
	冲压深度　不小于
0.8	9.3
1.0	9.6
1.2	10.0
1.5	10.3
2.0	11.0
注:中间厚度的轧制复合板(带),其杯突试验值按内插法计算。	

7.5　表面质量

7.5.1　复合中厚板复层表面不应有气泡、结疤、裂纹、夹杂、折叠等缺陷。允许研磨清除上述缺陷,但清除后,应保证复层最小厚度,否则应进行补焊。基层表面质量应符合相应标准的规定。

7.5.2　轧制复合卷板表面不应有气泡、裂纹、结疤、拉裂和夹杂。不允许有分层。成卷交货时,钢带表面质量的不正常部位应不超过钢带总长度的 10%。

7.5.3　轧制复合板(带)表面加工等级应符合表 14 的规定,表面质量等级应符合表 15 规定,表面质量分组应符合 GB/T 4237、GB/T 3280 的有关规定。

表 14

表面加工等级	表面加工要求
No. 1	热轧后进行热处理、酸洗或类似的处理
No. 2B	冷轧后进行热处理、酸洗或类似的处理,最后经冷轧获得适当的粗糙度

表 15

等级	表面质量特征
Ⅰ级表面	钢板表面允许有深度不大于钢板厚度公差之半，且不使钢板小于允许最小厚度的轻微麻点、轻微划伤、凹坑和辊印。 钢板反面超出上述范围的缺陷允许用砂轮清除，清除深度不得大于钢板厚度公差
Ⅱ级表面	钢板表面允许有深度不大于钢板厚度公差之半，且不使钢板小于允许最小厚度的下列缺陷。正面：一般的轻微麻点、轻微划伤、凹坑和辊印。反面：一般的轻微麻点、局部的深麻点、轻微划伤、凹坑和辊印。 钢板两面超出上述范围的缺陷允许用砂轮清除，清除深度正面不得大于钢板复层厚度之半，反面不得大于钢板厚度公差

7.6 复层晶间腐蚀试验

复合钢板(带)用不锈钢复层应按 GB/T 3280、GB/T 4237 标准规定，经晶间腐蚀检验合格后进行复合。复合钢板成品可根据需方要求，按 GB/T 4334 的规定进行晶间腐蚀检验。

7.7 交货状态

复合钢板(带)应经热处理，复层表面应经酸洗钝化或抛光处理交货。根据供需双方协议也可以热轧状态交货。

8 试验方法

8.1 复合中厚板的检验项目按表 16 规定。

表 16

检验项目	Ⅰ级	Ⅱ级	Ⅲ级
	BⅠ BRⅠ RⅠ	BⅡ BRⅡ RⅡ	BⅢ BRⅢ RⅢ
拉伸试验	○	○	○
外弯试验 内弯试验	△ ○	△ ○	△ △
剪切试验	○	○	○
冲击试验	○	○	△
超声波检验	○	○	○
晶间腐蚀	△	△	△
外形尺寸	○	○	○
表面质量	○	○	○
复层厚度	○	○	○

注：○—表示必须进行的检验项目；
△—表示按需方要求的检验项目。

8.2 每批复合中厚板的检验项目、取样数量、取样方法及试验方法应符合表 17 的规定。

表 17

序　号	检验项目	取样数量	取样方法	试验方法
1	拉伸	1	GB/T 6396	GB/T 6396
2	外弯	1	GB/T 6396	GB/T 6396
3	内弯	1	GB/T 6396	GB/T 6396
4	抗剪强度	2	GB/T 6396	GB/T 6396
5	冲击	3	GB/T 6396	GB/T 6396
6	超声波探伤	逐张	每批纵向	附录 A
7	晶间腐蚀	2	—	GB/T 4334
8	外形尺寸	逐张	—	精度合适的量具
9	表面质量	逐张	—	目视
10	复层厚度	2	—	GB/T 6396

8.3　每批轧制复合带及其剪切钢板的检验项目、取样数量、取样方法及试验方法应符合表 18 的规定。

表 18

序　号	检验项目	取样数量	取样方法	试验方法
2	拉伸	2	GB/T 6396	GB/T 6396
3	冷弯	2	GB/T 6396	GB/T 6396
4	杯突	1	GB 4156	GB 4156
5	外形尺寸	逐张	—	—
6	复层厚度	2	—	GB/T 6396

9　检验规则

9.1　不锈钢复合板(带)的检查和验收由供方质量监督部门进行。

9.2　不锈钢复合板(带)应按批检验交货。每批由同一牌号的基层和复层、同一规格、同一生产工艺、同一热处理制度的钢板组成。

9.3　不锈钢复合板(带)如有不合格项目时,应从该批中另取双倍数量的试样进行不合格项目的复验(冲击试样按有关标准规定执行),复验不合格时不允许出厂。对于复合中厚板,此时可逐张取样,检验合格后按张交货。

10　包装、标志及质量证明书

10.1　不锈钢复合板(带)的包装、标志及质量证明书应执行 GB/T 247 标准的规定。

10.2　不锈钢复合板(带)的包装、标志及质量证明书还应符合以下具体规定。

10.2.1　不锈钢复合板(带)的包装应采取适当方式,以避免复板的擦伤、划伤。

10.2.2　不锈钢复合中厚板应在每张钢板复层的同一部位做产品标志,轧制复合卷板应按箱或卷贴产品标识,产品标志须注明:

a)　批号;

b)　牌号:复层牌号+基层牌号;

c)　尺寸:(复层厚度+基层厚度)×宽度×长度;

d)　复合中厚板需注明制造方法类别和界面焊合状态等级,轧制复合板(带)需注明表面组别;

e)　标准编号;

f)　商标、厂名;

g)　出厂日期。

附 录 A
（规范性附录）
不锈钢复合板（带）超声波检验方法

A.1 范围

本检测方法适用于不锈钢复合板的超声波检验，用以确定复合板的结合状态。

A.2 一般要求

A.2.1 检测人员

进行复合板超声波检测的人员应经过技术培训，并取得相应的无损检测人员资格等级证书，其中检测报告签发人员应具备Ⅱ级或Ⅲ级资格。

A.2.2 检测仪器

采用A型脉冲反射式超声波探伤仪，探伤仪指标应符合JB/T 10061的规定。

A.2.3 探头晶片面积一般不应大于500 mm²。且任一边长原则上不大于25 mm。频率为2.5 MHz～5 MHz。

A.2.4 检测面

一般从复层表面进行检测，当需要时可从基层表面进行检测。检测表面不得有影响检测的氧化皮。油污及锈蚀等其他污物。

A.2.5 耦合方式

直接接触法或水浸法。

A.2.6 耦合剂

应选用机油、甘油、水等透声性好，且不损伤检测表面的耦合剂。

A.2.7 探头的移动速度

探头的移动速度应不大于150 mm/s。当采用自动报警装置扫查时，不受此限。

A.2.8 扫查方式

沿钢板宽度方向，间隔50 mm的平行扫查，也可采用100%扫查。

在坡口预定线两侧各50 mm内应作100%扫查。

根据合同、技术协议书或图样的要求，可采用其他扫查形式。

A.3 灵敏度的确定

A.3.1 基准灵敏度

探头置于复合钢板完全结合部位，调节第一次底波高度为荧光屏满刻度的80%。以此作为基准灵敏度。

A.3.2 扫查灵敏度

扫查灵敏度通常不低于基准灵敏度。

A.4 检测时间

应在复合钢板复合、热处理、校平剪切或切割后进行超声波检测。

A.5 未结合区的确定

在基准灵敏度的情况下，第一次底波高度低于荧光屏满刻度的5%，且明显有未结合缺陷反射波存在时(≥5%),该部位称为未结合区。移动探头,使第一次底波升高到40%,此时探头中心作为未结合区边界点。

A.6 未结合区的评定

A.6.1 未结合区指示长度的评定

一个未结合区按其指示的最大长度作为该未结合区的指示长度。若单个未结合区的指示长度小于30 mm时可不作记录。

A.6.2 未结合区面积的评定

多个相邻的未结合区,当其最小间距小于或等于20 mm时,应作为单个未结合区处理,其面积为各个未结合区面积之和。未结合区面积小于900 mm^2 时可不作记录。

A.6.3 未结合率的评定

未结合区总面积占复合板总面积的百分比。

A.7 质量分级

A.7.1 复合板质量分级按表8的规定。

A.7.2 在坡口的预定线两侧各50 mm(板厚大于100 mm时以板厚的一半为准)的范围内,未结合的指示长度大于或等于30 mm时判为不合格,可以按照7.2.1.2的规定进行修复。

A.7.3 在任一平方米内不作记录的未结合区应不超过两处。

A.8 结合率

结合率计算公式如下:

$$J = (S - S_1)/S \times 100\%$$

式中:

J——结合率,%;

S——复合钢板的面积,单位为平方厘米(cm^2);

S_1——未结合区的总面积,单位为平方厘米(cm^2)。

A.9 检验报告

复合钢板超声波检验报告应包括下列内容:

a) 委托单位、检验报告编号;

b) 复材与基材的钢号及厚度;

c) 复合钢板的级别代号、批号、钢板编号及尺寸;

d) 探伤仪型号、探头直径及频率,耦合剂;

e) 检验标准;

f) 检验结果:以示意图表示未结合区位置、形状及尺寸(长度及面积),结合率数值,并按相应标准对每张钢板做出合格与否的结论;

g) 检验日期;

h) 检验人员及审核人员签字。

ICS 55.040
A 82

中华人民共和国国家标准

GB/T 8167—2008
代替 GB/T 8167—1987

包装用缓冲材料动态压缩试验方法

Testing method of dynamic compression for packaging cushioning materials

2008-07-18 发布　　2009-01-01 实施

中华人民共和国国家质量监督检验检疫总局
中国国家标准化管理委员会　发布

前言

本标准修改采用美国材料与试验协会标准 ASTM D 1596—1997《包装材料减震性能的试验方法》。

本标准与美国材料与试验协会标准 ASTM D 1596—1997 相比，主要差异如下：

——修改了测量缓冲材料厚度的压缩载荷量；

——修改了测量缓冲材料长度、宽度、厚度的精度值；

——扩大了测试系统的应用条件；

——增加了压缩箱使用的试验方法。

本标准代替 GB/T 8167—1987《包装用缓冲材料动态压缩试验方法》。

本标准与 GB/T 8167—1987 相比，主要变化如下：

——细化了试验设备进行动态压缩试验需达到的要求；

——规定了对试验样品进行随机抽取的要求；

——修改了试验用试验样品的数量；

——增加了推荐使用的试验样品尺寸规格；

——增加了速度与试验跌落高度的计算方法；

——在试验报告中增加了对试验厚度测量值的要求。

本标准的附录 A、附录 B 为资料性附录。

本标准由全国包装标准化技术委员会(SAC/TC 49)提出并归口。

本标准起草单位：中机生产力促进中心、深圳市美盈森环保科技股份有限公司、中国出口商品包装研究所。

本标准主要起草人：黄雪、刘萍、蔡少龄、李建华、张晓建。

本标准所代替标准的历次版本发布情况为：

——GB/T 8167—1987。

包装用缓冲材料动态压缩试验方法

1 范围

本标准规定了包装用缓冲材料动态压缩试验方法的试验原理、试验设备、试验样品、试验程序与试验报告。

本标准适用于评定缓冲材料在冲击作用下的缓冲性能及其在流通过程中对内装产品的保护能力。

本标准适用的包装用缓冲材料的形状可以是块状、片状、丝状、粒状以及成型件等形式的 EPS、EPE 等软质、硬质缓冲材料，不适用于瓦楞纸板、EPE 膜、金属弹簧及防震橡胶。

2 规范性引用文件

下列文件中的条款通过本标准的引用而成为本标准的条款。凡是注日期的引用文件，其随后所有的修改单(不包括勘误的内容)或修订版均不适用于本标准，然而，鼓励根据本标准达成协议的各方研究是否可使用这些文件的最新版本。凡是不注日期的引用文件，其最新版本适用于本标准。

GB/T 4857.2 包装 运输包装件基本试验 第 2 部分：温湿度调节处理(GB/T 4857.2—2005, ISO 2233:2000,MOD)

3 试验原理

用自由跌落的重锤对包装用缓冲材料施加冲击载荷，计算加速度和静应力确定缓冲材料的动态压缩性能。试验结果表示为缓冲材料的动态压缩特性曲线。

4 试验设备

4.1 试验机

4.1.1 试验机应具有一个可自由跌落的重锤和一个较大质量的底座。

4.1.2 重锤应附有加速度传感器。

4.1.3 重锤应具有平整的，且能够完全覆盖被试验样品的冲击面，重锤质量可以调节，如果重锤由多个质量块组成，应将其固定为一个整体。

4.1.4 重锤应坚硬，并且有足够的刚度，以保证在冲击过程中不因重锤自身的振动而使测试波形发生畸变。

4.1.5 重锤的冲击面应与试验机底座面平行，并以规定的速度冲击试验样品，冲击速度误差应不超过 ±2%。同时，重锤应能以不小于 1 min 的间隔进行连续的冲击。

4.1.6 试验机的底座应具有足够的刚度，最大重锤的冲击面应小于试验机的底座面，试验机的底座质量至少为最大重锤质量的 50 倍。

4.1.7 若试验机底座的质量小于最大重锤质量的 50 倍，重锤的宽度、高度应小于底座长度的一半。

4.2 测试系统

测试系统包括加速度传感器、放大器、显示或记录装置等。测试系统应具有足够的频率响应，在测量范围内，测试系统的精度应在±5%之内。

5 试验样品

5.1 取样

试验样品应在放置 24 h 以上的成品中随机抽取，当其尺寸不能达到规定的要求时，允许在与生产条件相同的条件下专门制造试验样品。

5.2 尺寸

试验样品为规则的直方体形状。上、下底的面积至少为 100 mm×100 mm，如果条件允许，建议选取上、下底面积为 200 mm×200 mm 的试验样品，一般情况下，试验样品的厚度应不小于 25 mm（当厚度小于 25 mm 时允许叠放使用）。试验材料为细片状、颗粒状时，可利用压缩箱（参见附录 A）进行试验，其面积为 150 mm×150 mm，厚度为 100 mm 以上。

5.3 数量

试验样品的数量一般根据试验结果要求的准确度和试验样品材料来选定。一组试验样品的数量应不少于 3 件。

5.4 测量

5.4.1 长度和宽度

分别沿试验样品的长度和宽度方向，用最小分度值不大于 0.05 mm 的量具测量两端及中间三个位置的尺寸，分别求出平均值，并精确到 0.1 mm。

5.4.2 厚度

在试验样品的上表面上放置一块刚性平板，使试验样品受到（0.20±0.02）kPa 的压缩载荷。30 s 后在载荷状态下，用最小分度值不大于 0.05 mm 的量具测量四角的厚度，求出平均值，并精确到 0.1 mm。

测定丝状，粒状等试验样品的尺寸时，应采用压缩箱进行测量。

5.4.3 密度

用感量为 0.01 g 以上的天平称量试验样品的质量，并记录该测定值。

按式(1)计算试验样品的密度：

$$\rho = \frac{m}{L_1 \times L_2 \times T} \qquad (1)$$

式中：

ρ——试验样品密度，单位为克每立方毫米（g/mm^3）；

m——试验样品质量，单位为克（g）；

L_1——试验样品长度，单位为毫米（mm）；

L_2——试验样品宽度，单位为毫米（mm）；

T——试验样品厚度，单位为毫米（mm）。

6 试验程序

6.1 试验样品的预处理

试验前按 GB/T 4857.2 选定一种条件对试验样品进行 24 h 以上的预处理。

6.2 试验时的温湿度条件

试验应在与预处理相同的温湿度条件下进行。如果达不到相同条件，则应在尽可能相同的条件下进行。

6.3 试验步骤

6.3.1 试验前，对试验样品进行厚度测量，作为动态压缩试验的原始厚度（T）。

6.3.2 将试验样品放置在试验机的底座上，并使其中心与重锤的中心在同一垂线上。适当地固定试验样品，固定时应不使试验样品产生变形。

6.3.3 使试验机的重锤从预定的跌落高度冲击试验样品，连续冲击 5 次，每次冲击脉冲的间隔不少于 1 min，记录每次冲击的加速度-时间历程。若要求在特定条件下进行试验，应确保每次冲击时的试验条件满足特定条件。试验过程中，未达到 5 次冲击时就已确认试验样品发生损坏或丧失缓冲能力时，则中断试验。

6.3.4 冲击试验结束 3 min 后,按 5.4.2 的方法测量试验样品的厚度,作为动态压缩试验后的厚度(T_d)。

6.3.5 按 6.3.1～6.3.4 同样的方法对组内的其余试验样品进行冲击试验。

6.3.6 根据需要,可改变重锤的质量、试验样品的厚度以及等效跌落高度,按 6.3.1～6.3.5 同样的方法进行试验。为了精确地描绘出最大加速度-静应力曲线,应合理地选择 5 种以上的重锤质量进行试验。如果在某一试验条件下试验样品 5 次冲击后的动态压缩残余应变已达到 10%,则在其他试验条件下的试验中应使用新的试验样品。

6.4 试验计算

6.4.1 末速度和跌落高度

末速度与跌落高度的计算见式(2):

$$h = V_i^2/2g \qquad \cdots\cdots(2)$$
$$V_i = \sqrt{2gh}$$

式中:

V_i——重锤冲击的末速度,单位为米每秒(m/s);

h——重锤跌落的预定高度,单位为米(m);

g——重力加速度,单位为米每平方秒(m/s²)。

6.4.2 最大加速度

最大加速度取 5 次连续冲击中后 4 次的最大加速度的平均值。

6.4.3 静应力

静应力的计算见式(3):

$$\sigma_{st} = \frac{Mg}{A} \times 10^6 \qquad \cdots\cdots(3)$$

式中:

σ_{st}——静应力,单位为帕(Pa);

M——重锤的质量(重锤质量应精确到 30 g),单位为千克(kg);

g——重力加速度,单位为米每平方秒(m/s^2);

A——试验样品受冲击的表面面积(应精确到 1 mm),单位为平方毫米(mm^2)。

6.4.4 动态压缩残余应变

动态压缩残余应变计算见式(4):

$$\varepsilon = \frac{T - T_d}{T} \times 100\% \qquad \cdots\cdots(4)$$

式中:

T——试验样品的原始厚度,单位为毫米(mm);

T_d——试验样品动态压缩试验后的厚度,单位为毫米(mm)。

6.4.5 以最大加速度为纵坐标,以静应力为横坐标,绘出最大加速度-静应力曲线,示例参见附录 B。

7 试验报告

试验报告应包括下列内容:

a) 试验样品的详细说明,例如材料的名称、种类、形状、尺寸、密度、生产厂、牌号、出厂日期等;

b) 试验样品的数量;

c) 试验样品的预处理条件;

d) 试验时的温湿度条件;

e) 试验设备的有关说明;

f) 试验样品试验前后的厚度测定值；

g) 试验重锤的质量；

h) 每个试验样品的加速度-时间历程；

i) 最大加速度-静应力曲线，并标明试验时的跌落高度；

j) 试验样品的动态压缩残余应变；

k) 说明所使用的试验方法与本标准的差异；

l) 其他的详细记录和说明；

m) 试验日期，试验人员签字，试验单位盖章。

附　录　A
（资料性附录）
压　缩　箱

压缩箱的形状和尺寸见图 A.1 所示。压缩箱应具有足够的刚度，不因施加载荷而发生变形。

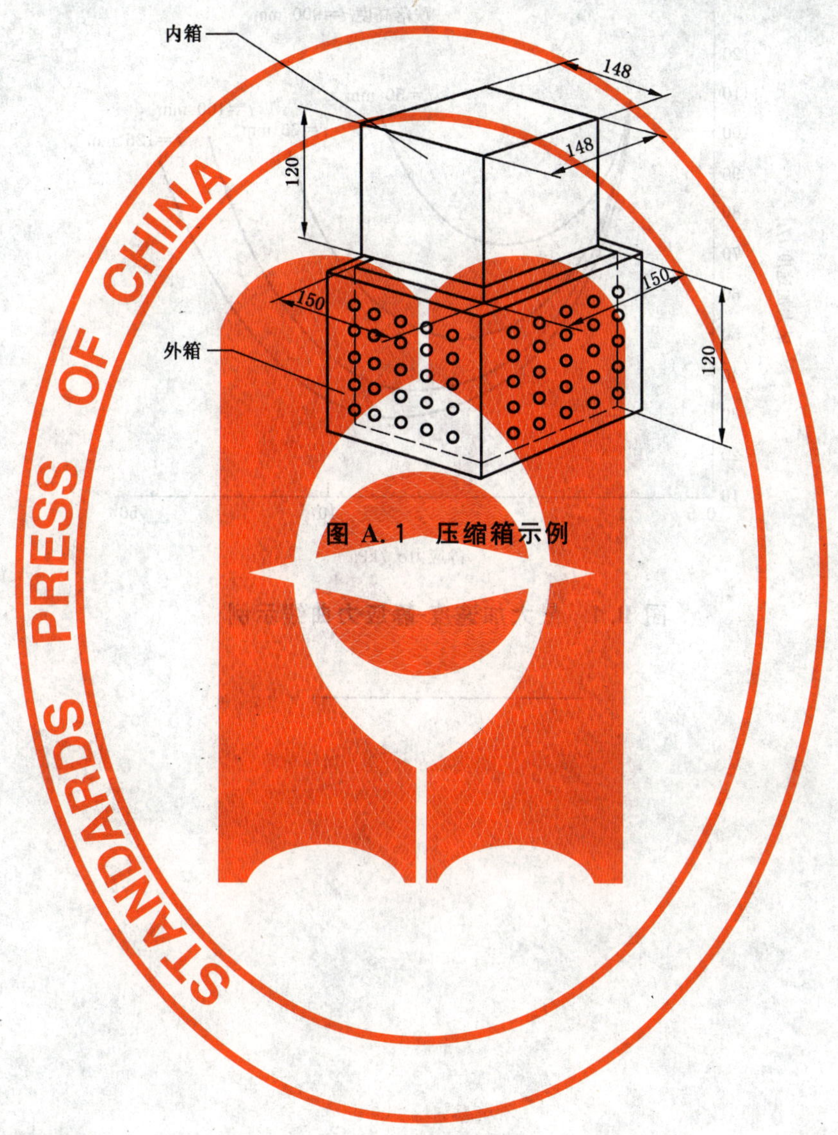

图 A.1　压缩箱示例

附　录　B
（资料性附录）
最大加速度-静应力曲线

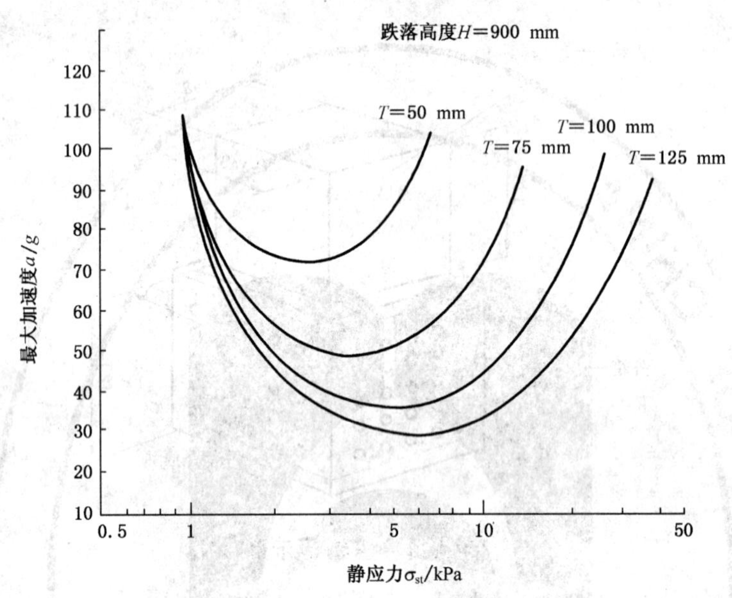

图 B.1　最大加速度-静应力曲线示例

ICS 55.040
A 82

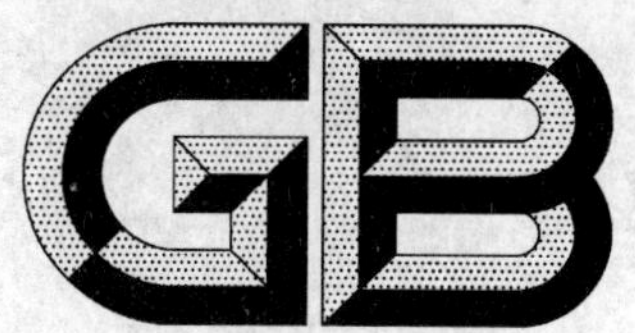

中华人民共和国国家标准

GB/T 8168—2008
代替 GB/T 8168—1987

包装用缓冲材料静态压缩试验方法

Testing method of static compression for packaging cushioning materials

2008-06-10 发布　　2009-01-01 实施

中华人民共和国国家质量监督检验检疫总局
中国国家标准化管理委员会　发布

前　言

本标准代替 GB/T 8168—1987《包装用缓冲材料静态压缩试验方法》。

本标准与 GB/T 8168—1987 相比，主要变化如下：

——增加了引用文件、术语、试验设备的内容；

——增加了对试验样品进行随机抽取的要求；

——修改了试验用试验样品的数量；

——增加了推荐使用试验样品的尺寸规格；

——增加了对 B 试验方法施加载荷量的规定；

——在试验数据中增加了对试验厚度测量值的要求。

本标准附录 A 为资料性附录。

本标准由全国包装标准化技术委员会(SAC/TC 49)提出并归口。

本标准起草单位：中机生产力促进中心、深圳市美盈森环保科技股份有限公司、中国出口商品包装研究所。

本标准主要起草人：黄雪、刘萍、蔡少龄、李建华、张晓建、丁嘉怡。

本标准所代替标准的历次版本发布情况为：

——GB/T 8168—1987。

包装用缓冲材料静态压缩试验方法

1 范围

本标准规定了包装用缓冲材料静态压缩试验方法的试验原理、试验设备、试验样品、试验程序与试验报告等内容。

本标准适用于评定在静载荷作用下缓冲材料的缓冲性能及其在流通过程中对内装产品的保护能力。

本标准适用的包装用缓冲材料的形状可以是块状、片状、丝状、粒状以及成型件等形式的EPS、EPE等软质、硬质缓冲材料,不适用于瓦楞纸板、EPE膜、金属弹簧及防震橡胶。

2 规范性引用文件

下列文件中的条款通过本标准的引用而成为本标准的条款。凡是注日期的引用文件,其随后所有的修改单(不包括勘误的内容)或修订版均不适用于本标准。然而,鼓励根据本标准达成协议的各方研究是否可使用这些文件的最新版本。凡是不注日期的引用文件,其最新版本适用于本标准。

GB/T 4122.1 包装术语 第1部分:基础

GB/T 4857.2 包装 运输包装件基本试验 第2部分:温湿度调节处理(GB/T 4857.2—2005,ISO 2233:2000,MOD)

3 术语和定义

GB/T 4122.1确立的以及下列术语和定义适用于本标准。

3.1

厚度减少率 thickness decrease rate

重复短时间施加压缩载荷导致试样厚度减少的百分比。

3.2

静态压缩残余应变 static compression residual strain

施加应力一定时间后去除载荷的状态,以厚度减少率表示。

4 试验原理

采用在包装用缓冲材料上低速施加压缩载荷的方法,求取缓冲材料的压缩应力-压缩应变曲线。

5 试验设备

5.1 试验机

5.1.1 试验机的底座应具有足够的刚度。

5.1.2 试验机应有可调节压力载荷的试验压板。

5.2 试验数据控制设备

通过输出设备调节施加压力载荷的数值及施压速度。

6 试验样品

6.1 取样

试验样品应在放置 24 h 以上的成品中随机抽取，当其尺寸不能达到规定的要求时，允许在与生产条件相同的条件下专门制造试验样品。

6.2 尺寸

试验样品为规则的直方体形状。上、下底的面积至少为 100 mm×100 mm，如果条件允许，建议选取上、下底面积为 200 mm×200 mm 的试验样品，试验样品的厚度应不小于 25 mm（当厚度小于 25 mm 时允许叠放使用）。试验材料为细片状、颗粒状时，可利用压缩箱（参见附录 A）进行试验，其面积为 150 mm×150 mm，厚度为 100 mm 以上。

6.3 数量

试验样品的数量一般根据试验结果要求的准确度和试验样品材料来选定。一组试验样品的数量应不少于 3 件。

6.4 测量

6.4.1 长度和宽度的测量

分别沿试验样品的长度和宽度方向，用最小分度值不大于 0.05 mm 的量具测量两端及中间三个位置的尺寸，分别求出平均值，并精确到 0.1 mm。

6.4.2 厚度的测量

在试验样品的上表面上放置一块刚性平板，使试验样品受到 0.20 kPa±0.02 kPa 的压缩载荷。30 s 后在载荷状态下，用最小分度值不大于 0.05 mm 的量具测量四角的厚度，求出平均值，并精确到 0.1 mm。

测定丝状，粒状等试验样品的尺寸时，应采用压缩箱进行测量。

6.4.3 密度的测量

a) 用感量为 0.01 g 以上的天平称量试验样品的质量，并记录该测定值。

b) 按式(1)计算试验样品的密度：

$$\rho = \frac{m}{L_1 \times L_2 \times T} \qquad \cdots\cdots (1)$$

式中：

ρ——试验样品密度，单位为克每立方毫米（g/mm^3）；

m——试验样品质量，单位为克（g）；

L_1——试验样品长度，单位为毫米（mm）；

L_2——试验样品宽度，单位为毫米（mm）；

T——试验样品厚度，单位为毫米（mm）。

7 试验程序

7.1 试验样品的预处理

试验前按 GB/T 4857.2 选定一种条件对试验样品进行 24 h 以上的预处理。

7.2 试验时的温湿度条件

试验应在与预处理相同的温湿度条件下进行。如果达不到相同条件，应在尽可能相同的条件下进行。

7.3 试验步骤

7.3.1 方法 A

7.3.1.1 试验前，对试验样品进行厚度测量，作为试验的原始厚度（T）。

7.3.1.2 压板以 12 mm/min±3 mm/min 的速度沿厚度方向对试验样品逐渐增加载荷。压缩过程中同时记录压缩力及相应的变形，对应于载荷的应变则以自动记录装置记录或测出至少 10 点以上的记录来绘制压缩应力-压缩应变曲线。

7.3.1.3 当压缩载荷急剧增加时停止试验。卸去载荷 3min 后按 6.4.2 的方法测量试验样品的厚度，作为试验样品经试验后的厚度(T_j)。

7.3.2 **方法 B**

7.3.2.1 试验前，对试验样品进行厚度测量，作为试验的原始厚度(T)。

7.3.2.2 以试验样品厚度 20%的变形载荷量反复压缩试验样品 10 次。卸去载荷 30 min 后按 6.4.2 的方法测量试验样品的厚度，作为试验样品预压缩的厚度(T_p)，以此时作为压缩试验的变形原点。

7.3.2.3 预压缩试验后按 7.3.1.2～7.1.1.3 进行试验。

7.4 **计算**

7.4.1 **压缩应力**

压缩应力的计算见式(2)：

$$\sigma = \frac{P}{A} \times 10^6 \quad \cdots\cdots(2)$$

式中：

σ——压缩应力，单位为帕(Pa)；

P——压缩载荷，单位为牛顿(N)；

A——试验样品承载面积，单位为平方毫米(mm^2)。

7.4.2 **压缩应变**

7.4.2.1 **方法 A 试验时压缩应变**

方法 A 压缩应变的计算见式(3)：

$$\varepsilon_a = \frac{T - T_j}{T} \quad \cdots\cdots(3)$$

式中：

ε_a——方法 A 试验时压缩应变，%；

T——试验样品原始厚度，单位为毫米(mm)；

T_j——试验样品试验后的厚度，单位为毫米(mm)。

7.4.2.2 **方法 B 试验时压缩应变**

方法 B 压缩应变的计算见式(4)：

$$\varepsilon_b = \frac{T_p - T_j}{T_p} \quad \cdots\cdots(4)$$

式中：

ε_b——B 法试验时压缩应变，%；

T_p——试验样品预压缩后的厚度，单位为毫米(mm)。

7.4.3 **厚度减少率(方法 B 时试验报告需注明厚度减少率)**

方法 B 厚度减少率的计算见式(5)：

$$\Delta T = \frac{T - T_p}{T} \quad \cdots\cdots(5)$$

式中：

ΔT——厚度减少率，%；

T——试验样品原始厚度，单位为毫米(mm)；

T_p——试验样品预压缩后的厚度，单位为毫米(mm)。

7.4.4 **静态压缩残余应变**

静态压缩残余应变的计算见式(6)：

$$\varepsilon = \frac{T - T_j}{T} \qquad \cdots\cdots(6)$$

式中：

ε——静态压缩残余应变，%；

T——试验样品原始厚度，单位为毫米(mm)；

T_j——试验样品压缩试验后的厚度，单位为毫米(mm)。

8 试验报告

试验报告应包括下列内容：

a) 试验样品的详细说明，例如材料的名称，种类、形状、尺寸、密度、生产厂、牌号、出厂日期等；
b) 试验样品的数量；
c) 试验样品的预处理条件；
d) 试验时的温湿度条件；
e) 试验设备的有关说明；
f) 试验方法(方法 A 或方法 B)；
g) 试验样品试验前后的厚度测定值；
h) 每一个试验样品的压缩应力(σ)-压缩应变(ε)曲线；
i) 当采用 B 法试验时，试验样品的厚度减少率；
j) 压缩试验后的压缩残余应变；
k) 说明所使用的试验方法与本标准的差异；
l) 其他的详细记录和说明；
m) 试验日期，试验人员签字，试验单位盖章。

附 录 A
(资料性附录)
压 缩 箱

压缩箱的形状和尺寸如图 A.1 所示。压缩箱应具有足够的刚度,不因施加载荷而发生变形。

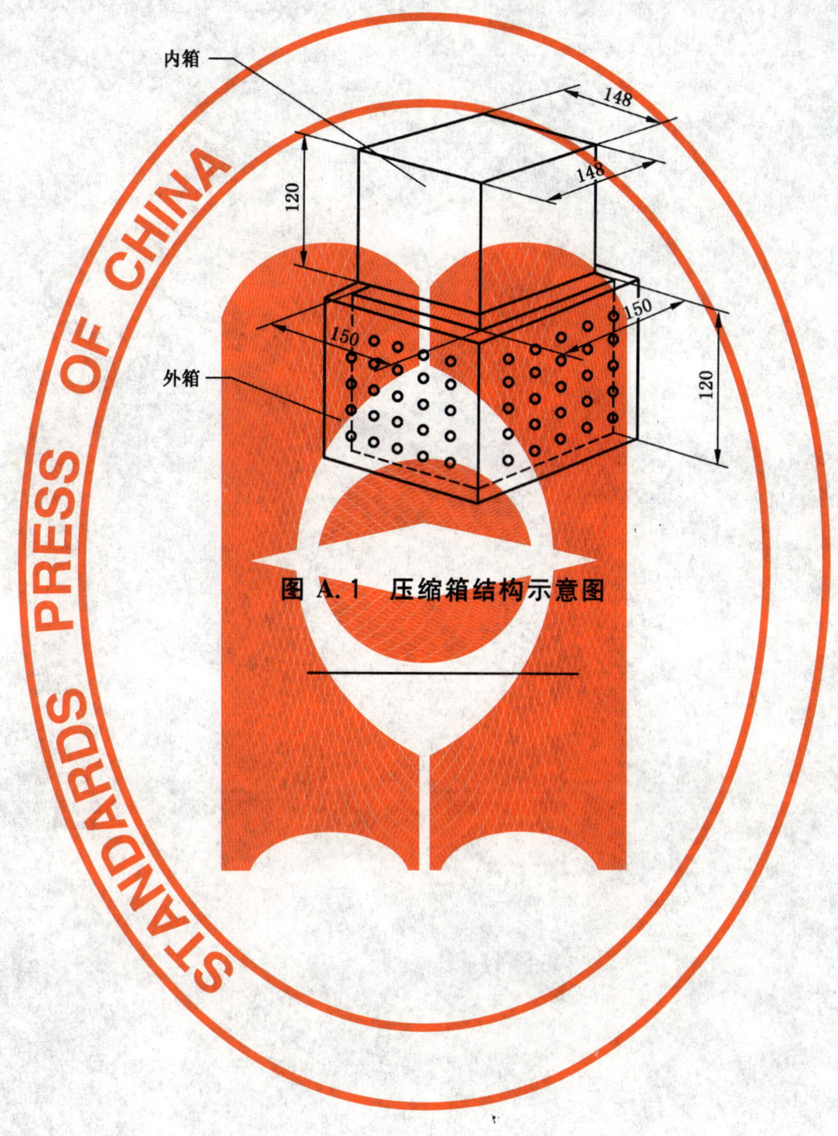

图 A.1 压缩箱结构示意图

ICS 55.040
A 82

中华人民共和国国家标准

GB/T 8169—2008
代替 GB/T 8169—1987

包装用缓冲材料振动传递特性试验方法

Testing method of vibration transmissibility for packaging cushioning materials

2008-06-10 发布　　2009-01-01 实施

中华人民共和国国家质量监督检验检疫总局
中国国家标准化管理委员会　发布

前言

本标准代替GB/T 8169—1987《包装用缓冲材料振动传递特性试验方法》。

本标准与GB/T 8169—1987相比，主要变化如下：

——增加了引用文件、术语的内容；

——修改了对试验设备振动台的有关要求；

——修改了对试验样品数量的有关要求；

——增加了对固定装置、试验样品、质量块重心点垂直位置的规定；

——明确了试验过程中的传递率为加速度传递率；

——明确了试验输出的振动传递率-频率曲线的绘制方法。

本标准的附录A为资料性附录。

本标准由全国包装标准化技术委员会(SAC/TC 49)提出并归口。

本标准起草单位：中机生产力促进中心、深圳市美盈森环保科技股份有限公司、中国出口商品包装研究所。

本标准主要起草人：黄雪、蔡少龄、李建华、张晓建、刘萍。

本标准所代替标准的历次版本发布情况为：

——GB/T 8169—1987。

包装用缓冲材料振动传递特性试验方法

1 范围

本标准规定了包装用缓冲材料振动传递特性试验的试验设备、试验样品、试验程序及试验报告。

本标准适用于评定在正弦振动作用下包装用缓冲材料的振动传递(隔振)特性及对包装内装物的保护能力。

本标准适用于非线性弹性的缓冲材料。

2 规范性引用文件

下列文件中的条款通过本标准的引用而成为本标准的条款。凡是注日期的引用文件,其随后所有的修改单(不包括勘误的内容)或修订版均不适用于本标准,然而,鼓励根据本标准达成协议的各方研究是否可使用这些文件的最新版本。凡是不注日期的引用文件,其最新版本适用于本标准。

GB/T 4122.1 包装术语 第1部分:基础

GB/T 4857.2 包装 运输包装件基本试验 第2部分:温湿度调节处理(GB/T 4857.2—2005,ISO 2233:2000,MOD)

3 术语

GB/T 4122.1确立的以及下列术语和定义适用于本标准。

3.1

加速度传递率 acceleration transmission rate

质量块的加速度与振动台台面的加速度的比值。

3.2

振动传递率-频率曲线 vibration transmission rate-frequency curve

以试验过程中振动台面的振动频率为横坐标,以试验过程中形成的加速度传递率为纵坐标,绘制成的曲线。

4 试验原理

本试验由质量块、缓冲材料、固定装置及振动台构成振动系统,以模拟包装件在正弦振动作用下缓冲材料(以下称试验样品)对振动的吸收、传递特性。试验中记录振动状态下质量块和振动台上的加速度值,并将其表示成振动传递率-频率特性曲线。

5 试验设备

5.1 振动台

振动台应具有充分大的尺寸、足够的强度、刚度和承载能力。该结构应能保证振动台台面在振动时保持水平状态,其最低共振频率应高于最高试验频率。振动台应平放,与水平之间的最大角度变化为0.3°。

5.2 固定装置

5.2.1 固定装置应具有能保证质量块做垂直振动的刚度和强度,其结构参见附录A。固定装置与质量块间的摩擦不应影响质量块的振动响应。

5.2.2 固定装置的盖板表面应平整、坚硬，其上、下底的面积应大于 200 mm×200 mm，并能对质量块上部的试验样品施加 0.7 kPa 的静压力。

5.3 质量块

5.3.1 质量块应是表面平整的直方体结构，上、下底的面积应大于 200 mm×200 mm，其质量可调节。质量块由硬木或金属制成，在质量块的几何中心位置应设有安装加速度传感器的内腔。

5.3.2 质量块应具有保证正常试验的刚度和强度，质量块应尽可能的选用一整块，如采用多个质量块则应将其紧固，以避免质量块之间因无固定而产生相互碰撞，从而影响试验效果。

5.4 测试系统

测试系统包括加速度传感器、放大器，显示或记录装置等。测试系统应具有足够的频率响应，在测量范围内，测试系统的精度应在±5%之内。

6 试验样品

6.1 取样

试验样品应在放置 24 h 以上的成品中抽取，当其尺寸不能达到规定的要求时，允许在与生产条件相同的条件下专门制造试验样品。

6.2 尺寸

试验样品为规则的直方体形状，上、下底的面积分别为 200 mm×200 mm。试验样品的厚度根据需要选择。

6.3 数量

试验样品的数量一般根据试验结果要求的准确度和试验样品材料来选定。一组试验样品的数量应不少于 3 件。

6.4 测量

6.4.1 长度和宽度

分别沿试验样品的长度和宽度方向，用最小分度不大于 0.05 mm 的量具测量两端及中间三个位置的尺寸，分别求出平均值，并精确到 0.1 mm。

6.4.2 厚度

在试验样品的上表面上放置一块平整的刚性平板，使试验样品受到 0.20 kPa±0.02 kPa 的压缩载荷。30 s 后在载荷状态下用最小分度不大于 0.05 mm 的量具测量四角的厚度，求出平均值，并精确到 0.1 mm。

6.4.3 密度

a) 用感量为 0.01 g 以上的天平称量试验样品的质量，并记录该测定值；

b) 试验样品的密度计算见式(1)。

$$\rho = \frac{m}{L_1 \times L_2 \times T} \qquad \cdots\cdots(1)$$

式中：

ρ——试验样品密度，单位为克每立方毫米(g/mm^3)；

m——试验样品质量，单位为克(g)；

L_1——试验样品长度，单位为毫米(mm)；

L_2——试验样品宽度，单位为毫米(mm)；

T——试验样品厚度，单位为毫米(mm)。

7 试验程序

7.1 试验样品的预处理

试验前按 GB/T 4857.2 选定一种条件对试验样品进行 24 h 以上的预处理。

7.2 试验时的温湿度条件

试验应在与预处理相同的温湿度条件下进行。如果达不到相同条件,应在尽可能相同的条件下进行。

7.3 试验步骤

7.3.1 分别在质量块中和振动台上安装加速度传感器。

7.3.2 调节质量块的质量,以对试验样品施加需要的静压力。

7.3.3 两块试验样品分别放置在质量块的上、下表面。

7.3.4 将固定装置的盖板压在质量块上部的试验样品上,并适当地加固。一般应使上部的试验样品受到 0.7 kPa 的静压力。固定装置、试验样品、质量块重心点的垂直位置应尽可能地接近实际振动台平台的几何中心。试验中应尽量避免由于质量块与试验样品发生分离而导致试验数据的畸变。

注:对于具有塑性的试验样品,可采取适当的措施消除试验样品的塑性变形对试验的影响。

7.3.5 按下列条件进行扫频试验:

a) 频率范围:从 3 Hz 开始增加频率,并使其通过系统的共振点,直到加速度传递率减少到大约 0.2 为止;

b) 扫频速率:每分钟$\frac{1}{2}$个倍频程或每分钟 1 个倍频程;

c) 加速度:5 m/s^2。

7.3.6 试验过程中,记录振动台台面和质量块上的加速度值及相应的振动频率。

7.3.7 计算加速度传递率。

7.3.8 以加速度传递率为纵坐标,以振动台面的振动频率为横坐标,绘出振动传递率-频率曲线。

8 试验报告

试验报告应包括下列内容:

a) 试验样品的详细说明,例如材料的名称、种类、形状、尺寸、密度、生产厂、牌号及出厂日期等;

b) 试验样品的数量;

c) 振动传递率-频率曲线,并标明静压力和试验样品的厚度;

d) 试验样品的预处理条件;

e) 试验时的温湿度条件;

f) 质量块的质量,以千克计;

g) 试验设备的有关说明;

h) 说明所用试验方法与本标准的差异;

i) 其他的详细记录和说明;

j) 试验日期,试验人员签字,试验单位盖章。

附 录 A
（资料性附录）
固定装置示意图

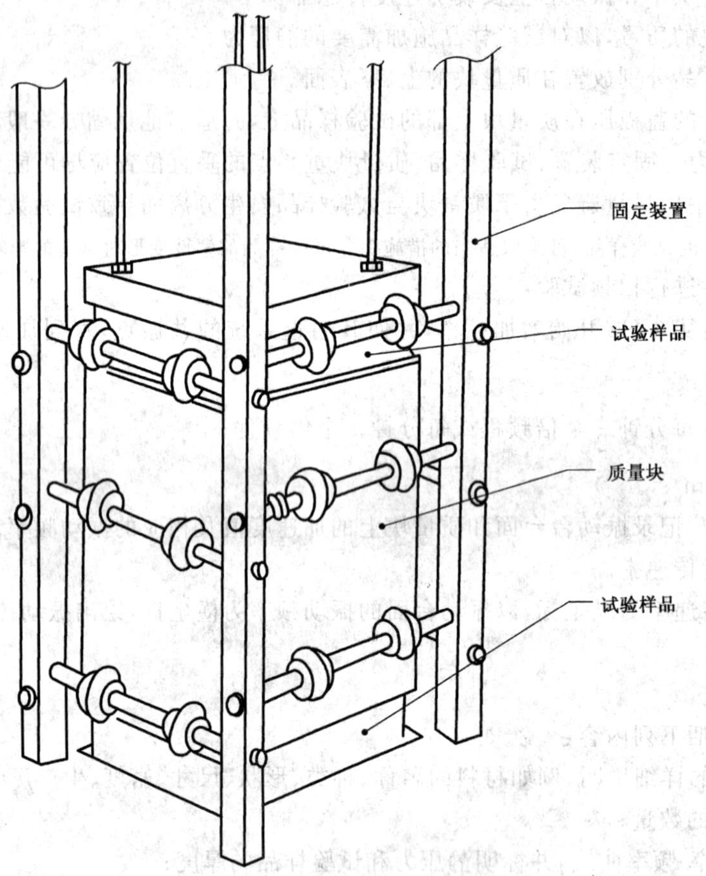

图 A.1 固定装置示意图

ICS 03.120.30
A 41

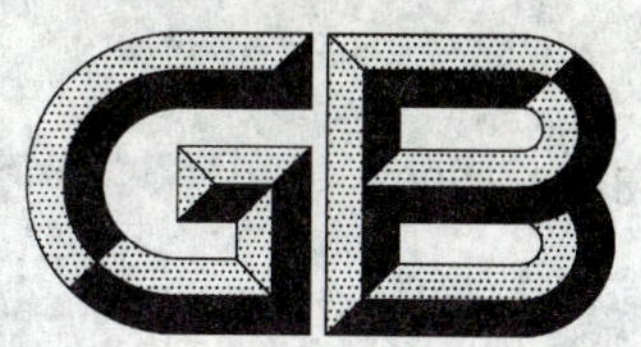

中华人民共和国国家标准

GB/T 8170—2008
代替 GB/T 1250—1989,GB/T 8170—1987

数值修约规则与极限数值的表示和判定

Rules of rounding off for numerical values & expression and judgement of limiting values

2008-07-16 发布　　2009-01-01 实施

中华人民共和国国家质量监督检验检疫总局
中国国家标准化管理委员会　发布

前　言

本标准是在 GB/T 8170—1987《数值修约规则》和 GB/T 1250—1989《极限数值的表示和判定方法》的基础上整合修订而成。

本标准代替 GB/T 8170—1987 和 GB/T 1250—1989。

本标准与 GB/T 8170—1987 和 GB/T 1250—1989 相比较，技术内容的主要变化包括：

——按 GB/T 1.1—2000《标准化工作导则　第1部分：标准的结构和编写规则》的要求对标准格式进行了修改；

——增加了术语“数值修约”与“极限数值”，修改了“修约间隔”的定义，删除了术语“有效位数”、“0.5 单位修约”与“0.2 单位修约”；

——在第3章数值修约规则中删除了“指定将数值修约成 n 位有效位数”有关内容，保留“指定数位的情形”；

——必要时，在修约数值右上角而不是数值后，加符号“+”或“−”，表示其值进行过“舍”或“进”；

——在对测定值或其计算值与极限数值比较的两种判定方法中，增加了“当标准或有关文件规定了使用其中一种比较方法时，一经确定，不得改动”；删去了有关绝对极限数值的内容；

——在使用修约法比较时，强调了“当测试或计算精度允许时，应先将获得的数值按指定的修约位数多一位或几位报出，然后按 3.2 的程序修约至规定的位数。”

本标准由中国标准化研究院提出。

本标准由全国统计方法应用标准化技术委员会归口。

本标准起草单位：中国标准化研究院、中国科学院数学与系统科学研究院、广州市产品质量监督检验所、无锡市产品质量监督检验所、福州春伦茶业有限公司。

本标准起草人：陈玉忠、于振凡、冯士雍、邓穗兴、丁文兴、党华、陈华英、傅天龙。

数值修约规则与极限数值的表示和判定

1 范围

本标准规定了对数值进行修约的规则、数值极限数值的表示和判定方法，有关用语及其符号，以及将测定值或其计算值与标准规定的极限数值作比较的方法。

本标准适用于科学技术与生产活动中测试和计算得出的各种数值。当所得数值需要修约时，应按本标准给出的规则进行。

本标准适用于各种标准或其他技术规范的编写和对测试结果的判定。

2 术语和定义

下列术语和定义适用于本标准。

2.1

数值修约 rounding off for numerical values

通过省略原数值的最后若干位数字，调整所保留的末位数字，使最后所得到的值最接近原数值的过程。

注：经数值修约后的数值称为(原数值的)修约值。

2.2

修约间隔 rounding interval

修约值的最小数值单位。

注：修约间隔的数值一经确定，修约值即为该数值的整数倍。

例1：如指定修约间隔为0.1，修约值应在0.1的整数倍中选取，相当于将数值修约到一位小数。

例2：如指定修约间隔为100，修约值应在100的整数倍中选取，相当于将数值修约到“百”数位。

2.3

极限数值 limiting values

标准(或技术规范)中规定考核的以数量形式给出且符合该标准(或技术规范)要求的指标数值范围的界限值。

3 数值修约规则

3.1 确定修约间隔

a) 指定修约间隔为 10^{-n}(n 为正整数)，或指明将数值修约到 n 位小数；

b) 指定修约间隔为1，或指明将数值修约到“个”数位；

c) 指定修约间隔为 10^{n}(n 为正整数)，或指明将数值修约到 10^{n} 数位，或指明将数值修约到“十”、“百”、“千”……数位。

3.2 进舍规则

3.2.1 拟舍弃数字的最左一位数字小于5，则舍去，保留其余各位数字不变。

例：将12.149 8修约到个数位，得12；将12.149 8修约到一位小数，得12.1。

3.2.2 拟舍弃数字的最左一位数字大于5，则进一，即保留数字的末位数字加1。

例：将1 268修约到“百”数位，得 13×10^{2}(特定场合可写为1 300)。

注：本标准示例中，“特定场合”系指修约间隔明确时。

3.2.3 拟舍弃数字的最左一位数字是5，且其后有非0数字时进一，即保留数字的末位数字加1。

例：将 10.500 2 修约到个数位，得 11。

3.2.4 拟舍弃数字的最左一位数字为 5，且其后无数字或皆为 0 时，若所保留的末位数字为奇数(1，3，5，7，9)则进一，即保留数字的末位数字加 1；若所保留的末位数字为偶数(0，2，4，6，8)，则舍去。

例 1：修约间隔为 0.1(或 10^{-1})

拟修约数值	修约值
1.050	10×10^{-1}(特定场合可写成为 1.0)
0.35	4×10^{-1}(特定场合可写成为 0.4)

例 2：修约间隔为 1 000(或 10^3)

拟修约数值	修约值
2 500	2×10^3(特定场合可写成为 2 000)
3 500	4×10^3(特定场合可写成为 4 000)

3.2.5 负数修约时，先将它的绝对值按 3.2.1～3.2.4 的规定进行修约，然后在所得值前面加上负号。

例 1：将下列数字修约到“十”数位：

拟修约数值	修约值
－355	-36×10(特定场合可写为－360)
－325	-32×10(特定场合可写为－320)

例 2：将下列数字修约到三位小数，即修约间隔为 10^{-3}：

拟修约数值	修约值
－0.036 5	-36×10^{-3}(特定场合可写为－0.036)

3.3 不允许连续修约

3.3.1 拟修约数字应在确定修约间隔或指定修约数位后一次修约获得结果，不得多次按 3.2 规则连续修约。

例 1：修约 97.46，修约间隔为 1。

正确的做法：97.46→97；

不正确的做法：97.46→97.5→98。

例 2：修约 15.454 6，修约间隔为 1。

正确的做法：15.454 6→15；

不正确的做法：15.454 6→15.455→15.46→15.5→16。

3.3.2 在具体实施中，有时测试与计算部门先将获得数值按指定的修约数位多一位或几位报出，而后由其他部门判定。为避免产生连续修约的错误，应按下述步骤进行。

3.3.2.1 报出数值最右的非零数字为 5 时，应在数值右上角加“＋”或加“－”或不加符号，分别表明已进行过舍，进或未舍未进。

例：16.50^+ 表示实际值大于 16.50，经修约舍弃为 16.50；16.50^- 表示实际值小于 16.50，经修约进一为 16.50。

3.3.2.2 如对报出值需进行修约，当拟舍弃数字的最左一位数字为 5，且其后无数字或皆为零时，数值右上角有“＋”者进一，有“－”者舍去，其他仍按 3.2 的规定进行。

例 1：将下列数字修约到个数位(报出值多留一位至一位小数)。

实测值	报出值	修约值
15.454 6	15.5^-	15
－15.454 6	-15.5^-	－15
16.520 3	16.5^+	17
－16.520 3	-16.5^+	－17
17.500 0	17.5	18

3.4 0.5 单位修约与 0.2 单位修约

在对数值进行修约时，若有必要，也可采用 0.5 单位修约或 0.2 单位修约。

3.4.1 0.5 单位修约（半个单位修约）

0.5 单位修约是指按指定修约间隔对拟修约的数值 0.5 单位进行的修约。

0.5 单位修约方法如下：将拟修约数值 X 乘以 2，按指定修约间隔对 $2X$ 依 3.2 的规定修约，所得数值（$2X$ 修约值）再除以 2。

例：将下列数字修约到“个”数位的 0.5 单位修约。

拟修约数值 X	$2X$	$2X$ 修约值	X 修约值
60.25	120.50	120	60.0
60.38	120.76	121	60.5
60.28	120.56	121	60.5
−60.75	−121.50	−122	−61.0

3.4.2 0.2 单位修约

0.2 单位修约是指按指定修约间隔对拟修约的数值 0.2 单位进行的修约。

0.2 单位修约方法如下：将拟修约数值 X 乘以 5，按指定修约间隔对 $5X$ 依 3.2 的规定修约，所得数值（$5X$ 修约值）再除以 5。

例：将下列数字修约到“百”数位的 0.2 单位修约

拟修约数值 X	$5X$	$5X$ 修约值	X 修约值
830	4 150	4 200	840
842	4 210	4 200	840
832	4 160	4 200	840
−930	−4 650	−4 600	−920

4 极限数值的表示和判定

4.1 书写极限数值的一般原则

4.1.1 标准（或其他技术规范）中规定考核的以数量形式给出的指标或参数等，应当规定极限数值。极限数值表示符合该标准要求的数值范围的界限值，它通过给出最小极限值和（或）最大极限值，或给出基本数值与极限偏差值等方式表达。

4.1.2 标准中极限数值的表示形式及书写位数应适当，其有效数字应全部写出。书写位数表示的精确程度，应能保证产品或其他标准化对象应有的性能和质量。

4.2 表示极限数值的用语

4.2.1 基本用语

4.2.1.1 表达极限数值的基本用语及符号见表 1。

表 1 表达极限数值的基本用语及符号

基本用语	符号	特定情形下的基本用语			注
大于 A	$>A$		多于 A	高于 A	测定值或计算值恰好为 A 值时不符合要求
小于 A	$<A$		少于 A	低于 A	测定值或计算值恰好为 A 值时不符合要求
大于或等于 A	$\geqslant A$	不小于 A	不少于 A	不低于 A	测定值或计算值恰好为 A 值时符合要求
小于或等于 A	$\leqslant A$	不大于 A	不多于 A	不高于 A	测定值或计算值恰好为 A 值时符合要求

注 1：A 为极限数值。

注 2：允许采用以下习惯用语表达极限数值：

a) “超过 A”，指数值大于 A（$>A$）；

b) “不足 A”，指数值小于 A（$<A$）；

c) “A 及以上”或“至少 A”，指数值大于或等于 A（$\geqslant A$）；

d) “A 及以下”或“至多 A”，指数值小于或等于 A（$\leqslant A$）。

例 1：钢中磷的残量＜0.035％，A＝0.035％。

例 2：钢丝绳抗拉强度≥22×10^2（MPa），$A=22\times10^2$（MPa）。

4.2.1.2　基本用语可以组合使用，表示极限值范围。

对特定的考核指标 X，允许采用下列用语和符号（见表 2）。同一标准中一般只应使用一种符号表示方式。

表 2　对特定的考核指标 X，允许采用的表达极限数值的组合用语及符号

组合基本用语	组合允许用语	符号		
		表示方式Ⅰ	表示方式Ⅱ	表示方式Ⅲ
大于或等于 A 且小于或等于 B	从 A 到 B	$A\leqslant X\leqslant B$	$A\leqslant\cdot\leqslant B$	$A\sim B$
大于 A 且小于或等于 B	超过 A 到 B	$A<X\leqslant B$	$A<\cdot\leqslant B$	$>A\sim B$
大于或等于 A 且小于 B	至少 A 不足 B	$A\leqslant X<B$	$A\leqslant\cdot<B$	$A\sim<B$
大于 A 且小于 B	超过 A 不足 B	$A<X<B$	$A<\cdot<B$	

4.2.2　带有极限偏差值的数值

4.2.2.1　基本数值 A 带有绝对极限上偏差值 $+b_1$ 和绝对极限下偏差值 $-b_2$，指从 $A-b_2$ 到 $A+b_1$ 符合要求，记为 $A^{+b_1}_{-b_2}$。

注：当 $b_1=b_2=b$ 时，$A^{+b_1}_{-b_2}$ 可简记为 $A\pm b$。

例：80^{+2}_{-1} mm，指从 79 mm 到 82 mm 符合要求。

4.2.2.2　基本数值 A 带有相对极限上偏差值 $+b_1$％和相对极限下偏差值 $-b_2$％，指实测值或其计算值 R 对于 A 的相对偏差值[$(R-A)/A$]从 $-b_2$％到 $+b_1$％符合要求，记为 $A^{+b_1}_{-b_2}$％。

注：当 $b_1=b_2=b$ 时，$A^{+b_1}_{-b_2}$％可记为 $A(1\pm b\%)$。

例：510 Ω（1±5％），指实测值或其计算值 R(Ω)对于 510 Ω 的相对偏差值[$(R-510)/510$]从－5％到＋5％符合要求。

4.2.2.3　对基本数值 A，若极限上偏差值 $+b_1$ 和（或）极限下偏差值 $-b_2$ 使得 $A+b_1$ 和（或）$A-b_2$ 不符合要求，则应附加括号，写成 $A^{+b_1}_{-b_2}$（不含 b_1 和 b_2）或 $A^{+b_1}_{-b_2}$（不含 b_1）、$A^{+b_1}_{-b_2}$（不含 b_2）。

例 1：80^{+2}_{-1}（不含 2）mm，指从 79 mm 到接近但不足 82 mm 符合要求。

例 2：510 Ω（1±5％）（不含 5％），指实测值或其计算值 R(Ω)对于 510 Ω 的相对偏差值[$(R-510)/510$]从－5％到接近但不足＋5％符合要求。

4.3　测定值或其计算值与标准规定的极限数值作比较的方法

4.3.1　总则

4.3.1.1　在判定测定值或其计算值是否符合标准要求时，应将测试所得的测定值或其计算值与标准规定的极限数值作比较，比较的方法可采用：

a)　全数值比较法；

b)　修约值比较法。

4.3.1.2　当标准或有关文件中，若对极限数值（包括带有极限偏差值的数值）无特殊规定时，均应使用全数值比较法。如规定采用修约值比较法，应在标准中加以说明。

4.3.1.3　若标准或有关文件规定了使用其中一种比较方法时，一经确定，不得改动。

4.3.2　全数值比较法

将测试所得的测定值或计算值不经修约处理（或虽经修约处理，但应标明它是经舍、进或未进未舍而得)，用该数值与规定的极限数值作比较，只要超出极限数值规定的范围(不论超出程度大小)，都判定为不符合要求。示例见表 3。

4.3.3 修约值比较法

4.3.3.1 将测定值或其计算值进行修约，修约数位应与规定的极限数值数位一致。

当测试或计算精度允许时，应先将获得的数值按指定的修约数位多一位或几位报出，然后按 3.2 的程序修约至规定的数位。

4.3.3.2 将修约后的数值与规定的极限数值进行比较，只要超出极限数值规定的范围(不论超出程度大小)，都判定为不符合要求。示例见表 3。

表 3 全数值比较法和修约值比较法的示例与比较

项 目	极限数值	测定值或其计算值	按全数值比较是否符合要求	修约值	按修约值比较是否符合要求
中碳钢抗拉强度/MPa	≥14×100	1 349	不符合	13×100	不符合
		1 351	不符合	14×100	符合
		1 400	符合	14×100	符合
		1 402	符合	14×100	符合
NaOH 的质量分数/%	≥97.0	97.01	符合	97.0	符合
		97.00	符合	97.0	符合
		96.96	不符合	97.0	符合
		96.94	不符合	96.9	不符合
中碳钢的硅的质量分数/%	≤0.5	0.452	符合	0.5	符合
		0.500	符合	0.5	符合
		0.549	不符合	0.5	符合
		0.551	不符合	0.6	不符合
中碳钢的锰的质量分数/%	1.2～1.6	1.151	不符合	1.2	符合
		1.200	符合	1.2	符合
		1.649	不符合	1.6	符合
		1.651	不符合	1.7	不符合
盘条直径/mm	10.0±0.1	9.89	不符合	9.9	符合
		9.85	不符合	9.8	不符合
		10.10	符合	10.1	符合
		10.16	不符合	10.2	不符合
盘条直径/mm	10.0±0.1(不含 0.1)	9.94	符合	9.9	不符合
		9.96	符合	10.0	符合
		10.06	符合	10.1	不符合
		10.05	符合	10.0	符合
盘条直径/mm	10.0±0.1(不含+0.1)	9.94	符合	9.9	符合
		9.86	不符合	9.9	符合
		10.06	符合	10.1	不符合
		10.05	符合	10.0	符合

表 3（续）

项　目	极限数值	测定值或其计算值	按全数值比较是否符合要求	修约值	按修约值比较是否符合要求
盘条直径/mm	10.0±0.1（不含−0.1）	9.94	符合	9.9	不符合
		9.86	不符合	9.9	不符合
		10.06	符合	10.1	符合
		10.05	符合	10.0	符合
注：表中的例并不表明这类极限数值都应采用全数值比较法或修约值比较法。					

4.3.4　两种判定方法的比较

对测定值或其计算值与规定的极限数值在不同情形用全数值比较法和修约值比较法的比较结果的示例见表 3。对同样的极限数值，若它本身符合要求，则全数值比较法比修约值比较法相对较严格。

参 考 文 献

［1］ GB/T 699—1999 优质碳素结构钢
［2］ JIS Z 8401 Rules for Rounding off of Number Values

ICS 55.040
A 82

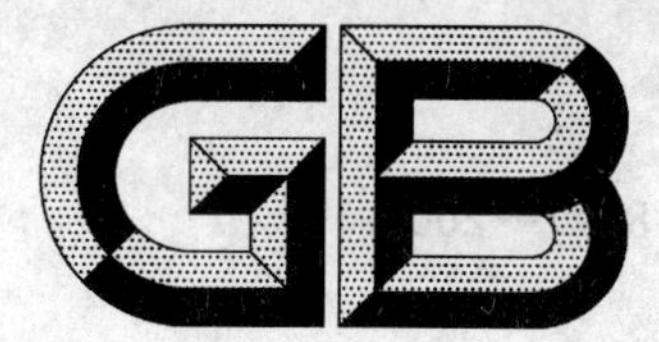

中华人民共和国国家标准

GB/T 8171—2008
代替 GB/T 8171—1987

使用缓冲包装材料进行的产品机械冲击脆值试验方法

Test method for mechanical shock fragility rating of products using packaging cushioning materials

2008-07-18 发布　　2009-01-01 实施

中华人民共和国国家质量监督检验检疫总局
中国国家标准化管理委员会　发布

前　言

本标准代替 GB/T 8171—1987《使用缓冲包装材料进行的产品机械冲击脆值试验方法》。

本标准与 GB/T 8171—1987 相比，主要变化如下：

——增加了引用文件、术语的有关内容；

——增加了对冲击面、升降装置、支撑装置的规定要求；

——增加了试验可选择跌落高度值的参照标准，将跌落高度范围由 450 mm～900 mm 改为 100 mm～1 200 mm；

——增加了对提起高度与预定高度误差值的规定；

——试验报告中增加了“试验样品的质量和包装件的质量”、“试验样品的临界加速度 Ac、脆值”和“使用的包装容器和缓冲材料的详细说明”。

本标准由全国包装标准化技术委员会(SAC/TC 49)提出并归口。

本标准起草单位：中机生产力促进中心、深圳市美盈森环保科技股份有限公司、中国出口商品包装研究所。

本标准主要起草人：黄雪、蔡少龄、李建华、张晓建、丁嘉怡。

本标准所代替标准的历次版本发布情况为：

——GB/T 8171—1987。

使用缓冲包装材料进行的产品机械冲击脆值试验方法

1 范围

本标准规定了垂直冲击作用下使用缓冲包装材料测定产品脆值的试验设备、试验样品、试验程序及试验报告等内容。

本标准适用于使用缓冲材料控制传递到产品上的冲击加速度值,从而测定产品的脆值。

2 规范性引用文件

下列文件中的条款通过本标准的引用而成为本标准的条款。凡是注日期的引用文件,其随后所有的修改单(不包括勘误的内容)或修订版均不适用于本标准,然而,鼓励根据本标准达成协议的各方研究是否可使用这些文件的最新版本。凡是不注日期的引用文件,其最新版本适用于本标准。

GB/T 4122.1 包装术语 第1部分:基础

GB/T 4857.1 包装 运输包装件 试验时各部位的标示方法(GB/T 4857.1—1992,eqv ISO 2206:1987)

GB/T 4857.2 包装 运输包装件基本试验 第2部分:温湿度调节处理(GB/T 4857.2—2005,ISO 2233:2000,MOD)

GB/T 4857.18 包装 运输包装件 编制性能试验大纲的定量数据(GB/T 4857.18—1992,eqv ISO 4180-2:1980)

3 术语和定义

GB/T 4122.1 确立的以及下列术语和定义适用于本标准。

3.1

脆值 fragility

产品不发生物理损伤或功能失效所能承受的最大加速度值。通常用临界加速度与重力加速度的比值来表示。

3.2

临界加速度 critical acceleration

产品受到冲击时,即将发生损坏时的最大加速度,用 Ac 表示。

3.3

损坏 damage

产品受到冲击时发生的破损、失效或失灵而不能满足产品的质量要求。

3.4

跌落高度 drop height

准备释放时试验样品的最低点与冲击台面之间的距离。

4 试验设备

4.1 试验机

试验机应能释放包装件,使其自由跌落而产生预定的冲击。并且冲击速度可以调节,其最大等效跌落高度为 1.5 m。

4.2 冲击面

冲击面为水平平面，试验时不移动，不变形，并满足下列要求：

a) 为整块物体，质量至少为试验样品质量的 50 倍；

b) 要有足够大的面积，以保证试验样品完全落在冲击面上；

c) 冲击面上任意两点的水平高度差不得超过 2 mm；

d) 冲击面上任意 100 mm^2 的面积上放置质量为 10 kg 的物体时，其变形量不得超过 0.1 mm。

4.3 升降装置

试验机应有能提升、下降的装置，在提升或下降过程中，不应损坏试验样品。

4.4 支撑装置

支撑试验样品的装置在释放前应能使试验样品处于所要求的预定状态。

4.5 测试系统

测试系统由加速度传感器、信号放大器和显示记录器组成。要求能显示并记录产品所承受冲击脉冲的加速度-时间历程。

测试系统要有适当的加速度量程，在试验中不得出现过载现象。

测试系统的低截止频率应不大于 5 Hz，高截止频率应不小于 1 kHz。

测试系统的精度在±5%之内。

5 试验样品

5.1 试验样品一般应在检验合格的产品中随机抽取。当不易得到合格的产品时，允许使用不影响产品冲击脆值的次品进行试验，但在试验前必须将其缺陷做出记录。本试验不允许采用模拟样品。

5.2 用外包装容器及缓冲材料包装试验样品，推荐采用实际运输时使用的外包装容器和缓冲材料以及缓冲方式，也可采用任何一种适合装运试验样品的外包装容器及缓冲材料。

5.3 外包装容器应能容纳试验样品及缓冲材料。

5.4 优先选用厚度为 10 mm～25 mm 的弹性或弹塑性的平板缓冲材料。如果在每次冲击试验中更换缓冲衬垫，亦可以使用塑性的材料。

6 试验程序

6.1 包装容器及试验样品的编号

按 GB/T 4857.1 对包装容器各部位进行编号，参照同样的方法对试验样品的各部位进行标号。

6.2 试验样品的预处理

试验前按 GB/T 4857.2 选定一种条件对包装容器、缓冲材料和试验样品进行 24 h 以上的预处理。

6.3 试验时的温湿度条件

试验应在与预处理相同的温湿度条件下进行。如果达不到相同条件，应在尽可能相同的条件下进行。

6.4 试验步骤

6.4.1 把试验样品和缓冲衬垫按正常放置状态包装在选定的容器中。在试验样品的冲击方向上应有较厚的衬垫，以免在第一次冲击时发生损坏。用同样的缓冲材料防护试验样品的其他面，以减小试验时的二次冲击。

6.4.2 根据实际运输环境选择跌落高度，典型的冲击速度的等效跌落高度范围为 100 mm～1 200 mm，可根据 GB/T 4857.18 选择试验跌落高度的试验强度值。

6.4.3 如果已知产品在实际运输中总是受到某一方向的冲击，则仅要求进行与此同向的试验。如果方向不定，则首先选定一个冲击方向进行试验。

6.4.4 安装加速度传感器，加速度传感器应紧固在靠近缓冲衬垫支撑面上的产品的刚性基础上，且必须使其敏感轴线在冲击方向上。

6.4.5 连接并检查测试仪器，确保每次试验都能得到冲击脉冲的加速度-时间历程。

6.4.6 把经缓冲包装的试验样品放置在试验机上，提起试验样品至所需的跌落高度位置，并按预定状态将其支撑住。提起高度与预定高度之差不得超过预定高度的±2%。

6.4.7 释放试验样品，进行一次冲击试验，记录加速度-时间历程。

6.4.8 冲击后拆开包装，对试验样品进行检查和性能测定，确定是否发生了损坏。

6.4.9 如果试验样品发生损坏，取试验样品出现损坏前一次的最大加速度作为临界加速度。

6.4.10 如果试验样品未发生损坏，则按下列方法之一重新包装试验样品：

a) 减薄试验样品冲击方向上的缓冲衬垫的厚度，把所减少的缓冲衬垫移到顶部(或者在试验样品的顶部增加适当厚度的缓冲衬垫)，以保证包装容器内缓冲材料的总厚度不变。但应避免试验中试验样品触底；

b) 按原包装状态重新包装试验样品。

在每次试验后，如果包装容器或缓冲材料发生损坏，则必须更换新的包装容器或缓冲材料。

6.4.11 对试验样品重新包装后，增加冲击强度，重复6.4.6～6.4.8的步骤，直至试验样品发生损坏。

增大冲击强度的方法有下列两种：

a) 当采用6.4.10a)包装时，不改变跌落高度；

b) 当采用6.4.10b)包装时，为产生更大的冲击强度，增大跌落高度。这种方法可能导致较大的误差，因而跌落高度的增加值要适当，不要增加过大，跌落高度的增加可根据GB/T 4857.18选择。

6.4.12 确定脆值。将该脆值定义为产品用类似的包装材料、包装结构进行包装，在此试验跌落高度与试验方向上的冲击脆值。

6.4.13 试验样品如果还受其他方向的冲击，对其他方向进行冲击试验，重复6.4.1～6.4.12的步骤。

7 试验报告

试验报告应包括以下内容：

a) 试验样品的说明和照片，包括名称、型号、结构、生产厂、编号、出厂日期等；

b) 试验样品的数量；

c) 试验样品的质量和包装件的质量；

d) 试验样品损坏的说明和照片；

e) 试验样品的临界加速度Ac、脆值；

f) 试验样品在试验方向上的冲击脉冲的加速度-时间历程；

g) 使用的包装容器和缓冲材料的详细说明；

h) 各次试验中的冲击速度和跌落高度；

i) 试验样品的预处理条件；

j) 试验时的温湿度条件；

k) 所使用的测试仪器和设备的说明，包括制造单位、型号、系列号和加速度传感器安装图等；

l) 说明所使用的试验方法与本标准的差异；

m) 其他有关的详细记录和说明；

n) 试验日期、试验人员签字、试验单位盖章。

ICS 027.010
F 04

中华人民共和国国家标准

GB/T 8174—2008
代替 GB/T 8174—1987,GB/T 16617—1996

设备及管道绝热效果的测试与评价

Method of measuring and evaluation thermal insulation effects for equipments and pipes

2008-06-19 发布　　　　2009-01-01 实施

中华人民共和国国家质量监督检验检疫总局
中国国家标准化管理委员会　发布

前　言

本标准根据 GB/T 8174—1987《设备及管道保温效果的测试与评价》和 GB/T 16617—1996《设备及管道保冷效果的测试与评价》的内容整合、修订而成。

本标准同时代替 GB/T 8174—1987 和 GB/T 16617—1996。

本标准与 GB/T 8174—1987 和 GB/T 16617—1996 相比，主要变化如下：

——5.1 中的一、二级检测单位的资质条件修改为应由经过认证认可的检测单位承担；

——5.4 测试仪表中增加了传感器及测定仪表的要求（表 1）；

——第 8 章测试误差修改为测试不确定度，二级测试重复性由 8%调整为 10%；

——第 9 章中表 2、表 3 根据 GB/T 4272 中的表 1、表 2 进行了修改，保持一致。

本标准的附录 A 为资料性附录，附录 B 为规范性附录。

本标准由全国能源基础与管理标准化技术委员会提出。

本标准由全国能源基础与管理标准化技术委员会省能材料应用技术分委员会归口。

本标准负责起草单位：建筑材料工业技术监督研究中心、中国疾病预防控制中心环境与健康相关产品安全所。

本标准参加起草单位：阿乐斯绝热（广州）有限公司、北京北工国源联合科技有限公司、无锡市明江保温材料有限公司、中国水利电力物资天津公司、浙江振申绝热科技有限公司、欧文斯科宁（中国）投资有限公司。

本标准主要起草人：戴自祝、金福锦、甘向晨、陈斌、单永江、宋新华、赵婷婷、鹿院卫。

本标准所代替标准的历次版本发布情况为：

——GB/T 8174—1987；

——GB/T 16617—1996。

设备及管道绝热效果的测试与评价

1 范围

本标准规定了对设备及管道绝热结构表面温度测试评价的术语和定义、测试方法、测试要求、测试组织和准备工作、数据处理、测试不确定度、绝热效果评价工程质量分析和测试报告的内容。

本标准适用于一般工业部门的设备、管道及其附件的绝热效果测试与评价。不适用于建筑、冷库、国防或科研以及某些有特殊要求的绝热效果测试与评价。

2 规范性引用文件

下列文件中的条款通过本标准的引用而成为本标准的条款。凡是注日期的引用文件，其随后所有的修改单(不包括勘误的内容)或修订版均不适用于本标准，然而，鼓励根据本标准达成协议的各方研究是否可使用这些文件的最新版本。凡是不注日期的引用文件，其最新版本适用于本标准。

GB/T 2588　设备热效率计算通则

GB/T 4132　绝热材料及相关术语

GB/T 4272　设备及管道绝热技术通则

GB/T 6422　企业能耗计量与测试导则

GB/T 8175　设备及管道绝热设计导则

3 术语和定义

GB/T 4132 确立的以及下列术语和定义适用于本标准。

3.1

稳定传热　steady heat transfer

物体内各点温度不随时间而改变的传热过程。

3.2

散热损失　heatloss

绝热结构外表面向周围环境散失(或吸收)的热流密度或线热流密度。

4 测试方法

4.1 表面温度测试方法

4.1.1 热电偶法

将热电偶直接紧密贴敷在绝热结构外表面以测量其表面温度的方法。这是测试绝热结构外表面温度的基本方法。

4.1.2 表面温度计法

将热电偶式、热电阻式等表面温度计的传感器与被测绝热结构外表面接触以测量其外表面温度的方法。这是测试绝热结构表面温度的常用方法，在测量时应根据仪表的特性和不同的绝热结构外表面进行测点处理和读数修正，必要时用热电偶法对照进行。

4.1.3 红外辐射温度计法

用红外辐射温度计瞄准被测保温结构外表面以测量其表面温度的方法。凡用低温红外线辐射温度计进行测量时，应正确确定被测表面热发射率值，并选择合理的距离及发射角。此法一般适用于非接触测量及对运动中物体的测量。

4.1.4 红外热像法

用红外热像仪对被测保温结构外表面进行扫描，反映出保温结构外表面温度分布的方法。此法一般用于对被测保温结构外表面温度分布分析，宜在普查或远距离测量时使用。

4.2 表面散热(冷)损失测试方法

4.2.1 热平衡法

用热平衡原理通过测量和计算得到散热(冷)损失值的方法，此法是测试绝热结构表面散热(冷)损失的一种基本方法。

4.2.1.1 对设备可参照 GB/T 2588 用正反平衡法通过测量和计算得到绝热结构表面散热(冷)损失数值。

4.2.1.2 对管道可用焓差法或能量平衡原理通过测量和计算得到保温结构表面散热损失数值。

4.2.2 热流计法

采用热阻式热流计，将其传感器埋设在绝热结构内或贴敷在绝热结构外表面直接测量得到散热(冷)损失数值。此法是测试绝热结构表面散热(冷)损失的常用方法。

4.2.2.1 当热流计的传感器埋设在绝热结构内时，应将测得的结果换算成绝热结构外表面的散热(冷)损失值。

4.2.2.2 当热流计的传感器紧密贴敷在绝热结构外表面时，应使传感器的表面热发射率与被测表面的热发射率一致，并应尽可能减少传感器与被测表面间的接触热阻。

4.2.2.3 当被测保冷结构外表面有凝露现象，且用热流计按 4.2.2.2 方法无法使用时，凝露表面冷损失量应按 4.2.5 规定测试。

4.2.3 表面温度法

根据所测得的表面温度、环境温度、风速、表面热发射率以及绝热结构外形尺寸等参数值，按照传热理论计算出散热损失数值的方法。凝露表面冷损失量应按 4.2.5 规定测试。

4.2.4 温差法

通过测试绝热结构内、外表面温度、绝热结构厚度以及绝热结构在使用温度下的传热性能，按照传热理论计算出散热(冷)损失数值的方法。凝露表面冷损失量应按 4.2.5 规定测试。

4.2.5 凝露表面冷损失量的测试

根据所测得的表面温度、环境温度、风速、湿度、表面热发射率以及保冷结构外形尺寸等参数值，按照湿空气性质和传热理论计算得出冷损失值。

5 测试要求

5.1 测试分级

参照 GB/T 6422，根据不同的要求，对设备、管道及其附件的绝热效果测试分为三级：

a) 一级测试，适用于采用新技术、新材料、新结构的绝热工程；

b) 二级测试，适用于新建、改建、扩建及大修后绝热工程的验收测试；

c) 三级测试，适用于绝热工程的普查和定期监测。

一、二级测试应由经过认证认可的检测单位承担。

5.2 测试周期

5.2.1 二级测试在绝热工程新、改、扩建及大修后进行；在正常运行时每两年进行一次。

5.2.2 三级测试在普查时进行，或由单位自行组织每一年进行一次。

5.3 测试参数

测试参数，一般包括下列数值：

a) 绝热结构外表面温度；

b) 绝热结构外表面散热(冷)损失；

c） 环境温度、风速；

d） 设备、管道及其附件外表面温度。对于无内衬金属壁面的设备、管道及其附件外表面温度可以测试其介质温度视为外表面温度。

5.4 测试仪表

应根据测试级别和测试方法合理选用传感器及测定仪表，其准确度应符合表1的要求。

表1 传感器及测定仪表的要求

测定项目	准确度	
	一级测定	二、三级测定
热流密度	±5%	±5%
保温结构表面温度	±0.5℃	±1.0℃
保冷结构表面温度	±0.1℃	±0.3℃
环境温度	±0.2℃	±0.5℃
风速	±5%	±10%

5.5 测点布置要求

a） 应正确地、有代表性地反映被测参数；

b） 应符合测试仪器、仪表的使用条件；

c） 必需满足测试方法的原理要求和测量准确度的要求。

5.6 传感器安装

5.6.1 热流传感器

5.6.1.1 应保证热流传感器与其附着的绝热层表面有良好的热接触，并对正常的传热状态影响最小。

5.6.1.2 安装时宜将热流传感器放在外护层内，附着于绝热材料的面层上。除需测定连接处的热损失外，应避免放置在绝热层的连接处或外护层的接缝处。

5.6.1.3 安装热流传感器时，可用适当的附着材料、热接触材料或其他适当的方法使其附着于绝热层表面。若热流传感器只能放在外护层表面时，传感器表面应贴附表面材料，尽可能使热流传感器表面的热发射率与被测表面的热辐射特性相匹配。

5.6.2 热电偶

5.6.2.1 把热电偶直接贴敷在被测表面进行测量。热电偶丝直径应不大于0.4 mm，并应有漆、丝或塑料绝缘。

5.6.2.2 热电偶与被测表面必须保持良好的热接触，可按以下两种方法进行贴敷：

a） 先将热电偶丝焊在一块导热性能良好的金属集热块或片上，再整体贴敷到被测表面上；

b） 将热电偶焊在或埋在被测面上专门开的小槽里。

5.6.2.3 热电偶丝沿等温面紧密接触的长度应不小于100 mm。

5.7 测试条件

5.7.1 应排除和减少外界因素对测试的影响，测试应原则上满足一维稳定传热条件。

5.7.1.1 尽量在风速等于或小于0.5 m/s的条件下进行测试，如不能满足时应增加挡风装置。

5.7.1.2 室外测试应选择在阴天或夜间进行，如不能满足时应加用遮阳装置，稳定一段时间后再测试。

5.7.1.3 室外测试应避免在雨雪天气条件下进行。

5.7.2 环境温度应在距离被测位置1 m处测得，并应避免其他热源的影响。

5.7.3 其他条件应满足所用测试方法的要求。

6 测试组织和准备工作

6.1 根据测试任务确定测试负责人，并应根据不同的测试级别配备经过培训的测试人员。

6.2 收集测试现场的各种有关资料。

6.3 制定和编制测试方案，一般包括下列内容：

a) 测试体系的确定；

b) 计算基准的确定；

c) 应测参数及相应的测试方法、计算程序及公式、数据的选定；

d) 测试仪器、仪表的确定；

e) 测试工况、测试持续时间、各项参数及测试程序的确定；

f) 测试记录表格的制定；

g) 测试工作计划的拟定。

6.4 检定或校准仪器、仪表，保证仪器、仪表功能的完好性、量值的准确性。

6.5 检查被测设备、管道及其附件的运行情况，清除影响正常测试的缺陷，准备测点。

6.6 对于用热平衡法、温差法等多种参数进行测试时必须进行同步测试，必要时应进行预备测试。

6.7 一级测试原则上应采用两种不同方法对照进行，若无法采用两种方法时，允许用一种方法作多次测试，重复性次数应根据测试数值的偏差范围决定，一般不低于三次。

7 数据处理

7.1 保温结构测试

7.1.1 对所测数据均按下列方法处理

7.1.1.1 管道保温结构的表面温度和散热损失均按求算术平均值的方法处理，当用表面温度法测试散热损失时，可从平均表面温度计算出表面散热损失值。

7.1.1.2 设备保温结构的表面温度和散热损失均按求表面积加权平均值的方法处理。

7.1.2 对于设备、管道及其附件保温结构的散热损失如为常年运行工况，应将测试数值换算成当地年平均温度条件下的相应值；为季节运行工况则应换算成当地运行期平均温度条件下的相应值，按式(1)换算：

$$q = q' \frac{T_1 - T_m}{T'_1 - T'_m} \quad \cdots\cdots (1)$$

式中：

q——换算后的散热损失，单位为瓦每平方米(W/m²)；

q'——测试的散热损失，单位为瓦每平方米(W/m²)；

T_1——设备、管道及其附件的保温结构年(或当地运行期)平均外表面温度，单位为开尔文(K)；

T'_1——测试时的设备、管道及其附件的保温结构外表面温度，单位为开尔文(K)；

T_m——当地年(或当地运行期)平均环境温度，单位为开尔文(K)；

T'_m——测试时的环境温度，单位为开尔文(K)。

7.2 保冷结构测试

7.2.1 对所测数据均按下列方法处理：

7.2.1.1 管道保冷结构的表面温度和冷损失量均按求算术平均值的方法处理，当用表面温度法测试冷损失量时，可从平均表面温度计算出表面冷损失量值。

7.2.1.2 设备保冷结构的表面温度和冷损失量均按求表面积加权平均值的方法处理。

7.2.1.3 表面凝露部分的冷损失量以凝露部分面积占总面积的百分比计入平均值。保冷结构凝露表面冷损失量计算方法见附录B。

7.2.2 对于设备、管道及其附件保冷的防凝露要求，应将保冷结构外表面温度测试值换算到设计工况下的相应值。全国主要城市保冷设计室外气象参数见附录A。

7.2.2.1 当测试值高于测试工况的露点温度时，按式(2)换算：

$$T_s = \frac{T_f - T_a}{T'_f - T'_a}(T'_s - T'_a) + T_a \quad \cdots\cdots (2)$$

式中：

T_s——设计工况下保冷结构的外表面温度，单位为摄氏度(℃)；

T'_s——测试工况下保冷结构的外表面温度，单位为摄氏度(℃)；

T_f——设计工况下的介质温度，单位为摄氏度(℃)；

T'_f——测试工况下的介质温度，单位为摄氏度(℃)；

T_a——设计工况下的环境温度，单位为摄氏度(℃)；

T'_a——测试工况下的环境温度，单位为摄氏度(℃)。

7.2.2.2 当测试值低于测试工况的露点温度时，则应计算测试工况和设计工况下保冷结构的外表面换热系数，然后再按式(3)换算：

$$T_s = \frac{T_f - T_a}{T'_f - T'_a} \cdot \frac{\alpha'}{\alpha} \cdot (T'_s - T'_a) + T_a \quad \cdots\cdots (3)$$

式中：

α——设计工况下外表面换热系数，单位为瓦每平方米开尔文[W/(m² · K)]；

α'——测试工况下外表面换热系数，单位为瓦每平方米开尔文[W/(m² · K)]；

其他参数同式(2)。

7.2.3 对于设备、管道及其附件保冷的减少冷损失要求，应将保冷结构冷损失的测试值按式(4)或式(5)换算到设计工况下的相应值。

7.2.3.1 设备或公称直径大于 1 m 的管道：

$$q = \frac{T_f - T_a}{T'_f - T'_a} \cdot \frac{R' + \frac{1}{\alpha'}}{R + \frac{1}{\alpha}} \cdot q' \quad \cdots\cdots (4)$$

式中：

q——设计工况下的冷损失量，单位为瓦每平方米(W/m²)；

q'——测试工况下的冷损失量，单位为瓦每平方米(W/m²)；

R——设计保冷结构热阻，单位为平方米开尔文每瓦[(m² · K)/W]；

R'——实际保冷结构热阻，单位为平方米开尔文每瓦[(m² · K)/W]。

其他参数同式(2)、(3)。

7.2.3.2 公称直径小于 1 m 的管道：

$$q = \frac{T_f - T_a}{T'_f - T'_a} \cdot \frac{R' + \frac{1}{\alpha' \pi D'_0}}{R + \frac{1}{\alpha \pi D_0}} \cdot q' \quad \cdots\cdots (5)$$

式中：

D_0——设计保冷结构外径，单位为米(m)；

D'_0——实际保冷结构外径，单位为米(m)。

其他参数同式(2)、(3)、(4)。

7.3 对于管道可将单位面积散热损失换算成单位长度的散热损失值，按式(6)换算：

$$q_1 = q_s \pi D \quad \cdots\cdots (6)$$

式中：

q_1——单位管长的散热损失，单位为瓦每米(W/m)；

q_s——单位面积的散热损失，单位为瓦每平方米(W/m²)；

D——保温结构外径，单位为米(m)。

8 测试不确定度

8.1 一级测试应对所测的各项参数做出不确定度分析，对测试结果作综合不确定度分析。要求测试结果综合不确定度不超过15%，测试的重复性不超过5%。

8.2 二级测试应做出不确定度估计；要求测试结果综合不确定度不超过20%，测试的重复性不超过10%。

8.3 三级测试可以不作不确定度分析或不确定度估计，测试的重复性不超过10%。

9 绝热效果评价工程质量分析

9.1 保温效果评价

9.1.1 测试结果应按照GB/T 4272的有关规定进行分析和评价。

9.1.2 凡设备、管道及其附件的保温结构外表面温度高于323 K(50℃)[指环境温度为298 K(25℃)时的表面温度]时视为不合格，应进行保温技术改造。

9.1.3 凡是生产工艺中不需要保温而又需要经常操作维护，又无法采用其他措施防止引起烫伤的部位，其设备、管道及其附件外表面温度高于333 K(60℃)时，视为易引起烫伤，应采取保温措施。

9.1.4 设备、管道及其附件保温后的允许最大散热损失如表2、表3。

表2 季节运行工况允许最大散热损失值

设备、管道及其附件外表面温度/K(℃)	323 (50)	373 (100)	423 (150)	473 (200)	523 (250)	573 (300)
允许最大散热损失/(W/m^2)	104	147	183	220	251	272

表3 常年运行工况允许最大散热损失值

设备、管道及其附件外表面温度/K(℃)	323 (50)	373 (100)	423 (150)	473 (200)	523 (250)	573 (300)	623 (350)	693 (400)	723 (450)	773 (500)	823 (550)	873 (600)	923 (650)
允许最大散热损失/(W/m^2)	52	84	104	126	147	167	188	204	220	236	251	266	283

凡是测试数值超过允许最大散热损失值时视为不合格，应采取保温改造等技术措施。

9.2 保冷效果评价

9.2.1 测试结果应按照GB/T 4272和GB/T 8175的有关规定进行分析和评价。

9.2.2 凡采用经济厚度法设计的保冷结构其外表面温度换算结果高于设计工况下的露点温度时视为防凝露指标合格，对其保冷层厚度的经济性做出评价。

9.2.3 凡为防止外表面凝露的保冷结构其外表面温度换算结果高于设计工况下的露点温度时视为合格。

9.2.4 凡根据允许冷损失量设计的保冷结构其外表面温度换算结果高于设计工况下的露点温度，同时其冷损失量小于设计工况的允许冷损失量时视为合格。

9.3 工程质量分析

对绝热工程质量进行分析，提出存在的问题并对问题做出合理的节能建议或措施。绝热工程质量主要包括下列内容：

a) 绝热材料及防潮层材料使用合理性；

b) 绝热层计算经济厚度与实际使用厚度的差异；

c) 绝热层厚度的均匀性；

d) 绝热材料制品缝隙处理严密性；

e) 外保护层形式可靠性以及外观质量；

f) 绝热结构的膨胀缝处理情况；

g) 绝热工程施工中的综合质量评价。

10 测试报告

10.1 测试报告内容包括：概况说明、测试时间、气象条件、测试对象、工况、测点位置布置图、测试参数、数据表格、测试误差、保温效果评价等。

10.1.1 概况说明应包括：任务提出、测试目的、测试体系、计算基准、采用非标准测试方法说明等。

10.1.2 数据表格应包括：设备主要参数、计算公式及结果等。

10.2 测试报告经测试负责人签字后编制成册作为技术档案。

附　录　A
（资料性附录）
全国主要城市保冷设计室外气象参数

表 A.1

地　名	夏季空调室外计算温度（干球）/℃	最热月平均室外计算相对湿度/%	地　名	夏季空调室外计算温度（干球）/℃	最热月平均室外计算相对湿度/%
北　京	33.8	77	合　肥	35.1	76
上　海	34.0	83	杭　州	35.7	80
天　津	33.2	78	温　州	32.9	83
哈尔滨	30.3	78	南　昌	35.7	76
长　春	30.5	79	福　州	35.3	77
沈　阳	31.3	78	郑　州	36.3	73
大　连	28.5	90	武　汉	35.2	80
太　原	31.8	74	长　沙	36.2	75
呼和浩特	29.6	64	桂　林	33.9	79
西　安	35.6	71	南　宁	34.5	81
银　川	30.5	65	广　州	33.6	84
西　宁	25.4	65	海　口	35.1	83
兰　州	30.6	62	成　都	31.6	86
乌鲁木齐	33.6	38	重　庆	36.0	76
济　南	35.5	73	遵　义	31.4	78
青　岛	30.3	87	贵　阳	29.9	78
徐　州	34.3	81	昆　明	26.8	65
南　京	35.2	81	拉　萨	22.7	68
石家庄	35.2	75	—	—	—

附 录 B
（规范性附录）
保冷结构凝露表面冷损失量计算方法

B.1 保冷结构凝露表面冷损失量

$$q = \alpha(t_s - t_a) + m_w \cdot r_s \quad \text{(B.1)}$$

式中：

q——保冷结构凝露表面冷损失量，单位为瓦每平方米（W/m^2）；

α——外表面换热系数，单位为瓦每平方米开尔文[$W/(m^2 \cdot K)$]；

t_s——保冷结构外表面温度，单位为摄氏度（℃）；

t_a——环境温度，单位为摄氏度（℃）；

m_w——凝露时对流传质量，单位为千克每平方米秒[$kg/(m^2 \cdot s)$]；

r_s——外表面温度下的汽化潜热，单位为焦每千克（J/kg）。

B.2 凝露时对流传质量

$$m_w = \alpha_D(\rho_s - \rho_a) \quad \text{(B.2)}$$

式中：

α_D——传质系数，单位为米每秒（m/s）；

ρ_s——外表面温度下的干饱和水蒸气质量浓度，单位为千克每立方米（kg/m^3）；

ρ_a——环境水蒸气质量浓度，单位为千克每立方米（kg/m^3）。

注：干饱和水蒸气和干空气热物理性质参数见表 B.1。

B.3 传质系数

$$\alpha_D = \frac{\alpha}{\rho \cdot c_p \cdot Le^{2/3}} \quad \text{(B.3)}$$

式中：

ρ——特征温度 t 下的空气密度，单位为千克每立方米（kg/m^3）；

c_p——特征温度 t 下的空气定压比热，单位为焦每千克开尔文[$J/(kg \cdot K)$]；

Le——刘易斯数，取值 0.857；

t——特征温度，$t=(t_a+t_d)/2$，单位为摄氏度（℃）；

t_d——环境湿球温度，单位为摄氏度（℃）。

B.4 环境水蒸气质量浓度

$$\rho_a = \rho_d - \frac{\rho \cdot c_p \cdot Le^{2/3}}{r_d}(t_a - t_d) \quad \text{(B.4)}$$

式中：

ρ_d——湿球温度下的干饱和水蒸气质量浓度，单位为千克每立方米（kg/m^3）；

r_d——湿球温度下的汽化潜热，单位为焦每千克（J/kg）。

表 B.1 干饱和水蒸气和干空气热物理性质

温度/℃	干饱和水蒸气热物理性质		干空气热物理性质	
	ρ/(kg/m³)	r/(J/kg)	ρ/(kg/m³)	c_p/(J·kg)
0	0.004 847	2.501 6	1.239	1.005×10⁻³
10	0.009 396	2.477 7	1.247	1.005×10⁻³
20	0.017 29	2.454 3	1.205	1.005×10⁻³
30	0.030 37	2.430 9	1.165	1.005×10⁻³
40	0.051 16	2.407 0	1.128	1.005×10⁻³
50	0.083 02	2.382 7	1.093	1.005×10⁻³

ICS 027.010
F 04

中华人民共和国国家标准

GB/T 8175—2008
代替 GB/T 8175—1987,GB/T 15586—1995

设备及管道绝热设计导则

Guide for design of thermal insulation of equipments and pipes

2008-06-19 发布 2009-01-01 实施

中华人民共和国国家质量监督检验检疫总局
中国国家标准化管理委员会 发布

前言

本标准根据 GB/T 8175—1987《设备及管道保温设计导则》和 GB/T 15586—1995《设备及管道保冷设计导则》的内容整合、修订而成。

本标准同时代替 GB/T 8175—1987 和 GB/T 15586—1995。

本标准与 GB/T 8175—1987 和 GB/T 15586—1995 相比，主要变化如下：

——保温材料、保冷材料要求与 GB/T 4272 的相关要求相一致；

——修改低温粘结剂的要求；

——在第 4 章中增加防水材料的要求；

——增加直埋管道保温计算方法；

——在绝热结构要求中增加防水层要求。

本标准的附录 A、附录 B、附录 C 均为规范性附录。

本标准由全国能源基础与管理标准化技术委员会提出。

本标准由全国能源基础与管理标准化技术委员会省能材料应用技术分委员会归口。

本标准负责起草单位：建筑材料工业技术监督研究中心、中国疾病预防控制中心环境与健康相关产品安全所。

本标准参加起草单位：阿乐斯绝热（广州）有限公司、无锡市明江保温材料有限公司、兰州鹏飞保温隔热有限公司、北京北工国源联合科技有限公司、浙江振申绝热科技有限公司、中国水利电力物资天津公司、欧文斯科宁（中国）投资有限公司。

本标准主要起草人：戴自祝、金福锦、何振声、周敏刚、武庆涛、吴寿勇、王巧云、陈斌。

本标准所代替标准的历次版本发布情况为：

——GB/T 8175—1987；

——GB/T 15586—1995。

设备及管道绝热设计导则

1 范围

本标准规定了绝热设计的基本原则、绝热层材料和主要辅助材料的性能要求及选择原则、保温计算、保冷计算、绝热结构和绝热工程的主要施工技术要求。

本标准适用于一般设备和管道。不适用于船舶、核能以及工业炉窑和锅炉的内衬等有特殊要求的装置设施。

施工中的临时设施、各种热工仪表系统的管道及伴热管道不受本标准的约束。

2 规范性引用文件

下列文件中的条款通过本标准的引用而成为本标准的条款。凡是注日期的引用文件，其随后所有的修改单(不包括勘误的内容)或修订版均不适用于本标准，然而，鼓励根据本标准达成协议的各方研究是否可使用这些文件的最新版本。凡是不注日期的引用文件，其最新版本适用于本标准。

GB/T 4272—2008　设备及管道绝热技术通则

GB/T 8174　设备及管道绝热效果的测试与评价

GB 50126　工业设备及管道绝热工程施工规范

CJJ 104—2005　城镇供热直埋蒸汽管道技术规程

3 绝热设计的基本原则

3.1　保温设计应符合减少散热损失、节约能源、满足工艺要求、保持生产能力、提高经济效益、改善工作环境、防止烫伤等基本原则。

3.1.1　具有下列情况之一的设备、管道、管件、阀门等(以下对管道、管件、阀门等统称为管道)应保温。

a)　外表面温度大于 323 K(50℃)[环境温度为 298 K(25℃)时的表面温度]，以及根据需要要求外表面温度小于或等于 323 K(50℃)的设备和管道；

b)　介质凝固点高于环境温度的设备和管道。

3.1.2　除防烫伤要求保温的部位外，具有下列情况之一的设备和管道也可不保温：

a)　要求散热或必须裸露的设备和管道；

b)　要求及时发现泄漏的设备和管道上的连接法兰；

c)　要求经常监测，防止发生损坏的部位；

d)　工艺生产中排气、放空等不需要保温的设备和管道。

3.1.3　表面温度超过 333 K(60℃)的不保温设备和管道，需要经常维护又无法采用其他措施防止烫伤的部位应在下列范围内设置防烫伤保温：

a)　距离地面或工作平台的高度小于 2.1 m；

b)　靠近操作平台距离小于 0.75 m。

3.2　低温设备及管道的保冷设计，应以满足工艺生产、保持和发挥生产能力、减少冷损失、节约能源、并防止表面凝露，改善工作环境等为目的。

3.2.1　具有下列工况要求之一的低温设备、管道及其附件必须保冷：

a)　需减少冷介质在生产和输送过程中的温度升高或气化者；

b)　低于常温的设备和管道，需减少冷介质在生产和输送过程中冷损失量者；

c)　为防止常温以下，0℃以上设备及管道外壁表面凝露者；

d) 低温设备及低温管道相连的低温附件需要保冷者。

4 绝热层材料和主要辅助材料的性能要求及选择原则

4.1 保温材料

4.1.1 保温材料制品的主要性能

4.1.1.1 在平均温度为298 K(25℃)时热导率值应不大于0.080 W/(m·K),并有在使用密度和使用温度范围下的热导率方程式或图表;对于松散或可压缩的保温材料及其制品,应提供在使用密度下的热导率方程式或图表。

4.1.1.2 密度不大于300 kg/m^3。

4.1.1.3 除软质、半硬质、散状材料外,硬质无机制品的抗压强度不应小于0.30 MPa,有机制品的抗压强度不应小于0.20 MPa。

4.1.2 保温材料制品还应具有下列性能资料

a) 允许最高使用温度;

b) 必要时需注明耐火性、吸水率、吸湿率、热膨胀系数、收缩率、抗折强度、腐蚀性及耐蚀性等。

4.1.3 保温材料的选择原则

4.1.3.1 保温材料制品的允许使用温度应高于正常操作时的介质最高温度。

4.1.3.2 相同温度范围内有不同材料可供选择时,应选用热导率小、密度小、造价低、易于施工的材料制品同时应进行综合比较,其经济效益高者应优先选用。

4.1.3.3 在高温条件下经综合经济比较后可选用复合材料。

4.2 保冷材料

4.2.1 保冷材料及其制品的性能要求

4.2.1.1 泡沫塑料及其制品25℃时的热导率应不大于0.044 W/(m·K),密度应不大于60 kg/m^3,吸水率应不大于4%,硬质成型制品的抗压强度应不小于0.15 MPa。

4.2.1.2 泡沫橡塑制品0℃时的热导率应不大于0.036 W/(m·K),密度应不大于95 kg/m^3,真空吸水率不大于10%。

4.2.1.3 泡沫玻璃及其制品25℃时的热导率应不大于0.064 W/(m·K),密度应不大于180 kg/m^3,吸水率应不大于0.5%,成型制品的抗压强度不应小于0.3 MPa。

4.2.1.4 阻燃型保冷材料的氧指数应不小于30%。

4.2.1.5 保冷层材料尚应具有下列指标:

a) 最低和最高安全使用温度;

b) 线膨胀系数或线收缩率;

c) 必要时尚需提供抗折强度、燃烧(不燃、难燃、阻燃)性能、防潮(吸水、吸湿、憎水)性能、腐蚀或抗蚀性能、化学稳定性、热稳定性、抗冻性及透气性等。

4.2.2 保冷材料的选择原则

4.2.2.1 在主要技术性能均能满足保冷要求的范围内,有不同保冷层材料可供选择时,应优先选用热导率小,密度小,吸水、吸湿率低,耐低温性能好,易施工、造价低其综合经济效益较高的材料。

4.2.2.2 保冷层材料的最低安全使用温度,应低于正常操作时的介质最低温度。

4.2.2.3 在低温条件下经综合经济比较后,可选用两种或多种保冷层材料复合使用,或直接选用复合型保冷材料制品。

4.3 保冷层施工用的粘结剂、密封剂和耐磨剂

4.3.1 性能要求

4.3.1.1 粘结剂、密封剂和耐磨剂应能耐低温、易固化、对保冷层材料不溶解、对金属壁无腐蚀、粘结力强、密封性好。耐磨剂(仅泡沫玻璃用)在温度变化或机械振动的情况下,应能防止保冷层材料与金属外

壁面间和保冷层材料制品的相互接触面发生磨损。

4.3.1.2 低温粘结剂的使用温度范围为－196℃～50℃。其软化温度应大于80℃。在使用温度范围内，粘结强度应大于0.05 MPa。对于高温吹扫和双温使用的情况，粘结剂应满足使用温度的要求。

4.3.1.3 耐磨剂的使用温度范围为－196℃～100℃。其耐热性好，在100℃时无流淌及变色现象。耐寒性好，在－196℃下无脱落及变色现象。粘结力好，将其涂于泡沫玻璃上，干燥后无脱落现象。

4.3.2 粘结剂、密封剂和耐磨剂选择原则

4.3.2.1 粘结剂、密封剂和耐磨剂的主要技术性能，必须与所采用的保冷层材料特性相匹配。

4.3.2.2 粘结剂、密封剂和耐磨剂与保冷层材料的配用示例如下：

a) 硬质、闭孔、阻燃型聚氨酯型泡沫塑料制品，可采用聚氨基甲酸酯型双组分粘结剂或FG低温粘结剂，并兼作密封剂；

b) 自熄可发性聚苯乙烯泡沫塑料制品，可采用非溶剂型粘结剂(如无溶剂酚醛树脂型胶等)，并兼作密封剂；

c) 泡沫玻璃可采用FG低温粘结剂及专用的耐磨密封剂。

4.4 防潮层材料的性能要求

4.4.1 抗蒸汽渗透性好，防潮、防水力强，其吸水率应不大于1%。

4.4.2 阻燃，火焰离开后能在1 s～2 s内自熄，其氧指数不小于30%。

4.4.3 粘结性能及密封性能好，20℃时其粘结强度不低于0.15 MPa。

4.4.4 安全使用温度范围大。有一定的耐温性，软化温度不低于65℃，夏季不起泡，不流淌。有一定的抗冻性，冬季不开裂，不脱落。

4.4.5 化学稳定性好，其挥发物不大于30%，能耐腐蚀，并不得对保冷层材料及保护层材料产生溶解或腐蚀作用。

4.4.6 具有在气候变化与振动情况下仍能保持完好的稳定性。

4.4.7 干燥时间短，在常温下能使用，施工方便。

4.5 防水层材料的性能要求

应能有效防止水汽渗透、不燃或阻燃、化学稳定性好。

4.6 外保护层材料的性能要求

4.6.1 防水、防湿、抗大气腐蚀性好、不燃或阻燃、化学稳定性好。

4.6.2 强度高，在气温变化与振动情况下不开裂，使用寿命长，外表整齐美观，并便于施工和检修。

4.6.3 贮存或输送易燃、易爆物料的绝热设备或管道，以及与此类管道架设在同一支架或相交叉处的其他绝热管道，其保护层材料必须采用不燃性材料。

4.6.4 外保护层表面涂料的防火性能，应符合现行国家标准、规范的有关规定。

4.7 绝热工程材料的有关规定

4.7.1 绝热工程材料必须具有产品质量证明书或出厂合格证，其规格、性能等技术要求应符合设计文件和现行各级产品标准的规定。

4.7.2 当绝热工程材料的产品质量证明书或出厂合格证中所列指标不全，或对产品(包括现场自制品)质量有异议时，以及在大、中型绝热工程施工前，应对其主要物理化学性能，或对用于奥氏体不锈钢设备或管道上的绝热材料需提供氯离子含量指标要求时，应进行现场抽样，送交检验单位复检，并应提供检验合格报告。

4.7.3 绝热工程材料主要物理化学性能的检验应由经过认证认可的检测单位承担，所采用的检测方法和仪器设备应符合国家有关标准的规定。

4.7.4 凡未经国家、部、省、市(局)级鉴定的新型绝热工程材料不得用于大、中型绝热工程。

5 保温计算

5.1 计算原则

5.1.1 管道和圆筒设备外径大于1 000 mm者，可按平面计算保温层厚度；其余均按圆筒面计算保温层厚度。

5.1.2 为减少散热损失的保温层其厚度应按经济厚度方法计算。

5.1.2.1 对于热价低廉，保温材料制品或施工费用较高，根据公式计算得出的经济厚度偏小以致散热损失超过GB/T 4272—2008中表1或表2内规定的最大允许散热损失时，应重新按表内最大允许散热损失的80%～90%计算其保温层厚度。

5.1.2.2 对于热价偏高、保温材料制品或施工费用低廉、并排敷设的管道，尚应考虑支撑结构、占地面积等综合经济效益，其厚度可小于经济厚度。

5.2 保温层厚度和散热损失的计算

5.2.1 保温层经济厚度的计算公式

a) 平面的计算公式见式(1)：

$$\delta = 1.897 \times 10^{-3} \sqrt{\frac{f_n \cdot \lambda \cdot \tau (T - T_a)}{P_i \cdot S}} - \frac{\lambda}{\alpha} \qquad \cdots\cdots(1)$$

式中：

δ——保温层厚度，单位为米(m)；

f_n——热价，单位为元每吉焦(元/GJ)；

λ——保温材料制品热导率，对于软质材料应取安装密度下的热导率，单位为瓦每米开尔文[W/(m·K)]；

τ——年运行时间，单位为小时(h)；

T——设备和管道的外表面温度，单位为开尔文(摄氏度)[K(℃)]；

T_a——环境温度，单位为开尔文(摄氏度)[K(℃)]；

P_i——保温结构单位造价，单位为元每立方米(元/m^3)；

S——保温工程投资贷款年分摊率，按复利计息：$S = \frac{i(1+i)^n}{(1+i)^n - 1} \times 100\%$；

i——年利率(复利率)；

n——计息年数；

α——保温层外表面与大气的换热系数，单位为瓦每平方米开尔文[W/(m^2·K)]。

b) 圆筒面的计算公式见式(2)：

$$D_o \ln \frac{D_o}{D_i} = 3.795 \times 10^{-3} \sqrt{\frac{f_n \cdot \lambda \cdot \tau (T - T_a)}{P_i \cdot S}} - \frac{2\lambda}{\alpha} \qquad \cdots\cdots(2)$$

$$\delta = \frac{D_o - D_i}{2}$$

式中：

D_o——保温层外径，单位为米(m)；

D_i——保温层内径，单位为米(m)；

其余符号说明与式(1)相同。

5.2.2 保温层表面散热损失计算公式

a) 平面的计算公式见式(3)：

$$q = \frac{T - T_a}{R_i + R_s} = \frac{T - T_a}{\frac{\delta}{\lambda} + \frac{1}{\alpha}} \qquad \cdots\cdots(3)$$

式中：

q——单位表面散热损失，

平面：单位为瓦每平方米(W/m^2)；

管道：单位为瓦每米(W/m)；

R_i——保温层热阻，

平面：单位为平方米开尔文每瓦[(m^2·K)/W]；

管道：单位为米开尔文每瓦[(m·K)/W]；

R_s——保温层表面热阻，

平面：单位为平方米开尔文每瓦[(m^2·K)/W]；

管道：单位为米开尔文每瓦[(m·K)/W]。

b) 圆筒面的计算公式见式(4)：

$$q=\frac{T-T_a}{R_i+R_s}=\frac{2\pi(T-T_a)}{\frac{1}{\lambda}\ln\frac{D_o}{D_i}+\frac{2}{\alpha\cdot D_o}} \quad \cdots\cdots(4)$$

5.2.3 保温层外表面温度的计算公式

a) 平面的计算公式见式(5)：

$$T_s=q\cdot R_s+T_a=\frac{q}{\alpha}+T_a \quad \cdots\cdots(5)$$

式中：

T_s——保温层外表面温度，单位为开尔文(摄氏度)[K(℃)]。

b) 圆筒面的计算公式见式(6)：

$$T_s=q\cdot R_s+T_a=\frac{q}{\pi\cdot D_o\cdot\alpha}+T_a \quad \cdots\cdots(6)$$

5.3 保温计算主要数据选取原则

5.3.1 温度

5.3.1.1 表面温度 T

a) 无衬里的金属设备和管道的表面温度 T，取介质的正常运行温度；

b) 有内衬的金属设备和管道应进行传热计算确定外表面温度。

5.3.1.2 环境温度 T_a

a) 设置在室外的设备和管道在经济保温厚度和散热损失计算中，环境温度 T_a 常年运行的取历年之年平均温度的平均值；季节性运行的取历年运行期日平均温度的平均值；

b) 设置在室内的设备和管道在经济保温厚度及散热损失计算中环境温度 T_a 均取 293 K(20℃)；

c) 设置在地沟中的管道，当介质温度 T=352 K(80℃)时，环境温度 T_a 取 293 K(20℃)；当介质温度 T=354 K～383 K(81℃～110℃)时，环境温度 T_a 取 303 K(30℃)；当介质温度 T≥383 K(110℃)时，环境温度 T_a 取 313 K(40℃)；

d) 在校核有工艺要求的各保温层计算中环境温度 T_a 应按最不利的条件取值。

5.3.2 表面放热系数 α

5.3.2.1 在经济厚度及热损失计算中，设备和管道的保温结构外表面放热系数 α 一般取 11.63 W/(m^2·K)。

5.3.2.2 在校核保温结构表面温度计算中，一般情况按 $\alpha=1.163(6+3\sqrt{\omega})$ W/(m^2·K)计算，式中 ω 为风速，单位为米每秒(m/s)。

5.3.2.3 如要求计算值更接近于真值，则应按不同外表面材料的热发射率与环境风速对 α 值的影响，将辐射与对流放热系数分别计算然后取其和。

5.3.3 热导率 λ[1)]

保温材料制品的热导率或热导率方程应由制造厂提供并应符合 4.1.1 的要求。

5.3.4 保温结构的单位造价 P_i

单位造价应包括主材费、包装费、运输费、损耗、安装(包括辅助材料费)及保护结构费等。

5.3.5 计息年数 n

计算期年数。一般取 10 年。

5.3.6 年利率 i

取复利。

5.3.7 热价 f_n

应按各地区、各部门的具体情况确定。

5.3.8 年运行时间 τ

常年运行一般按 8 000 h 计;采暖运行中的采暖期按 3 000 h 计;采暖期较长地区得按实际采暖期(小时)计;其他按实际情况选取年运行时间。

5.4 直埋管道保温计算

对于埋地管道保温可参照 CJJ 104—2005 的 5.2 进行计算。

6 保冷计算

6.1 保冷计算原则

6.1.1 为减少冷量损失(热量吸入)并防止外表面凝露的保冷,采用经济厚度法计算保冷层厚度,以热平衡法校核其外表面温度,该温度应高于环境的露点温度,否则加厚重新核算,直至满足要求。

6.1.2 为防止外表面凝露的保冷,采用表面温度法计算保冷层厚度。

6.1.3 工艺上允许冷损失量的保冷,采用热平衡法计算保冷层厚度,并校核其外表面温度。该温度应高于环境的露点温度,否则加厚重新核算,直至满足要求。

6.1.4 公称直径大于 1 000 mm 的管道和圆筒形设备,按平面绝热计算公式计算;公称直径等于或小于 1 000 mm 时,则按圆筒面绝热计算公式计算;球形容器则按球形容器绝热计算公式计算。

6.1.5 在同一管道或设备上采用一种保冷材料保冷时,按单层绝热计算公式计算;采用两种保冷材料保冷时,则按双层绝热计算公式计算(复合预制品除外),双层保冷层的层间间面温度(即内层保冷层外表面温度)应不低于其相邻外层保冷材料的最低安全使用温度。

6.2 保冷层厚度计算

6.2.1 保冷层的经济厚度计算

a) 平面的计算公式见式(7):

$$\delta = 1.897 \times 10^{-3} \sqrt{\frac{f_n \cdot \lambda \cdot \tau(t - t_a)}{P_i \cdot S}} - \frac{\lambda}{\alpha_s} \qquad \cdots\cdots(7)$$

式中:

δ——保温层厚度,单位为米(m);

f_n——热价,单位为元每吉焦(元/GJ);

λ——保冷材料制品在使用温度下的热导率,单位为瓦每米开尔文[W/(m·K)];

τ——年运行时间,单位为小时(h);

t_a——环境温度,单位为摄氏度(℃);

t——设备和管道的外表面温度,单位为摄氏度(℃);

---

1) 一般试验室均将材料烘干至恒重后再行测试,所得 λ 值常与实际有差别。为使设计计算更接近于实际,可采用经环境因素影响而校正后的热导率 λ_p,代替试验室测出的 λ 值。

α_s——保冷层外表面与大气的换热系数，单位为瓦每平方米开尔文[W/(m²·K)]；
P_i——保冷结构单位造价，单位为元每立方米(元/m³)；
S——保冷工程投资贷款年分摊率。按复利计息：

$$S=\frac{i(1+i)^n}{(1+i)^n-1}\times 100\%$$

i——年利率(复利率)；
n——计息年数。

b) 圆筒面的计算公式见式(8)：

$$D_o\ln\frac{D_o}{D_i}=3.795\times 10^{-3}\sqrt{\frac{f_n\cdot\lambda\cdot\tau(t-t_a)}{P_i\cdot S}}-\frac{2\lambda}{\alpha_s} \quad\cdots\cdots(8)$$

$$\delta=\frac{D_o-D_i}{2}$$

式中：
D_o——保温层外径，单位为米(m)；
D_i——保温层内径，单位为米(m)。

6.2.2 防止表面凝露的保冷层厚度计算

a) 平面单层保冷层：

$$\delta=\frac{\lambda(t_s-t)}{\alpha_s(t_a-t_s)} \quad\cdots\cdots(9)$$

式中：
δ——单层保冷层厚度或双层保冷层总厚度，单位为米(m)；
λ——单层保冷层材料制品在使用温度下的热导率，单位为瓦每米开尔文[W/(m·K)]；
t——金属管道、圆筒形设备及球形容器壁的外表面温度，单位为摄氏度(℃)；
t_a——单层保冷层外表面温度或双层保冷层第二层(外层)外表面温度，单位为摄氏度(℃)；
t_s——保冷层外表面温度，单位为摄氏度(℃)。

b) 平面双层保冷层：

保冷层总厚度：

$$\delta=\frac{\lambda_1(t_1-t)+\lambda_2(t_s-t_1)}{\alpha_s(t_a-t_s)} \quad\cdots\cdots(10)$$

式中：
λ_1——第一层保冷层材料制品在使用温度下的热导率，单位为瓦每米开尔文[W/(m·K)]；
λ_2——第二层保冷层材料制品在使用温度下的热导率，单位为瓦每米开尔文[W/(m·K)]；
t_1——第一层(内层)保冷层外表面温度，第一、二层保冷层间界面温度，单位为摄氏度(℃)。

保冷层各层厚度：

第一层(内层)：

$$\delta_1=\frac{\lambda_1(t_1-t)}{\alpha_s(t_a-t_s)} \quad\cdots\cdots(11)$$

第二层(外层)：

$$\delta_2=\frac{\lambda_2(t_s-t_1)}{\alpha_s(t_a-t_s)} \quad\cdots\cdots(12)$$

c) 圆筒面单层保冷层：

$$\frac{D_1}{D_o}\ln\frac{D_1}{D_o}=\frac{2\lambda(t_s-t)}{D_o\cdot\alpha_s(t_a-t_s)} \quad\cdots\cdots(13)$$

$$\delta=\frac{D_o}{2}\left(\frac{D_1}{D_o}-1\right)$$

式中：

D_o——管道、圆筒形设备或球形容器的外径，单位为米(m)；

D_1——管道、圆筒形设备或球形容器单层保冷层的外径，或第一层(内层)保冷层外径，单位为米(m)。

d) 圆筒面双层保冷层：

保冷层的总厚度：

$$\frac{D_2}{D_o}\ln\frac{D_2}{D_o}=\frac{2[\lambda_1(t_1-t)+\lambda_2(t_s-t_1)]}{D_o\cdot\alpha_s(t_a-t_s)} \qquad (14)$$

$$\delta=\frac{D_o}{2}\left(\frac{D_2}{D_o}-1\right)$$

式中：

D_2——第二层(外层)保冷层外径，单位为米(m)。

保冷层各层厚度：

第一层(内层)：

$$\frac{D_1}{D_o}\ln\frac{D_1}{D_o}=\frac{2\lambda_1(t_1-t)}{D_o\cdot\alpha_s(t_a-t_s)} \qquad (15)$$

$$\delta=\frac{D_o}{2}\left(\frac{D_1}{D_o}-1\right)$$

第二层(外层)：

$$\frac{D_2}{D_o}\ln\frac{D_2}{D_o}=\frac{2\lambda_2(t_s-t_1)}{D_o\alpha_s(t_a-t_s)} \qquad (16)$$

$$\delta=\frac{D_1}{2}\left(\frac{D_2}{D_1}-1\right)$$

6.2.3 控制允许损失量的保冷层厚度计算

a) 平面单层保冷层：

$$\delta=\lambda\left(\frac{t-t_a}{q_p}-\frac{1}{\alpha_s}\right) \qquad (17)$$

或

$$\delta=\lambda\left(\frac{t-t_a}{q_p}-R_2\right) \qquad (18)$$

式中：

q_p——平面保冷层单位冷损失，单位为瓦每平方米(W/m^2)；

R_2——平面保冷层对周围空气的吸热阻，单位为平方米开尔文每瓦[$(m^2\cdot K)/W$]。

b) 平面双层保冷层：

$$\delta_1=\lambda_1\left(\frac{t-t_a}{q_p}-\frac{\delta_2}{\lambda_2}-\frac{1}{\alpha_s}\right) \qquad (19)$$

或

$$\delta_1=\lambda_1\left(\frac{t-t_a}{q_p}-\frac{\delta_2}{\lambda_2}-R_2\right) \qquad (20)$$

c) 圆筒面单层保冷层：

$$\ln\frac{D_1}{D_2}=2\pi\lambda\left(\frac{t-t_a}{q_L}-\frac{1}{\pi D_1\alpha_s}\right) \qquad (21)$$

$$\delta=\frac{1}{2}(D_1-D_o)$$

或

$$\ln\frac{D_1}{D_2}=2\pi\lambda\left(\frac{t-t_a}{q_L}-R_1\right) \qquad (22)$$

$$\delta=\frac{1}{2}(D_1-D_o)$$

式中：

q_L——圆筒面保冷层单位冷损失，单位为瓦每米(W/m)；

R_1——圆筒面保冷层对周围空气的吸热阻，单位为米开尔文每瓦[(m·K)/W]。

d) 圆筒面双层保冷层：

$$\ln\frac{D_1}{D_o}=2\pi\lambda_1\left(\frac{t-t_a}{q_L}-\frac{1}{2\pi\lambda_2}\ln\frac{D_2}{D_1}-\frac{1}{\pi D_1\alpha_s}\right) \qquad (23)$$

$$\delta_1=\frac{1}{2}(D_1-D_o)$$

或

$$\ln\frac{D_1}{D_o}=2\pi\lambda_1\left(\frac{t-t_a}{q_L}-\frac{1}{2\pi\lambda_2}\ln\frac{D_2}{D_1}-R_1\right) \qquad (24)$$

$$\delta_1=\frac{1}{2}(D_1-D_o)$$

6.2.4 球形容器保冷层厚度计算

$$\frac{D_1}{D_o}\delta=\frac{\lambda(t-t_s)}{\alpha_s(t_s-t_a)} \qquad (25)$$

$$\delta=\frac{1}{2}(D_1-D_o)$$

注：保冷层厚度应按每一档为 10 mm 取整，如 10,20,30,40,50,…。

6.3 保冷层冷损失量计算

6.3.1 平面保冷层冷损失量减计算

a) 单层保冷层：

$$q_p=\frac{t-t_a}{\frac{\delta}{\lambda}+\frac{1}{\alpha_s}} \qquad (26)$$

b) 双层保冷层：

$$q_p=\frac{t-t_a}{\frac{\delta_1}{\lambda_1}+\frac{\delta_2}{\lambda_2}+\frac{1}{\alpha_s}} \qquad (27)$$

6.3.2 圆筒面保冷层冷损失量计算

a) 单层保冷层：

$$q_L=\frac{2\pi(t-t_a)}{\frac{1}{\lambda}\ln\frac{D_1}{D_o}+\frac{2}{D_1\alpha_s}} \qquad (28)$$

b) 双层保冷层：

$$q_L=\frac{2\pi(t-t_a)}{\frac{1}{\lambda_1}\ln\frac{D_1}{D_o}+\frac{1}{\lambda_2}\ln\frac{D_2}{D_1}+\frac{2}{D_2\alpha_s}} \qquad (29)$$

6.3.3 球形容器保冷层冷损失量计算

单层保冷层

$$Q=\pi\cdot D_1^2\cdot\alpha_s(t_s-t_a) \qquad (30)$$

式中：

Q——每台球形容器保冷层表面冷量总损失，单位为瓦每台(W/台)。

6.4 保冷层外表面温度计算

6.4.1 平面保冷层外表面温度计算

a) 单层保冷层：

$$t_s = \frac{\lambda t + \delta t_a \alpha_s}{\lambda + \delta \alpha_s} \quad \cdots\cdots (31)$$

或

$$t_s = t - q_p\left(\frac{\delta}{\lambda}\right) \quad \cdots\cdots (32)$$

b) 双层保冷层：

$$t_s = t - q_p\left(\frac{\delta_1}{\lambda_1} + \frac{\delta_2}{\lambda_2}\right) \quad \cdots\cdots (33)$$

或

$$t_1 = t - q_p\left(\frac{\delta_1}{\lambda_1}\right) \quad \cdots\cdots (34)$$

$$t_s = t_1 - q_p\left(\frac{\delta_2}{\lambda_2}\right) \quad \cdots\cdots (35)$$

6.4.2 圆筒面保冷层外表面温度计算

a) 单层保冷层：

$$t_s = t - \frac{q_L}{2\pi}\left(\frac{1}{\lambda}\ln\frac{D_1}{D_o}\right) \quad \cdots\cdots (36)$$

b) 双层保冷层：

$$t_s = t - \frac{q_L}{2\pi}\left(\frac{1}{\lambda_1}\ln\frac{D_1}{D_o} + \frac{1}{\lambda_2}\ln\frac{D_2}{D_1}\right) \quad \cdots\cdots (37)$$

或

$$t_1 = t - \frac{q_L}{2\pi}\left(\frac{1}{\lambda_1}\ln\frac{D_1}{D_o}\right) \quad \cdots\cdots (38)$$

$$t_s = t_1 - \frac{q_L}{2\pi}\left(\frac{1}{\lambda_2}\ln\frac{D_2}{D_1}\right) \quad \cdots\cdots (39)$$

6.4.3 球形容器保冷层外表面温度计算

$$t_s = t_a + \frac{Q}{\alpha_s \cdot \pi \cdot D_1^2} \quad \cdots\cdots (40)$$

6.5 冷收缩量计算

6.5.1 根据保冷层材料与保冷设备或管道的线膨胀系数，分别算出其在保冷温度下的冷收缩量，在低温保冷工程中应根据这些收缩量之间的差值情况，于保冷层上合理设置伸缩缝。

6.5.2 每米管道或保冷层材料在保冷温度下的收缩量计算

$$\Delta L = \beta L_1(t_a - t_m) \quad \cdots\cdots (41)$$

式中：

ΔL——线膨胀量，单位为毫米(mm)；

β——物体的线膨胀系数，单位为每摄氏度(℃$^{-1}$)；

L_1——管道或保冷层材料在常温下的长度，单位为毫米(mm)；

t_m——管道或保冷层材料的平均温度，单位为摄氏度(℃)；

t_a——环境温度，单位为摄氏度(℃)。

6.6 保冷计算主要数据选取原则

6.6.1 经济厚度法计算的数据

a) 外表面温度 t(℃)

无衬里的金属设备和管道的表面温度 t,取介质的正常运行温度 t_f(℃)。

b) 环境温度 t_a(℃)

常年运行者,取历年之年平均温度的平均值;季节性运行者,取累年运行期日平均温度的平均值。

c) 表面换热系数 α_s[W/(m^2·K)]

保冷结构外表面对周围空气的换热系数 α_s。

当须核算表面温度时,

并排敷设:$\alpha=7+3.5\sqrt{\omega}$

单根敷设:$\alpha=11.63+7\sqrt{\omega}$

式中 ω 为风速,取历年年平均风速(m/s)。

d) 计息年数 n

一般取 4~6 年。

e) 年利率 i

取 10%(复利)

f) 热价 f_n(元/GJ)

按不同地区、不同制冷规模的具体情况来确定。

g) 年运行时间 τ(h)

常年运行一般按 8 000 h 计算;间隙或季节性运行按设计或实际规定的天数计。

6.6.2 表面温度法计算的数据

a) 外表面温度 t(℃)

无衬里的金属设备和管道的表面温度 t,取介质的正常运行温度 t_f。

b) 环境温度 t_a(℃)

取累年夏季空调室外干球计算温度。

c) 露点温度 t_d(℃)

露点温度 t_d 应取累年室外最热月月平均相对湿度,与本条 b)中环境温度 t_a 的取值相对应的露点温度。

d) 保冷层外表面温度 t_s(℃)

取 $t_s=t_d+(1\sim3)$℃

对于聚氨酯泡沫塑料,当 $\Delta t=(t_a-t_d)\leqslant2$℃时取下限;$\Delta t\geqslant4$℃的取上限。

e) 保冷层层间界面温度 t_1(℃)

双层保冷层内外层层间界面温度(即内层保冷层外表面温度)t_1,应不低于其相邻外层保冷材料的最低安全使用温度。

f) 表面换热系数 α_s,一般取值为 8.14 W/(m^2·K)

保冷层外表面对周围空气的换热系数 α_s。

g) 热导率 λ[W/(m·K)]

保冷材料热导率 λ,应按其使用温度进行修正。

6.6.3 热平衡法计算的数据

a) 表面温度 t、环境温度 t_a、露点温度 t_d、保冷层层间界面温度 t_1、保冷材料热导率 λ 及保冷层外表面换热系数 α_s 等数据的选取原则,与表面温度计算法相同。

b) 核算保冷层外表面温度 t_s 的有关数据，与6.6.2表面温度法计算的数据相同。

7 绝热结构

7.1 绝热结构

绝热结构由内至外，由防锈层、绝热层、防潮层（或称阻汽层）、保护层、防腐蚀层及识别层组成。防腐层可以兼作识别层，在保温结构中保护层可以兼作防潮层。绝热结构的设计应符合绝热效果好、施工方便、防火、耐久、美观等。

7.2 防锈层

凡碳钢和铁素体合金钢管道、设备及其附件的外表面，在清净后应涂刷防锈层。不锈钢、有色金属及非金属材料的管道、设备及其附件的外表面，在清净后不需涂刷防锈层。

7.3 绝热层

有粘结、浇注、喷涂、充填及多层复合等结构，是决定绝热效果好坏最关键的一层。要求材料的技术性能及厚度必须符合设计规定，且厚薄均匀，接缝严实、紧固合理，松紧适度，外形完整无缺，确保绝热效果良好。当厚度大于80 mm时，必须分层施工。

7.4 防潮层

防潮层是确保保冷层绝热效果良好的重要一层。防潮层有粘贴、涂膜及包缠等结构。要求防潮层搭接适度、厚薄均匀、完整严密，无气孔，无鼓泡或开裂等缺陷。应具有阻燃、防水、防蒸汽渗透及抗老化等性能。

7.5 防水层

防水层是确保保温层绝热效果良好的重要一层。应能有效防止水汽渗透、不燃或阻燃、化学稳定性好。

7.6 保护层

保护层有金属及非金属结构，是绝热结构的外护层。保护防潮层和保冷层不受机械损伤和室外雨、雪、风、雹等的冲刷和压撞。要求保护层必须严密、防水、防湿、能抗大气腐蚀和光照老化、不燃或阻燃、黑度小、容量轻、不开裂、有足够的机械强度、使用寿命长、并能使保冷结构外形整齐美观。

7.7 防腐蚀及识别层

在保护层外表面可根据需要涂刷防腐漆，其最外层可采用不同颜色的防腐漆或制作相应色标，用以识别管道及设备内外介质类别和流向，故防腐层可兼作识别层。

8 绝热工程的主要施工技术要求

8.1 保温工程

8.1.1 保温层

8.1.1.1 设备、直管道、管件等无需检修处宜采用固定式保温工程，法兰、阀门、人孔等处宜采用可拆卸式的保温工程。

8.1.1.2 保温厚度宜按10 mm为分级单位。保温层设计厚度大于80 mm时，保温结构宜按分层考虑；内外层应彼此错开。

8.1.1.3 使用软质和半硬质保温材料时，设计应根据材料的最佳保温密度或保证其在长期运行中不致塌陷的密度而规定其施工压缩量。

8.1.1.4 保温层的支撑及紧固：

a) 高于3 m的立式设备、垂直管道以及与水平夹角大于45°，长度超过3 m的管道应设支撑圈，其间距一般为 3 m～6 m。

b) 硬质材料施工中应预留伸缩缝。设置支撑圈者应在支撑圈下预留伸缩缝。缝宽应按金属壁和保温材料的伸缩量之间的差值考虑。伸缩缝间应填塞与硬质材料厚度相同的软质材料，该材料使用温度应大于设备和管道的表面温度。

c) 保温层应采取适当措施进行紧固。

8.1.2 保护层

8.1.2.1 保护层应具有保护保温层和防水的性能。

8.1.2.2 一般金属保护层应采用 0.3 mm～0.8 mm 厚的镀锌薄钢板或防锈铝板制成外壳，壳的接缝必须搭接以防雨水进入。

8.1.2.3 玻璃布保护层一般在室内使用。纤维水泥类抹面保护层不得在室外使用。

8.1.2.4 可采用其他已被确认可靠的新型外保护层材料。

8.2 保冷工程

8.2.1 保冷层

8.2.1.1 保冷层厚度应符合设计规定，保冷层设计厚度大于 80 mm 时，保冷结构宜按分层考虑；内外层应彼此错开。当分层施工时应逐层紧固。

8.2.1.2 保冷层施工时，应同层错缝，上下层盖缝。其接缝应以粘结剂、密封剂填实、挤紧、刮平、粘牢、密封，接缝宽度不得大于 2 mm。

8.2.1.3 保冷工程的金属固定件不得穿透保冷层。

8.2.1.4 保冷工程的支、吊、托架等处应采用硬质隔热垫块，或采用经防潮防蛀处理后的硬质木垫块支承。

8.2.1.5 采用聚氨酯泡沫塑料现场浇注或喷涂作保冷层时，在正式浇注或喷涂之前，必须按各项技术要求预先进行试浇或试喷。

8.2.1.6 保冷箱充填保冷层结束后，必须密封缝口，并进行充气试漏检验。

8.2.1.7 伸缩缝的预留应符合下列规定：

a) 双层或多层保冷层各层之间伸缩缝的位置必须错开，错开距离不宜大于 100 mm；

b) 弯头两端长直管段保冷层上可各留一道伸缩缝。当两弯头之间的间距很小时，其直管段保冷层上的伸缩缝可根据介质温度确定仅留一道或不留设；

c) 在卧式设备的筒体保冷层上距连接 100 mm～150 mm 处，均应留一道伸缩缝；

d) 立式设备及垂直管道，应在其保冷层的支承环下面留设 25 mm 宽的伸缩缝；

e) 球形容器应按设计规定留设伸缩缝；

f) 保冷层伸缩缝，应用软质泡沫塑料条填塞严密，或挤入发泡型粘结剂。外面用 50 mm 宽的不干性胶带粘贴密封。伸缩缝还必须再保冷。

8.2.1.8 在下列情况之一下，必须按膨胀移动方向的另一侧留出适当的膨胀间隙：

a) 填料式补偿器和波纹补偿器；

b) 当滑动支架高度小于保冷层厚度时；

c) 保冷结构与墙、梁、栏杆、平台、支撑等固定构件及管道所通过的孔洞之间。

8.2.2 防潮层

8.2.2.1 防潮层室外施工应避免在雨、雪中进行。

8.2.2.2 涂抹型防潮层的外表面应平整、均匀、严密，其厚度应达到设计规定。

8.2.2.3 包扎型防潮层，其包扎材料的接缝搭接宽度应不小于 50 mm，搭接处必须粘密实。卧式设备及水平管道的纵向接缝位置应在两侧搭接，缝口朝下。立式设备和垂直管道的环向接缝应是“上搭下”。粘贴方式可采用螺旋型缠绕或平铺。

8.2.3 **保护层**

8.2.3.1 金属保护层应采用厚0.3 mm～0.8 mm的镀锌薄钢板，或厚度为0.5 mm～1 mm的防锈铝板制成护壳。大型设备的金属保护层应采用波型或槽型金属护壳板装配成壳。金属护壳的结构及紧固形式，必须满足保冷层伸缩缝和膨胀间隙的要求。金属护壳的接缝应搭接或咬接，紧固金属护壳时，严禁刺破防潮层。

8.2.3.2 在酸碱环境下可采用阻燃型非金属防腐材料作防护层。

附　录　A
（规范性附录）
保温层厚度的计算方法

在允许温降条件下输送液体管道的保温层厚度应按热平衡方法计算。

A.1　无分支（无节点）管道

A.1.1　当$\frac{T_1-T_a}{T_2-T_a}>2$时：

$$\ln\frac{D_o}{D_1}=2\pi\lambda\left(\frac{L_c}{q_m\cdot C\cdot\ln\frac{T_1-T_a}{T_2-T_a}}-\frac{1}{\pi D_o\alpha}\right)\qquad\text{（A.1）}$$

$$\delta=\frac{D_o-D_1}{2}$$

A.1.2　当$\frac{T_1-T_a}{T_2-T_a}<2$时：

$$\ln\frac{D_o}{D_1}=2\pi\left(\frac{L_c(T_m-T_a)}{q_m\cdot C(T_1-T_2)}-\frac{1}{\pi D_o\alpha}\right)\qquad\text{（A.2）}$$

$$\delta=\frac{D_o-D_1}{2}$$

$$L_c=K_r\cdot L\qquad\text{（A.3）}$$

式中：

T_1——管道1点处的介质温度，单位为开尔文（摄氏度）[K（℃）]；

T_2——管道2点处的介质温度，单位为开尔文（摄氏度）[K（℃）]；

L_c——管道计算长度，单位为米（m）；

K_r——管道通过吊架处热损失附加系数；

L——管道实际长度，单位为米（m）；

T_m——算术平均温度，单位为开尔文（摄氏度）[K（℃）]；

q_m——介质质量流量，单位为千克每小时（kg/h）；

C——介质热容，单位为焦每千克开尔文[J/（kg·K）]。

A.2　有分支（有节点）管道

节点处温度按式（A.4）计算：

$$T_c=T_{c-1}-(T_i-T_n)\frac{\frac{L_{c-1\to c}}{q_{mc-1\to c}}}{\sum_{i=2}^{n}\frac{L_{i-1\to i}}{q_{mi-1\to i}}}\qquad\text{（A.4）}$$

式中：

T_c，T_{c-1}——分别为节点c与前一节点$c-1$处的温度，K（℃）；

T_i——管道起点的温度，单位为开尔文（摄氏度）[K（℃）]；

T_n——管道终点的温度，单位为开尔文（摄氏度）[K（℃）]；

$L_{c-1\to c}$——节点c与前一节点$c-1$之间的管段长度，单位为米（m）；

$L_{i-1\to i}$——节点i与前一节点$i-1$之间的管段长度，单位为米（m）；

$q_{mc-1\to c}$——$c-1$与c两点之间管道介质质量流量，单位为千克每小时（kg/h）；

$q_{mi-1\to i}$——任意点i与前一节点$i-1$之间介质质量流量，单位为千克每小时（kg/h）。

附　录　B
（规范性附录）
保温层厚度的计算方法

延迟管道内介质冻结、凝固的保温层厚度应按热平衡方法计算。

$$\ln\frac{D_o}{D_i}=2\pi\lambda\left[\frac{K_r\cdot t_{fr}}{\frac{2(T-T_{fr})(V\rho c+V_p\rho_p c_p)}{T+T_{fr}-2T_a}-\frac{0.25V\rho H_{fr}}{T_{fr}-T_a}}-\frac{1}{\pi D_o\alpha}\right] \quad \cdots\cdots(B.1)$$

$$\delta=\frac{D_o-D_i}{2}$$

式中：

K_r——管道通过吊架处热损失附加系数；

t_{fr}——介质在管道内防止冻结停留时间，单位为小时(h)；

T_{fr}——管道内介质的冻结温度，单位为摄氏度(℃)；

V,V_p——分别为介质体积和管壁体积，单位为立方米(m^3)；

ρ,ρ_p——分别为介质密度和管材密度，单位为千克每立方米(kg/m^3)；

c,c_p——分别为介质热容和管材热容，单位为焦每千克开尔文[J/(kg·K)]；

H_{fr}——介质融解热，单位为焦(J)。

附　录　C
（规范性附录）
不同材料双层保温厚度的计算方法

C.1　内层厚度按表面温度计算，外层厚度按经济厚度方法计算。

C.2　内外层界面处温度应按外层保温材料最高使用温度的 0.9 倍计算。

ICS 77.150.99
H 63

中华人民共和国国家标准

GB/T 8182—2008
代替 GB/T 8182—1987

钽及钽合金无缝管

Tantalum and tantalum alloy seamless tubes

2008-03-31 发布　　　　2008-09-01 实施

中华人民共和国国家质量监督检验检疫总局
中国国家标准化管理委员会　发布

前言

本标准修订时参照了美国标准 ASTM B521:1998(2004 确认),并结合国内生产和使用实际。

本标准代替 GB/T 8182—1987《钽及钽合金无缝管》。

本标准与 GB/T 8182—1987 相比,主要有以下变动:

——增加了 TaW2.5 合金牌号及相关要求;

——管材的直径范围扩大为 1 mm~65 mm,并增加了相关指标;

——修改了切斜量指标;

——增加了检验结果的判定;

——增加了订货单(或合同)的内容。

本标准由中国有色金属工业协会提出。

本标准由全国有色金属标准化技术委员会归口。

本标准由宝钛集团有限公司、宝鸡钛业股份有限公司和宁夏东方钽业股份有限公司负责起草。

本标准主要起草人:王永梅、黄永光、李农、王韦琪、佟学文、霍红凤、李积贤。

本标准所代替标准的历次版本发布情况为:

——GB/T 8182—1987。

钽及钽合金无缝管

1 范围

本标准规定了钽及钽合金无缝管的要求、试验方法、检验规则和标志、包装、运输、贮存及订货单(合同)内容。

本标准适用于冷轧(或冷拔)法生产的钽及钽合金无缝管。

2 规范性引用文件

下列文件中的条款通过本标准的引用而成为本标准的条款。凡是注日期的引用文件,其随后所有的修改单(不包括勘误的内容)或修订版均不适用于本标准,然而,鼓励根据本标准达成协议的各方研究是否可使用这些文件的最新版本。凡是不注日期的引用文件,其最新版本适用于本标准。

GB/T 228　金属材料　室温拉伸试验方法

GB/T 241　金属管液压试验方法

GB/T 242　金属管　扩口试验方法

GB/T 15076(所有部分)　钽铌化学分析方法

3 要求

3.1 产品分类

3.1.1 管材的牌号、状态和规格

管材的牌号、供货状态和规格应符合表 1 的规定。

表 1

管材牌号	供货状态	外径/mm	壁厚/mm													
			0.2	0.3	0.4	0.5	0.6	0.8	1.0	1.2	1.5	2.0	2.5	3.0	3.5	4.0
Ta1 Ta2 TaNb3 TaNb20 TaW2.5	退火(M) 冷轧、冷拔(Y) 消除应力(m)	>1~3	○	○	—	—	—	—	—	—	—	—	—	—	—	—
		>3~5	○	○	○	○	○	—	—	—	—	—	—	—	—	—
		>5~15	—	○	○	○	○	○	○	—	—	—	—	—	—	—
		>15~25	—	—	—	—	○	○	○	○	○	○	—	—	—	—
		>25~35	—	—	—	—	—	○	○	○	○	○	○	○	—	—
		>35~40	—	—	—	—	—	—	○	○	○	○	○	○	○	—
		>40~50	—	—	—	—	—	—	○	○	○	○	○	○	○	○
		>50~65	—	—	—	—	—	—	—	○	○	○	○	○	○	○
注:"○"表示可以按本标准生产的规格,超出表中规格时由供需双方协商确定。																

3.1.2 标记示例

按照本标准生产的钽及钽合金管材标记示例如下:

示例 1:

用 Ta2 制造的冷轧无缝管,退火状态,外径为 30 mm,壁厚为 1.5 mm,长度为 500 mm,标记为:

管　Ta2　M　ϕ30×1.5×500　GB/T 8182—2008。

3.2 化学成分

3.2.1 管材的化学成分应符合表 2 的规定。

表 2

质量分数(%)

合金牌号		Ta1	Ta2	TaNb3	TaNb20	TaW2.5
主元素	Ta	余量	余量	余量	余量	余量
	W	—	—	—	—	2.0～3.5
	Nb	—	—	1.5～3.5	17～23	—
杂质元素，不大于	Fe	0.005	0.030	0.030	0.030	0.010
	Si	0.005	0.020	0.030	0.030	0.005
	Ni	0.002	0.005	0.005	0.005	0.010
	W	0.010	0.040	0.040	0.040	—
	Mo	0.010	0.030	0.030	0.030	0.020
	Ti	0.002	0.005	0.005	0.005	0.010
	Nb	0.050	0.100	—	—	0.500
	O	0.015	0.030	0.030	0.030	0.015
	C	0.010	0.020	0.020	0.020	0.010
	H	0.001 5	0.005 0	0.005 0	0.005 0	0.001 5
	N	0.005	0.025	0.025	0.025	0.010

3.2.2 当需方要求并在合同中注明时，供方提供管材间隙元素(O、C、H、N)含量的实测值。

3.3 力学性能

当需方要求并在合同中注明时，退火状态(M)管材的室温力学性能应符合表 3 的规定，其他牌号及状态的力学性能由供需双方协商确定。

表 3

合金牌号	状态	室温力学性能，不小于		
		抗拉强度 R_m/MPa	规定非比例延伸强度 $R_{P0.2}$/MPa	断后伸长率 A_{25}/%
Ta1、Ta2	退火(M)	210	140	25
TaW2.5		276	193	20

3.4 工艺性能

3.4.1 扩口试验

需方要求并在合同中注明时，外径大于 6 mm 的管材可进行扩口检验。采用锥度为 60°的顶芯，扩口后试样外径的扩大值为 20%，扩口后试样不得出现目视可见的裂纹。

3.4.2 液(气)压试验

3.4.2.1 需方要求并在合同中注明时，外径大于 6 mm 的管材可进行液压或气压试验。

3.4.2.2 液压试验时，试验压力保持 10 s，管材应不发生畸变或泄漏。

3.4.2.3 试验压力按以下公式计算：

$$P=\frac{2St}{D}$$

式中：

P——试验压力，单位为兆帕(MPa)；

S——允许应力，单位为兆帕(MPa)，Ta1、Ta2 牌号取 R_m 最小值的 40%；TaW2.5 牌号取 $R_{P0.2}$ 最小值的 75%；其他牌号的允许应力由供需双方协商确定；

D——管材名义外径，单位为毫米(mm)；

t——管材名义壁厚，单位为毫米(mm)。

3.4.2.4 气压试验时，管材内部气压试验的压力为 0.7 MPa，试验时压力保持不少于 5 s，管材应不发生畸变或泄漏。

3.5 尺寸及其允许偏差

3.5.1 管材外径允许偏差应符合表 4 的规定。

表 4

单位为毫米

外径	允许偏差	外径	允许偏差
>1～3	±0.04	>25～35	±0.12
>3～5	±0.06	>35～50	±0.15
>5～15	±0.08	>50～65	±0.17
>15～25	±0.10	—	—

3.5.2 管材壁厚允许偏差应不超过其名义壁厚的±10%。

3.5.3 管材的不定尺长度及允许偏差应符合表 5 的规定。定尺或倍尺长度应在不定尺长度范围内，倍尺长度应计入切断时的切口量，每个切口量为 5 mm。

表 5

单位为毫米

长度	长度允许偏差	
	冷轧(或冷拔)状态(Y)和消除应力状态(m)	退火状态(M)
≥200～1 000	$^{+3}_{0}$	$^{+3}_{0}$
>1 000～3 000	$^{+6}_{0}$	—

3.5.4 管材的弯曲度应不大于 2 mm/m。

3.5.5 管材的不圆度不应超出其外径允许偏差之半。

3.5.6 管材两端应切平整，不应有毛刺，切斜应符合表 6 的规定。

表 6

单位为毫米

外径	切斜，不大于
1～25	2
>25～65	3

3.6 外观质量

3.6.1 管材内、外表面应洁净，无裂纹、折叠、起皮、针孔等目视可见的缺陷。

3.6.2 管材表面的局部缺陷允许清除，但清除后不得使外径和壁厚超出允许偏差。

3.6.3 管材表面允许有不超出外径和壁厚允许偏差的划伤、凹坑、凸点和矫直痕迹。允许管材酸洗后存在不同的颜色。

4 试验方法

4.1 化学成分分析方法

管材的化学成分分析按 GB/T 15076 的规定进行。

4.2 力学性能检验方法

4.2.1 管材室温拉伸试验方法按 GB/T 228 的规定进行。

4.2.2 对于外径小于 30 mm 的管材采用整管拉伸试样；对于外径不小于 30 mm 的管材采用纵向弧形拉伸试样。

4.3 工艺性能检验方法

4.3.1 管材扩口试验按 GB/T 242 的规定进行。

4.3.2 管材液压试验按 GB/T 241 的规定进行。

4.3.3 管材气压试验按以下方法进行：

试验管材应清理干净。试验时，将管材浸在干净的水中，水深不低于 150 mm，然后施以 0.7 MPa 的内气压。在确认气密连接器不漏气之后，沿整个管长检查，不得有畸变和泄漏。

4.4 尺寸及其允许偏差测量方法

管材的尺寸及其允许偏差检验用相应精度的量具进行。

4.5 外观质量检验方法

管材的外观质量用目视检验。

5 检验规则

5.1 检查和验收

5.1.1 产品由供方质量检验部门检查，保证产品质量符合本标准或订货单(合同)的规定，并填写质量证明书。

5.1.2 需方收到的产品，应按本标准的规定进行验收，如检验结果与本标准的规定不符时，应在收到产品之日起三个月内向供方提出，由供需双方协商解决。如需仲裁，仲裁取样由供需双方共同在需方进行。

5.2 组批

产品应成批提交验收，每批应由同一牌号、熔炼炉号、规格、状态和同一热处理炉批的产品组成。

5.3 检验项目及取样

5.4 每批产品均应进行化学成分、尺寸及允许偏差和外观质量检验。需方要求并在合同中注明时，还应进行力学性能和工艺性能检验。检验项目及取样位置和数量应符合表 7 的规定。

表 7

检验项目	取样规定	要求的章条号	试验方法章条号
化学成分	供方可在原铸锭上取样，需方在成品管材上取样，每批取一份试样	3.2	4.1
力学性能	每批任取两根管材，每根各取一个试样	3.3	4.2
扩口试验	每批任取两根管材，每根各取一个试样	3.4.1	4.3.1
液压试验或气压试验	逐根	3.4.2	4.3.2 4.3.3
尺寸及允许偏差	逐根	3.5	4.4
外观质量	逐根。对于内径不大于 15 mm 的管材，允许采用每批管材抽取 2%(不少于 2 根)，每根各取 100 mm 管段，沿纵向剖为两半，测量壁厚及作内表面检查，代替逐根检验	3.6	4.5

5.5 检验结果的判定

5.5.1 管材的化学成分不合格，判该批不合格。

5.5.2 管材的力学性能检验、扩口试验、按批抽取的剖切管外观质量检验中，如有一个试样的结果不合格，则从该批取双倍试样对该不合格项目进行重复试验，如重复试验结果仍有一个试样不合格时，则判该批产品不合格，但允许供方逐根对不合格项目进行检验，合格者重新组批交货。

5.5.3 管材的尺寸及允许偏差、液(气)压试验、外观质量不合格时，判单根不合格。

6 标志、包装、运输和贮存

6.1 标志

在检验合格的管材和包装箱上应作如下标志：

a) 产品牌号；

b) 产品名称；

c) 供应状态；

d) 批号；

e) 本标准编号。

6.2 包装、运输和贮存

6.2.1 管材应用箱包装。箱内应衬有防潮纸或塑料薄膜，并衬一层泡沫塑料。管材应摆放整齐，每层管材之间应垫一层软纸或塑料薄膜。管端应用毛毡或泡沫塑料保护好，防止碰伤管头。箱未装满时，应用软物填充塞紧，防止管材窜动时划伤。

6.2.2 管材在运输和贮存时，要防止碰撞、受潮及腐蚀性环境。

6.3 质量证明书

每批管材应附有质量证明书，其上注明：

a) 供方名称；

b) 产品名称；

c) 产品牌号、规格和状态；

d) 熔炼炉号或批号、批重和件数；

e) 所规定的各项分析检验结果及质量检验部门印记；

f) 本标准编号；

g) 包装日期。

7 订货单(或合同)内容

订购本标准所列材料的订货单(或合同)应包括下列内容：

a) 产品名称；

b) 牌号；

c) 状态；

d) 尺寸规格；

e) 重量或支数；

f) 力学性能要求；

g) 工艺性能的要求；

h) 本标准编号；

i) 其他。

ICS 27.010
F 01

中华人民共和国国家标准

GB/T 8222—2008
代替 GB/T 8222—1987

用电设备电能平衡通则

The principles for electricity balance of equipment

2008-09-18 发布 2009-05-01 实施

中华人民共和国国家质量监督检验检疫总局
中国国家标准化管理委员会 发布

前言

本标准代替 GB/T 8222—1987《企业设备电能平衡通则》。

本标准与 GB/T 8222—1987 相比主要变化如下：

——本标准名称改为《用电设备电能平衡通则》；

——原标准的引言部分修改为本标准规定的内容和适用范围；

——本标准增加引用文件 GB/T 2587、GB/T 3484、GB/T 6422、GB 17167；

——原标准中的术语电能平衡和电能利用率内容并入基本要求中；

——原标准中第 2 章电能平衡的分类删除；

——原标准中第 3 章电能平衡的原则和第 7 章企业设备电能平衡的内容与步骤并入基本要求中；

——原标准中第 5 章电能量测定修改为本标准电能平衡测试条件；

——原标准中第 4 章电能平衡方法修改为本标准电能平衡测试方法；

——原标准中第 6 章电能分布图及其电能利用率的计算修改为本标准电能利用效率计算。

本标准由全国能源基础与管理标准化技术委员会提出。

本标准由全国能源基础与管理标准化技术委员会合理用电分技术委员会归口。

本标准起草单位：北京乐普四方方圆科技股份有限公司、北京节能环保中心、中国标准化研究院、清华大学、北京电力公司。

本标准主要起草人：毛文剑、翟克俊、陶毅、成建宏、孟昭利。

本标准于 1987 年首次发布。

用电设备电能平衡通则

1 范围

本标准规定了用电设备电能平衡的基本要求、测试条件、测试方法、电能流程图及其电能利用效率的计算。

本标准适用于用电设备及系统的电能平衡。

2 规范性引用文件

下列文件中的条款通过本标准的引用而成为本标准的条款。凡是注日期的引用文件，其随后所有的修改单(不包括勘误的内容)或修订版均不适用于本标准，然而，鼓励根据本标准达成协议的各方研究是否可使用这些文件的最新版本。凡是不注日期的引用文件，其最新版本适用于本标准。

GB/T 2587 热设备能量平衡通则

GB/T 3484 企业能量平衡通则

GB/T 6422 用能设备能量测试导则[1)]

GB 17167 用能单位能源计量器具配备和管理通则

3 术语和定义

下列术语和定义适用于本标准。

3.1

用电系统 electricity consumption system

电能平衡考核时所确定的用电设备、装置构成的系统。

3.2

用电系统的边界 boundary of electricity consumption system

用电系统与其周围相邻部分的分界面。

3.3

供给电量 electricity supply

从系统外供给用电系统的有功电量。

3.4

有效电量 available electricity quantity

用电系统在一定生产工艺条件下，达到预定的目标和质量标准时，在物理、化学变化中所需的有功电量。

3.5

损失电量 electricity loss

供给电量与有效电量之差。

4 基本要求

4.1 用电设备电能平衡是企业能量平衡的组成部分，应符合 GB/T 3484 的要求。

4.2 对于同时使用电能和非电形式能量的设备，如电弧炉、矿热炉、铝电解槽等，应按 GB/T 2587 进行能量平衡。

---

1) 正在制定中，即将出版。

4.3 电能平衡是对供给电量在用电系统内的输送、转换、利用进行考核、测量、分析和研究，并建立供给电量、有效电量和损失用电量之间平衡关系的全过程。电能平衡模型图见图1。

根据能量守恒定律，用电系统内的电能平衡关系式见式(1)：

$$W_G = W_Y + W_S \tag{1}$$

式中：

W_G——供给电量，单位为千瓦时(kW·h)；

W_Y——有效电量，单位为千瓦时(kW·h)；

W_S——损失电量，单位为千瓦时(kW·h)。

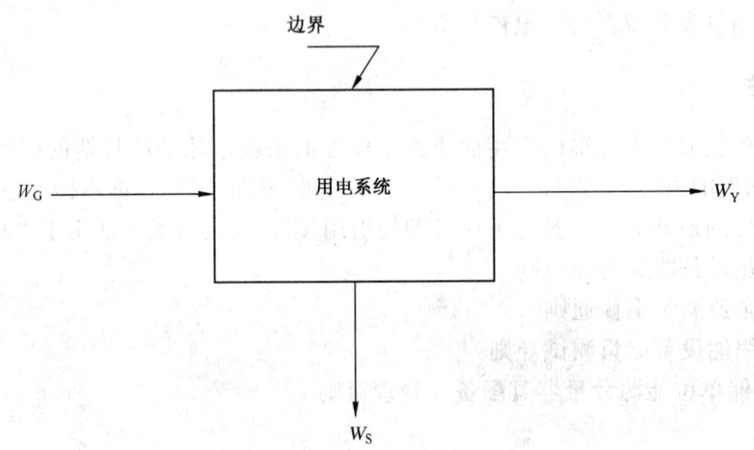

图1 电能平衡模型图

4.4 用电系统的电能平衡应包括考核对象的所有用电项目和达到预定目标的全过程。

4.5 用电系统的电能计量器具配备和管理应符合GB 17167的要求，在线电能计量仪表可用于电能平衡测试。

4.6 用电系统电能平衡的内容和步骤：

a) 确定用电系统的边界；
b) 确定用电系统内的用电单元；
c) 确定用电系统内电量平衡；
d) 测量与计算电能量；
e) 编制电能量平衡表；
f) 计算与分析用电系统的电能利用效率；
g) 提出节电技术改造方案。

5 电能平衡测试条件

5.1 用电设备电能平衡的测试应符合GB/T 6422的要求。

5.2 用电系统应在正常运行条件下进行测试。

5.3 对于同类用电系统可抽样测试，抽样数量或百分比可根据实际情况确定。

5.4 对于负荷变化的用电系统，应取其平均值。

5.5 电量应用电能表测定，对于稳定负荷亦可用功率表测定。

5.6 测试选用的仪器仪表的准确等级，应符合相关标准的规定。

5.7 当测试条件与实际运行条件有差异时，应对测试的数据加以修正。

6 电能平衡测试方法

6.1 直接测定法，通过测量用电系统的供给电量与有效电量，来确定电能利用效率。

6.2　间接测定法，通过测量用电系统的各项损失电量与供给电量，来确定电能利用效率。

7　电能利用效率计算

7.1　电能利用效率

7.1.1　直接测定法(正平衡法)按式(2)计算：

$$\eta = \frac{W_Y}{W_G} \times 100\% \qquad \cdots\cdots(2)$$

式中：

η——用电系统的电能利用效率%。

7.1.2　间接测定法(反平衡法)按式(3)计算：

$$\eta = (1 - \frac{W_S}{W_G}) \times 100\% \qquad \cdots\cdots(3)$$

7.2　串联系统

串联用电系统见图2，其电能利用效率按式(4)计算：

$$\eta_c = \eta_1 \times \eta_2 \times \eta_3 \times \cdots \times \eta_i \quad (i = 1,2,\cdots,n) \qquad \cdots\cdots(4)$$

式中：

η_c——串联用电系统的电能利用效率；

η_i——用电系统中串联单元 i 的电能利用效率；

n——用电系统中单元数量。

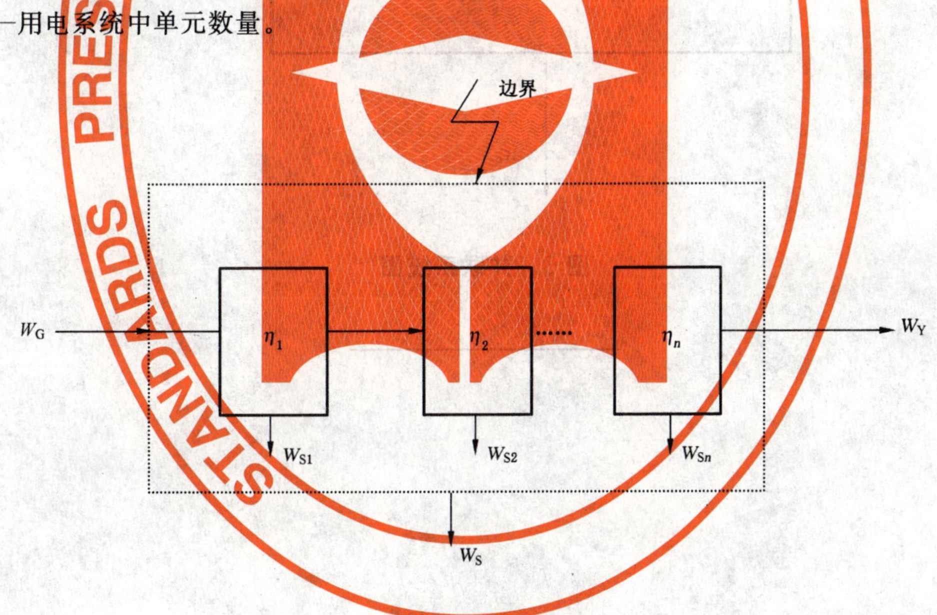

图2　串联系统图

7.3　并联系统

用以描述若干单元并联组成的用电系统见图3，其电能利用效率按式(5)计算：

$$\eta_B = (K_1\eta_1 + K_2\eta_2 + K_3\eta_3 + \cdots + K_i\eta_i) \times 100\% \quad (i = 1,2,\cdots,n) \qquad \cdots\cdots(5)$$

式中：

η_B——并联用电系统的电能利用效率；

K_i——单元 i 的分电率，即为各单元从总供电量中分得的电量占总供电量的分电权重；$K_1 + K_2 + K_3 + \cdots + K_n = 1$。

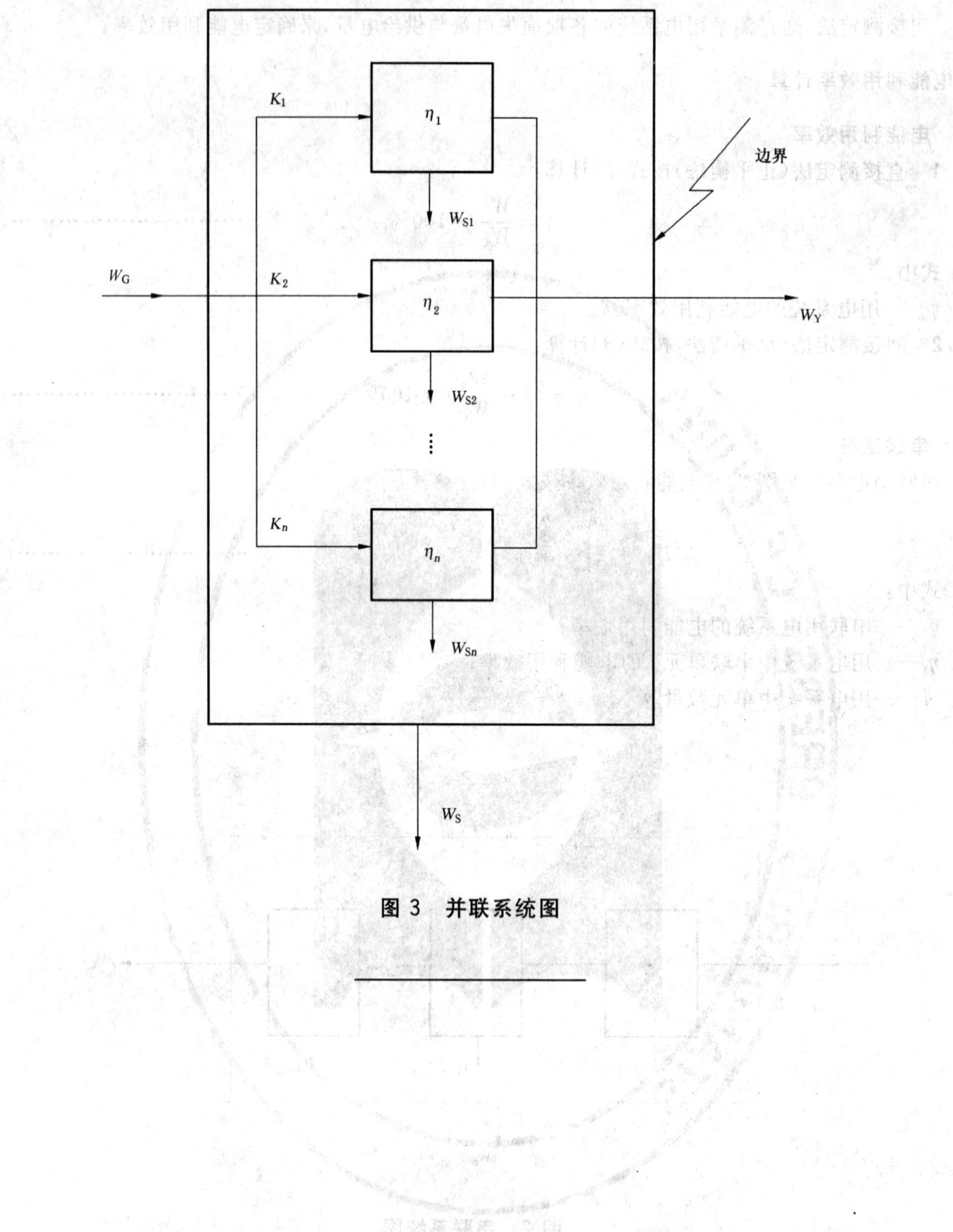

图 3 并联系统图

ICS 01.040.03;03.220.20
R 10

中华人民共和国国家标准

GB/T 8226—2008
代替 GB/T 8226—1987

道路运输术语

Road transport terminology

2008-10-27 发布　　2009-05-01 实施

中华人民共和国国家质量监督检验检疫总局
中国国家标准化管理委员会　发布

前　言

本标准代替 GB/T 8226—1987《公路运输术语》。

本标准与 GB/T 8226—1987 相比主要差异如下：

——增加了“道路运输相关业务、指令性运输、班车客运、包车客运、出租客运、旅游客运、公交客运、运输线路、客运量、货运量、客运周转量、货运周转量、客运班线、一类客运班线、二类客运班线、三类客运班线、四类客运班线、晚点、停班、脱班、包车、货物、托盘运输、货物集疏运、配载、回程载荷、货物跟踪、危险货物车辆标志、危险货物分类、危险货物的危险程度、危险货物包装标志、货物(行包)查询、旅客投诉率、行包差错率、车辆基本状况及营运绩效指标、车辆基本状况指标、营运绩效指标、营运收入、营运支出、营运率、道路运输经营者、道路运输从业人员、市场准入、从业资格管理、经营许可条件、客(货)车类型等级、客(货)车类型等级评定、客(货)运车辆审验、应急道路运输、应急调度管理、道路运输经营许可证、道路运输证、道路旅客运输班线经营权、超限运输”等术语和定义(见 2.1.2.3，2.1.3.3，2.1.3.8，2.1.3.12，2.1.3.13，2.1.3.14，2.1.3.15，2.1.4，2.1.5.1，2.1.5.2，2.1.5.3，2.1.5.4，2.2.2.1，2.1.2.2，2.1.2.3，2.1.2.4，2.1.2.5，2.2.3.6，2.2.3.10，2.2.3.11，2.2.3.20，2.3.1，2.3.2.6，2.3.2.11，2.3.2.12，2.3.2.13，2.3.3.14，2.3.5.6，2.3.5.7，2.3.5.8，2.3.5.9，2.6.2.5，2.6.5.4，2.6.5.6，2.7，2.7.1，2.7.2，2.7.2.1，2.7.2.2，2.7.2.3，2.9.1，2.9.2，2.10.4，2.10.4.1，2.10.4.2，2.10.5.1，2.10.5.2，2.10.5.3，2.10.6，2.10.6.1，2.10.9，2.10.10，2.10.12，2.10.13)；

——去掉了原标准中“营业性运输、计划运输、专营运输、班车运输、涉外运输、合理运输、对流运输、迂回运输、重复运输、班车线路、分流线路、专营线路、共营线路、运量、周转量、换算周转量、旅客运输量预测、长途客运、短途客运、货物运输量预测、误班、班线阻滞、补充客票、集中运输、运输阻滞处理、环形调度法、交叉循环调度法、图上作业法、表上作业法、回程系数、不平衡系数、调度命令、调度日志、危险货物运输证明、危险货物技术鉴定书、代办站、超远、捣垛、商务查询、甩客、旅客正运率、行包正运率、汽车及挂车运用情况指标、数量指标、重车吨(客)位、技术经济指标、平均车数、平均总吨(客)位、每车平均吨(客)位、技术速度、总行程载重(客)量利用率(吨、客位里程利用率)、重车载重(客)量利用率(吨、客位利用率)、拖运率、装卸里程、半票票价、过渡费、旅客区域运价、普通客票运价、代客车票价、行包折价、长途运价、短途运价、特种货物运价、特种车辆运价、小型车运价、货物区域运价、包车时间、对流空箱里程、非对流空箱里程、同费区间里程、重箱运价、空箱运价、包箱运价、一吨箱运价、小型集装箱运价、装卸机械计箱装卸费、装卸机械计时包用费、过渡费、调车费、停运费、旅客运输杂费、公路运输企业及生产人员、公路运输企业、区域汽车运输企业、线路汽车运输企业、公用汽车运输企业、部门汽车运输企业、专用汽车运输企业、汽车运输联营企业、运输服务企业、装卸企业、大型汽车运输企业、中型汽车运输企业、小型汽车运输企业、汽车运输生产人员、调度员、装卸工、站务员、乘务员、行包员、库管员、理货员、稽查员、安全员、营业性车辆、货源管理、客运稽查、货运商务监督、经营协调、统一单票证、行车路单、经营许可证、营运证、公路运输管理费”等术语和定义以及第11章；

——对“旅客运输、货物运输、生产过程运输、流通过程运输、指令性运输、共营运输、干线运输、支线运输、拖挂运输、甩挂运输、营运线路、旅客、旅客最高聚集人数、客运形式、班次、加班、顶班、客运业务、行包业务、一般行包、轻浮行包、行包承运、行包开启检查、客票、行包装车清单、行包遗失清单、普通货物、危险货物、贵重货物、散装货物、轻泡货物、重点货物、限运货物、货流、货源、货运形式、普通货物运输、零担运输、成组运输、集装箱运输、快件运输、合同运输、货运业务、托运计划、发货人、收货人、托运人、承运人、验货、运行管理、押运、逾期提货、货运调度、货票、禁限运货物证明书、道路运输站(场)、客运站、停靠站、客运站设施、里程票价表、营运线路图、货运枢纽站、装卸工序、倒垛、运输质量、质量管理、金额赔偿、车容、服务证章、旅客意外伤害、旅客意外伤害保险、质量指标、旅客意见处理率、运输及时率、总车日、完好车日、工作车日、停驶车日、车辆装载能力、总车吨(客)位日、行程、总行程、重车行程、空车行程、重车行程载重量、完好率、工作率、停驶率、修理率、实载率、换算重量、计价单位、运价率、旅客运价、货物运价、道路运输行业、车辆管理、运输市场管理”等术语和定义进行了调整(见 2.1.2.1，2.1.2.2，2.1.3.1，2.1.3.2，2.1.3.3，2.1.3.4，2.1.3.5，2.1.3.6，2.1.3.10，2.1.3.11，2.1.4.1，2.2.1，2.2.1.6，2.2.2，2.2.3.2，2.2.3.7，2.2.3.8，2.2.4，2.2.4.1，2.2.4.3，2.2.4.4，2.2.4.10，2.2.4.12，2.2.5.1，2.2.5.10，2.2.5.11，2.3.1.1，2.3.1.4，2.3.1.5，2.3.1.8，2.3.1.10，2.3.1.11，2.3.1.13，2.3.1.19，2.3.1.20，2.3.2，2.3.2.1，2.3.2.4，2.3.2.5，2.3.2.7，2.3.2.8，2.3.2.10，2.3.3，2.3.3.1，2.3.3.2，2.3.3.3，2.3.3.4，2.3.3.5，2.3.3.8，2.3.3.12，2.3.3.13，2.3.3.20，2.3.4，2.3.5.2，2.3.5.5，2.4.1，2.4.2，2.4.2.1，2.4.2.2，2.4.2.5，2.4.2.6，2.4.3.1，2.5.3.2，2.5.3.9，2.6.1，2.6.2，2.6.2.10，2.6.3.2，2.6.3.6，2.6.3.10，2.6.3.11，2.6.5，2.6.5.8，2.6.5.14，2.7.1.2，2.7.1.3，2.7.1.4，2.7.1.5，2.7.1.6，2.7.1.7，2.7.1.8，2.7.1.9，2.7.1.10，2.7.1.11，2.7.1.13，2.7.2.4，2.7.2.5，2.7.2.6，2.7.2.7，2.7.3.11，2.8.2.2，2.8.2.6，2.8.2.9，2.8.3，2.8.4，2.10.3，2.10.5，2.10.7)。

本标准由中华人民共和国交通运输部提出。

本标准由中华人民共和国交通运输部归口。

本标准起草单位:交通运输部公路科学研究院。

本标准主要起草人:束明鑫、虞明远、张世华、张玉玲。

本标准所代替标准的历次版本发布情况为:

——GB/T 8226—1987。

道 路 运 输 术 语

1 范围

本标准规定了道路运输生产和行业管理中涉及的常用或专用名词术语及其定义或说明。

本标准适用于道路运输宏观与微观管理及相关业务。

2 术语和定义

2.1 道路运输

2.1.1

道路运输 road transport

在道路上使用汽车从事旅客或货物的运输，也称公路运输或汽车运输。

2.1.2

运输种类 mode of transport

按照不同的运输对象或运输工具对道路运输的分类。

2.1.2.1

旅客运输 passenger transport

以旅客为服务对象，以汽车为主要运输工具，实现旅客空间位移的运输活动。

2.1.2.2

货物运输 freight transport

以货物为运输对象，以汽车为主要运输工具，实现货物空间位移的运输活动。

2.1.2.3

道路运输相关业务 road transport related business

与道路运输密切联系的有关业务，包括机动车维修、机动车综合性能检测、机动车驾驶员培训、道路运输站场经营、货物仓储、货物装卸、客(货)运代理、车辆租赁等。

2.1.3

运输形式 transport mode

按运输作用、组织方法或运营范围的不同，对道路运输的划分。

2.1.3.1

生产过程运输 transport in the production process

在企业内的货物运输。

2.1.3.2

流通过程运输 transport in the circulation process

在流通领域内的货物运输。

2.1.3.3

指令性运输 command transport

政府或有关部门指令性任务，包括应急预案中的旅客、货物运输。

2.1.3.4

共营运输 shared transport

由两个及两个以上的运输经营者在一定范围或条件内，共同承担的旅客或货物运输。

2.1.3.5

干线运输　trunk road transport

在国道、省道干线道路上的运输。

2.1.3.6

支线运输　branch road transport

在县道、县乡和乡间道路上的运输。

2.1.3.7

直达运输　through transport

从始发站或起运地不经中转将旅客、货物送达终点站或卸货地的运输。

2.1.3.8

班车客运　scheduled passenger transport

由始发站至终点站定线、定站、定班运行和停靠的旅客运输。

2.1.3.9

国际道路运输　international road transport

出入我国边境口岸与有关国家或地区之间的道路旅客和货物运输。

2.1.3.10

拖挂运输　tractor-trailer transport

牵引车拖带挂车装载货物的运输。

2.1.3.11

甩挂运输　swap trailer transport

牵引车拖带挂车至货物到达站，牵引车与挂车脱离后，牵引另一辆挂车起运至相应到达站的运输。

2.1.3.12

包车客运　chartered passenger transport

雇用车辆(包括驾驶员)按行驶里程或时间计费的一种旅客运输方式。

2.1.3.13

出租客运　taxi passenger transport

以小型客车为主要运输工具，按乘客意愿呼叫、停歇、上下、等待，按里程或时间计费的一种区域性旅客运输，是包车客运的一种特殊形式。

2.1.3.14

旅游客运　tourist service passenger transport

专门为观光消遣为目的的团体或个人提供的，或者在特定旅游线路上提供的客运服务。

2.1.3.15

公交客运　public transit

在城市地区按一定线路、停靠站点和班次提供的客运服务。

2.1.4

运输线路　transport route

运输活动遵循的路线。

2.1.4.1

营运线路　operation route

经批准已开办运输服务的路线。

2.1.5

道路运输量　road transport volume

在道路上使用汽车或其他运输工具运送旅客或货物的客、货运量和旅客、货物周转量的总称。

2.1.5.1

客运量　passenger volume

在一定时期内运送的旅客的运输量,单位为人。

2.1.5.2

货运量　ton-volume

在一定时期内运送的货物的运输量,单位为吨(t)。

2.1.5.3

客运周转量　passenger-km volume

在一定时期内运送的旅客数量与运送里程的乘积计算的运输量,单位为人公里(人·km)。

2.1.5.4

货运周转量　ton-km volume

在一定时期内运送的货物(吨)数量与运送里程的乘积计算的运输量,单位为吨公里(t·km)。

2.1.5.5

运距　haul distance

运送旅客或货物的距离,单位为公里(km)。

2.1.5.6

平均运距　average haul distance

在相应的时期和范围内运送旅客或货物的平均距离,单位为公里(km)。

2.2　旅客运输

2.2.1

旅客　passenger

客运服务的对象。

2.2.1.1

客流　passenger flow

在一定时间内,一定数量的旅客沿道路的某一方向,乘坐汽车或其他客运工具,实现位移所形成的人流。客流包括旅客流量、流向和流时。

2.2.1.2

客源　passenger source

在一定时期及一定区域内需要运送的人员,是道路客运对象的来源。

2.2.1.3

客源调查　passenger source survey

对一定区域内的出行人员数量、出行时间、出行方式和出行要求等情况进行的调查。

2.2.1.4

客源组织　passenger source organization

对客源按流量、流向、流时进行组织,以便运送旅客的业务活动。

2.2.1.5

旅客平均日发送量　daily dispatched passenger volume

在一定时期内,车站每日平均发送旅客的数量。

2.2.1.6

旅客最高聚集人数　peak passenger volume

一年中旅客发送量偏高的一定时期内,一天中最大的同时在客运站人数。

2.2.1.7

旅客波动系数　passenger volume fluctuation factor

一年中最繁忙的运输季(月)度旅客运量与各季(月)度平均运量的比值,即客运量在时间上的不平衡程度。

2.2.1.8

客流密度　passenger flow intensity

在单位时间内,一定线路或区段上旅客向同一方向流动的人数。

2.2.2

客运形式　passenger transport mode

为满足旅客运输需求,由运输服务组织者和经营者所采取的客运服务组织方式。

2.2.2.1

客运班线　regular passenger service route

班车客运的线路。根据经营区域和营运线路长度分为一、二、三和四类。

2.2.2.2

一类客运班线　class Ⅰ regular passenger service route

地区所在地与地区所在地之间的客运班线或者营运线路长度在800 km以上的班车客运线路。

2.2.2.3

二类客运班线　class Ⅱ regular passenger service route

地区所在地与县之间的班车客运线路。

2.2.2.4

三类客运班线　class Ⅲ regular passenger service route

非毗邻县之间的班车客运线路。

2.2.2.5

四类客运班线　class Ⅳ regular passenger service route

毗邻县之间的班车客运线路或者县境内的班车客运线路。

2.2.2.6

区间客运　local passenger transport

在班线客流密度较大区段开行班车的运输。

2.2.3

客运组织　passenger transport management

根据运行计划,对客车运行所做的安排、平衡、协调和控制等组织工作。

2.2.3.1

班车　regular bus

按照定线、定站、定班运行的客车。

2.2.3.2

班次　number of bus run

根据运行计划,对客运车辆按其运营线路和发班的数量。

2.2.3.3

车次　serial number of bus run

根据运行作业计划和班次,编排班车运行的序号。

2.2.3.4

班次密度　bus run intensity

在单位时间内,班线上发出的班车数。

2.2.3.5

正班　scheduled bus run

按班车时刻表的要求，在规定时间内发车和运行的班车。

2.2.3.6

晚点　behind schedule bus run

没有按照班车时刻表要求发车，运行延误的班车。

2.2.3.7

加班　extra scheduled bus run

除发车时间可以不同外，其他均按照正班车要求临时增加运行的班次。

2.2.3.8

顶班　substitute bus run

当班车不能继续行驶，改派其他客车顶替运行。

2.2.3.9

正点　on schedule (bus run)

班车在允许误差时间范围内，按规定的时间发车、运行、中途停靠及到达。

2.2.3.10

停班　canceled bus run

因故不能运行的班车。

2.2.3.11

脱班　behind schedule

班车未按规定的班次发出。

2.2.3.12

客运网　passenger transport network

以客运线路构成的旅客运输网络。

2.2.3.13

运行计划　operation plan

运输企业有关部门编制的，下达给车队或车站在一定时间内所要完成的运输任务、运行或线路和班次等方面的计划。

2.2.3.14

运行作业计划　operation work plan

车队或车站根据运行计划，对每辆营运客车在一定时期内所要运行的线路、班次、产量和营收任务等所编制的具体计划。

2.2.3.15

运行周期　bus run cycle

班车自始发站驶出，按规定线路、站点运行后又回到始发站所需要的时间。

2.2.3.16

运行周期表　bus run cycle schedule

根据客车运行作业计划，将客车班次、运行线路和司乘人员的安排等情况绘制成周期不同的运行图表。

2.2.3.17

大循环运行　full circulating operation

根据营运范围内的班次、车型和道路状况，将营运区域内的班线统一编排成循环线路，安排客车按顺序运行的调度方法。

2.2.3.18

小循环运行　partial circulating operation

根据营运范围内的班次、车型和道路等不同情况，将部分班线分别编排成循环线路，使班车在一定范围内循环运行的调度方法。

2.2.3.19

套班运行　package run

为提高车辆利用率，而采取将长、短途班次搭配，组织客车运行的调度方法。

2.2.3.20

包车　chartered bus

按照客户要求提供一辆或多辆客车和驾驶员的旅客运输服务。

2.2.4

客运业务　passenger transport operation

从市场调查、营销、客票预定、到客车调度、安全运行等经营服务活动。

2.2.4.1

行包业务　luggage service

为旅客办理行包运输的业务。

2.2.4.2

行包　luggage

旅客随身携带或托运的物品，也称行李、包裹。

2.2.4.3

一般行包　normal luggage

每件行包质量在 40 kg 及以下，每千克质量体积不超过 0.003 m^3，且无特殊要求。

2.2.4.4

轻浮行包　light luggage

每千克质量体积超过 0.003 m^3 的行包。

2.2.4.5

计件行包　piece count luggage

按件折重计费的行包。

2.2.4.6

自理行包　personal luggage

按托运行包计费，但在运送过程中由旅客自行保管的行包。

2.2.4.7

无法交付行包　no delivery luggage

行包运达后，超过规定领取期限仍无人领取的行包。

2.2.4.8

行包托运　luggage consignment

旅客委托承运人运送行包并办理托运手续。

2.2.4.9

行包受理　luggage acceptance

承运人为旅客办理行包托运的有关手续。

2.2.4.10

行包承运　acceptance of luggage consignment

承运人按规定办法接受托运人委托承担运送行包的行为。

2.2.4.11

行包保管　left-luggage

行包在托运受理后或到站交付前，由车站负责保管的过程。

2.2.4.12

行包开启查验　luggage inspection

车站对旅客行包进行检查。

2.2.5

客运单证　document of passenger transport

旅客运输使用的各种单据、票据和凭证。

2.2.5.1

客票　passenger ticket

旅客乘坐客车的凭证。

2.2.5.2

定站客票　fixed ticket

票面上印有指定起止站点和票价的客票。

2.2.5.3

定额客票　valued ticket

票面上印有固定金额，但没有起止站点的客票。

2.2.5.4

有效客票　valid ticket

未超过票面规定乘车有效日期、车次和发到站与持票人身份相符的客票。

2.2.5.5

无效客票　invalid ticket

超过规定的日期、车次和发到站，且未经签证改乘，与持票人身份不符，残缺不可辨认，自行涂改或伪造的客票。

2.2.5.6

客运包车票　charter bill

用户包用客车的乘车凭证。

2.2.5.7

行包运输单证　document of luggage consignment

行包托运使用的单据、票据和凭证。

2.2.5.8

行包运输货票　luggage check

旅客托运和提取行包的计费凭证。

2.2.5.9

行包标签　luggage tag

系在行包上的签条，标有品名、票号、起止站点、托运人或收货人姓名等内容。

2.2.5.10

行包装车清单　list of checked luggage

填有运输行包品名、件数、重量、票号签章等内容的单据。

2.2.5.11

行包遗失清单　tracer

旅客填写遗失行包内装物品的品名、数量、新旧程度及价值等项内容的单据。

2.3 货物运输

2.3.1

货物 goods

交易或馈赠的物品。

2.3.1.1

普通货物 general goods

对运输、装卸、保管没有特殊要求的货物。

2.3.1.2

特种货物 special goods

对运输、装卸、保管有特殊要求的货物,包括长大笨重货物、危险货物、贵重货物和鲜活货物等。

2.3.1.3

长大、笨重货物 oversize and weight cargo

凡具备长度超过 6 m,高度超过 2.7 m,宽度超过 2.5 m,质量超过 4 t 中一个及以上条件的货物。

2.3.1.4

危险货物 dangerous goods

具有燃烧、爆炸、腐蚀、有毒、放射性等性质,在运输、装卸、保管过程中可能引起人身伤亡和财产毁损而需要特别防护的货物。

2.3.1.5

贵重货物 valuable goods

价格昂贵,承运方须承担较大经济责任的货物。

2.3.1.6

鲜活货物 perishable goods and live stock

在运输过程中,需要采取措施,防止腐烂变质或病残死亡、枯萎的货物。

2.3.1.7

包装货物 packed goods

用容器、包装物盛装或包扎的货物。

2.3.1.8

散装货物 bulk goods

不加包装的货物。

2.3.1.9

件货 piece goods

按件托运和承运的成件货物。

2.3.1.10

轻泡货物 light goods

每千克质量其体积超过 4 dm^3,或每立方米其质量不足 250 kg 的货物。

2.3.1.11

重点货物 priority goods

关系国计民生的物资及抢险、救灾、战备等物资。

2.3.1.12

禁运货物 contraband goods

按国家法律规定,禁止运输的货物。

2.3.1.13

限运货物 restricted goods

按国家法律规定,凭证明才能运输的货物。

2.3.1.14

运输包装 packaging for transport

以运输储存为主要目的的包装。

2.3.1.15

运输标志 marking for freight transport

以文字、符号和图形等形式表示货物运输特性,装卸、运输、保管注意事项,收货、发货方名称和地址的标记。

2.3.1.16

包装储运标志 indicative mark on package

在储存、运输过程中,为使存放、搬运适当,以简单醒目的图案和文字表明在包装物一定位置上的标志。

2.3.1.17

收发货标志 shipping mark

通常由简单的几何图形和字母、数字及文字组成,表明在运输包装物的一定位置上,主要供收发货人识别产品的标志。

2.3.1.18

货物标签 tag

注明货物件号,发、收货人名称和起讫站名的运输标志。

2.3.1.19

货流 freight flow

在一定时期内,一定数量的货物沿某一方向移动所形成的物流,货流包括货物流量、流向和流时。

2.3.1.20

货源 freight source

在一定时期及一定区域内,需要运送的货物。

2.3.1.21

货源调查 freight source survey

对一定区域内需要运输货物的品种、流量、流向、流时及影响其变化因素进行的调研。

2.3.1.22

货源组织 freight management

运输经营者承揽货源、落实托运计划等业务工作。

2.3.2

货运形式 freight transport mode

为满足货物运输需求,由运输服务组织者和经营者所采取的货运服务组织方式。

2.3.2.1

普通货物运输 general cargo transport

对运输、装卸、保管无特殊要求的货物运输。

2.3.2.2

特种货物运输 special cargo transport

对运输、装卸、保管需要采取特殊措施的货物运输。

2.3.2.3

整车货物运输　truck load transport

根据规定批量按整车货物办理托运手续、组织运送和计费的货物运输。

2.3.2.4

零担运输　less-than-truck-load（LTL）transport

不符合整车运输条件，将若干件符合体积、重量和包装规定的货物组合拼装成整车，并对每件货物分别按重量或体积计算运费的货物运输。

2.3.2.5

成组运输　unitized transport

采用各类器具将件货或散装货物集零成组后，进行装卸、运送的货物运输。

2.3.2.6

托盘运输　palletized transport

采用按一定规格制成的单层或双层平板载货工具，进行装卸、运送的货物运输。

2.3.2.7

集装箱运输　container transport

以集装箱为承载货物容器的货物运输。

2.3.2.8

快件运输　express service

按特定要求办理托运手续，在限定时间内运达的货物运输。

2.3.2.9

保价运输　insured transport

按保价货物办理托运手续，在发生货物赔偿时，按托运人声明价格及货物损坏程度予以赔偿的货物运输。

2.3.2.10

合同运输　contract transport

按合同法规定，承托双方有书面经济契约，在合同有效期内，当事各方负有规定的权利和义务的货物运输。

2.3.2.11

货物集疏运　cargo gathering and distribution

往来于港站、仓库、货场及其他货物集散点的货物集中组合配载或分组配送的运输。

2.3.2.12

配载　load matching

为提高货运车辆的实载率而进行的运输货物的配给、整车货物拼装或整车装载货物的组合。

2.3.2.13

回程载荷　back load

货运车辆从驻地运货到达目的地后，返程装运的货物。

2.3.3

货运业务　freight transport operation

从市场营销、托运货物受理、承运到交付全过程中的经营管理工作。

2.3.3.1

托运计划　consignment plan

托运人向承运人提交运送货物的书面要求。

2.3.3.2

发货人　consignor

把货物交承运人运送的物资单位、个人或其代理人。

2.3.3.3

收货人　consignee

在货物运单上载明的收货单位、个人或其代理人。

2.3.3.4

托运人　shipper

提送托运计划或直接办理托运手续的单位、当事人或其代理人。

2.3.3.5

承运人　carrier

承运货物的运输企业、个人或代理人。

2.3.3.6

托运　consignment

托运人按照规定办法委托承运人运送货物的行为。

2.3.3.7

承运　acceptance of consignment

承运人按规定办法接受托运人委托承担运送货物的行为。

2.3.3.8

验货　cargo examination

根据运单，对运输货物的数量、尺码、特性、包装和存放地点等进行的检查验证。

2.3.3.9

理货　tally

在货物储存、装卸过程中，对货物的分票、计数、清理残损、签证和交接等作业。

2.3.3.10

验道　road inspection

根据运输需要，对道路、桥涵等通过限界的勘察工作。

2.3.3.11

发运　pre-departure operation

货物在起运前所进行的作业活动。

2.3.3.12

运行管理　operation management

运输过程中的指挥、监督、检查以及处理商务事故等工作。

2.3.3.13

押运　escorting

根据需要，由托运人派员随车同行，负责对运输途中的货物的保管、照料。

2.3.3.14

货物跟踪　cargo tracking

借助现代信息和通讯技术，实时追踪货物在运输途中的信息，便利运输管理和服务的措施。

2.3.3.15

变更运输　consignment alteration

对已托运的或已起运的货物，变更到达地点或收货人等的业务活动。

2.3.3.16

取消运输　cancellation of consignment

对已经办理托运手续，尚未发运的货物撤销托运的业务活动。

2.3.3.17

货物运输时限　agreed time schedule of freight delivery

承托双方商定的，从交货到卸货地的最长期限。

2.3.3.18

到达交付　delivery on arrival

货物运抵卸货地后，承运人与收货人办理货物交接手续。

2.3.3.19

逾期交付　delayed delivery

承运人超过规定运输时限交付货物。

2.3.3.20

逾期提货　delayed pick-up

收货人超过规定时限，到汽车货运站(场)提货。

2.3.3.21

无法交付货物　no delivery cargo

已通知收货人提取或找不到货主，超过三个月无人提取的货物。

2.3.4

货运调度　freight dispatch

根据货物运输任务，以指令形式组织生产和指挥车辆运行的工作。

2.3.4.1

计划调度　planned dispatch

根据运力与运量制定平衡方案，编制和调整车辆运行计划，并检查执行情况的调度工作。

2.3.4.2

值班调度　routine dispatch

根据车辆运行作业计划，组织、指挥、监督车辆运行和处理车辆运行中有关问题的调度工作。

2.3.4.3

现场调度　on-site dispatch

在装卸现场组织、监督车辆装货、卸货、交接及处理有关问题的调度工作。

2.3.5

运输单证　freight document

道路货物运输生产经营管理工作中，使用的单据、票据和凭证的总称。

2.3.5.1

货物运单　bill of lading

托运人委托承运人运送货物的格式化合同，是货物托运和装卸的凭证，也是货物交付签收和运费结算依据。

2.3.5.2

货票　freight bill

记载货物品名、数量、运程、计费和收发货人等事项的凭证。

2.3.5.3

交接清单　list of freight delivered and received

起运站记录每车次所装货物的品名、数量、件号等的清单，是承运人与收货人办理交接的依据。

2.3.5.4

提货通知单　delivery order

货物到达站向收货人发出的提货通知证明。

2.3.5.5

禁限运货物运输证明书　certificate for contraband and restricted goods transport

国家有关主管部门批准运输禁运、限运物资时出具的凭证。

2.3.5.6

危险货物车辆标志　dangerous goods truck placard

用于识别装运危险货物的车辆的图形标识。

注：危险货物车辆标志的规定见 GB 13392。

2.3.5.7

危险货物分类　dangerous goods classification

按危险货物的性质进行的类别划分。

注：危险货物的分类以及相应的分项、品名和品名编号见 GB 6944 和 GB 12268。

2.3.5.8

危险货物的危险程度　hazardous classification of dangerous goods

按危险货物在运输过程中可能产生的事故风险所造成的后果而划分的危害等级。

2.3.5.9

危险货物包装标志　dangerous goods package label

用于危险货物包装的图示标志种类、名称、尺寸及颜色等。

注：危险货物包装标志见 GB 190。

2.4　道路运输站(场)

2.4.1

道路运输站(场)　road transport terminal

为社会提供运输服务的车站、库场及其附属设施。

2.4.2

客运站　bus station

接待旅客，办理客运业务，组织旅客运输，为旅客和运输经营者提供站务服务的场所。

2.4.2.1

停靠站　bus stop

在客运线路上设立的具有班车停车标志和停车位，用于客运班车停靠、上下旅客的场所。

2.4.2.2

客运站设施　bus terminal facility

为组织、完成客运任务而设置的站房、候车室、售票处、发车位、停车场(库)、站前广场、维修车间及辅助设施的统称。

2.4.2.3

班次时刻表　time table

公布客运班次及发车时刻的图表。

2.4.2.4

行包价目表　luggage tariff

公布行包运价率的图表。

2.4.2.5

里程票价表　mileage/ticket price table

公布客运班线各站点间里程及票价的图表。

2.4.2.6

营运线路图 bus route map

营运区域内客运班线和站点的示意图。

2.4.3

货运站 freight terminal

办理货物运输业务,进行货物装卸、中转换装、仓储保管等业务的场所。

2.4.3.1

货运枢纽站 freight hub terminal

具有办理货物运输的多种业务,设备配套,在运输网络中起中心作用的货运站。

2.4.3.2

零担货运站 LTL terminal

专门办理零担货物运输业务,具有相应设施及仓储能力的货运站。

2.4.3.3

集装箱中转站 container transshipment terminal

专门办理集装箱运输业务,设有集装箱堆场和装卸集装箱的专用机械设备,并具有装箱拆箱能力的货运站。

2.4.3.4

货物仓库 warehouse

储存和保管货物的建筑物,它设有车辆停靠的通道,及便于货物搬倒、装卸的设施。

2.4.3.5

普通仓库 ordinary warehouse

储存和保管普通货物,一般不需要配置专用设施的货物仓库。

2.4.3.6

专用仓库 special warehouse

储存和保管特种或特定货物,并配有相应设施的货物仓库,如粮食仓库、冷藏仓库、危险货物仓库。

2.4.3.7

货场 freight yard

储存和保管货物,并具有车辆进出通道和货物装卸条件的场地。

2.4.3.8

货位 cargo space

在车库或货场内按货物种类和流向堆放货物的位置。

2.4.3.9

车位 loading/unloading space

在仓库或货场专门用于车辆装卸货物的位置。

2.5 装卸

2.5.1

装卸 cargo handling

利用人力或机械将货物装上或卸下车辆及其相关作业的总称。

2.5.2

装卸业务 handling business

从装卸受理到装卸完毕所进行的经营管理工作。

2.5.2.1

装卸能力　handling capacity

装卸企业或装卸机械在一定时间内，所能完成的最大货物装卸量，以吨(t)表示。

2.5.2.2

装卸条件　handling conditions

装卸作业应具备的装卸场地、汽车进出车道、装卸机具、照明设施等的总称。

2.5.2.3

装卸作业计划　handling operation plan

装卸企业或班组安排每个班组或个人的月、旬、日内的生产计划。

2.5.2.4

装卸作业时间　handling operation time

从车辆到达现场准备装卸到装卸完毕的全部工作时间。

2.5.2.5

额定待装时间　specified waiting time for handling

车辆按约定时间到达指定装货地点至装车前允许等待的时间。

2.5.2.6

额定待卸时间　specified waiting time for unloading

车辆到达指定卸货地点至卸货前允许等待时间。

2.5.2.7

自理装卸　self-handling

由收发货人自行安排的装卸作业。

2.5.2.8

随车装卸　escort handling

装卸工人随车到收、发货点进行的装卸作业。

2.5.2.9

装卸距离　handling distance

在装卸作业范围内，规定可不另计收货物搬运费的运距。

2.5.3

装卸工艺　handling technology

在一定条件下，装卸、搬运不同货物的操作方法和工作程序。

2.5.3.1

装卸过程　handling process

从货物装卸准备、装车卸车、出入库场、站及辅助作业的全部工作过程。

2.5.3.2

装卸工序　handling sequence

按装卸作业过程所进行的操作顺序。

2.5.3.3

辅助装卸作业　supplementary handling

装卸过程中对货物进行的捆绑、加固、稳关等作业。

2.5.3.4

混装　mixed loading

在同一车内装载不同种类的货物。

2.5.3.5

超高作业　over-height stacking

超过规定高度部分的堆码和拆垛的作业。

2.5.3.6

库场作业　storage yard operation

在仓库或货场内进行搬捣、堆垛、拆垛、分拣等作业。

2.5.3.7

堆垛　stacking up

按照货物运输和保管要求,将货物堆齐码好的作业。

2.5.3.8

转垛　stacking adjustment

在同一库场内,将货垛进行全部或部分调整货位的搬捣作业。

2.5.3.9

倒垛　stack transfer

将货垛翻动和重新堆码的作业。

2.5.3.10

分拣作业　sorting operation

按品种、流向、出入先后,将货物分别放置到规定货位的作业。

2.5.4

装卸作业指标　handling operation index

反映装卸作业量和工作效率的指标。

2.5.4.1

货物装卸量　loading/unloading volume

一定时期内实际完成的装卸货物数量。以自然吨表示。

2.5.4.2

货物操作量　cargo tonnage handled

一个完整操作过程所进行的装卸、搬运货物的数量。以操作吨表示。

2.5.4.3

工序吨　unit operation ton

在一个装卸工序中完成一吨货物的操作量为一个工序吨。它是装卸作业量的计算单位之一。

2.5.4.4

装卸机械作业　mechanically handled cargo

在装卸作业中,用装卸机械操作完成的货物数量。

2.5.4.5

机械装卸作业比重　percentage of mechanical handling

在装卸作业中,机械作业工序占全部操作工序吨的比重。

2.5.4.6

装卸定额　handling quota in volume

单位时间应完成的装卸货物数量。

2.5.4.7

装卸工时定额　handling quota in hour

规定装卸每吨货物需要的工时数。

2.5.4.8

装卸工班　handling shift

从事装卸工作时间达到每日法定工作时间为一个工作班，一般以装卸 8 h 计算一个工作班。

2.5.4.9

装卸工作班定额　handling shift quota

规定每个装卸工班应完成的货物装卸作业量。

2.5.4.10

装卸工班效率　shift efficiency

平均每个装卸工班实际完成的货物吨数，计算单位为操作吨/工班。

2.5.4.11

装卸工时产量　hourly cargo volume handled

每一装卸工人平均 1 h 所完成的装卸货物数量，计算单位为操作吨/工时。

装卸工时产量＝装卸货物数量(操作吨)÷ 装卸作业工时总数(工时)

2.6　运输质量

2.6.1

运输质量　transport quality

运输服务供求双方对服务品质的要求。

2.6.2

质量管理　quality management

在运输服务过程中，对所要求的服务品质实行的控制、监督、检查和考核等工作。

2.6.2.1

质量标准　quality standard

对运输质量需要达到的要求所作的具体规定。

2.6.2.2

质量控制　quality control

为达到运输质量标准所采取的组织、技术、经济措施和监督管理的办法。

2.6.2.3

质量事故　accident/incident during quality control

在承运责任期内，由于承运人责任所造成的各种客、货运输障碍和问题。根据造成的后果，可划分为不同的等级。

2.6.2.4

运输延误　delayed transport

由于承运人责任造成的行包、货物超过规定运输时限运达卸货地。

2.6.2.5

货物(行包)查询　cargo (luggage) information inquiry

旅客、货主或收货人对托运货物(行包)起运、中转、到达等状况，向承运人或代理人的查询。

2.6.2.6

索赔　claims

承托双方中受经济损失方向责任方提出赔偿经济损失的要求。

2.6.2.7

理赔　compensation handling

承托双方中造成经济损失的一方，向对方提出的经济赔偿要求所作的处理。

2.6.2.8

赔偿　compensation

承托双方中理赔方对索赔方所受经济损失的补偿。

2.6.2.9

索赔时限　valid claim period

理赔方规定提出索赔要求的有效时间。

2.6.2.10

金额赔偿　amount of compensation

理赔方按行包或货物实际损失程度，向索赔方支付的现金赔偿。

2.6.2.11

收回赔偿　recovery of compensation

承运方找回丢失的全部或部分行包或货物后，通知索赔方领取，并收回全部或部分赔偿费。

2.6.3

客运质量　passenger transport quality

反映旅客运输在安全、及时、方便、舒适、经济和服务工作等方面的优劣程度。

2.6.3.1

站务管理　terminal management

车站在服务工作、运行组织、票据营收方面所进行的管理工作。

2.6.3.2

车容　appearance of vehicle

客车车厢内外的整洁、卫生状况。

2.6.3.3

站容　appearance of terminal

车站内外设施、环境卫生等状况。

2.6.3.4

仪容　appearance of staff

客运工作人员、乘务人员服装、修饰状况及精神面貌。

2.6.3.5

标志服装　uniform

客运站务、乘务人员穿着的具有统一标志的服装。

2.6.3.6

服务证章　badge

客运站务、乘务人员佩戴的服务标记，如胸章、臂章等。

2.6.3.7

载客限额　rated passenger capacity

客车车厢及货车驾驶室内规定的载客人数。

2.6.3.8

漏乘　miss a bus

旅客由于自身延误，无法按所购客票规定车次乘车。

2.6.3.9

错乘　take a wrong bus

旅客乘坐与所持客票规定的路线、车次不符的班车，也称误车。

2.6.3.10

旅客意外伤害　passenger injury by accident

旅客在候车或乘车过程中,因预料之外事故而使身体受到的损害。

2.6.3.11

旅客意外伤害保险　insurance for passenger injury by accident

按有关规定为补偿旅客遭受意外伤害所进行的保险。

2.6.3.12

行包丢失　loss of luggage

行包在保管、运输过程中发生的全部或部分遗失。

2.6.3.13

行包损坏　damage of luggage

行包在保管、运输过程中的各种损坏。

2.6.4

货运质量　quality of freight transport

反映货物运输安全、及时、方便和经济等方面的优劣程度。

2.6.4.1

货物灭失　loss of goods

货物在运输、装卸、保管过程中,由于不正常原因造成的实质性的毁灭或丢失。

2.6.4.2

货差　cargo loss

货物在运输、装卸、保管过程中出现的票货不符、数量遗缺等差错。

2.6.4.3

货损　damage of goods

货物在运输、装卸、保管过程中发生的残缺、破损、污染等质量上的损坏。

2.6.5

质量指标　quality index

反映道路客、货运输服务全过程满足客户服务要求的参数。

2.6.5.1

客车正班率　on-schedule bus run rate

客车正班次与计划班次的百分比。

2.6.5.2

定站停靠率　bus stops call at ratio

客车实际停靠站数与规定停靠站数的百分比。

2.6.5.3

发车正点率　on-time bus dispatch rate

客车正点发车班次与总班次的百分比。

2.6.5.4

旅客投诉率　passenger complain cases

在一定时期内,乘客向客运管理部门反映客运服务质量问题的案例数。

2.6.5.5

售票差错率　error rate of ticket-sale

车站发售错票数与发售总票数的万分比。

2.6.5.6

行包差错率　error rate of luggage delivery

在一定时期内,行包发送错误的比例。

2.6.5.7

行包赔偿率　rate of luggage compensation

行包责任赔偿金额与行包营业收入的千分比。

2.6.5.8

旅客意见处理率　rate of response to passenger's comments

已经处理的旅客意见数占旅客意见总数的百分比。

2.6.5.9

原始记录完备率　rate of completeness of original records

原始记录表已记录表数与规定记录表数的百分比。

2.6.5.10

货运质量事故率　accident rate of freight service

考核期内,百万吨公里货物周转量发生质量事故的次数。

2.6.5.11

货损率　cargo damage rate

考核期内,货物运输中的货损吨数与货运量总吨数的比率。

2.6.5.12

货差率　cargo loss rate

考核期内,货物运输中的货差吨数与货运量的总吨数的比率。

2.6.5.13

赔偿率　rate of freight compensation

货运质量事故实际赔偿额与货运营业收入总金额的比率。

2.6.5.14

运输及时率　rate of timely delivery

考核期内,准点到达目的地的运输车次与运输总车次的比率。

2.7　车辆基本状况和营运绩效指标

2.7.1

车辆基本状况指标　vehicle inventory indicators

反映日常拥有和利用车辆情况的指标。

2.7.1.1

车辆数量　number of vehicles

车辆的实有数量。

2.7.1.2

总车日　total vehicle-days

在一定时期内,每天在用营运车辆的累计数。

2.7.1.3

完好车日　serviceable vehicle-days

每天在用营运车辆中技术状况完好,不需进行修理或维护,即能参加运输的车辆累计数。

2.7.1.4

工作车日　working vehicle-days

每天完好车辆中,实际出车工作的车辆累计数。

2.7.1.5

停驶车日　downtime vehicle-days

每天完好车辆中,未出车工作的车辆累计数。

2.7.1.6

车辆装载能力　vehicle loading capacity

用额定载货标记吨位或载客标记客位反映车辆运输能力的参数。

2.7.1.7

总车吨位(客位)日　total truck-tonnage-day(bus-seat-day)

在一定时期内,每天在用营运车辆标记吨(客)位的累计数。

2.7.1.8

行程　trip length

车辆在工作过程中行驶的里程,单位为车公里。

2.7.1.9

总行程　total trip length

在一定时期内,所有车辆在工作过程中行驶里程的累计,包括重车行程和空车行程,不包括进出保修厂(场)及试车的行程,单位为车公里。

2.7.1.10

重车行程　loaded trip length

运行中车辆载有客、货(不管是否满载)的行驶里程,单位为车公里。

2.7.1.11

空车行程　unloaded trip length

没有载货或载客的工作车辆行驶里程的累计,单位为车公里。

2.7.1.12

总行程载重量　total trip vehicle-km capacity

在一定时期内,按工作车辆吨(客)位与行程乘积计算的吨(客)位公里的累计数。它是车辆在总行程中的载运能力。

2.7.1.13

重车行程载重量　loaded trip vehicle-km

载货或载客的工作车辆按吨(客)位与重车行程乘积计算的重车吨(客)位公里累计数。

2.7.2

车辆营运绩效指标　vehicle operation performance indicator

一定时期内,反映车辆运营的经济效果和效率的指数。

2.7.2.1

营运收入　operation revenue

与运输经营有关的收入。

2.7.2.2

营运支出　operation cost

与运输经营有关的成本。

2.7.2.3

营运率　operation ratio

运营支出与运营收入的比值。

2.7.2.4

完好率　serviceability rate

全部营运车辆的总车日中完好车日所占的比重。

2.7.2.5

工作率　working rate

全部营运车辆的总车日中工作车日所占的比重。

2.7.2.6

停驶率　downtime rate

全部营运车辆的总车日中,停驶车日所占的比重。

2.7.2.7

修理率　maintenance rate

全部营运车辆的总车日中,处于修理、保养、待修、待养车日所占的比重。

2.7.2.8

平均车日行程　average trip length per vehicle-day

在一定时期内,全部工作车辆中平均每辆车每日行程。

2.7.2.9

营运速度　operating speed

车辆在出车时间内平均每小时的行程。

2.7.2.10

里程利用率　trip length load factor

在全部工作车辆的总行程中,重车行程所占的比重,反映车辆行驶里程的利用程度。

2.7.2.11

实载率　load factor

在一定时期内,车辆实际完成周转量占其总行程载重量的比重。

2.7.2.12

挂车配比　tractor-trailer ratio

在一定时期内,挂车配备数量占可以拖挂挂车的主车数量的比重,反映挂车配备程度。

2.7.2.13

单车产量　single-vehicle output

在一定时期内,每辆车平均完成的周转量,按主车综合或主、挂车分别计算,是反映汽车单车运用的综合效率指标。

2.7.2.14

车吨位(客位)产量　output per tonnage (seat) capacity

在一定时期内,车辆平均每个吨(客)位完成的周转量,按主车综合或主、挂车分别计算,是反映每个吨(客)位运用情况的综合效率指标。

2.8　汽车运价

2.8.1

汽车运价　rate of motor transport

汽车运输价值的货币表现,是货物和旅客运输的价格。

2.8.2

计价标准　rate making standard

对计算汽车运价的计费重量、计费里程、运价单位和基本运价等的统一规定。

2.8.2.1

计费重量　charged weight

计算运价时所确定的货物或行包重量。一般按毛重计算,轻浮或不便过磅货物有重量换算率的按体积和件数换算计重;不便过磅没有重量换算率的按承托双方协议计重。

2.8.2.2

换算重量　conversion weight

以货物或行包的体积或件数按规定换算的计费重量。

2.8.2.3

计费里程　charged distance

计算运价的里程。根据当地交通主管部门核定的营运里程图(表)所标定的里程计算,包括货物运输计费里程、货物装卸里程和旅客运输计费里程。

2.8.2.4

包干计费里程　agreed lump-sum charged distance

在一定区域或同一线路进行多点运输时,按承托双方协议确定的平均计费里程。

2.8.2.5

运输里程　transport mileage

客、货实际运输里程。

2.8.2.6

计价单位　unit of rate

运价率和运费尾数取整的单位。

2.8.2.7

基本运价　basic rate

按规定车辆、道路、营运方式、货物箱型等不同运输条件,所确定的旅客、货物和集装箱运输的计价基准,是运价的计价尺度。

2.8.2.8

价目　classification of rate

对不同车辆、道路、营运方式以及货物、箱型等不同运输条件实行的运价分类。

2.8.2.9

运价率　transport rate

计算运输服务的价格,运价的基本单位。

2.8.2.10

运价加成　surcharge

对某些条件下或有特殊要求的运输,规定价外加成率。

2.8.2.11

运价减成　discount

对某些条件下的运输,规定的价外减成率。

2.8.2.12

递近递增运价　progressive rate for shorter distance

在规定的一定里程范围内,随着运距递近相应提高运价率的运价。

2.8.2.13

递远递减运价　regressive rate for longer distance

在规定的一定里程范围内,随着运距递远相应降低运价率的运价。

2.8.2.14

差别运价　differential rates

对不同车辆、道路、营运方式、货种、箱型等运输条件采用不同的运价率计价。

2.8.2.15

运价比差　rate ratio

不同价目的运价率与基本运价的比率。

2.8.2.16

固定比差　fixed ratio

相应的价目运价率与基本运价保持的固定比率。

2.8.2.17

幅度比差　rate fluctuating ratio within a certain range

相应的价目运价率与基本运价保持在一定范围内的比率。

2.8.2.18

上限比差　upper limit ratio

相应的价目运价率与基本运价保持在上限以下,下限不计的比率。

2.8.2.19

下限比差　lower limit ratio

相应的价目运价率与基本运价保持在下限以上,上限不计的比率。

2.8.3

旅客运价　passenger transport price

与特定旅客运输服务相对应的客票价格。

2.8.3.1

旅客票价　ticket price

旅客从乘车站至到达站的客票价格。

2.8.3.2

全票票价　full price

全额支付的客票票价,持全票乘车的旅客是指成人和身高超过规定高度的儿童。

2.8.3.3

优惠票价　discount ticket price

半额支付的客票票价,半票乘车的旅客是指身高在规定高度以内的儿童和持“革命残废军人抚恤证”的残废军人。

2.8.3.4

行包运价　rates of checked luggage

运输行李、包裹的价格,按照普通行包、轻浮行包和计件行包分类定价。

2.8.4

货物运价　freight transport price

按货物运输服务的价值,承、托双方的交易价格。

2.8.4.1

整车运价　truck load rate

一次托运货物的批量在规定重量以上,按整车货物运输计费的运价,以基本运价定价。

2.8.4.2

零担运价　less-than-truck-load (LTL) rate

一次托运货物的批量在规定重量以下,按零担货物运输计费的运价,以基本运价为基础,在规定的调加幅度内定价。

2.8.4.3

普通货物分等运价　rates for general goods

按普通货物的性质、类别划分等级的运价。普通货物分三等:一等货物运价按基本运价定价;二、三等货物分别在一等货物运价的基础上,按一定的调价比例定价。

2.8.4.4

计时包车运价　charter rate by time

以车辆使用时间计算的运价。按计费时间、车辆的标记载重量和吨位小时运价率定价。

2.8.4.5

计程包车运价　chartered rate by trip length

以车辆行程计算的运价。按包用车辆的行程、车辆标记载重量和计程运价率定价。

2.8.5

集装箱运价　rate of container transport

汽车运输集装箱的价格。

2.8.5.1

重箱里程　loaded container-km

汽车载运装货集装箱的行程。集装箱内不论装有多少货物均为重箱。

2.8.5.2

空箱里程　empty container-km

汽车载运未装货集装箱的行程。空箱里程分对流空箱里程与非对流空箱里程。

2.8.5.3

专用集装箱运价　rate of special container

使用冷藏式集装箱载运贵重品和特殊鲜活易腐品的运价。以基本运价为基础，按规定的调加幅度定价。

2.8.5.4

箱次费　per container charge

短途运输中在基本运价外按每一箱次增收的运费。

2.8.5.5

危险品运价　rate of dangerous goods

装有危险品的国际集装箱和国内专用集装箱的运价，危险品运价以基本运价为基础，在规定的限额幅度内实行加价。易燃、易爆、剧毒和放射性的烈性危险品加价高于一般危险品。

2.8.6

装卸费收　handling charge

货物装卸或集装箱装卸、集装箱掏装和一切辅助性作业费收的总称。

2.8.6.1

装卸费率　rate of handling

计算货物或集装箱装卸费的单位价格。分计重、计箱和计时装卸费率。

2.8.6.2

装卸基本费率　basic rate of handling

在规定装卸条件下，以标准操作能力的装卸机械对单位装卸量进行作业所确定的装卸费率，是计算不同装卸费率的基准费率和计费的尺度。

2.8.6.3

装卸费率比差　difference of handling rates

不同货物或箱型的装卸费率和装卸基本费率的比率。

2.8.6.4

装卸机械走行费　travel expense of handling equipment

装卸机械由场、站至装卸点作业、往返行驶的费收。

2.8.6.5

装卸机械延滞费　demurrage of handling equipment

由于托运人或承运人一方责任引起的装卸机械待装、待卸或停滞、延误造成损失时，由责任人对另一方补偿的费收。

2.8.6.6

掏装箱费　container un-stuffing charge

掏装集装箱货物的费收。

2.8.6.7

辅助装卸费　charge of supplementary handling work

货物或集装箱的辅助性装卸作业费收。

2.8.7

其他费收　miscellaneous charge

从事与运行无关的作业和其他业务的费收，以及由于托运人或承运人责任造成对方损失时，责任方对另一方补偿的费收。

2.8.7.1

堆存费　storage charge

货物或集装箱在装卸前后存放和保管的费收。

2.8.7.2

搬移费　moving charge

对集装箱搬移作业(不含前方堆场和中转第一次落箱的搬移拆箱、翻箱)按不同箱型分段、分次计算的费收。

2.8.7.3

箱体检修费　container maintenance charge

对集装箱进行检查和维修作业的费收。

2.8.7.4

清洗费　cleaning charge

对车辆和集装箱进行排污、清洗等作业的费收。

2.8.7.5

熏蒸费　steaming charge

对集装箱进行消毒、熏蒸作业的费收。

2.8.7.6

预冷费　pre-refrigeration charge

对冷藏集装箱式冷藏车进行预冷作业的费收。

2.8.7.7

服务手续费　service fee

代办客、货运输或集装箱运输服务业务的费收。

2.8.7.8

中转劳务包干费　agreed lump-sum transshipment labor charge

对中转货物、集装箱进行劳务作业实行全额包干的费收。

2.8.7.9

延滞费　demurrage

由于托运人或承运人一方责任引起的车辆或集装箱待装待运或停滞延误造成损失时，由承托双方中责任方对另一方补偿的费收。

2.8.7.10

装货(箱)落空损失费　compensation for failure of loading

由于托运人或收货人的责任造成车辆装货(箱)落空,补偿承运人损失的费收。

2.8.7.11

人工损失费　labor compensation

由于托运人责任造成货物集装箱劳务作业的延误或停顿,补偿承运人损失的费收。

2.8.7.12

包车取消费和包车空驶损失费　compensation for cancellation of charter and empty run loss

旅客或托运人取消包车以及造成车辆空驶时,补偿承运人损失的费收。

2.8.7.13

包车停歇延滞和供车延误费　demurrage for delay of chartered vehicle

包运人或承运人责任引起的包用车辆或旅客、货物运输延误时,责任方补偿另一方损失的费收。

2.8.7.14

车辆处置费　vehicle adaptation charge

为运输特种货物或特种集装箱,改装、拆卸和清理车辆的费收。

2.8.7.15

货物处置费　material treatment charge

对货物商检、检疫、防疫、货物运输前进行特殊处理作业的费收。

2.8.7.16

保管费　storage fee

货物或集装箱到达车站或卸货地后,对收货人在规定期限内未能提货的费收。

2.9　道路运输和道路运输相关业务经营者及从业人员

2.9.1

道路运输经营　road transport operation

专门从事道路旅客运输和货物运输的企业和个人。

2.9.1.1

专用汽车运输经营者　specialized motor transport operator

使用专用车辆或特种车辆,专门经营集装箱、特种货物或某些种类货物运输的汽车运输企业和个人。

2.9.1.2

汽车运输企业规模　size of motor transport enterprise

以汽车、设备、设施和职工人数及状况综合反映汽车运输企业的生产能力。

2.9.2

道路运输相关业务经营者　road transport related business operator

专门从事道路运输相关业务经营,包括:站(场)经营、机动车维修、机动车驾驶员培训等的企业和个人。

2.9.2.1

运输服务经营者　transport service operator

经营运输委托、代办运输业务、组织客货源、配载等业务的企业和个人。

2.9.2.2

装卸经营者　material handling operator

经营道路运输搬运、装卸业务的企业和个人。

2.9.3

道路运输从业人员　road transport employee

从事道路运输经营以及道路运输相关业务的工作人员。

2.10 道路运输行政管理

2.10.1

道路运输行政管理 administration of road transport

各级政府交通主管部门对道路运输行业的统筹、指导、协调、监督和服务工作。

2.10.2

道路运输管理部门 management department of road transport

各级政府行使道路运输行政管理职能机关的总称。

2.10.3

道路运输行业 road transport industry

从事道路客货运输经营和道路运输相关业务的单位和个人的统称。

2.10.4

市场准入 market entry

对申请从事道路运输经营的单位和个人,按有关规定进行的行政许可制度。

2.10.4.1

从业资格管理 professional competence qualification administration

从事营业性道路运输经营活动工作人员,应当持有相应的资格证书。该资格证书每间隔一定时间审验一次。经市级以上人民政府交通主管部门运政机构审验合格的,加盖继续有效印章。例如,营运驾驶员每间隔2年审验1次。

2.10.4.2

经营许可条件 conditions to get operation license

根据道路运输条例的规定,申请从事道路运输经营或道路运输相关业务的应具备的从业人员及其资质;车辆、设备、经营场所和设施的要求。

2.10.5

车辆管理 vehicle administration

办理车辆注册登记、制发营运标志及控制车辆的维护、检测、维修等管理工作。

2.10.5.1

客车(货车)类型等级 passenger (freight) vehicle classification

按车辆技术进行的等级划分。客(货)运车辆技术等级分为一级、二级和三级。

2.10.5.2

客车类型等级评定 passenger vehicle classification assessment

由县级以上道路运输管理机构结合定期检测记录,对在用有关车型等级类别进行的鉴定。

2.10.5.3

客(货)运车辆审验 passenger (freight) vehicle examination

县级以上道路运输管理机构定期对客(货)运车辆进行的复审检查。

2.10.6

应急道路运输 road transport for emergency response

为应对突发公共事件,由县级以上人民政府交通主管部门组织实施的紧急运输工作。

2.10.6.1

应急调度管理 emergency response dispatch

对紧急状态下征用的运输车辆、驾驶人员、货物等人力、物力资源进行的统筹协调、合理组织等工作。

2.10.7

运输市场管理 transport market control

按照国家的法律、法规、规章、规范性文件,对运输活动进行的检查、监督和违章违纪查处工作。

2.10.8

登记注册 registration

经营道路运输业的单位和个人，在开业、停业、歇业和变更经营范围、增减车辆时，按规定向当地道路运管部门办理行业登记和车辆注册手续。

2.10.9

道路运输经营许可证 road transport operation license

由道路运输管理机构对符合法定条件的经营申请做出准予行政许可决定后，颁发给经营申请人，许可其从事有关经营的凭证。

2.10.10

道路运输证 road transport operation certificate

合法经营道路运输的凭证。

2.10.11

营运标志 operation signs

营运车辆按道路运输管理机构的规定应喷涂的文字、图案和挂置的营运线路牌等标记。

2.10.12

道路旅客运输班线经营权 road passenger transport route operation right

道路客运经营者通过规定程序和条件取得的经营道路旅客运输班线的权利。

2.10.13

超限运输 oversize/weight transport

货运车辆在装载货物后的外廓尺寸、轴荷及质量超过规定限制的货物运输。

参 考 文 献

[1] GB 190 危险货物包装标志.
[2] GB 1589 道路车辆外廓尺寸、轴荷及质量限值.
[3] GB 6944 危险货物分类和品名编号(GB 6944—2005,联合国危险货物运输,NEQ).
[4] GB 12268 危险货物品名表(GB 12268—2005,联合国危险货物运输,NEQ).
[5] GB 12463 危险货物运输包装通用技术条件.
[6] GB 13392 道路运输危险货物车辆标志.
[7] GB 18565 营运车辆综合性能要求和检验方法.
[8] JT/T 198 营运车辆技术等级划分和评定要求.
[9] JT/T 325 营运客车类型划分及等级评定.
[10] 《营运客车类型划分及等级评定规则》(交通部 交公路发[2002]590号).

中 文 索 引

英 文 索 引

A

B

C

D

E

F

L

M

N

O

P

Q

R

T

U

V

W

ICS 67.060
B 22

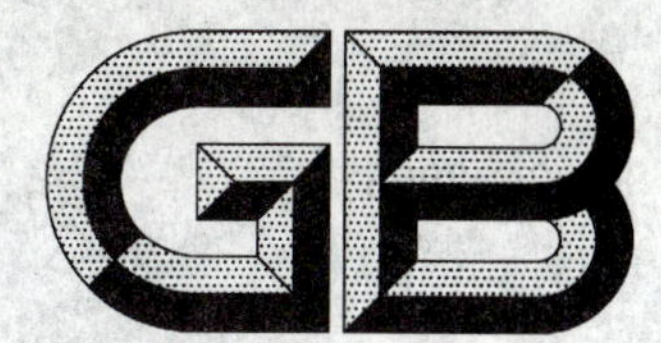

中华人民共和国国家标准

GB/T 8232—2008
代替 GB/T 8232—1987

粟

Millet in husk

2008-11-04 发布　　　　2009-01-20 实施

中华人民共和国国家质量监督检验检疫总局
中国国家标准化管理委员会　发布

前言

本标准是对 GB/T 8232—1987《粟(谷子)》的修订。

本标准与 GB/T 8232—1987 的主要技术差异如下：

——将标准名称改为《粟》；

——对适用范围进行了修改；

——对粟的分类进行了修改；

——调整了测定容重时规定筛层；

——统一了大小粟粒容重指标；

——增加了粳、糯类型检验；

——增加了检验规则；

——增加了标签标识规定。

本标准自实施之日起代替 GB/T 8232—1987。

本标准由国家粮食局提出。

本标准由全国粮油标准化技术委员会归口。

本标准起草单位：陕西省粮油产品质量监督检验所、山西省粮食局储粮检测中心、陕西省榆林市粮食局。

本标准主要起草人：张雪梅、尉蕊仙、党献民、任正东、王恒、王丽娟、曾智慧。

本标准所代替标准的历次版本发布情况为：

——GB/T 8232—1987。

粟

1 范围

本标准规定了粟的术语和定义、分类、质量要求和卫生要求、检验方法、检验规则、标签标识，以及包装、储存和运输要求。

本标准适用于收购、储存、运输、加工和销售的商品粟（谷子），不适用于粟的名贵品种。

2 规范性引用文件

下列文件中的条款通过本标准的引用而成为本标准的条款。凡是注日期的引用文件，其随后所有的修改单（不包括勘误的内容）或修订版均不适用于本标准，然而，鼓励根据本标准达成协议的各方研究是否可使用这些文件的最新版本。凡是不注日期的引用文件，其最新版本适用于本标准。

GB 2715 粮食卫生标准

GB/T 5490 粮食、粮油及植物油脂检验 一般规则

GB 5491 粮食、油料检验 扦样、分样法

GB/T 5492 粮油检验 粮食、油料的色泽、气味、口味鉴定

GB/T 5493 粮油检验 类型及互混检验

GB/T 5494 粮油检验 粮食、油料的杂质、不完善粒检验

GB/T 5497 粮食、油料检验 水分测定法

GB/T 5498 粮食、油料检验 容重测定法

GB 13078 饲料卫生标准

GB/T 17109 粮食销售包装

3 术语和定义

下列术语和定义适用于本标准。

3.1

粟 millet in husk

禾本科草本植物栽培粟的颖果。颖壳呈红、橙、黄、白、紫、黑等色。果实卵圆形，黄白色。粒质分粳型、糯型。

3.2

容重 test weight

粟粒在单位容积内的质量，以克每升(g/L)表示。

3.3

不完善粒 unsound kernel

受到损伤但尚有使用价值的颗粒。包括以下几种：

3.3.1

虫蚀粒 injured kernel

被虫蛀蚀，伤及胚或胚乳的颗粒。

3.3.2

病斑粒 spotted kernel

粒面带有病斑，伤及胚或胚乳的颗粒。

3.3.3

生芽粒 sprouted kernel

芽或幼根突破种皮的颗粒。

3.3.4

生霉粒 moldy kernel

粒面生霉的颗粒。

3.4

杂质 foreign material

除粟、黍、稷以外的其他物质，包括筛下物、无机杂质和有机杂质。

3.4.1

筛下物 throughs

通过直径 1.5 mm 圆孔筛的物质。

3.4.2

无机杂质 inorganic impurity

砂石、煤渣、砖瓦块、泥土等矿物质及其他无机类物质。

3.4.3

有机杂质 organic impurity

无使用价值的粟粒、黍粒、稷粒，异种粮粒及其他有机类物质。

3.5

色泽、气味 colour and odour

一批粟固有的综合颜色、光泽和气味。

4 分类

4.1 粳粟

种皮多为黄色(深浅不一)及白色，有光泽，粳性米质的籽粒不低于 95%的粟。

4.2 糯粟

种皮多为红色(深浅不一)，微有光泽，糯性米质的籽粒不低于 95%的粟。

5 质量要求和卫生要求

5.1 质量要求

粟的质量要求见表 1。其中容重为定等指标，2 等为中等。

表 1 粟质量要求

等级	容重/(g/L)	不完善粒/%	杂质/%		水分/%	色泽、气味
			总量	其中：矿物质		
1	≥670	≤1.5	≤2.0	≤0.5	≤13.5	正常
2	≥650					
3	≥630					
等外	<630	—				

5.2 卫生要求

5.2.1 食用粟按 GB 2715 及国家有关规定执行。

5.2.2 饲料用粟按 GB 13078 及国家有关规定执行。

5.2.3 其他用途的粟按国家有关标准和规定执行。

5.2.4 动植物检疫按国家有关标准和规定执行。

6 检验方法

6.1 扦样、分样:按 GB 5491 执行。

6.2 色泽、气味检验:按 GB/T 5492 执行。

6.3 粳、糯类型检验:按 GB/T 5493 执行。

6.4 杂质、不完善粒检验:按 GB/T 5494 执行。

6.5 水分检验:按 GB/T 5497 执行。

6.6 容重检验:按 GB/T 5498 执行,取直径 3.5 mm 圆孔筛下和直径 1.5 mm 圆孔筛上的粟样品进行测定。

7 检验规则

7.1 检验的一般规则按 GB/T 5490 执行。

7.2 检验批为同种类、同产地、同收获年度、同运输单元、同储存单元的粟。

7.3 判定规则:容重应符合表 1 中相应等级的要求,其他指标按国家有关规定执行。容重低于 3 等,其他指标符合本标准规定的,判定为等外级粟。

8 标签标识

应在包装物或随行文件中注明产品的名称、分类、等级、产地、收获年度和月份。

9 包装、储存和运输

9.1 包装

应符合 GB/T 17109 的要求;包装应清洁、牢固、无破损,封口严密、结实,不应撒漏;不应给产品带来污染和异常气味。

9.2 储存

应储存在清洁、干燥、防雨、防潮、防虫、防鼠、无异味的仓房内,不应与有毒有害物质或含水量较高的物质混存。

9.3 运输

应使用符合卫生要求的运输工具,运输过程中应注意防止雨淋和被污染。

ICS 67.200.10
X 14

中华人民共和国国家标准

GB 8233—2008
代替 GB/T 8233—1987

芝　麻　油

Sesameseed oil

2008-06-27 发布　　　　2009-01-01 实施

中华人民共和国国家质量监督检验检疫总局
中国国家标准化管理委员会　发布

前　言

本标准表1、表2中的黑体部分指标、5.4和第8章为强制性的，其余为推荐性的。

本标准是对GB/T 8233—1987《芝麻油》的修订。

本标准与GB/T 8233—1987的主要技术差异：

——标准属性由推荐性改为强制性；

——根据不同的加工工艺进行分类和定等；

——对质量指标项目进行了调整；

——对质量指标中相关指标值作了修订；

——参照国际食品法典委员会的标准，增加了脂肪酸组成的内容。

本标准自实施之日起代替GB/T 8233—1987《芝麻油》。

本标准由国家粮食局提出。

本标准由全国粮油标准化技术委员会归口。

本标准负责起草单位：国家粮食局科学研究院。

本标准参加起草单位：中粮食品营销有限公司、嘉里粮油（青岛）有限公司、上海富味乡油脂食品有限公司、上海良友（集团）有限公司。

本标准主要起草人：薛雅琳、张蕊、吕炎强、刘建涛、陈文南、郭明。

本标准所代替标准的历次版本发布情况为：

——GB/T 8233—1987。

芝 麻 油

1 范围

本标准规定了芝麻油的术语和定义、分类、技术质量要求、检验方法、检验规则、标签标识、包装、储存和运输等要求。

本标准适用于芝麻香油、成品芝麻油和芝麻原油。

2 规范性引用文件

下列文件中的条款通过本标准的引用而成为本标准的条款。凡是注日期的引用文件,其随后所有的修改单(不包括勘误的内容)或修订版均不适用于本标准,然而,鼓励根据本标准达成协议的各方研究是否可使用这些文件的最新版本。凡是不注日期的引用文件,其最新版本适用于本标准。

GB 2716 食用植物油卫生标准

GB 2760 食品添加剂使用卫生标准

GB/T 5009.37 食用植物油卫生标准的分析方法

GB/T 5524 植物油脂检验 扦样、分样法

GB/T 5525 植物油脂 透明度、气味、滋味鉴定法

GB/T 5526 植物油脂检验 比重测定法

GB/T 5527 植物油脂检验 折光指数测定法

GB/T 5528 植物油脂水分及挥发物含量测定法

GB/T 5530 动植物油脂 酸值和酸度测定(GB/T 5530—2005,ISO 660:1996,IDT)

GB/T 5532 植物油碘价测定(GB/T 5532—1995,neq ISO 3961:1989)

GB/T 5533 植物油脂检验 含皂量测定法

GB/T 5534 动植物油脂皂化值的测定(GB/T 5534—1995,idt ISO 3657:1988)

GB/T 5535.1 动植物油脂 不皂化物测定 第1部分:乙醚提取法(第一方法)(GB/T 5535.1—1998,eqv ISO 3596-1:1988)

GB/T 5535.2 动植物油脂 不皂化物测定 第2部分:己烷提取快速法(GB/T 5535.2—1998,eqv ISO 3596-2:1988)

GB/T 5538 动植物油脂 过氧化值测定(GB/T 5538—2005,ISO 3960:2001,IDT)

GB 7718 预包装食品标签通则

GB/T 15688 动植物油脂中不溶性杂质含量的测定

GB/T 17374 食用植物油销售包装

GB/T 17376 动植物油脂 脂肪酸甲酯制备(GB/T 17376—1998,eqv ISO 5509:1978)

GB/T 17377 动植物油脂 脂肪酸甲酯的气相色谱分析(GB/T 17377—1998,eqv ISO 5508:1990)

GB/T 17756—1999 色拉油通用技术条件

GB/T 22460 动植物油脂 罗维朋色泽的测定(ISO 15305:1998,IDT)

3 术语和定义

下列术语和定义适用于本标准。

3.1

芝麻香油 fragrant sesame oil

焙炒过的芝麻籽采用压榨、压滤、水代等工艺制取的具有浓郁香味的油品的统称。其中，经石磨磨浆，采用水代法加工制取的油品称为小磨香油。

3.2

芝麻原油 crude sesame oil

芝麻籽采用浸出工艺制取、未经任何处理的油品，该油品不能直接食用。

3.3

成品芝麻油 refined sesame oil

芝麻原油经精炼加工制成的油品。

3.4

色泽 colour

油脂本身带有的颜色。主要来自于油料中的油溶性色素。

3.5

酸值 acid value

中和 1 g 油脂中所含游离脂肪酸需要的氢氧化钾毫克数。

3.6

过氧化值 peroxide value

1 kg 油脂中过氧化物的毫摩尔数。

3.7

溶剂残留量 residual solvent content in oil

1 kg 油脂中残留溶剂的毫克数。

3.8

冷冻试验 refrigeration test

油样置于 0 ℃恒温条件下保持一定的时间，观察其澄清程度。

4 分类

芝麻油分为芝麻香油、芝麻原油和成品芝麻油三类。

5 技术质量要求

5.1 特征指标

折光指数(n^{40})：		1.465～1.469
相对密度(d_{20}^{20})：		0.915～0.924
碘值(I)/(g/100 g)：		104～120
皂化值(KOH)/(mg/g)：		186～195
不皂化物(g/kg)：		≤20
脂肪酸组成(%)：		
十四碳以下脂肪酸		ND～0.1
豆蔻酸	$C_{14:0}$	ND～0.1
棕榈酸	$C_{16:0}$	7.9～12.0
棕榈一烯酸	$C_{16:1}$	ND～0.2
十七烷酸	$C_{17:0}$	ND～0.2
十七碳一烯酸	$C_{17:1}$	ND～0.1

硬脂酸	$C_{18:0}$	4.5～6.7
油酸	$C_{18:1}$	34.4～45.5
亚油酸	$C_{18:2}$	36.9～47.9
亚麻酸	$C_{18:3}$	0.2～1.0
花生酸	$C_{20:0}$	0.3～0.7
花生一烯酸	$C_{20:1}$	ND～0.3
山嵛酸	$C_{22:0}$	ND～1.1
芥酸	$C_{22:1}$	ND
木焦油酸	$C_{24:0}$	ND～0.3
二十四碳一烯酸	$C_{24:1}$	ND

注1：上列指标与国际食品法典委员会标准 Codex-Stan 210(Amended 2003,2005)《指定的植物油法典标准》的指标一致。

注2：ND表示未检出，定义为不大于0.05%。

5.2 质量指标

5.2.1 芝麻香油质量指标见表1。

表1 芝麻香油(包括小磨香油)质量指标

项 目		等 级	
		一 级	二 级
气味、滋味		具有浓郁或显著芝麻香油的香味和滋味，无异味	
透明度(20 ℃,24 h)		澄清、透明	
不溶性杂质/%	≤	0.10	
水分及挥发物/%	≤	0.10	0.20
色泽(罗维朋比色槽25.4 mm)	≤	黄70 红11.0	黄70 红16.0
酸值(KOH)/(mg/g)	≤	**2.0**	**4.0**
过氧化值/(mmol/kg)	≤	**6.0**	**7.5**
溶剂残留量/(mg/kg)		**不得检出**	
注：溶剂残留量检出值小于10 mg/kg时，视为未检出。			

5.2.2 成品芝麻油和芝麻原油质量指标见表2。

表2 成品芝麻油和芝麻原油质量指标

项 目			质量指标		
			成品芝麻油		芝麻原油
			一级	二级	
色泽	(罗维朋比色槽25.4 mm)	≤	—	黄70 红10.0	—
	(罗维朋比色槽133.4 mm)	≤	黄20 红2.0	—	—
气味、滋味			具有成品芝麻油固有的气味和滋味，无异味、口感好		具有芝麻原油固有的气味和滋味
透明度(20 ℃,24 h)			澄清、透明		—
不溶性杂质/%		≤	0.05		—

表 2（续）

项　目		质量指标		
		成品芝麻油		芝麻原油
		一级	二级	
含皂量/%	≤	0.03		—
水分及挥发物/%	≤	0.05	0.10	0.20
冷冻试验(0 ℃储藏 5.5 h)		澄清、透明	—	—
酸值(KOH)/(mg/g)	≤	0.60	3.0	4.0
过氧化值/(mmol/kg)	≤	6.0		7.5
溶剂残留量/(mg/kg)	≤	50		100
注：划有“—”者不做检测。				

5.3 卫生指标

按 GB 2716、GB 2760 和国家有关标准、规定执行。

5.4 真实性要求

不得掺有其他食用油和非食用油，不得添加任何香精和香料。

6 检验方法

6.1 透明度、气味、滋味：按 GB/T 5525 执行。

6.2 色泽：按 GB/T 22460 执行。

6.3 相对密度：按 GB/T 5526 执行。

6.4 折光指数：按 GB/T 5527 执行。

6.5 水分及挥发物：按 GB/T 5528 执行。

6.6 不溶性杂质：按 GB/T 15688 执行。

6.7 酸值：按 GB/T 5530 执行。

6.8 碘值：按 GB/T 5532 执行。

6.9 皂化值：按 GB/T 5534 执行。

6.10 不皂化物：按 GB/T 5535.1 或 GB/T 5535.2 执行。

6.11 过氧化值：按 GB/T 5538 执行。

6.12 含皂量检验：按 GB/T 5533 执行。

6.13 溶剂残留量：按 GB/T 5009.37 执行。

6.14 脂肪酸组成测定：按 GB/T 17376、GB/T 17377 执行。

6.15 冷冻试验：按 GB/T 17756—1999 附录 A 执行。

6.16 卫生标准的测定：按 GB/T 5009.37 执行。

7 检验规则

7.1 扦样

按照 GB/T 5524 执行。

7.2 出厂检验

按本标准 5.2 规定的项目检验。

7.3 型式检验

7.3.1 当原料、设备、工艺有较大变化时，均应进行型式检验。

7.3.2 按本标准第5章的规定检验。

7.4 判定规则

7.4.1 未标注产品质量等级时，该产品按不合格判定。

7.4.2 产品的各等级指标中有一项不合格时，即判定为不合格产品。

8 标签标识

8.1 应符合GB 7718的要求。

8.2 产品名称：符合本标准相应要求的产品，可分别标注为芝麻油、芝麻香油、小磨香油、芝麻原油、成品芝麻油。

8.3 加工工艺：应标识水代、压滤、压榨、浸出。

8.4 原产国：至少应注明产品原料的生产国名。

9 包装、储存和运输

9.1 包装

应符合GB/T 17374及国家的有关规定和要求。

9.2 储存

应储存于阴凉、干燥及避光处，不应与有害有毒物品一同存放。

9.3 运输

运输车辆和器具应保持清洁、卫生。运输中应注意安全，防止日晒、雨淋、渗漏、污染和标签脱落，不应与有毒有害物质混装于同一运输单元。

参 考 文 献

[1] Codex-Stan 210(Amended 2003,2005)Codex standard for named vegetable oils.

ICS 67.200.10
X 14

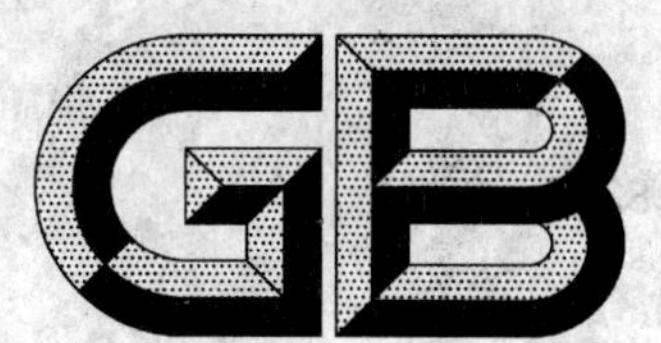

中华人民共和国国家标准

GB/T 8235—2008
代替 GB/T 8235—1987

亚 麻 籽 油

Flaxseed oil

2008-11-04 发布　　　　2009-01-20 实施

中华人民共和国国家质量监督检验检疫总局
中国国家标准化管理委员会　发布

前　言

本标准代替 GB/T 8235—1987《亚麻籽油》。

本标准与 GB/T 8235—1987 的主要技术差异为：

——修改了标准的适用范围；

——增加了术语和定义；

——修改了分类；

——修改了质量要求；

——修改了检验规则；

——增加了有关标签标识的规定。

本标准由国家粮食局提出。

本标准由全国粮油标准化技术委员会归口。

本标准起草单位：国家粮食储备局西安油脂科学研究设计院、内蒙古锡林郭勒盟红井源油脂有限责任公司。

本标准主要起草人：孟橘、夏天文、倪芳妍、贺功礼、樊艳妮、蒋敏。

本标准所代替标准的历次版本发布情况为：

——GB/T 8235—1987。

亚 麻 籽 油

1 范围

本标准规定了亚麻籽油的相关术语和定义、分类、质量要求、检验方法、检验规则、标签标识以及包装、储存和运输要求。

本标准适用于以亚麻籽为原料加工的食用商品亚麻籽油。

2 规范性引用文件

下列文件中的条款通过本标准的引用而成为本标准的条款。凡是注日期的引用文件，其随后所有的修改单(不包括勘误的内容)或修订版均不适用于本标准，然而，鼓励根据本标准达成协议的各方研究是否可使用这些文件的最新版本。凡是不注日期的引用文件，其最新版本适用于本标准。

GB 2716 食用植物油卫生标准

GB/T 5009.37 食用植物油卫生标准的分析方法

GB/T 5524 动植物油脂 扦样

GB/T 5525 植物油脂 透明度、气味、滋味鉴定法

GB/T 5526 植物油脂检验 比重测定法

GB/T 5527 植物油脂检验 折光指数测定法

GB/T 5528 动植物油脂 水分及挥发物含量测定

GB/T 5529 植物油脂检验 杂质测定法

GB/T 5530 动植物油脂 酸值和酸度测定

GB/T 5531 粮油检验 植物油脂加热试验

GB/T 5532 动植物油脂 碘值的测定

GB/T 5533 粮油检验 植物油脂含皂量的测定

GB/T 5534 动植物油脂 皂化值的测定

GB/T 5535.1 动植物油脂 不皂化物测定 第1部分:乙醚提取法

GB/T 5535.2 动植物油脂 不皂化物测定 第2部分:己烷提取法

GB/T 5538 动植物油脂 过氧化值测定

GB/T 5539 粮油检验 油脂定性试验

GB 7718 预包装食品标签通则

GB/T 17374 食用植物油销售包装

GB/T 17376 动植物油脂 脂肪酸甲酯制备

GB/T 17377 动植物油脂 脂肪酸甲酯的气相色谱分析

GB/T 17756—1999 色拉油通用技术条件

GB/T 22460 动植物油脂 罗维朋色泽的测定

3 术语和定义

下列术语和定义适用于本标准。

3.1

压榨亚麻籽油 pressing flaxseed oil

亚麻籽经压榨工艺制取的油。

3.2

浸出亚麻籽油　solvent extraction flaxseed oil

亚麻籽经浸出工艺制取的油。

3.3

亚麻籽原油　crude flaxseed oil

未经处理的不能直接供人食用的亚麻籽油。

3.4

成品亚麻籽油　finished product of flaxseed oil

经处理符合本标准成品亚麻籽油质量指标和卫生要求的可直接供人食用的亚麻籽油。

3.5

折光指数　refractive index

光线从空气中射入油脂时，入射角与折射角的正弦之比值。

3.6

相对密度　relative density

规定温度下的植物油的质量与同体积 20 ℃蒸馏水的质量之比值。

3.7

碘值　iodine value

在规定条件下与 100 g 油脂发生加成反应所需碘的克数。

3.8

皂化值　saponification value

皂化 1 g 油脂所需的氢氧化钾毫克数。

3.9

不皂化物　unsaponifiable matter

油脂中不与碱起作用、溶于醚、不溶于水的物质，包括甾醇、脂溶性维生素和色素等。

3.10

脂肪酸　fatty acid

脂肪族一元羧酸的总称，通式为 R—COOH。

3.11

色泽　colour

油脂本身带有的颜色和光泽。主要来自于油料中的油溶性色素。

3.12

透明度　transparency

油脂可透过光线的程度。

3.13

水分及挥发物　moisture and volatile matter

油脂在一定温度条件下加热损失的物质。

3.14

不溶性杂质　insoluble impurity

油脂中不溶于石油醚等有机溶剂的物质。

3.15

酸值　acid value

中和 1 g 油脂中所含游离脂肪酸需要的氢氧化钾毫克数。

3.16

过氧化值　peroxide value

1 kg 油脂中过氧化物的毫摩尔数。

3.17

溶剂残留量　residual solvent content in oil

1 kg 油脂中残留的浸出溶剂毫克数。

3.18

加热试验　heating test

油样加热至 280 ℃时,观察有无析出物和颜色变化情况。

3.19

冷冻试验　refrigeration test

油样置于 0 ℃恒温条件下保持一定的时间,观察其澄清度。

3.20

含皂量　saponified matter content

经过碱炼后的油脂中皂化物的质量分数(以油酸钠计)。

4 分类

亚麻籽油分为亚麻籽原油、压榨成品亚麻籽油和浸出成品亚麻籽油三类。

5 质量要求

5.1 特征指标

折光指数 n^{20}:1.478 5～1.484 0;

相对密度 d_{20}^{20}:0.927 6～0.938 2;

碘值(以 I_2 计):164 g/100 g～202 g/100 g;

皂化值(以 KOH 计):188 mg/g～195 mg/g;

不皂化物:≤15 g/kg;

脂肪酸组成:

棕榈酸　$C_{16:0}$　3.7%～7.9%

硬脂酸　$C_{18:0}$　2.0%～6.5%

油　酸　$C_{18:1}$　13.0%～39.0%

亚油酸　$C_{18:2}$　12.0%～30.0%

亚麻酸　$C_{18:3}$　39.0%～62.0%。

5.2 质量指标

5.2.1 亚麻籽原油质量指标见表 1。

表 1　亚麻籽原油质量指标

项　　目		质　量　指　标
气味、滋味		具有亚麻籽油固有的气味和滋味,无异味
水分及挥发物/%	≤	0.20
不溶性杂质/%	≤	0.20
酸值(以 KOH 计)/(mg/g)	≤	4.0
过氧化值/(mmol/kg)	≤	7.5
溶剂残留量/(mg/kg)	≤	100

5.2.2 压榨成品亚麻籽油和浸出成品亚麻籽油质量指标分别见表2和表3。

表2 压榨成品亚麻籽油质量指标

项目	一级	二级
色泽(罗维朋比色槽25.4 mm) ≤	黄45 红4.5	黄50 红7.0
气味、滋味	具有亚麻籽油固有的气味和滋味,无异味	具有亚麻籽油固有的气味和滋味,无异味
透明度	澄清、透明	澄清、透明
水分及挥发物/% ≤	0.10	0.15
不溶性杂质/% ≤	0.05	0.05
酸值(以KOH计)/(mg/g) ≤	1.0	3.0
过氧化值/(mmol/kg) ≤	6.0	7.5
溶剂残留量/(mg/kg)	不得检出	不得检出
加热试验(280 ℃)	无析出物,罗维朋值:黄色值不得增加,红色值增加小于0.4	微量析出物,罗维朋值:黄色值不得增加,红色值增加小于4.0,蓝色值增加小于0.5
注:溶剂残留量小于10 mg/kg时,视为未检出。		

表3 浸出成品亚麻籽油质量指标

项目		一级	二级	三级	四级
色泽	(罗维朋比色槽25.4 mm) ≤	—	—	黄35 红3.0	黄35 红5.0
	(罗维朋比色槽133.4 mm) ≤	黄35 红3.5	黄35 红5.0	—	—
气味、滋味		气味、口感好	具有亚麻籽油固有的气味和滋味,无异味,口感良好	具有亚麻籽油固有的气味和滋味,无异味	具有亚麻籽油固有的气味和滋味,无异味
透明度		澄清、透明	澄清、透明	—	—
水分及挥发物/% ≤		0.05	0.05	0.10	0.20
不溶性杂质/% ≤		0.05	0.05	0.05	0.05
酸值(以KOH计)/(mg/g) ≤		0.2	0.3	1.0	3.0
过氧化值/(mmol/kg) ≤		5.0	5.0	6.0	6.0
加热试验(280 ℃)		—	—	无析出物,罗维朋值:黄色值不得增加,红色值增加小于0.4	微量析出物,罗维朋值:黄色值不得增加,红色值增加小于4.0,蓝色值增加小于0.5
含皂量/% ≤		—	—	0.03	0.03
冷冻试验(0 ℃储藏5.5 h)		澄清、透明	—	—	—
溶剂残留量/(mg/kg)		不得检出	不得检出	≤50	≤50
注1:划有“—”不做要求。 注2:溶剂残留量小于10 mg/kg时,视为未检出。					

5.3 卫生要求

按 GB 2716 和国家有关标准、规定执行。

5.4 真实性要求

亚麻籽油中不得掺有其他食用油和非食用油;不得添加任何香精和香料。

6 检验方法

6.1 透明度、气味、滋味检验:按 GB/T 5525 执行。

6.2 色泽检验:按 GB/T 22460 执行。

6.3 相对密度检验:按 GB/T 5526 执行。

6.4 折光指数检验:按 GB/T 5527 执行。

6.5 水分及挥发物检验:按 GB/T 5528 执行。

6.6 不溶性杂质检验:按 GB/T 5529 执行。

6.7 酸值检验:按 GB/T 5530 执行。

6.8 加热试验:按 GB/T 5531 执行。

6.9 碘值检验:按 GB/T 5532 执行。

6.10 含皂量检验:按 GB/T 5533 执行。

6.11 皂化值检验:按 GB/T 5534 执行。

6.12 不皂化物检验:按 GB/T 5535.1 或 GB/T 5535.2 执行。

6.13 过氧化值检验:按 GB/T 5538 执行。

6.14 冷冻试验:按 GB/T 17756—1999 中附录 A 执行。

6.15 溶剂残留量检验:按 GB/T 5009.37 执行。

6.16 油脂定性试验:按 GB/T 5539 执行。以油脂定性试验和亚麻籽油特征指标(5.1)作为综合判定依据。

6.17 脂肪酸组成检验:按 GB/T 17376、GB/T 17377 执行。

7 检验规则

7.1 扦样、分样

亚麻籽油扦样与分样按 GB/T 5524 执行。

7.2 产品组批

同原料、同工艺、同设备、同班次加工的产品为一批。

7.3 出厂检验

应按 5.2 规定的项目逐批检验,产品经检验合格,方可出厂。

7.4 型式检验

7.4.1 原料、设备、工艺有较大变化或质量监督部门提出要求时,均应进行型式检验。

7.4.2 型式检验的项目按第 5 章执行。

7.5 判定规则

7.5.1 各类各等级产品的指标中有一项不合格时,即判定为该批该等级产品不合格。有一项指标不符合最低等级指标时,不能供人食用。

7.5.2 产品未标注质量等级时,按不合格判定。

8 标签标识

8.1 预销售包装的标签除了符合 GB 7718 的规定及要求之外,还应标注产品的加工方式,如“压榨”、“浸出”以及相对应的质量等级。

8.2 非零售包装应注明产品的名称、标准号、原料、生产日期、保值期、生产单位名称、地址和电话等。

8.3 应注明产品原料原产国。

9 包装、储存和运输

9.1 包装

应符合 GB/T 17374 及国家的有关规定和要求。

9.2 储存

应贮存于阴凉、干燥及避光处。不得与有害、有毒物品一同存放。

9.3 运输

运输中应注意安全,防止日晒、雨淋、渗漏、污染和标签脱落。散装运输要有专车,保持车辆清洁、卫生。

ICS 47.020.01
U 04

中华人民共和国国家标准

GB/T 8241—2008
代替 GB/T 8241—1987

船舶舱室设备术语

Terminology for ship accommodation equipment

2008-10-20 发布　　2009-04-01 实施

中华人民共和国国家质量监督检验检疫总局
中国国家标准化管理委员会　发布

前 言

本标准代替 GB/T 8241—1987《船舶舱室设备术语》。

本标准与 GB/T 8241—1987 相比，主要变化如下：

——对部分术语定义进行了修改；

——增加补充了部分术语定义；

——增加了术语中文、英文索引。

本标准由中国船舶工业集团公司提出。

本标准由全国海洋船标准化技术委员会船舶基础分技术委员会归口。

本标准起草单位：上海船厂船舶有限公司、中国船舶工业综合技术经济研究院。

本标准主要起草人：黄越诚、史卫星、张媛、周永生、刘卫平。

本标准所代替标准的历次版本发布情况为：

——GB/T 8241—1987。

船舶舱室设备术语

1 范围

本标准规定了船舶舱室设备的术语及定义。

本标准适用于船舶的研究、设计、制造、教学、管理和其他可应用的领域。

2 舱室设备

2.1

舱室设备 accommodation equipment

设置在船舶起居处所、公共处所、服务处所以及某些控制站（如驾驶室）等处所的生活设备及设施，包括家具、厨房和餐饮设备、洗衣设备、医疗设备、卫生设备以及娱乐健身设备。

2.2

船用家具 marine furniture

供船上人员工作、学习和日常生活使用的床、柜、桌、椅、箱、橱、架等家具的统称。

2.3

舱室五金 cabin hardware

船上供舱室内外使用的五金件的统称。

2.4

船用厨房和配餐间设备 marine galley and pantry equipment

船上用于食品或餐具的洗涤、加工、烹饪、分配、储存、输送、消毒及废弃物处理的设备。

2.5

船用洗衣设备 marine laundry equipment

船上用于洗涤、烘干衣物的设备。

2.6

船用卫生设备 marine sanitary fixtures

船上各种卫生设备和用具的统称。

2.7

船用医疗设备 marine medical apparatus

船上各种医疗器械和用具的统称。包括病床、诊疗床、手术台、担架、急救箱等。

3 船用家具

3.1

海图桌 chart table

设置在海图室或驾驶室内，存放海图、天文钟、航海日志和进行海图作业的专用桌子。

3.2

报务桌 radio table

安置无线电通讯设备和供报务员工作用的专用桌子。

3.3

柜床 bed with drawers

床铺下装有抽屉或行李箱的床。

3.4

翻床 folding bed

安装在舱壁上可以翻转的床。

3.5

救生衣柜 lifejacket locker

标有明显标志,可以存放救生衣的专用柜子。

3.6

旗箱 flag locker

供存放信号旗和国旗的专用箱子。

3.7

望远镜箱 telescope locker

设置在驾驶室内存放望远镜的专用箱子,分悬挂式和嵌入式。

3.8

钥匙箱 key locker

用以存放钥匙的专用箱子。

3.9

引航员椅 pilot chair

安置在驾驶室内,专供引航员使用的椅子。

3.10

轨道椅 railway chair

安置在驾驶室内,供驾驶员使用的可以沿轨道移动的椅子。

3.11

污衣柜 jumper locker

专供船员存放油污工作服的衣柜。

4 舱室五金

4.1

风暴钩 storm hook

船舶航行时为防止椅、茶几等活动家具的移动和倾倒,在其底板下加装与甲板联固的金属链条和挂钩。

4.2

防浪绳 storm rope

两端带金属附件的弹性绳子,用于固定室内椅子等活动家具。

4.3

风暴扶手 storm rail

安装在走道围壁上,供船员在船舶摇晃时稳定身体的扶手。

4.4

闭门器 door closer

安装于门扇顶上,使门扇在开启后能自动关闭,并有缓冲功能的装置。

4.5

防撞门钩 door stopper

对门起防撞和固定作用的专用钩。

4.6

门碰柱　door bumper

防止门开启时引起碰撞而安装的避碰装置。

4.7

定门杆　door holding rod

用来限制门开启角度的可伸缩金属杆。

4.8

衣帽钩　coat and hat hook

舱室内用来挂衣帽的钩子。

4.9

防滑条　anti-skid strip

安装在梯子踏步上防止人员打滑的金属或橡胶条。

4.10

卡片插框　card holder

用来插放船员救生、救火、日常事务和其他卡片的金属或有机玻璃框架。

5　船用厨房和配餐间设备

5.1

船用炉灶　marine cooking range

能适应船舶航行等条件，用作加热、烹调的设备，如电灶、滴油灶、汽化灶等。

5.2

电灶　electric range

船上用以烧煮、烘烤、炒炸各种食物的电热炉灶。

5.3

滴油灶　dripping oil range

采用滴油方式供油的燃油炉灶。

5.4

汽化油灶　vaporizing oil range

使燃油加热汽化并加压后进行燃烧的燃油炉灶。

5.5

厨房污物粉碎机　galley food waste disposer

处理厨房内烹饪废物和残渣剩饭等用途的专用设备。

5.6

深煎锅　deep fat fryer

煎炸食品的专用设备，应配备专用的灭火系统。

5.7

厨房多用途机　galley universal machine

可以加工多种食品的多功能设备。

5.8

可倾式电炒锅　tilting frying pan

可以翻转一定角度的用以炒菜的设备。

5.9

可倾式电汤锅　tilting boiling pot

可以翻转一定角度的用以烧汤的设备。

5.10

船用电烤箱　marine baking oven

船上用于烘烤食品的设备。

5.11

船用开水器　marine water boiler

船上用于烧开水的设备。

5.12

船用洗碗机　marine dish washer

船上用于洗刷碗、碟、杯的设备。

5.13

船用集气罩　marine exhaust vent hood

厨房内抽油烟的设备。

5.14

厨房不锈钢家具　galley stainless steel furniture

厨房内使用的不锈钢桌、柜等。

5.15

电热蒸饭箱　electric rice cooker

用电加热蒸饭的设备。

5.16

蒸汽蒸饭箱　steam rice cooker

用蒸汽加热蒸饭的设备。

5.17

船用冰箱　marine refrigerator

船上专用的冰箱。

5.18

船用蒸烤箱　marine combi oven

船上蒸烤食物的设备。

6　船用洗衣设备

6.1

船用洗衣机　marine washing machine

船上用于洗衣的设备。

6.2

船用烘干机　marine tumble dryer

船上用于烘干衣物的设备。

6.3

船用烫衣机　marine ironing machine

船上用于熨烫衣物的设备。

7　船用卫生设备

7.1

卫生单元　sanitary unit

具有必要的卫生设备和壁板、天花板等组装而成，可整体安装的卫生舱室。

7.2

镜面箱　toilet cabinet

安装在卫生间内表面装有镜子的柜子。

8　船用幕帘

8.1

遮光窗帘　blind curtain

船舶夜航时，为遮挡室内光线透到外面所使用的窗帘。

8.2

遮阳帘　sunshade curtain

用于驾驶室的窗玻璃防止阳光眩目的透光薄膜帘。

8.3

帷幔　drape

舱室内悬挂的窗帘、门帘、床帘、幕布的统称。

9　船用标牌

9.1

安全路标　alley way label for safety

当船舶发生火警或海损时，指引乘员逃生的指示标志。

9.2

舱室铭牌　cabin name plate

舱室房间外门框上或门上标示房间名称的指示牌。

9.3

警告牌　caution plate

船上各危险区域含有警告内容的铭牌。

9.4

指示牌　instruct plate

船上含有指示内容的铭牌。

10　船用医疗设备

10.1

船用担架　folding stretcher

船上运送伤员的担架。

11　娱乐、健身设备

11.1

健身设备　gymnasium equipments

船上用于健身的体育设备。

11.2

娱乐设备　entertainment equipments

船上用于娱乐的设备。

中 文 索 引

A

B

C

D

F

Z

英文索引

A

B

C

D

E

F

G

T

V

ICS 23.040.60
J 15

中华人民共和国国家标准

GB/T 8259—2008
代替 GB/T 8259—1987

卡箍式柔性管接头技术条件

Specification for flexible joints of housing

2008-12-31 发布　　　　2009-12-01 实施

中华人民共和国国家质量监督检验检疫总局
中国国家标准化管理委员会　发布

前言

本标准是GB/T 8259—1987《卡箍式柔性管接头技术条件》的修订版，与GB/T 8259—1987相比主要修改内容如下：

——取消了按压力的高低对材料加以限制的条款；

——对钢管端部的结构型式不作统一规定；

——紧固件不限于圆头椭圆颈一种类型，增加了符合国家标准的其他标准紧固件类型；

——橡胶密封圈根据介质的分类采用相应的国家标准，修改了原标准规定胶料种类的内容；

——增加了管接头出厂检验与型式检验；

——增加了附录A“钢管端部结构型式”。

本标准的附录A是资料性附录。

本标准由中国机械工业联合会提出。

本标准由全国管路附件标准化技术委员会归口。

本标准起草单位：中煤西安设计工程有限责任公司、中机生产力促进中心、上海威逊机械连接件有限公司、上海瑞孚管路系统有限公司、西安柔性管道研究所、连云港市东方管件制造厂、西安威光管件有限公司、济南玫德铸造有限公司。

本标准主要起草人：石笑萱、李俊英、门小莎、房路军、袁勇、郭奎元、周正明、樊红林、王瑞昌、冯峰。

本标准所代替标准的历次版本发布情况为：

——GB/T 8259—1987。

卡箍式柔性管接头
技术条件

1 范围

本标准规定了卡箍式柔性管接头的技术要求、性能试验、产品检验、标志、包装、运输和贮存。

本标准适用于输送气体、液体、浆体和粉尘的管道连接用卡箍式柔性管接头。

2 规范性引用文件

下列文件中的条款通过本标准的引用而成为本标准的条款。凡是注日期的引用文件，其随后所有的修改单(不包括勘误的内容)或修订版均不适用于本标准，然而，鼓励根据本标准达成协议的各方研究是否可使用这些文件的最新版本。凡是不注日期的引用文件，其最新版本适用于本标准。

GB/T 985.1 气焊、焊条电弧焊、气体保护焊和高能束焊的推荐坡口(GB/T 985.1—2008，ISO 9692-1:2003，MOD)

GB/T 1348 球墨铸铁件

GB/T 2828.1 计数抽样检验程序 第1部分：按接收质量限(AQL)检索的逐批检验抽样计划(GB/T 2828.1—2003，ISO 2859-1:1999，IDT)

GB/T 5721 橡胶密封制品标志、包装、运输、贮存的一般规定

GB/T 8260—2008 卡箍式柔性管接头 型式与尺寸

GB/T 9440 可锻铸铁件(GB/T 9440—1988，neq ISO 5922:1981)

GB/T 9441 球墨铸铁金相检验

GB/T 11352 一般工程用铸造碳钢件(GB/T 11352—1989，neq ISO 3755:1975)

GB/T 16938 紧固件 螺栓、螺钉、螺柱和螺母通用技术条件(GB/T 16938—2008，ISO 8992:2005，IDT)

GB/T 17219 生活饮用水输配水设备及防护材料的安全性评价标准

GB/T 17604 橡胶 管道接口用密封圈制造质量的建议 疵点分类与类别(GB/T 17604—1998，idt ISO 9691:1992)

HG/T 2181 酸碱用O型圈橡胶材料

HG/T 3091 橡胶密封件 给、排水管及污水管道用接口密封圈材料规范

HG/T 3093 石油基油类输送管道及连接件用橡胶密封制品胶料

HG/T 3097 橡胶密封件——110 ℃热水供应管接口密封圈——材料规范

3 技术要求

3.1 卡箍

3.1.1 卡箍常用材料见表1，根据用户要求，也可以选用其他材料。

表1 卡箍常用材料

材 料	标 准 编 号	常 用 牌 号
一般工程用铸造碳钢件	GB/T 11352	—
球墨铸铁	GB/T 1348	QT450-10、QT500-7、QT600-3
可锻铸铁	GB/T 9440	KTH350-10

3.1.2 当采用球墨铸铁铸造时，石墨的球化等级应不低于GB/T 9441中规定的3级。

3.1.3 卡箍铸件不允许有影响机械性能的夹渣、冷隔、缩孔。

3.1.4 卡箍内、外表面应平整、光滑，防腐涂层均匀牢固、无气泡或漆块堆积。

3.2 橡胶密封圈

3.2.1 根据管道输送介质的不同，橡胶密封圈常用材料应符合表2的规定。

表2 输送介质及橡胶密封圈材料标准

输 送 介 质	橡胶材料标准
给水、排水、污水及常温空气	HG/T 3091
石油基油类	HG/T 3093
持续供应110 ℃热水	HG/T 3097
酸、碱溶液	HG/T 2181

3.2.2 用于生活饮用水管道的橡胶密封圈，其材料还应符合GB/T 17219的规定。

3.2.3 橡胶密封圈的外观质量应符合GB/T 17604的规定。

3.3 管端

3.3.1 管端的结构型式见附录A，其尺寸应符合GB/T 8260—2008中表1～表17的规定。

3.3.2 单独加工端管时，其材料宜与主管一致，同时应满足焊接性能。

3.3.3 管端密封面处应光滑，不应有焊渣，污物和损伤。

3.4 紧固件

3.4.1 紧固件宜选用国家标准，如选用防转螺栓，宜选用半圆头方颈螺栓、半圆头带榫螺栓等。

3.4.2 螺栓的选用应满足连接强度要求，其上应有标记。卡箍式沟槽型管接头用螺栓宜选用8.8级，螺母宜选用8级。

3.4.3 螺栓、螺母应进行防腐处理。

3.4.4 螺栓、螺母的技术条件应符合GB/T 16938的规定。

4 性能检验

4.1 密封及耐压强度检验

4.1.1 检验方法

检验装置示意图见图1。

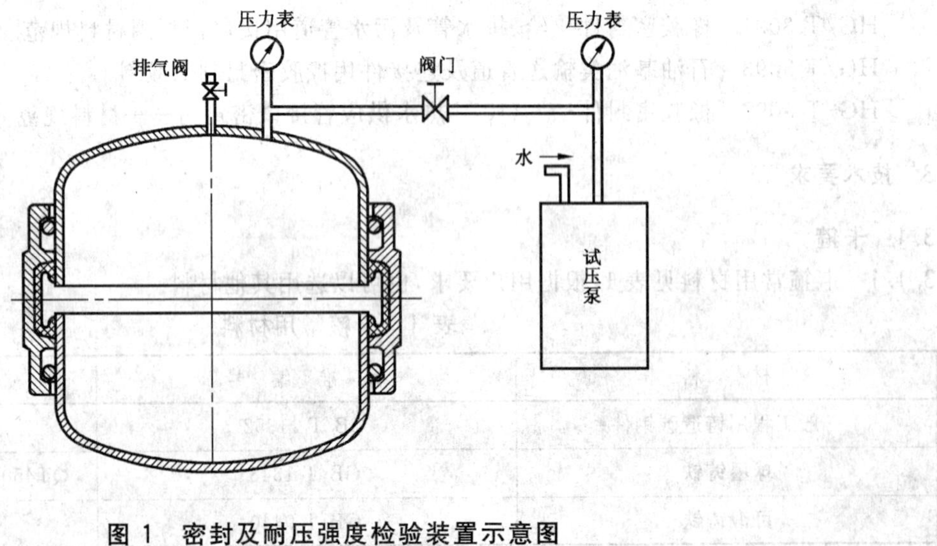

图1 密封及耐压强度检验装置示意图

先往系统内注水并完全排除空气，用试压泵加压。当压力上升到0.1 MPa时，关闭阀门，观察5 min，若接头无渗漏，继续升压。型式检验时，压力升至2倍额定工作压力；出厂检验时，压力升至1.5倍额定工作压力。关闭阀门后保持10 min，观察接头有无渗漏。

4.1.2 检验合格的条件

用4.1.1的方法进行密封及耐压强度检验，接头无渗漏即为合格。

4.2 偏转角度检验

4.2.1 检验方法

检验装置示意图见图2。

图2 偏转角度检验装置示意图

在外力作用下使两段钢管之间的转角达到管接头规定值，然后将两段钢管位置固定，启动试压泵加水压并排出系统内空气，当压力升到1.5倍额定工作压力时，保压10 min。

管接头偏转角按公式(1)计算：

$$\theta = \arcsin \frac{f}{L} \qquad (1)$$

式中：

L——检验用一节钢管长度，单位为毫米(mm)；

f——L长的钢管端头离开原中心线的距离，单位为毫米(mm)。

抽检时，用检验相关几何尺寸的方法计算最大偏转角，见公式(2)：

$$\theta = 2\arcsin \frac{E}{2D} \qquad (2)$$

式中：

E——管接头产品的最大伸缩量，单位为毫米(mm)；

D——密封面处的管端直径，单位为毫米(mm)，对于肩型管接头，应是D_s。

4.2.2 检验合格的条件

按4.2.1的方法进行检验，θ应达到管接头规定的允许偏转角度即为合格。

4.3 最大伸缩量检验

4.3.1 检验方法

检验装置示意图见图3。

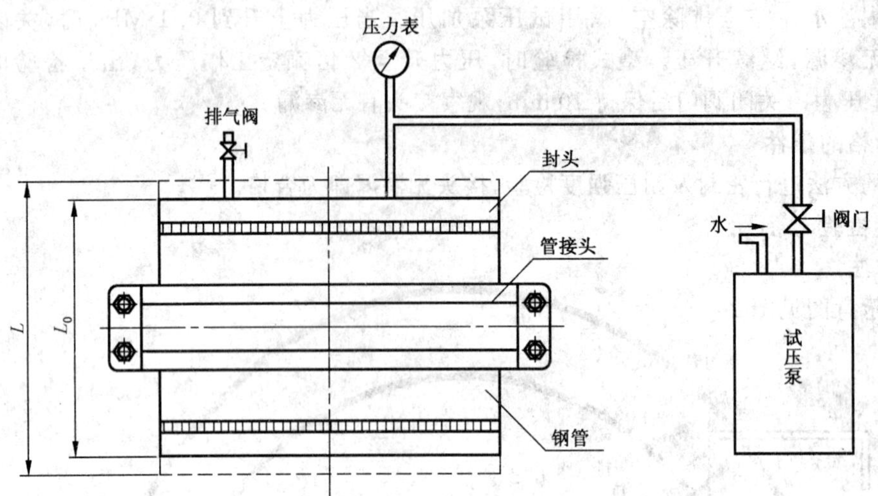

图 3 最大伸缩量检验装置示意图

装配时管接头两管端之间的间隙为 0，测出装置的长度为 L_0，然后加水压至额定工作压力，再测量此时的长度 L 值，最大伸缩量按公式(3)计算：

$$E = L - L_0 \qquad (3)$$

式中：

L——加压前测量的长度，单位为毫米(mm)；

L_0——加压后测量的长度，单位为毫米(mm)。

4.3.2 检验合格的条件

伸缩量 E 达到管接头允许伸缩量的规定值即为合格。

4.4 负压密封检验

4.4.1 检验方法

检验装置示意图见图 4。

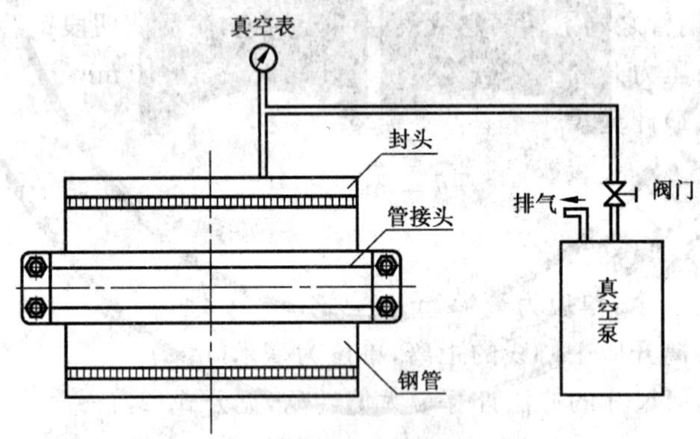

图 4 负压密封检验装置示意图

检验前应保持系统内腔干燥、清洁。选用 1.5 级精度的真空表，并应校准。除管接头之外，系统的其他部位不允许漏气。抽气时，当压力降至 0.08 MPa(600 mmHg)以上时，关闭阀门。在真空度大于 0.08 MPa(600 mmHg)的条件下，保持 5 min，读取 ΔP，真空度变化速率 Q(MPa/s)按公式(4)计算：

$$Q = \frac{\Delta P}{300} \qquad (4)$$

式中：

ΔP——相邻两次测量的压力差，单位为兆帕(MPa)。

4.4.2 检验合格的条件

用4.4.1的方法经过5次测量，真空度变化速率小于或等于 0.5×10^{-4} MPa/s(0.4 mmHg)，即为合格。

5 产品检验

5.1 出厂检验

出厂检验是在管接头产品在出厂之前由制造商进行的检验，其检验项目及顺序见表3。

5.2 型式检验

有下列情况之一时，应进行型式检验：

a) 新产品试制时；

b) 设计方案有重大改变时；

c) 停产两年以上又恢复生产时；

d) 国家质量监督机构提出要求时。

型式检验的检验项目及顺序见表3。

表3 出厂检验与型式检验的检验项目及顺序

顺　　序	检查项目	型式检验	出厂检验		章条号
			全检项目	抽检项目	
1	外观、标志	△	△		3.1.3,3.1.4,3.2.3,3.3.3
2	卡箍材料	△		△	3.1.1
3	橡胶密封圈材料	△		△	3.2.1
4	管端尺寸及材料	△		△	3.3.1,3.3.2
5	紧固件	△		△	3.4
6	密封及耐压强度	△		△	4.1
7	偏转角	△		△	4.2
8	伸缩量	△		△	4.3
9	负压密封性	△		△	4.4
注：△表示应进行试验的项目。					

5.3 抽样方案

依据GB/T 2828.1，按一次抽样特殊检查水平S-3，B类不合格规定的合格质量水平进行检验。

各检验项目的顺序、批量范围及抽样方案见表4。

表4 一次抽样方案检验表

检查顺序	检查项目	合格质量水平 AQL	批量范围件	抽样方案		
				样本大小 n	判定数	
					Ac	Re
1	外观及主要尺寸检验	4.0	≤150 151～500	3 13	0 1	1 2
2	密封及耐压强度检验	2.5	≤500	5	0	1
3	偏转角及允许伸缩量检验	2.5	≤500	5	0	1
4	负压密封检验	2.5	≤500	5	0	1
注：Ac——合格判定数；Re——不合格判定数。						

6 标志

6.1 卡箍的外表面至少应作以下标志：

——管接头型号或代号；

——公称压力；

——管子外径；

——制造商名称或商标。

标志宜用凸字铸出，字体清晰、美观，大小适宜。

6.2 橡胶密封圈上应有以下标志：

——配用管接头的型号或代号；

——胶料标准号或胶料代号；

——制造商的商标。

标志应是永久性显示，字体及图案清晰、美观，大小适宜。

6.3 管接头成套产品的包装上应有以下标志：

——产品名称或型号；

——制造商名称和地址；

——制造日期或生产批号。

7 包装、运输和贮存

7.1 橡胶密封圈应单独包装，其包装、运输和贮存应符合 GB/T 5721 的规定。

7.2 管接头产品出厂应包装，成套产品包装方法可根据需方要求由供需双方协商，如需方无要求时则由供方选定包装材料和方法，应确保不得因包装不当损坏或损失零件。包装箱内应有合格证和安装使用说明书。

7.3 管接头在搬运和堆放过程中，应确保防止碰伤、变形和损坏。

7.4 存放管接头的仓库应通风、干燥、场地平坦，摆放整齐。

附　录　A
（资料性附录）
钢管端部结构型式

A.1　钢管端部结构型式如图 A.1 所示，端部结构的选择由供需双方协商。

A.2　制造商在选择管端结构时应充分考虑各种结构型式所能承受轴向力的大小，以确保选择的管端结构安全可靠。

A.3　单独加工的端管应在其与主管焊接的一端预留焊接坡口，其尺寸应符合 GB/T 985.1 的要求。

图 A.1　钢管端部结构型式

ICS 23.040.60
J 15

中华人民共和国国家标准

GB/T 8260—2008
代替 GB/T 8260—1987,GB/T 8261—1987

卡箍式柔性管接头 型式与尺寸

Types and dimensions of flexible joints of housing

2008-12-31 发布　　2009-12-01 实施

中华人民共和国国家质量监督检验检疫总局
中国国家标准化管理委员会 发布

前　言

本标准是GB/T 8260—1987《卡箍式柔性环型管接头》和GB/T 8261—1987《卡箍式柔性肩型管接头》的修订版，与原标准相比主要变化如下：

——修改了标准的中英文名称；

——保留了原标准环型及肩型管接头的结构形式，同时增加了加宽环型和沟槽型管接头结构形式；

——公称尺寸范围由DN50～DN1000扩大为DN20～DN2000；

——管端外径由原标准的一个系列增加为两个系列；

——统一规定了管端的加工尺寸。

本标准的附录A是资料性附录。

本标准由中国机械工业联合会提出。

本标准由全国管路附件标准化技术委员会归口。

本标准起草单位：中煤西安设计工程有限责任公司、中机生产力促进中心、上海威逊机械连接件有限公司、上海瑞孚管路系统有限公司、西安柔性管道研究所、连云港市东方管件制造厂、西安威光管件有限公司、济南玫德铸造有限公司。

本标准主要起草人：石笑萱、李俊英、门小莎、房路军、袁勇、郭奎元、周正明、樊红林、王瑞昌、冯峰。

本标准所代替标准的历次版本发布情况为：

——GB/T 8260—1987；

——GB/T 8261—1987。

卡箍式柔性管接头 型式与尺寸

1 范围

本标准规定了公称压力PN10～PN100的卡箍式柔性环型管接头、卡箍式柔性加宽环型管接头、卡箍式柔性沟槽型管接头和卡箍式柔性肩型管接头的术语和定义、型式与尺寸、要求和标记。

本标准适用于公称压力PN10～PN100的卡箍式柔性环型管接头、卡箍式柔性加宽环型管接头、卡箍式柔性沟槽型管接头和卡箍式柔性肩型管接头的设计与制造。

2 规范性引用文件

下列文件中的条款通过本标准的引用而成为本标准的条款。凡是注日期的引用文件，其随后所有的修改单(不包括勘误的内容)或修订版均不适用于本标准，然而，鼓励根据本标准达成协议的各方研究是否可使用这些文件的最新版本。凡是不注日期的引用文件，其最新版本适用于本标准。

GB/T 8259—2008 卡箍式柔性管接头 技术条件

3 术语和定义

下列术语和定义适用于本标准。

3.1

卡箍式柔性管接头 flexible joints of housing

由卡箍、密封圈及紧固件组成允许管道有轴向伸缩和径向偏转的连接管道的装置。

3.2

偏转角 deflection angle

两段管道用卡箍接头连接时，管道偏离轴线所形成的锐角。

3.3

伸缩量 expansion range

两段管道用卡箍接头连接时，管道的轴向位移量。

3.4

管端 pipe end for housing

与卡箍配合的管子端部。

4 型式与尺寸

4.1 卡箍式柔性环型管接头的型式应符合图1的规定，基本尺寸应符合表1～表4的规定。

4.2 卡箍式柔性加宽环型管接头的型式应符合图2的规定，基本尺寸应符合表5～表10的规定。

4.3 卡箍式柔性沟槽型管接头的型式应符合图3的规定，基本尺寸应符合表11～表12的规定。

4.4 卡箍式柔性肩型管接头的型式应符合图4的规定，基本尺寸应符合表13～表17的规定。

5 要求

5.1 卡箍式柔性管接头的技术要求应符合 GB/T 8259—2008 的规定。

5.2 卡箍式柔性管接头管端的结构形式参见 GB/T 8259—2008 中附录 A，管端尺寸应符合表 1～表 17的规定。

5.3 表 1～表 17 中，卡箍的外形参考尺寸 A、B、C 仅作为选型时参考，不作为检验依据。

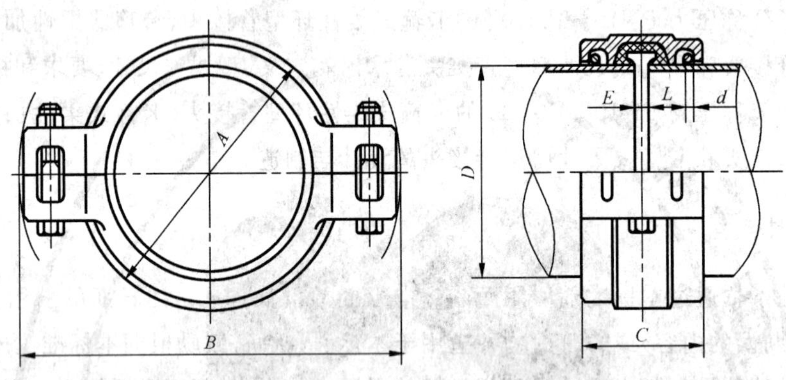

图 1 卡箍式柔性环型管接头(KRH 型)

表 1 PN25 卡箍式柔性环型管接头基本尺寸(KRH 型)

公称尺寸 DN	管端外径 D mm			允许伸缩量 E_{min} mm	允许偏转角 θ_{min} (°)	管端尺寸 mm			外形参考尺寸 mm		
						L		d	A	B	C
	Ⅰ系列	Ⅱ系列	公差			尺寸	公差				
20～80	使用 PN40 卡箍式柔性环型管接头尺寸										
100		108	±0.8	6	2.7	20	$^{+1.5}_{0}$	8	141	196	80
	114.3			6	2.7	20		8	147	202	80
125		133	±1.0	8	2.3	20		8	166	221	82
	139.7			8	2.3	20		8	173	228	82
150		159		8	2.2	20		10	195	260	86
		165		8	2.2	20		10	201	266	86
	168.3			8	2.2	20		10	204	270	86
200	219.1	219		8	1.9	24		10	257	327	90
250	273		±1.5	8	1.6	24		10	313	373	92
300	323.9			8	1.4	24		10	366	436	94
		325		8	1.4	24		10	367	436	94

表 1（续）

公称尺寸 DN	管端外径 D mm			允许伸缩量 E_{min} mm	允许偏转角 θ_{min} (°)	管端尺寸 mm			外形参考尺寸 mm		
						L		d	A	B	C
	Ⅰ系列	Ⅱ系列	公差			尺寸	公差				
350	355.6		±1.5	8	1.2	24	$^{+2.0}_{0}$	10	402	492	106
		377		8	1.2	24		10	423	513	106
400	406.4			8	1.1	24		10	452	543	106
		426		8	1	24		10	472	562	106
450	457			8	1	30		12	509	614	124
		480		8	0.9	30		12	532	637	124
500	508			8	0.9	30		12	560	665	124
		530		8	0.8	30		12	582	687	124
550	559			8	0.8	30		12	615	730	126
		580		8	0.7	30		12	636	751	126
600	610			8	0.7	30		12	666	781	126
		630		8	0.7	30		12	686	801	126

表 2　PN40 卡箍式柔性环型管接头基本尺寸(KRH 型)

公称尺寸 DN	管端外径 D mm			允许伸缩量 E_{min} mm	允许偏转角 θ_{min} (°)	管端尺寸 mm			外形参考尺寸 mm		
						L		d	A	B	C
	Ⅰ系列	Ⅱ系列	公差			尺寸	公差				
20		25	±0.3	6	3.8	16	$^{+1.0}_{0}$	5	51	88	56
	26.9			6	3.8	16		5	53	90	56
25		32		6	3.8	16		5	58	95	56
	33.7			6	3.8	16		5	60	97	56
32		38		6	3.8	16		5	64	106	56
	42.4			6	3.8	16		5	68	112	56
40		45		6	3.8	16		5	72	115	59
	48.3			6	3.8	16		5	75	118	59
50		57	±0.8	6	3.5	16		6	89	139	66
	60.3			6	3.5	16		6	92	142	66

表 2（续）

公称尺寸 DN	管端外径 D mm			允许伸缩量 E_{min} mm	允许偏转角 θ_{min} (°)	管端尺寸 mm			外形参考尺寸 mm		
						L		d	A	B	C
	Ⅰ系列	Ⅱ系列	公差			尺寸	公差				
65		73	±0.8	6	3.5	16	$^{+1.0}_{0}$	6	105	158	66
	76.1			6	3.5	16		6	108	161	66
80	88.9	89		6	3.3	16		6	121	174	66
100		108		6	2.7	20	$^{+1.5}_{0}$	8	143	208	80
	114.3			6	2.7	20		8	149	215	80
125		133	±1.0	8	2.3	20		8	169	234	82
	139.7			8	2.3	20		8	176	241	82
150		159		8	2.2	20		10	195	265	86
		165		8	2.2	20		10	201	271	86
	168.3			8	2.2	20		10	204	274	86
200	219.1	219		8	1.9	24		10	261	331	92
250	273		±1.5	8	1.6	24		10	319	409	94
300	323.9			8	1.4	24		10	372	462	96
		325		8	1.4	24		10	373	463	96
350	355.6			8	1.2	24	$^{+2.0}_{0}$	10	406	496	110
		377		8	1.2	24		10	427	517	110
400	406.4			8	1.1	24		10	456	562	110
		426		8	1.0	24		10	476	581	110
450	457			8	1.0	30		12	513	618	128
		480		8	0.9	30		12	536	641	128
500	508			8	0.9	30		12	564	679	128
		530		8	0.8	30		12	586	701	128
550	559			8	0.8	30		12	617	732	130
		580		8	0.7	30		12	638	753	130
600	610			8	0.7	30		12	670	785	142
		630		8	0.7	30		12	690	805	142

表 3　PN63 卡箍式柔性环型管接头基本尺寸(KRH 型)

公称尺寸 DN	管端外径 D mm			允许 伸缩量 E_{min} mm	允许 偏转角 θ_{min} (°)	管端尺寸 mm			外形参考尺寸 mm		
	Ⅰ系列	Ⅱ系列	公差			L 尺寸	L 公差	d	A	B	C
20～80	使用 PN100 卡箍式柔性环型管接头尺寸										
100		108	±0.8	6	2.7	20		8	146	211	84
	114.3			6	2.7	20		8	152	218	84
125		133		8	2.3	20		8	171	236	88
	139.7			8	2.3	20		8	178	243	88
150		159	±1.0	8	2.2	20		10	199	270	94
		165		8	2.2	20	$^{+1.5}_{0}$	10	205	275	94
	168.3			8	2.2	20		10	208	278	94
200	219.1	219		8	1.9	24		10	263	353	104
250	273			8	1.6	24		10	321	411	106
300	323.9			8	1.4	24		10	378	483	110
		325		8	1.4	24		10	379	484	110
350	355.6		±1.5	8	1.2	24		10	416	530	118
		377		8	1.2	24	$^{+2.0}_{0}$	10	437	552	118
400	406.4			8	1.1	24		10	468	584	120
		426		8	1	24		10	488	603	120

表 4　PN100 卡箍式柔性环型管接头基本尺寸(KRH 型)

公称尺寸 DN	管端外径 D mm			允许 伸缩量 E_{min} mm	允许 偏转角 θ_{min} (°)	管端尺寸 mm			外形参考尺寸 mm		
	Ⅰ系列	Ⅱ系列	公差			L 尺寸	L 公差	d	A	B	C
20		25		6	3.8	16		5	57	90	58
	26.9			6	3.8	16		5	57	100	58
25		32		6	3.8	16		5	62	105	58
	33.7		±0.3	6	3.8	16		5	64	107	58
32		38		6	3.8	16	$^{+1.0}_{0}$	5	68	118	58
	42.4			6	3.8	16		5	72	123	58
40		45		6	3.8	16		5	75	125	60
	48.3			6	3.8	16		5	78	129	60
50		57	±0.8	6	3.5	16		6	93	146	68
	60.3			6	3.5	16		6	96	150	68

表 4（续）

公称尺寸 DN	管端外径 D mm			允许伸缩量 E_{min} mm	允许偏转角 θ_{min} (°)	管端尺寸 mm			外形参考尺寸 mm		
	Ⅰ系列	Ⅱ系列	公差			L 尺寸	L 公差	d	A	B	C
65		73	±0.8	6	3.5	16	$^{+1.0}_{0}$	6	109	162	68
	76.1			6	3.5	16		6	112	165	68
80	88.9	89		6	3.3	16		6	127	180	68
100		108		6	2.7	20	$^{+1.5}_{0}$	8	146	211	84
	114.3			6	2.7	20		8	152	218	84
125		133	±1.0	8	2.3	20		8	177	247	88
	139.7			8	2.3	20		8	184	254	88
150		159		8	2.2	20		8	205	275	94
		165		8	2.2	20		8	211	300	94
	168.3			8	2.2	20		8	214	305	94
200	219.1	219		8	1.9	24		10	271	386	106
250	273		±1.5	8	1.6	24		10	329	434	110
300	323.9			8	1.4	24		10	386	501	116
		325		8	1.4	24		10	387	502	116

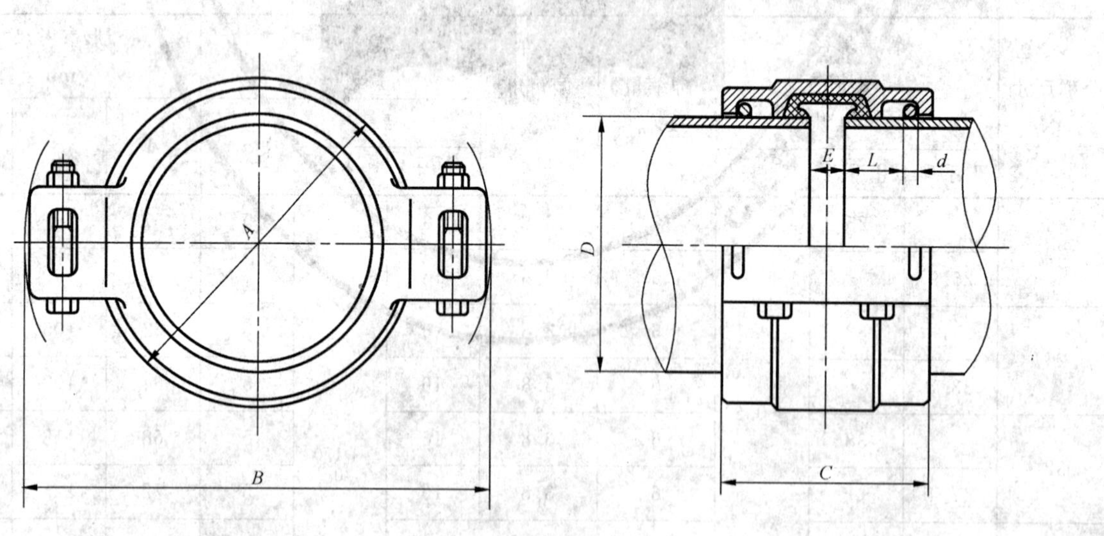

图 2　卡箍式柔性加宽环型管接头(**KRHK**)

表 5 PN10 卡箍式柔性加宽环型管接头基本尺寸(KRHK 型)

公称尺寸 DN	管端外径 D mm			允许伸缩量 E_{min} mm	允许偏转角 θ_{min} (°)	管端尺寸 mm			外形参考尺寸 mm		
	Ⅰ系列	Ⅱ系列	公差			L 尺寸	L 公差	d	A	B	C
50~80	使用 PN40 卡箍式柔性加宽环型管接头尺寸										
100~150	使用 PN16 卡箍式柔性加宽环型管接头尺寸										
200	219.1	219	±1.0	20	4.2	34	+1.5 0	10	261	314	128
250	273		±1.5	20	3.7	34		10	315	368	128
300	323.9			20	3.2	34		10	368	438	130
		325		20	3.2	34		10	369	439	130
350	355.6			20	3.0	44	+2.0 0	10	400	470	158
		377		20	3.0	44		10	421	491	158
400	406.4			20	2.6	44		10	450	520	158
		426		20	2.6	44		10	470	540	158
450	457			20	2.3	44		12	501	571	158
		480		20	2.3	44		12	524	594	158
500	508			20	2.1	44		12	552	622	158
		530		20	2.1	44		12	574	644	158
550	559			20	1.9	44		12	603	693	158
		580		20	1.9	44		12	624	714	158
600	610			20	1.8	44		12	654	744	158
		630		20	1.8	44		12	674	764	158
700	711		±2.0	20	1.5	44	+3.0 0	14	759	849	168
		720		20	1.5	44		14	768	858	168
800	813			20	1.3	44		14	861	951	168
		820		20	1.3	44		14	868	958	168
900	914			20	1.2	44		14	962	1 052	168
		920		20	1.2	44		14	968	1 058	168
1 000	1 016			20	1.1	44		16	1 064	1 154	168
		1 020		20	1.1	44		16	1 068	1 158	168
1 200	1 220		±3.0	30	1.4	62	+4.0 0	16	1 274	1 379	222
1 400	1 420			30	1.2	62		16	1 474	1 579	222
1 600	1 620			30	1.0	62		18	1 674	1 779	222
1 800	1 820			30	0.9	62		18	1 874	1 989	222
2 000	2 020			30	0.8	62		18	2 074	2 189	222

表 6　PN16 卡箍式柔性加宽环型管接头基本尺寸(KRHK 型)

公称尺寸 DN	管端外径 D mm			允许伸缩量 E_{min} mm	允许偏转角 θ_{min} (°)	管端尺寸 mm			外形参考尺寸 mm		
	Ⅰ系列	Ⅱ系列	公差			L 尺寸	L 公差	d	A	B	C
50～80	使用 PN40 卡箍式柔性加宽环型管接头尺寸										
100		108	±0.8	20	6.0	32		8	141	191	117
	114.3			20	6.0	32		8	148	197	117
125		133		20	5.6	32		8	168	218	118
	139.7			20	5.6	32		8	174	224	118
150		159	±1.0	20	5.3	34		10	193	243	126
		165		20	5.3	34	$^{+1.5}_{0}$	10	199	249	126
	168.3			20	5.3	34		10	203	253	126
200	219.1	219		20	4.2	34		10	261	314	128
250	273			20	3.7	34		10	317	370	130
300	323.9			20	3.2	34		10	368	438	130
		325		20	3.2	34		10	369	439	130
350	355.6			20	3.0	44		10	404	474	160
		377		20	3.0	44		10	425	495	160
400	406.4			20	2.6	44		10	454	524	160
		426		20	2.6	44		10	474	544	160
450	457		±1.5	20	2.3	44		12	505	575	160
		480		20	2.3	44	$^{+2.0}_{0}$	12	528	598	160
500	508			20	2.1	44		12	556	626	160
		530		20	2.1	44		12	578	648	160
550	559			20	1.9	44		12	607	697	160
		580		20	1.9	44		12	628	718	160
600	610			20	1.8	44		12	658	748	160
		630		20	1.8	44		12	678	768	160
700	711			20	1.5	44		14	763	853	170
		720		20	1.5	44		14	772	862	170
800	813			20	1.3	44		14	865	915	170
		820	±2.0	20	1.3	44	$^{+3.0}_{0}$	14	872	962	170
900	914			20	1.2	44		14	966	1 056	170
		920		20	1.2	44		14	972	1 062	170
1 000	1 016			20	1.1	44		16	1 068	1 158	170
		1 020		20	1.1	44		16	1 072	1 162	170

表 6（续）

公称尺寸 DN	管端外径 D mm			允许伸缩量 E_{min} mm	允许偏转角 θ_{min} (°)	管端尺寸 mm			外形参考尺寸 mm		
						L		d	A	B	C
	Ⅰ系列	Ⅱ系列	公差			尺寸	公差				
1 200	1 220			30	1.4	62		16	1 278	1 383	226
1 400	1 420			30	1.2	62		16	1 478	1 583	226
1 600	1 620		±3.0	30	1.0	62	+4.0 0	18	1 678	1 783	226
1 800	1 820			30	0.9	62		18	1 878	1 993	230
2 000	2 020			30	0.8	62		18	2 078	2 193	230

表 7 **PN25 卡箍式柔性加宽环型管接头基本尺寸(KRHK 型)**

公称尺寸 DN	管端外径 D mm			允许伸缩量 E_{min} mm	允许偏转角 θ_{min} (°)	管端尺寸 mm			外形参考尺寸 mm		
						L		d	A	B	C
	Ⅰ系列	Ⅱ系列	公差			尺寸	公差				
50～150	使用 PN40 卡箍式柔性加宽环型管接头尺寸										
200	219.1	219	±1.0	20	4.0	34		10	261	331	128
250	273			20	3.7	34	+1.5 0	10	317	387	130
300	323.9			20	3.2	34		10	370	440	132
300		325		20	3.2	34		10	371	441	132
350	355.6			20	2.8	44		10	406	476	162
350		377		20	2.8	44		10	427	497	162
400	406.4			20	2.5	44		10	456	526	162
400		426		20	2.5	44		10	476	546	162
450	457		±1.5	20	2.3	44		12	509	599	164
450		480		20	2.3	44	+2.0 0	12	532	622	164
500	508			20	2.0	44		12	560	650	164
500		530		20	2.0	44		12	582	672	164
550	559			20	1.9	44		12	615	705	166
550		580		20	1.9	44		12	636	726	166
600	610			20	1.8	44		12	666	756	166
600		630		20	1.8	44		12	686	776	166

表 7（续）

公称尺寸 DN	管端外径 D mm			允许伸缩量 E_{min} mm	允许偏转角 θ_{min} (°)	管端尺寸 mm			外形参考尺寸 mm		
	Ⅰ系列	Ⅱ系列	公差			L 尺寸	L 公差	d	A	B	C
700	711		±2.0	20	1.5	44	$^{+3.0}_{0}$	14	769	859	176
		720		20	1.5	44		14	778	868	176
800	813			20	1.3	44		14	871	961	176
		820		20	1.3	44		14	878	968	176
900	914			20	1.2	44		14	974	1 079	178
		920		20	1.2	44		14	980	1 085	178
1 000	1 016			20	1.1	44		16	1 078	1 183	180
		1 020		20	1.1	44		16	1 082	1 187	180

表 8　PN40 卡箍式柔性加宽环型管接头基本尺寸（KRHK 型）

公称尺寸 DN	管端外径 D mm			允许伸缩量 E_{min} mm	允许偏转角 θ_{min} (°)	管端尺寸 mm			外形参考尺寸 mm		
	Ⅰ系列	Ⅱ系列	公差			L 尺寸	L 公差	d	A	B	C
50		57	±0.8	15	5.5	30	$^{+1.0}_{0}$	6	89	131	103
	60.3			15	5.5	30		6	92	134	103
65		73		15	5.5	30		6	105	147	103
	76.1			15	5.5	30		6	108	150	103
80	88.9	89		15	5.5	30		6	121	163	103
100		108	±1.0	20	4.3	32	$^{+1.5}_{0}$	8	141	191	118
	114.3			20	4.3	32		8	147	197	118
125		133		20	4.3	32		8	168	218	118
	139.7			20	4.3	32		8	174	224	118
150		159		20	4.2	34		10	193	245	126
		165		20	4.2	34		10	199	252	126
	168.3			20	4.2	34		10	203	256	126
200	219.1	219		20	4.0	34		10	265	335	130
250	273		±1.5	20	3.7	34		10	323	393	134

表 8（续）

公称尺寸 DN	管端外径 D mm			允许伸缩量 E_{min} mm	允许偏转角 θ_{min} (°)	管端尺寸 mm			外形参考尺寸 mm		
						L		d			
	Ⅰ系列	Ⅱ系列	公差			尺寸	公差		A	B	C
300	323.9		±1.5	20	3.2	34	$^{+1.5}_{0}$	10	376	446	136
		325		20	3.2	34		10	376	446	136
350	355.6			20	2.8	44	$^{+2.0}_{0}$	10	410	480	166
		377		20	2.8	44		10	431	501	166
400	406.4			20	2.5	44		10	460	530	166
		426		20	2.5	44		10	480	550	166
450	457			20	2.3	44		12	515	605	168
		480		20	2.3	44		12	538	628	168
500	508			20	2.1	44		12	566	656	168
		530		20	2.1	44		12	588	678	168
550	559			20	1.9	44		12	619	709	170
		580		20	1.9	44		12	640	730	170
600	610			20	1.8	44		12	672	777	172
		630		20	1.8	44		12	692	797	172

表 9　PN63 卡箍式柔性加宽环型管接头基本尺寸(KRHK 型)

公称尺寸 DN	管端外径 D mm			允许伸缩量 E_{min} mm	允许偏转角 θ_{min} (°)	管端尺寸 mm			外形参考尺寸 mm		
						L		d			
	Ⅰ系列	Ⅱ系列	公差			尺寸	公差		A	B	C
50～150	使用 PN100 卡箍式柔性加宽环型管接头的尺寸										
200	219.1	219	±1.0	20	4.2	34	$^{+1.5}_{0}$	10	271	361	136
250	273		±1.5	20	3.7	34		10	327	417	138
300	323.9			20	3.2	34		10	382	487	142
		325		20	3.2	34		10	383	488	142
350	355.6			20	2.8	44	$^{+2.0}_{0}$	10	420	525	174
		377		20	2.8	44		10	441	546	174
400	406.4			20	2.5	44		10	472	577	176
		426		20	2.5	44		10	492	597	176

表 10　PN100 卡箍式柔性加宽环型管接头基本尺寸(KRHK 型)

公称尺寸 DN	管端外径 D mm			允许伸缩量 E_{min} mm	允许偏转角 θ_{min} (°)	管端尺寸 mm			外形参考尺寸 mm		
						L		d	A	B	C
	Ⅰ系列	Ⅱ系列	公差			尺寸	公差				
50		57	±0.8	15	5.3	30	$^{+1.0}_{0}$	6	93	146	105
50	60.3			15	5.3	30		6	96	149	105
65		73		15	5.3	30		6	109	162	105
65	76.1			15	5.3	30		6	112	165	105
80	88.9	89		15	5.3	30		6	127	180	105
100		108		20	4.2	32	$^{+1.5}_{0}$	8	146	211	120
100	114.3			20	4.2	32		8	152	217	120
125		133	±1.0	20	4.2	32		8	177	242	124
125	139.7			20	4.2	32		8	184	248	124
150		159		20	4.2	34		10	205	275	134
150		165		20	4.2	34		10	211	281	134
150	168.3			20	4.2	34		10	214	284	134
200	219.1	219		20	4.0	34		10	275	365	138
250	273		±1.5	20	3.7	34		10	333	423	142
300	323.9			20	3.2	34		10	390	495	148
300		325		20	3.2	34		10	391	496	148

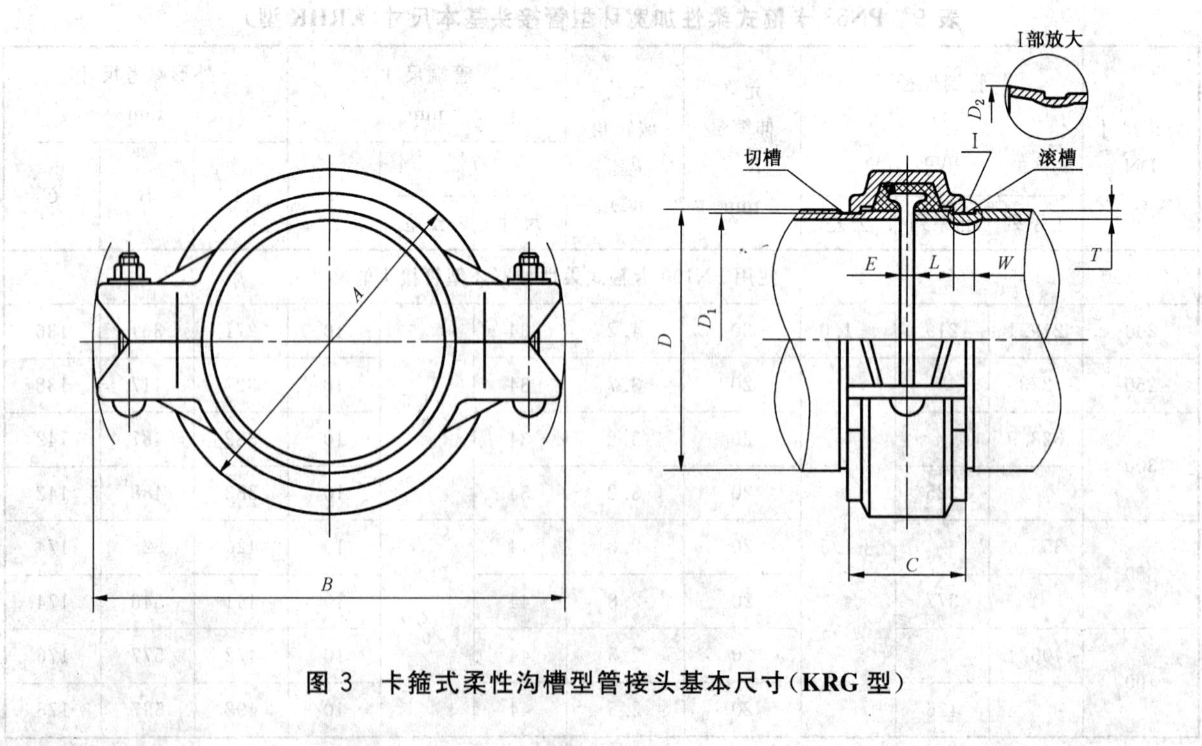

图 3　卡箍式柔性沟槽型管接头基本尺寸(KRG 型)

表 11　PN16 卡箍式柔性沟槽型管接头基本尺寸(KRG 型)

公称尺寸 DN	管端外径 D mm			允许伸缩量 E mm	允许偏转角 θ (°)	管端尺寸 mm											外形参考尺寸 mm		
						滚槽				切槽			L		槽底直径 D_1		A	B	C
						W		T	D_2	W		T							
	Ⅰ系列	Ⅱ系列	公差			尺寸	公差	min	max	尺寸	公差	min	尺寸	公差	尺寸	公差			
20～300	使用 PN25 卡箍式柔性沟槽型管接头尺寸																		
350	355.6		+1.60 −0.79	4	0.6	11.91	±0.76	4	359.7	12.70	±0.76	7.2	23.83	±0.76	350.0	0 −0.8	420	503	76
		377		4	0.6	11.91		4.2	381.1	12.70		7.2	23.83		371.4		440	524	76
400	406.4			4	0.5	11.91		4.2	410.5	12.70		8	23.83		400.8		472	550	76
		426		4	0.5	11.91		4.2	430.1	12.70		8	25.40		420.4		492	570	76
450	457			6	0.7	11.91		4.2	461.3	12.70		8	25.40		451.6		523	609	76
		480		6	0.7	11.91		4.2	484.1	12.70		8	25.40		474.4		546	632	76
500	508			6	0.6	11.91		4.8	512.1	12.70		8	25.40		502.4		578	666	76
		530		6	0.6	11.91		4.8	535.1	12.70		8	25.40		524.4		600	688	76
550	559			6	0.6	11.91		4.8	563.9	14.30		9.5	25.40		550.0		630	722	76
		580		6	0.6	11.91		4.8	584.9	14.30		9.5	25.40		571.0		650	743	76
600	610			6	0.5	12.70		4.8	614.7	14.30		9.5	25.40		600.9		682	776	76
		630		6	0.5	12.70		4.8	635.1	14.30		9.5	25.40		620.9		702	796	76

表 12　PN25 卡箍式柔性沟槽型管接头基本尺寸(KRG 型)

公称尺寸 DN	管端外径 D mm			允许伸缩量 E mm	允许偏转角 θ (°)	管端尺寸 mm											外形参考尺寸 mm		
						滚槽				切槽			L		槽底直径 D_1		A	B	C
						W		T	D_2	W		T							
	Ⅰ系列	Ⅱ系列	公差			尺寸	公差	min	max	尺寸	公差	min	尺寸	公差	尺寸	公差			
20		25	±0.25	3.5	3	7.14	±0.76	1.65	27.3	7.93	±0.76	2.9	15.88	±0.76	21.9	0 −0.4	52	90	44
	26.9			3.5	3	7.14		1.65	29.2	7.93		2.9	15.88		23.8	0 −0.4	54	92	44
25		32	+0.39 −0.65	3.5	3	7.14		1.65	34.5	7.93		3.3	15.88		28.5	0 −0.4	60	108	44
	33.7		+0.41 −0.68	3.5	3	7.14		1.65	36.3	7.93		3.3	15.88		30.2	0 −0.4	62	110	44
32		38	+0.45 −0.54	3.5	3	7.14		1.65	40.6	7.93		3.5	15.88		34.6	0 −0.4	66	110	44
	42.4		+0.50 −0.60	3.5	3	7.14		1.65	45	7.93		3.5	15.88		39	0 −0.4	70	112	44
40		45	+0.41 −0.48	3.5	3	7.14		1.65	47.8	7.93		3.6	15.88		41.8	0 −0.4	73	115	47
	48.3		+0.44 −0.52	3.5	3	7.14		1.65	51.1	7.93		3.6	15.88		45.1	0 −0.4	76	118	47
50		57	±0.57	3.5	3	8.74		1.65	59.7	7.93		3.6	15.88		53.8	0 −0.4	92	124	47
	60.3		±0.61	3.5	3	8.74		1.65	63	7.93		3.9	15.88		57.2	0 −0.4	95	124	47
65		73	±0.74	3.5	2.7	8.74		2.11	75.7	7.93		4.8	15.88		69.1	0 −0.5	107	137	47
	76.1		±0.76	3.5	2.6	8.74		2.11	78.7	7.93		4.8	15.88		72.3	0 −0.5	110	140	47

表 12（续）

公称尺寸 DN	管端外径 D mm			允许伸缩量 E mm	允许偏转角 θ (°)	管端尺寸 mm											外形参考尺寸 mm		
						滚槽				切槽			L		槽底直径 D_1		A	B	C
						W		T min	D_2 max	W		T min							
	Ⅰ系列	Ⅱ系列	公差			尺寸	公差			尺寸	公差		尺寸	公差	尺寸	公差			
80	88.9	89	+0.89 −0.79	3.5	2.2	8.74	±0.76	2.11	91.4	7.93	±0.76	4.8	15.88	±0.76	84.9	0 −0.5	122	154	47
100		108	+1.07 −0.79	3.5	1.8	8.74		2.11	110.5	9.53		5	15.88		103.7	0 −0.5	148	183	54
	114.3		+1.14 −0.79	3.5	1.7	8.74		2.11	116.8	9.53		5	15.88		110.1	0 −0.5	154	194	54
125		133	+1.32 −0.79	3.5	1.5	8.74		2.41	135.9	9.53		5	15.88		129.1	0 −0.5	173	225	54
	139.7		+1.40 −0.79	3.5	1.4	8.74		2.77	142.2	9.53		5	15.88		135.5	0 −0.5	180	225	54
150		159	+1.60 −0.79	3.5	1.2	8.74		2.77	161.3	9.53		5.6	15.88		154.7	0 −0.6	200	252	54
		165	+1.60 −0.79	3.5	1.2	8.74		2.77	167.6	9.53		5.6	15.88		160.9	0 −0.6	205	254	54
	168.3		+1.60 −0.79	3.5	1.1	8.74		2.77	170.9	9.53		5.6	15.88		164	0 −0.6	210	260	54
200	219.1	219	+1.60 −0.79	4	1	11.91		2.77	223.5	11.10		6	19.05		214.4	0 −0.6	266	334	66
250	273		+1.60 −0.79	4	0.8	11.91		3.4	277.4	12.70		6.3	19.05		268.3	0 −0.7	320	370	66
300	323.9		+1.60 −0.79	4	0.7	11.91		4	328.2	12.70		7.1	19.05		318.3	0 −0.8	372	420	66
		325	+1.60 −0.79	4	0.7	11.91		4	329.3	12.70		7.1	19.05		319.4	0 −0.8	372	420	66

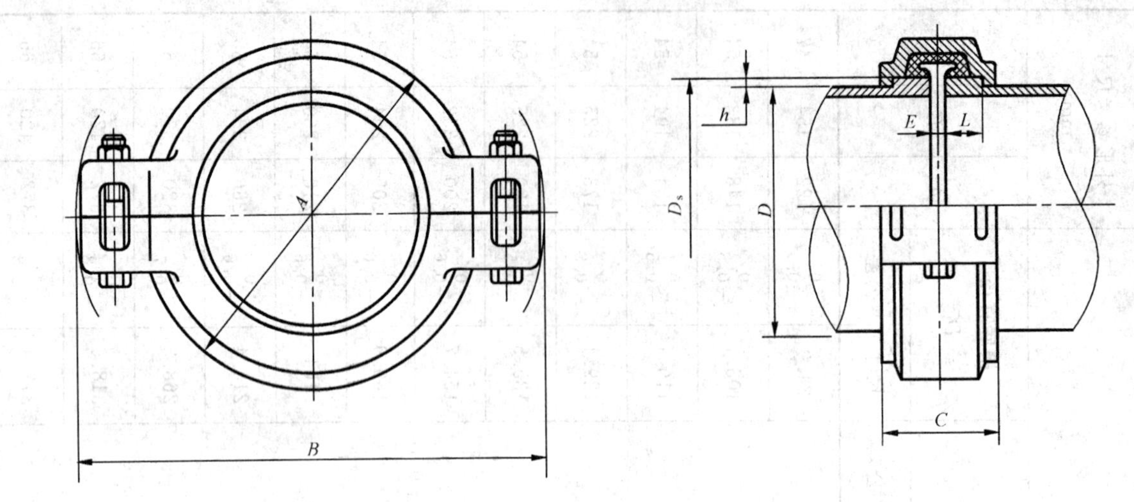

图 4　卡箍式柔性肩型管接头(KRJ 型)

表 13　PN16 卡箍式柔性肩型管接头基本尺寸(KRJ 型)

公称尺寸 DN	管端外径 D mm			允许伸缩量 E mm	允许偏转角 θ (°)	管端尺寸 mm					外形参考尺寸 mm		
						L		D_s		h	A	B	C
	Ⅰ系列	Ⅱ系列	公差			尺寸	公差	尺寸	公差				
20～150	使用 PN40 卡箍式柔性肩型管接头尺寸												
200	219.1	219	±1.0	6	1.5	20.5	±0.8	232	±0.8	6.5	272	342	61
250	273		±1.5	6	1.2	20.5		286		6.5	327	396	61
300	323.9			6	1.0	20.5		337		6.5	377	467	61
		325		6	1.0	20.5		338		6.5	378	468	61
350	355.6			6	0.9	24.0		369		6.7	409	500	68
		377		6	0.8	24.0		390		6.5	430	520	68
400	406.4			6	0.8	25.5		419		6.3	464	554	70
		426		6	0.8	25.5		439		6.5	483	573	70
450	457			7	0.8	25.5		470		6.5	514	619	74
		480		7	0.8	25.5		493		6.5	537	642	74
500	508			7	0.7	25.5		521		6.5	567	672	74
		530		7	0.7	25.5		543		6.5	589	694	74
550	559			7	0.7	25.5		572		6.5	620	735	76
		580		7	0.6	25.5		593		6.5	641	756	76
600	610			7	0.6	25.5		623		6.5	671	786	76
		630		7	0.6	25.5		643		6.5	691	806	76

表 14 PN25 卡箍式柔性肩型管接头基本尺寸(KRJ 型)

公称尺寸 DN	管端外径 D mm			允许伸缩量 E mm	允许偏转角 θ (°)	管端尺寸 mm					外形参考尺寸 mm		
						L		D_s		h	A	B	C
	Ⅰ系列	Ⅱ系列	公差			尺寸	公差	尺寸	公差				
20～150	使用 PN40 卡箍式柔性肩型管接头的尺寸												
200	219.1	219	±1.0	6	1.5	20.5	±0.8	232	±0.8	6.5	274	344	61
250	273		±1.5	6	1.2	20.5		286		6.5	328	398	61
300	323.9			6	1.0	20.5		337		6.5	383	473	63
		325		6	1.0	20.5		338		6.5	384	474	63
350	355.6			6	0.9	24		369		6.7	415	505	70
		377		6	0.8	24		390		6.5	436	526	70
400	406.4			6	0.8	25.5		419		6.3	470	560	72
		426		6	0.8	25.5		439		6.5	489	579	72

表 15 PN40 卡箍式柔性肩型管接头基本尺寸(KRJ 型)

公称尺寸 DN	管端外径 D mm			允许伸缩量 E mm	允许偏转角 θ (°)	管端尺寸 mm					外形参考尺寸 mm		
						L		D_s		h	A	B	C
	Ⅰ系列	Ⅱ系列	公差			尺寸	公差	尺寸	公差				
20		25	±0.3	4	7.3	16	±0.8	31	±0.8	3	52	87	42
	26.9			4	6.9	16		33		3	59	89	42
25		32		4	6	16		38		3	64	94	42
	33.7			4	5.7	16		40		3	66	96	42
32		38		4	5.1	16		44		3	72	114	44
	42.4			4	4.7	16		48		3	77	119	44
40		45		4	4.4	16		51		3	79	121	44
	48.3			4	4.1	16		54		3	83	125	44
50		57	±0.8	6	5.3	16		63		3.5	98	148	50
	60.3			6	5	16		67		3.4	102	152	50
65		73		6	4.2	16		81		4	115	168	50
	76.1			6	4	16		84		4	118	171	50
80	88.9	89		6	3.5	16		97		4	131	184	50
100		108		6	2.9	17.5		116		4	146	211	52
	114.3			6	2.7	17.5		122		4.4	161	226	52

表 15(续)

公称尺寸 DN	管端外径 D mm			允许伸缩量 E mm	允许偏转角 θ (°)	管端尺寸 mm					外形参考尺寸 mm		
						L		D_s		h	A	B	C
	Ⅰ系列	Ⅱ系列	公差			尺寸	公差	尺寸	公差				
125		133	±1.0	6	2.4	17.5	±0.8	142	±0.8	4.5	179	245	52
	139.7			6	2.3	17.5		149		4.6	186	252	52
150		159		6	2	17.5		169		5	208	277	52
		165		6	1.9	17.5		175		5	214	283	52
	168.3			6	1.9	17.5		178		4.8	217	287	52
200	219.1	219		6	1.4	20.5		232		6.5	275	346	61
250	273		±1.5	6	1.2	20.5		286		6.5	332	412	65
300	323.9			6	1	20.5		337		6.5	389	479	67
		325		6	1	20.5		338		6.5	391	480	67
350	355.6			6	0.9	24		369		6.7	423	513	76
		377		6	0.8	24		390		6.5	444	534	76
400	406.4			6	0.8	25.5		419		6.3	480	585	78
		426		6	0.7	25.5		439		6.5	500	604	78

表 16　PN63 卡箍式柔性肩型管接头基本尺寸(KRJ 型)

公称尺寸 DN	管端外径 D mm			允许伸缩量 E mm	允许偏转角 θ (°)	管端尺寸 mm					外形参考尺寸 mm		
						L		D_s		h	A	B	C
	Ⅰ系列	Ⅱ系列	公差			尺寸	公差	尺寸	公差				
20～80	使用 PN100 卡箍式柔性肩型管接头尺寸												
100		108	±0.8	6	2.9	17.5	±0.8	116	±0.8	4	160	225	54
	114.3			6	2.7	17.5		122		4.4	167	232	54
125		133	±1.0	6	2.4	17.5		142		4.5	188	253	56
	139.7			6	2.3	17.5		149		4.6	195	260	56
150		159		6	2	17.5		169		5	215	285	56
		165		6	1.9	17.5		175		5	223	293	58
	168.3			6	1.9	17.5		178		4.8	227	297	58
200	219.1	219		6	1.4	20.5		232		6.5	282	372	65
250	273		±1.5	6	1.2	20.5		286		6.5	340	430	69
300	323.9			6	1	20.5		337		6.5	399	504	73
		325		6	1	20.5		338		6.5	400	505	73

表 17 PN100 卡箍式柔性肩型管接头基本尺寸(KRJ 型)

公称尺寸 DN	管端外径 D mm			允许伸缩量 E mm	允许偏转角 θ (°)	管端尺寸 mm					外形参考尺寸 mm		
						L		D_s		h	A	B	C
	Ⅰ系列	Ⅱ系列	公差			尺寸	公差	尺寸	公差				
20		25	±0.3	4	3	16	±0.8	31	±0.8	3	63	105	44
	26.9			4	3	16		33		3	65	107	44
25		32		4	3	16		38		3	70	112	44
	33.7			4	3	16		40		3	72	114	44
32		38		4	3	16		44		3	82	132	46
	42.4			4	3	16		48		3	87	137	46
40		45		4	3	16		51		3	89	139	46
	48.3			4	3	16		54		3	93	143	46
50		57	±0.8	6	3	16		63		3.5	104	157	52
	60.3			6	3	16		67		3.4	108	161	52
65		73		6	3	16		81		4	123	176	54
	76.1			6	3	16		84		4	126	179	54
80	88.9	89		6	3	16		97		4	141	194	54
100		108	±1.0	6	2.9	17.5		116		4	164	229	56
	114.3			6	2.7	17.5		122		4.4	171	236	56
125		133		6	2.4	17.5		142		4.5	192	262	58
	139.7			6	2.3	17.5		149		4.6	199	269	58
150		159		6	2	17.5		169		5	221	311	60
		165		6	1.9	17.5		175		5	227	317	60
	168.3			6	1.9	17.5		178		4.8	231	321	60
200	219.1	219		6	1.4	20.5		232		6.5	290	395	69
250	273		±1.5	6	1.2	20.5		286		6.5	349	453	73
300	323.9			6	1	20.5		337		6.5	409	510	79
		325		6	1	20.5		338		6.5	411	512	79

6 标记

6.1 标记方法

接头按品名代号、性能代号、类别代号及结构特征的汉语拼音的第一个字母加上公称压力及管端外径进行标记。标记方法如下：

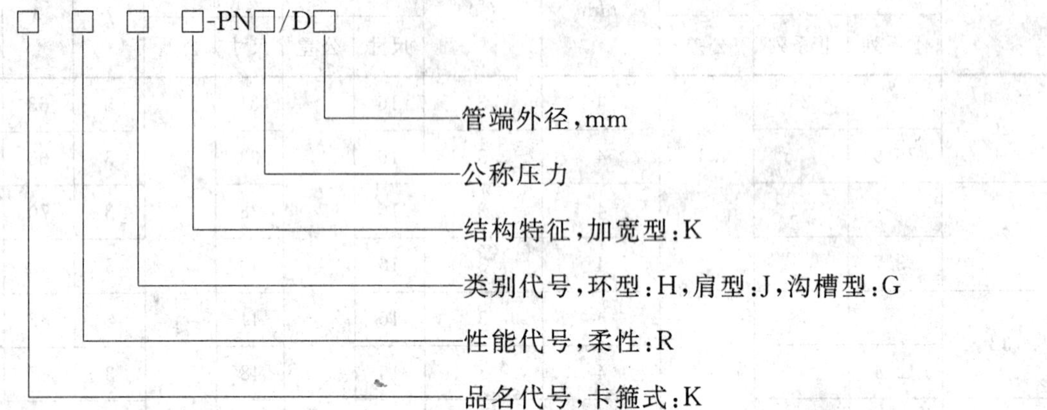

6.2 标记示例

公称压力 PN40，管端外径为 133 mm 卡箍式柔性环型管接头：

管接头 KRH-PN40/D133 GB/T 8260—2008

公称压力 PN100，管端外径为 273 mm 卡箍式柔性加宽环型管接头：

管接头 KRHK-PN100/D273 GB/T 8260—2008

公称压力 PN25，管端外径为 108 mm 卡箍式柔性沟槽型管接头：

管接头 KRG-PN25/D108 GB/T 8260—2008

公称压力 PN40，管端外径为 273 mm 卡箍式柔性肩型管接头：

管接头 KRJ-PN40/D273 GB/T 8260—2008

附 录 A
（资料性附录）
卡箍式柔性管接头安装指南

A.1 卡箍式柔性管接头（以下简称管接头）安装前应检查钢管端部密封面，密封面上不应有碰伤、划痕、毛刺、污垢和焊渣。

A.2 管道的支座应保证被连管段在管接头处同轴，不能利用卡箍调整同轴度，以免造成管接头破坏或渗漏。每根管子应设两个支座。

A.3 安装时应在卡箍、管端密封面和橡胶密封圈三者的结合面涂上润滑剂。

A.4 螺栓应对称均匀拧紧，使各瓣之间的结合间隙均匀。拧紧螺栓时，防止卡箍挤咬密封圈。

A.5 管接头安装时的管端间隙应根据施工现场当时的温度，按照热胀冷缩的原理进行适当的调节，以保证管接头的伸缩量。

A.6 管接头安装后，应通过管道系统的水压试验。试验前应在直线管道末端设置足够承受轴向力的固定支撑，以保证水压试验后管道保持安装时的原始状态。

A.7 限位环在管端上焊接时，其焊缝尺寸和技术要求应满足安装与设计需要。

ICS 25.220.01
A 29

中华人民共和国国家标准

GB/T 8264—2008
代替 GB/T 8264—1987

涂装技术术语

Glossary of painting terms

2008-12-15 发布　　2009-10-01 实施

中华人民共和国国家质量监督检验检疫总局
中国国家标准化管理委员会　发布

前　言

本标准是对 GB/T 8264—1987《涂装技术术语》的修订。

本标准代替 GB/T 8264—1987《涂装技术术语》。与 GB/T 8264—1987 相比，主要变化如下：

——根据 GB/T 1.1—2000 的要求，增加了前言部分；

——根据 GB/T 1.1—2000 的要求，增加了第一章范围部分；

——为适应市场发展，修改了一般技术术语部分，增加了长效涂装、复合涂装等术语；

——删除了第五章“不粘尘干”术语；

——增加了“硅烷处理”、“ 鲜映性”、“ 缩孔”、“ 盐雾试验”等术语。

本标准由国家安全生产监督管理总局提出。

本标准由全国安全生产标准化技术委员会(SAC/TC 288)归口。

本标准负责起草单位：武汉材料保护研究所、佛山市科富科技有限公司。

本标准的主要起草人：李新立、李安忠、袁兴、钟萍、张天鹏、韩琳、刘海峰。

本标准所代替标准的历次版本发布情况为：

——GB/T 8264—1987。

涂装技术术语

1 范围

本标准规定了涂装技术常用术语及其定义或说明。

2 一般术语

2.1

基体材料　basis materials

需要涂覆或保护的成型构件的主体材料，又叫底材。若此材料为金属，则叫金属基体。若为非金属材料，则叫非金属基体。

2.2

基底　substrate

需要涂覆的基体材料的表面，此表面或有涂覆层或无涂覆层。

2.3

涂料　coating

涂于工件表面能形成具有腐蚀保护、装饰或特殊性能（如标识、绝缘、耐磨等）的连续固态涂膜的一类液态或固态材料的总称。

2.4

涂装　painting

将涂料涂覆于基底表面形成具有防护、装饰或特定功能涂层的过程，又叫涂料施工。

2.5

车间涂装　shop painting

在车间内进行的涂装，工件表面处理比较充分，可使涂层与基底结合的更加牢固，提高防腐效果。

2.6

长效防腐涂装　long term anti-corrosion paintings (heavy duty painting)

以长期保护基底为目的而进行的涂装，又称为重防腐蚀涂装。

2.7

复合涂装　composite painting

通常为获得长效防腐效果，在工件表面热喷涂锌、铝及其合金等金属防护涂层，再通过涂覆有机涂层完成封闭的涂装。

2.8

重复涂装　repainting

指在一层涂膜上再涂上一层涂膜的工艺，为了提高防腐效果，一般采用多次重复涂装，以增加涂层厚度。

2.9

重新涂装　refinishing repainting

指完全除去旧的涂层，再进行新的涂装的工艺方法。特别是涂层日久老化，防腐能力差，应将旧层去掉，再重新涂装。

3 表面预处理

3.1

表面预处理 surface pretreatment

在涂装前，除去工件表面附着物、生成的氧化物以及提高表面粗糙度，提高工件表面与涂层的附着力或赋予表面以一定的耐蚀性能的过程，又叫前处理。

3.2

机械预处理 mechanical pretreatment

在涂装前，使用手工工具，动力工具或喷丸、抛丸、喷粒等方法，除去工件表面附着物或氧化物的过程。

3.3

化学预处理 chemical pretreatment

在涂装前，使用化学方法除去工件表面附着物或氧化物并形成转化膜的过程。

3.4

电化学预处理 electrochemical pretreatment

在涂装前，使用电化学方法除去工件表面附着物或氧化物并形成转化膜的过程。

3.5

脱脂 degreasing

用清洗剂除去基底表面油污的过程。

3.6

化学脱脂 chemical degreasing

利用化学方法除去基底表面油污的过程。

3.7

电化学脱脂 electrochemical degreasing

利用电化学方法除去基底表面油污的过程。

3.8

浸泡脱脂 soak degreasing

将工件浸入清洗剂中(不加外电流)除去工件表面油污的过程。

3.9

喷淋脱脂 spray degreasing

将脱脂剂喷淋于工件上除去油污的过程。

3.10

超声波脱脂 ultrasonic degreasing

在清洗液中借助于超声振动加速除去工件表面油污的过程。

3.11

除锈 derusting

除去金属工件表面锈蚀产物的过程。

3.12

修整 trim

除去工件上毛刺、结瘤、焊渣、锐边、尖角等，使之适于涂装的过程。

3.13

酸洗 pickling

用酸液洗去工件表面锈蚀物和轧皮的过程。

3.14

火焰清理 flame cleaning

短暂地用还原性火焰喷烧金属构件,接着用动力钢丝刷进行除去工件表面附着物的过程。

3.15

手工工具清理 hand tool cleaning

利用手工工具除去工件表面附着物和氧化物的过程。

3.16

动力工具清理 power tool cleaning

利用动力工具除去工件表面附着物和氧化物的过程。

3.17

喷射处理 blasting

利用高速磨料流的冲击作用清理和粗化工件表面的过程。

3.18

干喷射处理 dry blasting

利用高速干磨料流的冲击作用清理和粗化工件表面的过程。

3.19

湿喷射处理 wet blasting

利用磨料与水的混合物的高速流的冲击作用清理和粗化表面的过程。

3.20

喷砂 sand blasting

利用高速砂流的冲击作用清理和粗化基底表面的过程。

3.21

喷丸 shot blasting

利用高速丸流的冲击作用清理和强化工件表面的过程。

3.22

锈蚀等级 rusting grade

金属表面锈蚀程度的分级。

3.23

除锈等级 derusting grade

金属表面锈蚀物除去程度的分级。

3.24

磨料 abrasive

用作喷射处理介质的天然或合成固体材料。

3.25

棱角砂 grit

喷射清理用的呈现棱角或不规则形状的粒子的一种磨料。

3.26

丸粒 shot

喷射处理用的呈球状的一种磨料。

3.27

除旧漆 depainting

去除旧的损坏的涂膜,以准备重新涂装的过程。

3.28

表面调整 surface conditioning

把工件表面转化为能在以后的工序中得到成功处理的适当状态的过程。

3.29

转化处理 conversion treatment

工件表面产生一种由基体金属化合物组成的膜的化学或电化学过程。

3.30

磷化 phosphating

利用含磷酸或含磷酸盐的溶液在基体金属表面形成一种不溶性磷酸盐膜的过程。

3.31

铬酸盐钝化 chromating

利用六价铬或三价铬化合物的酸液在基体金属表面形成铬酸盐转化膜的过程。

3.32

钝化 passivating

利用化学或电化学方法使基体金属表面产生钝态的过程。

3.33

多合一处理 integral treatment

除油、除锈或除油、除锈和磷化一道进行的过程。

3.34

暂时保护 temporary protection

经过表面预处理的工件表面，在未涂装规定的涂层之前，实施的可方便去除的、临时性的保护涂装或措施。

3.35

硅烷处理 silane treatment

基体材料表面经过水溶性硅烷偶联剂处理形成一层硅烷膜的过程。

4 涂装方法

4.1

手工刷涂 manual brushing

利用漆刷蘸涂料进行涂装的方法。

4.2

空气喷涂 air spraying

利用压缩空气将涂料雾化并射向工件表面进行涂装的方法。

4.3

高压无气喷涂 airless spraying

利用动力使涂料增压，迅速膨胀而达到雾化和涂装的方法。

4.4

加热喷涂 hot spraying

利用加热使涂料的黏度降低，以达到喷涂所需要的黏度而进行涂装的方法。

4.5

静电喷涂 electrostatic coating

利用电晕放电原理使雾化涂料在高压直流电场作用下荷负电，并吸附于荷正电基底表面放电的涂装方法。

4.6

粉末静电喷涂　electrostatic powder spraying

利用电晕放电原理使雾化的粉末涂料在高压电场的作用下荷负电并吸附于荷正电基底表面放电的涂装方法。

4.7

火焰喷涂　flame spraying

将涂料粉末通过火焰喷嘴的高温区熔融或半熔融喷射到预热基底表面进行涂装的方法。

4.8

自动喷涂　automatic-spraying

利用电器或机械原理(机械手或机器人)程序控制进行的一种喷涂方法。

4.9

电泳涂装　electro-coating

利用外加电场使悬浮于电泳液中的颜料和树脂等微粒定向迁移并沉积于电极之一的基底表面的涂装方法。

4.10

阳极电泳涂装　anode electro-coating

利用外加电场使悬浮于电泳液中的颜料和树脂等微粒定向迁移并沉积于阳极基底表面的涂装方法。

4.11

阴极电泳涂装　cathode electro-coating

利用外加电场使悬浮于电泳液中的颜料和树脂等微粒定向迁移并沉积于阴极基底表面的涂装方法。

4.12

自泳涂装　autophoresis coating

利用化学反应使涂料自动沉积在基底表面的涂装方法。

4.13

浸涂　dipping

将工件浸没于涂料中,取出,除去过量涂料的涂装方法。

4.14

淋涂　flow painting

将涂料喷淋或流淌过工件表面的涂装方法。

4.15

搓涂　tompoming

利用蘸涂料的纱团反复划圈进行擦涂的方法,又叫揩涂法或擦涂法。

4.16

幕帘涂装　curtain painting

使工件连续通过不断下流的涂料液幕的涂装方法。

4.17

辊涂　roller painting

利用蘸涂料的辊子在工件表面滚动的涂装方法。

4.18

滚筒涂装　barrel enamelling

将工件装于盛有烘漆的锥形滚筒中，使滚筒转动到所有涂件都涂上后，让滚筒在受热中继续转动到涂膜干燥的涂装方法。

4.19

离心涂装　centifugal enamelling

将工件装于锥形筛网状套中，浸于涂料槽，提起滴干后，高速转动筛套甩去工件上过量涂料的涂装方法。

4.20

流化床涂装　fluidized bed painting

将粉末涂料置于装有多孔隔板的圆筒或长方形容器中，压缩空气从底部通过隔板，将隔板上的涂料粒子悬浮翻腾成液体沸腾状的涂装方法，又叫沸腾床涂装。

4.21

静电流化床涂装　fluidized bed electrostatic painting

利用静电作用的流化床涂装法。

4.22

粉末电泳涂装　powder electro-deposition

将一定粒度的粉末涂料分散于含有电泳树脂的水溶液中，在直流电场的作用下，通过电泳树脂的载体作用将粉末涂料一起沉积于基底表面的电泳涂装法。

4.23

热熔敷涂装　hot melt painting

先将工件预热到超过粉末涂料熔点，再喷涂的涂装方法。

4.24

卷材涂装　coil painting

工件成卷状进入涂装过程，开卷后完成前处理涂装和固化，最后又成卷材的涂装方法。

4.25

机器人涂装　robot painting

利用机器人或机械手取代人工进行的自动涂装。

4.26

换色　colour changing

喷涂过程中从喷涂一种颜色的涂料变换为喷涂另一种颜色涂料的过程。

4.27

涂底漆　priming

施涂底漆的过程。

4.28

刮腻子　puttying

刮填腻子的过程。

4.29

打磨　grinding

利用砂布、砂纸风动工具等使涂膜平整的过程。

4.30

涂面漆　topcoating

在底层或中间层上涂面层的过程。

4.31

罩光　glazing

在面层上涂一道或几道清漆增加或改善涂面光泽的过程。

4.32

调漆　paint mixing

涂装前将涂料原液调配到符合施工要求的黏度或颜色的过程。

4.33

遮蔽　masking

用适当方法和材料将不需要涂装的邻接部位进行遮盖的过程。

4.34

湿碰湿　wet on wet

在前一道未干燥固化的涂层上涂覆后一道涂层并最后一起干燥固化的涂装方法。

4.35

除余漆　detearing

除去工件上过量漆液的过程,例如,滴干、甩干、静电除滴。

4.36

晾干　flash off

使湿涂层大部分易挥发溶剂挥发,以便再涂或进行烘烤的过程。

4.37

晾干时间　flash off time

湿碰湿的时间间隔,或烘烤前挥发去大部分溶剂的时间。

4.38

修补　repair

局部涂覆填料或涂料,以修正表面缺陷部位或损坏的旧涂膜的过程。

4.39

抛光　polishing

将涂膜推擦光亮化的过程。

4.40

擦净　tacring

在喷涂面漆前用粘性擦布擦去工件表面异物的过程。

4.41

泳透力　throwing power

在一定条件下,电泳涂料在工件背离电极的部位(内面,凹面,缝隙等)沉积涂层的能力。

4.42

涂覆间隙　interval between coating

在前一道涂层上再涂覆的时间间隔。

4.43

施工黏度　applicable viscosity

适合于某一施工方法的涂料黏度。

4.44

稀释比　thinner ratio

将涂料原液调配成某一施工黏度所需的涂料原液与稀释剂的比例。

4.45

阴阳极比　cathode/anode ratio

电泳涂装中的阴极与阳极的面积之比。

4.46

喷涂量　quantity for spray

单位时间内喷涂的涂料的体积或重量。

4.47

电泳条件　deposition conditions

电泳涂装中沉积符合规定要求的涂层所用的电压、电流和时间等工艺条件的总称。

4.48

涂装环境　painting enviroment

涂装温度、湿度、采光、空气清洁度，防火防爆等环境条件的总称。

4.49

涂布率　spreading rate

单位体积的涂料可涂覆的面积。

4.50

喷漆室　spray booth

进行喷漆操作时能防止漆雾飞散或能捕集漆雾的封闭或半封闭装置。

4.51

喷枪　spray gun

将涂料雾化和喷射到基底表面的一种工具。

4.52

卷材涂装机　coil coater

涂覆卷材的装置。

4.53

漆刷　painting brush

蘸涂料进行涂装用的刷子。

4.54

刮刀　spatula

刮涂腻子的工具。

4.55

挂具　rack

涂装过程中悬吊工件的吊架。

4.56

汇流排　busbar

联结整流器(或直流电机)与电泳槽之间的导电铜排或铝排。

4.57

供粉器　powder feeder

输送并控制喷涂用粉末涂料的装置。

4.58

超滤系统　ultrafiltration system

超滤装置与电泳槽及后冲洗设备组成的封闭循环冲洗系统。

4.59

阴极罩　cathode cell

在阳极电泳涂装中用于控制电泳液 pH 和除去杂质离子的不透过颜料和树脂的吊挂阴极的罩子。此罩子由半透膜材料制成。

4.60

阳极罩　anode cell

在阴极电泳涂装中用于控制电泳液 pH 和除去杂质离子的不透过颜料和树脂的吊挂阳极的罩子。此罩子由半透膜材料制成。

4.61

飞漆　overspray

喷涂时未附着基底表面的飞散的漆雾。

5　干燥与固化

5.1

固化　curing

由于热作用化学作用或光的作用产生的从涂料形成所要求性能的连续涂层的缩合、聚合或自氧化过程。

5.2

干燥　drying

涂层从液态向固态变化的过程。

5.3

表干　surface dry

涂层从液态变到表面形成薄而软的不粘滞膜的过程。

5.4

触干　dry touch

涂层从液态变到表面在手指轻压时不出现压痕或不感到粘滞的状态。

5.5

实干　hard dry

涂层从液态变到表面受压时也不粘滞，以及可进行刷涂的状态。

5.6

干燥时间　drying time

在一定条件下，一定厚度的涂层从液态达到规定干燥状态的时间。

5.7

烘干　stoving

加热使湿涂层发生干燥固化的过程。

5.8

自干　air drying

湿涂层暴露于常温空气中，自然发生干燥固化的过程。

5.9

红外干燥　infra-red drying

利用红外辐射源干燥和固化湿涂层的过程。

5.10

对流干燥　convection drying

利用热空气进行对流干燥和固化湿涂层的过程。

5.11

混合干燥　combination drying

利用对流-热辐射等组合作用干燥和固化湿涂层的过程。

5.12

氧化干燥　oxidation drying

湿涂层与空气中的氧发生氧化聚合进行干燥和固化的过程。

5.13

热聚合干燥　hot polymerization drying

湿涂层树脂加热聚合进行干燥和固化的过程，也叫热固化。

5.14

催化聚合干燥　catalyisis polymerization drying

利用催化剂使用使湿涂层的树脂聚合进行干燥和固化的过程，也叫催化固化。

5.15

电子束固化　electron beam curing

利用电子束辐射使湿涂层产生活性游离基引发聚合进行干燥固化的过程，也叫电子束聚合干燥。

5.16

光固化　photo-curing

利用一定波长的光照射引起聚合使湿涂层进行干燥和固化的过程，也叫光聚合干燥。

5.17

电磁感应干燥　electromagnetic induction drying

利用工频或高频电流在导线电路内部造成快速脉动磁场，使置于磁场内的工件表面产生感应电流的加速烘干湿涂层的过程。

5.18

紫外固化　ultra-violet curing

利用紫外线干燥和固化湿涂层的过程。

5.19

过烘烤　overbaking

涂膜烘烤过度而出现脆性、烧焦等的不良现象。

6　涂膜

6.1

涂层　coat

一道涂覆所得到的连续膜层。

6.2

涂膜　film

涂覆一道或多道涂层所形成的连续膜层。

6.3

涂层系统　coat system

由同种或异种涂层组成的防护系统。

6.4

底层 priming coat

涂层系统中处于中间层或面层之下的涂层,或直接涂于基底表面的涂层。

6.5

中间层 intermediate coat

涂层系统中处于底层和面层之间的涂层。

6.6

面层 topcoat

涂层系统中处于中间层和底层上的涂层。

6.7

罩光层 finish coat

用于增加或改善涂层表面光泽的清漆层。

6.8

装饰涂层 decorative coat

主要用于装饰的一类涂层。

6.9

防蚀涂层 anti-corrosive coat

主要用于防止基底腐蚀的一类涂层。

6.10

功能涂层 functional coat

主要具有特定功能的一类涂层。

6.11

涂层外观 appearance of coat

在可见光下,矫正视力的肉眼可观测到的涂膜的表面状态。

6.12

光泽 gloss

涂膜表面反射光线能力为特征的一种光学性质。

6.13

附着力 adhesion

涂层与基底间结合力的总和。

6.14

涂膜硬度 hardness of film

涂膜抵抗机械压入塑性形变、划痕、或磨削作用的能力。

6.15

干膜厚度 thickness of dry film

涂膜完全干燥后的厚度。

6.16

湿膜厚度 thickness of wet film

涂料施涂后,涂膜尚未表干涂膜的厚度。

6.17

耐蚀性 anti-corrosion

涂膜保护基体耐受环境腐蚀作用的能力。是评价涂膜防腐性能的关键指标。

6.18

耐久性　durability

涂膜长期抵抗所处环境的破坏作用而保持其特性的能力。

6.19

耐光性　light fastness

涂膜抵抗光作用保持其原有光泽和色泽的能力。

6.20

防锈性　anti-rusting

涂膜防止基体金属及其合金材料或制件锈蚀的能力。

6.21

耐压痕性　print resistance

涂膜抵抗外力使其表面压陷的能力。

6.22

柔韧性　flexibility

涂膜适应其基体变形的能力。

6.23

防霉性　mildew (fungus) resistance

涂膜防止霉菌在其表面上生长的能力。

6.24

耐片状剥落性　flaking resistance

涂膜抵抗从工件表面片状剥落的能力。

6.25

耐丝状腐蚀性　filiform corrosion resistance

涂膜抵抗丝状腐蚀的能力。

6.26

耐开裂性　cracking resistance

涂膜抵抗受外界因素影响导致涂膜开裂的能力。

6.27

耐粉化性　chalking resistance

涂膜抵抗其表面产生白垩状粉末的能力。

6.28

耐擦伤性　scratch resistance

涂膜抵抗各种磨粒作用和压力作用导致涂膜损伤的能力。

6.29

耐磨性　wear resistance

涂膜抵抗磨损作用下导致涂膜失效的能力。

6.30

防污性　anti-fouling

涂膜表面防止有害生物生长和附着的能力。

6.31

耐溶剂性　solvent resistance

抵抗溶剂渗透和溶解作用导致涂膜脱落和其他损伤的能力。

6.32

耐油性　oil resistance

抵抗油类渗透作用导致涂膜脱落和其他损伤的能力。

6.33

耐水性　water resistance

抵抗水渗透作用导致涂膜发白、失光、起泡、脱落或基底锈蚀的能力。

6.34

耐化学性　chemical resistance

抵抗酸、碱、盐类物质渗透和溶解作用导致涂膜丧失对基底保护的能力。

6.35

耐崩裂性　chipping resistance

涂膜抵抗冲击作用引起涂膜局部碎落的能力。

6.36

耐候性　weathering resistance

在阳光、雨、露、风、霜等气候环境中导致的涂膜老化(失光、变色、粉化、龟裂、长霉、脱落及基底腐蚀)的能力。

6.37

耐湿热性　humidity resistance

涂膜在特定湿热环境作用下保护基体不产生锈蚀的能力。

6.38

耐老化性　ageing resistance

涂膜抵抗环境因素导致老化的能力。

6.39

耐热性　heat resistance

在热作用下涂膜抵抗变色、粉化、脱落等的能力。

6.40

冲洗性　washability

涂膜抵抗除污冲洗引起破坏的能力。

6.41

耐冲击性　impact resistance

涂膜在冲击作用下保持涂膜完好无损的能力。

6.42

打磨性　grindability

涂膜表面用砂纸、砂布等打磨材料打磨平滑的性能。

6.43

鲜映性　distinctness of image

涂膜的平滑性和光泽的依存性质,用数字化等级表示。

6.44

缩孔　craters

涂膜表面产生小凹坑(直径 1 mm～4 mm)的现象。又叫麻坑。

6.45

收缩　cissing

湿涂膜局部缩回导致漏涂区域或涂层减薄的现象。

6.46

刷痕 brush mark

刷涂层干燥后出现的条状隆起痕迹。

6.47

起泡 blistering

涂膜脱起成拱状或泡的现象。

6.48

渗色 bleeding

涂膜间颜色的迁移所致漆膜变色的现象。

6.49

浮色 bloading

涂膜中的可溶性有色物质从涂膜中扩散出来的现象。

6.50

蠕流 creeping

湿涂膜流展超过了原涂覆区的现象。

6.51

回粘 after tack

干涂膜又复出现粘滞状态的现象。

6.52

发白 blushing

一般由潮气、起霜所致有机涂膜的变白或失泽现象。

6.53

桔皮 orange peel

涂膜上出现的类似桔皮的皱纹表层。

6.54

边痕 edge tracking

涂膜上出现的沿辊涂机辊边轨迹的残痕。

6.55

泛黄 yellowing

涂层,尤其白色涂层或清漆层在老化过程中颜色变黄的现象。

6.56

起皱 wrinkling

在干燥过程中涂膜通常由于表干过快所引起的折起现象。

6.57

针孔 pin holes

在涂覆和干燥过程中涂膜中产生小孔的现象。

6.58

起皮 peeling

涂膜自发脱离的现象。

6.59

流挂 drop fomation

在涂覆和固化期涂膜出现的下边缘较厚的现象。

6.60

老化　weathering

涂膜受大气环境作用发生的变化。

6.61

颗粒　seed

涂膜中小块异状物。

6.62

遮盖力　hiding power

涂膜遮盖底层色泽的能力。

6.63

大气曝晒试验　atomospheric expose test

试件暴露于大气条件下进行的旨在研究其在不同环境中腐蚀及污染程度与状态的试验。

6.64

加速老化试验　accelerated weathering test

模拟并强化自然户外气候对试件的破坏作用的一种实验室试验,又叫人工老化试验,即试件暴露于人工产生的自然气候成分中进行的实验室试验。

6.65

湿热试验　humidity cabinet test

试件在恒温恒湿箱中进行的检查其耐湿热性能的试验,又叫潮湿箱试验。

6.66

盐雾试验　salt spray test

试件在盐雾箱中进行的检查其耐一定比例氯化钠盐雾性能的试验,盐雾试验分为中性盐雾试验、乙酸盐雾试验和铜加速盐雾试验。

ICS 67.220.20
X 42

中华人民共和国国家标准

GB 8273—2008
代替 GB 8273—1987

食品添加剂 D-异抗坏血酸钠

Food additive—Sodium D-isoascorbate

2008-12-03 发布　　　　2009-06-01 实施

中华人民共和国国家质量监督检验检疫总局
中国国家标准化管理委员会　发布

前　言

本标准的第4章为强制性的，其余为推荐性的。

本标准修改采用美国《食品用化学品法典》(FOOD CHEMICALS CODEX)(第五版)的技术规格。

本标准与美国《食品用化学品法典》(第五版)的技术规格的主要差异为：增加了砷的限量。

本标准代替GB 8273—1987《食品添加剂　D-异抗坏血酸钠》。

本标准与GB 8273—1987相比主要变化如下：

——增加了鉴别试验；

——取消了理化指标中澄明度和重金属指标；

——理化指标中增加了干燥失重和铅指标。

本标准由全国食品添加剂标准化技术委员会提出并归口。

本标准主要起草单位：德兴市百勤异VC钠有限公司、郑州拓洋实业有限公司、中国食品发酵工业研究院。

本标准主要起草人：周强、王敬臣、李惠宜、余泗莲、苏筱渲、柴秋儿。

本标准所代替标准的历次版本发布情况为：

——GB 8273—1987。

食品添加剂　D-异抗坏血酸钠

1　范围

本标准规定了食品添加剂 D-异抗坏血酸钠的技术要求、试验方法、检验规则、标志、包装、运输、贮存及保质期。

本标准适用于以葡萄糖发酵，经酯化、转化、精制制得的 D-异抗坏血酸钠。

2　规范性引用文件

下列文件中的条款通过本标准的引用而成为本标准的条款。凡是注日期的引用文件，其随后所有的修改单(不包括勘误的内容)或修订版均不适用于本标准，然而，鼓励根据本标准达成协议的各方研究是否可使用这些文件的最新版本。凡是不注日期的引用文件，其最新版本适用于本标准。

GB/T 601　化学试剂　标准滴定溶液的制备

GB/T 602　化学试剂　杂质测定用标准溶液的制备(GB/T 602—2002，ISO 6353-1:1982，NEQ)

GB/T 603　化学试剂　试验方法中所用制剂及制品的制备(GB/T 603—2002，ISO 6353-1:1982，NEQ)

GB/T 5009.3　食品中水分的测定

GB/T 5009.11　食品中总砷及无机砷的测定

GB/T 5009.12　食品中铅的测定

GB/T 6682　分析实验室用水规格和试验方法(GB/T 6682—2008，ISO 3696:1987，MOD)

3　化学名称、结构式、分子式和相对分子质量

3.1　化学名称

D-2，3，5，6-四羟基-2-己烯酸-γ-内酯钠盐。

3.2　结构式

CH_2OH

HO—C—H

O　　$O \cdot H_2O$

H

NaO　OH

3.3　分子式

$C_6H_7NaO_6 \cdot H_2O$。

3.4　相对分子质量

216.12(按 2001 年国际原子质量表)。

4　技术要求

4.1　感官要求

白色或微黄色结晶颗粒或粉末，无臭。

4.2　理化指标

应符合表 1 的规定。

表 1 理化指标

项 目		指 标
含量($C_6H_7NaO_6 \cdot H_2O$)/%	≥	98.0
比旋光度$[\alpha]_D^{25}$		+95.5°～+98.0°
pH		5.5～8.0
干燥失重/%	≤	0.25
砷(As)/(mg/kg)	≤	3
铅(Pb)/(mg/kg)	≤	5
草酸试验		合格

5 试验方法

除非另有说明，在分析中仅使用确认为分析纯的试剂和 GB/T 6682 中规定的水。分析中所用标准滴定溶液、杂质测定用标准溶液、制剂及制品，在没有注明其他要求时，均按 GB/T 601、GB/T 602、GB/T 603 的规定制备。本标准所用溶液在未注明用何种溶剂配制时，均指水溶液。

5.1 感官检验

取适量样品置于清洁、干燥的白瓷盘中，在自然光线下，观察外观，并嗅其味。

5.2 鉴别试验

5.2.1 试剂与溶液

a) 盐酸溶液：0.1 mol/L；

b) 氢氧化钠溶液：0.1 mol/L。

5.2.2 分析步骤

5.2.2.1 称取 1 g 样品溶于 50 mL 水中，此溶液在 25 ℃能慢慢地还原碱性酒石酸铜试剂，加热时反应加速。

5.2.2.2 称取 1 g 样品溶于 50 mL 水中，取 2 mL 用 0.1 mol/L 盐酸溶液酸化，加入几滴亚硝基氰铁化钠试剂，再加 1 mL 0.1 mol/L 氢氧化钠溶液，短暂的蓝色立即产生。

5.2.2.3 取铂丝，用盐酸溶液湿润后，蘸取试样，在无色火焰中燃烧，火焰即显鲜黄色。

5.3 含量(碘量法)

5.3.1 试剂与溶液

a) 硫酸溶液：10 %，10 mL 浓硫酸加 90 mL 蒸馏水配制成；

b) 碘标准滴定溶液：0.1 mol/L；

c) 淀粉指示液：10 g/L。

5.3.2 分析步骤

称取约 300 mg 干燥后的样品(条件同 5.6 干燥失重)，精确至 0.000 1 g，加 100 mL 水(新煮沸后冷却)和 25 mL 10%硫酸溶液，使其溶解，立即用 0.1 mol/L 碘标准滴定溶液滴定，接近终点时加入 1 mL 淀粉指示液，继续滴定至溶液呈蓝色，30 s 内不退为止，记下碘标准滴定溶液消耗的毫升数。

5.3.3 结果计算

D-异抗坏血酸钠($C_6H_7NaO_6 \cdot H_2O$)的质量分数按式(1)计算：

$$X_1 = \frac{V \times 10.81}{m} \times 100 \qquad \cdots\cdots(1)$$

式中：

X_1——D-异抗坏血酸钠($C_6H_7NaO_6 \cdot H_2O$)的质量分数，%；

V——滴定消耗 0.1 mol/L 碘标准滴定溶液的体积，单位为毫升(mL)；

10.81——1 mL 0.1 mol/L 碘标准滴定溶液相当于 10.81 mg $C_6H_7O_6Na \cdot H_2O$；

m——样品质量，单位为毫克(mg)。

5.3.4 允许差

检测结果以两次平行测定结果的算术平均值为准。在重复性条件下获得的两次独立测定结果的绝对差值不得超过算术平均值的 0.2%。

5.4 比旋光度$[\alpha]_D^{25}$

称取约 5 g 样品，精确至 0.01 g，加水溶解，并定容至 50 mL，在 25 ℃条件下，用旋光仪测定。

5.5 pH

称取约 5 g 样品，精确至 0.01 g，加水溶解，并定容至 100 mL，用酸度计测定 pH 值。

5.6 干燥失重

按 GB/T 5009.3 规定的减压干燥法测定。

5.7 砷

按 GB/T 5009.11 规定的方法测定，试样采用湿消解法。

5.8 铅

按 GB/T 5009.12 规定的方法测定，试样采用湿消解法。

5.9 草酸试验

将 1 g 样品溶于 10 mL 蒸馏水中，加入两滴冰乙酸和 5 mL 乙酸钙溶液(质量分数为 10%)，该溶液应保持澄清。

6 检验规则

6.1 批次的确定

由生产单位的质量检验部门按照其相应的规则确定产品的批号，经最后混合且有均一性质量的产品为一批。

6.2 取样方法和取样量

在每批产品中随机抽取样品，每批按包装件数的 3%抽取小样，每批不得少于三个包装，每个包装抽取样品不得少于 100 g，将抽取试样迅速混合均匀，分装入两个洁净、干燥的容器或包装袋中，注明生产厂、产品名称、批号、数量及取样日期，一份作检验，一份密封留存备查。

6.3 出厂检验

6.3.1 出厂检验项目包括含量、比旋光度、pH 和干燥失重。

6.3.2 每批产品须经生产厂检验部门按本标准规定的方法检验，并出具产品合格证后方可出厂。

6.4 型式检验

第 4 章中规定的所有项目均为型式检验项目。型式检验每半年进行一次，或当出现下列情况之一时进行检验：

——原料、工艺发生较大变化时；

——停产后重新恢复生产时；

——出厂检验结果与正常生产时有较大差别时；

——国家质量监督检验机构提出要求时。

6.5 判定规则

对全部技术要求进行检验，检验结果中若有一项指标不符合本标准要求时，应重新双倍取样进行复检。复检结果即使有一项不符合本标准，则整批产品判为不合格。

如供需双方对产品质量发生异议时，可由双方协商选定仲裁机构，按本标准规定的检验方法进行仲裁。

7 标志、包装、运输、贮存及保质期

7.1 标志

食品添加剂必须有包装标志和产品说明书，标志内容可包括：品名、产地、厂名、卫生许可证号、生产许可证号、规格、生产日期、批号或者代号、保质期限等，并在标志上明确标示“食品添加剂”字样。

7.2 包装

产品包装应采用国家批准并符合相应食品包装用卫生标准的材料。

7.3 运输

产品在运输过程中不得与有毒、有害及污染物质混合载运，避免雨淋日晒等。

7.4 贮存

产品应贮存在通风、阴凉、清洁、干燥的地方，不得与有毒、有害及有腐蚀性等物质混存。

7.5 保质期

产品自生产之日起，在符合上述贮运条件、包装完好的情况下，保质期应不少于 24 个月。

ICS 29.080.10
K 48

中华人民共和国国家标准

GB/T 8287.1—2008
代替 GB 8287.1—1998,GB 12744—1991

标称电压高于1 000 V系统用户内和户外支柱绝缘子 第1部分:瓷或玻璃绝缘子的试验

Indoor and outdoor post insulators for systems with nominal voltage greater than 1 000 V—Part 1:Test on insulators of ceramic material or glass

(IEC 60168:2001,Tests on indoor and outdoor post insulators of ceramic material or glass for systems with nominal voltages greater than 1 000 V,MOD)

2008-06-30 发布　　2009-04-01 实施

中华人民共和国国家质量监督检验检疫总局
中国国家标准化管理委员会　发布

前言

GB/T 8287《标称电压高于1 000 V系统用户内和户外支柱绝缘子》目前包括二个部分：

——第1部分：瓷或玻璃绝缘子的试验；

——第2部分：尺寸与特性。

本部分为GB/T 8287的第1部分。

本部分修改采用IEC 60168：2001《标称电压高于1 000 V系统用户内和户外支柱瓷或玻璃绝缘子的试验》(英文版)。

本部分和IEC 60168：2001的技术性差异在它们所涉及的条款的页边空白处用垂直单线标识，附录C给出了技术性差异及其原因一览表，附录D给出了本部分和IEC 60168：2001章条对照表。

为便于使用，本部分还做了下列编辑性修改：

a) “本国际标准”一词改为“本部分”；

b) 用小数点“.”代替作为小数点的“，”；

c) 删除国际标准的前言和参考文献。

本部分整合并代替了GB 12744—1991《耐污型户外棒形支柱瓷绝缘子》的技术条件部分和GB 8287.1—1998《高压支柱瓷绝缘子　第1部分：技术条件》的内容。

本部分与GB 8287.1—1998的主要差异有：

——文本格式、编排、章条等完全按照IEC 60168：2001，和GB 8287.1—1998完全不同；

——将支柱绝缘子的主要表征特性由额定电压改为冲击电压；

——机械型式试验的试品数量由原来的三只改为一只；

——抽样试验的规则和程序按照IEC体系，不再采用计件二次试验程序。试品数若大于或等于3时，机械破坏试验也不再采用$AQL=2.5\%$的计量二次试验程序；

——尽管叠装式圆柱形支柱绝缘子在我国极少使用，但考虑到IEC 60168列入了此类绝缘子，为了保持标准文本的完整性，本部分仍旧列入了此类绝缘子；

——取消了GB 8287.1—1998中Ⅱ级产品爬电距离上限不做规定的表述；

——孔隙性试验用燃料由品红乙醇溶液改为次甲基染料甲醇或乙醇溶液；

——本部分的适用范围延伸到了特高压，以适应特高压产品的发展。

本部分的附录A、附录B、附录C和附录D均为资料性附录。

本部分由中国电器工业协会提出。

本部分由全国绝缘子标准化技术委员会(SAC/TC 80)归口。

本部分主要起草单位：西安双佳高压电瓷电器有限公司、西安电瓷研究所、唐山高压电瓷有限公司、苏州电瓷厂有限公司、西安西电高压电瓷有限责任公司、国家绝缘子避雷器质量监督检验中心。

本部分主要起草人：陈月娥、姚君瑞、杨明、陆洲、李大楠、杨山、王卫国、危鹏。

本部分所代替标准的历次版本发布情况为：

——GB 8287.1—1987，GB 8287.1—1998；

——GB 12744—1991。

标称电压高于 1 000 V 系统用
户内和户外支柱绝缘子
第 1 部分：瓷或玻璃绝缘子的试验

1 总则

1.1 目的和范围

GB/T 8287 的本部分适用于交流标称电压高于 1 000 V、频率不超过 100 Hz 的电气装置或设备用户内和户外支柱瓷或玻璃绝缘子及其元件。

直流系统用支柱绝缘子可参照本部分执行。

本部分不适用于复合绝缘子或户内有机材料支柱绝缘子。

本部分的目的是：

——定义所使用的术语；

——规定支柱绝缘子的电气和机械特性；

——规定特性值的验证条件；

——规定试验方法；

——规定接收准则。

支柱绝缘子特性值在 GB/T 8287.2—2008 中规定。

本部分不包含特殊运行条件下支柱绝缘子的选择要求。

注 1：污秽条件下绝缘子的选择见 IEC 60815。

注 2：本部分不包含无线电干扰试验，其试验方法见 JB/T 3567—1999。

注 3：若本部分用于空心支柱绝缘子时，也应考虑 IEC 62155 的要求。

1.2 规范性引用文件

下列文件中的条款通过 GB/T 8287 的本部分的引用而成为本部分的条款。凡是注日期的引用文件，其随后所有的修改单(不包括勘误的内容)或修订版均不适用于本部分，然而，鼓励根据本部分达成协议的各方研究是否可使用这些文件的最新版本。凡是不注日期的引用文件，其最新版本适用于本部分。

GB 311.1—1997 高压输变电设备的绝缘配合(neq IEC 60071-1:1993)

GB/T 494—1998 建筑石油沥青

GB/T 2900.8 电工术语 绝缘子 (GB/T 2900.8—1995,mod IEC 60050-471)

GB/T 4585—2004 交流系统用高压绝缘子的人工污秽试验(IEC 60507:1991,IDT)

GB/T 8411.1—2008 陶瓷和玻璃绝缘材料 第 1 部分：定义和分类(IEC 60672-1:1995,MOD)

GB/T 8411.3—2008 陶瓷和玻璃绝缘材料 第 3 部分：材料性能(IEC 60672-3:1997,MOD)

GB/T 8287.2—2008 标称电压高于 1 000 V 系统用户内和户外支柱绝缘子 第 2 部分：尺寸与特性(IEC 60273:1990, MOD)

GB/T 16927.1—1997 高电压试验技术 第 1 部分：一般试验要求(eqv IEC 60060-1:1989)

GB/T 19001 质量管理体系 要求(GB/T 19001—2000,idt ISO 9001:2000)

JB/T 3567—1999 高压绝缘子无线电干扰试验方法(mod IEC 60437:1997)

JB/T 4307—2004 绝缘子胶装用水泥胶合剂

JB/T 5889—1991　绝缘子用有色金属铸件　技术条件

JB/T 5891—1991　绝缘子用黑色金属铸件　技术条件

JB/T 8177—1999　绝缘子金属附件热镀锌层　通用技术条件

JB/T 9674—1999　超声波探测瓷件内部缺陷

IEC 60071-1:2006　绝缘配合　第1部分:定义、原理和规则

IEC 60815　污秽条件下高压绝缘子的选择和尺寸确定

IEC 62155:2003　额定电压高于1 000 V的电器设备用空心瓷绝缘子

1.3　术语和定义

除以下术语和定义外,GB/T 2900.8确立的术语和定义适用于本部分。

1.3.1

绝缘子　insulator

本部分所使用的术语“绝缘子”是被试验的对象,除非另有规定,它是装配好的并带有金属附件的完整支柱绝缘子。在本部分中,术语“支柱绝缘子”指支柱绝缘子或支柱绝缘子元件。

注1:术语“近似圆柱形”包含直径可能有变化的圆截面元件。

注2:对冷凝严重的户内装置,可以使用户外支柱绝缘子或特殊的户内支柱绝缘子。

1.3.2

批　lot

提交验收的一组绝缘子,这些绝缘子应是同一制造厂制造、具有相同结构,并在相同生产条件下生产。一批或多批绝缘子可以一起提交验收,提交验收的批可以是订货量的全部或其一部分。

1.3.3

雷电冲击干耐受电压　dry lightning-impulse withstand voltage

支柱绝缘子在规定试验条件下耐受的干雷电冲击电压。

1.3.4

50%雷电冲击干闪络电压　50% dry lightning impulse flashover voltage

支柱绝缘子在规定试验条件下具有50%闪络概率的干雷电冲击电压值。

注:本部分使用的术语“闪络”包括跨越绝缘子表面的闪络以及相邻绝缘子间由空气火花引起的破坏性放电。在其他部位(例如,对其他结构或对地)偶尔出现的破坏性放电本部分不予考虑。

1.3.5

操作冲击干或湿耐受电压　dry or wet switching-impulse withstand voltage

支柱绝缘子在规定试验条件下耐受的干或湿操作冲击电压。

1.3.6

50%操作冲击干或湿闪络电压　50% dry or wet switching-impulse flashover voltage

支柱绝缘子在规定试验条件下具有50%闪络概率的干或湿操作冲击电压值。

1.3.7

工频干或湿耐受电压　dry or wet power-frequency withstand voltage

支柱绝缘子在规定试验条件下耐受的工频干或湿电压。

1.3.8

工频干或湿闪络电压　dry or wet power-frequency flashover voltage

支柱绝缘子在规定试验条件下测得的干或湿闪络电压的算术平均值。

1.3.9

击穿电压　puncture voltage

在规定试验条件下引起支柱绝缘子击穿的电压。

1.3.10

机械破坏负荷　mechanical failing load

支柱绝缘子在规定试验条件下试验时达到的最大负荷。

1.3.11

爬电距离　creepage distance

通常承受运行电压的两部件间沿支柱绝缘子瓷或玻璃绝缘件表面轮廓的最短距离或最短距离之和。

注1：水泥或其他非绝缘胶合材料表面不构成爬电距离的组成部分。

注2：如果绝缘子表面覆盖有高阻层，则该部分应作为有效绝缘表面，其距离应包括在爬电距离内。

注3：高阻层的表面电阻率通常约 10^6 Ω，但也可能会低至 10^4 Ω。

注4：如果支柱绝缘子整个表面均覆盖高阻层（也称为稳定化绝缘子），则表面电阻率和爬电距离问题应由供需双方协商。

注5：按此定义规定的爬电距离在GB/T 8287.2—2008中作为最小公称爬电距离。

1.3.12

规定特性　specified characteristic

规定特性有：

——电压、机械负荷数值，或相关标准中规定的任何其他特性值。

——经供需双方协议的任何其他特性数值。

规定的耐受电压和闪络电压是指标准大气条件下的值（见4.2.1）。

1.3.13

端面平行度　parallelism of the end faces

由测量金属附件两端面间距离测得的支柱绝缘子高度的最大差值。

注：此高度差通常在直径为250 mm的圆周上测量。

1.3.14

上下安装孔中心圆轴线间最大偏差　eccentricity

支柱绝缘子顶部和底部金属附件安装孔中心圆中心间垂直于绝缘子轴线的偏差。

1.3.15

上下安装孔角度偏差　angular deviation of the fixing holes

支柱绝缘子顶部和底部金属附件相应安装孔间的角度偏差，以度数表示。

2　绝缘子

2.1　绝缘子结构和绝缘子用材料

2.1.1　绝缘子结构

支柱绝缘子和支柱绝缘子元件按其结构划分为不同类型。本部分所包含的结构类型有：

a) 外胶装棒形支柱绝缘子，其特点是沿每一支柱绝缘子元件整个高度方向均为固体绝缘材料，即典型的不可击穿绝缘子（见图1）；

b) 外胶装空腔圆柱形支柱绝缘子，其特点是支柱绝缘子元件内腔中具有和绝缘子主体整体烧制而成的陶瓷隔层（见图2）；

c) 内胶装棒形支柱绝缘子，其特点是经固体绝缘材料的最短击穿距离至少等于两金属附件间外部电弧距离的一半，即不可击穿绝缘子（见图3）；

d) 内胶装棒形支柱绝缘子，其特点是经固体绝缘材料的最短击穿距离小于金属附件间外部电弧距离的一半（见图4）；

e) 针式支柱绝缘子，其特点是支柱绝缘子元件由金属附件和一个或多个绝缘件构成，且绝缘件固

体绝缘材料的厚度较外部尺寸小(见图5);

f) 叠装式圆柱形支柱绝缘子,其特点是支柱绝缘子元件由金属附件和多个绝缘件叠装构成,且单个绝缘件固体绝缘材料的厚度较外部尺寸小,但整个装配件为不可击穿型(见图6)。

注:术语"圆柱形绝缘子"也包括截锥形绝缘子。

上述各类支柱绝缘子的型式试验、抽样试验和逐个试验在第6章中详述,并汇总于表3、表4和表5。

2.1.2 绝缘子用材料

本部分所述支柱绝缘子的绝缘材料有:

——陶瓷材料,电瓷;

——退火玻璃,内部机械应力已经热处理消除的玻璃;

——钢化玻璃,经热处理在其内部形成可控机械应力的玻璃。

注:有关陶瓷和玻璃绝缘材料定义和分类的更多信息可参见GB/T 8411.1—2008。

绝缘件材料应符合GB/T 8411.1—2008和GB/T 8411.3—2008的规定。绝缘子的金属附件应符合JB/T 5889—1991或JB/T 5891—1991的规定。绝缘子的水泥胶合剂应符合JB/T 4307—2004的规定。绝缘件和附件与水泥胶合剂接触部分表面均匀涂敷的沥青缓冲层,其沥青应符合GB/T 494—1998的规定。

注1:其他适宜的水泥胶合剂也可以使用。

注2:沥青应加溶剂配制后使用。适宜的沥青清漆也可以使用。

2.2 支柱绝缘子的特性值

适用时,支柱绝缘子有下列特性值:

a) 规定雷电冲击干耐受电压;

b) 规定操作冲击干耐受电压(仅对户内绝缘子);

c) 规定操作冲击湿耐受电压(仅对户外绝缘子);

d) 规定工频干耐受电压(仅对户内绝缘子);

e) 规定工频湿耐受电压(仅对户外绝缘子);

f) 规定最低击穿电压(仅对2.1.1规定的第4类和第5类绝缘子);

g) 规定机械破坏负荷;

h) 规定主要尺寸,包括爬电距离;

i) 人工污秽耐受特性。

注:现有许多系统的设备最高电压为300 kV~420 kV,经验表明在这些系统中操作冲击耐受电压对支柱绝缘子设计已不是一个临界因素。因此,对要用于这些系统中的支柱绝缘子,仅当供需双方有协议时,才进行操作冲击试验。

也可由供需双方协商确定下列特性:

——负荷下的偏移;

——无线电干扰特性(JB/T 3567—1999)。

这些特性的适宜性与设备最高工作电压有关,应参照GB 311.1—1997或IEC 60071-1:2006确定。

2.3 绝缘子的标志

每个支柱绝缘子上均应标有制造商名称或商标、制造年份以及支柱绝缘子参考标记。这些标志应清晰并不易抹去。

只要不造成混淆,也可以使用GB/T 8287.2—2008中的型号。

3 试验分类、抽样规则和程序

3.1 试验分类

试验可分为如下三类:

3.1.1 **型式试验**

型式试验用来验证主要由绝缘子设计决定的主要特性，通常所有试验应在一只绝缘子上进行，并且对某一新设计或新制造工艺仅进行一次，仅当设计、材料或制造工艺改变时才重新进行试验。若这些改变仅影响到某些特性时，则仅重复与那些特性有关的试验。某一新设计的支柱绝缘子如果有等同设计支柱绝缘子试验报告，则不需进行全部电气和机械型式试验。电气等同设计和机械等同设计的含义分别列于 3.3.3 和 3.3.4。

型式试验结果可由买方认可的试验证书确认，也可由具有资格的机构认可的试验证书确认。机械型式试验证书的有效期为自签发之日期起 10 年。电气型式试验证书长期有效。

提交型式试验的绝缘子应已经过逐个试验和抽样试验（不包括机械抽样试验），并且满足规定要求。

3.1.2 **抽样试验**

抽样试验用来验证绝缘子随制造过程或部件材料质量变化的特性。若抽样试验作为接收试验，支柱绝缘子样品应从满足相关逐个试验要求的批中随机抽取。

3.1.3 **逐个试验**

逐个试验用来剔除有缺陷的元件并在制造过程中对每个绝缘子进行。

注：在某些情况下，将型式试验、抽样试验和逐个试验作为整体对某一新设计的绝缘子进行试验，称为“定型试验”。

3.2 **质量管理**

为了证实绝缘子的制造质量，并考虑到本部分的要求，经供需双方协议，可以采用某一质量管理程序。

注：有关质量管理的详细信息列于相关国家标准。推荐 GB/T 19001 作为绝缘子的质量管理体系。

3.3 **型式试验的一般要求**

3.3.1 **型式试验用绝缘子的选取**

通常提交试验的绝缘子应经过逐个试验和抽样试验（不包括机械抽样试验），并且满足规定要求。经过型式试验，并且这些试验可能会影响其机械和（或）电气特性的绝缘子不应再使用。

3.3.2 **尺寸检查**

在其他试验之前，应按 5.1 检验型式试验用支柱绝缘子的相关尺寸。

注：经供需双方协议，只要认为试品的差异不影响试验结果，型式试验也可以使用尺寸变化超出图样或本部分规定偏差的绝缘子。这也适用于釉缺陷面积大于 5.8 允许值的绝缘子。

3.3.3 **电气型式试验**

表 3(6.4)所列的电气型式试验，应在提交试验的一只支柱绝缘子上进行并仅做一次。

电气型式试验时，在电气等同设计支柱绝缘子上得到的结果可以扩展用于由它所代表的所有支柱绝缘子。所代表的绝缘子是指由相同材料制造、且与被试绝缘子相比满足下列要求的绝缘子：

a) 电弧距离相同或较大；

b) 主体公称直径相同或较小；

c) 金属附件的数量和大致位置相同；

d) 公称伞间距相同，偏差在 ±5% 之内；

e) 公称伞伸出相同，偏差在 ±10% 之内；

f) 伞形相同。

注 1：户外圆柱形支柱绝缘子通常有电气等同设计，其他结构的支柱绝缘子，特别是针式支柱绝缘子不存在电气等同设计。

注 2：金属附件的形状和尺寸对电气等同设计的影响可能需要予以考虑。

注 3：绝缘子运行条件下的闪络和耐受电压可能与标准试验条件下的闪络和耐受电压不同。这种影响已被雷电冲击试验所证实，特别是在设备电压很高时尤为明显，而且周围条件、支柱绝缘子以及与其连接的金属件的布置的影响在操作冲击时大得多，这是由于试验标准布置和运行时的安装布置间的电场分布存在差异所致。因此，检验规定操作冲击耐受电压时可以要求试验安装布置尽量重现运行条件。安装布置细节应由供需双方协议确定。

注 4：电气等同设计概念主要用于本部分中所包括的试验。在污秽性能方面，电气设计等同还应满足绝缘子的爬电距离相等或较大、伞间距对伞伸出之比相等或较大二个条件。

3.3.4 机械破坏负荷型式试验

机械强度型式试验应在一只支柱绝缘子上进行，并且仅做一次，通常是弯曲破坏负荷试验。若要求提供更多信息，经供需双方协议，下列试验中的一项或多项也可作为型式试验，试品根据试验项目另外选取：

——拉伸试验；

——扭转试验；

——压缩试验。

机械破坏负荷型式试验时，在机械等同设计支柱绝缘子上得到的结果可以扩展用于由它所代表的所有支柱绝缘子。所代表的绝缘子是指由同一工厂、相同材料、相同制造方法制造，且与被试绝缘子相比满足下列要求的绝缘子：

a) 主体公称直径相同；

b) 绝缘件与金属附件间的连接结构相同；

c) 与绝缘件相连部位金属附件的形状和尺寸相同；

d) 公称高度相差不超过±20%。

注 1：对机械等同而言，由于要求影响支柱绝缘子机械强度的所有因素(材料、制造方法和尺寸)均应相同，因而弯矩强度($P_0 \times h$)、拉伸强度和扭转强度值也应与由它所代表的支柱绝缘子相同。这些机械强度特性值中的一个或多个低于(并且不大于)支柱绝缘子的型式试验值时，能否确定为机械等同设计应有供需双方协议。

注 2：当应用机械等同设计概念时，可能需要考虑不同高度对支柱绝缘子压缩强度的影响。

注 3：机械等同设计的支柱绝缘子可以有不同的安装结构，如 GB/T 8287.2—2008 表 4A 所示。

注 4：在确定机械等同设计时，可能需要考虑由于伞伸出和伞间距改变而带来的公称外径出现明显差别的影响。

3.4 抽样试验的一般要求

3.4.1 抽样试验的抽样规则和程序

试验抽取支柱绝子的数量应符合表 1。买方有权从符合逐个试验要求的批中选取试品。

经过抽样试验，并且这些试验可能会影响其机械和(或)电气特性的绝缘子不应再使用。

表 1 抽样试验样本数量

批量(n)	样本数量
$n \leqslant 100$	按协议
$100 < n \leqslant 500$	1%
$500 < n$	$4+\frac{1.5n}{1\,000}$
如果该百分数或算得的数不是整数，则应选取比其大的下一个整数。	

3.4.2 抽样试验重复试验程序

如果仅有一只支柱绝缘子或金属附件不符合抽样试验中的任何一项要求，则应重新进行抽样试验，试品数量为首次的两倍。重复试验项目应包括先前不符合要求的试验项目，以及该项试验以前可能对其试验结果有影响的试验项目。

如果有两只或多只支柱绝缘子或金属附件不符合抽样试验中的任何一项要求，或重复试验中有任意一项不符合要求，则认为整批不符合本部分，并拒收。

如果能够清楚地识别不合格的原因,制造商可以拣选该批,剔除有该缺陷的绝缘子。拣选后的批或其一部分可以再次提交试验。

此时试品数量为首次的三倍,重复试验项目应包括先前不符合要求的试验项目,以及该项试验以前可能对其试验结果有影响的试验项目。重复试验中如果有任一绝缘子不符合要求,则认为整批不符合本部分要求。

注:若锌层试验不合格是由于先前的试验中机械负荷超过了逐个试验负荷所致,则可以用未装配的金属附件或该批中的其他支柱绝缘子进行重复试验。

如果抽样试验中有一只或多只支柱绝缘子尺寸不符合 5.1 或相关图样规定的允许偏差,经供需双方协议,重复试验程序可由尺寸偏差逐个检验代替。

还可以达成使用尺寸超出允许偏差的支柱绝缘子元件或支柱绝缘子的协议。此时,制造商应在每只支柱绝缘子元件上标出偏差的大小和位置,如果可能,应将超差元件组装成完整的支柱绝缘子。这些元件以及从整只支柱绝缘子上测得的超差(如果有的话)均应做出标记,以便买方在交付后组装成同样的支柱绝缘子。

4 电气试验程序

本章给出了支柱绝缘子电气试验程序和要求,其适用性列于第 6 章。

注:试验程序的完整细节参见 GB/T 16927.1—1997。

4.1 高电压试验的一般要求

a) 雷电和操作冲击电压以及工频电压的试验程序应按 GB/T 16927.1—1997。

b) 雷电和操作冲击电压应用其预期峰值来表示,工频电压用峰值除以$\sqrt{2}$表示。

c) 试验时的自然大气条件与标准值(见 4.2.1)不同时,有必要使用 4.2.2 修正因数进行修正。

d) 高电压试验开始前绝缘子应保持清洁和干燥。

e) 应采取特殊措施避免绝缘子表面发生冷凝,特别是相对湿度较高时。例如,绝缘子应在试验场地环境温度下放置足够时间,以便试验开始前达到热平衡。

除非经供需双方协议,相对湿度超过 85%时不应进行干试验。

f) 多次施加电压的时间间隔应足够长,以避免闪络和耐受试验中先前施加电压的影响。

4.2 标准大气条件和电气试验修正因数

4.2.1 标准参照大气条件

标准参照大气条件应符合 GB/T 16927.1—1997。

4.2.2 大气条件的修正因数

修正因数应按 GB/T 16927.1—1997 确定。如果试验时的大气条件与标准参照大气条件不同,则应计算空气密度修正因数(K_1)和湿度修正因数(K_2),并确定其乘积 $K=K_1\times K_2$。试验电压作如下修正:

——耐受电压(雷电冲击、操作冲击和工频):

$$施加试验电压 = K \times 规定耐受电压$$

——闪络电压(雷电冲击、操作冲击和工频):

$$记录的闪络电压 = \frac{测得的闪络电压}{K}$$

注:对湿工频电压试验和湿操作冲击电压试验,湿度不做修正,即 $K_2=1, K=K_1$。

4.3 湿试验的人工雨参数

应使用 GB/T 16927.1—1997 规定的标准湿试验程序。人工雨特性应符合 GB/T 16927.1—1997 的要求。

注:若对水平或倾斜安装的绝缘子试验时,淋雨方向应由供需双方协议。

4.4 电气试验安装布置

支柱绝缘子电气试验安装布置取决于是否要求进行操作冲击试验(见 2.2),以及是否再现运行条件。支柱绝缘子的各项电气试验都应使用下列条款叙述的适用安装布置之一。

4.4.1 不要求操作冲击试验的支柱绝缘子标准安装布置

支柱绝缘子应直立安装在一个用倒扣槽钢制成的水平接地金属支架上。支架宽度大约和被试支柱绝缘子安装面直径相等,长度至少应等于支柱绝缘子高度的二倍。对于高度不超过 1.80 m 的支柱绝缘子,支架应高出地面至少 1 m,对更高的支柱绝缘子,支架应高出地面至少 2.5 m。

将一圆柱形导体固定于支柱绝缘子顶部,导体应保持水平并和接地支架长度方向垂直。导体的长度至少应为支柱绝缘子高度的 1.5 倍,且至少应自支柱绝缘子轴线向两侧伸出 1 m。导体直径应约为支柱绝缘子高度的 1.5%,最小为 25 mm。

试验电压应施加在导体和接地支架之间,高电压端应与导体相连。

试验期间,除本条所叙述装置以外,其他物体离支柱绝缘子顶部导体的距离应至少为 1 m 或支柱绝缘子高度的 1.5 倍,二者中取较大值。

支柱绝缘子应完整地装有制造商规定的必要的部件。

4.4.2 要求操作冲击试验的支柱绝缘子标准安装布置

支柱绝缘子应直立安装在一个垂直接地金属支架上,该支架上部最好有一个方形安装面,安装面每一边的宽度应为被试支柱绝缘子底部金属附件直径的 1～2 倍,也可以使用圆形或矩形安装面,但尺寸在前述的方形安装面规定范围内。支架安装面以下的形状应不影响试验结果,并确保适用于操作冲击电压试验,支架中点以上部分不应有超出安装面垂直投影面的部件。

户外支柱绝缘子金属支架安装面离地高度应符合表 2 规定。

表 2 户外支柱绝缘子安装高度

支柱绝缘子总高(h)/mm	金属支架超出地面高度(H)/mm
h≤2 500	2 500
2 500<h≤3 200	3 000
3 200<h≤4 200	4 000
4 200<h≤5 700	5 000
5 700<h	6 000

将一水平圆柱形导体固定于支柱绝缘子顶部,导体长度至少应保证自支柱绝缘子轴线向两侧的延伸长度为支柱绝缘子高度的 0.75 倍,对于操作冲击试验,最好为 1 倍。导体直径应为支柱绝缘子高度的 1.5%～2%。为避免端部放电,导体两端应用适当装置防护,如加装金属环等。

试验电压应施加在导体和接地支架之间,高电压端应与导体一端相连。

试验期间,除本条所叙述装置以外,其他物体离支柱绝缘子顶部导体的距离应至少为支柱绝缘子高度的 1.5 倍。

支柱绝缘子应完整地装有制造商规定的必要的部件。

注 1:接地金属支架高度(H)选取是为了通过比较不同设计支柱绝缘子的操作冲击性能而优化试验布置。

注 2:试验结果对变电所设备设计未必有效,这是因为经常把支柱绝缘子安装在高度较低的支架上。此时可能需要按 4.4.3 试验。

4.4.3 模拟运行条件的安装布置

当有协议时,试验可以尽可能再现运行条件进行。模拟运行条件的程度由供需双方协议,考虑可能影响支柱绝缘子性能的所有因素。

注:在这样的非标准条件下,绝缘子的特性值可能与使用标准安装布置测得的不同。当支柱绝缘子高度超过 1.8 m(特别是操作冲击试验)或离地高度降低(例如户内支柱绝缘子)时,这种差异值得考虑。

4.5 雷电冲击干耐受电压试验——型式试验

支柱绝缘子应在 4.1、4.2 和 4.4 所述的条件下试验，调整冲击电压发生器产生 1.2/50 冲击波(见 GB/T 16927.1—1997)。

试验应使用正、负两种极性冲击，但若有证据表明某种极性冲击的闪络电压较低时，用这种极性冲击试验即可。

两种常用雷电冲击耐受试验程序为：

——15 次冲击耐受电压程序；

——50%闪络电压程序。

注：50%闪络电压程序会给出更多信息。

试验程序选择应经供需双方协议。

4.5.1 使用耐受电压程序的耐受电压试验

耐受电压试验时，支柱绝缘子施加的规定电压应经大气条件修正(见 4.2.2)，冲击次数 15 次。

4.5.1.1 接收准则

若闪络次数不超过 2 次，则支柱绝缘子通过本项试验。

试验后支柱绝缘子不应损坏，但允许绝缘件表面上有轻微痕迹，或存在水泥或其他胶合材料碎片。

4.5.2 使用 50%闪络电压程序的耐受电压试验

雷电冲击耐受电压应用 50%雷电冲击闪络电压计算，50%雷电冲击闪络电压按照 GB/T 16927.1—1997 规定的升降法测定。50%雷电冲击电压应按 4.2.2 修正。

4.5.2.1 接收准则

若 50%雷电冲击闪络电压不低于规定雷电冲击耐受电压的$[1/(1-1.3\sigma)]=1.040$ 倍，则支柱绝缘子通过本项试验，式中 σ 为标准偏差，假定为 3%。

试验后支柱绝缘子不应损坏，但允许绝缘件表面上有轻微痕迹，或存在水泥或其他胶合材料碎片。

4.6 操作冲击湿或干耐受电压试验——型式试验

支柱绝缘子应在 4.1、4.2、4.4 的规定条件下试验，湿试验还应满足 4.3 的规定。调整冲击发生器产生 250/2500 冲击(见 GB/T 16927.1—1997)。

试验应使用正、负两种极性冲击，但若有证据表明某种极性冲击的闪络电压较低时，用这种极性冲击试验即可。

两种常用操作冲击耐受试验程序为：

——15 次冲击耐受电压程序；

——50%闪络电压程序。

注：50%闪络电压程序会给出更多信息。

试验程度选取应由供需双方协议。

注：操作冲击电压试验仅对设备最高电压等于或大于 363 kV 的交流系统用绝缘子进行(见 2.2)。

4.6.1 使用耐受电压程序的耐受电压试验

耐受电压试验时，支柱绝缘子施加的规定电压应经大气条件修正(见 4.2.2)，冲击次数 15 次。

4.6.1.1 接收准则

若闪络次数不超过 2 次，则支柱绝缘子通过本项试验。

试验后支柱绝缘子不应损坏，但允许绝缘件表面上有轻微痕迹，或存在水泥或其他胶合材料碎片。

4.6.2 使用 50%闪络电压程序的耐受电压试验

操作冲击干或湿耐受电压应用 50%操作冲击闪络电压计算，50%操作冲击闪络电压按照 GB/T 16927.1—1997 规定的升降法测定。50%操作冲击电压应按 4.2.2 修正。

4.6.2.1 接收准则

若50%操作冲击干或湿闪络电压不低于规定操作冲击干或湿耐受电压的[1/(1－1.3σ)]＝1.085倍，则支柱绝缘子通过本项试验，式中σ为标准偏差，假定为6%。

试验后支柱绝缘子不应损坏，但允许绝缘件表面上有轻微痕迹，或存在水泥或其他胶合材料碎片。

4.7 工频干耐受电压试验——型式试验（仅适用于户内支柱绝缘子）

4.7.1 试验程序

试验回路参照GB/T 16927.1—1997。

支柱绝缘子应在4.1、4.2、4.4的规定条件下试验。

对支柱绝缘子施加经试验时大气条件修正（见4.2.2）后的规定工频干耐受电压，试验电压保持1 min。

4.7.2 接收准则

试验中若没有出现闪络或击穿，则支柱绝缘子通过本试验。

4.7.3 工频干闪络电压

若要求提供信息，经供需双方协议，可以测定支柱绝缘子的干闪络电压，试验时试验电压从约工频干耐受电压的75%逐渐升高至闪络，每秒钟的升压速率约为该耐受电压的2%。干闪络电压值是5次连续读数的算术平均值，然后将该值修正到标准大气条件（见4.2.2）并记录。

4.8 工频湿耐受电压试验——型式试验（仅适用于户外支柱绝缘子）

4.8.1 试验程序

试验回路参照GB/T 16927.1—1997。

支柱绝缘子应在4.1、4.2、4.3和4.4的规定条件下试验。

对支柱绝缘子施加经试验时大气条件修正（见4.2.2）后的规定工频湿耐受电压，试验电压保持1 min。

4.8.2 接收准则

试验中若没有出现闪络或击穿，则支柱绝缘子通过本试验。

注：绝缘子如果闪络，在确认淋雨条件后可以在同一元件上进行第二次试验。

4.8.3 工频湿闪络电压

若要求提供信息，经供需双方协议，可以测定支柱绝缘子的湿闪络电压，试验时试验电压从约工频湿耐受电压的75%逐渐升高至闪络，每秒钟升压速率约为该耐受电压的2%。湿闪络电压值是5次连续读数的算术平均值，然后将该值修正到标准大气条件（见4.2.2）并记录。

4.9 人工污秽耐受电压试验——型式试验（仅适用于户外支柱绝缘子）

人工污秽耐受电压试验应按照GB/T 4585—2004进行，提供实测数据。

4.10 击穿试验——抽样试验

本试验仅适用于第4类和第5类支柱绝缘子（见2.1.1）。

4.10.1 试验程序

击穿试验属于工频电压试验。

将已清洁和干燥后的绝缘子完全浸入在装有适当绝缘介质的箱体内，以避免绝缘子表面放电。箱体如果用金属制作，其内部尺寸应能提供适当空隙距离，确保不出现闪络。绝缘介质温度应大致和周围室温持平。

试验电压应施加在绝缘子正常承受运行电压的部件之间。绝缘子浸入绝缘介质时应注意避免在伞下形成空气穴。

升高试验电压至规定最低击穿电压，升压速度应尽量快，并与测量仪表数值显示速度相一致。

注：很难精确定义绝缘介质的性能，但其电导率微小（电阻率的数量级为10^6 Ωm～10^8 Ωm）。

4.10.2 接收准则

若在规定最低击穿电压以下不出现击穿，则支柱绝缘子通过本试验。

注：表面放电的热效应使绝缘子伞缘碎裂或绝缘子损伤不属于击穿。

4.10.3 击穿电压

当要求提供进一步信息时，电压可升高至击穿，并记录。

4.11 逐个电气试验

4.11.1 内胶装圆柱形支柱绝缘子和针式支柱绝缘子(第4类和第5类，见2.1.1)

试验对瓷或退火玻璃支柱绝缘子或支柱绝缘子元件进行，交流试验电压连续施加于正常运行中承受电气应力的部件之间。

交流电压可以是工频或高频。

使用工频电压试验时，连续加压时间为5 min，施加电压应高到足以产生火花或偶闪(每几秒钟一次)。

使用高频电压试验时，电压应是一适当衰减的交流电压，频率100 kHz～500 kHz。试验电压应至少持续施加3 s，电压值应高到足以保证连续闪络。高频试验期间或其后，应采用对绝缘子施加工频电压2 min或其他适当的方法检出击穿的绝缘子。

试验期间击穿的支柱绝缘子应剔除。

除非另有规定，本项试验应在逐个机械试验之后进行，以剔除机械试验时可能已经局部损坏的绝缘子。

注：对于某些针式支柱绝缘子，以上所述试验可能不适用。经供需双方在订货时协议，可以用装配前的绝缘件试验代替装配后的绝缘子试验。

4.11.2 空腔圆柱形支柱绝缘子(第2类，见2.1.1)

这种绝缘子的瓷件在装配前应进行逐个电气试验。试验时将电极放入内腔，保持与陶瓷隔层接触，在隔层两端施加工频电压。试验电压至少应连续施加3 min，施加电压应高到足以产生火花或偶闪(每几秒钟一次)。

试验期间击穿的瓷件应剔除。

5 机械和其他试验程序

本章给出了支柱绝缘子机械试验和其他试验的程序，这些试验的适用性列于第6章。

5.1 尺寸检查——型式试验和抽样试验

支柱绝缘子的尺寸应按照有关图样检查，应特别注意检查影响互换性的尺寸及其规定允许偏差，如GB/T 8287.2—2008规定的高度、光孔或螺孔尺寸。

5.1.1 一般要求

除非供需双方另有协议，未标注偏差尺寸的规定允许偏差为：

当 $d \leqslant 300$ 时，$\pm(0.04d+1.5)$ mm

当 $d > 300$ 时，$\pm(0.025d+6)$ mm

式中 d 为被检尺寸，单位mm。

5.1.2 爬电距离偏差

爬电距离应按支柱绝缘子图样规定的设计尺寸测量，即使其大于买方的规定值。

爬电距离的允许偏差如下：

——爬电距离以公称值(包括以GB/T 8287.2—2008中的最小公称值)表示时为 $\pm(0.04d+1.5)$mm；

——爬电距离以最小值表示时，不允许有负偏差，允许正偏差为 $2\times(0.04d+1.5)$ mm。

5.1.3 特殊偏差

除非另有协议，所有支柱绝缘子的高度、孔径(光孔或螺孔)、端面平行度、上下安装孔中心圆轴线间最大偏差以及安装孔角度偏差均应符合 GB/T 8287.2—2008 的要求。

支柱绝缘子元件的直线度应不大于：

$$(1.5 + 0.008h)\ \text{mm}$$

h 是以 mm 表示的支柱绝缘子元件的高度。

注：检查端面平行度、上下安装孔中心圆轴线间最大偏差、上下安装孔角度偏差和直线度的适当方法示于附录 A。

5.1.4 伞倾角

若设计图样显示支柱绝缘子伞的上表面伞根和伞缘的连线为直线时，应测量其平均伞倾角，平均伞倾角的允许偏差为±3°。

应选择大致位于支柱绝缘子顶部、中部和底部的三个伞，在所选伞的四个相互垂直方向上测量。计算 12 次测量的平均值并与图样上的规定值相比较。

注 1：测量伞倾角的适当方法见附录 A。

注 2：若设计图样上伞的上表面是曲线时，伞倾角不可能测量。

5.1.5 接收准则

若测得的尺寸符合规定要求(包括允许偏差)，则支柱绝缘子通过了本检查。

爬电距离抽样试验时，若实际值大于规定值，并超过正偏差允许值，经供需双方协议可以接收该批。

5.2 机械破坏负荷试验——型式和抽样试验

5.2.1 一般要求

机械破坏负荷试验用来测定支柱绝缘子承受弯曲、扭转、拉伸或压缩等机械负荷时的强度。

支柱绝缘子的机械强度试验包括下列四项试验中的一项或几项：

——弯曲试验；

——拉伸试验；

——扭转试验；

——压缩试验。

除非供需双方另有协议，机械破坏负荷试验指弯曲试验。

注：机械强度试验可以考虑绝缘子的运行状态。

经规定机械破坏负荷试验的支柱绝缘子不能再使用。

5.2.2 安装布置

支柱绝缘子应安装在一个固定的刚性底座或支架上，底座或支架应能耐受试验负荷，并且无可见变形。型式试验和抽样试验应采用相同强度的连接螺栓。如果连接螺栓可拆卸，进行支柱绝缘子破坏负荷试验时，可增大这些部件的强度。

5.2.3 负荷施加方式

负荷应从不大于规定机械破坏负荷的 50%开始施加，并且逐步升高至规定机械破坏负荷。

为了获取更多信息，当有特别要求时，负荷应升高至 1.3.10 定义的实际机械破坏负荷，并记录该负荷值。

注：负荷先迅速平稳地从零升高至约规定机械破坏负荷的 50%，然后以每分钟该负荷值 35%～100%的速度升高至规定破坏负荷或实际破坏负荷(当有要求时)。

5.2.4 弯曲试验

5.2.4.1 试验程序

验证 GB/T 8287.2—2008 中规定的机械破坏负荷 P_0、P_x 或 P_{50}，以及顶部金属附件处的弯矩 M(当有要求)时，应使支柱绝缘子或支柱绝缘子元件承受弯曲负荷。

若每一元件在支柱绝缘子上的位置均能确定，试验可在整只支柱绝缘子上或各单个元件上进行。

如果整只支柱绝缘子的不同位置使用同一种元件，则应对每一个单个元件都进行试验。

负荷施加方向应通过并垂直于支柱绝缘子的轴线。

5.2.4.2 **整只支柱绝缘子试验**

下列条件适用于整只支柱绝缘子试验：

——负荷 P_0 验证应施加负荷到支柱绝缘子的自由端。

——负荷 P_x 和 P_{50} 验证应施加负荷到延伸杆上，负荷施加点分别位于绝缘子顶部端面以上 X mm 或 50 mm 处。

5.2.4.3 **元件试验**

当试验单个元件时，如果需要，应按以下条件采用一延伸杆来试验，使负荷可以施加到它的顶面以上：

——当规定的负荷是负荷 P_0 时，延伸杆的长度应等于被代替的一个或多个元件的高度；

——当规定的负荷是负荷 P_x 时，延伸杆应有适当长度以模拟负荷施加到完整支柱绝缘子顶部表面以上距离为 X mm 处。

如果支柱绝缘子上有二个或多个元件相同，则延伸杆的长度应按照处于较下或最下面的元件计算。

5.2.4.4 **顶部金属附件试验**

当进行顶部金属附件处弯矩 M 验证试验时，应在绝缘子顶部端面上加装延伸杆，使产生的弯矩达到 GB/T 8287.2—2008 的要求或供需双方协议值。

按照 GB/T 8287.2—2008，弯矩 M 的标准值为：

对支柱绝缘子 C4—60～C20—650，$M=0.5P_0h$。

倘若支柱绝缘子设计强度(P_0h)从顶部金属附件到底部处线性增长，可以在绝缘子顶部端面以上 X mm 处施加负荷 $P_x=0.5P_0$，达到所要求的弯矩。

对支柱绝缘子 C2—750～C16—3200，$M=0.2P_0h$。

该弯矩可以通过高度 X 及在该处的负荷 P_x 适当组合得到，同时要满足强度线性增长要求。

倘若要求支柱绝缘子的强度从顶部金属附件处的 M 到底部处的 P_0h 线性增长，则应在订货时经供需双方协议。

注：经供需双方协议，顶部金属附件处的弯矩 M 也可以采用倒装支柱绝缘子，并在自由端施加负荷的方法验证。这一方法在支柱绝缘子机械强度不是按线性增长设计时也可使用。

5.2.5 **扭转试验**

支柱绝缘子承受扭转负荷时应避免承受任何弯矩。支柱绝缘子的扭转强度可以用单个支柱绝缘子元件试验。试验时如果支柱绝缘子由多种元件构成，选择强度最低的一种元件试验。

5.2.6 **拉伸试验**

试验时支柱绝缘子应沿其轴线承受拉伸负荷。支柱绝缘子的拉伸强度可以用单个支柱绝缘子元件试验。试验时如果支柱绝缘子由多种元件构成，选择强度最低的一种元件试验。

5.2.7 **压缩试验**

试验时支柱绝缘子应沿其轴线承受压缩负荷。二元件支柱绝缘子的压缩强度可以用单个支柱绝缘子元件试验。试验时如果支柱绝缘子由多种元件构成，选择强度最低的一种元件试验。较长的支柱绝缘子压缩试验时可能失稳，需要用整只支柱绝缘子试验。

5.2.8 **接受准则**

若试验时达到规定机械破坏负荷，则支柱绝缘子通过本试验。

5.3 **负荷下的偏移试验——特殊型式试验**

当认为有需要时应经供需双方协议进行本试验。

试验时，在整只支柱绝缘子的自由端或通过延伸杆(见 5.2.4)对其施加弯曲负荷，并在支柱绝缘子上端面测量偏移。偏移量随着施加负荷的升高而增长，分别记录负荷为规定机械破坏负荷 20%、50% 和 70%时的偏移值。

5.4 温度循环试验——抽样试验

5.4.1 一般要求

a) 本试验于机械破坏负荷试验前在单独支柱绝缘子元件上进行。

b) 试验容器中的水量应足够多,以保证绝缘子浸入时引起水温的变化不超过 ±5 K。

c) 绝缘子在热水浴和冷水浴中或在其之间转运时可以使用中间容器。这种容器应为金属网篮,热容量低,水能够自由进出。

5.4.2 适用于支柱瓷或钢化玻璃绝缘子的试验

试验用热水浴和冷水浴的温差为 50 K,将具有完整金属附件的支柱绝缘子迅速完全浸入热水浴中,保持时间$(15+0.7m)$ min,但最长为 30 min,式中 m 是支柱绝缘子的质量,单位 kg。然后将其取出并迅速完全浸没在冷水浴中,保持时间和在热水浴中的相同。

此热-冷的循环应连续进行 3 次,中间转运时间应尽可能短,并不超过 1 min。

三个循环完成后,应检查绝缘子有无开裂或其他损坏。对于第 2 类、第 4 类和第 5 类绝缘子(见 2.1.1),还应按 4.10.1 规定的程序进行工频电压试验。

5.4.3 适用于支柱退火玻璃绝缘子的试验

试验用热水浴和人工冷雨的温差为 θ K,将具有完整金属附件的支柱绝缘子迅速完全浸入热水浴中(无中间容器),保持 15 min,然后将其取出迅速以强度为 3 mm/min 的人工冷雨(其他特性不规定)浇淋 15 min。

此热-冷的循环应连续进行 3 次,中间转运时间应不超过 1 min。

退火玻璃耐受温度变化的能力取决于若干因素,其中最重要的因素是配方组成。对于这种绝缘子,除非供需双方另有协议,温差 θ 应为:

碱金属玻璃配方,30 K;

硼硅酸盐玻璃配方,70 K。

三个循环完成后,应检查绝缘子有无开裂或其他损坏。对于第 2 类、第 4 类和第 5 类绝缘子(见 2.1.1),还应按 4.10.1 规定的程序进行工频电压试验。

5.4.4 接受准则

如果没有开裂或机械破坏,第 2 类、第 4 类和第 5 类绝缘子在工频电压试验期中没有出现击穿,则支柱绝缘子通过本试验。同时,绝缘子应符合机械破坏负荷试验的要求(见 5.2)。

5.5 逐个热震试验(仅适用于钢化玻璃绝缘件)

将未装配或安装金属附件的钢化玻璃件迅速完全浸没在温度不超过 50 ℃ 的水中,在此之前,应用热空气或其他适宜的方法将玻璃件均匀加热,温度达到至少比上述水温高 100 K。

试验中破坏的钢化玻璃件应予剔除。

5.6 孔隙性试验——抽样试验(仅适用于支柱瓷绝缘子)

5.6.1 试验程序

试样应为从绝缘子上敲击取得的瓷碎块,或经供需双方协议在邻近绝缘子焙烧位置专门制得的具有代表性的瓷碎块。试验应采用 3% 的红色或紫罗兰色次甲基染料(如 Astrazon 或 Basonil[1])甲醇或乙醇溶液。试验时将试样浸没在试验溶液中,试验压力不小于 15 MPa,试验压力(MPa)和时间(h)的乘积不小于 180。

试验后把试样从溶液中取出,冲洗后干燥,并再次敲碎。

5.6.2 接收准则

目力观察新敲击开的表面,不应有任何染料渗透现象。试验前敲击形成小裂纹中的渗透应予忽略。

---

1) Astrazon 或 Basonil 是市售产品举例,给出这些信息是为了使本部分的用户更为方便,并不表示指定这些产品。

5.7 镀锌层试验

JB/T 8177—1999 适用于本试验。

注：虽然难以给出镀锌层修补的一般推荐，但是仍有可能通过简单处理对损伤面积较小的锌层进行修补，并且修补效果令人满意，例如，用专门制造的低熔点锌合金修补棒进行修补。修补层的厚度至少应和镀锌层的厚度相等。修补可接受的最大面积在某种程度上由黑色金属件的种类及其尺寸决定，但一般建议为 40 mm^2，对于大件绝缘子附件，最大为 100 mm^2。然而，仅当属于次要缺陷时，经供需双方协议才允许进行损伤镀层修补。应该注意，只有未胶装或装配的黑色金属部件才可能用修补棒修补。这是因为在修补过程中黑色金属件的温度太高，不允许把这种修补方法用于已经胶装好的绝缘子。

5.8 逐个外观检查

应检查每只支柱绝缘子，绝缘件上金属附件的安装应符合图样要求。

5.8.1 支柱瓷绝缘子

支柱绝缘子的颜色应和图样规定大致一致。允许釉色深浅有所变化，这种变化不应作为拒收产品的理由，这一点同样适用于釉层较薄而引起的釉色变浅，例如在半径较小的边缘上。

图样规定的上釉表面应覆盖一层平滑、光亮、坚硬的釉，釉面应无裂纹和有损其良好运行性能的其他缺陷。

釉面缺陷包括缺釉、碰损、杂质及针孔。

支柱绝缘子元件外观检查允许缺陷如下：

单个支柱绝缘子元件釉面缺陷总面积不应超过：

$$100+\frac{D\times F}{2\ 000}\ \mathrm{mm}^2$$

单个釉面缺陷面积不应超过：

$$50+\frac{D\times F}{20\ 000}\ \mathrm{mm}^2$$

式中：

D——绝缘子元件的最大直径，单位为毫米(mm)；

F——绝缘子元件的爬电距离，单位为毫米(mm)。

圆柱形支柱绝缘子元件主体上不允许有类似于碰损和开裂那样的表面缺陷。允许有 25 mm^2 以下的缺釉和釉面杂质。

杂质(如伞面上的砂粒)总面积不应超过 25 mm^2，单个杂质表面突起不应超过 2 mm。

杂质堆积(如沙粒堆积)应认作单个釉面缺陷，其环绕线内的面积均应计入总釉面缺陷面积。

直径小于 1.0 mm 的小针孔(例如，上釉中灰尘颗粒所引起的针孔)不应计入总釉面缺陷面积，但这种针孔在任一 50 mm×10 mm 面积内总数不应超过 15 个。此外，支柱绝缘子元件上的针孔总数不应超过：

$$50+\frac{D\times F}{1\ 500}$$

式中 D 和 F 的定义同前。

5.8.2 支柱玻璃绝缘子

绝缘件不应有影响其运行性能的折痕、气孔等表面缺陷，玻璃体内不应有直径大于 5 mm 的气泡。

5.9 逐个机械试验

适用于支柱绝缘子的逐个机械试验项目取决于绝缘子的结构类型(见 2.1.1)和高度。

5.9.1 公称高度大于 770 mm 的圆柱形支柱绝缘子(第 1 类、第 2 类和第 6 类)

5.9.1.1 已装配的支柱绝缘子

对整只支柱绝缘子进行逐个弯曲试验。绝缘子应安装在刚性底座上，在绝缘子自由端施加试验负荷，施加负荷方向与绝缘子轴线垂直。

注：逐个机械试验可以对各个支柱绝缘子元件进行。此时制造商应保证试验负荷和弯曲应力与整只支柱绝缘子试验时完全相当，例如可使用延伸杆，延伸杆的长度与被试元件上方的一个或几个元件长度相同。

如果买方要求进行弯矩试验，而且规定弯矩超过 GB/T 8287.2—2008 的要求，则逐个弯矩试验可以作为正常逐个试验的一部分，也可以作为一个附加试验，试验负荷施加到顶部金属附件上。

5.9.1.1.1 **整只支柱绝缘子的逐个机械试验**

应在四个相互垂直的方向上对绝缘子施加负荷。试验负荷为绝缘子规定机械破坏负荷的 50%，每一方向持续至少 3 s。

另外，订货时经供需双方协议，弯曲试验负荷可以为规定机械破坏负荷的 70 % 及以下，施加方向多于一个，每一方向持续至少 3 s。

注：供需双方协议中有必要考虑较高的试验负荷对瓷件或玻璃件与金属附件结合区域可能的影响。

5.9.1.1.2 **顶部金属附件上的逐个机械试验**

适用的试验程序取决于买方提出的强度要求。

——若买方要求从 $0.5P_0h$ 或 $0.2P_0h$(按支柱绝缘子的结构)到 P_0h 强度线性增长，逐个机械试验应使用延伸杆在整只绝缘子上进行。调整延伸杆的长度和施加负荷达到按 5.9.1.1.1 在支柱绝缘子底部所要求的弯矩。

——若买方不要求强度线性增长，不可能使用延伸杆在整只支柱绝缘子上进行逐个机械试验。此时，若顶部金属附件的弯曲强度特别重要并且买方提出要求，应对顶部元件进行附加试验。试验细节应在订货时协议，包括使用延伸杆或者采用倒置该元件试验。

5.9.1.1.3 **实际使用要求的逐个机械试验**

若实际使用有要求，供需双方可以协议进行如扭转试验、拉伸试验或压缩试验等不同型式的逐个试验，试验细节应在订货时协议。

5.9.1.2 **未装配的支柱绝缘子**

经供需双方协议，逐个机械试验可以在圆柱形支柱绝缘子或支柱绝缘子元件装配前对其绝缘件进行，作为在已装配的支柱绝缘子上的逐个弯曲试验的替代试验。此时，弯曲负荷应分几个不同方向施加。负荷值应足以保证沿绝缘件自由端或未支撑端长度方向上的每一处所达到的弯曲应力至少等于施加规定破坏负荷时在该处产生应力的 70%，但不超过 100%。

注 1：未装配绝缘子元件逐个机械试验的适宜方法示于附录 B。

注 2：应该注意到，该项试验并不验证金属附件和支柱绝缘子的装配质量。

5.9.2 **公称高度小于等于 770 mm 的圆柱形支柱绝缘子(第 1 类、第 2 类、第 3 类、第 4 类和第 6 类)**

除非供需双方另有协议，公称高度 $h \leqslant 770$ mm 的圆柱形支柱绝缘子不需要进行逐个机械试验。如果要求进行逐个机械试验，通常应进行拉伸试验或弯曲试验，试验细节应在订货时协议。

5.9.3 **针式支柱绝缘子(第 5 类)**

逐个机械试验通常应为拉伸试验。试验负荷应等于以拉伸方式施加的规定机械破坏负荷的 30%，持续至少 3 s。

第 4 类和第 5 类支柱绝缘子的逐个机械试验应在逐个电气试验前进行。

5.9.4 **接收准则**

逐个机械试验后应仔细检查每个支柱绝缘子。绝缘子不应有任何损坏，包括金属附件破坏，或开始脱落。

5.10 **逐个超声波探伤检查**

超声波试验用于探测圆柱形支柱绝缘子的内部缺陷或裂纹。超声波的频率为 0.8 MHz～5 MHz。试验应在安装金属附件前进行，超声波探测方向沿绝缘子轴线。试验方法和程序符合JB/T 9674—1999。

注：经供需双方协议，超声波试验也可以用于垂直于绝缘子轴线的方向探测，但超声波试验结果解释需要经验，因而还不能将这种方法准确描述。

6 支柱绝缘子试验项目

6.1 型式试验

6.1.1 标准试验

根据 3.3 和 3.1.1,下列试验(若适用)仅做一次:

a) 雷电冲击干耐受电压试验(4.5);

b) 操作冲击干耐受电压试验(4.6)——本试验仅适用于户内支柱绝缘子;

c) 操作冲击湿耐受电压试验(4.6)——本试验仅适用于户外支柱绝缘子;

d) 工频干耐受电压试验(4.7)——本试验仅适用于户内支柱绝缘子;

e) 工频湿耐受电压试验(4.8)——本试验仅适用于户外支柱绝缘子;

f) 人工污秽耐受电压试验(4.9)——本试验仅适用于户外支柱绝缘子;

g) 机械破坏负荷试验(5.2)。

注:适用于各种结构类型支柱绝缘子的标准型式试验项目汇总于表 3(6.4)。

6.1.2 特殊试验

经供需双方协议也可以进行下列试验:

——负荷下偏移试验(5.3);

——无线电干扰试验(见 JB/T 3567—1999)。

6.2 抽样试验

根据 3.4.1,从提交验收的批中随机抽取一定数量的支柱绝缘子进行下列抽样试验(若适用):

a) 尺寸检查(5.1);

b) 温度循环试验(5.4);

c) 机械破坏负荷试验(5.2);

d) 击穿试验(4.9)——仅对第 4 类和第 5 类(见 2.1.1)支柱绝缘子;

e) 孔隙性试验(5.6)——仅对瓷绝缘子;

f) 镀锌层试验(5.7)。

选取的每只支柱绝缘子均应进行试验 a)、试验 b)、试验 e)(对瓷绝缘子)和试验 f)。

不同机械破坏负荷试验(弯曲、扭转、拉伸和压缩)间样品数的分配,以及击穿试验用绝缘子数量应经供需双方协议。若无特殊运行因素,机械破坏负荷试验通常应为弯曲试验。

任一支柱绝缘子或金属附件不符合所适用的任何一项抽样试验中的接收准则,均应按相关重复试验程序(见 3.4.2)办理。

注:适用于各种结构类型支柱绝缘子的抽样试验项目汇总于表 4(见 6.4)。

6.3 逐个试验

每只支柱绝缘子均应按下列次序进行相应的试验:

a) 超声波探伤检查(见 5.10);——仅对圆柱形支柱瓷绝缘件;

b) 逐个高度检查(见 5.1.3);

c) 逐个热震试验(见 5.5)——仅对钢化玻璃件;

d) 逐个外观检查(见 5.8);

e) 逐个电气试验(见 4.11.2)——对空腔圆柱形支柱绝缘子(第 2 类,见 2.1.1)瓷件;

f) 逐个机械试验(见 5.9);

g) 逐个电气试验(见 4.11.1)——仅对第 4 类和第 5 类支柱绝缘子(见 2.1.1)。

注 1:打击试验推荐为支柱绝缘子瓷件的一种有效的逐个试验方法,其试验方法由企业自行确定。

注 2:适用于各种结构类型支柱绝缘子的逐个试验项目汇总于表 5(见 6.4)。

6.4 支柱绝缘子试验项目汇总

6.1、6.2和6.3详述了适用于支柱绝缘子的型式、抽样和逐个试验。表3(型式试验)、表4(抽样试验)和表5(逐个试验)汇总了所有试验项目,并指出了它们对各种结构类型支柱瓷或玻璃绝缘子的适用性。

表3 支柱绝缘子的型式试验

对一只支柱绝缘子的型式试验(见6.1)章条编号和型式试验项目	户内支柱绝缘子		户外支柱绝缘子	
	瓷材料	玻璃	瓷材料	玻璃
4.5 雷电冲击干耐受电压试验	×	×	×	×
4.6 操作冲击干耐受电压试验(仅适用于设备最高电压363 kV及以上的支柱绝缘子)	×	×	—	—
4.6 操作冲击湿耐受电压试验(仅适用于设备最高电压363 kV及以上的支柱绝缘子)	—	—	×	×
4.7 工频干耐受电压试验	×	×	—	—
4.8 工频湿耐受电压试验	—	—	×	×
4.9 人工污秽耐受电压试验	—	—	×	×
5.2 机械破坏负荷试验	×	×	×	×

注:GB/T 8287.2—2008包括的户内支柱绝缘子用第3类或第4类代表。其他支柱绝缘也可用于户内。GB/T 8287.2—2008包括的户外支柱绝缘子用第1类至第6类代表。

表4 支柱绝缘子的抽样试验

对随机抽取的支柱绝缘子的抽样试验(见3.4.1和6.2)章条编号和抽样试验项目	2.1.1定义及图1~图6显示的结构类型					
	1)	2)	3)	4)	5)	6)
5.1 尺寸检查	×	×	×	×	×	×
5.4 温度循环试验	×	×	×	×	×	×
5.2 机械破坏负荷试验	×	×	×	×	×	×
4.9 击穿试验	—	—	—	×	×	—
5.6 孔隙性试验(仅适用于瓷材料支柱绝缘子)	×	×	×	×	×	×
5.7 镀锌层试验	×	×	(×)	(×)	×	×

表5 支柱绝缘子的逐个试验

对所有绝缘子的逐个试验(见6.3)章条编号和试验项目		2.1.1定义及图1~图6显示的结构类型					
		1)	2)	3)	4)	5)	6)
		瓷材料支柱绝缘子					
5.8 逐个外观检查		×	×	×	×	×	×
5.1.3 高度检查		×	×	×	×	×	×
5.10 超声波探伤检查		Y	—	Y	—	—	—
5.9 逐个机械试验	高度>770mm(弯曲试验)	×	×	×	×	—	×
	高度≤770mm(拉伸试验)	—	—	—	—	×	—
4.10 逐个电气试验		—	Y	—	×	×	—
		玻璃材料支柱绝缘子					
5.5 逐个热震试验		—	×	×	×	×	×
5.8 逐个外观检查		—	×	×	×	×	×
5.1.3 高度检查		—	×	×	×	×	×
5.9 逐个机械试验	高度>770 mm(弯曲试验)	—	×	×	×	—	×
	高度≤770 mm(拉伸试验)	—	—	—	—	×	—

注1:若实际使用有要求,经供需双方协议,可以对支柱绝缘子进行替代或附加机械逐个试验(见5.9)。

注2:Y——适用于装配前的瓷件。

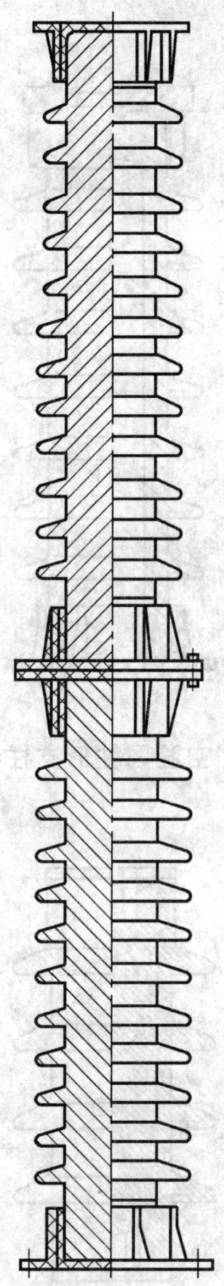

图 1　实心圆柱形支柱绝缘子

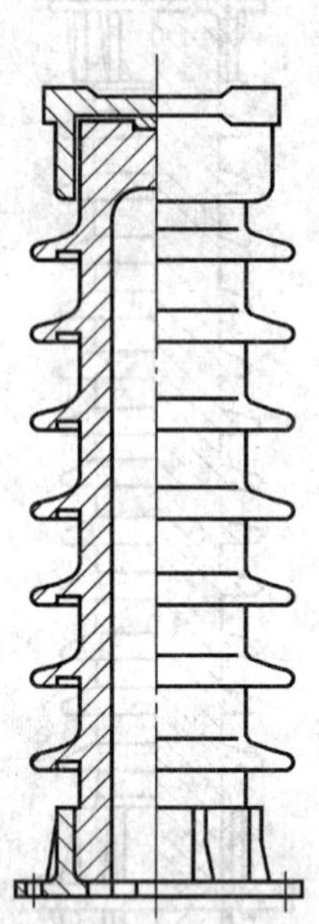

图 2　空腔圆柱形支柱绝缘子

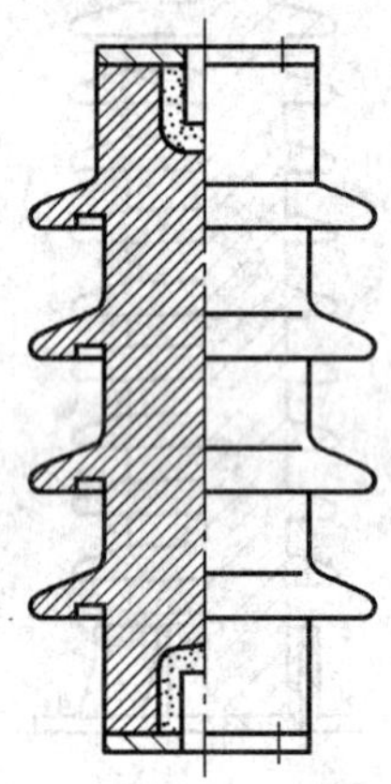

图 3　内胶装实心圆柱形支柱绝缘子

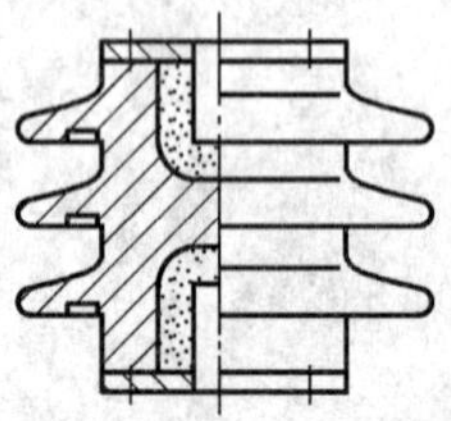

图 4　内胶装圆柱形支柱绝缘子

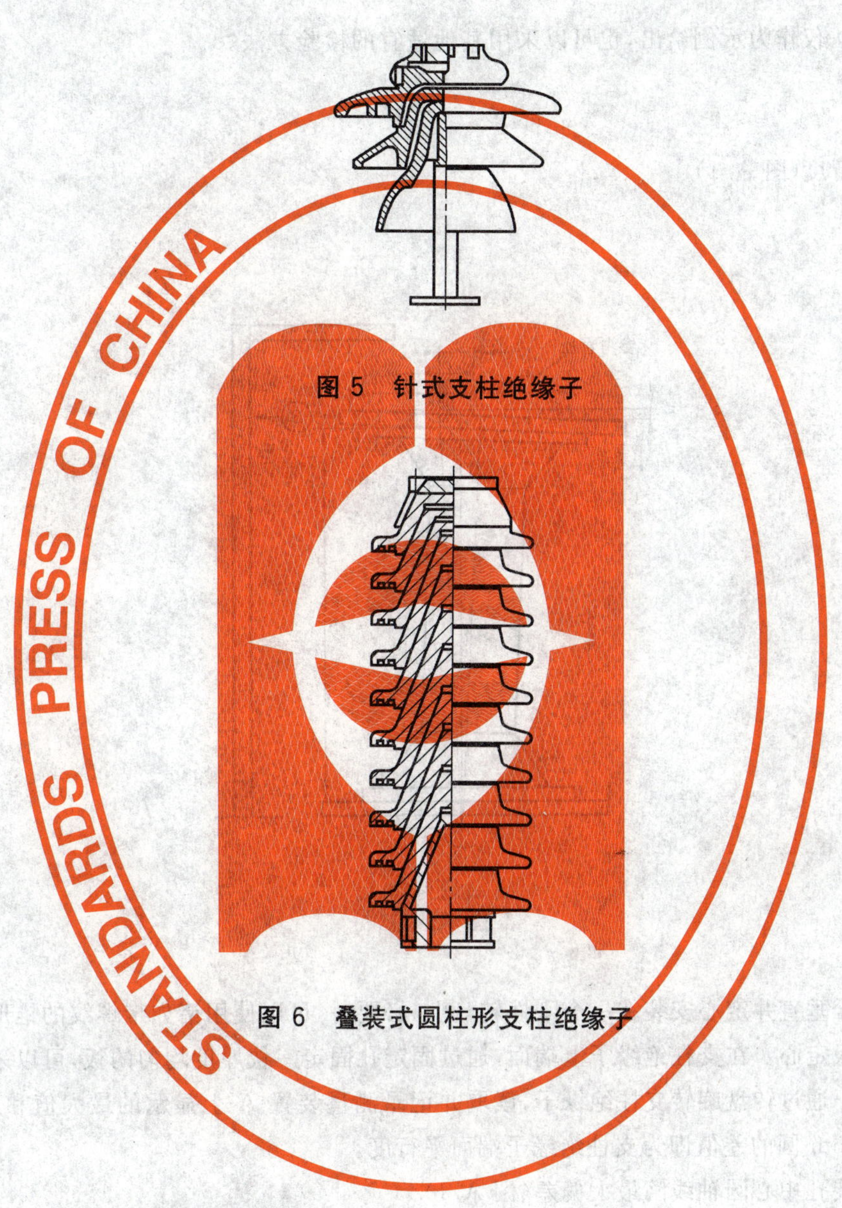

图 5 针式支柱绝缘子

图 6 叠装式圆柱形支柱绝缘子

附　录　A
（资料性附录）
支柱绝缘子的形状和位置偏差检验方法

下列检验方法仅作为示例给出，也可以采用其他适宜的检验方法。

A.1　检验方法

a)　端面平行度（图 A.1）

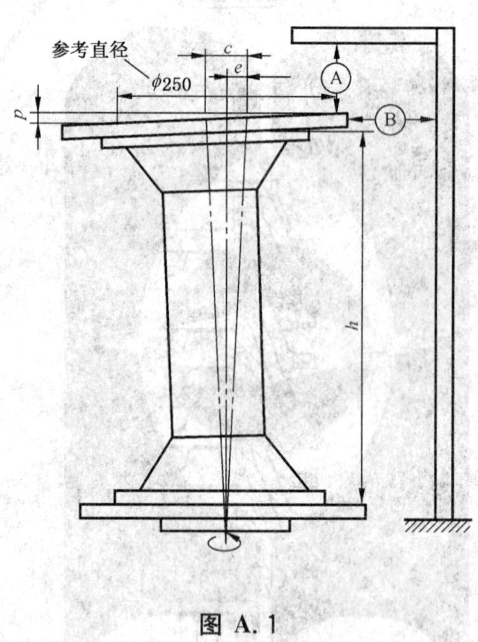

图 A.1

将支柱绝缘子垂直并定心安装在一个刚性转盘上，必要时，可以使用诸如带螺纹的锥形定位销和厚度均匀的过渡平板定心。在支柱绝缘子上端面，通过固定孔固定一块厚度均匀的板，可以采用带螺纹的锥形定位销定心。通过转盘旋转支柱绝缘子，读取并记录测量装置 A 上显示的最大值和最小值，其相对于直径为 250 mm 圆的差值即为支柱绝缘子端面平行度。

b)　上下安装孔中心圆轴线间最大偏差（图 A.1）

使用与 a）相同的安装方法，采用诸如带螺纹的锥形定位销通过固定孔将一块圆板同心地固定在上表面。通过转盘旋转支柱绝缘子，读取并记录测量装置 B 上显示的最大值和最小值。

上下安装孔中心圆轴线间最大偏差为最大值和最小值之差的一半。

c)　安装孔角度偏差（图 A.2）

在两端使用诸如 V 形块将支柱绝缘子水平放置。将光杆部分经精加工的螺钉旋入金属附件的螺孔内，或将加工的非标螺栓定心固定到金属附件的光孔内。

在绝缘子一端放置一只足够精确的水平仪，在绝缘子另一端放置一只足够精确并可直接读数的水平仪，即可如图所示确定安装孔的相对角度偏差。

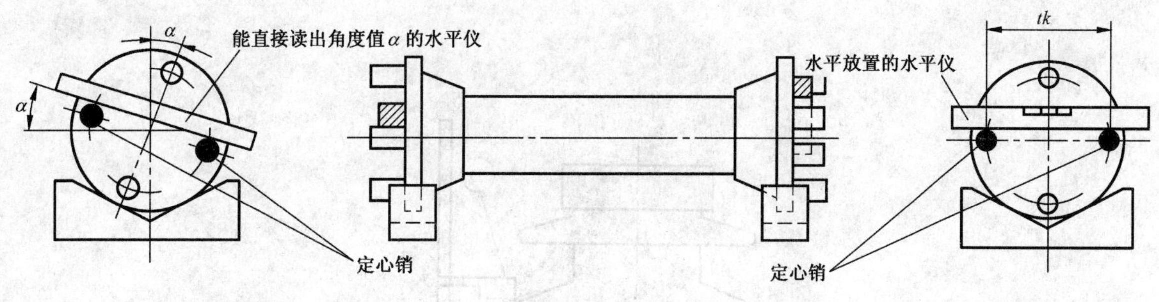

图 A.2

d) 直线度(图 A.3)

安装支柱绝缘子元件,使其能够绕一轴线旋转,该轴线为通过支柱绝缘子上下部金属附件安装孔中心圆圆心的一条直线。

安装方法与项 a)相同,只要顶部金属附件相对于底部金属附件不偏心。端面平行度偏差可以用诸如在底部金属附件和转盘间插入小薄垫片来矫正。

将测量装置 C 置于沿参考轴线的不同水平位置,通过转盘旋转支柱绝缘子元件,读取并记录每一水平位置时最大和最小读数间的差值,所有差值中最大值的一半即为直线度。

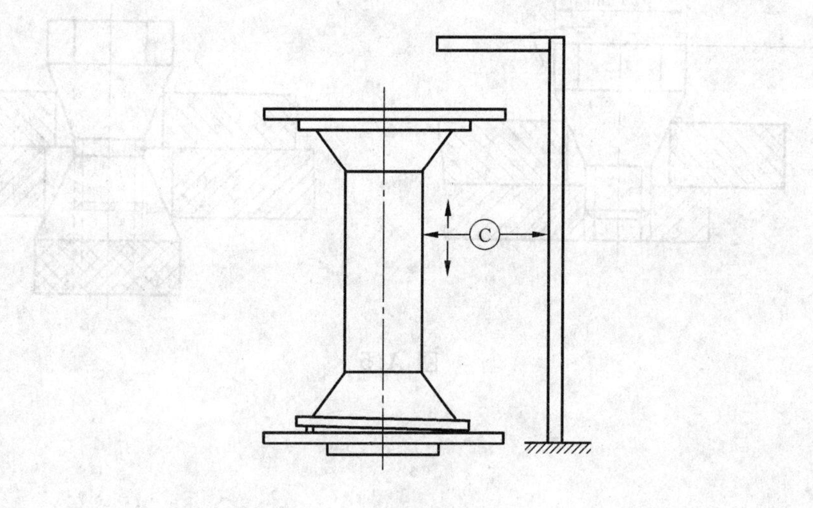

图 A.3

e) 伞倾角(图 A.4)

将支柱绝缘子元件垂直安装,使其能够旋转。安装方法与 a)相同。

在绝缘子旁边直立的部件带有测量装置 D,测量装置配有水平参考标志和具有角刻度的活动板。活动板角度与绝缘子伞的上表面贴近在一起时,即可确定其倾斜度或伞倾角。

A.2 检验时要采取的措施

对于 a)、b)和 d),有必要验证转盘表面垂直于旋转轴。

对于 a)和 b),还需注意校准,使支柱绝缘子金属附件安装孔中心圆圆心与转盘旋转轴重合。为此,可以用在 4 个安装孔中安装带螺纹的锥形销或螺栓的方法定位(示例于图 A.5)。

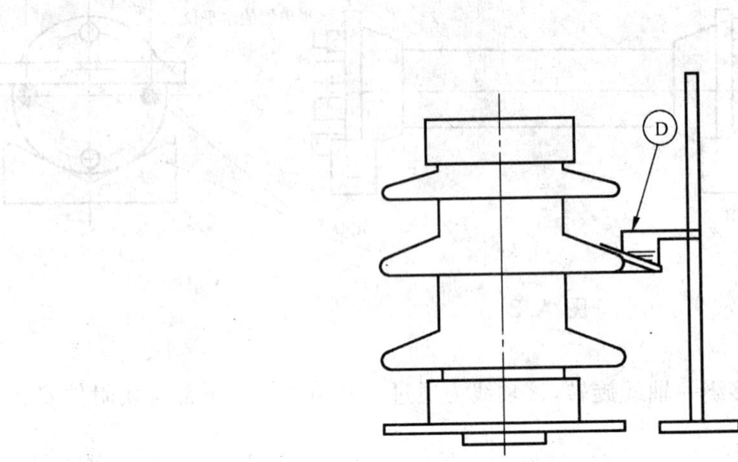

图 A.4

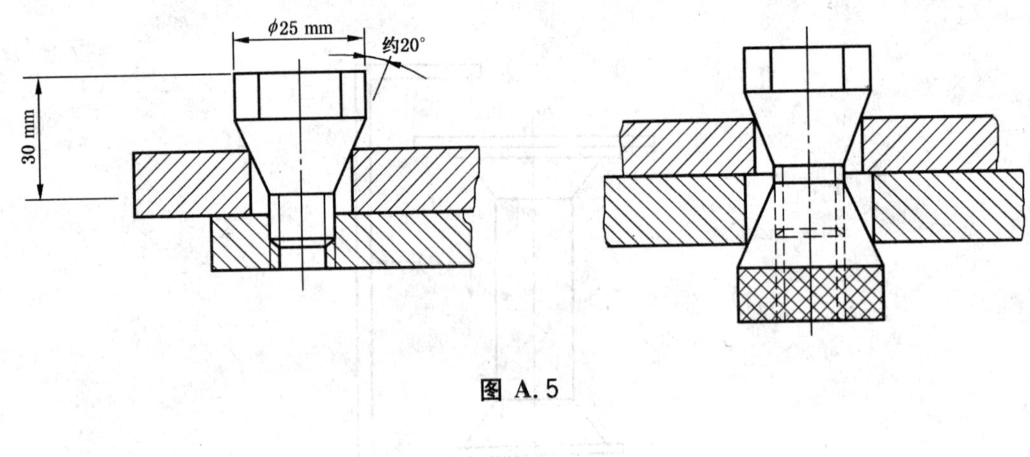

图 A.5

附 录 B
（资料性附录）
未装配的绝缘子元件逐个试验方法

下列试验方法仅作为示例给出，也可以采用其他适宜的检验方法。制造商应选择与规定负荷施加条件最接近的试验方法。

B.1 均匀弯矩试验方法

可将被试绝缘子元件水平安装在适宜的试验设备（比如图 B.1 示意）上，两液压臂施加相等的负荷在支柱绝缘子元件整个长度方向上产生均匀弯矩。适当调整加载点和轴支点位置以及施加的负荷，能使该弯矩等于已装配好的支柱绝缘子元件经受机械破坏负荷时的弯矩。应在四个相互垂直的方向上施加弯矩，负荷应在绝缘子元件转动 90°前释放。

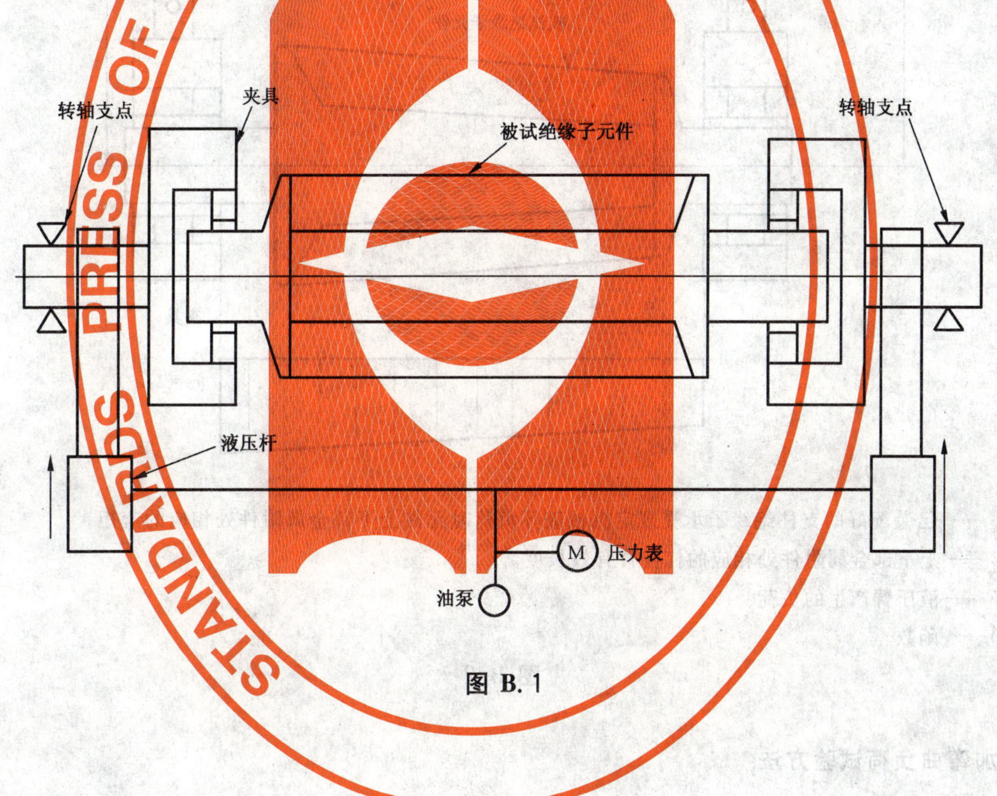

图 B.1

B.2 不均匀弯矩试验方法

可将被试绝缘子元件水平安装在适宜的试验设备（比如图 B.2 示意）上，液压臂施加的负荷通过杠杆在支柱绝缘子元件整个长度方向上产生不均匀弯矩。调节负荷和杠杆的有效长度，能够得到与已装配好的支柱绝缘子元件经受机械破坏负荷相同的弯矩分布。应在四个相互垂直的方向上施加弯矩，负荷应在绝缘子元件转动 90°前释放。

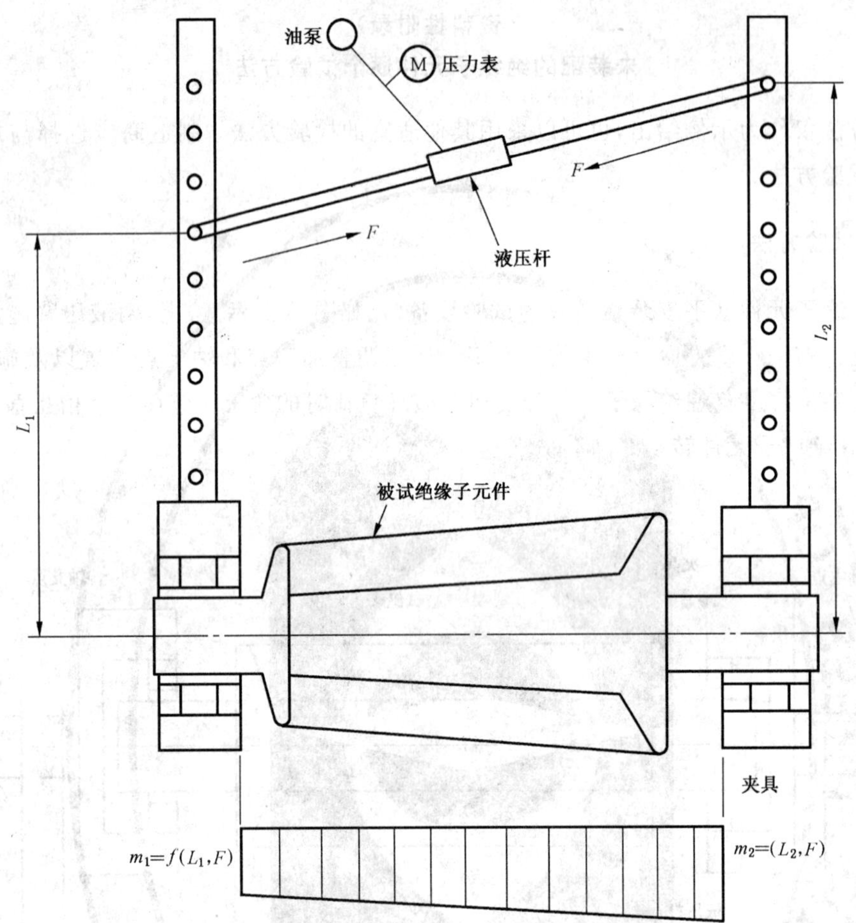

m_1、m_2——已装配好的支柱绝缘子承受规定机械破坏负荷时元件上下部金属附件处相应的弯矩。

L_1、L_2——上下部金属附件处相应的杠杆臂有效长度。

F——液压臂产生的负荷。

$f()$——函数。

图 B.2

B.3 施加弯曲负荷试验方法

可将被试绝缘子元件垂直安装在适宜的试验设备(比如图 B.3 示意)上。绝缘子元件下端适当固定,在自由端施加水平负荷。施加的负荷应使在绝缘子元件下部产生的弯矩和对已装配好绝缘子施加规定机械破坏负荷时在被试元件上产生的弯矩相同。应在四个相互垂直的方向上施加负荷,负荷应在绝缘子元件转动 90°前释放。

可以把绝缘子元件倒转,再次在四个相互垂直方向上施加负荷进行试验。

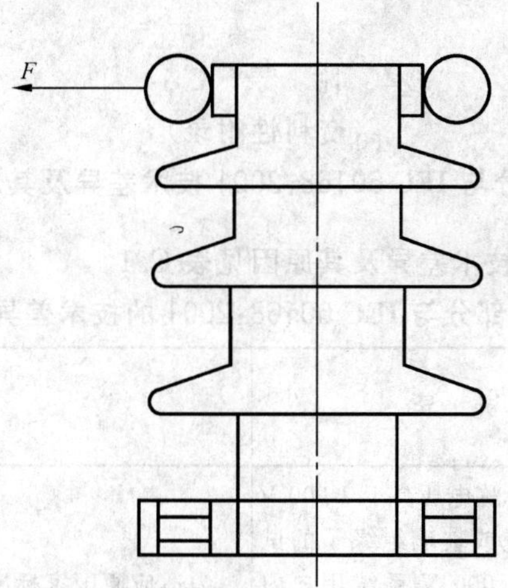

图 B.3

附 录 C
（资料性附录）
本部分与 IEC 60168:2001 技术差异及其原因

本部分与 IEC 60168:2001 的技术差异及其原因见表 C.1。

表 C.1 本部分与 IEC 60168:2001 的技术差异及其原因

本部分章条编号	技术性差异	原因简述
标题	将 IEC 60168 的标题"标称电压高于 1 000 V 系统用户内和户外支柱瓷或玻璃绝缘子的试验"改为"标称电压高于 1 000 V 系统用户内和户外支柱绝缘子　第 1 部分:瓷或玻璃绝缘子的试验"。	为适应原国家标准为一个标准的两个部分的现状。
1.1	注 2 中删除了有关人工污秽试验的内容。	本部分把人工污秽试验作为型式试验项目之一,有关人工污秽试验的内容在本部分的其他章条中叙述。
2.1	将标题"绝缘子结构和绝缘材料"改为"绝缘子结构和绝缘子用材料"。	和 2.1.2 修改保持一致。
2.1.2	将标题"绝缘材料"改为"绝缘子用材料",在内容中增加了对构成绝缘子的其他主要材料的要求。	根据 GB 8287.1—1998 的运行经验及我国实际情况,除绝缘材料外,构成绝缘子的其他主要材料,如金属附件、水泥胶合剂等对绝缘子的性能都有很大影响,因而保留了原标准的该部分内容。
2.2	将人工污秽特性从供需双方协商特性调整为标准特性。	鉴于新的 IEC 60815 还未发布出版,与之对应的国家标准也未报批,新的污秽条件下绝缘子的选择和尺寸确定方法在我国尚无足够的实施经验,本标委会确定暂时仍按照 GB 12744—1991 将人工污秽试验作为型式试验项目之一。
3.2	将"质量保证"修改为"质量管理"。	适应 GB/T 19000(IDT ISO 9000)族标准体系的变化。
表 2	在绝缘子总高一栏将"4200＜h"一档改为"4200＜h≤5700",增加"5700＜ h"一档,同时调整了金属支架高度栏的数值。	纳入我国特高压产品的试验要求。
4.9	增加了本条:人工污秽耐受电压试验。	同 2.2。
4.11.1	修改"连续施加电压 3 min～5 min "为"连续施加电压 5 min"。	保留了 GB 8287.1—1998 的内容,便于实际操作。
5.2.4.4	修改"对支柱绝缘子 C2—750～C10—2550,$M=0.2\ P_0h$。"为"对支柱绝缘子 C2—750～C16—3200,$M=0.2\ P_0h$。"。	纳入我国特高压产品的试验要求,和 GB/T 8287.2 协调。
5.7	将所有内容改为引用 JB/T 8177—1999。	JB/T 8177—1999 在我国执行多年,情况良好,其技术内容和 IEC 60168:2001 基本无差异。
5.10	增加逐个超声波探伤检查的内容。	超声波可有效探测实心瓷件内部缺陷,国内各制造企业都积累了大量实测经验,可以作为瓷件的逐个试验项目之一。

表 C.1（续）

本部分章条编号	技术性差异	原因简述
6.1	把人工污秽耐受电压试验从特殊试验调整为标准试验。	同 2.2。
6.3 表 5	增加超声波探伤检查项目。	同 5.10。
6.3;表 5	增加逐个高度检查项目。	根据 GB 8287.1—1998 的执行经验，保留了该标准的内容。
6.3	在注中推荐企业把打击试验作为质量控制手段之一。	打击试验是支柱绝缘子瓷件的一种有效的逐个试验方法，但操作经验较为重要，难以列入国家标准，推荐企业自行确定试验方法。
表 3	将操作冲击耐受电压的适用性由 245 kV 以上修改为 363 kV 及以上。	适应我国的电压等级规定。
附录 C	增加。	便于对照本部分和 IEC 60168:2001 的技术性差异。
附录 D	增加。	便于对照本部分和 IEC 60168:2001 的章条。

附　录　D
（资料性附录）
本部分与 IEC 60168:2001 章条编号对照

表 D.1 给出了本部分与 IEC 60168:2001 的章条编号对照一览表。

表 D.1　本部分与 IEC 60168:2001 相应章条编号对照

本部分章条编号	IEC 60168:2001 章条编号
1	1
2	2
3	3
4	4
4.1	4.1
4.2	4.2
4.3	4.3
4.4	4.4
4.5	4.5
4.6	4.6
4.7	4.7
4.8	4.8
4.9	—
4.10	4.9
4.11	4.10
5	5
5.1	5.1
5.2	5.2
5.3	5.3
5.4	5.4
5.5	5.5
5.6	5.6
5.7	5.7
—	5.7.1
—	5.7.2
6	6
附录 C	—
附录 D	—
注：其余章条编号完全相同。	

ICS 29.080.10
K 48

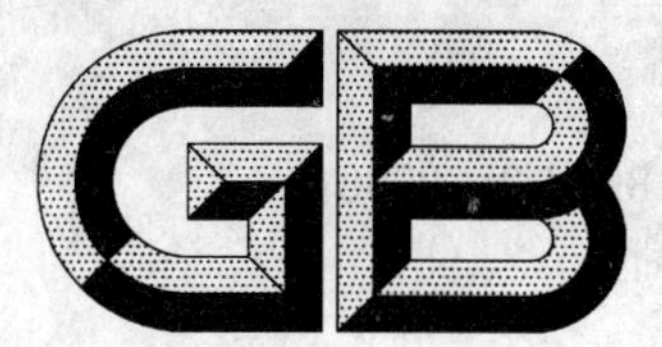

中华人民共和国国家标准

GB/T 8287.2—2008
代替 GB/T 8287.2—1999,GB 12744—1991

标称电压高于 1 000 V 系统用户内和户外支柱绝缘子 第 2 部分:尺寸与特性

Indoor and outdoor post insulators for systems with nominal voltage greater than 1 000 V—Part 2:Dimensions and characteristics

(IEC 60273:1990,Characteristics of indoor and outdoor post insulators for systems with nominal voltages greater than 1 000 V,MOD)

2008-06-30 发布　　2009-04-01 实施

中华人民共和国国家质量监督检验检疫总局
中国国家标准化管理委员会　发布

前言

GB/T 8287《标称电压高于 1 000 V 的系统用户内和户外支柱绝缘子》目前分为两个部分：

——第 1 部分：瓷或玻璃绝缘子的试验；

——第 2 部分：尺寸与特性。

本部分为 GB/T 8287 的第 2 部分。

本部分修改采用 IEC 60273:1990《标称电压高于 1 000 V 的系统用户内和户外支柱绝缘子的特性》(英文版)。

本部分和 IEC 60273:1990 的技术性差异在它们所涉及的条款的页边空白处用垂直单线标识，附录 B 给出了技术性差异及其原因一览表，附录 C 给出了本部分和 IEC 60273:1990 章条对照表。

为便于使用，本部分还做了下列编辑性修改：

a) “本国际标准”一词改为“本部分”；

b) 用小数点“.”代替作为小数点的“,”；

c) 删除国际标准的前言和参考文献。

本部分整合了 GB/T 8287.2—1999《高压支柱瓷绝缘子　第 2 部分：尺寸与特性》和 GB 12744—1991《耐污型户外棒形支柱瓷绝缘子》的内容。

本部分和 GB/T 8287.2—1999 和 GB 12744—1991 的主要差异有：

——文本格式、编排、章条等按照 IEC 60273:1990，和 GB/T 8287.2—1999 及 GB 12744—1991 完全不同；

——将支柱绝缘子的主要表征特性由额定电压改为冲击电压；

——补充了 550 kV 绝缘子的特性值，增加了 800 kV 和 1 100 kV 绝缘子的特性值；

——为了保持文本的完整性，保留 IEC 60273:1990 的全部内容，特别是标准的范围扩展到了户内支柱有机材料绝缘子；

——对于户外棒形支柱绝缘子设置了四级最小爬电距离等级。

附录 D 列出了 GB/T 8287.2—1999 原有系列的特性，以便本部分使用时参考。

本部分的附录 A、附录 B、附录 C 和附录 D 均为资料性附录。

本部分由中国电器工业协会提出。

本部分由全国绝缘子标准化技术委员会(SAC/TC 80)归口。

本部分主要起草单位：唐山高压电瓷有限公司、西安电瓷研究所、西安双佳高压电瓷电器有限公司、苏州电瓷厂有限公司、西安西电高压电瓷有限责任公司、国家绝缘子避雷器质量监督检验中心。

本部分主要起草人：杨明、姚君瑞、陈月娥、陆洲、李大楠、迟向丽、刘占民、危鹏。

本部分所代替标准的历次版本发布情况：

——GB 8287.2—1987、GB/T 8287.2—1999。

——GB 12744—1991。

标称电压高于 1 000 V 系统用户内和户外支柱绝缘子 第 2 部分：尺寸与特性

1 目的和范围

1.1 范围

GB/T 8287 的本部分适用于标称电压高于 1 000 V、频率不超过 100 Hz 的交流系统中运行的电气装置或设备用的户内或户外支柱瓷或玻璃绝缘子及其元件，以及户内有机材料支柱绝缘子。本部分也可作为直流系统用支柱绝缘子的暂行标准。

本部分包括的绝缘子主要用于隔离开关、断路器、母线和熔断器等电气设备。

本部分包括五种类型的支柱绝缘子：

a) 户内内胶装支柱瓷或玻璃绝缘子；

b) 户内内胶装有机材料支柱绝缘子；

c) 户外内胶装圆柱形支柱瓷或玻璃绝缘子；

d) 户外外胶装圆柱形支柱瓷或玻璃绝缘子；

e) 户外针式支柱瓷或玻璃绝缘子。

术语"圆柱形绝缘子"也包括截锥形绝缘子。

本部分包括的五种类型绝缘子按其电气、机械和尺寸特性分类。图 1、图 2、图 3、图 4 和图 5 分别为每种绝缘子的典型图例。

这些图例仅给出一般性描述，允许采用其他形状和结构。

1.2 目的

本部分的目的是规定支柱绝缘子的电气特性、机械特性和尺寸特性值。尺寸特性值是同类型支柱绝缘子及其元件实现互换的基础。

注：瓷和玻璃材料绝缘子的一般定义和试验方法见 GB/T 8287.1—2008，有机材料绝缘子的一般定义和试验方法见 JB/T 10305。

1.3 术语和定义

GB/T 2900.8—1995 和 GB/T 8287.1—2008 确立的术语和定义适用于本部分。

2 规范性引用文件

下列文件中的条款通过 GB/T 8287 的本部分的引用而成为本部分的条款。凡是注日期的引用文件，其随后所有的修改单(不包括勘误的内容)或修订版均不适用于本部分，然而，鼓励根据本部分达成协议的各方研究是否可使用这些文件的最新版本。凡是不注日期的引用文件，其最新版本适用于本部分。

GB/T 197—2003 普通螺纹 公差(ISO 965-1:1998，MOD)

GB 311.1—1997 高压输变电设备的绝缘配合(neq IEC 60071-1:1993)

GB/T 1800.4—1999 极限与配合 标准公差等级和孔、轴的极限偏差表(eqv ISO 286-2:1988)

GB/T 2900.8—1995 电工术语 绝缘子(IEC 60050-471，MOD)

GB/T 8287.1—2008 标称电压高于 1 000 V 系统用户内和户外支柱绝缘子 第 1 部分：瓷或玻璃绝缘子的试验(IEC 60168:2001，MOD)

IEC 60071-1:1993 绝缘配合 第 1 部分：定义、原理和规则

3 电气特性

每种支柱绝缘子的规定雷电冲击耐受电压值是根据 GB 311.1—1997 和 IEC 60071-1:1993 的标准值设计的。绝缘子的最低高度选择由表中列出的某一个电气特性决定,即由适用的雷电冲击干耐受电压、工频湿耐受电压和操作冲击湿耐受电压之一和适当的绝缘配合要求所决定。运行电压不作规定,因为它与支柱绝缘子的高度没有直接关系,高度取决于使用条件特别是污秽条件。

支柱绝缘子的组成,即绝缘子元件的数量、尺寸和位置不作规定,但是对于一个给定高度的支柱绝缘子,它的外形、尺寸和金属附件的形状的组合都会影响绝缘子的电气特性,特别是操作冲击湿耐受电压值。

考虑到如上所述和湿操作冲击试验中的分散性,规定了操作冲击耐受电压值。但是对于许多支柱绝缘子结构,都能达到比规定值更高的操作冲击耐受电压值。

表中给出的耐受电压是按照 GB/T 8287.1—2008 对单柱支柱绝缘子进行试验的要求。这种试验条件有利于得到比使用条件下更高的耐受电压值。这种情况对完整隔离开关更为明显,其实际的耐受值与表中所给的数值有所不同。在此情况下,可选用大于标准高度的绝缘子或使用专用的应力控制金属附件。

4 机械特性

支柱绝缘子机械强度等级按规定弯曲破坏负荷确定。机械强度等级如下:

a) 户内内胶装支柱瓷或玻璃绝缘子

强度等级 2 …… 2 000 N
强度等级 4 …… 4 000 N
强度等级 8 …… 8 000 N
强度等级 16 …… 16 000 N
强度等级 25 …… 25 000 N

b) 户内内胶装有机材料支柱绝缘子

强度等级 2 …… 2 000 N
强度等级 4 …… 4 000 N
强度等级 8 …… 8 000 N
强度等级 10 …… 10 000 N
强度等级 16 …… 16 000 N
强度等级 25 …… 25 000 N

c) 户外内胶装圆柱形支柱瓷或玻璃绝缘子

强度等级 2 …… 2 000 N
强度等级 4 …… 4 000 N
强度等级 8 …… 8 000 N
强度等级 16 …… 16 000 N
强度等级 31.5 …… 31 500 N

d) 户外外胶装圆柱形支柱瓷或玻璃绝缘子

强度等级 2 …… 2 000 N
强度等级 4 …… 4 000 N
强度等级 6 …… 6 000 N
强度等级 8 …… 8 000 N
强度等级 10 …… 10 000 N

强度等级 12.5 ………………………………………………………………………… 12 500 N
强度等级 16 …………………………………………………………………………… 16 000 N
强度等级 20 …………………………………………………………………………… 20 000 N
强度等级 25 …………………………………………………………………………… 25 000 N
强度等级 31.5 ………………………………………………………………………… 31 500 N
强度等级 40 …………………………………………………………………………… 40 000 N

e) 户外针式支柱瓷或玻璃绝缘子

强度等级 A ……………………………………………………………… 3 000 N～5 000 N
强度等级 B ……………………………………………………………… 5 000 N～7 500 N
强度等级 C ……………………………………………………………… 7 500 N～12 000 N
强度等级 D ……………………………………………………………… 12 000 N～18 000 N
强度等级 E ……………………………………………………………… 18 000 N～30 000 N

注：d)中所列的等级中仅对强度等级 2～20 绝缘子尺寸作了规定，强度等级 25、31.5 和 40 产品的尺寸有待将来补充。

规定强度等级是按支柱绝缘子直立安装，水平施加负荷于其顶部进行弯曲试验时的最小破坏负荷规定值。除表 5 包含的绝缘子外，当绝缘子倒装时，弯曲强度规定值可能不适用。当绝缘子的重量不可忽略时，其他的安装状态(如水平安装)也影响其强度。因此，非直立安装绝缘子的适宜强度规定值应由供需双方协议。

根据绝缘子的不同型式，可用不同的方法确定沿绝缘子轴线方向不同高度的弯曲强度(见表 1、表 3、表 5、表 7 和表 9 及注)。

也可规定加在绝缘子顶部表面以上 X mm 处的破坏负荷 P_X，此负荷值需由供需双方协议。对于户内绝缘子表中规定了 P_{50} ($X=50$ mm)的数值。

注：这些值由公式 $P_X = P_0 \dfrac{h}{h+X}$ 确定，h 为绝缘子的总高。

拉伸或压缩强度不作规定。

扭转强度只对上述 d)和 e)类户外支柱绝缘子有规定。

对于有特殊用途的支柱绝缘子，可能要求另外的机械特性，在这种情况下，机械特性值由供需双方协议。

对上述 b)类有机材料支柱绝缘子有如下规定：

圆形截面绝缘子，规定破坏负荷应在垂直于绝缘子轴线的任意方向施加，否则负荷的施加方向应由供需双方协议。

非圆形截面绝缘子的负荷施加方向应予规定。

除非另有协议，规定破坏负荷应在环境温度下施加。

表 3 列出了在 20%和 50%破坏负荷下偏移量的差值，以便评定有机材料支柱绝缘子的挠曲性能。

5 尺寸特性

尺寸特性规定如下：

——总高度；

——绝缘件的最大公称直径；

——安装结构(见第 6 章)；

——允许偏差；

——最小公称爬电距离(仅对户外支柱绝缘子)。

支柱绝缘子的组成不作规定(见第 3 章)。

支柱绝缘子尺寸的标称值应不大于规定的最大值，也应不小于规定的最小值。绝缘子的实际尺寸应有适宜的制造允许偏差。绝缘子高度的允许偏差列于表1、表3、表5、表7和表9，其余尺寸的允许偏差按照GB/T 8287.1—2008中的5.1，但爬电距离检查中仅需满足负偏差要求的情况除外。

注：考虑到产品品种的发展，未列高度允许偏差可以按照以下公式计算：

当 $h \leqslant 1\ 220$ mm 时，±1 mm；

当 $h > 1\ 220$ mm 时，$\pm(1.5+0.001h)$mm，h 以 mm 计。

按照GB/T 8287.1—2008　附录A测量时，端面平行度、上下附件安装孔中心圆轴线间最大偏差和安装孔角度偏差允许偏离的最大值如下：

端面平行度：

当高度 $h \leqslant 1$ m 时，为 0.5 mm；

当高度 $h > 1$ m 时，为 $0.5h$ mm，h 以 m 计。

端面平行度在直径 $D=250$ mm 的圆上测量。

上下附件安装孔中心圆轴线间最大偏差：

$2(1+h)$mm，h 以 m 计。

安装孔角度偏差：

1°(顺时针或逆时针方向)。

安装螺孔中心距偏差不应超过±0.5 mm；

安装光孔中心距偏差不应超过±1 mm；

安装螺孔偏差按照GB/T 197—2003中等精度规定；

安装光孔偏差按照GB/T 1800.4—1999中的H16级；

螺孔的螺纹有效长度不应小于公称螺纹直径。

经验表明，对于多元件支柱绝缘子，如果元件符合上述允许偏差，当两个或更多元件叠装时，通常装配时不会有问题。

上述规定值在制造商与用户之间因没有协议而出现争议时使用，而其他值应根据绝缘子使用需达到的精度要求商定。

注：当元件不符合上述允许偏差时，可参照GB/T 8287.1—2008有关条款执行。

在表5和表9中，仅规定了绝缘子的一种最小公称爬电距离。

在表7中，规定了绝缘子的Ⅰ、Ⅱ、Ⅲ和Ⅳ四级最小公称爬电距离。

注：此仅为产品的最小公称爬电距离等级，与现场污秽度等级无直接对应关系，实际选用按IEC 60815的规定。

绝缘子爬电距离在规定尺寸以内可以增加的值，随绝缘子结构和尺寸而异。当要求增大爬电距离时，应由供需双方共同协商，以避免结构不适用于所运行的污秽环境。

6　安装结构

支柱绝缘子及其元件安装结构应符合表1、表3、表5、表7和表9。

安装孔应等间隔分布在与绝缘子轴线同心的安装孔中心圆的圆周上。除非另有规定，上、下附件安装孔中心圆轴线应处于一条直线上，并能安装标准六角螺栓和螺母。

安装螺孔应是标准尺寸，但不大于0.25 mm的扩径情况除外。此孔应能够与镀锌后的标准尺寸的钢质螺栓相匹配。对于户内和户外支柱瓷或玻璃绝缘子，螺孔螺纹全长不应小于螺纹公称直径；对户内有机材料支柱绝缘子，螺孔螺纹全长不应小于螺孔公称直径的1.5倍。镀锌附件上的螺纹可以在镀锌后加工。

螺纹应采用米制。

有机材料绝缘子底部安装面与底部螺纹孔端面间的轴向距离(图2中的尺寸 l)假定为零，在供需双方另有协议时应采用表5中最后一栏所提供的数值。

注1：尽管现使用的绝缘子在运行中其性能符合本部分所规定的特性，但其螺纹也可能为惠氏或美国粗牙螺纹。

注2：为了提高互换性，元件之间的连接螺栓可随绝缘子提供。

7 标准特性

绝缘子的规定特性列于以下各表：

——户内内胶装支柱瓷或玻璃绝缘子：表1；

——户内内胶装有机材料支柱绝缘子：表3；

——户外内胶装圆柱形支柱瓷或玻璃绝缘子：表5；

——户外外胶装圆柱形支柱瓷或玻璃绝缘子：表7；

——户外针式支柱瓷或玻璃绝缘子：表9和表11。

——安装结构：表2、表4、表6、表8和表10。

表中具有相同雷电冲击耐受电压的绝缘子归为一组，针式支柱绝缘子元件按型号数字顺序排列。

整柱支柱绝缘子的完整规范是圆柱形支柱绝缘子标准化的基础。

表9和表11中元件的完整规范是针式支柱绝缘子标准化的基础。整柱针式支柱绝缘子是由一个或多个元件组成。对多于一个元件的组装柱，通常可以用各种方法达到给定的电压和强度值。不同组装的针式支柱绝缘子在某些方面可能不同，例如刚性和无线电干扰性能等。因此，需要由供需双方协议确定最合适的组合方式。针式支柱绝缘子元件的组合示例列于附录A，也可能有其他组合方式。

8 支柱绝缘子的型号

每类支柱绝缘子都用相应的标志符号表示：

——绝缘子的型式：

户内内胶装支柱瓷或玻璃绝缘子	用符号J表示
户内内胶装有机材料支柱绝缘子	用符号J0表示
户外内胶装支柱瓷或玻璃绝缘子	用符号H表示
户外外胶装圆柱形支柱瓷或玻璃绝缘子	用符号C表示
户外针式支柱瓷或玻璃绝缘子元件	用符号E表示
户外针式支柱瓷或玻璃绝缘子	用符号P表示

——机械强度等级（见第4章）：

户内内胶装支柱瓷或玻璃绝缘子	2—4—8—16—25
户内内胶装有机材料支柱绝缘子	2—4—6—8—10—16—25
户外内胶装支柱瓷或玻璃绝缘子	2—4—8—16—31.5
户外外胶装圆柱形支柱瓷或玻璃绝缘子	2—4—6—8—10—12.5—16—20—25—31.5—40
户外针式支柱瓷或玻璃绝缘子	A—B—C—D—E

——爬电距离等级：

户外外胶装圆柱形支柱瓷或玻璃绝缘子	Ⅰ级—Ⅱ级—Ⅲ级—Ⅳ级
——雷电冲击耐受电压(kV)等级	60～3 200

注1：由于本部分有时包括多种可替代结构，型号并不总能完全确定一种绝缘子。

注2：针式支柱绝缘子元件不用强度等级和雷电冲击耐受电压表征，而用某一参数表示。

示例：

型号J4-125表示：户内支柱瓷或玻璃绝缘子，机械强度等级4 kN，雷电冲击耐受电压等级125 kV。

型号J0 8-60表示：户内有机材料支柱绝缘子，机械强度等级8 kN，雷电冲击耐受电压等级60 kV。

型号H16-75表示：户外内胶装支柱瓷或玻璃绝缘子，机械强度等级16 kN，雷电冲击耐受电压等级75 kV。

型号 C6-1050-Ⅰ表示：户外外胶装圆柱形支柱瓷或玻璃绝缘子，机械强度等级 6 kN，雷电冲击耐受电压等级 1 050 kV；爬电距离等级Ⅰ级。

型号 PD-1050 表示：户外针式支柱瓷或玻璃绝缘子，机械强度等级 D 级，雷电冲击耐受电压等级 1 050 kV。

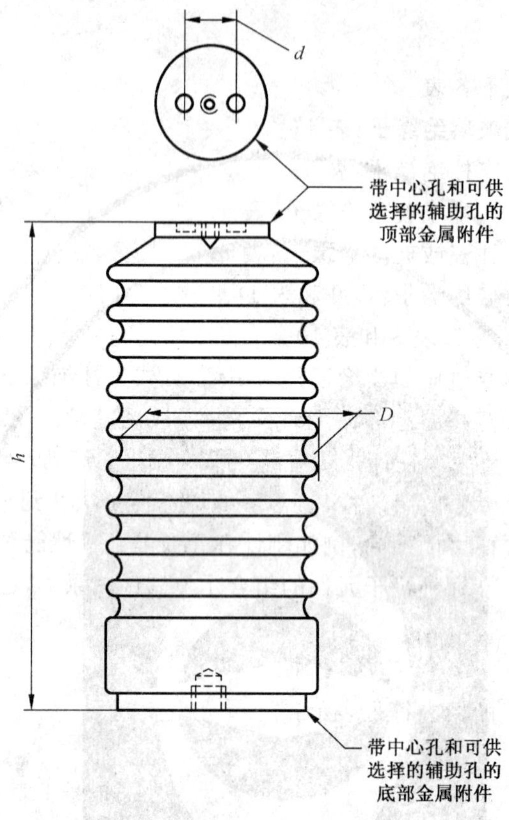

图 1　户内支柱瓷或玻璃绝缘子示例（绝缘件的形状可以不同）

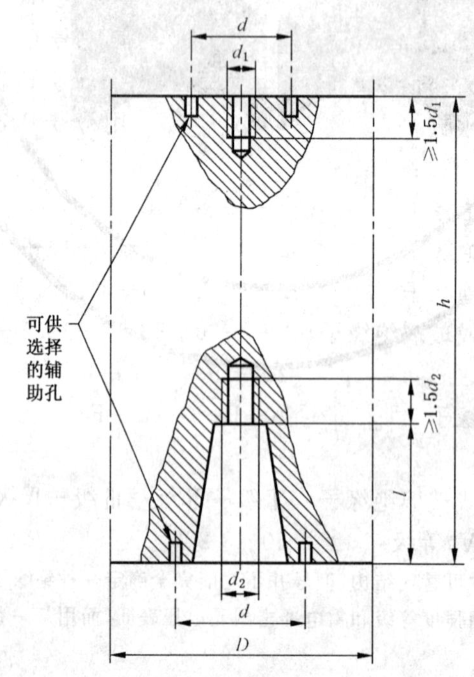

（l 为底部安装面与螺纹下端面的距离）

图 2　户内有机材料支柱绝缘子示例（绝缘件可以有棱或无棱）

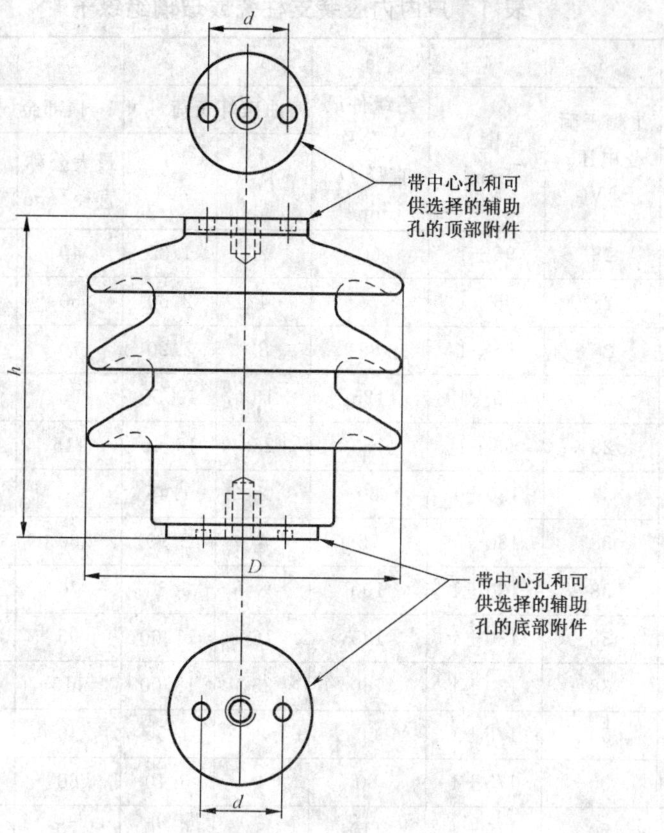

图 3　户外内胶装支柱绝缘子示例(绝缘件形状可以不同)

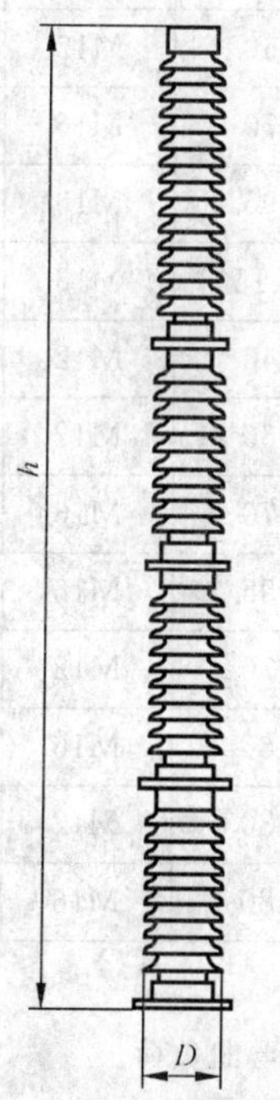

图 4　户外外胶装支柱绝缘子示例

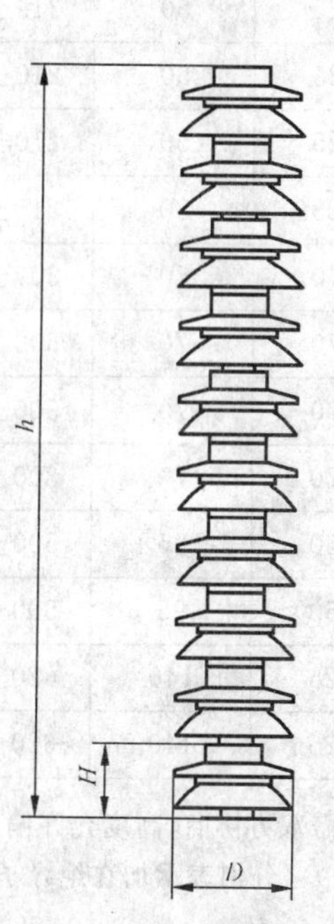

图 5　户外针式支柱绝缘子示例

表 1 户内内胶装支柱瓷或玻璃绝缘子

1	2	3	4	5	6	7	8	9	10	11
型号	雷电冲击耐受电压/kV	工频干耐受电压/kV	高度 h/mm	绝缘件最大公称直径 D/mm	弯曲破坏负荷/kN		顶部金属附件		底部金属附件	
					P_0	P_{50}	最大公称直径/mm	中心孔（螺孔）	最大公称直径/mm	中心孔（螺孔）
J2-60	60	28	95±1	60	2	1.30	40	M12	55	M12
J4-60	60	28	95±1	75	4	2.60	60	M12	70	M16
J8-60	60	28	95±1	85	8	5.20	70	M16	80	M16
J16-60	60	28	95±1	125	16	10.50	95	M16	115	M20
J25-60	60	28	95±1	160	25	16.40	115	M16	140	M20
J2-75	75	38	130±1	60	2	1.45	40	M12	55	M12
J4-75	75	38	130±1	75	4	2.90	60	M12	70	M16
J8-75	75	38	130±1	100	8	5.80	70	M16	95	M16
J16-75	75	38	130±1	125	16	11.60	95	M16	115	M20
J25-75	75	38	130±1	160	25	18.00	115	M16	140	M20
J2-95	95	50	175±1	60	2	1.55	40	M12	55	M12
J4-95	95	50	175±1	80	4	3.10	60	M12	75	M16
J8-95	95	50	175±1	110	8	6.20	70	M16	105	M20
J16-95	95	50	175±1	130	16	12.50	95	M16	120	M20
J25-95	95	50	175±1	170	25	19.50	115	M16	150	M20
J2-125	125	50	210±1	75	2	1.60	40	M12	70	M12
J4-125	125	50	210±1	85	4	3.20	60	M12	80	M16
J8-125	125	50	210±1	125	8	6.45	70	M16	115	M20
J16-125	125	50	210±1	140	16	13.00	95	M16	130	M20
J25-125	125	50	210±1	170	25	20.00	115	M16	150	M24
J2-170	170	70	300±1	75	2	1.70	40	M12	70	M12
J4-170	170	70	300±1	105	4	3.40	60	M12	100	M16
J8-170	170	70	300±1	130	8	6.85	70	M16	120	M24
J16-170	170	70	300±1	160	16	13.70	95	M16	140	M24
J4-250	250	95	500±1	125	4	3.60	70	M12	165	M16
J8-250	250	95	500±1	140	8	7.25	80	M16	180	M24
J4-325	325	140	620±1	130	4	3.70	80	M12	165	M20
J8-325	325	140	620±1	160	8	7.40	80	M16	180	M24

注 1：经供需双方协商，高度允许偏差可允许达到高度的 2%。

注 2：P_0 和 P_{50} 分别表示加在绝缘子顶部表面和高于顶部表面 50 mm 处的弯曲负荷。

$P_{50}=P_0\frac{h}{h+50}$ h 为绝缘子高度，以 mm 计。

注 3：在支柱绝缘子的破坏负荷下，符合规定尺寸螺栓的应力不大于 220 N/mm^2。

表 2 顶部和(或)底部金属附件辅助孔

1	2	3	4
型号	螺孔	孔的螺纹最小深度/mm	孔中心距 d/mm
J2-60…170	—	—	—
J4-60…325	M6	6	36
J8-60…325	M10	6	46
J16-60…170	M10	6	66
J25-60…125	M10	6	66
注：辅助孔是供选择的，是否需要应由供需双方协议。按协议也可将辅助孔制成光孔。			

表 3 户内内胶装有机材料支柱绝缘子

1	2	3	4	5	6	7	8	9	10	11
型号	雷电冲击耐受电压/kV	工频干耐受电压/kV	高度 h/mm	绝缘件最大公称直径 D/mm	弯曲破坏负荷/kN		在20%和50%额定破坏负荷下绝缘子偏移的最大差值/mm	顶部附件中心孔（螺孔）d_1	底部附件中心孔（螺孔）d_2	底面和底部螺纹下端面间的最大距离 l/mm
					P_0	P_{50}				
J02-60	60	28	95±1	60	2	1.30	1.5	M12	M12	15
J04-60	60	28	95±1	75	4	2.60	1.5	M12	M16	15
J06-60	60	28	95±1	80	6	3.90	1.5	M12	M16	15
J08-60	60	28	95±1	85	8	5.20	1.5	M16	M16	15
J010-60	60	28	95±1	95	10	6.50	1.5	M16	M16	15
J016-60	60	28	95±1	125	16	10.50	1.5	M16	M20	15
J025-60	60	28	95±1	145	25	16.40	1.5	M16	M20	15
J02-75	75	38	130±1	60	2	1.45	2.0	M12	M12	25
J04-75	75	38	130±1	75	4	2.90	2.0	M12	M16	25
J06-75	75	38	130±1	90	6	4.35	2.0	M12	M16	25
J08-75	75	38	130±1	100	8	5.80	2.0	M16	M16	25
J010-75	75	38	130±1	105	10	7.20	2.0	M16	M20	25
J016-75	75	38	130±1	125	16	11.60	2.0	M16	M20	25
J025-75	75	38	130±1	145	25	18.00	2.0	M16	M20	25
J02-95	95	50	175±1	60	2	1.55	2.7	M12	M12	35
J04-95	95	50	175±1	80	4	3.10	2.7	M12	M16	35
J06-95	95	50	175±1	95	6	4.65	2.7	M12	M16	35
J08-95	95	50	175±1	110	8	6.20	2.7	M16	M20	35
J010-95	95	50	175±1	115	10	7.80	2.7	M16	M20	35
J016-95	95	50	175±1	130	16	12.50	2.7	M16	M20	35
J025-95	95	50	175±1	155	25	19.50	2.7	M16	M20	35
J02-125	125	50	210±1	75	2	1.60	3.2	M12	M12	75
J04-125	125	50	210±1	85	4	3.20	3.2	M12	M16	75
J06-125	125	50	210±1	105	6	4.80	3.2	M12	M16	75

表 3(续)

1	2	3	4	5	6	7	8	9	10	11
型号	雷电冲击耐受电压/kV	工频干耐受电压/kV	高度 h/mm	绝缘件最大公称直径 D/mm	弯曲破坏负荷/kN		在20%和50%额定破坏负荷下绝缘子偏移的最大差值/mm	顶部附件中心孔(螺孔) d_1	底部附件中心孔(螺孔) d_2	底面和底部螺纹下端面间的最大距离 l/mm
					P_0	P_{50}				
J08-125	125	50	210±1	125	8	6.45	3.2	M16	M20	75
J010-125	125	50	210±1	130	10	8.10	3.2	M16	M20	75
J016-125	125	50	210±1	140	16	13.00	3.2	M16	M20	75
J025-125	125	50	210±1	160	25	20.00	3.2	M16	M24	75
J02-145	145	70	270±1	75	2	1.70	4.0	M12	M12	95
J04-145	145	70	270±1	95	4	3.40	4.0	M12	M16	95
J06-145	145	70	270±1	115	6	5.10	4.0	M12	M16	95
J08-145	145	70	270±1	130	8	6.75	4.0	M16	M20	95
J010-145	145	70	270±1	140	10	8.40	4.0	M16	M20	95
J016-145	145	70	270±1	150	16	13.50	4.0	M16	M24	95
J025-145	145	70	270±1	170	25	21.00	4.0	M16	M24	95
J02-170	170	70	300±1	75	2	1.70	5.0	M12	M12	125
J04-170	170	70	300±1	105	4	3.40	5.0	M12	M16	125
J06-170	170	70	300±1	115	6	5.10	5.0	M12	M16	125
J08-170	170	70	300±1	130	8	6.85	5.0	M16	M24	125
J010-170	170	70	300±1	140	10	8.60	5.0	M16	M24	125
J016-170	170	70	300±1	160	16	13.70	5.0	M16	M24	125
J025-170	170	70	300±1	180	25	21.50	5.0	M16	M30	125
J04-250	250	95	500±1	125	4	3.60	8.0	M12	M16	250
J06-250	250	95	500±1	130	6	5.45	8.0	M12	M24	250
J08-250	250	95	500±1	140	8	7.25	8.0	M16	M24	250
J010-250	250	95	500±1	150	10	9.10	8.0	M16	M24	250
J016-250	250	95	500±1	180	16	14.50	8.0	M16	M24	250
J025-250	250	95	500±1	220	25	22.50	8.0	M20	M30	250
J04-325	325	140	620±1	130	4	3.70	11.0	M12	M20	320
J06-325	325	140	620±1	150	6	5.50	11.0	M12	M24	320
J08-325	325	140	620±1	160	8	7.40	11.0	M16	M24	320
J010-325	325	140	620±1	170	10	9.20	11.0	M16	M24	320
J016-325	325	140	620±1	200	16	14.80	11.0	M20	M30	320
J025-325	325	140	620±1	240	25	23.00	11.0	M20	M30	320

注 1： 当绝缘件不是圆形截面时，绝缘件最大公称直径表示垂直于绝缘件轴线截面的最大尺寸。

注 2：P_0 和 P_{50} 分别表示加在绝缘子顶部表面和高于顶部表面 50 mm 处的弯曲负荷。

$P_{50}=P_0\frac{h}{h+50}$，h 为绝缘子高度，以 mm 计。

注 3：在支柱绝缘子的破坏负荷下，符合规定尺寸螺栓的应力不大于 220 N/mm²。

表 4 顶部和(或)底部金属附件辅助孔

1	2	3	4
型 号	螺 孔	孔的螺纹最小深度/mm	孔中心距 d/mm
J02-60…170	—	—	—
J04-60…325	M6	6	36
J06-60…325	M6	6	36
J08-60…325	M10	6	46
J010-60…325	M10	6	46
J016-60…325	M10	6	66
J025-60…325	M10	6	66
注：辅助孔是供选择的，是否需要应由供需双方协议。按协议也可将辅助孔制成光孔。			

表 5 户外内胶装圆柱形支柱瓷或玻璃绝缘子

1	2	3	4	5	6	7	8	9
型 号	雷电冲击耐受电压/kV	工频湿耐受电压/kV	高度 h/mm	最小公称爬电距离/mm	绝缘件最大公称直径 D/mm	弯曲破坏负荷 P_0/kN	顶部和底部金属附件	
							最大公称直径/mm	中心孔(螺孔)
H2-60	60	20	95±1	220	130	2	55	M12
H4-60	60	20	95±1	220	145	4	70	M16
H8-60	60	20	95±1	220	160	8	80	M16
H16-60	60	20	95±1	220	195	16	115	M20
H31.5-60	60	20	95±1	220	230	31.5	140	M24
H2-75	75	28	130±1	240	130	2	55	M12
H4-75	75	28	130±1	240	145	4	70	M16
H8-75	75	28	130±1	240	170	8	95	M20
H16-75	75	28	130±1	240	195	16	115	M20
H31.5-75	75	28	130±1	240	230	31.5	140	M24
H2-95	95	38	175±1	330	130	2	55	M12
H4-95	95	38	175±1	330	150	4	75	M16
H8-95	95	38	175±1	330	180	8	105	M20
H16-95	95	38	175±1	330	200	16	120	M20
H31.5-95	95	38	175±1	330	240	31.5	150	M24
H2-125	125	50	210±1	430	145	2	70	M12
H4-125	125	50	210±1	430	160	4	80	M16

表 5（续）

1	2	3	4	5	6	7	8	9
型号	雷电冲击耐受电压/kV	工频湿耐受电压/kV	高度 h/mm	最小公称爬电距离/mm	绝缘件最大公称直径 D/mm	弯曲破坏负荷 P_0/kN	顶部和底部金属附件	
							最大公称直径/mm	中心孔（螺孔）
H8-125	125	50	210±1	430	195	8	115	M20
H16-125	125	50	210±1	430	210	16	130	M24
H31.5-125	125	50	210±1	430	240	31.5	150	M24
H2-170	170	70	300±1	600	145	2	70	M12
H4-170	170	70	300±1	600	180	4	100	M16
H8-170	170	70	300±1	600	200	8	120	M24
H16-170	170	70	300±1	600	230	16	140	M24
H4-250	250	95	500±1	980	230	4	165	M16
H8-250	250	95	500±1	980	230	8	180	M24
H4-325	325	140	620±1	1 200	240	4	165	M20
H8-325	325	140	620±1	1 200	240	8	180	M24

注 1：经供需双方协商，高度允许偏差可允许达到高度的 2%。

注 2：绝缘子倒装的弯曲强度应与正装时一样。

注 3：在支柱绝缘子的破坏负荷下，符合规定尺寸的螺栓应力不大于 220 N/mm²。但对于型号为 H31.5-125 的绝缘子，此应力应不大于 300 N/mm²。

表 6　顶部和（或）底部金属附件辅助孔

1	2	3	4
型　号	螺　孔	孔的螺纹最小深度/mm	孔中心距 d/mm
H2-60…170	—	—	—
H4-60…325	M6	6	36
H8-60…325	M10	6	46
H16-60…170	M10	6	66
H31.5-60…125	M10	6	66

注：辅助孔是供选择的，是否需要应由供需双方协议。按协议也可将辅助孔制成光孔。

表 7　户外外胶装圆柱形支柱瓷或玻璃绝缘子

1	2	3	4	5	6	7	8	9	10	11	12	13	14
型号	雷电冲击耐受电压/kV	操作冲击湿耐受电压/kV	工频湿耐受电压/kV	高度 h/mm	最小公称爬电距离/mm				绝缘件最大公称直径 D/mm	机械破坏负荷		顶部金属附件安装孔中心圆直径/mm	底部金属附件安装孔中心圆直径/mm
					Ⅰ	Ⅱ	Ⅲ	Ⅳ		弯曲 P_0/kN	扭转/(kN·m)		
C4-60	60	—	20	190±1	120	150	180	230	175	4	0.6	76	76
C6-60	60	—	20	190±1	120	150	180	230	175	6	0.6	76	76
C8-60	60	—	20	190±1	120	150	180	230	185	8	0.8	76	76
C10-60	60	—	20	190±1	120	150	180	230	185	10	1	76	76
C4-75	75	—	28	215±1	200	240	300	380	180	4	0.6	76	76
C6-75	75	—	28	215±1	200	240	300	380	180	6	0.6	76	76
C8-75	75	—	28	215±1	200	240	300	380	190	8	0.8	76	76
C10-75	75	—	28	215±1	200	240	300	380	190	10	1	76	76
C4-95	95	—	38	255±1	280	350	440	550	220	4	0.8	76	76
C6-95	95	—	38	255±1	280	350	440	550	220	6	0.8	76	76
C8-95	95	—	38	255±1	280	350	440	550	220	8	1.2	76	76
C10-95	95	—	38	255±1	280	350	440	550	240	10	1.2	76	76
C12.5-95	95	—	38	255±1	280	350	440	550	240	12.5	1.8	76	76
C4-125	125	—	50	305±1	390	480	600	—	230	4	0.8	76	76
C6-125	125	—	50	305±1	390	480	600	—	230	6	0.8	76	76
C8-125	125	—	50	305±1	390	480	600	—	230	8	1.2	76	76
C10-125	125	—	50	305±1	390	480	600	—	250	10	1.2	76	76
C12.5-125	125	—	50	305±1	390	480	600	—	250	12.5	2	76	76
C4-150	150	—	50	355±1	440	540	680	850	230	4	1	76	76
C6-150	150	—	50	355±1	440	540	680	850	230	6	1.2	76	76

表 7（续）

1	2	3	4	5	6	7	8	9	10	11	12	13	14
型号	雷电冲击耐受电压/kV	操作冲击湿耐受电压/kV	工频湿耐受电压/kV	高度 h/mm	最小公称爬电距离/mm				绝缘件最大公称直径 D/mm	机械破坏负荷		顶部金属附件安装孔中心圆直径/mm	底部金属附件安装孔中心圆直径/mm
					Ⅰ	Ⅱ	Ⅲ	Ⅳ		弯曲 P_0/kN	扭转/(kN·m)		
C8-150	150	—	50	355±1	440	540	680	850	230	8	1.5	76	76
C10-150	150	—	50	355±1	440	540	680	850	260	10	1.8	76	76
C12.5-150	150	—	50	355±1	440	540	680	850	260	12.5	2.5	76	76
C4-170	170	—	70	445±1	580	720	900	1 120	240	4	1.2	76	76
C6-170	170	—	70	445±1	580	720	900	1 120	240	6	1.5	76	76
C8-170	170	—	70	445±1	580	720	900	1 120	240	8	2	76	76
C10-170	170	—	70	445±1	580	720	900	1 120	260	10	2.5	76	76
C12.5-170	170	—	70	445±1	580	720	900	1 120	260	12.5	3	127	127
C4-200	200	—	70	475±1	650	810	1 020	1 270	250	4	1.2	76	76
C6-200	200	—	70	475±1	650	810	1 020	1 270	250	6	1.8	76	76
C8-200	200	—	70	475±1	650	810	1 020	1 270	250	8	2	76	76
C10-200	200	—	70	475±1	650	810	1 020	1 270	270	10	2.5	76	76
C12.5-200	200	—	70	475±1	650	810	1 020	1 270	270	12.5	3	127	127
C4-250	250	—	95	560±1	840	1 040	1 300	1 620	250	4	1.8	76 或 127	76 或 127
C6-250	250	—	95	560±1	840	1 040	1 300	1 620	250	6	2	76 或 127	76 或 127
C8-250	250	—	95	560±1	840	1 040	1 300	1 620	250	8	2.5	127	127
C10-250	250	—	95	560±1	840	1 040	1 300	1 620	270	10	3	127	127
C12.5-250	250	—	95	560±1	840	1 040	1 300	1 620	270	12.5	4	127	127
C2-325	325	—	140	770±1	1 160	1 450	1 820	2 260	260	2	1.2	127	127
C4-325	325	—	140	770±1	1 160	1 450	1 820	2 260	260	4	2	127	127

表 7（续）

1	2	3	4	5	6	7	8	9	10	11	12	13	14
型号	雷电冲击耐受电压/kV	操作冲击湿耐受电压/kV	工频湿耐受电压/kV	高度 h/mm	最小公称爬电距离/mm				绝缘件最大公称直径 D/mm	机械破坏负荷		顶部金属附件安装孔中心圆直径/mm	底部金属附件安装孔中心圆直径/mm
					Ⅰ	Ⅱ	Ⅲ	Ⅳ		弯曲 P_0/kN	扭转/(kN·m)		
C6-325	325	—	140	770±1	1 160	1 450	1 820	2 260	260	6	2.5	127	127
C8-325	325	—	140	770±1	1 160	1 450	1 820	2 260	260	8	3	127	127
C10-325	325	—	140	770±1	1 160	1 450	1 820	2 260	280	10	4	127	127
C12.5-325	325	—	140	770±1	1 160	1 450	1 820	2 260	280	12.5	4	127	127
C16-325	325	—	140	770±1	1 160	1 450	1 820	2 260	300	16	5	127	225
C20-325	325	—	140	770±1	1 160	1 450	1 820	2 260	310	20	6	127	254
C2-450	450	—	185	1 020±1	1 600	2 000	2 500	3 100	250	2	1.8	127	127
C4-450	450	—	185	1 020±1	1 600	2 000	2 500	3 100	250	4	2.5	127	127 或 178
C6-450	450	—	185	1 020±1	1 600	2 000	2 500	3 100	260	6	3.5	127	127 或 178
C8-450	450	—	185	1 020±1	1 600	2 000	2 500	3 100	280	8	4	127	127 或 200
C10-450	450	—	185	1 020±1	1 600	2 000	2 500	3 100	290	10	4	127	127 或 225
C12.5-450	450	—	185	1 020±1	1 600	2 000	2 500	3 100	300	12.5	6	127	225
C16-450	450	—	185	1 020±1	1 600	2 000	2 500	3 100	310	16	6	127	254
C20-450	450	—	185	1 020±1	1 600	2 000	2 500	3 100	310	20	6	127	254
C2-550	550	—	230	1 220±1	2 020	2 520	3 150	3 910	300	2	2	127	127
C4-550	550	—	230	1 220±1	2 020	2 520	3 150	3 910	300	4	3	127	127 或 178
C6-550	550	—	230	1 220±1	2 020	2 520	3 150	3 910	300	6	4	127	127 或 200
C8-550	550	—	230	1 220±1	2 020	2 520	3 150	3 910	300	8	4	127	127 或 200
C10-550	550	—	230	1 220±1	2 020	2 520	3 150	3 910	350	10	4	127	127 或 225
C12.5-550	550	—	230	1 220±1	2 020	2 520	3 150	3 910	350	12.5	6	127	254

表 7（续）

1	2	3	4	5	6	7	8	9	10	11	12	13	14
型号	雷电冲击耐受电压/kV	操作冲击湿耐受电压/kV	工频湿耐受电压/kV	高度 h/mm	最小公称爬电距离/mm				绝缘件最大公称直径 D/mm	机械破坏负荷		顶部金属附件安装孔中心圆直径/mm	底部金属附件安装孔中心圆直径/mm
					Ⅰ	Ⅱ	Ⅲ	Ⅳ		弯曲 P_0/kN	扭转/(kN·m)		
C16-550	550	—	230	1 220±1	2 020	2 520	3 150	—	350	16	6	127	254
C20-550	550	—	230	1 220±1	2 020	2 520	3 150	—	350	20	6	127	275
C2-650	650	—	275	1 500±2.5	2 320	2 900	3 630	4 510	350	2	2	127	127 或 178
C4-650	650	—	275	1 500±2.5	2 320	2 900	3 630	4 510	350	4	3	127	127 或 200
C6-650	650	—	275	1 500±2.5	2 320	2 900	3 630	4 510	350	6	3	127	127 或 200
C8-650	650	—	275	1 500±2.5	2 320	2 900	3 630	4 510	350	8	4	127 或 225	127 或 225
C10-650	650	—	275	1 500±2.5	2 320	2 900	3 630	4 510	400	10	4	127 或 225	254
C12.5-650	650	—	275	1 500±2.5	2 320	2 900	3 630	4 510	400	12.5	6	127 或 225	254
C16-650	650	—	275	1 500±2.5	2 320	2 900	3 630	4 510	400	16	6	225	275
C20-650	650	—	275	1 500±2.5	2 320	2 900	3 630	4 510	420	20	6	225	300
C2-750	750	—	325	1 700±2.5	2 720	3 400	4 250	5 270	350	2	2	127	127 或 178
C4-750	750	—	325	1 700±2.5	2 720	3 400	4 250	5 270	350	4	3	127	127 或 200
C6-750	750	—	325	1 700±2.5	2 720	3 400	4 250	5 270	350	6	3	127 或 225	127 或 225
C8-750	750	—	325	1 700±2.5	2 720	3 400	4 250	5 270	350	8	4	127 或 225	127 或 225
C10-750	750	—	325	1 700±2.5	2 720	3 400	4 250	5 270	400	10	4	127 或 225	254
C12.5-750	750	—	325	1 700±2.5	2 720	3 400	4 250	5 270	400	12.5	6	127 或 225	254
C16-750	750	—	325	1 700±2.5	2 720	3 400	4 250	5 270	400	16	6	225 或 254	275
C20-750	750	—	325	1 700±2.5	2 720	3 400	4 250	5 270	420	20	6	225 或 254	300
C4-850	850	—	360	1 900±3.5	3 270	4 080	5 100	6 330	400	4	3	127	200
C6-850	850	—	360	1 900±3.5	3 270	4 080	5 100	6 330	400	6	3	127 或 225	225

表 7（续）

1	2	3	4	5	6	7	8	9	10	11	12	13	14
型号	雷电冲击耐受电压/kV	操作冲击湿耐受电压/kV	工频湿耐受电压/kV	高度 h/mm	最小公称爬电距离/mm				绝缘件最大公称直径 D/mm	机械破坏负荷		顶部金属附件安装孔中心圆直径/mm	底部金属附件安装孔中心圆直径/mm
					Ⅰ	Ⅱ	Ⅲ	Ⅳ		弯曲 P_0/kN	扭转/(kN·m)		
C8-850	850	—	360	1 900±3.5	3 270	4 080	5 100	6 330	400	8	4	127 或 225	254
C10-850	850	—	360	1 900±3.5	3 270	4 080	5 100	6 330	400	10	4	127 或 225	254
C12.5-850	850	—	360	1 900±3.5	3 270	4 080	5 100	6 330	400	12.5	6	127 或 225 或 254	254
C16-850	850	—	360	1 900±3.5	3 270	4 080	5 100	6 330	400	16	6	225 或 254	275
C20-850	850	—	360	1 900±3.5	3 270	4 080	5 100	6 330	420	20	6	225 或 254	300
C4-950	950	750	395	2 100±3.5	4 040	5 040	6 300	—	450	4	3	127	200
C6-950	950	750	395	2 100±3.5	4 040	5 040	6 300	—	450	6	3	127 或 225	225
C8-950	950	750	395	2 100±3.5	4 040	5 040	6 300	—	450	8	4	127 或 225	254
C10-950	950	750	395	2 100±3.5	4 040	5 040	6 300	—	450	10	4	127 或 225	254
C12.5-950	950	750	395	2 100±3.5	4 040	5 040	6 300	—	450	12.5	6	127 或 225 或 254	275
C16-950	950	750	395	2 100±3.5	4 040	5 040	6 300	—	450	16	6	225 或 254	300
C20-950	950	750	395	2 100±3.5	4 040	5 040	6 300	—	450	20	6	225 或 254	325
C4-1050	1 050	750	460	2 300±3.5	4 040	5 040	6 300	7 820	450	4	3	127	200
C6-1050	1 050	750	460	2 300±3.5	4 040	5 040	6 300	7 820	450	6	3	127 或 225	225
C8-1050	1 050	750	460	2 300±3.5	4 040	5 040	6 300	7 820	450	8	4	127 或 225	254
C10-1050	1 050	750	460	2 300±3.5	4 040	5 040	6 300	7 820	450	10	4	127 或 225	275
C12.5-1050	1 050	750	460	2 300±3.5	4 040	5 040	6 300	—	450	12.5	6	127 或 225 或 254	275
C16-1050	1 050	750	460	2 300±3.5	4 040	5 040	6 300	—	450	16	6	225 或 254	300
C20-1050	1 050	750	460	2 300±3.5	4 040	5 040	6 300	—	450	20	6	225 或 254	325
C4-1175	1 175	850	—	2 650±4.5	4 800	6 000	7 500	—	450	4	3	127 或 225	225

表 7（续）

1	2	3	4	5	6	7	8	9	10	11	12	13	14
型号	雷电冲击耐受电压/kV	操作冲击湿耐受电压/kV	工频湿耐受电压/kV	高度 h/mm	最小公称爬电距离/mm				绝缘件最大公称直径 D/mm	机械破坏负荷		顶部金属附件安装孔中心圆直径/mm	底部金属附件安装孔中心圆直径/mm
					Ⅰ	Ⅱ	Ⅲ	Ⅳ		弯曲 P_0/kN	扭转/(kN·m)		
C6-1175	1 175	850	—	2 650±4.5	4 800	6 000	7 500	—	450	6	3	127 或 225	254
C8-1175	1 175	850	—	2 650±4.5	4 800	6 000	7 500	—	450	8	4	127 或 225	254
C10-1175	1 175	850	—	2 650±4.5	4 800	6 000	7 500	—	450	10	4	127 或 225	275
C12.5-1175	1 175	850	—	2 650±4.5	4 800	6 000	7 500	—	450	12.5	6	127 或 225 或 254	300
C16-1175	1 175	850	—	2 650±4.5	4 800	6 000	7 500	—	450	16	6	225 或 254	325
C20-1175	1 175	850	—	2 650±4.5	4 800	6 000	7 500	—	450	20	6	225 或 254	356
C4-1300	1 300	950	—	2 900±4.5	5 810	7 260	9 080	—	450	4	3	127 或 225	225
C6-1300	1 300	950	—	2 900±4.5	5 810	7 260	9 080	—	450	6	3	127 或 225	254
C8-1300	1 300	950	—	2 900±4.5	5 810	7 260	9 080	—	450	8	4	127 或 225	275
C10-1300	1 300	950	—	2 900±4.5	5 810	7 260	9 080	—	450	10	4	127 或 225	275
C12.5-1300	1 300	950	—	2 900±4.5	5 810	7 260	9 080	—	450	12.5	6	127 或 225 或 254	300
C16-1300	1 300	950	—	2 900±4.5	5 810	7 260	9 080	—	450	16	6	225 或 254	325
C20-1300	1 300	950	—	2 900±4.5	5 810	7 260	9 080	—	450	20	6	225 或 254	356
C4-1425	1 425	950	—	3 150±4.5	5 810	7 260	9 080	—	450	4	3	127 或 225	225
C6-1425	1 425	950	—	3 150±4.5	5 810	7 260	9 080	—	450	6	3	127 或 225	254
C8-1425	1 425	950	—	3 150±4.5	5 810	7 260	9 080	—	450	8	4	127 或 225	275
C10-1425	1 425	950	—	3 150±4.5	5 810	7 260	9 080	—	450	10	4	127 或 225	300
C12.5-1425	1 425	950	—	3 150±4.5	5 810	7 260	9 080	—	450	12.5	6	127 或 225 或 254	325
C16-1425	1 425	950	—	3 150±4.5	5 810	7 260	9 080	—	450	16	6	225 或 254	356
C20-1425	1 425	950	—	3 150±4.5	5 810	7 260	9 080	—	450	20	6	225 或 254	356

表 7（续）

1	2	3	4	5	6	7	8	9	10	11	12	13	14
型号	雷电冲击耐受电压/kV	操作冲击湿耐受电压/kV	工频湿耐受电压/kV	高度 h/mm	最小公称爬电距离/mm				绝缘件最大公称直径 D/mm	机械破坏负荷		顶部金属附件安装孔中心圆直径/mm	底部金属附件安装孔中心圆直径/mm
					Ⅰ	Ⅱ	Ⅲ	Ⅳ		弯曲 P_0/kN	扭转/(kN·m)		
.C4-1550	1 550	1 050	—	3 350±4.5	5 810	7 260	9 080	11 260	450	4	3	127 或 225	225
C6-1550	1 550	1 050	—	3 350±4.5	5 810	7 260	9 080	11 260	450	6	3	127 或 225	254
C8-1550	1 550	1 050	—	3 350±4.5	5 810	7 260	9 080	11 260	450	8	4	127 或 225	275
C10-1550	1 550	1 050	—	3 350±4.5	5 810	7 260	9 080	11 260	450	10	4	127 或 225	300
C12.5-1550	1 550	1 050	—	3 350±4.5	5 810	7 260	9 080	11 260	450	12.5	6	127 或 225 或 254	325
C16-1550	1 550	1 050	—	3 350±4.5	5 810	7 260	9 080	11 260	450	16	6	225 或 254	356
C20-1550	1 550	1 050	—	3 350±4.5	5 810	7 260	9 080	11 260	450	20	6	225 或 254	356
C4-1675	1675	1 050	—	3 650±5.5	6 720	8 400	10 500	—	450	4	3	127 或 225	254
C6-1675	1675	1 050	—	3 650±5.5	6 720	8 400	10 500	—	450	6	3	127 或 225	275
C8-1675	1675	1 050	—	3 650±5.5	6 720	8 400	10 500	—	450	8	4	127 或 225	300
C10-1675	1675	1 050	—	3 650±5.5	6 720	8 400	10 500	—	450	10	4	127 或 225	300
C12.5-1675	1675	1 050	—	3 650±5.5	6 720	8 400	10 500	—	450	12.5	6	225 或 254	325
C16-1675	1675	1 050	—	3 650±5.5	6 720	8 400	10 500	—	450	16	6	225 或 254	356
C20-1675	1675	1 050	—	3 650±5.5	6 720	8 400	10 500	—	450	20	6	225 或 254	375
C4-1800	1 800	1 175	—	4 000±5.5	8 400	10 500	13 130	—	450	4	3	225 或 254	254
C6-1800	1 800	1 175	—	4 000±5.5	8 400	10 500	13 130	—	450	6	3	225 或 254	275
C8-1800	1 800	1 175	—	4 000±5.5	8 400	10 500	13 130	—	450	8	4	225 或 254	300
C10-1800	1 800	1 175	—	4 000±5.5	8 400	10 500	13 130	—	450	10	4	225 或 254	325
C12.5-1800	1 800	1 175	—	4 000±5.5	8 400	10 500	—	—	450	12.5	6	225 或 254	356
C16-1800	1 800	1 175	—	4 000±5.5	8 400	10 500	—	—	450	16	6	225 或 254	356

表 7（续）

1	2	3	4	5	6	7	8	9	10	11	12	13	14
型号	雷电冲击耐受电压/kV	操作冲击湿耐受电压/kV	工频湿耐受电压/kV	高度 h/mm	最小公称爬电距离/mm				绝缘件最大公称直径 D/mm	机械破坏负荷		顶部金属附件安装孔中心圆直径/mm	底部金属附件安装孔中心圆直径/mm
					Ⅰ	Ⅱ	Ⅲ	Ⅳ		弯曲 P_0/kN	扭转/(kN·m)		
C20-1800	1 800	1 175	—	4 000±5.5	8 400	10 500	—	—	450	20	6	225 或 254	375
C4-1950	1950	1 300	—	4 400±5.5	8 800	11 000	13 750	—	450	4	3	225 或 254	254
C6-1950	1950	1 300	—	4 400±5.5	8 800	11 000	13 750	—	450	6	3	225 或 254	275
C8-1950	1950	1 300	—	4 400±5.5	8 800	11 000	13 750	—	450	8	4	225 或 254	300
C10-1950	1950	1 300	—	4 400±5.5	8 800	11 000	13 750	—	450	10	4	225 或 254	325
C12.5-1950	1950	1 300	—	4 400±5.5	8 800	11 000	13 750	—	450	12.5	6	225 或 254	356
C16-1950	1950	1 300	—	4 400±5.5	8 800	11 000	13 750	—	450	16	6	225 或 254	356
C20-1950	1950	1 300	—	4 400±5.5	8 800	11 000	13 750	—	450	20	6	225 或 254	375
C4-2100	2 100	1 300	—	4 700±5.5	8 800	11 000	13 750	—	450	4	3	225 或 254	254
C6-2100	2 100	1 300	—	4 700±5.5	8 800	11 000	13 750	—	450	6	3	225 或 254	275
C8-2100	2 100	1 300	—	4 700±5.5	8 800	11 000	13 750	—	450	8	4	225 或 254	300
C10-2100	2 100	1 300	—	4 700±5.5	8 800	11 000	13 750	—	450	10	4	225 或 254	325
C12.5-2100	2 100	1 300	—	4 700±5.5	8 800	11 000	13 750	—	450	12.5	6	225 或 254	356
C16-2100	2 100	1 300	—	4 700±5.5	8 800	11 000	13 750	—	450	16	6	254	356
C20-2100	2 100	1 300	—	4 700±5.5	8 800	11 000	13 750	—	450	20	6	254	375
C4-2250	2 250	1 425	—	5 000±6.5	8 800	11 000	13 750	17 060	450	4	3	225 或 254	254
C6-2250	2 250	1 425	—	5 000±6.5	8 800	11 000	13 750	17 060	450	6	3	225 或 254	300
C8-2250	2 250	1 425	—	5 000±6.5	8 800	11 000	13 750	17 060	450	8	4	225 或 254	325
C10-2250	2 250	1 425	—	5 000±6.5	8 800	11 000	13 750	17 060	450	10	4	225 或 254	356
C12.5-2250	2 250	1 425	—	5 000±6.5	8 800	11 000	13 750	—	450	12.5	6	225 或 254	356

表 7（续）

1	2	3	4	5	6	7	8	9	10	11	12	13	14
型号	雷电冲击耐受电压/kV	操作冲击湿耐受电压/kV	工频湿耐受电压/kV	高度 h/mm	最小公称爬电距离/mm				绝缘件最大公称直径 D/mm	机械破坏负荷		顶部金属附件安装孔中心圆直径/mm	底部金属附件安装孔中心圆直径/mm
					Ⅰ	Ⅱ	Ⅲ	Ⅳ		弯曲 P_0/kN	扭转/(kN·m)		
C16-2250	2 250	1 425	—	5 000±6.5	8 800	11 000	13 750	—	450	16	6	254	375
C20-2250	2 250	1 425	—	5 000±6.5	8 800	11 000	13 750	—	450	20	6	254	400
C4-2400	2 400	1 425	—	5 300±6.5	8 800	11 000	13 750	17 060	450	4	3	225 或 254	254
C6-2400	2 400	1 425	—	5 300±6.5	8 800	11 000	13 750	17 060	450	6	3	225 或 254	300
C8-2400	2 400	1 425	—	5 300±6.5	8 800	11 000	13 750	17 060	450	8	4	225 或 254	325
C10-2400	2 400	1 425	—	5 300±6.5	8 800	11 000	13 750	17 060	450	10	4	225 或 254	356
C12.5-2400	2 400	1 425	—	5 300±6.5	8 800	11 000	13 750	17 060	450	12.5	6	225 或 254	356
C16-2400	2 400	1 425	—	5 300±6.5	8 800	11 000	13 750	17 060	450	16	6	254	375
C20-2400	2 400	1 425	—	5 300±6.5	8 800	11 000	13 750	17 060	450	20	6	254	400
C4-2550	2 550	1 550	—	5 700±6.5	12 240	15 300	19 130	—	450	4	3	225 或 254	275
C6-2550	2 550	1 550	—	5 700±6.5	12 240	15 300	19 130	—	450	6	3	225 或 254	300
C8-2550	2 550	1 550	—	5 700±6.5	12 240	15 300	19 130	—	450	8	4	225 或 254	325
C10-2550	2 550	1 550	—	5 700±6.5	12 240	15 300	19 130	—	450	10	4	225 或 254	356
C12.5-2550	2 550	1 550	—	5 700±6.5	12 240	15 300	19 130	—	450	12.5	6	254	375
C16-2550	2 550	1 550	—	5 700±6.5	12 240	15 300	19 130	—	450	16	6	275	400
C4-2650	2 650	1650	—	6 300±7.5	12 800	16 000	20 000	—	450	4	3	127 或 275	300
C6-2650	2 650	1650	—	6 300±7.5	12 800	16 000	20 000	—	450	6	3	127 或 275	300
C8-2650	2 650	1650	—	6 300±7.5	12 800	16 000	20 000	—	450	8	4	127 或 275	325
C10-2650	2 650	1650	—	6 300±7.5	12 800	16 000	20 000	—	450	10	4	127 或 275	356
C12.5-2650	2 650	1650	—	6 300±7.5	12 800	16 000	20 000	—	450	12.5	6	127 或 275	375

表 7（续）

1	2	3	4	5	6	7	8	9	10	11	12	13	14
型号	雷电冲击耐受电压/kV	操作冲击湿耐受电压/kV	工频湿耐受电压/kV	高度 h/mm	最小公称爬电距离/mm				绝缘件最大公称直径 D/mm	机械破坏负荷		顶部金属附件安装孔中心圆直径/mm	底部金属附件安装孔中心圆直径/mm
					Ⅰ	Ⅱ	Ⅲ	Ⅳ		弯曲 P_0/kN	扭转/(kN·m)		
C16-2650	2 650	1650	—	6 300±7.5	12 800	16 000	20 000	—	450	16	6	127 或 275	400
C4-2750	2750	1 700	—	6 800±8.0	12 800	16 000	20 000	—	450	4	3	127 或 275	300
C6-2750	2750	1 700	—	6 800±8.0	12 800	16 000	20 000	—	450	6	3	127 或 275	325
C8-2750	2750	1 700	—	6 800±8.0	12 800	16 000	20 000	—	450	8	4	127 或 275	356
C10-2750	2750	1 700	—	6 800±8.0	12 800	16 000	20 000	—	450	10	4	127 或 275	356
C12.5-2750	2750	1 700	—	6 800±8.0	12 800	16 000	20 000	—	450	12.5	6	127 或 275	375
C16-2750	2750	1 700	—	6 800±8.0	12 800	16 000	20 000	—	450	16	6	127 或 275	400
C4-2850	2850	1750	—	7 200±8.5	12 800	16 000	20 000	—	450	4	3	127 或 275	300
C6-2850	2850	1750	—	7 200±8.5	12 800	16 000	20 000	—	450	6	3	127 或 275	325
C8-2850	2850	1750	—	7 200±8.5	12 800	16 000	20 000	—	450	8	4	127 或.275	356
C10-2850	2850	1750	—	7 200±8.5	12 800	16 000	20 000	—	450	10	4	127 或 275	356
C12.5-2850	2850	1750	—	7 200±8.5	12 800	16 000	20 000	—	450	12.5	6	127 或 275	375
C16-2850	2850	1750	—	7 200±8.5	12 800	16 000	20 000	—	450	16	6	127 或 275	400
C4-3000	3000	1 800	—	8 400±9.5	17 600	22 000	27 500	—	500	4	3	127 或 275	300
C6-3000	3000	1 800	—	8 400±9.5	17 600	22 000	27 500	—	500	6	3	127 或 275	325
C8-3000	3000	1 800	—	8 400±9.5	17 600	22 000	27 500	—	500	8	4	127 或 275	356
C10-3000	3000	1 800	—	8 400±9.5	17 600	22 000	27 500	—	500	10	4	127 或 275	375
C12.5-3000	3000	1 800	—	8 400±9.5	17 600	22 000	27 500	—	500	12.5	6	127 或 275	400
C16-3000	3000	1 800	—	8 400±9.5	17 600	22 000	27 500	—	500	16	6	127 或 300	400
C4-3200	3200	1950	—	10 000±11.5	17 600	22 000	27 500	—	500	4	3	127 或 275	300

表 7（续）

1	2	3	4	5	6	7	8	9	10	11	12	13	14
型号	雷电冲击耐受电压/kV	操作冲击湿耐受电压/kV	工频湿耐受电压/kV	高度 h/mm	最小公称爬电距离/mm				绝缘件最大公称直径 D/mm	机械破坏负荷		顶部金属附件安装孔中心圆直径/mm	底部金属附件安装孔中心圆直径/mm
					Ⅰ	Ⅱ	Ⅲ	Ⅳ		弯曲 P_0/kN	扭转/(kN·m)		
C6-3200	3200	1950	—	10 000±11.5	17 600	22 000	27 500	—	500	6	3	127 或 275	325
C8-3200	3200	1950	—	10 000±11.5	17 600	22 000	27 500	—	500	8	4	127 或 275	356
C10-3200	3200	1950	—	10 000±11.5	17 600	22 000	27 500	—	500	10	4	127 或 275	375
C12.5-3200	3200	1950	—	10 000±11.5	17 600	22 000	27 500	—	500	12.5	6	127 或 300	400 或 425
C16-3200	3200	1950	—	10 000±11.5	17 600	22 000	27 500	—	500	16	6	127 或 300	425 或 450

注 1：对每一绝缘子高度参照 IEC 60815（TDS 文件）提出的统一爬电比距计算列出四个爬电距离等级，以便使用者选取。最小公称爬电距离栏中标识为“—”的，表示按计算的爬电距离算得的爬电系数大于 IEC 60815 的规定，不推荐采用。

注 2：当污秽条件和绝缘子结构需要时，经供需双方协议绝缘件最大公称直径可以增加。

注 3：绝缘子顶部金属附件应能耐受最小弯矩 M：对 C4-60 至 C20-650 型绝缘子 $M=0.5P_0h$；对 C2-750 至 C16-3200 型绝缘子 $M=0.2P_0h$；其中 P_0 为最小破坏负荷，h 为产品的高度。定货时供方应要求需方说明，是否要求绝缘子的弯矩 M 从顶部到底部按 P_0h 线性增大。

注 4：对于产品的某些用途，如旋转式隔离开关，由供需双方商定，需要的扭转强度可能更高。

注 5：一般情况下绝缘子的安装结构应从表 8 中选择，但是经供需双方协议，也可采用不同于表中所列的安装结构。
在绝缘子的破坏负荷下，符合规定尺寸的螺栓应力不超过 400 N/mm^2。
底部金属附件安装孔中心圆直径不能小于顶部金属附件安装孔中心圆直径。

表 8　户外外胶装圆柱形支柱绝缘子安装结构

1	2	3	4	5
安装孔中心圆直径/mm	螺　栓　数	螺　栓　孔		安装面最大公称直径/mm
		螺　　孔	光孔 ϕ/mm	
76	4	M12	—	115
127	4	M16	—	165
178	4	—	18	225
200	4	—	18	245
225	4	—	18	270
254	8	—	18	300
275	8	—	18	320
300	8	—	18	345
325	8	—	18	370
356	8 或 12	—	18 或 22	400
375	8 或 12	—	18 或 22	420
400	8 或 12	—	22 或 26	450
425	12	—	22 或 26	475
450	12 或 16	—	22 或 26	500

表 9　户外针式支柱绝缘子元件

1	2	3	4	5	6	7	8	9	10	11
型号	雷电冲击耐受电压/kV	工频湿耐受电压/kV	元件高度±0.7 mm h/mm	最小公称爬电距离/mm	绝缘件最大公称直径 D/mm	破坏负荷			顶部金属附件安装孔中心圆直径/mm	底部金属附件安装孔中心圆直径/mm
						弯曲/kN		扭转/(kN·m)		
						正装	倒装			
E30	60	20	152	127	152	6.7	4.0	0.225	76	76
E31	95	38	203	203	178	6.7	4.0	0.340	76	76
E32	110	45	254	280	203	9.0	4.5	0.680	76	76
E33	150	50	305	406	280	9.0	4.5	0.680	76	76
E34	170	70	368	560	356	13.5	9.0	1.700	76	76
E35	200	75	381	585	330	9.0	4.5	1.130	76	76
E36	250	95	457	840	356	9.0	4.5	1.350	76	76
E50	95	34	203	203	229	18.0	13.5	1.350	127	127
E51	110	45	254	280	254	18.0	13.5	1.350	127	127

表 9（续）

1	2	3	4	5	6	7	8	9	10	11
型号	雷电冲击耐受电压/kV	工频湿耐受电压/kV	元件高度±0.7mm h/mm	最小公称爬电距离/mm	绝缘件最大公称直径 D/mm	破坏负荷 弯曲/kN 正装	破坏负荷 弯曲/kN 倒装	破坏负荷 扭转/(kN·m)	顶部金属附件安装孔中心圆直径/mm	底部金属附件安装孔中心圆直径/mm
E52	125	50	254	406	330	18.0	13.5	1.350	127	127
E53	150	50	305	432	330	18.0	13.5	1.800	127	127
E54	200	75	381	585	356	18.0	13.5	2.250	127	127
E55	250	95	508	788	432	18.0	11.0	2.250	127	127
E56	200	75	368	762	432	31.0	18.0	4.500	127	127
E57	200	75	368	762	483	44.5	27.0	8.500	127	127
E58	200	75	368	762	483	44.5	27.0	8.500	127	254
E59	200	75	368	762	483	44.5	27.0	8.500	127	178
E70	200	75	368	762	483	44.5	27.0	8.500	178	178
E71	200	75	368	762	483	44.5	27.0	8.500	178	254
E72	200	75	394	762	533	89.0	67.0	8.500	178	178
E73	200	75	394	762	533	107.0	67.0	8.500	178	254
E100	200	75	368	762	533	107.0	67.0	8.500	254	254
E101	200	75	394	762	533	107.0	67.0	8.500	254	356
E102	200	75	457	762	660	107.0	107.0	11.300	254	254
E140	200	75	432	762	660	178.0	107.0	11.300	356	356
E141	250	90	533	1143	762	310.0	267.0	17.000	356	356

表 10 针式支柱绝缘子的安装结构

1	2	3	4	5
安装孔中心圆直径/mm	螺栓数	螺栓孔 螺孔	螺栓孔 光孔 ϕ/mm	安装面的最大公称直径/mm
76	4	M12	15	115
127	4	M16	18	165
178	4	M20	22	225
254	8	M20	22	300
356	8	M20	22	400

表 11 户外针式支柱绝缘子元件叠装成柱时的破坏负荷

1	2	3	4	5	6	7	8	9	10
元件型号	E34	E52	E53	E55	E56	E57 E58 E59 E70 E71	E72 E73 E100 E101	E102 E140	E141
柱中元件数	正装弯曲试验时的最小破坏负荷/kN								
2	6.70	7.60	8.50	5.80	13.30	24.30	40.00	62.50	97.50
3	3.60	4.45	4.90	3.30	7.60	12.50	29.00	36.50	58.50
4		3.30	3.30		5.30	8.90	20.00	26.00	42.00
5					4.00	6.70	15.60	20.00	32.70
6					3.30	5.30	12.50	16.50	26.70
7						4.45	10.20	13.80	22.70
8						4.00	8.90	12.00	19.60
9						3.40	7.60	10.70	17.40
10							6.70	9.40	15.60
11							6.00	8.50	14.00
12							5.50	7.80	12.90
13								7.10	11.80

注：表中是指相同元件的叠装柱。不同高度和不同弯曲破坏负荷的元件叠装成柱，在计算整柱绝缘子的强度时，必须考虑其差别。

附 录 A
（资料性附录）
户外针式支柱绝缘子组装示例

表 A.1 给出了户外针式支柱绝缘子组装示例。

表 A.1 户外针式支柱绝缘子组装示例

1	2	3	4	5	6	7	8	9	10	11
型号	雷电冲击耐受电压/kV	工频湿耐受电压/kV	高度 h/mm	最小公称爬电距离/mm	绝缘件最大公称直径 D/mm	破坏负荷 弯曲/kN	破坏负荷 扭转/(kN·m)	顶部金属附件安装孔中心圆直径/mm	底部金属附件安装孔中心圆直径/mm	组合
PB-60	60	20	152	127	152	6.70	0.225	76	76	1E30
PB-95	95	38	203	203	178	6.70	0.340	76	76	1E31
PD-95	95	34	203	203	229	18.00	1.350	127	127	1E50
PC-110	110	45	254	280	203	8.90	0.680	76	76	1E32
PD-110	110	45	254	280	254	18.00	1.350	127	127	1E51
PD-125	125	50	254	406	330	18.00	1.350	127	127	1E52
PC-150	150	50	305	406	280	8.90	0.680	76	76	1E33
PD-150	150	50	305	432	330	18.00	1.800	127	127	1E53
PD-170	170	70	368	560	356	13.50	1.700	76	76	1E34
PC-200	200	75	381	585	330	8.90	1.130	76	76	1E35
PD-200	200	75	381	585	356	18.00	2.250	127	127	1E54
PE-200	200	75	368	762	432	31.00	4.500	127	127	1E56
PC-250	250	95	457	840	356	8.90	1.350	76	76	1E36
PD-250	250	95	508	788	432	18.00	2.250	127	127	1E55
PB-350	350	140	737	1 118	356	6.70	1.700	76	76	2E34
PD-350	350	140	737	1 524	432	13.30	4.500	127	127	2E56
PE-350	350	140	737	1 524	483	24.40	8.500	127	127	2E57
PA-380	380	150	762	1 219	330	4.45	1.350	127	127	3E52
PC-380	380	150	876	1 549	432	9.80	2.250	127	127	1E55,1E56
PD-380	380	150	876	1 524	483	15.50	2.250	127	127	1E55,1E57
PA-450/1	450	185	1 016	1 626	330	3.30	1.350	127	127	4E52
PA-450/2	450	185	914	1 295	330	4.90	1.800	127	127	3E53
PB-450	450	185	1 016	1 575	432	5.80	2.250	127	127	2E55
PC-450	450	185	1 105	2 286	432	7.60	4.500	127	127	3E56
PD-450	450	185	1 105	2 286	483	12.40	4.500	127	127	2E56,1E57
PE-450/1	450	185	1 105	2 286	533	24.40	4.500	127	254	1E56,1E58,1E100

表 A.1（续）

1	2	3	4	5	6	7	8	9	10	11
型号	雷电冲击耐受电压/kV	工频湿耐受电压/kV	高度 h/mm	最小公称爬电距离/mm	绝缘件最大公称直径 D/mm	破坏负荷		顶部金属附件安装孔中心圆直径/mm	底部金属附件安装孔中心圆直径/mm	组　合
						弯曲/kN	扭转/(kN·m)			
PE-450/2	450	185	1 105	2 286	533	24.40	8.500	178	254	1E70,1E71,1E100
PA-550	550	230	1 219	1 727	330	3.30	1.800	127	127	4E53
PC-550	550	230	1 194	2 286	432	7.60	4.500	127	127	3E56,SB5
PD-550	550	230	1 194	2 286	483	12.40	4.500	127	127	2E56,1E57,SB5
PE-550/1	550	230	1 194	2 286	533	24.40	4.500	127	254	1E56,1E58,1E100, SB10
PE-550/2	550	230	1 194	2 286	533	24.40	8.500	178	254	1E70,1E71,1E100, SB10
PA-650	650	275	1 524	2 362	432	3.30	2.250	127	127	3E55
PB-650/1	650	275	1 473	3 048	432	5.30	4.500	127	127	4E56
PB-650/2	650	275	1 245	2 311	432	6.20	2.250	127	127	1E55,2E56
PC-650/1	650	275	1 473	3 048	483	7.60	4.500	127	127	3E56,1E57
PC-650/2	650	275	1 473	3 048	483	8.90	8.500	127	127	4E57
PD-650/1	650	275	1 473	3 048	533	12.40	4.500	127	254	2E56,1E58,1E100
PD-650/2	650	275	1 473	3 048	533	12.40	8.500	178	254	2E70,1E71,1E100
PD-650/3	650	275	1 499	3 048	533	12.40	8.500	178	178	3E70,1E72
PE-650/1	650	275	1 562	3 048	660	29.00	8.500	254	254	3E100,1E102
PE-650/2	650	275	1 638	3 048	660	27.00	8.500	178	254	2E72,1E73,1E102
PE-650/3	650	275	1 562	3 048	660	29.00	8.500	254	356	2E100,1E101,1E140
PA-850	850	360	1 842	3 810	432	4.00	4.500	127	127	5E56
PB-850/1	850	360	1 842	3 810	483	5.30	4.500	127	127	4E56,1E57
PB-850/2	850	360	1 842	3 810	483	6.70	4.500	127	127	3E56,2E57
PC-850/1	850	360	1 842	3 810	533	7.60	4.500	127	254	3E56,1E58,1E100
PC-850/2	850	360	1 842	3 810	533	8.90	8.500	178	254	3E70,1E71,1E100
PD-850/1	850	360	1 842	3 810	533	12.40	4.500	127	254	2E56,1E58,2E100
PD-850/2	850	360	1 842	3 810	533	12.40	8.500	178	254	2E70,1E71,2E100
PD-850/3	850	360	1 892	3 810	533	12.40	8.500	178	178	3E70,2E72
PD-850/4	850	360	1 918	3 810	533	15.10	8.500	178	178	2E70,3E72
PE-850/1	850	360	1 930	3 810	660	20.00	8.500	254	254	4E100,1E102
PE-850/2	850	360	2 032	3 810	660	18.60	8.500	178	254	3E72,1E73,1E102
PE-850/3	850	360	1 930	3 810	660	20.00	8.500	254	356	3E100,1E101,1E140

表 A.1（续）

1	2	3	4	5	6	7	8	9	10	11
型号	雷电冲击耐受电压/kV	工频湿耐受电压/kV	高度 h/mm	最小公称爬电距离/mm	绝缘件最大公称直径 D/mm	破坏负荷		顶部金属附件安装孔中心圆直径/mm	底部金属附件安装孔中心圆直径/mm	组 合
						弯曲/kN	扭转/(kN·m)			
PA-1050	1 050	460	2 210	4 572	432	3.30	4.500	127	127	6E56
PB-1050/1	1 050	460	2 210	4 572	533	5.30	4.500	127	127	4E56,2E57
PB-1050/2	1 050	460	2 210	4 572	533	6.70	8.500	178	254	4E70,1E71,1E100
PC-1050/1	1 050	460	2 210	4 572	533	7.60	4.500	127	254	3E56,1E58,2E100
PC-1050/2	1 050	460	2 210	4 572	533	8.90	8.500	178	254	3E70,1E71,2E100
PC-1050/3	1 050	460	2 261	4 572	533	8.90	8.500	178	178	4E70,2E72
PD-1050/1	1 050	460	2 286	4 572	533	12.00	8.500	178	178	3E70,3E72
PD-1050/2	1 050	460	2 388	4 572	660	18.90	8.500	254	254	4E100,2E102
PD-1050/3	1 050	460	2 489	4 572	660	18.20	8.500	178	254	3E72,1E73,2E102
PD-1050/4	1 050	460	2 362	4 572	660	18.90	8.500	254	356	3E100,1E101,2E140
PE-1050	1 050	460	2 680	5 334	762	27.50	8.500	178	356	1E72,1E73,1E101,1E140,2E141
PA-1175/1	1 175	510	2 578	5 334	533	4.00	4.500	127	254	5E56,1E58,1E100
PA-1175/2	1 175	510	2 578	5 334	483	4.45	8.500	178	178	7E70
PB-1175/1	1 175	510	2 578	5 334	533	5.30	4.500	127	254	4E56,1E58,2E100
PB-1175/2	1 175	510	2 578	5 334	533	6.70	8.500	178	254	4E70,1E71,2E100
PC-1175/1	1 175	510	2 578	5 334	533	7.60	4.500	127	254	3E56,1E58,3E100
PC-1175/2	1 175	510	2 578	5 334	533	8.90	8.500	178	254	3E70,1E71,3E100
PC-1175/3	1 175	510	2 654	5 334	533	8.90	8.500	178	178	4E70,3E72
PC-1175/4	1 175	510	2 680	5 334	533	10.20	8.500	178	178	3E70,4E72
PD-1175/1	1 175	510	2 845	5 334	660	15.50	8.500	254	254	4E100,3E102
PD-1175/2	1 175	510	2 883	5 334	660	15.30	8.500	178	254	4E72,1E73,2E102
PD-1175/3	1 175	510	2 730	5 334	660	15.50	8.500	254	356	4E100,1E101,2E140
PE-1175	1 175	510	3 213	6 477	762	26.70	8.500	178	356	1E72,1E73,1E101,1E140,3E141
PA-1300/1	1 300	570	2 946	6 096	533	4.00	4.500	127	254	5E56,1E58,2E100
PA-1300/2	1 300	570	2 946	6 096	483	4.00	8.500	178	178	8E70
PB-1300/1	1 300	570	2 946	6 096	533	5.30	4.500	127	254	4E56,1E58,3E100
PB-1300/2	1 300	570	2 946	6 096	533	6.70	8.500	178	254	4E70,1E71,3E100
PC-1300/1	1 300	570	2 946	6 096	533	7.60	4.500	127	254	3E56,1E58,4E100
PC-1300/2	1 300	570	2 946	6 096	533	8.90	8.500	178	254	3E70,1E71,4E100

表 A.1（续）

1	2	3	4	5	6	7	8	9	10	11
型号	雷电冲击耐受电压/kV	工频湿耐受电压/kV	高度 h/mm	最小公称爬电距离/mm	绝缘件最大公称直径 D/mm	破坏负荷		顶部金属附件安装孔中心圆直径/mm	底部金属附件安装孔中心圆直径/mm	组　合
						弯曲/kN	扭转/(kN·m)			
PC-1300/3	1 300	570	3 048	6 096	533	8.70	8.500	178	178	4E70,4E72
PD-1300/1	1 300	570	3 213	6 096	660	13.10	8.500	254	254	5E100,3E102
PD-1300/2	1 300	570	3 277	6 096	660	11.50	8.500	178	254	5E72,1E73,2E102
PD-1300/3	1 300	570	3 099	6 096	660	12.40	8.500	254	356	5E100,1E101,2E140
PE-1300	1 300	570	3 607	7 239	762	20.00	8.500	178	356	2E72,1E73,1E101,1E140,3E141
PA-1425/1	1 425	630	3 315	6 858	483	3.40	8.500	178	178	9E70
PA-1425/2	1 425	630	3 315	6 858	533	4.00	4.500	127	254	5E56,1E58,3E100
PA-1425/3	1 425	630	3 315	6 858	533	4.00	8.500	178	254	7E70,1E71,1E100
PB-1425/1	1 425	630	3 315	6 858	533	5.30	4.500	127	254	4E56,1E58,4E100
PB-1425/2	1 425	630	3 315	6 858	533	6.70	8.500	178	254	4E70,1E71,4E100
PC-1425/1	1 425	630	3 315	6 858	533	7.60	4.500	127	254	3E56,1E58,5E100
PC-1425/2	1 425	630	3 315	6 858	533	7.60	8.500	178	254	3E70,1E71,5E100
PC-1425/3	1 425	630	3 442	6 858	533	7.30	8.500	178	178	4E70,5E72
PD-1425/1	1 425	630	3 581	6 858	660	12.30	8.500	254	254	6E100,3E102
PD-1425/2	1 425	630	3 734	6 858	660	11.50	8.500	178	254	5E72,1E73,3E102
PD-1425/3	1 425	630	3 531	6 858	660	12.30	8.500	254	356	5E100,1E101,3E140
PD-1425/4	1 425	630	4 039	8 000	762	17.30	8.500	178	356	2E72,1E73,1E101,2E140,3E141
PE-1425	1 425	630	4 140	8 382	762	20.00	8.500	178	356	2E72,1E73,1E101,1E140,4E141
PA-1550/1	1 550	680	3 683	7 620	533	4.00	8.500	178	254	7E70,1E71,2E100
PA-1550/2	1 550	680	3 683	7 620	533	4.00	4.500	127	254	5E56,1E58,4E100
PB-1550/1	1 550	680	3 683	7 620	533	5.30	4.500	127	254	4E56,1E58,5E100
PB-1550/2	1 550	680	3 683	7 620	533	6.70	8.500	178	254	4E70,1E71,5E100
PB-1550/3	1 550	680	3 810	7 620	533	6.40	8.500	178	178	5E70,5E72
PC-1550/1	1 550	680	3 950	7 620	660	10.20	8.500	254	254	7E100,3E102
PC-1550/2	1 550	680	4 128	7 620	660	10.20	8.500	178	254	6E72,1E73,3E102
PC-1550/3	1 550	680	3 899	7 620	660	10.20	8.500	254	356	6E100,1E101,3E140
PD-1550	1 550	680	4 572	9 144	762	17.30	8.500	178	356	2E72,1E73,1E101,2E140,4E141

表 A.1（续）

<table>
<tr><td>1</td><td>2</td><td>3</td><td>4</td><td>5</td><td>6</td><td>7</td><td>8</td><td>9</td><td>10</td><td>11</td></tr>
<tr><td rowspan="2">型号</td><td rowspan="2">雷电冲击耐受电压/kV</td><td rowspan="2">工频湿耐受电压/kV</td><td rowspan="2">高度 h/mm</td><td rowspan="2">最小公称爬电距离/mm</td><td rowspan="2">绝缘件最大公称直径 D/mm</td><td colspan="2">破坏负荷</td><td rowspan="2">顶部金属附件安装孔中心圆直径/mm</td><td rowspan="2">底部金属附件安装孔中心圆直径/mm</td><td rowspan="2">组　合</td></tr>
<tr><td>弯曲/kN</td><td>扭转/(kN·m)</td></tr>
<tr><td>PA-1675</td><td>1 675</td><td>740</td><td>4 051</td><td>8 382</td><td>533</td><td>4.00</td><td>8.500</td><td>178</td><td>254</td><td>7E70,1E71,3E100</td></tr>
<tr><td>PB-1675/1</td><td>1 675</td><td>740</td><td>4 051</td><td>8 382</td><td>533</td><td>5.30</td><td>4.500</td><td>127</td><td>254</td><td>4E56,1E58,6E100</td></tr>
<tr><td>PB-1675/2</td><td>1 675</td><td>740</td><td>4 051</td><td>8 382</td><td>533</td><td>6.00</td><td>4.500</td><td>178</td><td>254</td><td>4E70,1E71,6E100</td></tr>
<tr><td>PB-1675/3</td><td>1 675</td><td>740</td><td>4 204</td><td>8 382</td><td>533</td><td>5.80</td><td>8.500</td><td>178</td><td>178</td><td>5E70,6E72</td></tr>
<tr><td>PC-1675/1</td><td>1 675</td><td>740</td><td>4 318</td><td>8 382</td><td>660</td><td>8.90</td><td>8.500</td><td>254</td><td>254</td><td>8E100,3E102</td></tr>
<tr><td>PC-1675/2</td><td>1 675</td><td>740</td><td>4 521</td><td>8 382</td><td>660</td><td>8.40</td><td>8.500</td><td>178</td><td>254</td><td>7E72,1E73,3E102</td></tr>
<tr><td>PC-1675/3</td><td>1 675</td><td>740</td><td>4 267</td><td>8 382</td><td>660</td><td>8.90</td><td>8.500</td><td>254</td><td>356</td><td>7E100,1E101,3E140</td></tr>
<tr><td>PD-1675</td><td>1 675</td><td>740</td><td>4 966</td><td>9 906</td><td>762</td><td>14.60</td><td>8.500</td><td>178</td><td>356</td><td>3E72,1E73,1E101,2E140,4E141</td></tr>
<tr><td>PB-1800</td><td>1 800</td><td>—</td><td>4 420</td><td>9 144</td><td>533</td><td>5.30</td><td>8.500</td><td>178</td><td>254</td><td>5E70,1E71,6E100</td></tr>
<tr><td>PC-1800</td><td>1 800</td><td>—</td><td>4 699</td><td>10 668</td><td>660</td><td>8.40</td><td>8.500</td><td>178</td><td>356</td><td>3E70,1E71,3E100,1E101,4E140</td></tr>
<tr><td>PD-1800</td><td>1 800</td><td>—</td><td>5 600</td><td>11 430</td><td>762</td><td>14.60</td><td>8.500</td><td>178</td><td>356</td><td>3E72,1E73,1E101,1E140,6E141</td></tr>
<tr><td colspan="11">注 1：绝缘子的组合是根据表中规定的雷电冲击耐受电压和工频湿耐受电压而选定的，但对于雷电冲击耐受电压大于 1 050 kV 的组合，适合于比表中所列值高的雷电冲击耐受电压。
注 2：操作冲击耐受电压未列入表中，若要规定此电压值，其相应的针式支柱绝缘子组合应由供需双方协议。</td></tr>
</table>

附　录　B
（资料性附录）
本部分与 IEC 60273:1990 的技术性差异及其原因

表 B.1 给出了本部分与 IEC 60273:1990 的技术性差异及其原因一览表。

表 B.1　本部分与 IEC 60273:1990 技术性差异及其原因

本部分章条编号	技术性差异	原　　因
标题	将 IEC 60273 的标题"标称电压高于 1 000 V 系统用户内和户外支柱绝缘子的特性"改为"标称电压高于 1 000 V 系统用户内和户外支柱绝缘子　第 2 部分:尺寸与特性"	为适应原国家标准为两个部分的情况
1.2	删除了 IEC 60273 的注 2	适应将耐污型支柱绝缘子列入本部分的要求
1.3	增加了"术语和定义"	适应我国现行标准编写要求
2	增加了规范性引用文件	适应我国现行标准编写要求
5	增加了注:考虑到产品品种的发展,未列高度的允许偏差可以按照以下公式计算: ——当 $h \leqslant 1\ 220$ mm 时,±1 mm; ——当 $h > 1\ 220$ mm 时,$\pm(1.5+0.001h)$ mm,h 以 mm 计	属于 GB 8287.1—1998 的要求,列入后便于理解高度允许偏差的来源
5	在产品尺寸偏差规定后增加了下列内容: 安装螺孔中心距偏差不应超过± 0.5 mm; 安装光孔中心距偏差不应超过± 1 mm; 安装螺孔偏差按照 GB/T 197—2003 中等精度规定; 安装光孔偏差按照 GB/T 1800.4—1999 中的 H16 级; 螺孔的螺纹有效长度不应小于公称螺纹直径	属于 GB 8287.1—1998 的内容,实践证明列入这些内容有利于产品安装、使用
5,8,表 7	IEC60273 在表 7 中规定了二级最小公称爬电距离,本部分在表 7 中规定了四级最小公称爬电距离,调整了 1、2 级的数值。并加注说明这些特性值的来源	污秽问题是我国电力系统面临的重要问题之一,四级爬电距离较好地反映了我国支柱绝缘子的生产和使用现状
8	冲击耐受电压等级由"60 kV～2 550 kV"修改为"60 kV～3 200 kV"	适应我国电压等级发展的需求
表 7	补充了高度 3 650～5 300 mm 产品的机械强度数值到 20 kN;5 700 mm 产品的机械强度数值到 16 kN	适应我国电压等级发展的需求
表 7	增加了产品高度为 6 300 mm、6 800 mm、7 200 mm、8 400 mm 和 10 000mm 的特性值	适应我国电压等级发展的需求
表 8	增加了安装孔中心圆直径 400 mm、425 mm 和 450 mm 的安装结构,以及安装孔中心圆直径 356 mm和 375 mm 时螺栓孔径 22 mm 的安装结构。同时删除了 IEC 60273 中未列入 375 mm 及以上安装孔中心圆直径安装结构的原因说明	适应我国电压等级发展,满足产品强度增加的需要
附录 D	列入了 GB/T 8287.2—1999 中原有系列支柱绝缘子的特性	在新标准颁布实施时便于和原有产品对照

附 录 C
（资料性附录）
本部分与 IEC 60273:1990 章条编号对照

表 C.1 给出了本部分与 IEC 60273:1990 章条编号对照一览表。

表 C.1 本部分与 IEC 60273:1990 章条编号对照

本部分章条编号	IEC 60273:1990 章条编号
1	1,2
2	—
3	3
4	4
5	5
6	6
7	7
8	8
表 1	表 1
表 2	表 1A
表 3	表 2
表 4	表 2A
表 5	表 3
表 6	表 3A
表 7	表 4
表 8	表 4A
表 9	表 5
表 10	表 5A
表 11	表 7
附录 A	附录 A
附录 B	—
附录 C	—
附录 D	—

附 录 D
（资料性附录）
GB/T 8287.2—1999 国内产品系列

GB/T 8287.2—1999 的原有系列的特性列入表 D.1～表 D.4。

表 D.1 户内内胶装和联合胶装支柱绝缘子

型式	型号	额定电压/kV	额定机械破坏负荷/kN		高度 h/mm	绝缘件最大公称直径 D/mm	上附件安装尺寸				下附件安装尺寸			
							中心孔 d_1	旁孔			中心孔 d_3	旁孔		
			弯曲	拉伸				孔中心圆直径 a_1/mm	孔径 d_2	孔数/个		孔中心圆直径 a_2/mm	孔径 d_4/mm	孔数/个
内胶装	ZN-7.2/4	7.2	4	4	100	85	—	18	M8	2	M12	—	—	—
	ZN-12/4	12	4	4	120	85	—	18	M8	2	M12	—	—	—
	ZN-12/8	12	8	8	120	105	—	24	M10	2	M16	—	—	—
	ZN-12/16	12	16	16	170	160	—	36	M12	2	M20	—	—	—
	ZN-24/16	24	16	16	230	160	—	36	M12	2	M20	—	—	—
联合胶装	ZL-12/4	12	4	4	160	95	M10	—	—	—	—	130	12	2
	ZL-12/8	12	8	8	170	95	M16	—	—	—	—	145	14	2
	ZL-12/16	12	16	16	185	120	M16	—	—	—	—	180	14	4
	ZL-24/16	24	16	16	265	130	M16	—	—	—	—	210	14	4
	ZL-24/30	24	30	30	290	170	M20	—	—	—	—	250	18	4
	ZL-40.5/4	40.5	4	4	380	105	M10	36	M8	2	—	145	14	2
	ZL-40.5/8	40.5	8	8	400	120	M16	46	M10	2	—	180	14	4

表 D.2 户内外胶装支柱绝缘子

型 号	额定电压/kV	额定机械破坏负荷/kN		高度 h/mm	绝缘件最大公称直径 D/mm	上附件安装尺寸				下附件安装尺寸			
						中心孔 d_1	旁孔			中心孔 d_3	旁孔		
		弯曲	拉伸				孔中心距 a_1/mm	孔径 d_2	孔数/个		孔中心距 a_2/mm	孔径 d_4/mm	孔数/个
ZA-7.2Y	7.2	3.75	3.75	165	90	M10	36	M6	2	M12	—	—	—
ZB-7.2Y	7.2	7.5	7.5	185	110	M16	46	M10	2	M16	—	—	—
ZA-7.2T	7.2	3.75	3.75	165	90	M10	36	M6	2	—	135	12	2
ZB-7.2T	7.2	7.5	7.5	185	110	M16	46	M10	2	—	175	15	2
ZA-12Y	12	3.75	3.75	190	90	M10	36	M6	2	M12	—	—	—
ZB-12Y	12	7.5	7.5	215	110	M16	46	M10	2	M16	—	—	—
ZA-12T	12	3.75	3.75	190	90	M10	36	M6	2	—	135	12	2
ZB-12T	12	7.5	7.5	215	110	M16	46	M10	2	—	175	15	2
ZC-12F	12	12.5	12.5	225	135	M16	66	M10	4	—	140	15	4
ZD-12F	12	20	20	235	170	M16	76	M12	4	—	155	15	4
ZD-24F	24	20	20	315	180	M18	76	M12	4	—	175	18	4

表 D.3 户外棒形支柱绝缘子

型　号	额定电压/kV	额定机械破坏负荷		高度 h/mm	最小公称爬电距离 L/mm	绝缘件最大公称直径 D/mm	上附件安装尺寸			下附件安装尺寸		
		弯曲/kN	扭转/(kN·m)				孔中心圆直径 a_1/mm	孔径 d_1/mm	孔数/个	孔中心圆直径 a_2/mm	孔径 d_2/mm	孔数/个
ZS-12/4	12	4	—	210	200	145	36	M8	2	130	12	2
ZS-24/8	24	8	—	350	400	185	76	M12	2	180	14	4
ZS-24/16	24	16	—	350	400	210	140	M12	4	210	18	4
ZS-24/30	24	30	—	400	400	230	140	M12	4	250	18	4
ZS-40.5/4	40.5	4	1	400	625	185	140	14	4	140	14	4
ZS-40.5/6L	40.5	6	1	420	625	200	140	M12	4	140	M12	4
ZS-40.5/8	40.5	8	1.5	420	625	200	140	M12	4	180	14	4
ZS-72.5/4	72.5	4	1.5	760	1 100	200	140	M12	4	180	14	4
ZS-126/4	126	4	2	1 060	1 870	210	140	M12	4	225	18	4
ZS-126/4L	126	4	2	1 080	1 870	210	140	M12	4	140	M12	4
ZS5-126/4L	126	4	2	1 190	1 870	210	140	M12	4	140	M12	4
ZS-252/4	252	4	2	2 120	3 740	270	140	M12	4	250	18	4
ZS-252/8	252	8	2	2 400	3 740	290	280	18	8	280	18	8
ZS-363/4	363	4	2	3 200	5 630	270	190	14	4	250	18	8
ZS1-550/5	550	5	2	4 200	8 800	300	225	18	4	300	18	8

表 D.4 户外针式支柱绝缘子

型　号	额定电压/kV	额定弯曲破坏负荷/kN	高度 h/mm	最小公称爬电距离 L/mm	绝缘件最大公称直径 D/mm	上附件安装尺寸				下附件安装尺寸			
						孔距 a_1/mm	孔径 d_1	孔数/个	螺孔深 h_1/mm	孔距 a_2/mm	孔径 d_2/mm	孔数/个	法兰厚度 h_2/mm
ZPA-7.2	72	3.75	170	170	150	36	M8	2	8	50	11	2	2
ZPB-12	12	5	188	200	170	36	M8	2	10	70	11	2	13
ZPD-12	12	20	210	200	260	120	M12	4	18	120	15	4	16

ICS 83.060
B 72

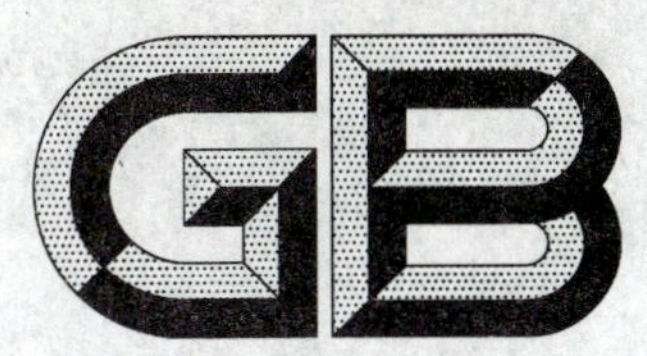

中华人民共和国国家标准

GB/T 8289—2008
代替 GB/T 8289—2001

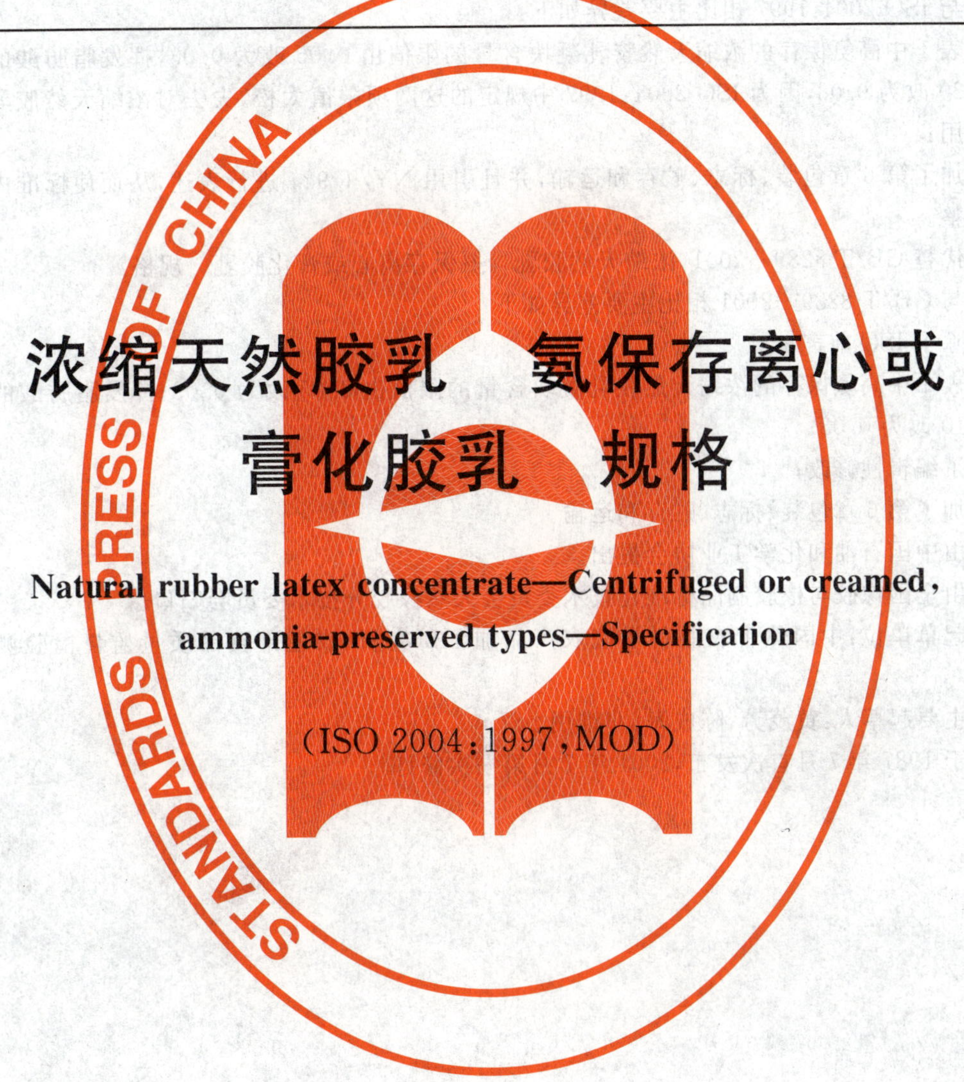

浓缩天然胶乳 氨保存离心或膏化胶乳 规格

Natural rubber latex concentrate—Centrifuged or creamed, ammonia-preserved types—Specification

(ISO 2004:1997,MOD)

2008-05-15 发布 2008-11-01 实施

中华人民共和国国家质量监督检验检疫总局
中国国家标准化管理委员会 发布

前　言

本标准修改采用 ISO 2004:1997《浓缩天然胶乳　氨保存离心或膏化胶乳　规格》(英文版)。

本标准根据 ISO 2004:1997 重新起草。

本标准与 ISO 2004:1997 相比主要差异如下:

——将表 1 中高氨保存的浓缩天然胶乳凝块含量的限值由 0.05 改为 0.03,挥发脂肪酸的限值由 0.20 改为 0.08,因为 ISO 2004:1997 中规定的这两项限值太松,失去对浓缩天然胶乳的监管作用;

——增加了第 6 章包装、标志、贮存和运输,并且引用 NY/T 924 进行表述,从而使标准内容更加完整。

本标准代替 GB/T 8289—2001《浓缩天然胶乳　氨保存离心或膏化胶乳　规格》。

本标准与 GB/T 8289—2001 相比主要差异如下:

——删除了 ISO 前言;

——将表 1 中高氨保存的浓缩天然胶乳凝块含量的限值由 0.05 改为 0.03;挥发脂肪酸的限值由 0.10 改为 0.08;

——作了编辑性修改;

——增加了第 6 章包装、标志、贮存和运输。

本标准由中国石油和化学工业协会提出。

本标准由全国橡胶与橡胶制品标准化技术委员会天然橡胶分技术委员会归口。

本标准起草单位:中国热带农业科学院农产品加工研究所、农业部食品质量监督检验测试中心(湛江)。

本标准主要起草人:黄茂芳、陈成海、邓维用。

本标准于 1987 年 7 月首次发布,2001 年 7 月第一次修订。

浓缩天然胶乳　氨保存离心或膏化胶乳　规格

1　范围

本标准规定了全部或部分用氨保存的离心法和膏化法生产的浓缩天然胶乳的规格以及包装、标志、贮存和运输。

本标准适用于下列巴西橡胶树胶乳离心或膏化法生产的浓缩天然胶乳：

高氨浓缩天然胶乳，浓缩后只用氨保存的离心浓缩胶乳，碱度（按胶乳计）至少为0.6%（质量分数）；

低氨浓缩天然胶乳，浓缩后用氨和其他保存剂保存的离心浓缩胶乳，碱度（按胶乳计）不超过0.29（质量分数）；

中氨浓缩天然胶乳，浓缩后用氨和其他保存剂保存的离心浓缩胶乳，碱度（按胶乳计）至少为0.30%（质量分数）；

高氨膏化浓缩天然胶乳，浓缩后只用氨保存的膏化浓缩胶乳，碱度（按胶乳计）至少为0.55%（质量分数）；

低氨膏化浓缩天然胶乳，浓缩后用氨和其他保存剂保存的膏化浓缩胶乳，碱度（按胶乳计）不超过0.35%（质量分数）。

2　规范性引用文件

下列文件中的条款通过本标准的引用而成为本标准的条款。凡是注日期的引用文件，其随后所有的修改单（不包括勘误的内容）或修订版均不适用于本标准，然而，鼓励根据本标准达成协议的各方研究是否可使用这些文件的最新版本。凡是不注日期的引用文件，其最新版本适用于本标准。

GB/T 8290　天然浓缩胶乳　取样（GB/T 8290—1987，eqv ISO 123:1985）

GB/T 8291　浓缩天然胶乳　凝块含量的测定（GB/T 8291—2008，ISO 706:2004，MOD）

GB/T 8292　浓缩天然胶乳　挥发脂肪酸值的测定（GB/T 8292—2008，ISO 506:1992，IDT）

GB/T 8293　浓缩天然胶乳　残渣含量的测定（GB/T 8293—2008，ISO 2005:1992，IDT）

GB/T 8295　天然胶乳　铜含量的测定（GB/T 8295—1987，eqv ISO 1654:1971）

GB/T 8296　天然胶乳　锰含量的测定（高碘酸钾光度测定法）（GB/T 8296—1987，eqv ISO 1655:1975）

GB/T 8297　浓缩天然胶乳　氢氧化钾（KOH）值的测定（GB/T 8297—2008，ISO 127:1995，IDT）

GB/T 8298　浓缩天然胶乳　总固体含量的测定（GB/T 8298—2008，ISO 124:1997，MOD）

GB/T 8299　浓缩天然胶乳　干胶含量的测定（GB/T 8299—2008，ISO 126:2005，IDT）

GB/T 8300　浓缩天然胶乳　碱度的测定（GB/T 8300—2008，ISO 125:2003，IDT）

GB/T 8301　浓缩天然胶乳　机械稳定度的测定（GB/T 8301—2008，ISO 35:2004，IDT）

NY/T 924　浓缩天然胶乳　氨保存离心胶乳生产工艺规程

3　术语和定义

下列术语和定义适用于本标准。

3.1

浓缩天然胶乳 natural rubber latex concentrate

含氨和(或)其他保存剂并经浓缩加工的天然胶乳。

4 要求

浓缩胶乳应符合表1列出的总固体含量或干胶含量的要求,也应符合表1所列的所有其他的要求。

表1 技术规格要求

项目	限值					检验方法
	高氨	低氨	中氨	高氨膏化	低氨膏化	
总固体含量(质量分数)[a]/%,最小	61.5	61.5	61.5	66.0	66.0	GB/T 8298
干胶含量(质量分数)[a]/%,最小	60.0	60.0	60.0	64.0	64.0	GB/T 8299
非胶固体(质量分数)[b]/%,最大	2.0	2.0	2.0	2.0	2.0	
碱度(NH_3)按浓缩胶乳计算(质量分数)/%	0.6最小	0.29最大	0.3最小	0.55最小	0.35最大	GB/T 8300
机械稳定度 s,最小	650	650	650	650	650	GB/T 8301
凝块含量(质量分数)/%,最大	0.03	0.03	0.03	0.03	0.03	GB/T 8291
铜含量/(mg/kg)总固体,最大	8	8	8	8	8	GB/T 8295
锰含量/(mg/kg)总固体,最大	8	8	8	8	8	GB/T 8296
残渣含量(质量分数)/%,最大	0.10	0.10	0.10	0.10	0.10	GB/T 8293
挥发脂肪酸(VFA)值,最大	0.08	0.20	0.20	0.20	0.20	GB/T 8292
KOH值,最大	1.0	1.0	1.0	1.0	1.0	GB/T 8297

a 总固体含量或者干胶含量,任选一项。

b 总固体含量与干胶含量之差。

如果浓缩胶乳加入氨以外的其他保存剂,则应说明这些保存剂的名称、化学性质和大约用量。浓缩胶乳不应含有在生产的任何阶段加入的固定碱。

5 取样

按GB/T 8290规定的方法取样。

6 包装、标志、贮存和运输

按NY/T 924的规定执行。

ICS 83.040.10
B 72

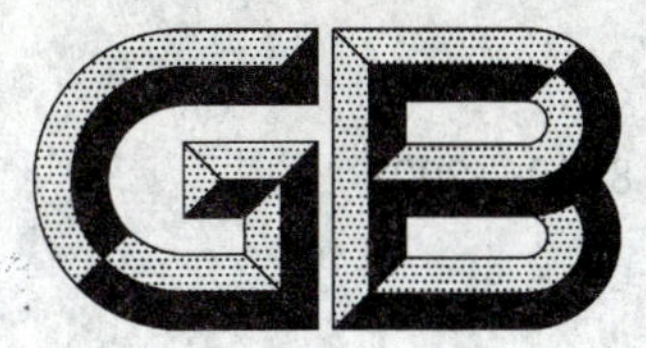

中华人民共和国国家标准

GB/T 8290—2008
代替 GB/T 8290—1987

浓缩天然胶乳 取样

Natural rubber latex concentrate—Sampling

(ISO 123:2001 Rubber latex—Sampling, MOD)

2008-06-04 发布 2008-12-01 实施

中华人民共和国国家质量监督检验检疫总局
中国国家标准化管理委员会 发布

前　言

本标准修改采用 ISO 123:2001《胶乳　取样》(英文版)。

本标准根据 ISO 123:2001 重新起草。

本标准与 ISO 123:2001 相比,主要差异如下:

——适用范围不包括合成胶乳、人造胶乳以及塑料悬浮液;

——删除了第 2 章规范性引用文件中与本标准无关的 ISO 15528:2000《涂料、清漆及原料　取样》,引用了 GB/T 6003.1,该标准与 ISO 123:2001 相应部分没有技术性差异;

——第 7 章实验室样品和试料的标记及第 8 章取样报告中增加了取样时的天气状况。

本标准代替 GB/T 8290—1987《天然浓缩胶乳　取样》。

本标准与 GB/T 8290—1987 相比,主要差异如下:

——将标准名称由原来的"天然浓缩胶乳　取样"修改为"浓缩天然胶乳　取样";

——增加了"规范性引用文件"部分;

——将原标准的的术语"试样"和"样品"定义为"试料"和"样本"。增加了"试样"和"凝块"两条术语及定义;

——重新规定了取样报告的书写内容;

——增加了第 4 章"原理"部分。并将原来的第 4 章仪器设备和第 5 章取样顺延为第 5 章仪器和第 6 章取样;

——电动搅拌器的转速由原来的 100 r/min～700 r/min 改为 50 r/min～200 r/min;

——增加了取样次数的规定;

——增加了凝块含量的测定;

——增加了第 7 章试验室样品和试料的标记和第 8 章取样报告。

本标准由中国石油和化学工业协会提出。

本标准由全国橡胶与橡胶标准化技术委员会天然橡胶分技术委员会归口。

本标准起草单位:中国热带农业科学院带农产品加工研究所。

本标准主要起草人:陈鹰、余和平、黄茂芳、陈成海。

本标准 1987 年首次发布。

浓缩天然胶乳　取样

警告——使用本标准的人员应该熟悉正规实验室的操作规程。本标准无意涉及因使用本标准可能出现的所有安全问题。使用者有责任制定相应的安全和卫生制度，并确保符合有关法规。

1　范围

本标准规定了浓缩天然胶乳的取样方法。

本标准适用于桶装、用胶乳罐车装运的胶乳以及贮胶罐（池）中的胶乳的取样。

2　规范性引用文件

下列文件中的条款通过本标准的引用而成为本标准的条款。凡是注日期的引用文件，其随后所有的修改单（不包括勘误的内容）或修订版均不适用于本标准，然而，鼓励根据本标准达成协议的各方研究是否可使用这些文件的最新版本。凡是不注日期的引用文件，其最新版本适用于本标准。

GB/T 6003.1　金属丝编织网试验筛（GB/T 6003.1—1997，neq ISO 3310-1:1990）

GB/T 8291　天然浓缩胶乳　凝块含量的测定（GB/T 8291—1987，neq ISO 706:1985）

GB/T 8298　浓缩天然胶乳　总固体含量的测定（GB/T 8298—2001，eqv ISO 124:1997）

3　术语和定义

下列术语和定义适用于本标准。

3.1

批　lot

在一致的条件下加工或生产的一定数量的胶乳。

注：一批可以装在一个或几个容器内，例如，可以由若干桶胶乳组成。

3.2

样本　sample

从一批胶乳中抽取的一定量的胶乳。

3.3

实验室样品　laboratory sample

用于实验室检验和试验并能代表一批的一定量的胶乳。

3.4

试料　test sample

将实验室样品过滤所得到的用于测试的一定量的胶乳。

3.5

试样　test portion

取自试料（3.4）或实验室样品（3.3）用于某项测试的一定量的胶乳。例如，从实验室样品中称取的用于测定总固体含量的一定量的胶乳。

3.6

凝块含量　coagulum content/sieve residue

在试验条件下(GB/T 8291),残留在符合GB/T 6003.1规定的公称孔径为180 μm±10 μm的过滤网上的粗糙的外来物和絮凝胶。

注:在船运和大批量运输的胶乳的检验条文中,这就是通常所指的凝块。实验室样品不包括片状胶皮和凝固橡胶。

4 原理

从一批胶乳中取出具代表性的实验室样品,再由实验室样品通过过滤制备试料。

5 仪器

仪器浸入胶乳的部分不应含铜。

5.1 搅拌器:用于使桶装胶乳匀化。

装在大口桶中的胶乳可采用5.1.1或5.1.2规定的工具。装在具塞小口桶中的胶乳可以采用6.4.1.4规定的方法。

5.1.1 柱塞式搅拌器:包括直径约150 mm孔状铬合金板或不锈钢圆盘,带有直径为10 mm的边缘光滑的小孔。

5.1.2 电动搅拌器:能够以5 rad/s～21 rad/s(角速度:弧度每秒)(50 r/min～200 r/min)(转速:转每分)的速度运转。

一种较合适的电动搅拌器具有最小直径110 mm的不锈钢螺旋桨,安装在一条足够长的不锈钢轴上,螺旋桨距离胶桶底部的距离约为胶乳整个高度的十分之一。如有必要,一条轴上可安装两套螺旋桨,下螺旋桨应符合上述要求。搅拌器的速度应能使胶乳频频翻动,但不致引起涡流。

5.1.3 电动胶桶滚动机(可选择,见6.4.1.5):能够以大约1 rad/s(10 r/min)的速度使胶桶转动。

5.2 取样装置:适用于从已知深度的胶乳中移取大约1 L的胶乳。这样的装置应采用对胶乳呈惰性的材料制成。

5.2.1 桶装胶乳取样管:采用5.2.1.1或5.2.1.2规定的工具。

5.2.1.1 取样管:用不会与胶乳发生化学反应的材料如玻璃、不锈钢或惰性塑料等制成,内径10 mm～15 mm,长度至少1 m,两端开口。应备有塞子,以便从胶乳中拿出取样管时,能塞紧管的上端。

注:将两端开口的取样管插入胶乳中,确保所有深度层的胶乳为一个样品。

5.2.1.2 取样管:用不锈钢材料制成,内径约25 mm,长度至少1 m,管的底部(带有单向阀),可以遥控开启和关闭。图1为合适的取样管略图。

1——手柄；

2——弹簧；

3——管身；

4——阀杆定位线；

5——单向阀。

图 1 桶装、胶乳罐车装运以及贮胶罐贮存胶乳的取样管(未按比例)

5.2.2 罐车或贮罐(池)中胶乳取样装置:胶乳深度在 3 m 或 3 m 以上,采用 5.2.2.1 规定的装置。如果胶乳深度不到 3 m,采用 5.2.2.2 规定的装置。

5.2.2.1 柱形不锈钢容器:容积约为 1 L,用一个可以遥控开启的塞子塞紧。容器应安装牢固以便能插入所需深度。类似的装置见图 2。

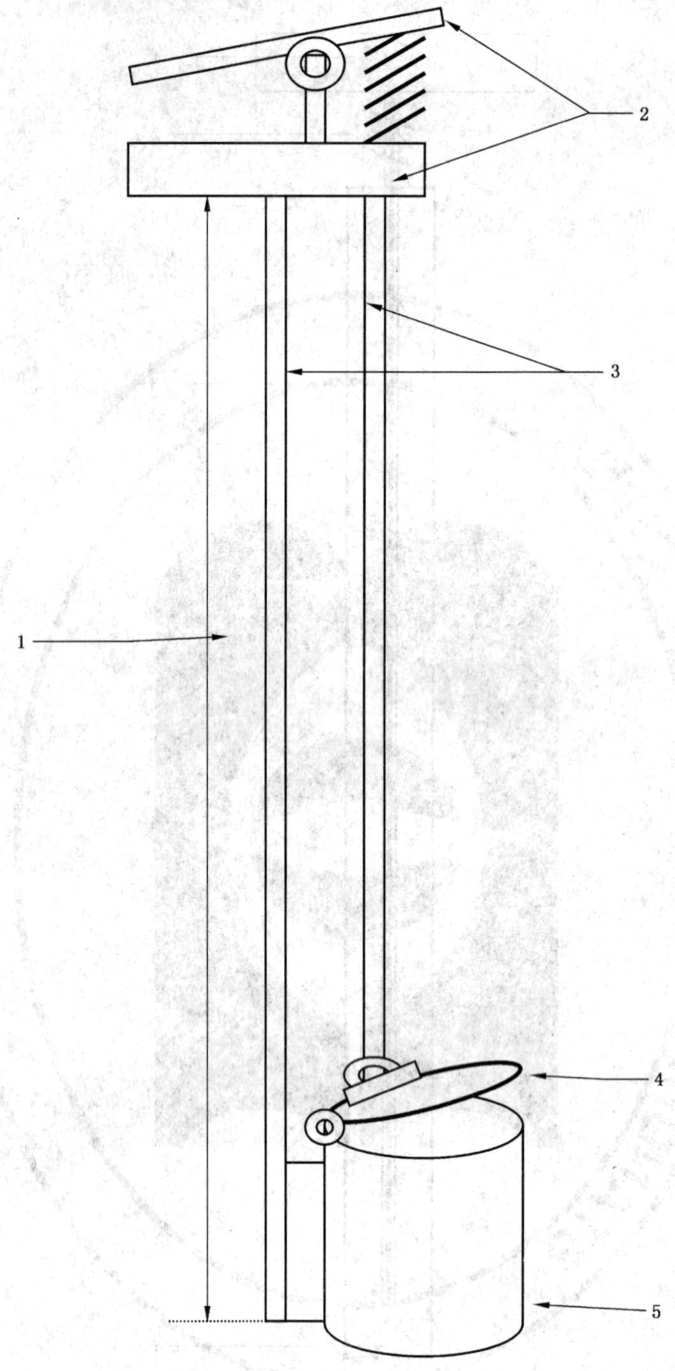

1——连杆长度；
2——手柄；
3——连杆；
4——容器盖；
5——取样容器（近似尺寸）。
加工材料：不锈钢；
连杆长度：根据取样需要确定。

图 2 胶乳取样装置示意图

5.2.2.2 取样管：采用不锈钢材料制成，内径 25 mm，与 5.2.2.1 中的装置类似，但长度为 3 m，底部用一个可以遥控开启的塞子塞紧。

5.3 （混合）容器：容积 2 L，用于盛接取样管或容器中的胶乳。（混合）容器应耐碰撞，内层光滑并且不会与胶乳发生化学反应。

注：如果(混合)容器口太大，易造成胶乳中的氨水等组分挥发。因此，最好采用小口带紧密旋塞的玻璃瓶或塑料容器。

5.4 样本瓶：容积1 L，具紧密螺旋盖。内层光滑并且不会与胶乳发生化学反应。如可使用玻璃或某些塑料质地的容器。不应使用薄的屈挠性容器。

注：为便于贮运，具深度线的细径瓶较为合适。

5.5 滤网：采用对胶乳惰性的不锈钢线或合成布料制成，公称孔径180 μm±10 μm，符合GB/T 6003.1的规定。

6 取样

6.1 总则

在取样的所有步骤都应避免将空气带入胶乳，并且尽量减少胶乳在空气中的暴露时间。

6.2 取样次数

6.2.1 除非另有约定，否则应按照6.2.2和6.2.3规定的取样率进行取样。

6.2.2 每批都应取样。

6.2.3 当一批胶乳分装在不同的容器(如桶)中，应从占容器总数10%的容器中取样，不够一个容器时应按一个容器取样，然后汇集在一起(如容器总数为12个时应从2个容器中取样，容器总数为64个时应从7个容器中取样。容器总数超过100个时，应从不少于10个的容器中取样)。

选择容器，随机取样。

6.3 初步检验

目测检查并记录胶乳中存在的皱皮、凝块、胶皮以及外来物。

注：初步检验还应包括胶乳的气味、颜色等。

6.4 从胶桶中取样

6.4.1 匀化

6.4.1.1 按6.4.1.2规定的方法手动匀化胶乳，或按照6.4.1.3规定的方法机械匀化胶乳。必要时，甚至可采用6.4.1.5规定的方法滚动使胶乳匀化。

6.4.1.2 如果是大口桶，则应取下盖子，将桶内的胶乳至少彻底搅拌5 min。最好选用带开口圆盘的不锈钢柱塞式搅拌器(5.1.1)搅拌。

6.4.1.3 也可选择用电动搅拌器(5.1.2)搅拌10 min使胶乳匀化。避免搅拌过度。

6.4.1.4 如果是小口具塞桶，桶内的空间不足2%，此时手动和机械方式都不能使胶乳匀化。应将胶桶侧倒在地，来回剧烈滚动至少10 min，再将胶桶倒置约15 min，然后再放倒滚动10 min。

6.4.1.5 如果待取样的胶乳只有1桶，也可选择胶桶滚动机以1 rad/s(10 r/min)的速度滚动24 h，使胶乳匀化。

6.4.2 抽取实验室样品(见3.3)

6.4.2.1 总则

胶乳匀化好以后(见6.4.1)，应立即用干净干燥的取样管(5.2.1)按6.4.2.2或6.4.2.3规定的方法取样。应注意所取样本不应有凝块或胶皮。

6.4.2.2 从单个胶桶中取样

将两端开口的取样管(5.2.1)，慢慢插入到胶桶的底部。关闭上端开关，拿出取样管并将所取的胶乳移入一干净干燥的样本瓶中(5.4)。重复以上操作至有足够的胶乳装满样本瓶，(考虑到热膨胀)应保留2%～5%的空间，旋紧瓶盖。

注：切记样本瓶应装满样本且不透气。

6.4.2.3 从若干个胶桶中取样

需要从若干个桶中对同一批胶乳进行取样时，例如从占胶桶总数10%的胶桶中取样(见6.2.3)，所取样本应混合在一起,此时,从每一个桶中所取胶乳样本应按比例减少。在这种情况下,所取的样本应在(混合)容器(5.3)中混合,并稍做搅拌以确保均匀性,所得到的实验室样品装入样本瓶。(这是需要取多个样本,例如仲裁检验时的取样)。

6.5 从胶乳罐车或贮胶罐中取样

6.5.1 总则

首先应从不同深度取样,以确保所取胶乳的均匀性。

注:对于固定贮胶罐(池),应有适当的条件使胶乳均匀,这样不需要每次取样时检验胶乳的均匀性。

6.5.2 取样操作

6.5.2.1 可根据具体情况选用取样容器(5.2.2.1)或取样管(5.2.2.2)进行取样。

6.5.2.2 塞紧取样容器(5.2.2.1),沉入胶乳中至所需要的深度(通常为容器的上、中、下位置),再拉出塞子。让取样器在胶乳中停留几秒钟使取样器充满胶乳,塞紧取样器。取出取样器并将所取的胶乳移入(混合)容器(5.3)中,再从(混合)容器倒入样本瓶(5.4)中,预留 2%～5%的空间。旋紧样本瓶盖。

6.5.2.3 将取样管(5.2.2.2)底部塞紧,沉入胶乳中至所需要的深度,开启取样管底部开口。待取样管充满胶乳,塞紧取样管底部,取出取样管。将所取的胶乳移入(混合)容器(5.3)中,再从(混合)容器倒入样本瓶(5.4)中,预留 2%～5%的空间。旋紧样本瓶盖。

6.5.3 均匀性试验

从胶乳上表面往下 100 mm 处和离底部约 100 mm 处分别取样。用滤网(5.5)过滤实验室样品,按 GB/T 8298 规定的方法测定其总固体含量。如果从上层和底层所取胶乳的总固体含量相差大于 0.5%(按质量计),应采用机械搅拌器搅拌或用泵使胶乳在罐内循环,使整批胶乳重新匀化,直到从上层和底层所取胶乳样品的总固体含量在允许误差范围之内。

6.5.4 抽取实验室样品

达到 6.5.3 规定的均匀程度后,取三个份量相近的样本。第一个样本在胶乳顶层至胶乳中心约一半的位置取样,第二个样本从胶乳的中心位置取样,第三个样本从胶乳中心至胶乳底部大约一半的位置取样。将这三个样本在(混合)容器(5.3)中混合并搅拌,然后将所得到的实验室样品移入样本瓶(5.4)中。

注:如果采用取样管(5.2.2.2)取样,取单个样本时,应将取样管底部开启,并把取样管一直插入胶乳的底部,关闭取样管底部开关,然后从胶乳中拿出取样管。

6.5.5 凝块含量

应采用实验室样品(见 3.3)测定凝块含量(GB/T 8291)。

6.6 试料的制备

仔细搅拌实验室样品,采用干净、干燥的滤网(5.5)将胶乳过滤到(混合)容器(5.3)中,再移入另一个样本瓶(5.4)中,预留 2%～5%的空间。旋紧样本瓶盖。

7 实验室样品和试料的标记

样本都应清楚贴上标签,标签上至少应标明以下内容:

a) 原料说明(如原产地、颜色、气味等);

b) 交运货物(胶乳罐车、贮胶罐、船、桶)的大小和特点;

c) 实验室样品和试料的标号和样本的参照号;

d) 发货商;

e) 取样地点;

f) 取样日期;

g) 取样人姓名。

8 取样报告

取样报告至少应包括以下内容：

a) 本标准号；

b) 标记样本所需的全部细节；

c) 取样时的天气状况；

d) 取样次数；

e) 记录原来的容器中(如果)存在的膏化现象、可见的凝块、胶皮和外来杂质，以及胶乳的颜色、气味等；

f) 取样过程发现的任何不正常现象；

g) 记录胶乳罐车、贮胶罐(池)中的胶乳最初是否均匀以及采取的匀化方式；

h) 不符合本标准或认为是非强制性的任何操作。

ICS 83.060
B 72

中华人民共和国国家标准

GB/T 8291—2008
代替 GB/T 8291—1987

浓缩天然胶乳 凝块含量(筛余物)的测定

Natural rubber latex concentrate—Determination of coagulum content (sieve residue)

(ISO 706:2004 Rubber latex—Determination of coagulum concent (sieve residue), MOD)

2008-06-04 发布 2008-12-01 实施

中华人民共和国国家质量监督检验检疫总局
中国国家标准化管理委员会 发布

前　言

本标准修改采用 ISO 706:2004《胶乳　凝块含量(筛余物)的测定》(英文版)。

本标准根据 ISO 706:2004 重新起草。

本标准与 ISO 706:2004 的主要差异如下:

——删去第 1 章“范围”中有关合成胶乳凝块含量的测定部分,只保留天然胶乳凝块含量的测定部分,标准名称也作了相应的修改;

——删去第 2 章规范性引用文件中与本标准适用范围无关的 ISO 4576 以及已删去的“精密度”章引用的 ISO/TR 9272;

——删去用于合成胶乳的 5.2:非离子表面活性剂;

——删去第 10 章:精密度,因其对本标准的使用没有影响,并且在第 9 章已作了规定;

——删去附录 A,因其对本标准的使用没有影响。

本标准代替 GB/T 8291—1987《天然浓缩胶乳　凝块含量的测定》。

本标准与 GB/T 8291—1987 的主要差异如下:

——把标准名称改为:《浓缩天然胶乳　凝块含量(筛余物)的测定》;

——在第 3 章定义中增加了 3.1 实验室样品;

——在第 6 章仪器中增加了 6.1 公称平均孔径为 710 μm±25 μm 的过滤筛网;

——在第 8 章操作程序中增加了实验室样品经过 710 μm 过滤筛网粗滤。

本标准由中国石油和化学工业协会提出。

本标准由全国橡胶和橡胶制品标准化技术委员会天然橡胶分技术委员会归口。

本标准负责起草单位:中国热带农业科学院农产品加工研究所。

本标准参加起草单位:农业部天然橡胶产品质量监督检验测试中心、云南省热带作物产品质量检验站。

本标准主要起草人:黄茂芳、陈成海、张北龙、黄向前、周旭晖。

本标准于 1987 年 7 月首次发布。

浓缩天然胶乳
凝块含量(筛余物)的测定

警告——使用本标准的人员应该熟悉正规实验室的操作规程。本标准无意涉及因使用本标准可能出现的所有安全问题。使用者制定相应的安全和健康细则,并确保符合国家有关法规规定。

1 范围

本标准规定了浓缩天然胶乳凝块含量(筛余物)的测定方法。

本标准适用于浓缩天然胶乳凝块含量(筛余物)的测定,不适用于以浓缩天然胶乳为原料的配合胶乳和硫化胶乳凝块含量(筛余物)的测定。

2 规范性引用文件

下列文件中的条款通过本标准的引用而成为本标准的条款。凡是注日期的引用文件,其随后所有的修改单(不包括勘误的内容)或修订版均不适用于本标准,然而,鼓励根据本标准达成协议的各方研究是否可使用这些文件和最新版本。凡是不注日期的引用文件,其最新版本适用于本标准。

GB/T 6003.1 金属丝编织网试验筛(GB/T 6003.1—1997,eqv ISO 3310-1:1990)

GB/T 8290 天然浓缩胶乳 取样(GB/T 8290—1987,eqv ISO 123:1985)

3 术语和定义

本标准采用下列术语和定义。

3.1

实验室样品 laboratory sample

用于实验室检验的,能代表一批产品的一定量胶乳。

3.2

凝块含量 coagulum content

筛余物 sieve residue

在试验条件下留在公称孔径为 180 μm±10 μm 的不锈钢过滤筛网(符合 GB/T 6003.1)上的物质,这些物质由凝固的橡胶絮凝块和外来杂质所组成。

注:通常所理解的"凝块"是试验胶乳在装运、递送等过程中形成的,实验室样品不包括胶乳的表皮和粗的凝块(残留在 710 μm±25 μm 筛网上的凝块),这些物质在开始检验之前已通过粗滤除去。

4 原理

经过粗滤器过滤的实验室样品与表面活性剂混合,再经过规定网孔的过滤筛网过滤,洗去过滤筛网上未凝固的胶乳后,干燥残渣测定筛余物含量。

5 试剂

在分析过程中,只能使用确认的分析级试剂,也只能使用蒸馏水或纯度与之相当的水。

5.1 阴离子表面活性剂

每升溶液中含油酸钾或月桂酸铵 50 g。

5.2 pH 试纸

6 仪器

标准的实验室仪器和：

6.1 粗过滤筛网

用不锈钢丝网(布)或不受胶乳浸蚀的合成纤维布制成，其公称孔径为 710 μm±25 μm。

6.2 试验过滤筛网

不锈钢丝布(优选的材料)制成的圆盘，符合 GB/T 6003.1 的规定，其公称孔径为 180 μm±10 μm。也可使用合成纤维布制试验过滤筛网。

如果过滤筛网需要清洁(例如：重复使用)，把它浸在冷的 5%(体积分数)的硝酸溶液中，煮沸 30 min，用水冲洗并干燥至恒重。

注意！用合成纤维制造的过滤筛网不能用硝酸清洁。

6.3 不锈钢环

2 个，内径相等，并在 25 mm～50 mm 之间。

6.4 烧杯

容量为 600 mL。

6.5 烘箱

能控温在 100℃±5℃。

6.6 干燥器

6.7 天平

一台分析天平能准确称重至 0.001 g 或更精确，另一台能准确称重至 1 g。

7 取样

按 GB/T 8290 规定取样并制备实验室样品。实验室样品应不包括任何干的胶皮和粗的凝块。

8 操作程序

8.1 对同一样品应按以下操作步骤进行双份测定。

8.2 充分搅拌实验室样品以保证其均匀。

8.3 搅拌均匀的实验室样品应通过 710 μm 的粗过滤筛网(6.1)过滤到清洁干燥的烧杯(6.4)中，并盖住烧杯口确保胶乳表面不会形成结皮。

8.4 在 100℃±5℃烘箱(6.5)内干燥试验过滤筛网(6.2)至恒重并记录其质量，精确至 1 mg(m_1)，用两个不锈钢环(6.3)固定试验过滤筛网。

用烧杯(6.4)称取搅拌均匀并按 8.3 制备的实验室样品约 200 g±1 g(m_0)，加入 200 mL 阴离子表面活性剂(5.1)溶液，并充分混合。

用阴离子表面活性剂(5.1)溶液湿润已夹紧的试验过滤筛网(6.2)，然后再将表面活性剂和胶乳混合液倒入试验过滤筛网(6.2)，立刻用同样的表面活性剂溶液冲洗试验过滤筛网布上的残留物，直到清洗液不含胶乳为止，并继续用水清洗直至清洗液用 pH 试纸(5.2)检验呈中性。

8.5 仔细地从夹子中取出有湿凝块的试验过滤筛网，用滤纸抹擦试验过滤筛网的底部。

8.6 将试验过滤筛网和凝块在 100℃±5℃的烘箱中加热 30 min，移至干燥器(6.6)冷却至室温，称重，精确至 1 mg；将试验过滤筛网和凝块放回 100℃±5℃的烘箱中继续加热 15 min，再如前所述移至干燥器冷却、称重；重复 15 min 干燥周期的操作，直至连续称重之间的质量损失小于 1 mg。记录干燥的试验过滤筛网和凝块的质量(m_2)。

9 结果表示

用公式(1)计算凝块含量，以胶乳的质量分数表示：

$$凝块含量(\%)=\frac{m_2-m_1}{m_0}\times 100 \qquad \cdots\cdots(1)$$

式中：

m_0——试料的质量，单位为克(g)；

m_1——试验过滤筛网的质量，单位为克(g)；

m_2——试验过滤筛网加干凝块的质量，单位为克(g)。

报告双份测定结果的平均值，如果单个测定结果与平均值之差大于0.001个单位，则应重新测试。

10 试验报告

试验报告应包括下列各项内容：

a) 本标准的编号；

b) 识别待测样品的所有详细说明；

c) 双份测定结果的平均值；

d) 测试期间的任何异常情况；

e) 不包括在本标准或引用文件中的任何操作，以及其他任何认为有必要的操作；

f) 试验日期。

ICS 83.060
B 72

中华人民共和国国家标准

GB/T 8292—2008/ISO 506:1992
代替 GB/T 8292—2001

浓缩天然胶乳　挥发脂肪酸值的测定

Rubber latex, natural, concentrate—Determination of volatile fatty acid number

(ISO 506:1992, IDT)

2008-05-15 发布　　2008-11-01 实施

中华人民共和国国家质量监督检验检疫总局
中国国家标准化管理委员会　发布

前　言

本标准等同采用ISO 506:1992《浓缩天然胶乳　挥发脂肪酸值的测定》(英文版)。

为了便于使用,本标准作了下列编辑性修改:

——"本国际标准"一词改为"本标准";

——删除了国际标准的前言;

——在第2章规范性引用文件中引用了GB/T 8290和GB/T 8298,这两项标准与ISO 506:1992的相应部分没有技术性差异。

本标准代替GB/T 8292—2001《浓缩天然胶乳　挥发脂肪酸值的测定》。

本标准与GB/T 8292—2001相比主要差异如下:

——删去了ISO前言,并作了编辑性修改;

——在6.1、图1中的"蒸汽套蒸馏器"改为:"马氏蒸馏器";

——在8.2第一段中"准确加入50 mL硫酸溶液进行酸化",改为:"准确加入5.0 mL硫酸溶液进行酸化";

——在8.2第三段中"部分关闭蒸汽出口,以3 mL/min～5 mL/min的速度连续蒸馏,直到收集100 mL的蒸馏液为止。"改为:"部分关闭蒸汽出口,使蒸汽转入内管。开始时让蒸汽缓慢通过,然后完全关闭蒸汽出口,以3 mL/min～5mL/min的速度连续蒸馏,直到收集100 mL的蒸馏液为止。"

本标准由中石油和化学工业协会提出。

本标准由全国橡胶与橡胶制品标准化技术委员会天然橡胶分技术委员会归口。

本标准起草单位:中国热带农业科学院农产品加工研究所。

本标准主要起草人:邓维用、陈成海、杜海群、张北龙。

本标准于1987年11月首次发布,2001年7月第一次修订。

浓缩天然胶乳　挥发脂肪酸值的测定

警告:使用本标准的人员应该熟悉正规实验室的操作规程。本标准无意涉及因使用本标准可能出现的所有安全问题。使用者制定适当的安全和健康细则,并确保符合国家有关法规规定。

1　范围

本标准规定了浓缩天然胶乳挥发脂肪酸值的测定方法。

本标准适用于巴西橡胶树胶乳生产的浓缩天然胶乳。

2　规范性引用文件

下列文件中的条款通过本标准的引用而成为本标准的条款。凡是注日期的引用文件,其随后所有的修改单(不包括勘误的内容)或修订版均不适用于本标准,然而,鼓励根据本标准达成协议的各方研究是否可使用这些文件和最新版本。凡是不注日期的引用文件,其最新版本适用于本标准。

GB/T 8290　天然浓缩胶乳　取样(GB/T 8290—1987,eqv ISO 123:1985)

GB/T 8298　浓缩天然胶乳　总固体含量的测定(GB/T 8298—2008,ISO 124:1997,MOD)

GB/T 8299　浓缩天然胶乳　干胶含量的测定(GB/T 8299—2008,ISO 126:2005,IDT)

3　术语和定义

下列术语和定义适用于本标准。

3.1

挥发脂肪酸(VFA)值　volatile fatty acid number

中和含有 100 g 总固体的胶乳中的挥发脂肪酸所需的氢氧化钾的克数。

注:如果胶乳中已加入某些用硫酸酸化而产生挥发酸的物质,则挥发脂肪酸值偏高,未经校准不能代表挥发脂肪酸含量。

4　原理

试样用硫酸铵凝固后,将分离出来的全部乳清的一部分用硫酸酸化。酸化后的乳清进行蒸汽蒸馏,再用氢氧化钡标准溶液滴定馏出液,从而测得试样中的挥发酸。

5　试剂

本标准仅使用确认的分析纯试剂,蒸馏水或纯度与之相当的水。

5.1　硫酸铵,约 30%(质量分数)溶液。

5.2　硫酸,约 50%(质量分数)溶液。

5.3　氢氧化钡标准滴定溶液,$c[Ba(OH)_2]=0.005$ mol/L,用邻苯二甲酸氢钾滴定法进行标定,储存于没有二氧化碳的瓶中,并应当天标定当天使用。

5.4　指示剂溶液:酚酞溶液或溴百里酚蓝。0.5 g 指示剂溶于 100 mL 50%(体积分数)的乙醇溶液中。

6　仪器

实验室常规仪器以及下列仪器设备。

6.1　马氏蒸馏器(Markham 蒸馏器),基本上如图 1 所示,也可在蒸馏容器与冷凝器之间插入一个磨砂玻璃接头。

单位为毫米

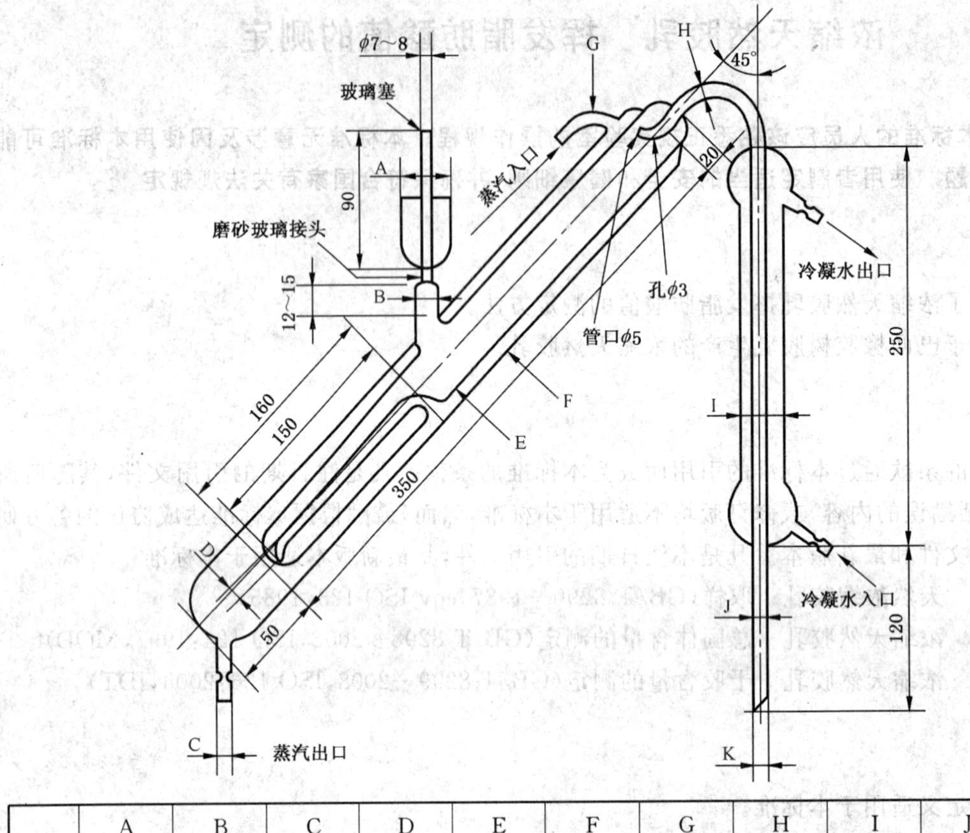

.	A	B	C	D	E	F	G	H	I	J	K
外径	29～32	13～14	9～10	5～6	25～27	44～48	9～10	15～17	20～22	11～12	9～10
壁厚	1～1.5	1～1.5	0.75～1.25	0.75～1.25	1～1.5	1～2	0.75～1.25	1.5～2	1～1.5	0.75～1.25	0.75～1.25

图1　马氏蒸馏器(markham 蒸馏器)

6.2　蒸汽浴。

6.3　水浴,能保持70℃额定的温度。

6.4　移液管,容量5mL、10mL、25mL和50mL。

6.5　滴定管,容量适宜。

7　取样

按GB/T 8290规定的方法取样。

8　操作程序

8.1　如果未知浓缩胶乳的总固体含量和干胶含量,则按GB/T 8298和GB/T 8299的规定分别进行测定。

8.2　称取约50 g浓缩胶乳(精确至0.1 g)放入烧杯中。一边搅拌浓缩胶乳,一边用滴定管(6.5)准确加入50 mL硫酸铵溶液(5.1)。将烧杯放在蒸汽浴或水浴(6.2、6.3)中,温度控制在70℃,并继续搅拌浓缩胶乳,直至凝固为止。用表面皿盖住烧杯,在蒸汽浴或水浴中继续放置到总时间达15 min。慢慢倾出乳清并通过干滤纸过滤。将凝块移入研钵中,用研杵压出更多的乳清,并通过上述的滤纸过滤。用移液管吸取25 mL过滤后的乳清放入一个干的50 mL锥形烧瓶中,准确加入5.0 mL硫酸溶液(5.2)进行酸化，回旋烧瓶使其混合均匀。

对于某些浓缩胶乳，特别是用氢氧化钾保存的浓缩胶乳，乳清酸化时会形成细小的沉淀物。应用一张新的干滤纸过滤除去沉淀物，然后再进行蒸馏操作。

将蒸汽通过蒸馏器(6.1)至少 15 min，然后让蒸汽通过蒸馏器外套(蒸汽出口打开)，同时用移液管(6.4)吸取 10 mL 的酸化乳清加入内管中。如果发泡严重，可加入一滴适当的防泡剂。在冷凝管尖端下面放一个 100 mL 的量筒以接受馏出液。部分关闭蒸汽出口，使蒸汽转入内管。开始时让蒸汽缓慢通过，然后完全关闭蒸汽出口，以 3 mL/min～5 mL/min 的速度连续蒸馏，直到收集 100 mL 的蒸馏液为止。

将馏出液移入一个 250 mL 锥形烧瓶中，然后以 200 mL/min～300 mL/min 的速率通入无二氧化碳的空气流约 3 min，以除去任何溶解在馏出液中的二氧化碳。用氢氧化钡溶液(5.3)进行滴定，以规定的指示剂(5.4)中的一种作指示剂。

8.3 另取 50 g 浓缩胶乳试样做重复测定(见 8.2)。

9 结果的表示

浓缩天然胶乳的挥发脂肪酸(VFA)值按式(1)计算：

$$\mathrm{VFA}=\left[\frac{134.64cV}{m\,\mathrm{TSC}}\right]\times\left[50+\frac{m(100-\mathrm{DRC})}{100\rho}\right] \qquad (1)$$

式中：

c——氢氧化钡溶液(5.3)的实际浓度，单位为摩尔每升(mol/L)；

V——中和馏出液所需氢氧化钡溶液的体积，单位为毫升(mL)；

m——试样的质量，单位为克(g)；

DRC——浓缩胶乳的干胶含量，质量分数，%；

TSC——浓缩胶乳的总固体含量，质量分数，%；

ρ——乳清的密度，单位为兆克每立方米(Mg/m^3)，对离心和膏化浓缩胶乳 $\rho=1.02 Mg/m^3$；

134.64——系数，由氢氧化钾的相对分子质量，氢氧化钾对氢氧化钡的价数比以及酸化乳清和蒸馏乳清的份量比推算出来的。

双份测定结果若不满足下列条件，则重做：

实际 VFA 值等于或小于 0.10 单位时相差在 0.01 单位以内；

实际 VFA 值大于 0.10 单位时相差在 10%以内。

10 试验报告

试验报告应包括下列内容：

a) 本标准编号；

b) 识别样品所需的全部细节；

c) 测定结果及其单位的表示方法；

d) 测定过程中注意到的任何异常现象；

e) 在本标准中未包括的，而被认为是可以采用的任何操作。

ICS 83.060
B 72

中华人民共和国国家标准

GB/T 8293—2008/ISO 2005:1992
代替 GB/T 8293—2001

浓缩天然胶乳 残渣含量的测定

Natural rubber latex concentrate—Determination of sludge content

(ISO 2005:1992, Rubber latex, natural, concentrate—Determination of sludge content, IDT)

2008-05-15 发布 2008-11-01 实施

中华人民共和国国家质量监督检验检疫总局
中国国家标准化管理委员会 发布

前　言

本标准等同采用 ISO 2005:1992《浓缩天然胶乳　残渣含量的测定》(英文版)及其修改单 ISO 2005:1992/Amd.1:2006(英文版)。

为了便于使用,本标准作了如下编辑性修改:

——“本国际标准”一词改为“本标准”;

——删除国际标准的前言;

——在第 2 章规范性引用文件中引用了 GB/T 8290,该标准与 ISO 2005:1992 的相应内容没有技术性差异。

本标准代替 GB/T 8293—2001《浓缩天然胶乳　残渣含量的测定》。

本标准与 GB/T 8293—2001 相比主要差异如下:

——删去了 ISO 前言;

——增加了第 9 章“精密度说明”。

本标准由中国石油和化学工业协会提出。

本标准由全国橡胶与橡胶标准化技术委员会天然橡胶分技术委员会归口。

本标准起草单位:中国热带农业科学院农产品加工研究所、农业部食品质量监督检验测试中心(湛江)。

本标准主要起草人:丁丽、余和平、陈成海。

本标准于 1987 年 7 月首次发布,2001 年 7 月第一次修订。

浓缩天然胶乳 残渣含量的测定

警告——使用本标准的人员应有正规实验室工作的实践经验。本标准并未指出所有可能的安全问题。使用者有责任采取适当的安全和健康措施,并保证符合国家有关法规规定的条件。

1 范围

本标准规定了浓缩天然胶乳残渣的测定方法。

本标准适用于巴西橡胶树生产的浓缩天然胶乳。

2 规范性引用标准

下列文件中的条款通过在本标准中的引用而成为本标准的条款。凡是注日期的引用文件,其随后所有的修改单(不包括勘误的内容)或修订版均不适用于本标准,然而,鼓励根据本标准达成协议的各方研究是否可使用这些文件的最新版本。凡是不注日期的引用文件,其最新版本适用于本标准。

GB/T 8290 天然浓缩胶乳 取样(GB/T 8290—1987,eqv ISO 123:1985)

ISO/TR 9272 橡胶与橡胶制品试验方法标准 精密度的确定(ISO/TR 9272:2004,Rubber and rubber products—Determination of precision for test method standards)

3 原理

将试样进行离心,所得残渣用氨-乙醇溶液反复洗涤,然后干燥至恒重。

4 试剂

本标准仅使用确认的分析纯试剂,蒸馏水或纯度与之相当的水。

氨-乙醇溶液,组成如下:

——氨溶液,ρ0.90 g/mL±0.02 g/mL 10 mL

——乙醇,含量不低于95%(体积分数) 340 mL

——水 1 000 mL

5 仪器

实验室常规仪器以及如下仪器:

5.1 离心机,产生平均加速度约12 000 m/s²,配备有两支50 mL的锥形离心管。

5.2 移液管,容量适宜,下口直径约2 mm。

6 取样

按照GB/T 8290规定的方法取样。

7 操作程序

进行双份平行测定,使用两个离心管(5.1)以便互相平衡。给每个离心管中分别称取40 g~45 g浓缩胶乳,精确至0.1 g。每个离心管按下法进行处理。

将离心管口盖上,以免离心过程中表面结皮。采用实验室离心机的大约转速离心20 min,用勺取出大部分膏化层,再用移液管(5.2)小心吸出距渣顶约10 mm以上的上层液体。

将氨-乙醇溶液加满离心管,再离心25 min,用移液管吸出距渣顶约10 mm以上的上层液体。重复这一操作，直至离心后上层液体清澈为止。

轻轻倒出上层清液至 10 mm 的标线，加一些氨-乙醇溶液将残渣全部移入已称重的约 200 mL 容量的耐热烧杯中。蒸发至还剩少量水分时，再于 70℃±2℃ 温度下干燥，直至 30 min 内减重小于 1 mg 为止。

8 结果的表示

残渣含量按式(1)计算，以质量分数(%)表示：

$$残渣含量 = \frac{m_1}{m_0} \times 100 \qquad \cdots\cdots(1)$$

式中：

m_0——试样的质量，单位为克(g)；

m_1——干燥后的残渣质量，单位为克(g)。

平行测定结果之差应小于 0.002%，取平均值。

9 精密度说明

9.1 本标准的精密度按 ISO/TR 9272 确定。术语和统计的定义可参考该标准。

9.2 精密度细节在精密度说明中给出了如下描述的使用特定材料和特定试验方案对这种试验方法的评估，在没有说明参数所适用的特定组别的材料及其特定的试验方案时，就不应使用这些精密度参数。

9.3 表 1 列出了精密度的结果。重复性 r 和再现性 R 的值的精密度应达到 95% 的置信水平(应不超过 5% 为前提)。

表 1 残渣含量的试验方法精密度估计

平均值(质量分数)/%	实验室内		实验室间	
	s_r	r	s_R	R
0.007	0.000 5	0.001	0.000 6	0.002

注：$r=2.83\times s_r$

式中：

r——重复性；

s_r——重复性标准差。

$R=2.83\times s_R$

式中：

R——再现性；

s_R——室间标准差。

9.4 表 1 中的结果为平均值并给出了本试验方法的精密度统计值。这些数值是由 2001 年进行的一项实验室间试验计划(ITP)所确定的。13 间实验室对用高氨胶乳制备的 A 和 B 两个样品进行了重复三次的测定。在对待测胶乳进行两次取样装入贴有 A 和 B 标记的 1 L 瓶子之前，先将其过滤，再充分混合和搅拌使其均匀化。这样，样品 A 和样品 B 基本上是相同的，并且在统计计算时将两者视作相同处理。每个参加的实验室应按 ITP 给出的日期，用这两个样品进行测定。

9.5 确定了一个第 1 类精密度(所分发的用于 ITP 试验样品已制备好，可直接用于试验)。

9.6 重复性：本试验方法的重复性 r(按测定单位)已被确定为合适的值列于表 1 中。在确定的试验条件下，同一实验室所获得的两个单独的试验结果之差大于表 1 中所列的 r 值(对于任何给定的水平)应被视为来自不同(非同一的)样品群。

9.7 再现性：本试验方法的再现性 R(按测定单位)已被确定为合适的值列于表 1 中。在确定的试验条件下,于两个不同的实验室所获得的两个单独的试验结果之差大于表1中所列的r值(对于任何给定的水平)应被视为来自不同(非同一的)样品群。

9.8 偏差:在试验方法术语中,偏差为试验结果平均值与认定的参照值之差。

本试验方法不存在参照值,因为该参照值只能由试验方法来确定,所以不能确定本试验方法的偏差。

注:只有在相关各方对测定结果产生争议需要仲裁时,才按表1的规定进行估计。

10 试验报告

试验报告至少应包括以下内容:

a) 本标准编号;

b) 识别样品所需的全部细节;

c) 测定结果及其单位;

d) 测定过程中注意到的任何异常现象;

e) 在本标准中未包括的而被认为是可以采用的任何操作。

ICS 83.060
B 72

中华人民共和国国家标准

GB/T 8294—2008/ISO 1802:1992
代替 GB/T 8294—2001

浓缩天然胶乳 硼酸含量的测定

Natural rubber latex concentrate—Determination of boric acid content

（ISO 1802:1992,IDT）

2008-05-15 发布 2008-11-01 实施

中华人民共和国国家质量监督检验检疫总局
中国国家标准化管理委员会 发布

前言

本标准等同采用ISO 1802:1992《浓缩天然胶乳　硼酸含量的测定》(英文版)。

为了便于使用,本标准作了如下编辑性修改:

——“本国际标准”一词改为“本标准”;

——删除国际标准的前言;

——在第6章取样中引用了GB/T 8290,该标准与ISO 1802:1992的相应部分没有技术性差异。

本标准代替GB/T 8294—2001《浓缩天然胶乳　硼酸含量的测定》。

本标准与2001年版相比作了编辑性修改。

本标准由中国石油和化学工业协会提出。

本标准由全国橡胶与橡胶标准化技术委员会天然橡胶分技术委员会归口。

本标准起草单位:中国热带农业科学院带农产品加工研究所、农业部食品质量监督检验测试中心(湛江)。

本标准主要起草人:吕明哲、余和平、陈成海。

本标准于1987年7月首次发布,2001年7月第一次修订。

浓缩天然胶乳　硼酸含量的测定

警告:使用本标准的人员应有正规实验室工作的实践经验。本标准并未指出所有可能的安全问题。使用者有责任采取适当的安全和卫生措施,并保证符合国家有关法规规定的条件。

1　范围

本标准规定了浓缩天然胶乳中硼酸含量的测定方法。

本标准适用于巴西橡胶树胶乳生产的浓缩天然胶乳。

2　规范性引用文件

下列文件中的条款通过本标准的引用而成为本标准的条款。凡是注日期的引用文件,其随后所有的修改单(不包括勘误的内容)或修订版均不适用于本标准。然而,鼓励根据本标准达成协议的各方研究是否可使用这些文件的最新版本。凡是不注日期的引用文件,其最新版本适用于本标准。

GB/T 8290　天然浓缩胶乳　取样(GB/T 8290—1987,eqv ISO 123:1985)

3　原理

将含有约 0.02 g 硼酸的胶乳试样的 pH 值调至 7.50,这时硼酸基本上呈未离解状态。然后加入过量甘露糖醇以形成强酸性的硼酸-甘露糖醇络合物,从而释放出相当于胶乳中硼酸量的氢离子,使pH 值下降。加碱使试样的 pH 值回复至 7.50,根据加入的碱量即可测得硼酸含量。

4　试剂

本标准仅使用确认的分析纯试剂,蒸馏水或纯度与之相当的水。

4.1　盐酸,质量分数为 2%的溶液。

4.2　稳定剂溶液,含质量分数为 5%的环氧乙烷缩合物型非离子稳定剂。

4.3　甘露糖醇。

4.4　硼酸溶液

称取约 5 g 硼酸(H_3BO_3),精确至 1 mg,溶于水并在容量瓶中稀释至 1 000 mL。

4.5　氢氧化钠标准溶液,$c(NaOH) \approx 0.05$ mol/L。

4.5.1　溶液的标定

用移液管(5.2)吸取 5 mL 硼酸溶液(4.4)放入 250 mL 的烧杯中,加 2 mL 稳定剂溶液(4.2)和 50 mL水。用 pH 计(5.1)测定溶液的 pH 值,如 pH 值超过 5.5,则边不断搅拌,边逐滴加盐酸溶液(4.1),使 pH 值降低到 5.5～2.5 范围。让溶液静置 15 min,在不断搅拌下,用滴定管(5.3)加氢氧化钠溶液(4.5)至 pH 值达到 7.50。然后在继续搅拌下加入 4 g 甘露糖醇(4.3),pH 值随即下降。再从滴定管(5.3)用氢氧化钠溶液准确滴定,记录使 pH 值回复至 7.50 时所需的氢氧化钠溶液的体积。

4.5.2　浓度的计算

用式(1)计算氢氧化钠溶液的浓度 c,以摩尔每升表示:

$$c = 0.081 \times \frac{m}{V_1} \quad \cdots\cdots (1)$$

式中:

m——1 000 mL 硼酸溶液(4.4)中硼酸的质量,单位为克(g);

V_1——使 pH 回复到 7.50 所需氢氧化钠溶液的体积,单位为毫升(mL)。

5 仪器

实验室常规仪器，以及如下仪器：

5.1 pH 计，能够测定试验过程中的 pH 值，精确至 0.01 单位。

5.2 移液管，容量为 2 mL、5 mL 和 50 mL。

5.3 滴定管，容量适宜。

6 取样

按 GB/T 8290 规定的方法进行取样。

7 操作程序

称取约 10 g 浓缩胶乳，精确至 0.1 g，放入一只 250 mL 的烧杯中，加入 2 mL 稳定剂溶液(4.2)和 50 mL 水。边不断搅拌，边逐滴加入盐酸溶液(4.1)，直到用 pH 计(5.1)测定的浓缩胶乳的 pH 值在 5.5～2.5 范围内。静置 15 min 后，在不断搅拌下，用滴定管(5.3)加入氢氧化钠溶液(4.5)至胶乳的 pH 值达到 7.50。然后加入 4 g 甘露糖醇(4.3)，并继续搅拌，pH 值随即下降。再从滴定管(5.3)用氢氧化钠溶液准确滴定，记录使 pH 值回复至 7.50 时所需的氢氧化钠溶液的体积。

注：胶乳的 pH 值随甘露糖醇的溶解而逐步下降。

8 结果的表示

浓缩胶乳硼酸(H_3BO_3)含量以其质量分数(%)表示，按式(2)计算：

$$\text{硼酸含量} = \frac{6.18cV_2}{m_0} \qquad (2)$$

式中：

c——按 4.5.2 计算的氢氧化钠溶液(4.5)的实际浓度，单位为摩尔每升(mol/L)；

V_2——使胶乳的 pH 值回复至 7.50 时所需氢氧化钠溶液的体积，单位为毫升(mL)；

m_0——浓缩胶乳试样的质量，单位为克(g)。

计算结果表示到小数点后两位。

双份平行测定结果相差不应大于 0.01%(质量分数)，然后取平均值。

9 试验报告

试验报告应包括下列内容：

a) 本标准编号；

b) 识别样品所需的全部细节；

c) 测定结果及其单位；

d) 测定过程中注意到的任何异常现象；

e) 在本标准中未包括的，而被认为是可以采用的任何操作；

f) 试验日期。

ICS 83.060
B 72

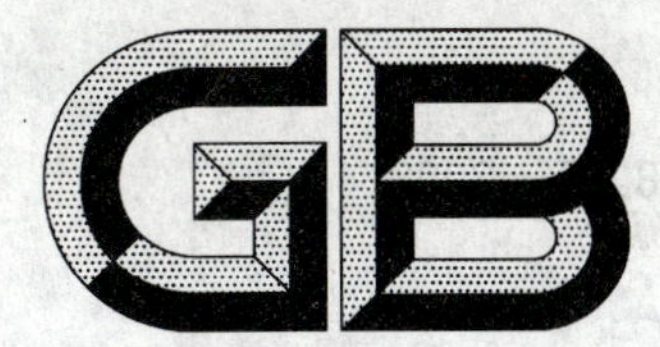

中华人民共和国国家标准

GB/T 8295—2008
代替 GB/T 8295—1987

天然橡胶和胶乳 铜含量的测定 光度法

Natural rubber and latex—Determination of copper content—Photometric method

(ISO 8053:1995,Rubber and latex—Determination of copper content—Photometric method,MOD)

2008-06-04 发布　　2008-12-01 实施

中华人民共和国国家质量监督检验检疫总局
中国国家标准化管理委员会　发布

前 言

本标准修改采用 ISO 8053:1995《橡胶和胶乳 铜含量的测定 光度法》(英文版)。

本标准根据 ISO 8053:1995 重新起草。

本标准与 ISO 8053:1995 相比主要差异如下:

——本标准仅适用于天然生胶和胶乳以及以它们为原料的胶料中微量铜含量的测定,删去了与此无关的部分。

本标准代替 GB/T 8295—1987《天然胶乳 铜含量的测定》。

本标准与 GB/T 8295—1987 的主要差异如下:

——采用的国际标准不同,由于 GB/T 8295—1987 参照采用的 ISO 1654:1971《生胶和胶乳 铜含量的测定》已被废止,本标准修改采用 ISO 8053:1995。

——适用范围扩大到包括天然生胶和胶乳以及以它们为原料的胶料中微量铜含量的测定。

——GB/T 8295—1987 原理中的铜络合物用乙酸丁酯提取,本标准原理中的铜络合物用 1,1,1-三氯乙烷提取。

——使用的部分试剂及配制过程不同。

——GB/T 8295—1987 中规定使用 72-1 型分光光度计,本标准不规定分光光度计的型号,只规定光度计使用的波长。

——使用的铜标准溶液由 0 mL、0.25 mL、0.5 mL、0.75 mL、1.00 mL、1.25 mL、1.50 mL,改为 0.00 mL、2.00 mL、4.00 mL、6.00 mL、8.00 mL、10.00 mL,这样更易于操作和减少操作误差。

——试验结果由三次测定的平均值改为二次测定的平均值。

本标准由中国石油和化学工业协会提出。

本标准由全国橡胶与橡胶制品标准化技术委员会天然橡胶分技术委员会(SAC/TC 35/SC 8)归口。

本标准负责起草单位:中国热带农业科学院农产品加工研究所。

本标准主要起草人:张北龙、周慧玲、陈成海、黄茂芳。

本标准所代替标准的历次版本发布情况为:

——GB/T 8295—1987。

天然橡胶和胶乳　铜含量的测定
光度法

警告——使用本标准的人员应该熟悉正规实验室的操作规程。本标准无意涉及因使用本标准可能出现的所有安全问题。使用者制定相应的安全和健康细则,并确保符合国家有关法规规定。

1　范围

本标准规定了天然生胶和胶乳以及以它们为原料的胶料中微量铜含量的测定方法——光度法。

本标准适用于天然生胶、胶乳和这些橡胶胶料中微量铜含量的测定。

2　规范性引用文件

下列文件中的条款通过本标准的引用而成为本标准的条款。凡是注日期的引用文件,其随后所有的修改单(不包括勘误的内容)或修订版均不适用于本标准,然而,鼓励根据本标准达成协议的各方研究是否可使用这些文件和最新版本。凡是不注日期的引用文件,其最新版本适用于本标准。

GB/T 4498　橡胶　灰分的测定(GB/T 4498—1997,eqv ISO 247:1990)

GB/T 8290　天然浓缩胶乳　取样(GB/T 8290—1987,eqv ISO 123:1985)

GB/T 8298　浓缩天然胶乳　总固体含量的测定(GB/T 8298—2001,eqv ISO 124:1997)

GB/T 12806　实验室玻璃仪器　单标线容量瓶(GB/T 12806—1991,eqv ISO 1042:1983)

GB/T 12808　实验室玻璃仪器　单标线吸量管(GB/T 12808—1991,eqv ISO 648:1977)

GB/T 15340　天然、合成生胶取样及其制样方法(GB/T 15340—2008,ISO 1795:2000,IDT)

3　原理

橡胶样品在浓硫酸和浓硝酸的混合液中灰化或消化,再用柠檬酸铵除去过量的钙(如存在的话)并与存在的铁络合。待溶液碱化后,将该水溶液与二乙基二硫代氨基甲酸盐的1,1,1-三氯乙烷溶液一起摇动以提取黄色的铜络合物。最后用分光光度法测定此溶液,并将结果与标准对比溶液比较,进而定量地测定铜的含量。

4　试剂

所用的试剂都应为确认的分析纯试剂,所用的水只能是蒸馏水或纯度与之相当的水。

4.1　无水硫酸钠

4.2　浓硫酸

ρ=1.84 g/mL。

4.3　浓硝酸

ρ=1.42 g/mL。

4.4　盐酸和硝酸的混合液

将2体积盐酸(ρ=1.18 g/mL)、1体积硝酸、3体积水混合在一起。

4.5　过氧化氢

30%。

4.6　氨水

ρ=0.890 g/mL。

4.7 盐酸

$c(HCl)=5\ mol/L$

4.8 氢氟酸

$\rho=1.13\ g/mL$。

4.9 柠檬酸溶液

50 g 柠檬酸溶于 100 mL 水中。

4.10 二乙基二硫代氨基甲酸锌试剂

将 1 g 固体二乙基二硫代氨基甲酸锌溶解在 1 000 mL 的 1,1,1-三氯乙烷中。如买不到二乙基二硫代氨基甲酸锌,可用下法制备,即在水中溶解 1 g 二乙基二硫代氨基甲酸钠,加入 2 g $ZnSO_4 \cdot 7H_2O$,在分液瓶中与 100 mL 1,1,1-三氯乙烷摇荡以提取生成的二乙基二硫代氨基甲酸锌。分出 1,1,1-三氯乙烷层,再用 1,1,1-三氯乙烷稀释至 1 000 mL。该试剂存放在棕色玻璃瓶中可保持稳定 6 个月。

4.11 铜标准溶液

4.11.1 铜标准贮备溶液:制备方法为称取 0.393 g $CuSO_4 \cdot 5H_2O$ 放在小烧杯中,用水溶解。加 3 mL 浓硫酸(4.2),将溶液移入 1 000 mL 容量瓶(5.6)中,用水稀释至刻度即成贮备液。此时铜标准贮备溶液的浓度为 0.1 mg/mL。

4.11.2 铜标准使用溶液:吸取 10 mL 贮备液(4.11.1)置于 100 mL 的容量瓶(5.6)中,用水稀释至刻度。该稀释液 1 mL 含铜 10 μg。

铜标准使用溶液使用时由贮备液新鲜配制。

4.12 氧化镁

4.13 石蕊试纸

4.14 滤纸

耐酸的硬化纸。

5 设备

普通的实验室仪器以及以下仪器、设备。

5.1 光度计或分光光度计

可在 435 nm 测量吸光度,并配有通常为 10 mm 光径的匹配池。

5.2 凯氏烧瓶

容量为 100 mL 的石英玻璃瓶或硼硅玻璃瓶。

5.3 瓷、石英或铂制的坩埚或碟

小试样用容量为 50 mL 的坩埚或碟,大试样要用容量大些的。

瓷或石英器皿(尤其是已蚀刻的)应使用约 0.1 g 氧化镁(4.12)覆盖底部和侧壁的下面部分,从而使铜被蚀刻的器皿壁和填料(如存在的话)吸收的可能性减少到最低程度,这时铜则优先被氧化镁吸收。铂器皿不需要用氧化镁处理。

5.4 吸管

25 mL,应符合 GB/T 12808 的技术要求。

5.5 天平

精确至 0.1 mg。

5.6 单标容量瓶

100 mL 和 1 000 mL,应符合 GB/T 12806 的技术要求。

5.7 电热板或燃气沙浴

5.8 铂棒

作搅拌用。

6 取样

6.1 生胶应按 GB/T 15340 规定的方法取样和制备样品。

6.2 胶乳应按 GB/T 8290 规定的方法之一取样，按 GB/T 8298 规定的方法测定总固体含量。将待测胶乳倒进平底皿中，并将平底皿放入烘箱使其水平放置，在 70℃±2℃加热干燥至恒重，制成待测的干胶膜。

6.3 所取的混合胶样要能够代表样品。

7 操作步骤

注意：使用本标准进行试验时，应遵守痕量金属分析时的一切预防和安全措施。

应进行双份测定。

7.1 可用开炼机(见 7.1.1)和(或)用剪碎(见 7.1.2)的方法制备固体试样。

7.1.1 样品用实验室开炼机在 0.5 mm 辊距下薄通 6 次，每次通过后将橡胶卷成圆柱形，在下一次薄通时将该圆柱形橡胶的一端对着辊筒送入开炼机。

7.1.2 将样品剪成不超过 0.1 g 的小片。

7.1.3 从 6.1、6.2、6.3 所取样品和按 7.1 制备的固体类样品中称取 2 g～10 g 试料。

试料量应根据试样的含铜量而定，应选择吸光度读数为 0.3～0.8 吸光度单位的试料量；如果试料铜含量极低，则应选择吸光度读数至少为空白吸光度读数的 10 倍的试料量。适当的试料量在很大程度上取决于以往的经验。

7.2 测量铜时，可用灰化法(7.2.1)或酸硝化法(7.2.2)使试料分解。如果橡胶中含有氯，则应使用酸硝化法(7.2.2)。

7.2.1 按 GB/T 4498 规定的方法 A 或方法 B 进行灰化。灰化后，用 0.5 mL～1 mL 的水湿坩埚里的灰分，然后加 10 mL 混合酸(4.4)，用玻璃表面皿盖住，在约 100℃加热 30 min～60 min。如灰分全部溶解，将溶液定量地移入小锥形瓶中，再按 7.3 进行操作。

如灰分没有全部溶解，或已知有硅酸盐存在，则应按下法进行操作：用新的试料和铂坩埚按 GB/T 4498 规定的方法 A 或方法 B 重新进行灰化，灰化后加入几滴硫酸(4.2)并加热至发烟。冷却后再加入 3 滴硫酸和 5 mL 氢氟酸(4.8)，在电热板或沙浴(5.7)上加热蒸发至干，同时用铂棒(5.8)搅拌。重复该步骤二次或直至所有的硅酸盐都已除去。

冷却后用 0.5 mL～1 mL 的水湿润坩埚里的灰分，在加 10 mL 的混合酸(4.4)，用玻璃表面皿盖住，在约 100℃加热 30 min～60 min。将溶液定量地移入小锥形瓶中，再按 7.3 进行操作。

7.2.2 用 4 mL 硫酸(4.2)和 3 mL 硝酸(4.3)在凯氏烧瓶(5.2)中消化试料，将烧瓶加热使反应开始。

注：7.2.2 中所用试剂量是对 2 g 试料而言。如果试料用量较多，则用酸量也相应多些。

7.2.2.1 如果反应太激烈，可将烧瓶放在装有冷水的烧杯中冷却。一旦起始的反应平静下来立即将混合物缓慢加热直至激烈反应停止，然后加大火至混合物变黑。分几次加硝酸，每次加 1 mL，加酸后加热，直至混合物变黑。重复此操作直至溶液变成无色或浅黄色，并且继续加热也不再变黑为止。如果消化时间延长，为防止瓶里的混合物固化，可加约 1 mL 硫酸。为了分解全部有机物，可将混合物冷却并加 0.5 mL 过氧化氢(4.5)和 2 滴硝酸，再加热溶液至发烟。反复加过氧化氢和酸及加热，直至溶液的颜色不再变淡为止。冷却溶液，用 10 mL 水稀释并蒸发至发烟。最后让溶液冷却并加入 5 mL 水。

7.2.2.2 如果此时试液中不再有不溶物，可将硝化液移入锥形瓶中，再用水洗涤凯氏烧瓶三次，每次用 5 mL 水，将洗涤水也加入锥形瓶中。但是，如果试液含有不溶物，则应把上层清液通过一小块滤纸过滤到锥形瓶中，尽可能把不溶物留在凯氏烧瓶中。加 5 mL 盐酸(4.7)到凯氏烧瓶中，加热溶液至开始沸腾，并用力旋动以洗涤瓶壁，然后把瓶里的溶液倒入过滤器，将滤液收集于锥形瓶中，再用水漂洗凯氏烧瓶三次，每次用 5 mL 水，将洗涤水也加入锥形瓶中。

7.3 加 5 mL 柠檬酸溶液(4.9)于锥形瓶的溶液中,冷却时若溶液保持清亮,则逐滴加入氨水(4.6)中和试液,用一小片石蕊试纸测试。但是,若冷却时硫酸钙从溶液中结晶出来,则将瓶及试液放于约 10℃下冷却,再将试液过滤到另一个锥形瓶中,用冰冷水洗涤及过滤三次,每次用 2 mL 水,然后用氨水(4.6)中和。可将溶液浸在流水中冷却,然后移入分液漏斗中,再加 2 mL 氨水,用水稀释至约 40 mL。用吸管吸取 25 mL 二乙基二硫代氨基甲酸锌试剂(4.10)加入试液中,摇动分液漏斗 2 min。分离后立即将 1,1,1-三氯乙烷层抽入内装约 0.1 g 无水硫酸钠的用塞子塞住的瓶里。如停放约 30 min 后试液仍浑浊,则再分几次加入少量的无水硫酸钠,直至溶液清亮为止。

7.4 将 1,1,1-三氯乙烷溶液通过一团玻璃棉或一张滤纸过滤到光度计或分光光度计的样品池中,以 1,1,1-三氯乙烷溶液作参比,在绘制校准曲线(见第 8 章)时用相同波长下测量溶液的吸光度。减去空白溶液的吸光度以校正读数。

7.5 不加试料(见 7.4),用同样的制备方法和试剂量进行空白测定。空白值不应大于 2 mg/kg。

8 校准曲线的绘制

8.1 制备一系列的标准溶液,每个标准溶液中均有 5 mL 硫酸(4.2),用水稀释至 10 mL。

在这些溶液中分别加入 0.00 mL、2.00 mL、4.00 mL、6.00 mL、8.00 mL、10.00 mL(相当于 0 μg、20 μg、40 μg、60 μg、80 μg、100 μg 铜)的铜标准使用溶液(4.11.2),接着加入 5 mL 柠檬酸溶液(4.9),再逐滴加入氨水(4.6),直至用石蕊试纸(4.13)测得溶液正好呈碱性为止。冷却溶液,分别将这些溶液移入分液漏斗,再加 2 mL 氨水,用吸管(5.4)在每个溶液中加入 25 mL 二乙基二硫代氨基甲酸锌试剂(4.10),摇动 2 min。分离后立即将 1,1,1-三氯乙烷层抽入内装约 0.1 g 无水硫酸钠的用塞子塞住的瓶里。如停放约 30 min 后溶液仍浑浊,则再加少量的无水硫酸钠。

如用氧化镁来灰化试料(5.3),则各标准溶液中的氧化镁用量都应相同。

8.2 将每一个 1,1,1-三氯乙烷溶液通过一团玻璃棉或一小张滤纸(4.14)过滤到光度计或分光光度计(5.1)的样品池中,在最大吸收波长(约 435 nm)处测量吸光度,以 1,1,1-三氯乙烷溶液作参比。减去不加铜的溶液的吸光度以校正读数。

8.3 将测得的每个溶液的读数与相应的铜浓度坐标绘制校准曲线。校准曲线应根据当地条件和所用仪器类型定期检查。

9 试验结果

利用校准曲线,从相应的校正读数测出铜的浓度,从而计算出试料的铜含量。

试样中铜的含量按式(1)进行计算:

$$X = \frac{A \times 1\,000}{m \times 1\,000} \qquad \cdots\cdots(1)$$

式中:

X——试样中铜的含量,单位为毫克每千克(mg/kg);

m——试样的质量,单位为克(g);

A——测试溶液中铜的质量,单位为微克(μg)。

取两次测定值的平均数作为试验结果,结果保留两位有效数字。

10 试验报告

试验报告至少应包括以下内容:

a) 本标准的引用标准;

b) 标记所测样品的详细说明;

c) 采用的灰化方法;

d) 是否用氢氟酸处理；

e) 试验结果和单位的表示方法；

f) 在测定时注意到的不正常现象；

g) 没有包括在本标准内或本标准的引用标准内的任何操作，以及认为是非强制性的操作；

h) 试验日期。

ICS 83.060
B 72

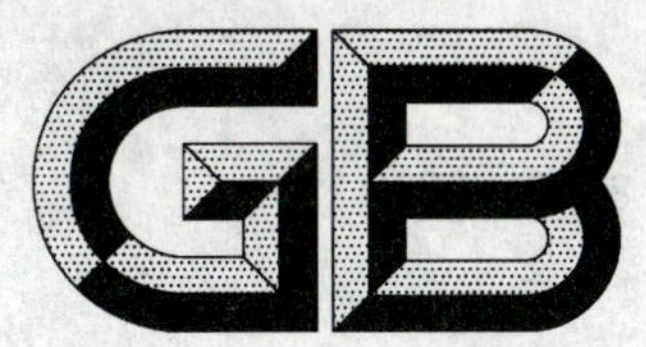

中华人民共和国国家标准

GB/T 8296—2008
代替 GB/T 8296—1987

天然生胶和胶乳 锰含量的测定 高碘酸钠光度法

Raw natural rubber and rubber latices—Determination of manganese content—Sodium periodate photmetric methods

(ISO 7780:1998, Rubber and rubber latices—Determination of manganese content—Sodium periodate photmetric methods, MOD)

2008-06-04 发布　　　　2008-12-01 实施

中华人民共和国国家质量监督检验检疫总局
中国国家标准化管理委员会　发布

前 言

本标准修改采用ISO 7780:1998《橡胶和胶乳　锰含量的测定　高碘酸钠光度法》(英文版)。

本标准根据ISO 7780:1998重新起草。

本标准与ISO 7780:1998相比主要差异如下:

——本标准仅适用于天然生胶和天然胶乳中微量锰含量的测定,删去了与此无关的部分。

本标准代替GB/T 8296—1987《天然胶乳　锰含量的测定(高碘酸钾光度测定法)》。

本标准与GB/T 8296—1987相比主要差异如下:

——采用的国际标准不同,由于GB/T 8296—1987参照采用的ISO 1655:1975《生胶和胶乳　锰含量的测定(高碘酸钾光度法)》已被废止,本标准修改采用ISO 7780:1998;

——标准的适用范围扩大到天然生胶中微量锰含量的测定;

——使用的锰标准溶液的浓度由20 mg/L改为10 mg/L,并多提供了一种配制方法;

——使用的标准配比溶液由0 mL、0.25 mL、0.50 mL、0.75 mL、1.00 mL、1.25 mL、1.50 mL改为0 mL~10 mL,从而更易于操作和减少操作误差。

本标准由中国石油和化学工业协会提出。

本标准由全国标准与橡胶制品标准化技术委员会天然橡胶分技术委员会归口。

本标准起草单位:中国热带农业科学院农产品加工研究所。

本标准主要起草人:陈成海、陈民。

本标准于1987年7月首次发布。

天然生胶和胶乳 锰含量的测定 高碘酸钠光度法

警告——使用本标准的人员应该熟悉正规实验室的操作规程。本标准无意涉及因使用本标准可能出现的所有安全问题。使用者应制定相应的安全和卫生细则,并确保符合国家有关法规规定。

1 范围

本标准规定了天然生胶和胶乳中微量锰含量的测定方法——高碘酸钠光度法。

本标准适用于天然生胶和胶乳中微量锰含量的测定。

2 规范性引用文件

下列文件中的条款通过本标准的引用而成为本标准的条款。凡是注日期的引用文件,其随后所有的修改单(不包括勘误的内容)或修订版均不适用于本标准,然而,鼓励根据本标准达成协议的各方研究是否可使用这些文件的最新版本。凡是不注日期的引用文件,其最新版本适用于本标准。

GB/T 8290 天然浓缩胶乳 取样(GB/T 8290—1987, eqv ISO 123:1985)

GB/T 8298 浓缩天然胶乳 总固体含量的测定(GB/T 8298—2001, eqv ISO 124:1997)

GB/T 11415 实验室烧结(多孔)过滤器 孔径、分级和牌号(GB/T 11415—1989, neq ISO 4793:1980)

GB/T 15340 天然、合成生胶取样及制样方法(GB/T 15340—1994, idt ISO 1795:1992)

3 原理

将天然橡胶样品放在石英坩埚中灰化,灰分用硫酸和硫酸氢钾处理,使锰转变成可溶的形式。将硫酸化的灰分溶解在稀硫酸中,再用磷酸络合存在于溶液中的铁离子,然后与高碘酸钠溶液共沸使锰氧化成高锰酸盐。在 525 nm 处测定溶液的吸光度,测得的吸光度与锰的浓度成正比。

4 试剂

所使用的试剂都应为分析纯试剂,所用的水只能是稳定水(见 4.6)。

4.1 硫酸氢钾。

4.2 高碘酸钠。

4.3 硫酸:

ρ=1.84 g/mL。

4.4 硫酸溶液:

1 体积浓硫酸(4.3)加 19 体积稳定水(4.6)稀释。

4.5 磷酸:

85%～90%(体积分数)H_3PO_4。

4.6 稳定水:

取约 1 L 水,加入约 0.1 g 的高锰酸钾和几滴硫酸。通过一个蒸馏装置将水蒸馏,弃去最初和最后蒸出的各 50 mL 蒸馏水,收集其余的蒸馏水并贮存于用玻璃塞塞住的瓶中。

4.7 高锰酸钾溶液:

浓度为 30 g/L。

4.8 锰标准溶液：

相当于含锰 10 mg/L。

任选下列两种溶液：

a) 称取 0.720 g 高锰酸钾置于一小烧杯中，用含有 2 mL 硫酸(4.3)的水溶解。加入用二氧化硫饱和的水直至溶液无色为止。将溶液煮沸 15 min，冷却后移入一只 500 mL 容量瓶中，用水稀释至刻度。

b) 称取 0.770 g 硫酸锰($MnSO_4 \cdot H_2O$)置于一小烧杯中，用含有 2 mL 硫酸(4.3)的水溶解。将溶液移入一 500 mL 容量瓶中，用水稀释至刻度。该溶液至少可稳定一个月。

吸取 10 mL 的 a)溶液或 b)溶液置于另一只 500 mL 容量瓶中，用水稀释至刻度。

这两种标准溶液每 1 L 含锰 10 mg。

此溶液应在使用前现配备。

5 仪器

普通的实验室仪器以及以下仪器、设备。

5.1 光度计或分光光度计

能在 525 nm 处测量吸光度，并配有匹配皿。

5.2 石英坩埚或瓷坩埚

标称容量为 50 mL。

5.3 耐高温绝热板

约 100 mm 的正方形板，厚 6 mm，在板中央开有一个孔放坩埚，使坩埚约有 2/3 突出在板下。

5.4 马福炉

能保持 550℃±25℃的温度。

5.5 烧结过滤器

见 GB/T 11415 中牌号为 P40 的规格。

5.6 电加热板或沙浴气炉

6 取样

6.1 生胶

按 GB/T 15340 的规定取样，并均匀化处理。

6.2 胶乳

按 GB/T 8290 的规定取样。

7 操作步骤

7.1 试样的制备

7.1.1 生胶

按 6.1 取样，称取 10 g 试样，精确至 10 mg。

7.1.2 胶乳

按 6.2 取样，从中称取约含总固体 10 g 并充分混合的胶乳，按 GB/T 8298 的规定烘干至恒重，样品称量精确至 10 mg。

7.2 试液的制备

7.2.1 试样的灰化

将试样剪成小块，每块重不超过 0.1 g，放在标称容量为 50 mL 的石英坩埚(见 5.2)里，将坩锅置于耐高温绝热板(5.3)的孔中。

与此同时，使用同样的坩埚但不放试样制备空白试液。然后将试样及空白试样以同样的方式继续处理。

用电加热板或沙浴气炉以慢火加热坩埚及其内装物直至只剩下干的含碳残渣，然后将坩埚移入550℃±25℃的马福炉(5.4)中加热至全部炭化。

取出坩埚让其冷却，用细吸管沿着坩埚四周逐滴加入浓硫酸(4.3)至刚好使灰分湿润。慢火加热至停止发烟，再将坩埚放入550℃±25℃的马福炉中加热至白色无黑点为止。

再一次用硫酸(4.3)处理灰分，即如前述用细吸管加酸，但为了尽可能保持灰分以硫酸盐的形式存在，应加热至停止发烟为止。让坩埚冷却，再加 2 g～3 g 硫酸氢钾(4.1)，将坩埚置于耐高温绝热板上，用强火加热直至得到清亮的熔融物为止。让坩埚及其中的熔融物冷却。

7.2.2 溶解

在 7.2.1 所得灰分中加入 20 mL 稀硫酸(4.4)，置坩埚于蒸汽浴上加热至固体物溶解或固体物从坩埚壁上脱落。将坩埚的内装物洗进一小烧杯中，用玻棒将未溶解的固体物移出，再用慢火将溶液煮沸至可溶物完全溶解为止。溶液通过烧结过滤器(5.5)过滤到小锥形瓶中，用 2 份或 3 份水冲洗过滤器和不溶物，再加 3 mL 磷酸(4.5)到锥形瓶中，必要时可再加 1 mL，以除去因铁离子而产生的黄色。

加 0.3 g 高碘酸钠(4.2)于溶液中，加热至沸并在沸点保持 10 min。再在 90℃以上的温度保持 10 min，以确保高锰酸盐显色完全。冷却后，如因高锰酸钾沉淀而引起混浊，可用离心机或通过烧结过滤器将沉淀除去。

将溶液定量地移入一个容量 50 mL 的容量瓶中，用 20℃的稳定水(4.6)稀释至刻度。混匀后，颜色应稳定几小时，若出现任何褪色现象，应按 7.2.1 规定的方法再多一次硫酸处理灰分，重新制备试液。

然后按 7.4 进行操作。

7.3 标准曲线的绘制

7.3.1 标准配比溶液的制备

制备一系列(8 个至 10 个)标准配比溶液，每个溶液均含有 20 mL 硫酸(4.4)、3 mL 磷酸(4.5)和 15 mL 稳定水(4.6)，在这些溶液中分别加入 0 mL (补偿溶液)至 10 mL 锰标准溶液(4.8)，再加入 0.3 g 高碘酸钠(4.2)，将溶液煮沸 10min 以确保显色完全，最后冷却并用稳定水稀释至 50 mL 容量瓶的刻度。

7.3.2 吸光度测定

光度计或分光光度计(5.1)的样品池先用高锰酸钾溶液(4.7)冲洗，再用稳定水冲洗，最后用相应的标准配比溶液冲洗。将样品池装满标准配比溶液，在最大吸收波长处(约 525 nm)测定吸光度。

从测得的吸光度中减去补偿溶液的吸光度以校正读数。

7.3.3 绘制标准曲线

将测得的每个溶液的读数与相应的锰浓度作坐标绘制标准曲线。应根据当地的条件及所用仪器类型定期校准标准曲线。

7.4 测定

将光度计或分光光度计(5.1)的样品池先用高锰酸钾溶液(4.7)冲洗，再用稳定水(4.6)冲洗，最后用试液冲洗。将样品池装满试液，在波长为 525 nm 处测定试液的吸光度。

从测得的吸光度中减去用同样方式处理的空白试液的吸光度以校正读数。

根据标准曲线求出与校正读数相应的锰浓度，从而计算出试料的锰含量。

8 结果的表述

取两次测定值的平均数作为测定结果。

以每千克样品中锰的质量(mg)表示，mg/kg。

9 试验报告

试验报告至少应包括下列内容：

a) 采用标准；

b) 试样的详细情况；

c) 分析结果；

d) 在测定中注意到的不正常现象；

e) 没有包括在本标准中的任何操作，或认为是非强制性的操作；

f) 试验日期。

ICS 83.060
B 72

中华人民共和国国家标准

GB/T 8297—2008/ISO 127:1995
代替 GB/T 8297—2001

浓缩天然胶乳 氢氧化钾(KOH)值的测定

Natural rubber latex concentrate—Determination of KOH number

(ISO 127:1995, Rubber, natural latex concentrate—Determination of KOH number, IDT)

2008-05-15 发布　　2008-11-01 实施

中华人民共和国国家质量监督检验检疫总局
中国国家标准化管理委员会　发布

前　言

本标准等同采用 ISO 127:1995《浓缩天然胶乳　氢氧化钾(KOH)值的测定》(英文版)及其修改单 ISO 127:1995/Amd.1:2006(英文版)。

为了便于使用,本标准作了如下编辑性修改:

——“本国际标准”一词改为“本标准”;

——删除国际标准的前言;

——在第 2 章规范性引用文件中引用了 GB/T 8290、GB/T 8298、GB/T 18012,这些标准与 ISO 127:1995的相应部分没有技术性差异。

本标准代替 GB/T 8297—2001《浓缩天然胶乳　氢氧化钾(KOH)值的测定》。

本标准与 GB/T 8297—2001 相比,主要差异如下:

——删去了 ISO 前言;

——在第 4 章试剂中,增加了关于甲醛溶液使用说明的注;

——把第 4 章“制备方法是用水稀释浓甲醛”改为“制备方法是用水稀释 45 g~50 g 浓甲醛至1 L”;

——计算需加入的甲醛溶液体积的公式由:甲醛溶液体积$=\dfrac{m(100-w_{\mathrm{TS}})(A-0.5)}{1\,134c(\mathrm{HCHO})}$

改为:甲醛溶液体积(mL)$=\dfrac{m(100-w_{\mathrm{TS}})(A-0.5)}{113.4c(\mathrm{HCHO})}$;

——增加了第 9 章“精密度说明”。

本标准的附录 A 和附录 B 都为资料性附录。

本标准由中国石油和化学工业协会提出。

本标准由全国橡胶与橡胶制品标准化技术委员会天然橡胶分技术委员会归口。

本标准起草单位:中国热带农业科学院农产品加工研究所、农业部食品质量监督检验测试中心(湛江)。

本标准主要起草人:程盛华、余和平、陈成海、丁丽。

本标准于 1987 年 7 月首次发布,2001 年第一次修订。

浓缩天然胶乳
氢氧化钾(KOH)值的测定

警告:使用本标准的人员应有正规实验室工作的实践经验。本标准并未指出所有可能的安全问题。使用者有责任采取适当的安全和卫生措施,并保证符合国家有关法规规定的条件。

1 范围

本标准规定了完全或部分用氨保存的浓缩天然胶乳的氢氧化钾(KOH)值测定方法。

本标准适用于含硼酸的胶乳。

本标准不适用于用氢氧化钾保存的胶乳,也不适用于巴西橡胶树胶乳以外的天然胶乳、配合胶乳、硫化胶乳和乳化胶乳。

2 规范性引用文件

下列文件中的条款通过在本标准中的引用而成为本标准的条款。凡是注日期的引用文件,其随后所有的修改(不包括勘误的内容)或修订版均不适用于本标准,然而,鼓励根据本标准达成协议的各方研究是否可使用这些文件的最新版本。凡是不注日期的引用文件,其最新版本适用于本标准。

GB/T 8290 天然浓缩胶乳 取样(GB/T 8290—1987,eqv ISO 123:1985)

GB/T 8294 浓缩天然胶乳 硼酸含量的测定 (GB/T 8294—2008,ISO 1802:1992,IDT)

GB/T 8298 浓缩天然胶乳 总固体含量的测定(GB/T 8298—2008,ISO 124:1997,MOD)

GB/T 8300 浓缩天然胶乳 碱度的测定 (GB/T 8300—2008,ISO 125:2003,IDT)

GB/T 18012 天然胶乳 pH 的测定(GB/T 18012—2008,ISO 976:1996,MOD)

ISO/TR 9272 橡胶与橡胶制品试验方法标准 精密度的确定(ISO/TR 9272:2004,Rubber and rubber products—Determination of precision for test method standards)

3 术语和定义

下列术语和定义适用于本标准。

3.1

胶乳的 KOH 值 KOH number (of latex)

含 100 g 总固体浓缩胶乳中与氨结合的酸根所相当的氢氧化钾(KOH)的量,以克表示。

4 试剂

本标准仅使用确认的分析纯试剂,不含二氧化碳的蒸馏水或纯度与之相当的水。

4.1 氢氧化钾,标准滴定溶液,c(KOH)=0.1 mol/ L,不含碳酸盐。

4.2 氢氧化钾,标准滴定溶液,c(KOH)=0.5 mol/ L,不含碳酸盐。

4.3 甲醛,45 g/L~50 g/L 的无酸甲醛溶液[c(HCHO)=1.5 mol/ L~1.67 mol/ L],制备方法是用水稀释 45 g ~50g 浓甲醛至 1 L,再用 0.1 mol/ L 的氢氧化钾溶液(4.1)中和,用酚酞作指示剂,淡粉红色即为终点。

可按附录 A 所述的方法测定甲醛的浓度。

注:放置太久的甲醛溶液可能会吸收二氧化碳,而影响测定结果,应尽量使用新鲜的甲醛溶液。

5 仪器

实验室常规仪器,以及如下仪器、设备。

5.1 pH 计,符合 GB/T 18012 要求,可读到 0.01 个 pH 单位。

5.2 玻璃电极,适用于在 pH 值达 12.0 的溶液中使用的型号。

5.3 机械搅拌器,配备接地马达和玻璃桨叶,也可用电磁搅拌器。

注:若使用自动滴定仪,经校核其效果与标准方法相同的也可以。

6 取样

按 GB/T 8290 规定的方法取样。

7 操作程序

采用 GB/T 18012 中规定的方法校准 pH 计。如果总固体含量(w_{TS})和碱度(A)未知,应分别采用 GB/T 8298 和 GB/T 8300 进行测定。如果胶乳中含有硼酸,而且未知其含量,应采用 GB/T 8294 进行测定。

进行双份平行测定。

称取约含 50 g 总固体的胶乳样品放入 400 mL 的烧杯中作为试样(质量 m),精确至 0.1 g。必要时可边搅拌边加入需要量的甲醛溶液(4.3),将碱度调节到(0.5±0.1)%氨(按水相计)。

采用式(1)计算需加入的甲醛溶液体积,以毫升(mL)表示:

$$\text{甲醛溶液体积} = \frac{m(100 - w_{TS})(A - 0.5)}{113.4c(HCHO)} \quad \cdots\cdots(1)$$

式中:

$c(HCHO)$——甲醛溶液(4.3)的实际浓度,单位为摩尔每升(mol/L)。

用水将胶乳的总固体含量稀释到约 30%。

将 pH 计(5.1)的电极插入到稀释的胶乳中,并记录 pH 值。

如果起始 pH 值低于 10.3,慢慢地加入 0.5 mol/L 的氢氧化钾溶液(4.2) 5 mL,同时用玻璃桨叶慢慢搅拌。记录达到平衡时的 pH 读数。继续搅拌,同时以固定时间间隔(如 15s)加入 0.5 mol/L 氢氧化钾溶液,每次 1 mL。记下每次加入氢氧化钾溶液达到平衡时的 pH 值,直到超过终点为止。

如果起始 pH 值是 10.3 或高于 10.3,可省去最初一次加入 5 mL(氢氧化钾溶液的步骤),直接按上面描述操作步骤,按每一时间间隔滴加 1 mL 的频率,滴加 0.5 mol/L 氢氧化钾溶液。

滴定终点是 pH 值对氢氧化钾溶液滴定体积(以 mL 计)的滴定曲线的拐点。在这一点上,曲线的斜率(即一阶微分)达到最大值,而二阶微分则由正值变为负值。假定二阶微分由正值变为负值与每次加入 1 mL 氢氧化钾之间呈线形关系,那么终点应按照二阶微分进行计算。

附录 B 给出了一个滴定和计算终点的范例。

双份平行测定结果之差不应大于 5%(质量分数)。

8 结果的表示

按式(2)计算浓缩胶乳的氢氧化钾(KOH)值:

$$\text{氢氧化钾(KOH)值} = \frac{561cV}{w_{TS}m} \quad \cdots\cdots(2)$$

式中:

c——氢氧化钾溶液(4.2)的实际浓度,单位为摩尔每升(mol/L);

V——达到终点所需的 0.5 mol/L 氢氧化钾溶液(4.2)的体积,单位为毫升(mL);

w_{TS}——浓缩胶乳的总固体含量,以质量分数表示;

m——试样的质量,单位为克(g)。

如果浓缩胶乳中含有硼酸,则应将式(2)中得到的氢氧化钾(KOH)值减去相当于硼酸含量的氢氧化钾(KOH)值。相当于硼酸含量的 KOH 值按式(3)计算:

$$\text{氢氧化钾(KOH) 值} = 91 \times \frac{w_{BA}}{w_{TS}} \qquad \cdots\cdots(3)$$

式中:

w_{BA}——硼酸含量,以质量分数表示。

9 精密度说明

9.1 本标准的精确度按 ISO/TR 9272 确定。术语和统计的定义可参考该标准。

9.2 精密度细节在精密度说明中给出了如下描述的使用特定材料和特定试验方案对这种试验方法的评估,在没有说明参数所适用的特定组别的材料及其特定的试验方案时,就不应使用这些精密度参数。

9.3 表 1 列出了精密度的结果。重复性 r 和再现性 R 的值的精密度应达到 95%的置信水平(应不超过 5%为前提)。

表 1 氢氧化钾(KOH)值测定试验方法的精密度估计

平均值	实验室内		实验室间	
	s_r	r	s_R	R
0.57	0.007	0.02	0.027	0.08

注:$r=2.83\times s_r$

式中:

r——重复性;s_r——重复性标准差。

$R=2.83\times s_R$

式中:

R——再现性;s_R——室间标准差。

9.4 表 1 中的结果为平均值并给出了本试验方法的精密度统计值。这些数值是由 2001 年进行的一项实验室间试验计划(ITP)所确定的。13 间实验室对用高氨胶乳制备的 A 和 B 两个样品进行了重复三次的测定。在对待测胶乳进行两次取样装入贴有 A 和 B 标记的 1 L 瓶子之前,先将其过滤,再充分混合和搅拌使其均匀化。这样,样品 A 和样品 B 基本上是相同的,并且在统计计算时将两者视作相同处理。每个参加的实验室应按 ITP 给出的日期,用这两个样品进行测定。

9.5 确定了一个第 1 类精密度(所分发的用于 ITP 试验样品已制备好,可直接用于试验)。

9.6 重复性:本试验方法的重复性 r(按测定单位)已被确定为合适的值列于表 1 中。在确定的试验条件下,同一实验室所获得的两个单独的试验结果之差大于表 1 中所列的 r 值(对于任何给定的水平)应被视为来自不同(非同一的)样品群。

9.7 再现性:本试验方法的再现性 R(按测定单位)已被确定为合适的值列于表 1 中。在确定的试验条件下,于两个不同的实验室所获得的两个单独的试验结果之差大于表 1 中所列的 R 值(对于任何给定的水平)应被视为来自不同(非同一的)样品群。

9.8 偏差:在试验方法术语中,偏差为试验结果平均值与认定的参照值之差。

本试验方法不存在参照值,因为该参照值只能由试验方法来确定,所以不能确定本试验方法的偏差。

注:只有在相关各方对测定结果产生争议需要仲裁时,才按表 1 的规定进行估计。

10 试验报告

试验报告应包括下列内容：

a) 本标准的编号；

b) 识别样品所需的全部细节；

c) 标记所用的 pH 计的全部细节；

d) 测定的结果；

e) 是否有使用硼酸的校正；

f) 在本标准中未包括的，而被认为是可以采用的任何操作；

g) 试验日期。

附 录 A
（资料性附录）
甲醛的测定

A.1 试剂

A.1.1 无水亚硫酸钠，分析纯。

A.1.2 硫酸，标准滴定溶液，$c(H_2SO_4)=0.25$ mol/L。

A.1.3 百里酚酞，指示剂溶液。溶解 80 mg 百里酚酞于 100 mL 乙醇中，然后用 100 mL 蒸馏水稀释。

A.2 操作步骤

将 125 g 无水亚硫酸钠（A.1.1）溶于 500 mL 水中，然后稀释至 1 L。取该溶液 100 mL 放入一个 500 mL 的锥形烧杯中，再精确称取 6.0 g～8.0 g 标称浓度为 50 g/L 的甲醛溶液（4.3）[1]加入该烧杯中，充分摇匀，放置 5 min，然后以百里酚酞为指示剂，用 0.25 mol/L 的硫酸（A.1.2）滴定至第一次出现无色为终点。用亚硫酸钠溶液作空白测定。

A.3 结果表示

由式（A.1）计算甲醛溶液中的甲醛含量，以质量分数（%）表示：

$$\text{甲醛含量}=\frac{30.03(V_1-V_2)\times 2c(H_2SO_4)}{10m_1} \qquad \cdots\cdots(A.1)$$

式中：

V_1——滴定甲醛溶液试样所消耗硫酸（A.1.2）的体积，单位为毫升（mL）；

V_2——空白消耗硫酸（A.1.2）的体积，单位为毫升（mL）；

$c(H_2SO_4)$——硫酸溶液的实际浓度，单位为摩尔每升（mol/L）；

m_1——甲醛溶液试样的质量，单位为克（g）。

1) 当分析浓甲醛溶液时，取 1.8 g～2.2 g 溶液更为方便。

附 录 B
（资料性附录）
滴定和终点计算范例

表 B.1 滴定过程 pH 变化的范例

加入 KOH 溶液的体积/mL	pH 读数	一阶微分 ΔpH/ mL	二阶微分 Δ^2pH/ mL
起始	10.09		
5	10.46		
6	10.55	0.09	0.01
7	10.65	0.10	0.01
8	10.76	0.11	0.03
9	10.90	0.14	0.04
10	11.08	0.18	0.06
11	11.32	0.24	0.07
12	11.63	0.31	−0.01
13	11.93	0.30	−0.09
14	12.14	0.21	

在该范例中，当加入的氢氧化钾溶液在 11 mL～12 mL 之间时，一阶微分达到最大值 0.31。准确的拐点可从相邻的两个二阶微分之比来计算，如 0.07/(0.07+0.01)＝0.875 是 11 mL～12 mL 之间的二阶微分之比，即拐点是 11.875 mL。

图 B.1 以图例的形式表示以上数据的拐点。

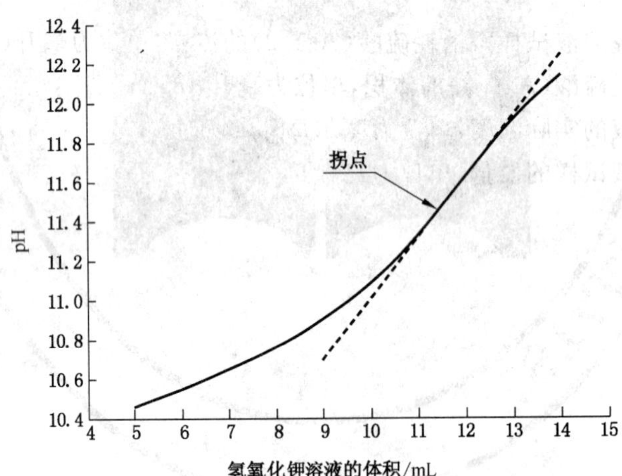

图 B.1 滴定过程中 pH 值的变化曲线图

ICS 83.060
B 72

中华人民共和国国家标准

GB/T 8298—2008
代替 GB/T 8298—2001

浓缩天然胶乳　总固体含量的测定

Natural rubber latex concentrate—Determination of total solids content

(ISO 124:1997, Latex, rubber—Determination of total solids content, MOD)

2008-05-15 发布　　　　2008-11-01 实施

中华人民共和国国家质量监督检验检疫总局
中国国家标准化管理委员会　发布

前言

本标准修改采用ISO 124:1997《胶乳　总固体含量的测定》(英文版)及其修改单ISO 124:1997/Amd.1:2006(英文版)。

本标准根据ISO 124:1997及其修改单ISO 124:1997/Amd.1:2006重新起草。

本标准与ISO 124:1997及ISO 124:1997/Amd.1:2006相比主要差异是:

——等同采用"天然胶乳 总固体含量的测定"部分,删去了有关"合成胶乳 总固体含量的测定"部分。

——在第2章规范性引用文件中引用了GB/T 8290,该标准与ISO 124:1997的相应部分没有技术性差异。

本标准代替GB/T 8298—2001《浓缩天然胶乳　总固体含量的测定》。

本标准与GB/T 8298—2001相比主要差异如下:

——删去了ISO前言;

——增加了第8章精密度说明,删去了与其相关的附录A。

本标准由中国石油和化学工业协会提出。

本标准由全国橡胶与橡胶制品标准化技术委员会天然橡胶分技术委员会归口。

本标准起草单位:中国热带农业科学院农产品加工研究所、农业部食品质量监督检验测试中心(湛江)。

本标准主要起草人:黄茂芳、陈成海、邓维用。

本标准于1987年7月首次发布,2001年7月第一次修订。

浓缩天然胶乳　总固体含量的测定

警告:使用本标准的人员应有正规实验室工作的实践经验。本标准并未指出所有可能的安全问题。使用者有责任采取适当的安全和健康措施,并保证符合国家有关法规规定的条件。

1　范围

本标准规定了浓缩天然胶乳总固体含量的测定方法。

本标准适用于巴西橡胶树胶乳生产的浓缩天然胶乳。

2　规范性引用文件

下列文件中的条款通过本标准的引用而成为本标准的条款。凡是注日期的引用文件,其随后所有的修改单(不包括勘误的内容)或修订版均不适用于本标准,然而,鼓励根据本标准达成协议的各方研究是否可使用这些文件的最新版本。凡是不注日期的引用文件,其最新版本适用于本标准。

GB/T 8290　天然浓缩胶乳　取样(GB/T 8290—1987,eqv ISO 123:1985)

ISO/TR 9272　橡胶与橡胶制品试验方法标准　精密度的确定(ISO/TR 9272:2004,Rubber and rubber products—Determination of precision for test method standards)

3　原理

将试样放在烘箱内,在常压条件下按规定加热至恒重,通过加热前后试样的质量变化来测定总固体含量。

4　仪器

实验室常规仪器,以及如下仪器、设备。

4.1　平底皿,直径约 60 mm。

4.2　烘箱,能在 70℃±5℃或 105℃±5℃下控温。

4.3　分析天平,精确度为 0.1 mg。

5　取样

按 GB/T 8290 规定的方法取样。

6　操作程序

将平底皿(4.1)称量,精确至 0.1 mg。加入 2.0 g±0.5 g 胶乳,称量,精确至 0.1 mg。轻轻转动皿,使里面的胶乳覆盖皿底,必要时可加入 1 mL 蒸馏水或纯度与之相当的水并转动使水与胶乳混合均匀。

将平底皿放入烘箱(4.2)使其水平放置,在 70℃±5℃加热 16 h 或 105℃±5℃下加热 2 h,或者加热至试样没有白色时取出,在干燥器内冷却至室温后称量。然后再放入烘箱在 70℃±5℃下加热 30 min,或在 105℃±5℃下加热 15 min 后取出,在干燥器内冷却至室温再称量。重复干燥、冷却和称量操作,直至前后两次称量之差小于 0.5 mg。

如果在 105℃±5℃下加热后,胶膜太粘,则改用 70℃±5℃重新测定。

注:发粘是橡胶暴露于温度过高的空气中发生氧化的现象。

7 结果的表示

总固体含量(TSC)以质量分数(%)表示,按式(1)计算:

$$TSC = \frac{m_1}{m_0} \times 100 \qquad \cdots\cdots(1)$$

式中:

m_0——干燥前试样的质量,单位为克(g);

m_1——干燥后试样的质量,单位为克(g)。

双份平行测定结果之差不应大于0.2%,然后取平均值。

8 精密度说明

8.1 本标准的精密度按ISO/TR 9272确定。术语和统计的定义可参考该标准。

8.2 精密度细节在精密度说明中给出了如下描述的使用特定材料和特定试验方案对这种试验方法的评估,在没有说明参数所适用的特定组别的材料及其特定的试验方案时,就不应使用这些精密度参数。

8.3 表1列出了精密度的结果。重复性 r 和再现性 R 的值的精密度应达到95%的置信水平(应不超过5%为前提)。

表1 总固体含量测定方法精密度估计

平均值(质量分数)/%	实验室内		实验室间	
	s_r	r	s_R	R
61.68	0.04	0.11	0.08	0.23

注:$r=2.83\times s_r$

式中:

r——重复性;s_r——重复性标准差。

$R=2.83\times s_R$

式中:

R——再现性;s_R——室间标准差。

8.4 表1中的结果为平均值并给出了本试验方法的精密度统计值。这些数值是由2001年进行的一项实验室间试验计划(ITP)所确定的。13间实验室对用高氨胶乳制备的A和B两个样品进行了重复三次的测定。在对待测胶乳进行两次取样装入贴有A和B标记的1 L瓶子之前,先将其过滤,再充分混合和搅拌使其均匀化。这样,样品A和样品B基本上是相同的,并且在统计计算时将两者视作相同处理。每个参加的实验室应按ITP给出的日期,用这两个样品进行测定。

8.5 确定了一个第1类精密度(所分发的用于ITP试验样品已制备好,可直接用于试验)。

8.6 重复性,本试验方法的重复性 r(按测定单位)已被确定为合适的值列于表1中。在确定的试验条件下,同一实验室所获得的两个单独的试验结果之差大于表1中所列的 r 值(对于任何给定的水平)应被视为来自不同(非同一的)样品群。

8.7 再现性,本试验方法的再现性 R(按测定单位)已被确定为合适的值列于表1中。在确定的试验条件下,于两个不同的实验室所获得的两个单独的试验结果之差大于表1中所列的 R 值(对于任何给定的水平)应被视为来自不同(非同一的)样品群。

8.8 偏差,在试验方法术语中,偏差为试验结果平均值与认定的参照值之差。

本试验方法不存在参照值,因为该参照值只能由试验方法来确定,所以不能确定本试验方法的偏差。

注:只有在相关各方对测定结果产生争议需要仲裁时,才按表1的规定进行估计。

9 试验报告

试验报告应包括下列内容：

a) 本标准编号；

b) 用于干燥的温度条件；

c) 识别样品所需的全部细节；

d) 测定结果及其单位；

e) 测定过程中注意到的任何异常现象；

f) 在本标准中未包括的，而被认为是可以采用的任何操作；

g) 试验日期。

ICS 83.060
B 72

中华人民共和国国家标准

GB/T 8299—2008/ISO 126:2005
代替 GB/T 8299—2001

浓缩天然胶乳 干胶含量的测定

Natural rubber latex concentrate—Determination of dry rubber content

(ISO 126:2005,IDT)

2008-05-15 发布 2008-11-01 实施

中华人民共和国国家质量监督检验检疫总局
中国国家标准化管理委员会 发布

前言

本标准等同采用ISO 126:2005《浓缩天然胶乳　干胶含量的测定》(英文版)。

为了便于使用,本标准作了如下编辑性修改:

——“本国际标准”一词改为“本标准”;

——删除国际标准的前言;

——在第2章规范性引用文件中引用了GB/T 8290、GB/T 8298,这两项标准与ISO 126:2005的相应部分没有技术性差异。

本标准代替GB/T 8299—2001《浓缩天然胶乳　干胶含量的测定》。

本标准与GB/T 8299—2001相比主要差异如下:

——删去了ISO前言;

——在第2章规范性引用文件中增加了GB/T 14838《橡胶与橡胶制品　试验方法标准　精密度的确定》;

——将8.4中乙酸溶液的用量由75 mL±3 mL改为35 mL±3 mL;

——将8.7中胶片的干燥温度由70℃±2℃改为70℃±5℃;

——增加了第10章“精密度说明”。

本标准由中国石油和化学工业协会提出。

本标准由全国橡胶与橡胶制品标准化技术委员会天然橡胶分技术委员会归口。

本标准起草单位:中国热带农业科学院农产品加工研究所、农业部食品质量监督检验测试中心(湛江)。

本标准主要起草人:陈成海、邓维用、黄茂芳。

本标准于1987年7月首次发布,2001年7月第一次修订。

浓缩天然胶乳　干胶含量的测定

警告:使用本标准的人员应有正规实验室工作的实践经验。本标准并未指出所有可能的安全问题。使用者有责任采取适当的安全和健康措施,并保证符合国家有关法规规定的条件。

1　范围

本标准规定了浓缩天然胶乳干胶含量的测定方法。

本标准不一定适用于巴西橡胶树胶乳以外的天然胶乳、配合胶乳、硫化胶乳或乳化胶乳。也不适用于合成胶乳。

2　规范性引用文件

下列文件中的条款通过本标准的引用而成为本标准的条款。凡是注日期的引用文件,其随后所有的修改单(不包括勘误的内容)或修订版均不适用于本标准,然而,鼓励根据本标准达成协议的各方研究是否可使用这些文件的最新版本。凡是不注日期的引用文件,其最新版本适用于本标准。

GB/T 8290　天然浓缩胶乳　取样(GB/T 8290—1987,eqv ISO 123:1985)

GB/T 8298　浓缩天然胶乳　总固体含量的测定(GB/T 8298—2008,ISO 124:1997,MOD)

ISO/TR 9272　橡胶与橡胶制品试验方法标准　精密度的确定(ISO/TR 9272:2004,Rubber and rubber products—Determination of precision for test method standards)

3　术语和定义

下列术语和定义适用于本标准。

3.1

浓缩天然胶乳　natural rubber latex concentrate

含氨和/或其他保存剂,并经浓缩加工的天然胶乳。

4　原理

将浓缩胶乳试样的总固体含量稀释至质量分数为20%,并用乙酸酸化。然后将凝固的橡胶压成薄片,在70℃±5℃下干燥。

5　试剂

除非另有说明,在分析中仅使用确认为分析纯的试剂和蒸馏水、去离子水或纯度与之相当的水。

5.1　乙酸溶液,20 g冰乙酸用水用稀释至1 L,用于氨保存的浓缩胶乳。

5.2　乙酸丙二醇溶液,50 g/L的丙二醇溶液,用于氢氧化钾保存的浓缩胶乳。

加50 g冰乙酸于500 mL丙二醇中,用水稀释至1 L。

5.3　乙醇,体积分数为95%。

6　仪器

6.1　实验室常规仪器以及玻璃皿或瓷皿,直径约100 mm,深约50 mm。

注:铝皿不适用于含氢氧化钾的浓缩胶乳。

6.2　天平,精度为1 mg。

6.3　烘箱,温度保持70℃±5℃。

7 取样

按 GB/T 8290 规定的方法取样。

8 操作程序

8.1 如果未知浓缩胶乳的总固体含量,按 GB/T 8298 规定的方法进行测定。

8.2 进行两份平行测定。

8.3 用减差法从称量瓶或带胶头滴管的小试剂瓶(100 mL)中称取 10 g±1 g 浓缩胶乳放入皿(6.1)中,准确至 1 mg。沿皿的内壁倒入足够的水使浓缩胶乳的总固体含量降至质量分数为 20%±1%。在光滑的表面上小心地转动皿,使胶乳稀释均匀。根据实际情况,按 8.4 或 8.5 进行。

8.4 对用氨保存的浓缩胶乳,在 5 min 内将 20 g/L 乙酸溶液(5.1)35 mL±3 mL 沿着皿的内壁加入胶乳中,边加酸边缓慢地将皿转动。

将凝固的胶片轻轻地压入液面下。在皿上盖一块表面皿,置于蒸汽浴上加热 15 min～30 min 或置于烘箱(6.3)中恒温烘 15 min～30 min,如果乳清仍呈乳浊状,则加体积分数为 95%的乙醇(5.3)5 mL。然后按 8.6 继续进行。

8.5 对用氢氧化钾保存的浓缩胶乳,加入 50 g/L 的乙酸丙二醇溶液(5.2)25 mL±5 mL。同时用细玻璃棒搅拌,并用水将粘附在玻璃棒上的胶乳洗入皿中。

将凝固的胶片轻轻地压入液面下。在皿上盖一块表面皿,置于蒸汽浴上加热 15 min～30 min。

8.6 当乳清呈清亮时,用大凝块抹擦以收集凝固的全部橡胶小颗粒,将凝块置于水中浸泡,期间换水几次,直到用石蕊试纸检验时水不再呈酸性为止。

挤压凝块排出水分,并获得厚度不超过 2 mm 的均匀胶片。适宜的方法是把凝块小心地放在玻璃板上,再用一个直径约 45 mm 玻璃塞或一个小口试剂瓶(250 mL)先沿着四周滚压,然后再压向中心。

将胶片在流水中彻底漂洗,对用氨保存的浓缩胶乳,至少要漂洗 5 min;对用氢氧化钾保存的浓缩胶乳,则至少漂洗 2 h。让漂洗过的胶片滴水几分钟之后再放入烘箱干燥。

8.7 胶片在 70℃±5℃下干燥,直至没有白点。如果胶片放在大的表面皿上干燥,则在干燥最初几小时将胶片小心翻转二三次。在干燥器内冷却后称量。重复干燥、冷却和称量操作,直至加热 30 min 后的质量减少小于 1 mg。

注:如果胶片太粘,可能在 70℃下发生严重的氧化,则应采用较低的干燥温度,例如 55℃。

9 结果计算

9.1 按式(1)计算浓缩胶乳干胶含量(DRC),以质量分数(%)表示:

$$\mathrm{DRC} = \frac{m_1}{m_0} \times 100 \qquad \cdots\cdots(1)$$

式中:

m_0——试样的质量的数值,单位为克(g);

m_1——干胶片的质量的数值,单位为克(g)。

计算结果表示到小数点后两位。

9.2 两份平行测定结果相差不应超过平均值的 0.1%(质量分数)。否则,应重新测定。

10 精密度说明

10.1 本方法的精确度按 ISO/TR 9272 确定。术语和统计的定义可参考该标准。表 1 列出了精密度的结果。在没有说明参数所适用的特定组别的材料及其特定的试验方案时,这些精密度参数不应作为接受或拒绝之用。重复性 r 和再现性 R 的值的精密度应达到 95%的置信水平(应不超过 5%为前提)。

表 1 干胶含量(DRC)试验方法精密度估计

平均值	实验室内		实验室间	
	s_r	r	s_R	R
60.26	0.029	0.06	0.045	0.13

注：$r=2.83\times s_r$

式中：

r——重复性；

s_r——重复性标准差。

$R=2.83\times s_R$

式中：

R——再现性；

s_R——室间标准差。

10.2 表 1 中的结果为平均值并给出了本试验方法的精密度统计值。这些数值是由 2001 年进行的一项实验室间试验计划(ITP)所确定的。13 间实验室对用高氨胶乳制备的 A 和 B 两个样品进行了重复三次的测定。在对待测胶乳进行两次取样装入贴有 A 和 B 标记的 1 L 瓶子之前，先将其过滤，再充分混合和搅拌使其均匀化。这样，样品 A 和样品 B 基本上是相同的，并且在统计计算时将两者视作相同处理。每个参加的实验室应按 ITP 给出的日期，用这两个样品进行测定。

10.3 确定了一个第 1 类精密度(所分发的用于 ITP 试验样品已制备好，可直接用于试验)。

10.4 重复性，本试验方法的重复性 r(按测定单位)已被确定为合适的值列于表 1 中。在确定的试验条件下，同一实验室所获得的两个单独的试验结果之差大于表 1 中所列的 r 值(对于任何给定的水平)应被视为来自不同(非同一的)样品群。

10.5 再现性，本试验方法的再现性 R(按测定单位)已被确定为合适的值列于表 1 中。在确定的试验条件下，于两个不同的实验室所获得的两个单独的试验结果之差大于表 1 中所列的 R 值(对于任何给定的水平)应被视为来自不同(非同一的)样品群。

10.6 偏差，在试验方法术语中，偏差为试验结果平均值与认定的参照值之差。

本试验方法不存在参照值，因为该参照值只能由试验方法来确定，所以不能确定本试验方法的偏差。

注：只有在相关各方对测定结果产生争议需要仲裁时，才按表 1 的规定进行估计。

11 试验报告

试验报告应包括下列内容：

a) 本标准号；

b) 识别样品所需的全部细节；

c) 浓缩胶乳的干胶含量(DRC)；

d) 如果不是 70℃±5℃，应记录干燥温度；

e) 测定中观察到的异常现象；

f) 在本标准未包括的而被认为可以采用的任何操作；

g) 试验日期。

ICS 83.060
B 72

中华人民共和国国家标准

GB/T 8300—2008/ISO 125:2003
代替 GB/T 8300—2001

浓缩天然胶乳 碱度的测定

Natural rubber latex concentrate—Determination of alkalinity

(ISO 125:2003,IDT)

2008-05-15 发布 2008-11-01 实施

中华人民共和国国家质量监督检验检疫总局
中国国家标准化管理委员会 发布

前言

本标准等同翻译 ISO 125:2003《浓缩天然胶乳　碱度的测定》(英文版)。

为了便于使用,本标准作了如下编辑性修改:

——“本国际标准”一词改为“本标准”;

——删除国际标准的前言;

——在第 1 章范围中删除了与本标准无关的注;

——在第 2 章规范性引用文件中引用了 GB/T 8290、GB/T 18012,这两个标准与 ISO 125:2003 的相应部分没有技术性差异。

本标准代替 GB/T 8300—2001《浓缩天然胶乳　碱度的测定》。

本标准与 GB/T 8300—2001 相比,主要差异如下:

——删去了 ISO 前言。

——在第 4 章试剂中,将 5%(质量分数)烷基酚聚氧乙烯缩合物类非离子稳定剂溶液使用之前的 pH 控制范围由 6.0±0.01 改为 6.0±0.05。同时,考虑到采用目测指示剂进行滴定时,一些质量不好或放置时间太久的稳定剂溶液有可能影响滴定终点的判断,而增加了注。

——在第 5 章仪器中,将 pH 计的精度由 0.01 降为 0.02 单位,并增加了对天平的规定。

——在第 7 章操作程序中,增加了将浓缩胶乳加入到烧杯中的操作方法的规定。

——增加了第 9 章“精密度说明”。

本标准由中国石油和化学工业协会提出。

本标准由全国橡胶与橡胶标准化技术委员会天然橡胶分技术委员会归口。

本标准起草单位:中国热带农业科学院农产品加工研究所、农业部食品质量监督检验测试中心(湛江)。

本标准主要起草人:曾宗强、余和平、陈成海。

本标准于 1987 年 7 月首次发布,2001 年 7 月第一次修订。

浓缩天然胶乳　碱度的测定

警告:使用本标准的人员应有正规实验室工作的实践经验。本标准并未指出所有可能的安全问题。使用者有责任采取适当的安全和卫生措施,并保证符合国家有关法规规定的条件。

1　范围

本标准规定了浓缩天然胶乳碱度的测定方法。

本标准不一定适用于巴西橡胶树胶乳以外的天然胶乳,也不一定适用于合成胶乳、配合胶乳、硫化胶乳以及乳化胶乳。

2　规范性引用文件

下列文件中的条款通过本标准的引用而成为本标准的条款。凡是注日期的引用文件,其随后所有的修改单(不包括勘误的内容)或修订版均不适用于本标准。然而,鼓励根据本标准达成协议的各方研究是否可使用这些文件的最新版本。凡是不注日期的引用文件,其最新版本适用于本标准。

GB/T 8290　天然浓缩胶乳　取样(GB/T 8290—1987,eqv ISO 123:1985)

GB/T 18012　天然胶乳　pH 的测定(GB/T 18012—2008,ISO 976:1996,MOD)

ISO/TR 9272　橡胶与橡胶制品试验方法标准　精密度的确定(ISO/TR 9272:2004,Rubber and rubber products—Determination of precision for test method standards)

3　原理

用电位滴定或用甲基红作为目测指示剂,在加有稳定剂防止凝固的条件下,将浓缩胶乳的 pH 值用酸滴定至 6。根据所需要的酸的用量计算胶乳的碱度。

4　试剂

本标准仅使用确认的分析纯试剂,蒸馏水或纯度与之相当的水。

4.1　稳定剂溶液:质量分数为 5% 的烷基酚聚氧乙烯缩合物类非离子稳定剂溶液,使用之前应将溶液的 pH 调节至 6.0±0.05。

注:采用目测指示剂进行滴定时,质量不好或放置太久的稳定剂溶液对终点的判断可能有影响。

4.2　硫酸,$c(H_2SO_4)=0.05$ mol/L,或者盐酸,$c(HCl)=0.1$ mol/L,标准体积溶液。

4.3　甲基红,0.1% 的乙醇溶液,乙醇的含量至少为体积分数 95%。

5　仪器

实验室常规仪器,以及:

5.1　电动搅拌器,配有接地马达和非金属桨叶,或者是磁力搅拌器。

5.2　pH 计,配有组合电极,适用于 pH 值高达 12 的溶液,符合 GB/T 18012 的规定,精度为 0.02 个单位。

5.3　天平,精度为 0.01 g。

6　取样

按照 GB/T 8290 规定的方法取样。

7 操作程序

进行双份平行测定。

按 GB/T 18012 规定的方法校准 pH 计。

在装有约 200 mL 水的 400 mL 烧杯中，边搅拌边加入 10 mL 稳定剂溶液(4.1)。用减差法从称量瓶中称取 5 g～10 g 浓缩胶乳，精确至 10 mg，加入烧杯并充分搅拌。将浓缩胶乳加入到烧杯中的操作过程中，应避免胶乳沿烧杯壁或称量瓶壁上流下(沿器壁倾倒胶乳会导致氨的损失)。

插入 pH 计的电极，在连续搅拌下，用滴定管滴加硫酸或盐酸(4.2)直到 pH 降至 6.0±0.05，在接近终点时，要逐滴滴加。

如果不选择电位滴定，可用甲基红(4.3)作为目测指示剂，以颜色变成粉红色时为终点。

8 结果的表示

8.1 根据浓缩胶乳所采用的保存剂——氨水或 KOH，分别采用 8.2、8.3 中给出的计算式来计算碱度。

8.2 如果浓缩胶乳用氨保存，则按式(1)计算碱度，以浓缩胶乳中所含氨(NH_3)的质量分数(%)表示：

$$碱度(以\ NH_3\ 计) = \frac{F_1 cV}{m} \qquad \cdots\cdots(1)$$

式中：

F_1——系数：盐酸为 1.7，硫酸为 3.4；

c——所用盐酸或硫酸的实际浓度，单位为摩尔每升(mol/L)；

V——所用酸的体积，单位为毫升(mL)；

m——试样的质量，单位为克(g)。

结果以双份平行测定结果的平均值表示。当实际碱度大于 0.5 个单位时，如果单个测定结果与平均值之差大于 0.01 个单位，或者当实际碱度等于或者小于 0.5 个单位时，如果单个测定结果与平均值之差大于 0.005 个单位，应重新测定。

8.3 如果浓缩胶乳用氢氧化钾保存，则按式(2)计算碱度，以浓缩胶乳中所含氢氧化钾(KOH)的质量分数(%)表示：

$$碱度(以\ KOH\ 计) = \frac{F_1 cV}{m} \qquad \cdots\cdots(2)$$

式中：

F_1——系数，盐酸为 5.61，硫酸为 11.22；

c、V 和 m 的定义与 8.2 的相同。

结果以双份平行测定结果的平均值表示。如果单个测定结果与平均值之差大于 0.015 个单位，应重新测定。

注：浓缩天然胶乳的碱度用百分数表示，其数值与用每 100 g 浓缩胶乳中含碱的克数来表示是一致的。

9 精密度说明

9.1 本方法的精密度按 ISO/TR 9272 确定。术语和统计的定义可参考该标准。

9.2 表 1 列出了精密度的结果。在没有说明参数所适用的特定组别的材料及其特定的试验方案时，就不应该使用这些精密度参数。重复性 r 和再现性 R 的值的精密度应达到 95% 的置信水平(应不超过 5% 为前提)。

表 1　碱度含量试验方法精密度估计

平均值	实验室内		实验室间	
	s_r	r	s_R	R
0.64	0.007	0.02	0.013	0.04

注：$r=2.83\times s_r$

式中：

r——重复性；

s_r——重复性标准差。

$R=2.83\times s_R$

式中：

R——再现性；

s_R——室间标准差。

9.3　表 1 中的结果为平均值并给出了本试验方法的精密度统计值。这些数值是由 2001 年进行的一项实验室间试验计划(ITP)所确定的。13 间实验室对用高氨胶乳制备的 A 和 B 两个样品进行了重复三次的测定。再对待测胶乳进行两次取样装入贴有 A 和 B 标记的 1 L 瓶子之前，先将其过滤，再充分混合和搅拌使其均匀化。这样，样品 A 和样品 B 基本是相同的，并且在统计计算时将其两者视作相同处理。每个参加的实验室应按 ITP 给出的日期，用这两个样品进行测定。

9.4　确定了一个第 1 类精密度(所分发的用于 ITP 试验样品已制备好，可直接用于试验)。

9.5　重复性，本试验方法的重复性 r(按测定单位)已被确定为合适的值列于表 1 中。在确定的试验条件下，同一实验室所获得的两个独立的试验结果之差大于表 1 中所列的 r 值(对于任何给定的水平)应被视为来自不同(非同一的)样品群。

9.6　再现性，本试验方法的再现性 R(按测定单位)已被确定为已被确定为合适的值列于表 1 中。在确定的试验条件下，于两个不同的实验室所获得的两个独立的试验结果之差大于表 1 中所列的 R 值(对于任何给定的水平)应被视为来自不同(非同一的)样品群。

9.7　偏差，在试验方法术语中，偏差为试验结果平均值与认定的参照值之差。

本试验方法不存在参照值，因为该参照值只能由试验方法来确定，所以不能确定本试验方法的偏差。

注：只有在相关各方对测定结果产生争议需要仲裁时，才按表 1 的规定进行估计。

10　试验报告

试验报告至少应包括以下内容：

a)　本标准编号；

b)　识别样品所需的全部细节；

c)　测定结果平均值及其单位；

d)　任何可能影响测定结果的异常现象；

e)　在本标准中或引用文件中未包括的而被认为是可以采用的任何操作；

f)　实验日期。

ICS 83.060
B 72

中华人民共和国国家标准

GB/T 8301—2008/ISO 35:2004
代替 GB/T 8301—2001

浓缩天然胶乳　机械稳定度的测定

Natural rubber latex concentrate—Determination of mechanical stability

(ISO 35:2004,IDT)

2008-05-15 发布　　2008-11-01 实施

中华人民共和国国家质量监督检验检疫总局
中国国家标准化管理委员会　发布

前　言

本标准等同翻译 ISO 35:2004《浓缩天然胶乳　机械稳定度的测定》(英文版)及其修改单 ISO 35:2004/Amd.1:2006(英文版)。

为了便于使用,本标准作了如下编辑性修改:

——“本国际标准”一词改为“本标准”;

——删除国际标准的前言;

——在第 2 章规范性引用文件中引用了 GB/T 6003.1、GB/T 8290、GB/T 8298,这些标准与 ISO 35:2004 的相应部分没有技术性差异。

本标准代替 GB/T 8301—2001《浓缩天然胶乳　机械稳定度的测定》。

本标准与 GB/T 8301—2001 相比主要差异如下:

——删去了 ISO 前言;

——在第 2 章规范性引用文件中增加了 GB/T 14838《橡胶与橡胶制品　试验方法标准　精密度的确定》;

——在第 3 章术语和定义中增加了机械稳定度内容;

——在第 6 章仪器中增加了透明的平底皿和尖棒,并将原 6.2 加热方法改为加热装置;

——在第 8 章操作程序中增加了对终点判断的两种方法(手掌法和水面分散法)的细节,并对第 11 章试验报告中的相应内容作了修改;

——增加了“精密度说明”一章。

本标准由中国石油和化学工业协会提出。

本标准由全国橡胶与橡胶制品标准化技术委员会天然橡胶分技术委员会归口。

本标准起草单位:中国热带农业科学院农产品加工所、农业部食品质量监督检验测试中心(湛江)。

本标准主要起草人:陈成海、黄茂芳、邓维用、杜海群。

本标准于 1987 年 7 月首次发布,2001 年 7 月第一次修订。

浓缩天然胶乳　机械稳定度的测定

警告:使用本标准的人员应有正规实验室工作的实践经验。本标准并未指出所有可能的安全问题。使用者有责任采取适当的安全和健康措施,并保证符合国家有关法规规定的条件。

1　范围

本标准规定了浓缩天然胶乳机械稳定度的测定方法,本标准也适用于预硫化浓缩天然胶乳。

此法不一定适用于用氢氧化钾保存的胶乳以及巴西橡胶树胶乳以外的天然胶乳,此法也不适用于合成胶乳。

2　规范性引用文件

下列文件中的条款通过本标准的引用而成为本标准的条款。凡是注日期的引用文件,其随后所有的修改单(不包括勘误的内容)或修订版均不适用于本标准,然而,鼓励根据本标准达成协议的各方研究是否可使用这些文件的最新版本。凡是不注日期的引用文件,其最新版本适用于本标准。

GB/T 6003.1　金属丝编织网试验筛(GB/T 6003.1—1997,eqv ISO 3310-1:1990)

GB/T 8290　天然浓缩胶乳　取样(GB/T 8290—1987,eqv ISO 123:1985)

GB/T 8298　浓缩天然胶乳　总固体含量的测定(GB/T 8298—2008,ISO 124:1997,MOD)

GB/T 8300　浓缩天然胶乳　碱度的测定(GB/T 8300—2008,ISO 125:2003,IDT)

ISO/TR 9272　橡胶与橡胶制品试验方法标准　精密度的确定(ISO/TR 9272:2004,Rubber and rubber products—Determination of precision for test method standards)

3　术语和定义

下列术语和定义适用于本标准。

3.1

浓缩天然胶乳　natural rubber latex concentrate

含氨和/或其他保存剂,并经某种浓缩加工的天然胶乳。

3.2

机械稳定度　mechanical stabity

胶乳在规定的条件下,从开始至见到絮凝粒所需的时间,用秒表示。

4　原理

将浓缩天然胶乳样品的总固体含量稀释至质量分数为55%,再以高速搅拌。记录最初可见絮凝时所需的时间,作为衡量机械稳定度的方法。

5　试剂

氨溶液(5.1和5.2)应使用确认的分析级氨水配制,并应贮放在密闭的容器内。

在规定用水的地方,应使用不含二氧化碳的蒸馏水或纯度与之相当的水。

5.1　氨溶液,含1.6%(质量分数)的氨(NH_3),用于碱度至少为0.30%(相对于浓缩胶乳)的浓缩胶乳。

5.2　氨溶液,含0.6%(质量分数)的氨(NH_3),用于碱度在0.30%以下(相对于浓缩胶乳)的液缩胶乳。

6　仪器

6.1　机械稳定度测定仪:包括6.1.1至6.1.3的组件。

6.1.1 胶乳容器,平底的圆筒,高度至少90 mm,内径58 mm±1 mm,筒壁厚约2.5 mm,内表面应光滑。聚甲基丙烯酸甲酯或玻璃容器都适用。

6.1.2 搅拌装置,包括一根垂直的不锈钢轴,轴呈锥形,其长度足够达到胶乳容器(6.1.1)的底部。轴下端直径约6.3 mm,在其准确同轴位置上连接着一个呈水平状的光滑的不锈钢圆盘,圆盘直径20.83 mm±0.03 mm,厚1.57 mm±0.05 mm。整个试验过程中,搅拌装置的搅拌速度应保持在14 000 r/min±200 r/min,在此速度下,轴的摆动不应超过0.25 mm。

6.1.3 胶乳容器(6.1.1)支架,支架应保证旋转轴的轴线与胶乳容器的轴线同心,而且应保证搅拌圆盘的底部与胶乳容器底部的内表面相距13 mm±1 mm。

6.2 平底皿

透明的直径不小于(145±20) mm,深度不小于20 mm,可满足几个试验在同一平底皿中进行。

6.3 尖棒

玻璃或其他材料例如不锈钢制成弄尖的棒,不要求精确的尺寸,因为尖棒是用来捧取一小滴胶乳的。

6.4 加热装置

可采用如下两种装置之一:

——水浴锅,能保持温度60℃~80℃;

——玻璃管,弯曲成能插入胶乳中的形状,管内通入温度为60℃~80℃的循环水。

6.5 不锈钢丝织物:符合GB/T 6003.1规定,平均孔径为180 μm±7.6 μm。

7 取样

按GB/T 8290规定的方法取样。

注:样品的贮存时间和贮存温度可能对机械稳定度有不良的影响。

8 操作程序

8.1 概述

在第一次打开样品瓶后的24 h之内进行双份平行测定。如果未知浓缩胶乳的总固体含量和碱度,则应分别按GB/T 8298和GB/T 8300进行测定。

注:如果机械稳定度测定仪(6.1)附近大气中的二氧化碳浓度超过体积分数约为0.03%的正常浓度,胶乳的机械稳定度就会降低。这一影响只有在二氧化碳浓度达到体积分数为0.05%时才可能明显出现。大气中二氧化碳浓度高的原因,可能是附近有产生二氧化碳的设施,例如某些煤气加热器或油热器。

8.2 稀释和搅拌

用适当的氨溶液(5.1或5.2)将玻璃烧杯中的100 g胶乳的总固体含量稀释至质量分数为55.0%±0.2%,然后立即用加热装置之一(6.4)将稀释胶乳加热至36℃~37℃(即略高于试验温度),同时轻轻搅拌。将加热的稀释胶乳立刻用不锈钢丝织物(6.5)过滤,并称取80.0 g±5 g过滤的胶乳放在容器(6.1.1)内。核实胶乳的温度应是35℃±1℃,把容器放在规定的位置上(6.1.3),搅拌胶乳,并开始计时,直到终点为止。保证在整个试验过程中搅拌器的转速保持在14 000 r/min±200 r/min,直至超过终点为止。

8.3 终点的判断

在终点到达之前,搅拌轴周围的旋涡深度明显变浅,并随着旋涡的消失,搅拌装置的声音也发生变化。

对于没有经验的操作者,可用两种方法判断终点。

a) 手掌法

判定终点的方法是每隔15 s用干净的玻璃棒取一滴胶乳样品,并将样品轻轻地扩散在手掌上,以第一次出现絮凝粒时即为终点。为了确认终点已到达，可将胶乳再搅拌 15 s 后取样，如样品中的絮凝粒数量增加，即说明所取的终点是正确的。

b) 水面分散法

取一个透明的可容纳 100 mL～150 mL 水的平底皿(6.2)，将其放置在例如黑纸的黑色表面上，那么就很容易地观察终点。用一支尖的玻璃棒(6.3)取一小滴胶乳样品，并立即放到平底皿中的水面上，如果胶乳不出现絮凝，将几秒钟内就会分散在水中成乳白色的云状；如果胶乳出现絮凝，通常胶乳滴起初会保留在水面上，继而胶乳分散水中，而絮凝粒用肉眼很容易地观察到。

9 结果的表示

将开始搅拌至到达终点的时间(秒)作为浓缩天然胶乳的机械稳定度。

双份平行测定结果之差不应大于它们平均值的 5%，否则，应重新测定。

10 精密度说明

10.1 本标准的精密度按 ISO/TR 9272 确定。术语和统计的定义可参考该标准。

10.2 精密度细节在精密度说明中给出了如下描述的使用特定材料和特定试验方案对这种试验方法的评估，在没有说明参数所适用的特定组别的材料及其特定的试验方案时，就不应使用这些精密度参数。

10.3 表 1 列出了精密度的结果。重复性 r 和再现性 R 的值的精密度应达到 95% 的置位水平(应不超过 5% 为前提)。

表 1 机械稳定度测定方法精密度估计

平均值/s	实验室内		实验室间	
	s_r	r	s_R	R
1 023	15	43	94	265

注：$r=2.83\times s_r$

式中：

r——重复性；

s_r——重复性标准差。

$R=2.83\times s_R$

式中：

R——再现性；

s_R——室间标准差。

10.4 表 1 中的结果为平均值并给出了本试验方法的精密度统计值。这些数值是由 2001 年进行的一项实验室间试验计划(ITP)所确定的。13 间实验室对用高氨胶乳制备的 A 和 B 两个样品进行了重复三次的测定。在对待测胶乳进行两次取样装入贴有 A 和 B 标记的 1 L 瓶子之前，先将其过滤，再充分混合和搅拌使其均匀化。这样，样品 A 和样品 B 基本上是相同的，并且在统计计算时将两者视作相同处理。每个参加的实验室应按 ITP 给出的日期，用这两个样品进行测定。

10.5 确定了一个第 1 类精密度(所分发的用于 ITP 试验样品已制备好，可直接用于试验)。

10.6 重复性，本试验方法的重复性 r(按测定单位)已被确定为合适的值列于表 1 中。在确定的试验条件下，同一实验室所获得的两个单独的试验结果之差大于表 1 中所列的 r 值(对于任何给定的水平)应被视为来自不同(非同一的)样品群。

10.7 再现性，本试验方法的再现性 R(按测定单位)已被确定为合适的值列于表 1 中。在确定的试验条件下，于两个不同的实验室所获得的两个单独的试验结果之差大于表 1 中所列的 R 值(对于任何给定的水平)应被视为来自不同(非同一的)样品群。

10.8 偏差,在试验方法术语中,偏差为试验结果平均值与认定的参照值之差。

本试验方法不存在参照值,因为该参照值只能由试验方法来确定,所以不能确定本试验方法的偏差。

注:只有在相关各方对测定结果产生争议需要仲裁时,才按表1的规定进行估计。

11 试验报告

试验报告应包括下列内容:

a) 本标准编号;

b) 识别样品所需的全部细节;

c) 判断终点所采用的方法[8.3a)或8.3b)];

d) 胶乳的机械稳定度,精确至15 s;

e) 在测定过程中注意到的任何异常现象;

f) 在本标准或引用标准中未包括的,而被认为是可以采用的任何操作;

g) 试验日期。

ICS 67.140.10
X 04

中华人民共和国国家标准

GB/T 8313—2008
代替 GB/T 8313—2002

茶叶中茶多酚和儿茶素类含量的检测方法

Determination of total polyphenols and catechins content in tea

(ISO 14502-1/2:2005, Determination of substances characteristic of green and black tea—Part 1: Content of total polyphenols in tea—Colorimetric method using Folin-Ciocalteu reagent/
Part 2:Content of catechins in green tea—Method using high-performance liquid chromatography,MOD)

2008-05-04 发布　　　　2008-10-01 实施

中华人民共和国国家质量监督检验检疫总局
中国国家标准化管理委员会　发布

前言

本标准修改采用ISO 14502-1:2005《福林酚(Folin-Ciocalteu)试剂比色法测定茶叶中茶多酚总量》和ISO 14502-2:2005《高效液相色谱法测定绿茶中儿茶素》。本标准与ISO 14502-1:2005和ISO 14502-2:2005的技术内容相同,主要差异为:供试液制备时用玻璃棒充分搅拌均匀湿润代替用混匀器搅拌均匀湿润,增加实用性;标准结构上稍有调整,即将两项标准合并为一项,将ISO 14502-2:2005作为本标准的方法一,将ISO 14502-1:2005作为本标准的方法二。

本标准是对GB/T 8313—2002《茶　茶多酚测定》的修订。本标准与GB/T 8313—2002的主要差异为:以70%甲醇提取茶叶中的茶多酚、Folin-Ciocalteu Phenol试剂显色、没食子酸(GA)作标准工作曲线定量茶多酚总量。

本标准由中华全国供销合作总社提出并归口。

本标准起草单位:中华全国供销合作总社杭州茶叶研究院。

本标准主要起草人:周卫龙、徐建峰、许凌。

本标准所代替标准的历次版本发布情况为:

——GB/T 8313—1987、GB/T 8313—2002。

茶叶中茶多酚和儿茶素类含量的检测方法

1 范围

本标准规定了用高效液相色谱法(HPLC)测定茶叶中儿茶素类含量和用分光光度法测定茶叶中茶多酚含量的方法。

本标准适用于茶及茶制品中儿茶素类及茶多酚含量的测定。

2 规范性引用文件

下列文件中的条款通过本标准的引用而成为本标准的条款。凡是注日期的引用文件,其随后所有的修改单(不包括勘误的内容)或修订版均不适用于本标准,然而,鼓励根据本标准达成协议的各方研究是否可使用这些文件的最新版本。凡是不注日期的引用文件,其最新版本适用于本标准。

GB/T 8302 茶 取样

GB/T 8303 茶 磨碎试样的制备及其干物质含量测定

方法一 茶叶中儿茶素类的检测——HPLC 法

3 原理

茶叶磨碎试样中的儿茶素类用 70% 的甲醇溶液在 70℃ 水浴上提取,儿茶素类的测定用 C_{18} 柱、检测波长 278 nm、梯度洗脱、HPLC 分析,用儿茶素类标准物质外标法直接定量,也可用儿茶素类与咖啡碱的相对校正因子 RRF_{std}(ISO 国际环试结果)(见 7.2)来定量。

4 仪器

4.1 分析天平:感量 0.000 1 g。

4.2 水浴:70℃±1℃。

4.3 离心机:转速 3 500 r/min。

4.4 混匀器。

4.5 高效液相色谱仪(HPLC):包含梯度洗脱及检测器(检测波长 278 nm)。

4.6 数据处理系统。

4.7 液相色谱柱:C_{18}(粒径 5 μm,250 mm×4.6 mm)。

5 试剂

本标准所用水均为重蒸馏水,除特殊规定外,所用试剂为分析纯。

5.1 乙腈:色谱纯。

5.2 甲醇。

5.3 乙酸。

5.4 甲醇水溶液(体积比):7+3。

5.5 乙二胺四乙酸(EDTA)溶液:10 mg/mL(现配)。

5.6 抗坏血酸溶液:10 mg/mL(现配)。

5.7 稳定溶液:分别将25 mL EDTA溶液(5.5)、25 mL抗坏血酸溶液(5.6)、50 mL乙腈(5.1)加入500 mL容量瓶中,用水定容至刻度,摇匀。

5.8 液相色谱流动相

5.8.1 流动相A:分别将90 mL乙腈(5.1)、20 mL乙酸(5.3)、2 mL EDTA (5.5)加入1 000 mL容量瓶中,用水定容至刻度,摇匀。溶液需过0.45 μm膜。

5.8.2 流动相B:分别将800 mL乙腈(5.1)、20 mL乙酸(5.3)、2 mL EDTA (5.5)加入1 000 mL容量瓶中,用水定容至刻度,摇匀。溶液需过0.45 μm膜。

5.9 标准储备溶液

5.9.1 咖啡碱储备溶液:2.00 mg/mL。

5.9.2 没食子酸(GA)储备溶液:0.100 mg/mL。

5.9.3 儿茶素类储备溶液:+C 1.00 mg/mL,+EC 1.00 mg/mL,+EGC 2.00 mg/mL,+EGCG 2.00 mg/mL,+ECG 2.00 mg/mL。

5.10 标准工作溶液:用稳定溶液(5.7)配制。

标准工作溶液的浓度:没食子酸5 μg/mL～25 μg/mL、咖啡碱50 μg/mL～150 μg/mL、+C 50 μg/mL～150 μg/mL、+EC 50 μg/mL～150 μg/mL、+EGC 100 μg/mL～300 μg/mL、+EGCG 100 μg/mL～400 μg/mL、+ECG 50 μg/mL～200 μg/mL。

6 操作方法

6.1 取样

按GB/T 8302的规定。

6.2 试样制备

按GB/T 8303的规定。

6.3 测定步骤

6.3.1 干物质含量测定

按GB/T 8303的规定。

6.3.2 供试液的制备

6.3.2.1 母液:称取0.2 g(精确到0.000 1 g)均匀磨碎的试样(6.2)于10 mL离心管中,加入在70℃中预热过的70%甲醇溶液(5.4)5 mL,用玻璃棒充分搅拌均匀湿润,立即移入70℃水浴中,浸提10 min(隔5 min搅拌一次),浸提后冷却至室温,转入离心机在3 500 r/min转速下离心10 min,将上清液转移至10 mL容量瓶。残渣再用5 mL的70%甲醇溶液提取一次,重复以上操作。合并提取液定容至10 mL,摇匀,过0.45 μm膜,待用(该提取液在4℃下可至多保存24 h)。

6.3.2.2 测试液:用移液管移取母液(6.3.2.1)2 mL至10 mL容量瓶中,用稳定溶液(5.7)定容至刻度,摇匀,过0.45 μm膜,待测。

6.3.3 色谱条件

流动相流速:1 mL/min。

柱温:35℃。

紫外检测器:λ=278 nm。

梯度条件: 100%A相保持10 min

↓

15 min内由100%A相→68%A相、32%B相

↓

68%A相、32%B相保持10 min

↓

100%A相

6.3.4 测定

待流速和柱温稳定后，进行空白运行。准确吸取 10 μL 混合标准系列工作液注射入 HPLC。在相同的色谱条件下注射 10 μL 测试液。测试液以峰面积定量。

7 结果计算

7.1 计算方法

7.1.1 以儿茶素类标准物质定量，按式(1)计算：

$$儿茶素含量(\%)=\frac{A\times f_{Std}\times V\times d}{m_1\times 10^6\times m}\times 100 \quad \cdots\cdots(1)$$

式中：

A——所测样品中被测成分的峰面积；

f_{Std}——所测成分的校正因子(浓度/峰面积，浓度单位"μg/mL")；

V——样品提取液的体积，单位为毫升(mL)；

d——稀释因子(通常为 2 mL 稀释成 10 mL，则其稀释因子为 5)；

m_1——样品称取量，单位为克(g)；

m——样品的干物质含量，%。

7.1.2 以咖啡碱标准物质定量，按式(2)计算：

$$儿茶素含量(\%)=\frac{A\times RRF_{Std}\times V\times d}{S_{Caf}\times m_1\times 10^6\times m}\times 100 \quad \cdots\cdots(2)$$

式中：

RRF_{Std}——所测成分相对于咖啡碱的校正因子；

S_{Caf}——咖啡碱标准曲线的斜率(峰面积/浓度，浓度单位"μg/mL")。

7.2 儿茶素类相对咖啡碱的校正因子表

见表 1。

表 1 儿茶素类相对咖啡碱的校正因子表

名称	GA	+EGC	+C	+EC	+EGCG	+ECG
RRF_{Std}	0.84	11.24	3.58	3.67	1.72	1.42

7.3 儿茶素类总量计算公式

见式(3)。

儿茶素类总量(%) = EGC 含量 + C 含量 + EC 含量 + EGCG 含量 + ECG 含量 ……(3)

7.4 重复性

同一样品儿茶素类总量的两次测定值相对误差应≤10%，若测定值相对误差在此范围，则取两次测得值的算术平均值为结果，保留小数点后两位。

方法二 茶叶中茶多酚的检测

8 原理

茶叶磨碎样中的茶多酚用 70%的甲醇在 70℃水浴上提取，福林酚(Folin-Ciocalteu)试剂氧化茶多酚中—OH 基团并显蓝色，最大吸收波长 λ 为 765 nm，用没食子酸作校正标准定量茶多酚。

9 仪器

9.1 分析天平：感量 0.001 g。

9.2 水浴：70℃±1℃。

9.3 离心机：转速 3 500 r/min。

9.4 分光光度计。

10 试剂

本标准所用水均为重蒸馏水，除特殊规定外，所用试剂为分析纯。

10.1 乙腈：色谱纯。

10.2 甲醇。

10.3 碳酸钠（Na_2CO_3）。

10.4 甲醇水溶液（体积比）：7+3。

10.5 福林酚（Folin-Ciocalteu）试剂。

10.6 10%福林酚（Folin-Ciocalteu）试剂（现配）：将 20 mL 福林酚（Folin-Ciocalteu）试剂（10.5）转移到 200 mL 容量瓶中，用水定容并摇匀。

10.7 7.5%Na_2CO_3（质量浓度）：称取 37.50 g±0.01 g Na_2CO_3（10.3），加适量水溶解，转移至 500 mL 容量瓶中，定容至刻度，摇匀（室温下可保存 1 个月）。

10.8 没食子酸标准储备溶液（1 000 μg/mL）：称取 0.110 g±0.001 g 没食子酸（GA，相对分子质量 188.14），于 100 mL 容量瓶中溶解并定容至刻度，摇匀（现配）。

10.9 没食子酸工作液：用移液管分别移取 1.0，2.0，3.0，4.0，5.0 mL 的没食子酸标准储备溶液（10.8）于 100mL 容量瓶中，分别用水定容至刻度，摇匀，浓度分别为 10，20，30，40，50 μg/mL。

11 操作方法

11.1 供试液的制备

11.1.1 母液：按 6.3.2.1 制备。

11.1.2 测试液：移取母液（11.1.1）1.0 mL 于 100 mL 容量瓶中，用水定容至刻度，摇匀，待测。

11.2 测定

11.2.1 用移液管分别移取没食子酸工作液（10.9）、水（作空白对照用）及测试液（11.1.2）各 1.0 mL 于刻度试管内，在每个试管内分别加入 5.0 mL 的福林酚（Folin-Ciocalteu）试剂（10.6），摇匀。反应 3 min～8 min 内，加入 4.0 mL 7.5%Na_2CO_3 溶液（10.7），加水定容至刻度、摇匀。室温下放置 60 min。用 10 mm 比色皿、在 765 nm 波长条件下用分光光度计测定吸光度（A）。

11.2.2 根据没食子酸工作液（10.9）的吸光度（A）与各工作溶液的没食子酸浓度，制作标准曲线。

12 结果计算

12.1 比较试样和标准工作液的吸光度，按式（4）计算：

$$\text{茶多酚含量}(\%) = \frac{A \times V \times d}{SLOPE_{\text{Std}} \times m \times 10^6 \times m_1} \times 100 \qquad \cdots\cdots(4)$$

式中：

A——样品测试液吸光度；

V——样品提取液体积，10 mL；

d——稀释因子（通常为 1 mL 稀释成 100 mL，则其稀释因子为 100）；

$SLOPE_{\text{Std}}$——没食子酸标准曲线的斜率；

m——样品干物质含量，%；

m_1——样品质量，单位为克（g）。

12.2 重复性

同一样品的两次测定值，每 100 g 试样不得超过 0.5 g，若测定值相对误差在此范围，则取两次测定值的算术平均值为结果，保留小数点后一位。

13 注意事项

样品吸光度应在没食子酸标准工作曲线的校准范围内，若样品吸光度高于 50 μg/mL 浓度的没食子酸标准工作溶液的吸光度，则应重新配制高浓度没食子酸标准工作液进行校准。

ICS 71.100.60
X 44

中华人民共和国国家标准

GB 8315—2008
代替 GB 8315—1987

食品添加剂　己酸乙酯

Food additive—Ethyl hexanoate

2008-12-03 发布　　　　2009-06-01 实施

中华人民共和国国家质量监督检验检疫总局
中国国家标准化管理委员会　发布

前　言

本标准的4.2、4.7、4.8、4.9为强制性的，其余为推荐性的。

本标准修改采用FAO/WHO联合食品添加剂专家委员会(JECFA)制定的《己酸乙酯》[JECFA 31(1996年第46届)]。

本标准代替GB 8315—1987《食品添加剂　己酸乙酯》。

本标准与GB 8315—1987相比，主要修改内容为：含量的测定用气相色谱法代替化学法。

本标准的附录A为资料性附录。

本标准由全国食品添加剂标准化技术委员会提出并归口。

本标准由上海香料研究所、吴江慈云香料香精有限公司、四川省申联生物科技有限公司、上海华盛香料厂、上海绿野香料有限公司和上海浦杰香料有限公司负责起草。

本标准主要起草人：金其璋、吴梦海、杜岗、周文勇、姚恩光、张桂华。

本标准所代替标准的历次版本发布情况为：

——GB 8315—1987。

食品添加剂　己酸乙酯

1　范围

本标准规定了食品添加剂己酸乙酯的要求、试验方法、检验规则、标志、包装、运输、贮存及保质期。

本标准适用于对以己酸和乙醇为原料，经化学合成制得的食品添加剂己酸乙酯的质量进行分析评价。

2　规范性引用文件

下列文件中的条款通过本标准的引用而成为本标准的条款。凡是注日期的引用文件，其随后所有的修改单（不包括勘误的内容）或修订版均不适用于本标准，然而，鼓励根据本标准达成协议的各方研究是否可使用这些文件的最新版本。凡是不注日期的引用文件，其最新版本适用于本标准。

GB 190　危险货物包装标志

GB/T 5009.74　食品添加剂中重金属限量试验

GB/T 5009.76　食品添加剂中砷的测定

GB/T 11538—2006　精油　毛细管柱气相色谱分析　通用法（ISO 7609:1985，IDT）

GB/T 11539—2008　香料　填充柱气相色谱分析　通用法（ISO 7359:1985，IDT）

GB/T 11540　香料　相对密度的测定（GB/T 11540—2008，ISO 279:1998，MOD）

GB/T 14454.2　香料　香气评定法

GB/T 14454.4　香料　折光指数的测定（GB/T 14454.4—2008，ISO 280:1998，MOD）

GB/T 14455.3　香料　乙醇中溶解（混）度的评估（GB/T 14455.3—2008，ISO 875:1999，MOD）

GB/T 14455.5　香料　酸值或含酸量的测定（GB/T 14455.5—2008，ISO 1242:1999，MOD）

3　产品化学名称、分子式、结构式和相对分子质量

3.1　化学名称：己酸乙酯。

CAS 号：123-66-0。

3.2　分子式：$C_8H_{16}O_2$。

3.3　结构式：$CH_3(CH_2)_4COOCH_2CH_3$。

3.4　相对分子质量：144.21。

4　要求

4.1　色状：无色液体。

4.2　香气：具有酒样香气。

4.3　相对密度（25 ℃/25 ℃）：0.867～0.871。

4.4　折光指数（20 ℃）：1.406 0～1.409 0。

4.5　溶解度（25 ℃）：1 mL 试样全溶于 2 mL 70%（体积分数）乙醇中。

4.6　酸值：≤1.0。

4.7　含量（GC）：≥98.0%。

4.8　重金属含量（以 Pb 计）：≤10 mg/kg。

4.9　砷含量：≤3 mg/kg。

5 试验方法

5.1 色状的检定

将试样置于比色管内，用目测法观察。

5.2 香气的评定

按 GB/T 14454.2 的规定。

5.3 相对密度的测定

按 GB/T 11540 的规定。

5.4 折光指数的测定

按 GB/T 14454.4 的规定。

5.5 溶解度的评估

按 GB/T 14455.3 的规定。

5.6 酸值的测定

按 GB/T 14455.5 的规定。

5.7 含量的测定

5.7.1 仪器

a) 色谱仪、记录仪和微处理机：按 GB/T 11538—2006 或 GB/T 11539—2008 中第 5 章的规定。

b) 柱：填充柱或毛细管柱。

c) 检测器：氢火焰离子化检测器。

5.7.2 测定方法

面积归一化法：按 GB/T 11538—2006 或 GB/T 11539—2008 中 10.4 指定方法测定食品添加剂己酸乙酯含量。

5.7.3 重复性及结果表示

按 GB/T 11538—2006 或 GB/T 11539—2008 中 11.4 规定进行，应符合要求。

食品添加剂己酸乙酯典型气相色谱图（面积归一化法）参见附录 A。

5.8 重金属含量（以 Pb 计）的测定

按 GB/T 5009.74 的规定。

5.9 砷含量的测定

按 GB/T 5009.76 的规定。

6 检验规则

6.1 食品添加剂己酸乙酯应由生产厂质量检验部门负责检验，生产厂应保证出厂产品都符合本标准的要求，每批出厂产品都应附有质量合格证书。色状、香气、相对密度、折光指数、溶解度、酸值、含量为出厂检验项目，而砷含量、重金属含量（以 Pb 计）为型式检验项目，每半年检验一次。

6.2 验收单位有权按照本标准的各项规定检验所收到的产品质量是否符合本标准的要求，每一批号作一次验收，不同批号分别验收。

6.3 抽样方法：每批的包装单位 1 个～2 个，全抽；3 个～100 个抽取 2 个；100 个以上增加部分再抽取 3%。用取样器从每个包装单位中均匀抽取试样 50 mL～100 mL，将所抽取的试样全部置于混样器内充分混匀，分别装入两个清洁干燥密闭的惰性容器中，避光保存。容器上贴标签，注明：生产厂名、产品名称、生产日期、批号、数量及取样日期，一瓶作检验用，另一瓶留存备查。

6.4 如验收结果中有一项指标不符合本标准要求时，可会同生产厂重新加倍抽取试样复验。如复验结果仍有指标不合格，则该批产品不能验收。

6.5 当供需双方对产品质量发生异议时，可由双方协议解决或由法定检验机构进行仲裁。

7 标志、包装、运输、贮存及保质期

7.1 标志

产品包装外应注明:"食品添加剂"字样、产品名称、生产厂名和地址、商标、批号、净含量、生产日期和保质期、许可证号、标准编号及 GB 190 中规定的易燃品标志。顾客如有特殊要求,可与生产厂另订协议。

7.2 包装

食品添加剂己酸乙酯应装于清洁无杂味的镀锌铁桶、食品级塑料桶内,或按顾客要求包装。

7.3 运输

在运输过程中应轻装轻卸,防止日晒雨淋,不得与有毒、有害物质混装、混运,并应符合有关部门的规定。

7.4 贮存

产品应贮存在阴凉、干燥、通风的仓库内,避免杂气污染,远离火源。

7.5 保质期

在符合规定的贮运条件、包装完整、未经启封的情况下,产品保质期为两年。逾期重新检验是否符合本标准要求,合格仍可使用。

附 录 A
（资料性附录）
食品添加剂己酸乙酯典型气相色谱图
（面积归一化法）

A.1 食品添加剂己酸乙酯典型气相色谱图

见图 A.1。

主峰：己酸乙酯。

图 A.1

A.2 操作条件

A.2.1 柱：填充柱，长 2 m～3 m，内径 3 mm～4 mm。

A.2.2 固定相：PEG-20M，5%～10%涂于 Chromosorb W AW DMCS 60 目～80 目上。

A.2.3 色谱炉温度：线性程序升温从 75 ℃至 180 ℃，速率 3 ℃/min。

A.2.4 进样口温度：190 ℃。

A.2.5 检测器温度：190 ℃。

A.2.6 检测器：氢火焰离子化检测器。

A.2.7 载气：氮气，流量 20 mL/min～30 mL/min。

A.2.8 进样量：约 0.2 μL。

ICS 71.100.60
X 41

中华人民共和国国家标准

GB 8318—2008
代替 GB 8318—1987

食品添加剂 生姜(精)油(蒸馏)

Food additive—Oil of ginger, distilled(*Zingiber officinale* Rosc.)

2008-12-03 发布 2009-06-01 实施

中华人民共和国国家质量监督检验检疫总局
中国国家标准化管理委员会 发布

前　言

本标准的4.2、4.7、4.8为强制性的，其余为推荐性的。

本标准与美国食品化学品法典FCC Ⅴ：2004《生姜油》的一致性程度为非等效。

本标准代替GB 8318—1987《食品添加剂　生姜油(蒸馏)》。

本标准与GB 8318—1987相比主要变化如下：

——增加了第1章范围、第2章规范性引用文件、第3章术语和定义；

——相对密度测定温度由25 ℃改为20 ℃；

——增加了附录A典型气相色谱图。

本标准的附录A为资料性附录。

本标准由中国轻工业联合会提出。

本标准由全国食品添加剂标准化技术委员会归口。

本标准负责起草单位：上海香料研究所、昆山开发区漂润香料实业有限公司、中华人民共和国广西出入境检验检疫局和安徽丰乐香料有限责任公司。

本标准主要起草人：金其璋、周恩雨、徐易、傅雪夫、孙清华、于蕾、郑玲、曹怡。

本标准所代替标准的历次版本发布情况为：

——GB 8318—1987。

食品添加剂　生姜(精)油(蒸馏)

1　范围

本标准规定了食品添加剂生姜(精)油(蒸馏)的要求、试验方法、检验规则、标志、包装、运输、贮存和保质期。

本标准适用于用水蒸气蒸馏法从生姜(*Zingiber officinale* Rosc.)的根茎中提取的生姜(精)油。

2　规范性引用文件

下列文件中的条款通过本标准的引用而成为本标准的条款。凡是注日期的引用文件,其随后所有的修改单(不包括勘误的内容)或修订版均不适用于本标准,然而,鼓励根据本标准达成协议的各方研究是否可使用这些文件的最新版本。凡是不注日期的引用文件,其最新版本适用于本标准。

GB/T 5009.74　食品添加剂中重金属限量试验

GB/T 5009.76　食品添加剂中砷的测定

GB/T 11540　香料　相对密度的测定(GB/T 11540—2008,ISO 279:1998, MOD)

GB/T 14454.2　香料　香气评定法

GB/T 14454.4　香料　折光指数的测定(GB/T 14454.4—2008,ISO 280:1998, MOD)

GB/T 14454.5　香料　旋光度的测定(GB/T 14454.5—2008,ISO 592:1998, MOD)

GB/T 14455.6　香料　酯值或含酯量的测定(GB/T 14455.6—2008,ISO 709:2001, MOD)

3　术语和定义

下列术语和定义适用于本标准。

3.1

生姜(精)油(蒸馏)　oil of ginger(distilled)

用水蒸气蒸馏法从生姜(*Zingiber officinale* Rosc.)的根茎中提取的精油。

4　要求

4.1　色状:淡黄色至黄色液体。

4.2　香气:具有生姜特征香气。

4.3　相对密度(20 ℃/20 ℃):0.873～0.885。

4.4　折光指数(20 ℃):1.488～1.494。

4.5　旋光度(20 ℃):−26°～−45°。

4.6　皂化值:≤20。

4.7　重金属含量(以 Pb 计):≤10 mg/kg。

4.8　砷含量:≤3 mg/kg。

5　试验方法

5.1　色状的检定

将试样置于比色管内,用目测法观察。

5.2　香气的评定

按 GB/T 14454.2 的规定。

5.3 相对密度的测定

按 GB/T 11540 的规定。

5.4 折光指数的测定

按 GB/T 14454.4 的规定。

5.5 旋光度的测定

按 GB/T 14454.5 的规定。

5.6 皂化值的测定

按 GB/T 14455.6 的规定。计算结果不需减去酸值。

5.7 重金属含量(以 Pb 计)的测定

按 GB/T 5009.74 的规定。

5.8 砷含量的测定

按 GB/T 5009.76 的规定。

6 典型气相色谱图

食品添加剂生姜(精)油(蒸馏)典型气相色谱图(面积归一化法)参见附录 A,它给出了用气相色谱法测定生姜(精)油(蒸馏)的操作条件和特征图谱,供生产者和使用者参考。

7 检验规则

7.1 食品添加剂生姜(精)油(蒸馏)应由生产厂质量检验部门负责检验,生产厂应保证出厂产品都符合本标准的要求,每批出厂产品都应附有质量合格证书。色状、香气、相对密度、折光指数、旋光度为出厂检验项目,而皂化值、重金属含量(以 Pb 计)、砷含量为型式检验项目,每年检验一次。

7.2 验收单位有权按照本标准的各项规定检验所收到的产品质量是否符合本标准的要求,每一批号作一次验收,不同批号分别验收。

7.3 抽样方法:每批的包装单位 1 个～2 个,全抽;3 个～100 个抽取 2 个;100 个以上增加部分再抽取 3%。用取样器从每个包装单位中均匀抽取试样 50 mL～100 mL,将所抽取的试样全部置于混样器内充分混匀,分别装入两个清洁干燥密闭的惰性容器中,避光保存。容器上贴标签,注明:生产厂名、产品名称、生产日期、批号、数量及取样日期,一瓶作检验用,另一瓶留存备查。

7.4 如验收结果中有一项指标不符合本标准要求时,可会同生产厂重新加倍抽取试样复验。如复验结果仍有指标不合格,则该批产品不能验收。

7.5 当供需双方对产品质量发生异议时,可由双方协议解决或由法定检验机构进行仲裁。

8 标志、包装、运输、贮存和保质期

8.1 标志

产品包装外应注明:"食品添加剂"字样、产品名称、生产厂名和地址、商标、批号、净含量、生产日期和保质期、许可证号、标准编号及相关标志,并应符合有关部门的规定。顾客如有特殊要求,可与生产厂另订协议。

8.2 包装

食品添加剂生姜(精)油(蒸馏)应装于清洁无杂味的食品级内塑复合桶或铝桶内,或按顾客要求包装。

8.3 运输

在运输过程中应轻装轻卸，防止日晒雨淋，不得与有毒、有害物质混装、混运，并应符合有关部门的规定。

8.4 贮存

产品应贮存在阴凉、干燥、通风的仓库内，避免杂气污染，远离火源。

8.5 保质期

在符合规定的贮运条件、包装完整、未经启封的情况下，产品保质期为一年。

附　录　A
（资料性附录）
食品添加剂生姜（精）油（蒸馏）典型气相色谱图
（面积归一化法）

A.1　食品添加剂生姜（精）油（蒸馏）典型气相色谱图

见图 A.1。

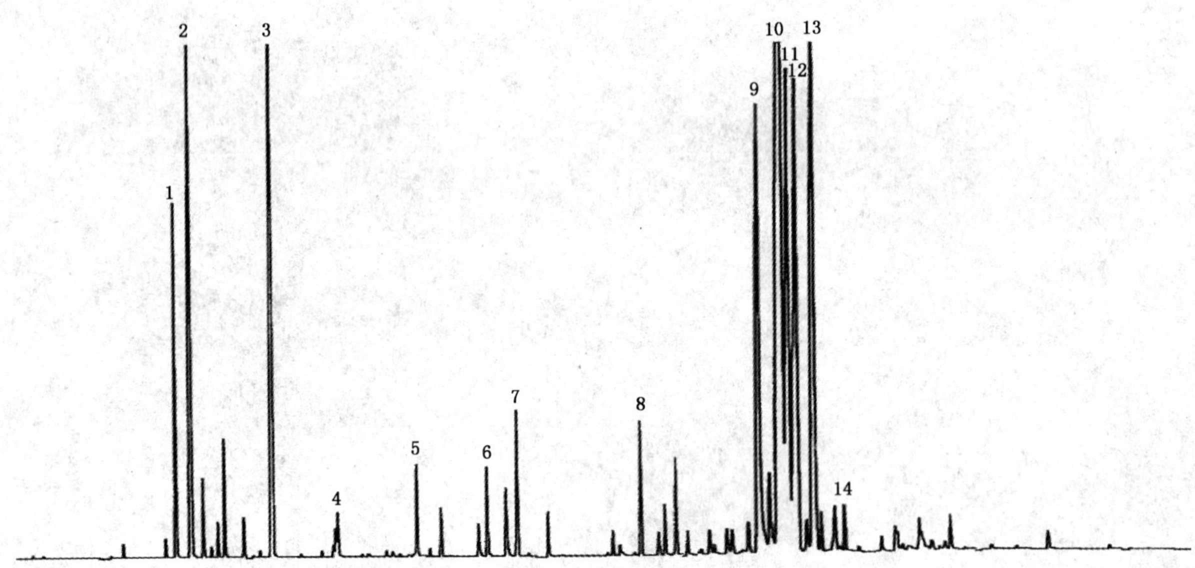

1——α-蒎烯；
2——莰烯；
3——苧烯+1,8-桉叶素；
4——芳樟醇；
5——龙脑；
6——橙花醛；
7——香叶醛；
8——乙酸香叶酯；
9——芳姜黄烯；
10——姜烯；
11——α-金合欢烯；
12——β-红没药烯；
13——β-倍半水芹烯；
14——橙花叔醇。

图 A.1

A.2 操作条件

柱：长 60 m、内径约 0.25 mm 的毛细管柱。

固定相：聚二甲基硅氧烷[DB-1]。

膜厚：0.25 μm。

色谱炉温度：80 ℃恒温 3 min，然后线性程序升温从 80 ℃至 230 ℃，速率 3 ℃/min，最后在 230 ℃恒温 20 min。

进样口温度：250 ℃。

检测器温度：250 ℃。

检测器：火焰离子化检测器。

载气：氮气。

载气流速：1.5 mL/min。

进样量：约 0.2 μL。

分流比：1/100。

ICS 01.040.71;71.040.50
G 04

中华人民共和国国家标准

GB/T 8322—2008
代替 GB/T 8322—1987

分子吸收光谱法　术语

Molecular absorption spectrometry—Terminology

(ISO 6286:1982,Molecular absorption spectrometry—Vocabulary—General—Apparatus,NEQ)

2008-06-18 发布　　2009-02-01 实施

中华人民共和国国家质量监督检验检疫总局
中国国家标准化管理委员会　发布

前言

本标准与 ISO 6286:1982《分子吸收光谱法　词汇　概述　仪器》(英文版)的一致性程度为非等效。

本标准代替 GB/T 8322—1987《分子吸收光谱法术语》。

本标准与 GB/T 8322—1987 相比,主要技术差异有:

——增加了以下术语:频率(2.5)、氙灯(5.1.2)、卤钨灯(5.1.4)、滤光片(5.2.2)、热电释检测器(5.4.7)、碲镉汞检测器(5.4.8)、双波长分子吸收光谱仪(6.6)、仪器的抗偏差性(7.1.6)和[光栅波长选择器的]输出功率(7.2.13);

——术语用“工作范围”代替“测量范围”(前版 6.1.3,本版 7.1.3)、用“通带”代替“带通”(前版 6.2.1,本版 7.2.1);

——符号增加了 ν。

本标准由中国石油和化学工业协会提出。

本标准由全国化学标准化技术委员会归口。

本标准起草单位:中国检验检疫科学研究院、中化化工标准化研究所。

本标准主要起草人:孙鑫、陈会明、魏静、王琳。

本标准所代替标准的历次版本发布情况为:

——GB/T 8322—1987。

分子吸收光谱法　术语

1　范围

本标准规定了分子吸收光谱法的术语。

本标准适用于分子吸收光谱法。

2　有关物质的辐射和光学性能的术语

2.1

电磁辐射　electromagnetic radiation

属于电磁波领域内的能量传播。按波长分类有如下数种：

电磁波	波长，单位为纳米(nm)
γ射线	5×10^{-4}～0.014
硬X射线	0.014～0.14
软X射线	0.14～10
远紫外光	10～200
紫外光	200～380
可见光	380～780
近红外光	780～3 000
中红外光	3×10^3～3×10^4
远红外光	3×10^4～3×10^5
微波	3×10^5～10^9

2.2

光　light

电磁辐射。

2.3

波长 λ　wavelength

在周期波传播方向上，相邻两波同相位点间的距离。为了方便起见，通常在波形的极大值或极小值处进行测量。见图1。

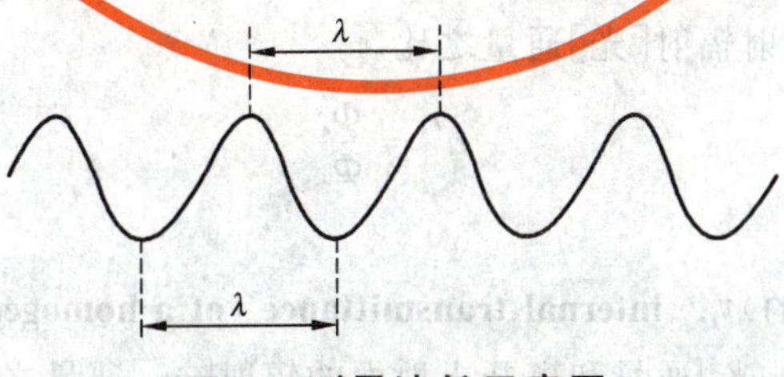

图 1　测量波长示意图

注1：红外线波长单位可用 μm(微米)。

注2：介质中的波长等于真空中的波长除以介质的折射率。若没有说明，一般指的是真空中波长。

2.4

波数 σ　wave number

每厘米中所含波的数目，即等于波长的倒数。单位：厘米$^{-1}$(cm^{-1})

2.5

频率 ν frequency

单位时间内电磁辐射振动周数。单位:赫兹(Hz)

2.6

入射辐射[光]通量 Φ_0 incident flux

射到介质表面的辐射[光]通量。单位:瓦[特](W)

2.7

透射辐射[光]通量 Φ_{tr} transmitted flux

从介质内部出射的辐射[光]通量。单位:瓦[特](W)

2.8

透射 transmission

能保持波长不变地穿过介质的辐射现象。

2.9

透射比 τ transmittance

透射辐射[光]通量和入射辐射[光]通量之比。

$$\tau = \frac{\Phi_{tr}}{\Phi_0}$$

2.10

吸光度 A absorbance

透射比倒数的对数(以 10 为底)。

$$A = \lg \frac{1}{\tau}$$

2.11

净吸收辐射[光]通量 Φ_a absorbed flux without phenomena other than absorption

入射辐射[光]通量与透射辐射[光]通量之差。单位:瓦[特](W)

$$\Phi_a = \Phi_0 - \Phi_{tr}$$

2.12

吸收 absorption

辐射能与物质作用时,所发生的辐射能减少并使物质内能增加的过程。

2.13

吸收比 a' absorptance

净吸收辐射[光]通量和入射辐射[光]通量之比。

$$a' = \frac{\Phi_a}{\Phi_0}$$

2.14

内透射比(均匀非散射层的)τ_i internal transmittance (of a homogenous nondiffusing layer)

到达介质的出射面的辐射[光]通量和离开入射面的辐射[光]通量之比。

2.15

内吸光度 A_i internal absorbance

内透射比倒数的对数(以 10 为底)。

$$A_i = \lg \frac{1}{\tau_i}$$

2.16

内吸收比(均匀非散射层的)$a_1{}'$ internal absorptance (of a homogenous nondiffusing layer)

吸收层和入射面和出射面之间净吸收的辐射[光]通量与离开入射面的辐射[光]通量之比。

3 有关分子吸收光谱法的术语

3.1

厚度 L thickness

吸收池的两个平行且透光的内表平面之间的距离。单位:毫米 (mm)或厘米 (cm)

注:当辐射以垂直入射时,厚度与光路长度两术语同义。

3.2

光路长度 b optical path length

光通过吸收池内物质的入射面和出射面之间的路程。

注1:当辐射以垂直入射时,厚度与光路长度两术语同义。

注2:吸收物质的折射率与光路长度的乘积为光程。

3.3

参比辐射[光]通量 Φ_r reference flux

单色辐射[光]通过参比物质,并到达检测器的辐射[光]通量。单位:瓦[特](W)

3.4

试样辐射[光]通量 Φ_s sample flux

单色辐射[光]通过待测物质,并到达检测器的辐射[光]通量。单位:瓦[特](W)

3.5

百分透射率 τ' percentage transmittance

试样辐射[光]通量与参比辐射[光]通量之比,用百分率表示。

$$\tau' = \frac{\Phi_s}{\Phi_r} \times 100\%$$

3.6

部分吸光度 A_p partial internal absorbance

由被测物质中部分组分引起的内吸光度,实质上是指该物质内吸光度 A_s 与参比物质内吸光度 A_r 之差。

$$A_p = A_s - A_r = \log \frac{\Phi_r}{\Phi_s}$$

3.7

特征部分内吸光度 A_c characteristic partial internal absobance

由物质中某一种组分引起的部分内吸光度。

$$A_c = \log \frac{\Phi_r}{\Phi_s}$$

3.8

浓度 concentration

溶质的量和溶液体积之比。

3.9

质量浓度 ρ mass concentration

溶质的质量和溶液体积之比。单位:千克每立方米 (kg/m^3)或克每升(g/L)

3.10

物质的量浓度 c_B amount-of-substance concentration

溶质的物质的量和溶液体积之比。单位:摩尔每升 (mol/L)

3.11

特征部分内吸收系数 characteristic partial internal absorbance coefficient

被溶解的待测物质在单位浓度、单位厚度时的特征吸光度。

按照使用浓度单位的不同,可有质量吸收系数和摩尔吸收系数之分。

注:一般使用的浓度通常是被测的元素或分子的浓度。

3.12

质量吸收系数 a specific mass absorbance coefficient

厚度以厘米表示、浓度以克/升表示的吸收系数。单位:升每厘米克 (L/cm·g)

$$a = \frac{A_c}{L_\rho}$$

3.13

摩尔吸收系数 ε specific molar absorbance coefficient

厚度以厘米表示、浓度以摩尔/升表示的吸收系数。单位:升每厘米摩尔 (L/cm·mol)

$$\varepsilon = \frac{A_c}{L_C}$$

3.14

等吸光度点 isosbestic point

在某波长处,可以相互转化的两种物质的吸收系数相等或同浓度下吸光度相等。

3.15

等吸收点 isosbsorptive point

在某波长处,两种或两种以上物质的吸收系数相等或同浓度下吸光度相等。

4 关于分子吸收光谱法中应用的几个定律

4.1

朗伯-波格定律 lambert-Bouguer's law

一束辐射(光)通量为 Φ_0 的平行单色辐射,垂直入射,通过吸收介质,若该吸介质的表面是互为平行的平面,且它内部是各向同性的、均匀的、不发光、不散射的,则透射辐射(光)通 Φ_{tr} 随吸收介质的光路长度 b 的增加按指数减少。并由下列方程表示:

$$\Phi_{tr} = \Phi_0 \cdot e^{-kb}$$

式中:

Φ_{tr}——透射辐射(光)通量(下同);

Φ_0——入射辐射(光)通量(下同);

b——光路长度(下同);

e——自然对数的底(下同);

k——线性吸收系数(下同)。

4.2

比尔定律 Beer's law

一束平行单色辐射,垂直入射,通过一定光路长度的吸收介质,它的透射辐射(光)通量随介质中吸收物质浓度的增加而按指数减少。并由下列方程表示:

$$\Phi_{tr} = \Phi_0 \cdot e^{-k_m \rho}$$

$$或\ \Phi_{tr} = \Phi \cdot e^{-k_\varepsilon c}$$

式中：

k_m 和 k_ε——质量线性吸收系数和摩尔线性吸收系数，在给定的条件下是常数；

ρ——质量浓度；

c——物质的量浓度。

4.3

朗伯-波格和比尔定律的加和性　additive nature of the laws of Lambert-Bouguer and Beer

一束平行单色辐射，垂直入射，通过几种彼此不起反应的物质所组成的吸收介质时，若该吸收介质的入射、出射面是互为平行的平面，且它内部是各向同性的、均匀的、不发光、不散射的，则该吸收介质总的吸光度等于几种特征吸光度的总和。

4.4

通用吸收定律　general absorbance law

将朗伯-波格和比尔两定律合并为通用吸收定律，以如下单一方程式表示：

$$\Phi_{tr} = \Phi_0 10^{-a \cdot b \cdot \rho}$$

$$或\ \Phi_{tr} = \Phi_0 10^{-\varepsilon \cdot b \cdot c}$$

式中：

a——质量吸收系数，在给定试验条件下为常数；

ε——摩尔吸收系数，在给定试验条件下为常数。

5　有关分子吸收光谱仪器的专用器件及其功能的术语

5.1

辐射源　source of radiation

能发射所需波长范围的辐射的器件。

按其产生的发射光谱，可分为：不同宽度的谱带或谱线的光谱；连续或不连续的光谱等类型。

例如，钨丝灯能在可见和近红外区产生连续光谱，氢灯、氙灯能在紫外区产生连续光谱，金属蒸气灯（Hg、Na、Cd 等）在一定条件下，能产生线光谱。

5.1.1

氢灯　hydrogen lamp

用热阴极在氢气中进行直流放电（几千伏）以产生紫外线的辐射源。

注：它能辐射出 165 nm～350 nm 范围内的连续光谱。由于受石英窗吸收的限制，通常波长有效范围为 200 nm～350 nm。如果用氘或氚代替氢，灯的辐射强度可以提高很多。

5.1.2

氙灯　xenon lamp

利用氙的放电现象制作的灯。

注：发出的光与太阳光很相似，为连续光谱，紫外线很强。

5.1.3

钨丝灯　tungsten filament lamp

用加热玻璃泡中的钨丝以产生可见和近红外线的辐射源。

注：能辐射出波长为 325 nm～2 500 nm 范围内的连续光谱。

5.1.4

卤钨灯　tungsten halogen lamp

在钨丝灯中加入适量卤素或卤化物。

注：卤钨灯的发光效率比钨丝灯高、寿命也长。

5.1.5

汞灯 mercury lamp

用电激发汞蒸气产生紫外、可见和红外线的辐射源。其辐射是线光谱。

根据汞蒸气压的不同，汞灯可分为：

a) 低压汞灯：汞蒸气压为 1.3 Pa～130 Pa 的汞灯。最强辐射线的波长为 253.7 nm；

b) 高压汞灯：汞蒸气压为十万至数十万帕[斯卡]（即一至数个大气压）的汞灯。最强辐射线的波长为 546 nm 和 570 nm 等线；

c) 超高压汞灯：汞蒸气压为数十万至数百万帕[斯卡]（即数个大气压至数百个大气压）的汞灯。能产生远红外区的辐射线。

5.1.6

能斯特光源 Nernst glower

用电加热空心小棒以产生红外线的辐射源。这种空心小棒是由锆和钇（或铈）的混合氧化物，并参杂少量氧化钍核氧化铈烧结而成。加热至 1 800 ℃左右即发光。

注：特点是寿命长（可用半年至一年以上），不需冷却，体积小（直径约 1 mm），效率高。缺点是由于它在温室时是非导体，应预热至 800 ℃以上，才能通电升温。

5.1.7

硅碳棒 globar

通电能产生红外线而作为辐射源的碳化硅棒。

注：特点是辐射能量比较均匀。缺点是效率低，使用寿命短，用时需冷却。

5.1.8

镍铬丝螺管 nichrome wire coil

由镍铬丝绕成的螺旋管，通电能产生红外线的辐射源。

注：特点是具有高稳定性，使用寿命长（较低温度下工作可达几年），且不需冷却。缺点是辐射能量不均匀（这可用外套陶瓷管来弥补）。

5.1.9

激光源 laser source

利用受激辐射放大电磁波的原理，在可见光、红外及紫外区产生激光辐射的辐射源。亮度极高、单色性、方向性和相干性很好。

5.1.10

可调谐激光源 tunable laser source

波长可调谐的激光辐射源。

注：产生的辐射具有宽波段、高稳定性、锐谱线、高强度及连续输出的特点。

5.2

波长选择器 wavelength selector

能从辐射源辐射线中，分离出一定波长范围谱线的器件。

按其使用方法可分为固定通带选择器和连续变化波长选择器。

5.2.1

固定通带选择器 fixed pass band selector

一种最简单的波长选择器，每一缕光片对应一定通带。如果把不同滤光片依次放入光路，则能依次选择出所需波长的谱带。

按滤光原理不同，可分为吸收滤光片和干涉滤光片。

5.2.2

滤光片 filter

固定通带选择器的通称。

5.2.2.1

吸收滤光片　absorbing filter

基于对辐射能选择吸收,从而获得一定波长范围的器件。

5.2.2.2

干涉滤光片　interference filter

基于对辐射的干涉作用,从而产生窄通带的器件。

5.2.3

连续变化波长选择器　selector for continuous variation of wavelength

能连续地色散、分割各种不同波长的分光器件。

按色散、分割原理的不同,可分为棱镜、光栅和可调节的干涉滤光片。

5.2.3.1

棱镜　prism

基于对不同波长的辐射具有不同的折射率,而使辐射产生色散的元件。

5.2.3.2

光栅　grating

基于对辐射的衍射作用,使辐射产生色散的元件。

5.3

吸收池　absorption cell

盛放待测流体(液体、气体)试样的容器。该容器应具有两面互相平行、透光且有精确厚度的平面。它借助机械操作能把待测试样间断或连续地送到光路中,以便吸收测量的辐射(光)通量。

按其材质可分:

a) 玻璃吸收池:用于可见及近红外波长范围的测定;

b) 石英吸收池:用于紫外、可见及近红外波长范围的测定;

c) 塑料吸收池:用于红外波长范围的测定;

d) 盐类吸收池:用于红外波长范围的测定。

根据它的透光的波长范围、透光能力、机械强度与加工性能、毒性,以及对热、光、水和化学物质的稳定性等可分为如表1所列的几种。

表1　盐类吸收池的分类

名称	分子式	使用波数范围/cm^{-1}	折射率	备注
氯化钠	NaCl	4 000～625	1.53	溶于水、硬,但容易加工抛光
溴化钾	KBr	4 000～400	1.54	易溶于水、氯化钠软、容易加工抛光
氟化钙	CaF_2	4 000～1 000	1.42	耐水、溶于铵盐、硬
氟化钡	BaF_2	4 000～750	1.46	同氟化钙
碘化铯	CsI	4 000～180	1.75	易溶于水、软
Irtran-2	多晶 ZnS	4 000～700	2.26	在100 ℃热水中7 h无变化
氯化银	AgCl	4 000～450	2.01	耐水、软、怕光,易与金属反应
溴-碘化铊(KRS-5)	TlBr/TlI	4 000～250	2.41	耐水、有毒、溶于碱、不溶于酸
Infrasil	SiO_2	4 000～2 850	1.45	耐水、硬

按几何形状可分为以下几种类型:

a) 矩形吸收池(带盖适用于挥发性试样);

b) 另有微型吸收池；

c) 流动吸收池；

d) 多次反射式吸收池。

5.3.1

微型吸收池 microcell

容积小而“厚度和体积之比(L/N)”比常规吸收池大得多的吸收池。

5.3.2

流动吸收池 flowcell

能自动或半自动吸入流体试样的吸收池。可供连续分析试样只用。见图2。

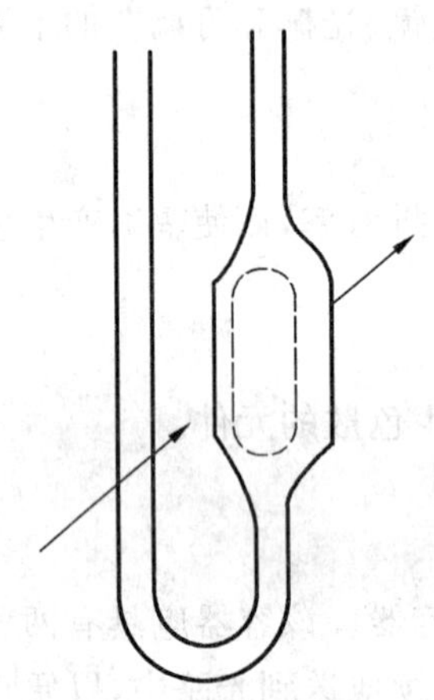

图2 流动吸收池示意图

5.3.3

多次反射吸收池 multiple-reflectance cell

池壁上装有反射镜的，能使谱线进行多次反射的吸收池。其多次反射的光路长度之和称为有效光路长度。见图3。

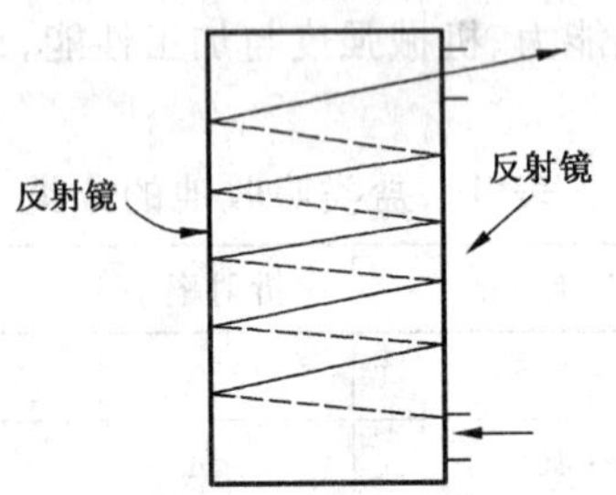

图3 多次反射吸收池示意图

5.4

检测器 detector

能把辐射信号转变为电信号的器件。

检测器有热检测器和光检测器两大类。根据其呈现的现象和使用波长范围有：光电发射管、光导管、光电池、热电偶、热敏电阻、高莱池、热电释检测器、碲镉汞检测器(MCT 检测器)等。

5.4.1

光电发射管 photoemissive cell

包括有：真空光电发射管、充气光电发射管和光电倍增管等。

注：其可用的波长范围受阴极材质特性限制，一般在 200 nm～1 000 nm 之间，但通常适用范围在 200 nm～500 nm 之间。

5.4.2

光导管 photoconductive cell

导电性能随辐射强度的不同而变化的元件。

注：其适用波长范围在700 nm以上。

5.4.3

光电池 photovoltaic cell

由金属(如金、铂等)和半导体材料(如硒或硅等)组成。在辐照下，金属-半导体界面上的电子获得释放而产生电流，其电流大小随辐射强度不同而异。

5.4.4

热电偶 thermocouple

由两种温差电势不同的金属材料(如铋、锑)组成。为了避免对流和热传导的影响，一般把它封于真空管中。它产生的电势是随照射在这两种不同金属构成的接点上的辐射强度不同而异。

注：适用的波长范围广，寿命长，较多用于中程或外光谱分析中。缺点是时间常数较大。

5.4.5

热敏电阻 thermistor

由阻值随温度的升高而降低的半导体组成。照射在它表面上的辐射强度不同，引起温度的变化而改变其阻值。

注：通常用于红外光谱分析。

5.4.6

高莱池 Golay cell

由少量气体密封在小气室内构成，该小气室的一面壁是镀锑的火棉胶膜，另一面壁是柔韧的、镀有反射铝面的火棉胶反射镜。膜吸收辐射以后使小气室中的气体受热膨胀，而引起小反射镜位移。另有一套包括可见光源、聚焦透镜及光电管的辅助光学系统，使可见光照射到反射镜上，并反射至光电管。由于反射镜的位移，导致辐射在光电管上的光强度改变，光电流的强弱和辐射强度成正比。

注：其优点灵敏度较高，使用红外波长范围较广，线性关系好，时间常数较小。缺点是镀铝火棉胶易老化。它适用于远红外光谱分析。

5.4.7

热电释检测器 pyroelectric detector

利用硫酸三甘氨酸酯(TGS)、氘代硫酸三甘氨酸酯(DTGS)、铌酸锂($LiNbO_3$)、钽酸锂($LiTaO_3$)等热电晶体受到红外光照射时晶体表面电荷分布发生变化将它们放入两块金属之间形成一个温敏电容，测量红外辐射功率。

5.4.8

碲镉汞检测器 mercury cadmium telluride detector

由宽频带的半导体碲化镉和半金属化合物碲化汞混合做成的，改变其中各成分的比例，可以获得对测量不同波段的灵敏度各异的各种MCT检测器。MCT元件受红外辐射照射后，导电性能发生变化，从而产生检测信号。

注：这种检测器灵敏度高于TGS约10倍，响应速度快，适于快速扫描测量和气相色谱-傅立叶变换红外光谱联机检测。MCT检测器需在液氮温度下工作。

5.5

放大器 amplifier

能把检测器输出的微弱信号放大的器件。

可分直流和交流两种。使用交流放大器时，检测器所接收的辐射束应经调制。调制可以通过机械的、电的、电动的或其他地装置来实施。

5.6

指示器　indicator device

能将放大器放大后的电信号转变为用白分透射率或单位吸光度显示的器件，按结构可分模拟指示器与数字型指示器两类。

5.6.1

模拟指示器　analogue indicator

带有光点或针型的指示装置和度盘组成的器件。

5.6.2

数字型指示器　digital indicator

以数字显示(如数码管、发光二极管和液晶显示管等)的器件。现代生产的仪器具有对数转换、自动调零、曲线校直、浓度直读、标尺扩展、自动增益等性能，并附有记录器、打印机、自动进样器及计算机等装置。

6　有关分子吸收光谱仪基本类型的术语

6.1

分子吸收光谱仪　molecular absorption spectrometer

测量介质对不同波长单色辐射的吸收程度的精密仪器。一般由以下部件组成：辐射源、波长选择器、吸收池、检测器和测量系统。专为测定介质的吸光度或百分透射率而设计。

按其器件差异可分为：连续变化与不连续变化选择器的光谱仪，双光束与单光束光谱仪，补偿式光谱仪和直读式光谱仪等。

6.2

连续变化选择器的分子吸收光谱仪　molecular absorption spectrometer with selector for continuous variation

由产生连续谱线的辐射源和连续变化的波长选择器组成，波长能连续变化的分子吸收光谱仪。

6.3

不连续变化选择器的分子吸收光谱仪　molecular absorption spectrometer with selector for discontinuous variation

波长不能连续变化的分子吸收光谱仪。

按不连续光谱的来源，可分为线型分子吸收光谱仪、吸收滤光片分子吸收光谱仪和干涉光片分子吸收光谱仪等。

6.3.1

线型分子吸收光谱仪　line-spectrum molecular absorption spectrometer

采用线光谱辐射源的分子吸收光谱仪。

6.3.2

吸收滤光片分子吸收光谱仪和干涉滤光片分子吸收光谱仪　absorption filter molecular absorption spectrometer and interference filter molecular absoption spectrometer

分别利用吸收滤光片和干涉滤光片的波长选择器获得单色辐射进行测量的分子吸收光谱仪。

6.4

双光束分子吸收光谱仪　double-beam molecular absorption spectrometer

采用双辐射束进行测量的分子吸收光谱仪。

这类仪器使来自同一辐射源的辐射，经波长选择器后，获得的两束同波长的单色辐射，分别通过参比物质和试样，然后进入两个检测器或单个检测器，同时测量比较参比辐射通量和试样辐射通量的仪器。

6.5

单光束分子吸收光谱仪　single-beam molecular absorption spectrometer

采用单辐射束进行测量的分子吸收光谱仪。

这类仪器使一束单色辐射通过参比物质或试样,进入检测器测得它们的辐射通量。

6.6

双波长分子吸收光谱仪　double-wavelength molecular absorption spectrometer

采用双波长辐射束进行测量的分子吸收光谱仪。

这类仪器同时提供两种不同波长的单色光,经切光器后,这两束光被分时交替照射于同一样品池,然后由检测器测量和记录样品溶液对波长 λ_1 和 λ_2 两条光束的吸收差 ΔA,ΔA 则和被测组分的浓度成正比。用双波长法测量,可消除两个液池不匹配和参比及样品溶液组成不一致而引起的误差,还可进行混浊样品和混合组分分析,以及导数光谱测定。

6.7

补偿式分子吸收光谱仪或零点平衡式分子吸收光谱仪　compensation molecular absorption spectrometer or null-point molecular absorption spectrometer

基于吸收介质进入光路后引起测量系统的不平衡,采用光的、机械的或电的作用,使这种不平衡得以补偿而进行测量的仪器。

6.8

直读式分子吸收光谱仪　direct-reading molecular absorption spectrometer

直接进行测量,而不应任何补偿系统的分子吸收光谱仪。

注:某些直读式仪器具有部分补偿,是为了扩大其测量范围。

6.9

傅里叶变换分子吸收光谱仪　Fourier transform molecular absorption spectrometer

利用干涉方法并经傅里叶变换而获得的分子吸收光谱仪。

7　有关仪器特征及性能的术语

7.1　特征及一般性能

7.1.1

光谱范围　spectral range

仪器能测量光谱的波长范围,主要取决于辐射源、波长选择器和检测器。

光谱范围是由能测量的光谱波长的上下极限所确定,并以纳米表示。

7.1.2

有效光谱范围　effective spectral range

在规定的不确定度范围内,仪器能进行测量的光谱范围。

7.1.3

工作范围　working range

仪器能按规定的准确度和精密度进行测量的吸光度或强度的范围。在不同光谱区域,工作范围是不同的。

7.1.4

仪器的准确度　accuracy of the instrument

在不考虑随即误差的情况下,仪器给出的读数与被测量的真值相一致的能力。

用系统误差表示,即用同一仪器对同一被测量值进行一系列连续测定,仪器所给出的读数的算术平均值与被测量的真值或规定值之间的差值表示。

系统误差的确定可用已知准确吸光度的标准物质(尽可能严格限于一种标准滤光片或置于吸收池内的标准溶液),在一定波长下,进行多次测定而获得。例如对可见光可用灰色玻璃滤光片;钴、铜、硒的玻璃滤光片,或硫酸铜、硫酸钴或重铬酸钾等溶液;对紫外线可用萘的乙醇溶液、苯二甲酸氢钾溶液。

仪器的准确度取决于辐射(光)束的光谱纯度和测量系统的线性响应。

7.1.5

仪器的不确定度　inaccuracy of the instrument

仪器给出的读数接近真值的能力。是仪器的综合性的特性指标。用系统误差与随机误差组成的综合误差表示。在正常使用仪器情况下,能影响实验结果。可随波长、吸光度或百分透射率以及通带宽度等因素的不同而变化。

7.1.6

仪器的抗偏差性　freedom from bias of the equipment

在不考虑重复性误差的情况下,仪器给出的读数与被测量真值相一致的能力。仪器的抗偏差性是指仪器所给出的结果不受系统误差影响的能力。它用系统偏差来表示,即对某一个量用同一仪器进行一系列连续测定过程中所得读数的算术平均值与被测量真值或公认值之间的差。

7.1.7

仪器的重复性　repeatability of the instrument

在不考虑系统误差的情况下,仪器对同一被测量值进行多次测定所给出一系列读数之间一致性的能力。

它用随机误差表示,即对同一吸收池、同一样品,在尽可能短时间内完成一系列测定而得到结果之间一致的程度(即精密度)。这种一致的程度通常用十次重复测定结果的标准差表示。

仪器重复性的确定可用对滤光片或溶液的测定而获得。滤光片或溶液在测量过程中应有稳定的吸光度。

仪器的重复性是随随机误差的减少而提高。

7.1.8

仪器的稳定性　stability of the instrument

仪器随时间变化保持它的精密度的能力。

稳定性的主要指标是仪器的漂移。它是用对零吸光度或恒定吸光度的读数随时间的变化表示。

7.1.9

仪器的可靠性　reliability of the instrument

仪器保持其所有性能(准确度、精密度和稳定性)的能力。

7.2　仪器部件的特征和性能的术语

7.2.1

通带　bandpass

辐射选择器从给定光源中分离出的在某标称波长或频率处的辐射范围。

7.2.2

光谱带宽　spectral bandwidth

除非另有说明,光谱带宽用通带曲线上高度(光谱强度)的二分之一处的宽度表示,一般是参照通带轮廓而定义得,如同谱线半强宽度是参照发射谱线轮廓而定义的一样。

注1:带有连续变化的波长选择器的通带曲线一般是正态分布曲线。

注2:一台光栅光谱仪的光谱带宽,理论上等于出口狭缝宽度(以毫米计)乘以光谱的倒线色散率。

7.2.3

线色散率　linear dispersion

在光谱仪焦面上两条谱线间的距离 Δx 与其波长差值 $\Delta\lambda$ 的比值。用$\frac{\Delta x}{\Delta\lambda}$表示。单位:毫米每纳米(mm/nm)

7.2.4

倒线色散率 reciprocal linear dispersion

线色散率的倒数，即$\frac{\Delta\lambda}{\Delta x}$。单位：纳米每毫米(nm/mm)

7.2.5

杂散辐射 stray radiation

检测器在给定标称波长处所接收的辐射线中，夹杂有不属于入射辐射(光)束的或通带之外的辐射[光]线。

杂散辐射按其来源分为内杂散辐射与外杂散辐射，按其光谱的分布可分为同色杂散辐射与异色杂散辐射。

7.2.5.1

内杂散辐射 internal stray radiation

沿辐射通道(经选择器、狭缝、光阑、吸收池等)所发生的反射和散射，或在光栅选择器或干涉滤光片中存在不同级的光谱而引起的杂散辐射。

7.2.5.2

外杂散辐射 external stray radiation

外界环境的光线引起的杂散辐射。

7.2.5.3

同色杂散辐射 homochromatic stray radiation

光谱通带范围内的而不属于入射辐射[光]束而引起的杂散辐射。

7.2.5.4

异色杂散辐射 heterochromatic stray radiation

光谱通带范围外的、不属于入射辐射[光]束而引起的杂散辐射。

7.2.6

杂散辐射率 level of stray radiation

检测器接受的杂散辐射[光]通量和总辐射[光]通量之比。用百分率表示。

杂散辐射率能用通带滤光片进行测定。实际测量的只是能透过滤光片的、通带范围外的两端辐射线，而不是不能透过滤光片的、通带范围内的辐射线。

7.2.7

分辨率 resolution

仪器分开相邻的两条谱线的能力。

在定性上可用相邻的两条谱线中较弱的辐射[光]通量和两条谱线间最低的辐射[光]通量之比等于或大于2时，则认为是两条不同的谱线。

在定量上可用两条可区分的谱线波长平均值(λ)和它们的波长差(Δλ)之比$\left(\frac{\lambda}{\Delta\lambda}\right)$表示。

仪器分辨率可根据钠发射谱线589.0 nm和589.6 nm分开，或锰(七价)吸收峰在525 nm和545 nm处分开(峰之间最低处即峰谷为535 nm)，或钬盐(溶液或玻璃滤光片)吸收线的分开来确定。

7.2.8

波长定位的准确度 accuracy of the wavelength setting

不考虑随机误差的情况下，仪器提高辐射波长与标称波长相一致的能力。

用多次测定波长的算术平均值与波长标称值之间的差值表示。这一差值是随波长不同而变。

波长定位的准确度可由下列方法测定：

a) 对于发射谱线：借助于线光谱灯，例如紫外和可见光用汞灯；可见和近红外光用钠弧灯；

b） 对于吸收谱线：借助于钕、镨混合物或钬的氧化物滤光片或稀土元素的盐溶液或某些溶剂蒸气（如高纯度苯蒸气）。

7.2.9

波长定位的重复性 repeatability of wavelength setting

在不考虑波长定位的准确度情况下，对同一波长反复定位时，仪器给出的波长值间相互一致的能力。

7.2.10

响应时间 response time

当到达检测器的辐射强度改变时，检测器达到平衡状态所需的时间。

注：现代检测器的响应时间小于 0.03 s。

7.2.11

时间常数 time constant

当辐射中断时，检测器指示下降 63.2％所需的时间。它作为检测器响应快慢的指标。

7.2.12

光谱响应 spectral response

检测器对各个波长的入射辐射的响应。一般的光电检测器为选择性检测器，只对一定的光谱间隔内的辐射有响应。

7.2.13

［光栅波长选择器的］输出功率 output power [of a grating wavelength selecto]

光学系统在光谱中分出谱线时，以尽可能小的强度损失提供有用辐射光束的能力。如不考虑光栅波长选择器内透射和反射的损失，可用光栅面积（mm^2）除以倒线色散率（nm/mm）表示。

8 符号

本标准规定使用下列符号：

A——吸光度；

A_i——内吸光度；

A_p——部分内吸光度；

A_c——特征部分内吸光度；

b——光路长度；

c——物质的量浓度；单位为摩尔每升（mol/L）；

L——厚度；单位：毫米（mm）或厘米（cm）；

K——线性吸收系数；

K_m——质量线性吸收系数；

K_ε——摩尔线性吸收系数；

a——质量吸收系数；单位为升每厘米克［L/(cm·g)］；

a'——吸收比；

a_i'——内吸收比（均匀非散射层的）；

ε——摩尔吸收系数；单位为升每厘米摩尔［L/(cm·mol)］；

λ——波长；单位：纳米（nm）；

ν——频率，单位为赫兹（Hz）；

ρ——质量浓度，单位为千克每立方米（kg/m^3）或克每升（g/L）；

σ——波数，单位为厘米（cm^{-1}）；

τ——透射比；

τ_i——内透射比(均匀非散射层的);

τ'——百分透射率;

Φ——辐射[光]通量,单位为瓦[特](W);

Φ_0——入射辐射[光]通量,单位为瓦[特](W);

Φ_{tr}——透射辐射[光]通量,单位为瓦[特](W);

Φ_a——净吸收辐射[光]通量,单位为瓦[特](W);

Φ_r——参比辐射[光]通量,单位为瓦[特](W);

Φ_s——试样辐射[光]通量,单位为瓦[特](W)。

中 文 索 引

英 文 索 引

A

B

C

D

E

F

G

H

I

L

M

N

O

P

R

S

T

W

X

ICS 13.220.40
G 31

中华人民共和国国家标准

GB/T 8323.1—2008/ISO 5659-1:1996

塑料　烟生成
第1部分:烟密度试验方法导则

Plastic—Smoke generation—
Part 1:Guidance on optical-density testing

(ISO 5659-1:1996,IDT)

2008-12-30 发布　　　　2009-08-01 实施

中华人民共和国国家质量监督检验检疫总局
中国国家标准化管理委员会　发布

前　言

GB/T 8323—2008《塑料　烟生成》分为以下2个部分：

——第1部分：烟密度试验方法导则；

——第2部分：单室法测定烟密度试验方法。

本部分为GB/T 8323的第1部分，等同采用国际标准ISO 5659-1:1996《烟雾光密度试验方法导则》。为便于使用，作了部分编辑性修改：

——删除了ISO 5659-1:1996的前言；

——删除了ISO 5659-1:1996的第4章目的；

——将“ISO 5659的本部分”改为“GB/T 8323的本部分”；

——将标准中引用的国际标准替换为相应的国家标准；

——将一些适用于国际标准的表述改为适用于我国标准的表述；

——删除了ISO 5659-1:1996的附录B。

本部分的附录A为资料性附录。

本部分由中国石油和化学工业协会提出。

本部分由全国塑料标准化技术委员会塑料树脂通用方法和产品分会(SAC/TC 15/SC 4)归口。

本部分主要起草单位：中国石油化工股份有限公司齐鲁分公司研究院。

本部分主要起草人：孙祖德、李晶、苑东兴、彭伟红、王雪梅、苏旭。

塑料 烟生成
第1部分:烟密度试验方法导则

1 范围

GB/T 8323 的本部分适用于所有的塑料,也可以适用于其他材料的评估(如橡胶、纺织品覆盖物、涂漆面、木材和其他材料)。

本部分适用于测定塑料燃烧时所产生的烟雾光密度,并以最大光密度为试验结果。它仅用于评判在规定条件下塑料的发烟性能,不能评判实际使用时发烟的危害。

注:将来试验方法的发展可能使本标准范围扩展到包括其他烟雾试验(例如,动态法),本部分的范围也将相应扩展。

2 规范性引用文件

下列文件中的条款通过 GB/T 8323 的本部分的引用而成为本部分的条款。凡是注日期的引用文件,其随后所有的修改单(不包括勘误的内容)或修订版均不适用于本部分,然而,鼓励根据本部分达成协议的各方研究是否可使用这些文件的最新版本。凡是不注日期的引用文件,其最新版本适用于本部分。

GB/T 8323.2—2008 塑料 烟生成 第2部分:单室法测定烟密度试验方法(ISO 5659-2:2006, IDT)

ISO/IEC 导则 52:1990 火的术语和定义

ISO/TR 9122-1:1989 燃烧释放物的毒性试验——第1部分:总则

3 术语和定义

ISO/IEC 导则 52 确立的以及下列术语和定义适用于本部分:

3.1

质量光密度 *MOD* mass optical density *MOD*

在试验条件下根据质量损失来确定的烟雾的不透明度。

3.2

烟雾的光密度 *D* optical density of smoke *D*

表示烟雾的不透明度,简称烟密度;用相对透光率的负对数表示。

3.3

比光密度 D_s specific optical density D_s

光密度与一个因子的乘积,该因子由试验箱和试样尺寸计算得出。

3.4

燃烧模式 fire model

在规定条件下,试样热分解和/或燃烧的方式;该模式是指为得到用于评价的烟雾,试样燃烧所达到的阶段。

注:3.4 与燃烧行为数学模拟中所指的"燃烧模式(fire modelling)"不同。

3.5

燃烧情况 fire scenario

在实际燃烧中或在实际燃烧仿真试验中,对某确定阶段燃烧情况的详细描述。

4 燃烧情况和燃烧模式

经验证，燃烧产物的组成取决于燃烧材料的性质、燃烧温度和燃烧时的通风条件，特别是燃烧中心氧气的情况。用于燃烧环境分类以及实验室燃烧与实际燃烧环境对比的几个重要因素见表1。

表1 按ISO/TR 9122-1燃烧阶段的分类

燃烧室内的燃烧阶段	O_2[a] 体积分数/%	CO_2/CO[b] 体积比	基质温度/℃	辐射度/(kW/m)[b,c]
a) 无焰分解，起始阶段				
1) 无焰燃烧(自身维持)	21	无法得到	>100	无法得到
2) 无焰(氧化)	5～21	无法得到	>500	<25
3) 无焰(高温分解)	<5	无法得到	>1 000	无法得到
b) 有焰，发展阶段	10～15	100～200	400～600	20～40
c) 有焰，完全燃烧阶段				
1) 相对低的通风条件下	1～5	<10	600～900	40～70
2) 相对高的通风条件下	5～10	<100	600～1 200	50～150

[a] 燃烧气氛中的平均数。

[b] 假定均化后燃烧室中通常的环境条件(平均数)。

[c] 发生在曝露面上的热辐照(平均数)。

燃烧是一种复杂的并相互影响的物理和化学现象。因此，在实验仪器中模拟真实燃烧的所有情况是不可能的。燃烧模式的准确性是所有燃烧试验中最复杂的一个技术问题。

材料被点燃后，由于环境条件以及燃烧材料自身的特性不同，燃烧的发展情况也不同。在燃烧室内，可以对燃烧的发展情况建立一种通用的模式，在温度-时间曲线上显示为三个阶段，见图1。

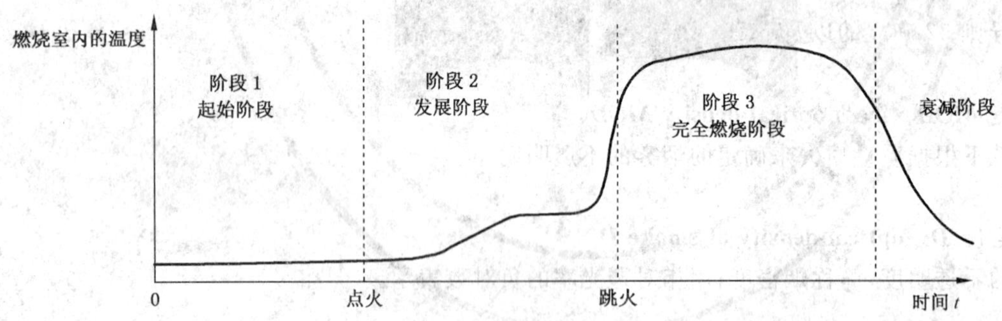

图1 燃烧室中不同的燃烧发展阶段示意图

阶段1是稳定燃烧前的起始阶段，燃烧室的温度略有上升。在该阶段点燃和产生烟雾是主要危害。

阶段2(发展阶段)由点燃开始，到燃烧室的温度成指数上升阶段结束。火焰的蔓延和热释放，以及产生的烟雾是这一阶段的主要危害。

阶段3(完全燃烧阶段)当燃烧室的所有易燃物的表面开始分解且出现突然着火且蔓延到整个燃烧室内，并伴随温度快速升高(跳火)。

当阶段3结束时，易燃物和/或氧气已被大量消耗，温度下降的速率由系统的通风及热质传递性能决定。

每一个阶段可形成不同的分解产物混合物，并影响该阶段的烟密度。另外，还需要提供燃烧情况的信息,特别是相关的热流条件,氧气含量和排烟设备。

5 原理

5.1 GB/T 8323.2—2008 的测量原理是通过光学系统测定烟雾的透光量占初始透光量的分数(或百分数)来表示烟密度。对试样暴露的每种方式(即辐射度为 25 kW/m^2 的有焰方式或辐射度为 25 kW/m^2 的无焰方式),通常用透光量的最小百分数计算最大比光密度。在测试材料的点燃性能时,样品暴露条件的选择十分重要,样品的发烟量根据试样有焰燃烧或无焰燃烧而发生变化(见 6.2)。

5.2 根据 Bouguer 光衰减定律使用最大比光密度作为测量烟密度的单位,见式(1):

$$T = T_0 e^{-\sigma L} \qquad (1)$$

式中:

T——透光率;

T_0——初始的透过光(100);

σ——衰减系数;

L——光路长度,单位为米(m);

e——自然对数的底。

对于单分散性的悬浮微粒,衰减系数 σ 与粒子大小和粒子数量成正比。如果定义 lg(100/T)为光密度 D,则:

$$D = \lg(100/T) \qquad (2)$$

因此

$$D = \sigma L/230\ 3 \qquad (3)$$

燃烧产生的烟通常不具有单分散悬浮微粒的全部特性,但为了工程的需要,光密度可以被粗略地认为与生成的烟粒子成比例。因此可以通过一个系数来计算比光密度 D_s,见式(4):

$$D_s = \left(\frac{V}{AL}\right)D \qquad (4)$$

因此

$$D_s = \left(\frac{V}{AL}\right)\lg(100/T) \qquad (5)$$

式中:

V——燃烧室的体积,单位为立方米(m^3);

A——试样的暴露面积,单位为平方米(m^2);

L——光路长度,单位为米(m)。

对于 GB/T 8323.2—2008 中的单燃烧室,$V/AL=132$。

注:在某些试验方法中,仅简单的用透光率来表示发烟量。使用上述方法的问题在于使用人员并不了解烟雾中悬浮微粒的特性,并假设透光率(百分数)与生成的烟粒子数呈线性倒数关系。因此,错误地认为当发烟量增加两倍时,透光率将减半。

5.3 由比光密度的概念可知,烟雾的发展情况与试样的面积,烟箱的体积和光度计的光路有关。比光密度是无量纲的,它的值与试样厚度相关。因此当引用比光密度时,应指明试样的厚度。

5.4 根据质量损失来确定的烟雾的不透明度称为质量光密度(MOD)。MOD 可以按 GB/T 8323.2—2008 使用带称量单元的单室光密度仪测定。即在试验中测定样品的质量损失。质量光密度(MOD)由式(6)给出:

$$MOD = \frac{D}{L} \times \frac{V}{\Delta m} \qquad (6)$$

式中:

Δm——试样的质量损失,单位为克(g)。

5.5 在GB/T 8323.2—2008中，测量的是试样暴露于锥型辐射炉10 min的透光率。对于测定发烟速率，这段时间已足够长。在GB/T 8323.2—2008中并没有要求记录燃烧达到的最大烟密度。某些试样在D_s/t曲线中显示出一个峰值，在10 min的暴露期间内峰值后的烟密度可能会减小。某些样品在10 min的暴露期间内其烟密度可能显示为持续增加，或达到一个最大值并保持这一水平直到10 min结束。

烟雾形成的早期阶段对人的生命威胁最大，并且考虑到试验的经济性，以及为了提高数据的重复性，需对多个试样进行重复测试，因此GB/T 8323.2—2008要求测定10 min内获得的D_{s10}。如果要得到D_{smax}，可以根据实验室的需要延长暴露时间，但是在进行对比试验时，暴露时间应保持一致。并记录在试验报告中。

5.6 在GB/T 8323.2—2008中，随样品的厚度增加，测得的D_s值也增加。进行数据比较时，应保证不同材料试样的厚度相同。由于对某些材料来讲不可能总能得到相同的厚度，并且某些材料需在其最终使用厚度时评价其烟密度，因此，在引用这些材料的试验结果时，应指明试样的厚度。对于固有发烟材料，推荐试样的厚度约为1 mm，这样可以避免在烟箱内部烟达到饱和状态，同时避免氧气消耗过多。

另外，对于高发烟材料，推荐试验在规定的10 min之前停止；如果试验在10 min前停止，其结果将被报告为$D_s t$，这里的t是试验从零时达到形成被测烟雾的时间。

6 影响烟形成的因素

6.1 概述

烟雾形成和烟的特性受许多因素影响。研究所有的影响因素是不可能的，但是可以对某些重要影响因素进行分析。

6.2 分解方式

烟基本上是不完全燃烧的产物。有焰燃烧或发烟燃烧(无焰燃烧)时，燃烧可以生成完全不同类型的烟雾。无焰燃烧时，高温下挥发物被释放出，当它们与冷空气混合时，冷凝形成球型的浅色悬浮烟粒。有焰燃烧产生富含炭黑的烟雾，且烟雾粒子的形状非常不规则。有焰燃烧时，烟雾粒子在气相中形成，在这一区域内的氧浓度非常低引起不完全燃烧。在火焰中，富含炭黑的烟雾是黄色的。

无焰燃烧产生的球形烟粒尺寸通常在1 μm之内，有焰燃烧形成的无规则的烟粒，尺寸通常且难以测定，且测定取决于测试的水平。

木材燃烧时，有焰燃烧产生的烟雾通常比无焰燃烧时少。但对塑料来讲，很难说有焰燃烧时产生的烟雾量大，还是无焰燃烧时产生的烟雾量大。因此，在测试烟雾时，应记录点燃的情况，同时还应记录点燃的时间以及火焰熄灭的时间。另外，组合试样的背后可能产生冷烟，其颜色和组成与试样暴露面产生的烟雾不同。

暴露试样受到的热流可能会影响材料的燃烧，因此应同时测试试样在低辐照水平(15 kW/m^2～25 kW/m^2)和高辐照水平(40 kW/m^2～50 kW/m^2)下的发烟量。这样才能评价不同的燃烧阶段对发烟量的影响。

6.3 通风和燃烧环境

烟雾的产生不仅取决于材料点燃时的情况，还取决于燃烧的情况。对于某些材料，随着对通风的限制，其发烟量增加。

在实际燃烧时，测定发烟量应考虑到燃烧的速率和面积。某单位燃烧面积发烟少的材料在实际燃烧时，由于火焰的快速蔓延并覆盖了较大的面积，实际上可能产生大量的烟雾。

6.4 时间和温度

烟雾中悬浮粒子的粒径分布随时间而变化；随着时间的增加，烟雾粒子产生凝聚。烟雾的某些特性也随温度而变化，例如长时间冷却后烟雾的性能不同于燃烧初期热烟的性能。在考虑大型建筑燃烧时烟雾发生的潜在行为时，这些因素十分重要。在设计燃烧试验时也应考虑到上述因素。

6.5 烟雾粒子的消除

大烟雾粒子消除的机理有很多。在静态积累的试验中，锥型辐射炉浸入在燃烧气氛中，烟雾在燃烧室内循环，因此烟雾粒子可能再次发生热分解。大烟雾粒子消除的其他机理还包括大烟雾粒子在燃烧室内表面的沉积和风扇的影响。在实际燃烧中，烟雾在燃烧室内循环时，上述情况也可能发生。在静态积累烟雾试验中，大烟雾粒子可能由于上述原因而损失，因此应在试样暴露的初始阶段(例如试样点燃后 10 min 内)，对烟雾产生的速率进行测试。

7 结果的应用

7.1 对产品燃烧性能的真实评估，只有在试样使用时的实际情况(包括试样的形式形状及放置方式)下进行测试才能得到。按 GB/T 8323.2—2008 进行的抽样试验仅反映了材料在所选燃烧模式下的燃烧性能。没有任何燃烧或烟雾试验可以用来在标准环境下测试燃烧或烟雾的危害；另外，由单一的燃烧或烟雾标准试验方法得到的满意结果不能用来保证材料在某给定水平下的安全性。

由多种燃烧试验(包括静态和动态的烟雾试验)得到的试验结果，可以用于对燃烧和烟雾造成危害的表征，并对危害的控制提供帮助信息。

7.2 在报告按 GB/T 8323.2—2008 得到的烟密度试验结果时，在试验报告中应包括以下内容：“试验结果仅表示在特定试验条件下样品的燃烧行为；该结果不能作为评判产品在实际使用中潜在烟雾危害的唯一标准。”

附 录 A
（资料性附录）
用烟密度数据对材料分级

A.1 按 GB/T 8323.2—2008 得到的烟密度数据对材料进行分级时应注意，只有在对 GB/T 8323.2—2008 得到的数据与放大规模试验得到的数据进行关联性研究后，才可以改善基于发烟水平对材料进行分级的方法，同时还需画出 D_s/t 曲线，用来检测发烟速率。

只要试样在相同条件下进行比较（例如相同的厚度），即可以任意选择比光密度的水平。可以根据发烟量高低来确定光密度的水平。例如，按 GB/T 8323.2—2008 得到的烟密度数据作为材料燃烧性能的判定标准，已于 1994 年 12 月 5 日被国际海事组织 MSC.41(64)指定采用。

A.2 按光密度的值对材料进行分级时，应考虑到 GB/T 8323.2—2008 的精密度与材料本身的性能有关，并且与材料燃烧方式（有焰燃烧或无焰燃烧）有关。

ICS 13.220.40
G 31

中华人民共和国国家标准

GB/T 8323.2—2008/ISO 5659-2:2006
代替 GB/T 8323—1987

塑料　烟生成
第2部分:单室法测定烟密度试验方法

Plastic—Smoke generation—Part 2:Determination of optical density by a single-chamber test

(ISO 5659-2:2006,IDT)

2008-12-30 发布　　　　2009-08-01 实施

中华人民共和国国家质量监督检验检疫总局
中国国家标准化管理委员会　发布

前　言

GB/T 8323《塑料　烟生成》分为以下 2 个部分：

——第 1 部分：烟密度试验方法导则；

——第 2 部分：单室法测定烟密度试验方法。

本部分为标准 GB/T 8323 的第 2 部分，等同采用 ISO 5659.2:2006《塑料——烟生成——第 2 部分：单室法测定光密度》，为便于使用，作了部分编辑性修改：

——删除了 ISO 5659.2:2006 的前言；

——将"ISO 5659 的本部分"改为"GB/T 8323 的本部分"；

——将标准中引用的国际标准替换为相应的国家标准；

——将一些适用于国际标准的表述改为适用于我国标准的表述。

本部分代替 GB/T 8323—1987《塑料燃烧性能试验方法　烟密度法》，与 GB/T 8323—1987 相比主要差异如下：

——适用范围中增加了除塑料以外的其他材料(原版的标题后悬置段，本版的 1.1)；

——增加了本试验方法的主要用途(本版的 1.3)；

——明确了材料生成的烟会根据试样所曝露的辐射照度不同而不同，试验方法中增加了试验模式和辐射照度的规定(本版的 1.4 和 10.9.1)；

——增加了规范性引用文件(本版的第 2 章)；

——增加了组合件、复合材料、辐射照度等 10 个术语和定义，删除了术语无焰燃烧试验和有焰燃烧试验 2 个术语和定义(原版的第 1 章，本版的第 3 章)；

——增加了原理(本版的第 4 章)；

——增加了对膨胀性材料预测试时，试样和辐射锥距离样品的距离为 50 mm(本版的 6.1.4)；

——试样边长尺寸公差由"0—+0.5 mm"变为了"±1 mm"，厚度规定为 25 mm(原版的 2.1，本版的 6.2)；

——试样衬垫的要求根据试样厚度不同分为 3 类(本版的 6.4.2)；

——增加了对弹性材料和薄型不透气试样的试样制备要求(本版的 6.4.3 和 6.4.4)；

——状态调节的时间由 24 h 变为了试样达到恒重(原版的第 3 章，本版的 6.5.1)，增加了状态调节时试样放置要求(本版的 6.5.2)；

——对仪器设备提出了具体的尺寸和功能要求(原版的第 4 章，本版的第 7 章)；

——取消了透过率小于 0.01%时用不透光帘遮住试验箱视窗的操作(原版的 5.13)；

——增加了试验环境(本版的第 8 章)；

——增加了设备各个部分的校准(本版的第 9 章)；

——试验的终止时间为透过率出现最小值或 10min (原版的 5.14，本版的 10.8)；

——取消了平均发烟速度、校准烟密度、试样质量损失率的计算公式；

——附录 A 由"试验设备的校准及详细说明(补充件)"变为"热流计的校准(规范性附录)"；

——附录 B 由"计算示例和补充计算(补充件)"变为"在单室测量中测得的烟比光密度的变异性(资料性附录)"；

——增加了附录 C"质量光密度的测定(资料性附录)"和附录 D"膨胀性材料测试数据精密度(资料性附录)"；

——增加了参考文献。

本部分的附录A为规范性附录,附录B、附录C和附录D为资料性附录。

本部分由中国石油和化学工业协会提出。

本部分由全国塑料标准化技术委员会塑料树脂通用方法和产品分会(SAC/TC15/SC4)归口。

本部分负责起草单位:国家合成树脂质量监督检验中心。

本部分参加起草单位:南京市江宁区分析仪器厂、广州金发科技有限公司、国家塑料制品质检中心(福州)。

本部分主要起草人:赵平、王富海、李建军、何芃。

本部分代替标准的历次发布情况:GB/T 8323—1987。

塑料 烟生成
第2部分:单室法测定烟密度试验方法

1 范围

1.1 GB/T 8323的本部分规定了片状材料、复合材料或厚度不超过25 mm组合件的试样,垂直放置于配有规定等级热辐射源的密闭橱柜中,在使用或不使用引燃火焰的情况下,测量从曝露面生成烟的方法。这一测试方法适用于所有的塑料,也可以适用于其他材料的评估(如橡胶、纺织品覆盖物、涂漆面、木材和其他材料)。

1.2 需要注意的是这一测试方法测得烟雾的光密度值是试样或组合件在规定形状和尺寸条件下测得的,不能认为是其固有基础性能。

1.3 本测试主要用于研发和建筑物、火车、船只等的消防安全工程,而不能作为建筑等级评定的基础或其他目的。没有提供预测在其他(实际)燃烧条件下由曝露在热源或火焰中的材料产生烟密度的基础,也没有建立与其他测试方法得到的数据的任何联系。本测试操作步骤排除了刺激物对眼睛的影响。

注:本测试操作步骤论述了由于烟密度引起的视力下降,烟密度通常与刺激性无关,如本标准第1部分解释的那样。

1.4 需要强调的是材料生成的烟会根据试样所曝露的辐射照度不同而不同。因此,在使用本方法的结果时,应确认试样是曝露于规定的25 kW/m^2 或50 kW/m^2 的辐射照度条件下。

2 规范性引用文件

下列文件中的条款通过GB/T 8323—2008的本部分的引用而成为本部分的条款。凡是注日期的引用文件,其随后所有的修改单(不包括勘误的内容)或修订版均不适用于本部分,然而,鼓励根据本部分达成协议的各方研究是否可使用这些文件的最新版本。凡是不注日期的引用文件,其最新版本适用于本部分。

GB/T 2918—1998 塑料试样状态调节和试验的标准环境(idt,ISO 291:1997)

GB/T 8323.1—2008 塑料 烟生成 第1部分:烟密度试验方法导则(ISO 5659-1:1996,IDT)

ISO 13943 消防安全——词汇

3 术语和定义

ISO 13943确立的以及下列术语和定义适用于本部分。

3.1

组合件 assembly

材料和/或复合材料的制品。

如:三层夹心板。

注:组合件可能含有空隙。

3.2

复合材料 composite

组合材料,通常认为是不连续的实体构成的整体。

如有涂层材料和层压材料。

3.3

平整面 essentially flat surface

偏差不超过1mm平面的表面。

3.4

曝露面　exposed surface

在测试条件下，承受加热的产品表面。

3.5

辐射照度　irradiance

入射到无限小面积内的辐射通量与该面积之比。

3.6

材料　material

基本单一的基础物质或分散均匀的混合物。

如金属、石头、木材、水泥、矿物纤维或聚合物。

3.7

质量光密度　*MOD*　mass optical density *MOD*

根据质量损失测定的烟雾的不透明度。

注：测定方法参见附录 C。

3.8

烟雾的光密度　*D*　optical density of smoke *D*

烟雾的不透光程度，用相对透光率的负对数表示。

3.9

制品　product

待测定性能的材料、复合材料或组合件。

3.10

比光密度　D_s　specific optical density D_s

光密度与一个因子的乘积，该因子是测试箱体积与试样曝露面积和光束的光程乘积之比计算得到的。

注：见 11.1。

3.11

试样　specimen

接受测试的带有基材或表面涂层的制品样片。

注：试样可能含有空隙。

3.12

膨胀性材料　intumescent material

尺寸不稳定的材料，在采用锥型加热器与试样距离 25 mm 时，在测试期间时产生厚度大于 10 mm 的碳化膨胀结构。

4　原理

试样水平放置于测试箱内，并将试样的上表面曝露于恒定辐射照度设定在 50 kW/m^2 以内的热辐射源下。

生成的烟被收集在装配有光度计的测试箱内。测量光束通过烟后的衰减。结果用比光密度表示。

5　适用于测试的材料

5.1　材料的几何形状

5.1.1　本方法适用于片状材料、复合材料或厚度不超过 25 mm 组合件。

5.1.2 这一测试方法对试样在几何形状、表面取向、厚度(整体厚度或单独层的厚度)、质量和材料的组成上的小变化都很灵敏,因此该方法测得的试验结果仅适用于该厚度下的测试材料。不可能将比光密度从材料的一个厚度换算到另外一个厚度下的比光密度。

5.2 物理性能

由这一测试方法评估的材料可能拥有很多不同的表面,或含有不同材料以不同次序排列叠层顺序。若在使用过程中任一表面有可能曝露于火灾条件,则应对这些表面都进行评估。

6 试样结构和制备

6.1 试样数

6.1.1 若在4个模式(见10.9.1)下都要进行测试,则至少需要12个试样:6个试样在25 kW/m² 条件下测试(3个试样使用引燃火焰,3个试样不使用引燃火焰);6个试样在50 kW/m² 条件下测试(3个试样使用引燃火焰,3个试样不使用引燃火焰)。

若测试采用的模式少于4个,则对于每个模式至少需要3个试样。

6.1.2 根据5.2的要求,需要用6.1.1中规定的另外试样数量来对每个面进行测试。

6.1.3 若要求采用10.9.2中规定的模式,则应准备另外的12个样品(即每个模式使用3个试样)用作留样。

6.1.4 对于膨胀性材料,应先让锥型加热器距离样品50 mm处进行预测试,因此应多准备至少2个样品。

6.2 试样尺寸

6.2.1 试样为边长75 mm±1 mm的正方形。

6.2.2 当材料的公称厚度不大于25 mm时,应在整个厚度上进行评估。若做对比试验,则材料评估的厚度应在1.0 mm±0.1 mm。材料在测试箱中燃烧时,会消耗氧,并且一些材料(特别是快速燃烧或厚样品)烟的产生会受到测试箱中氧气浓度降低的影响。测试试样应尽可能的采用最终使用厚度来进行测试。

6.2.3 材料厚度大于25 mm时,应将试样厚度加工至25 mm±1 mm,然后对原始表面(未加工面)进行评估。

6.2.4 对于厚度大于25 mm、由不同材料组成芯层和皮层的多层材料样品应按6.2.3的规定制样(见6.3.2)

6.3 试样制备

6.3.1 试样应具有代表性,并按照6.3.2和6.3.3中描述的步骤进行制备。试样应从材质均匀的样品区域切取、锯下、模压或冲压下来,应保留他们的厚度记录,若有需要,也应保留其质量记录。

6.3.2 若用相同厚度和组成的平板截面代替弯曲处、成型处或特殊部分样品进行测试,应在报告中指出。样品的任何基体或芯层材料应跟实际使用情况一样。

6.3.3 当涂覆材料,包括涂料和粘接剂,与实际使用中的基体或芯层材料一起测试时,应根据通常操作来制备样品。对于这种情况,涂覆方法、涂覆次数以及基体类型,都应在试验报告中指出。

6.4 试样的包裹

6.4.1 用一张完整的铝箔(厚度约为0.04 mm)包裹住试样的整个背面,并沿着边缘包裹试样正面的外围,仅留出65 mm×65 mm大小的中心测试区域,铝箔的较暗面与试样接触。在操作时,应小心避免刺穿铝箔或使铝箔有过多的褶皱。铝箔的折叠应使得在试样盒底部试样的熔融损失最少。在试样放置入试样盒以后,应将沿着前边缘的多余铝箔修剪掉。

6.4.2 包裹好的试样的衬垫要求:

a) 包裹后,若试样的厚度不大于12.5 mm,则用公称厚度为12.5 mm以及烘干密度为850 kg/m³±100 kg/m³ 不燃的隔热板和低密度耐火纤维毡(公称密度为65 kg/m³)一起作为衬垫,耐火纤维毡应在不燃隔热板的下面。

b) 包裹后，若试样厚度大于 12.5 mm 小于 25 mm，则用低密度耐火纤维毡(公称密度为 65 kg/m^3)作为衬垫。

c) 包裹后的试样厚度为 25 mm 时，应不使用任何衬垫或耐火纤维毡。

6.4.3 对于弹性材料，包裹在铝箔中的试样放置于试样盒中的方式应为：试样曝露面应与试样盒开口的内表面齐平。材料曝露面不平整时，材料不应超过试样盒的开口平面。

6.4.4 当薄型不透气试样，如热塑性塑料薄膜，在测试期间由于薄膜和衬垫间存有空气变得膨胀时，为了保持试样仍然平整，可在薄膜上剪 2～3 个开口(20 mm～40 mm 长)作为排气口。

6.5 状态调节

6.5.1 在制备试样前，样品应在 23 ℃±2 ℃、相对湿度(50±10)%的条件下调节直至恒重，认为在时间间隔为 24 h 的两次相继称重中，样品的质量差不大于样品质量的 0.1%或不大于 0.1 g 即为恒重(见 GB/T 2918—1998)。

6.5.2 在状态条件箱里，试样应置于支架上，以便空气能与所有表面接触。

注：为了加速状态调节过程，可在状态调节箱内驱动空气流动。

这一测试方法测得的结果对试样状态调节的变化敏感。因此，仔细按照 6.5 的要求来操作十分重要。

7 仪器和辅助设备

7.1 概述

仪器(见图 1)为带有样品盒、辐射锥、点火器、透光和测量装置及其他、以及一些便于实验过程操作控制的设备的密闭测试箱。

7.2 测试箱

7.2.1 结构

7.2.1.1 测试箱(见图 1 和图 2)应由多层板制成，其内表面应涂覆有厚度不超过 1 mm 的搪瓷或耐化学腐蚀和便于清洗的金属层。测试箱的内部尺寸应为 914 mm±3 mm 长、914 mm±3 mm 高、610 mm ±3 mm 深。测试箱应具有铰链安装的前门，前门上带有视窗和可遮挡住视窗的活动不透明遮光板，以避免光线进入密封箱内。在测试箱内应具有由厚度不大于 0.04 mm、面积不小于 80 600 mm^2 的铝箔组成的安全爆破片，在其安装时应保证气密性。

可用不锈钢丝网保护爆破片。丝网被固定在距爆破片 50 mm 的地方，以防止阻止爆破片爆炸。

7.2.1.2 应配有 2 个直径为 75 mm 的光窗，一个在测试箱顶部，另一个在底部，其位置如图 2 所示。光窗的内表面应与测试箱内衬的外部齐平。下光窗的下面应配有约 9 W 的环形电加热器，以保证光窗上表面的温度(50 ℃～55 ℃比较适宜)以便将该表面上烟浓度降到最低，并且加热器应安装在光窗边缘位置以避免影响光路。在测试箱外部的光窗周围应安装 8 mm 厚的光学平台，光学平台应用直径至少为 12.5 mm 的能连接固定平台和测试箱的金属棒固定。

7.2.1.3 测试箱上适当位置应有其他应用的规定开口。按照 7.6 和 9.6 进行检查时，这些开口应能够关闭，并能承受和保持测试箱内部压力大于大气压力 1.5 kPa(150 mmH_2O)(见 7.2.2)。测试箱的所有部分应能承受比安全爆破片更大的压力。

7.2.1.4 带有挡板的进气口应安置在测试箱前面的上部或在测试箱顶，并远离辐射锥。带有挡板的排气口应安置在测试箱底部，并通过直径为 50 mm～100 mm 的软管与能至少产生 0.5 kPa(50 mmH_2O)负压的抽风机相连。

7.2.2 测试箱压力控制装置

为了控制测试箱内部压力应制备一些配件。应具有与压力调节器和箱顶的管子相连的量程为 1.5 kPa(150 mmH_2O)的水柱压力表。

合适的压力调节器(见图 3)应为装水开口瓶并置于测试箱前部,并带有直径为 25 mm 的软管一端插入液面下 100 mm,另一端与压力计和测试箱相连。压力调节器的出口应与排气系统相连。

注：在压力计里也可以选择其他合适的流动指示性流体来代替水-染色液面指示。

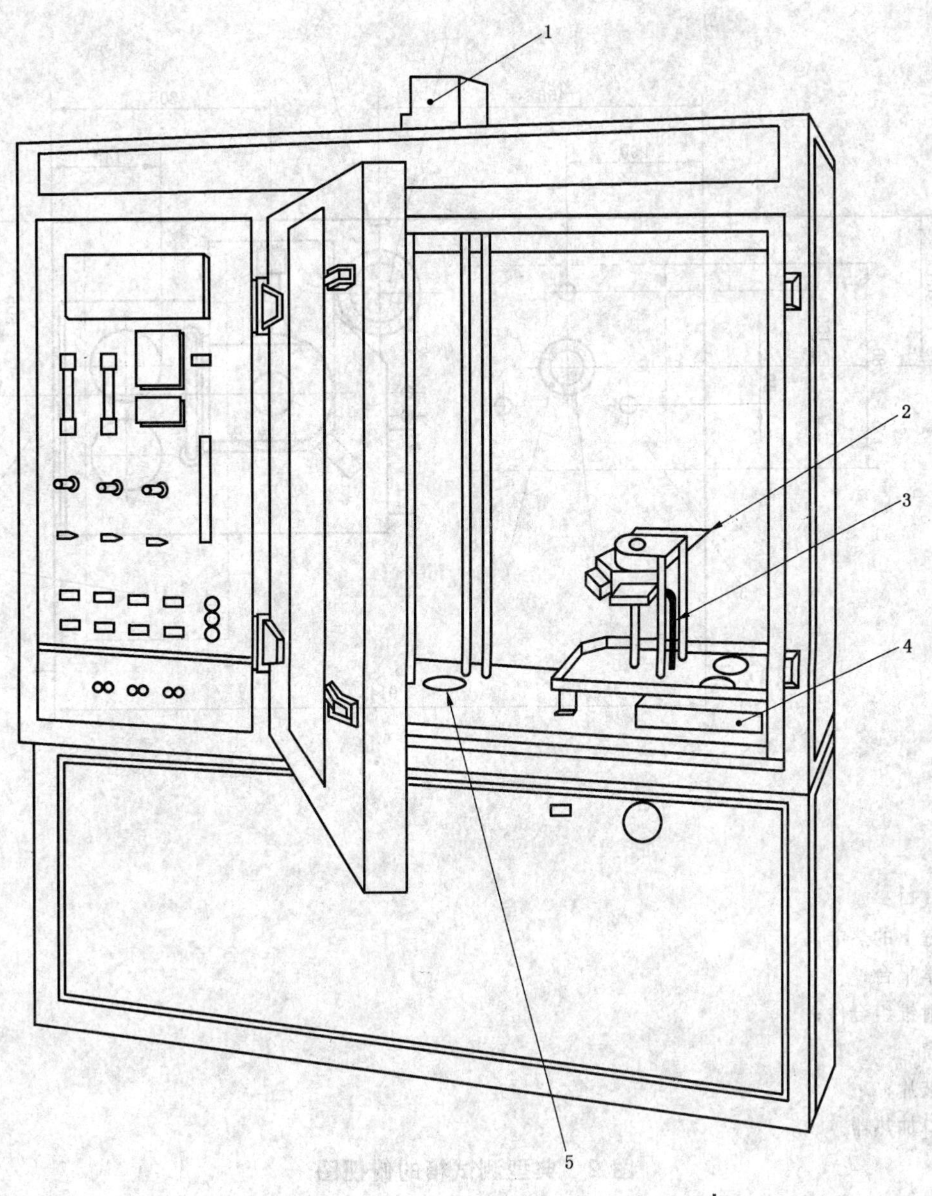

1——光电倍增管暗箱；
2——辐射锥；
3——点火器；
4——爆破片；
5——光学系统的下光窗。

图 1　测试设备示意图

单位为毫米

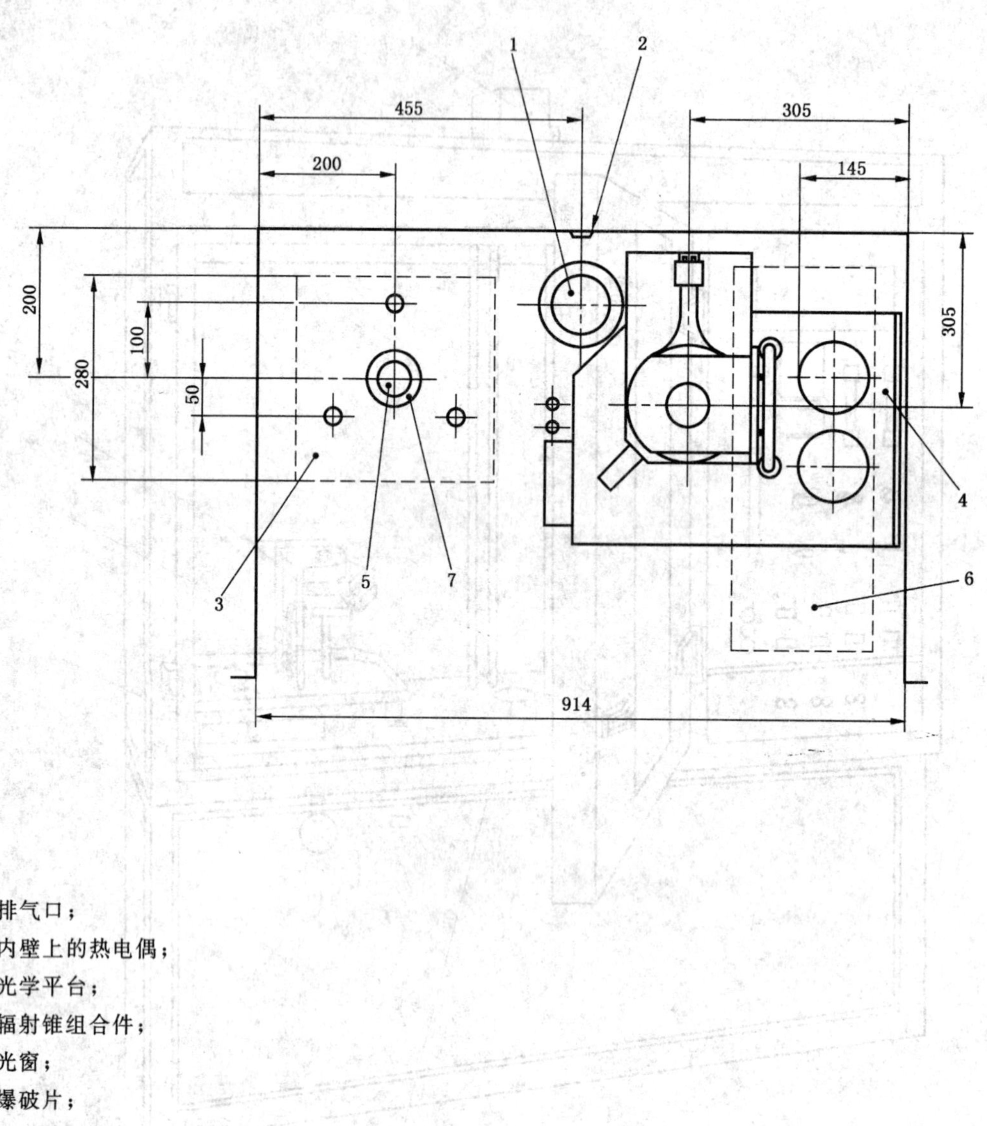

1——排气口；
2——内壁上的热电偶；
3——光学平台；
4——辐射锥组合件；
5——光窗；
6——爆破片；
7——窗口加热器。

图 2 典型测试箱的俯视图

单位为毫米

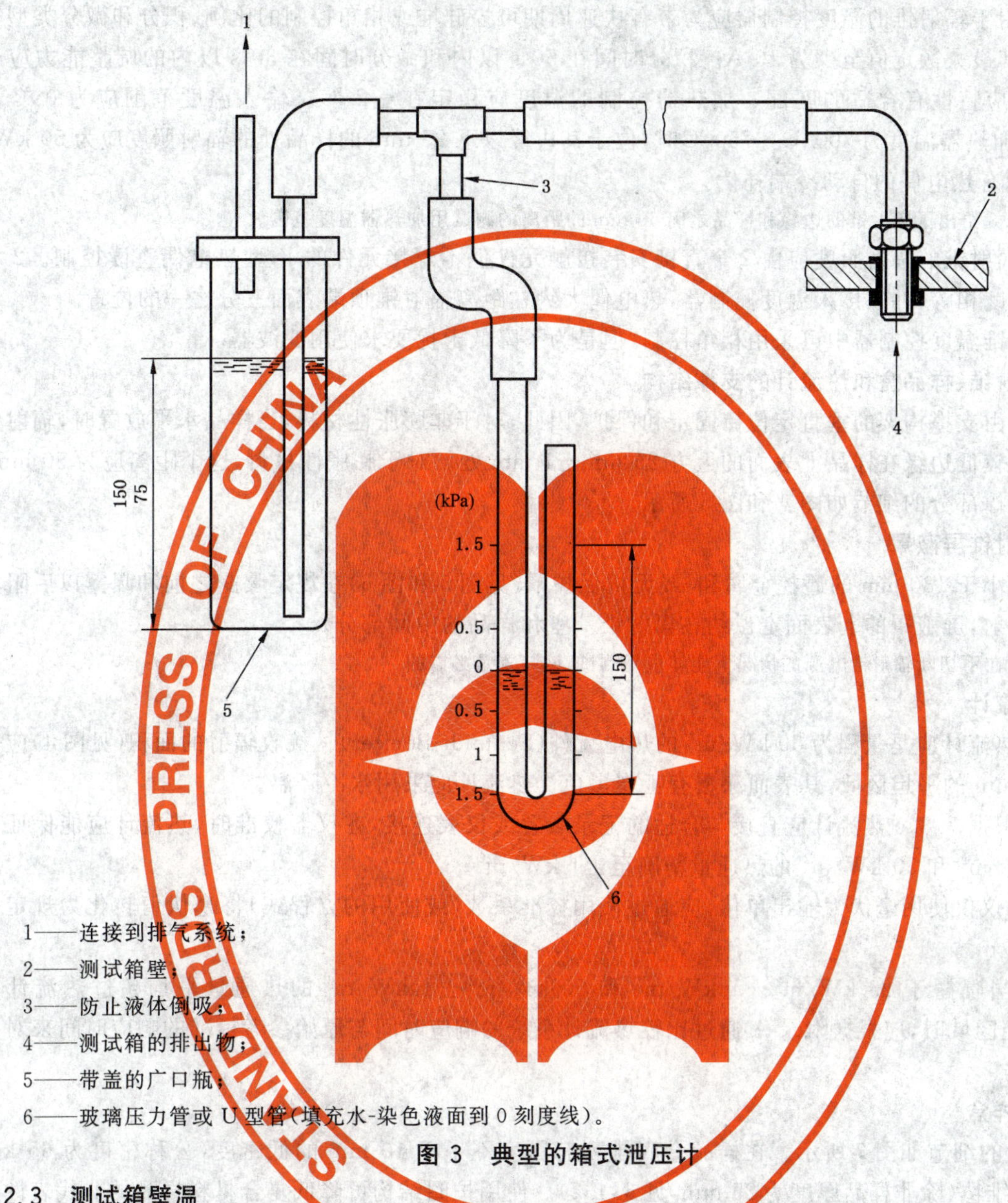

1——连接到排气系统；

2——测试箱壁；

3——防止液体倒吸；

4——测试箱的排出物；

5——带盖的广口瓶；

6——玻璃压力管或U型管(填充水-染色液面到0刻度线)。

图3 典型的箱式泄压计

7.2.3 测试箱壁温

由直径不大于1 mm的金属丝制成的热电偶测量结点应安装在测试箱后壁内部的几何中心，用厚度约为6.5 mm直径不大于20 mm绝缘片(如聚苯乙烯泡沫)盖住热电偶，并用合适的粘接剂将绝缘片固定在测试箱壁上。热电偶应与记录装置或仪表相连接，并且系统应能够测量35 ℃～80 ℃的温度范围(见10.2.2)。

7.3 样品固定和加热分布

7.3.1 辐射锥

7.3.1.1 辐射锥是由额定功率为2 600 W的加热元件组成，加热元件含有缠绕成圆台形状的长2 210 mm直径6.5 mm的不锈钢管，并能固定在外罩中。外罩的整体高度为45 mm±0.4 mm、内部直径为55 mm±1 mm、底座直径为110 mm±3 mm。外罩内有2个1 mm厚度的不锈钢板，钢板间有10 mm厚的公称密度为100 kg/m^3的陶瓷纤维隔热。加热元件应被夹紧固定在外罩的上下表面。

7.3.1.2 辐射锥应能在样品表面中心提供10 kW/m^2～50 kW/m^2的辐射照度。

当测试距离样品中心25 mm的其他两个位置的辐射照度时，这两个位置的辐射照度不能低于样品中心辐射照度的85%。

7.3.1.3 用于辐射锥的温度控制器应为带有快速周期可控硅堆或相角控制的比例、积分和微分类型三项控制器，其最大额定值至少为10 A。积分时间在50 s以内和微分时间在30 s以内的调整能力应与加热器的响应特性有合适的匹配。加热器控制的温度应稳定在±2 ℃。输入温度范围应为0 ℃～1 000 ℃。加热器温度为700 ℃～750 ℃时，位于其边缘以下25 mm的样品处的辐射照度应为50 kW/m^2。还应配有热电偶的自动冷端补偿。

注：表D.3给出了辐射锥的边缘和样品之间50 mm的距离的测试用加热器温度范围。

7.3.1.4 辐射锥的辐射照度应由2个直接安装接触元件但不焊接元件的K型热电偶直读控制。2根热电偶应长度相等，并联接入温度控制器，热电偶大约在距离辐射锥顶端表面三分之一的位置。

在辐射锥温度控制器中可采用相角控制，但是为了降低干扰要求使用滤波器。

7.3.2 辐射锥、样品盒和热流计的支撑结构

辐射锥由支撑构架的垂直定位棒固定和保护，因此，对于非膨胀性材料，当样品水平放置时，辐射锥外罩交界的较低边缘在样品上表面的上方25 mm±1 mm处。对于膨胀性材料，这个距离应为50 mm。辐射锥和支撑部分的细节如图4和图5所示。

7.3.3 辐射锥屏蔽罩

直径不小于130 mm的遥控金属和/或无机保护罩（见图5和图6）在规定曝露之前和曝露以后阻止样品受到辐射，屏蔽罩的上表面定位约在辐射锥基座和样品的中间部分。

注：为了在不切断辐射锥电源的情况下能够重复测试，该装置是必需的。

7.3.4 热流计

7.3.4.1 热流计应是量程为50 kW/m^2的热电元件（Schmidt-Boelter）。接收辐射的面积（见图4）应是直径为10 mm的平坦区域，其表面涂覆有哑光黑色。热流计应采用水冷降温。

7.3.4.2 根据7.8.6热流计应直接与合适的记录装置或仪表连接，在仪器校准时，热流计应能保证记录的25 kW/m^2和50 kW/m^2的热通量精确至±1 kW/m^2。

若记录仪仅使用毫伏为输出单位，应通过使用校准系数（或使用的方程式）将毫伏值转化为规定的热通量kW/m^2。

7.3.4.3 当曝露于25 kW/m^2±1 kW/m^2和50 kW/m^2±1 kW/m^2的热通量平均超过热流计的10 mm直径区域时，应根据附录A通过比较热流计系统的响应时间与原始参考标准的响应时间来对其进行校准。

7.3.5 试样盒

样品盒的细节如图7所示。在样品盒底排列有厚度不小于10 mm的低密度（公称密度为65 kg/m^2）耐火纤维毡（除非样品厚度为25 mm，见6.4.2）。使用护圈结构可降低复合材料样品的非代表性边缘燃烧。样品不应提升护圈结构或接触引燃火焰。若有发生这种情况的风险，则应在样品盒或框架上钻孔，并使用2个螺钉以固定护圈结构。

为了保护试样不发生分层，可使用线栅。线栅应是带有边长20 mm的正方形孔的边长为75 mm的正方形，并且将2 mm的不锈钢棒焊接到所有的交叉点构成。当测试膨胀性样品时，不应使用线栅。

7.3.6 点火器

点火器（如图6所示）应有长度30 mm±5 mm的水平火焰，并且对于非膨胀性材料，应将其固定在高出样品上表面10 mm的水平位置。对于膨胀性材料，应将燃烧器固定在低于辐射锥底部边缘15 mm的地方。火焰的颜色应为蓝色，顶端带有黄色。在燃烧器的出口管处安装有小型火花点火装置，因此可在不打开测试箱门的情况下，点火燃烧。

点火器的喷嘴应垂直固定在试样盒任一边缘中间的上方，火焰可水平延伸到试样中心的上方。

7.4 供气系统

纯度至少为95%、最小压力为3.5 kPa±1 kPa（350 mm H_2O±100 mmH_2O）的丙烷和空气混合气

体在压力为 170 kPa±30 kPa(17 m H_2O±3 m H_2O)提供给燃烧器。每一种气体都要经过针形阀和校准流量计才能到达混合点,然后提供给燃烧器。用于测量丙烷的流量计的量程为 100 cm^3/min,用于测量空气的流量计的量程为 500 cm^3/min。

7.5 光学系统

7.5.1 概述

光学系统应由安装在测试箱下光窗下面的不透光暗箱中的光源(根据 7.5.2)和透镜,以及安装在测试箱上光窗上面不透光暗箱中的带透镜的光电探测器、滤光片和挡板(根据 7.5.3)组成的

该系统的示意图如图 8 所示。设备应能用于控制光源的输出和测量落在光电探测器上的光的总数量。

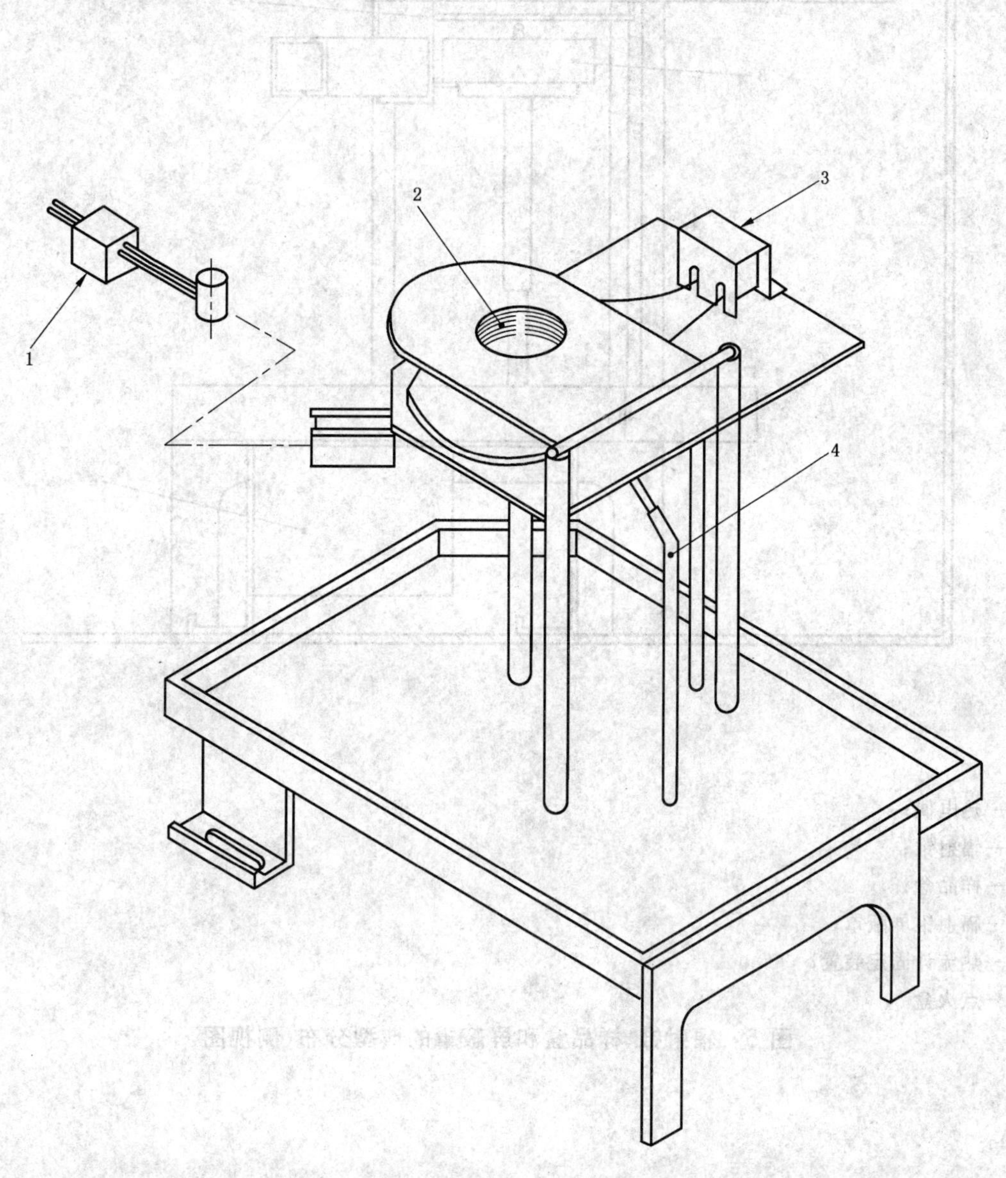

1——热流计和支架;
2——加热元件;
3——热电偶支架及保护罩;
4——点火器。

图 4 辐射锥、样品盒和热流计的典型支撑结构

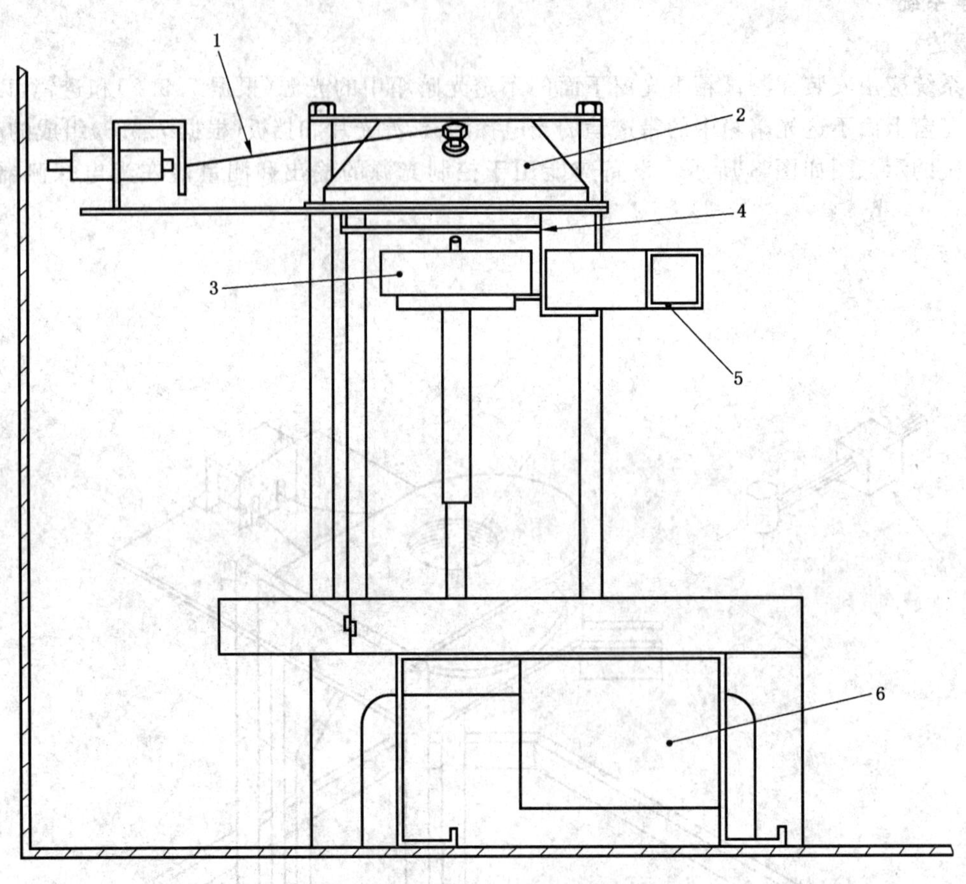

1——热电偶；

2——辐射锥；

3——样品盒；

4——辐射锥屏蔽罩；

5——热流计固定装置；

6——点火盒。

图 5　辐射锥、样品盒和屏蔽罩的典型分布(侧视图)

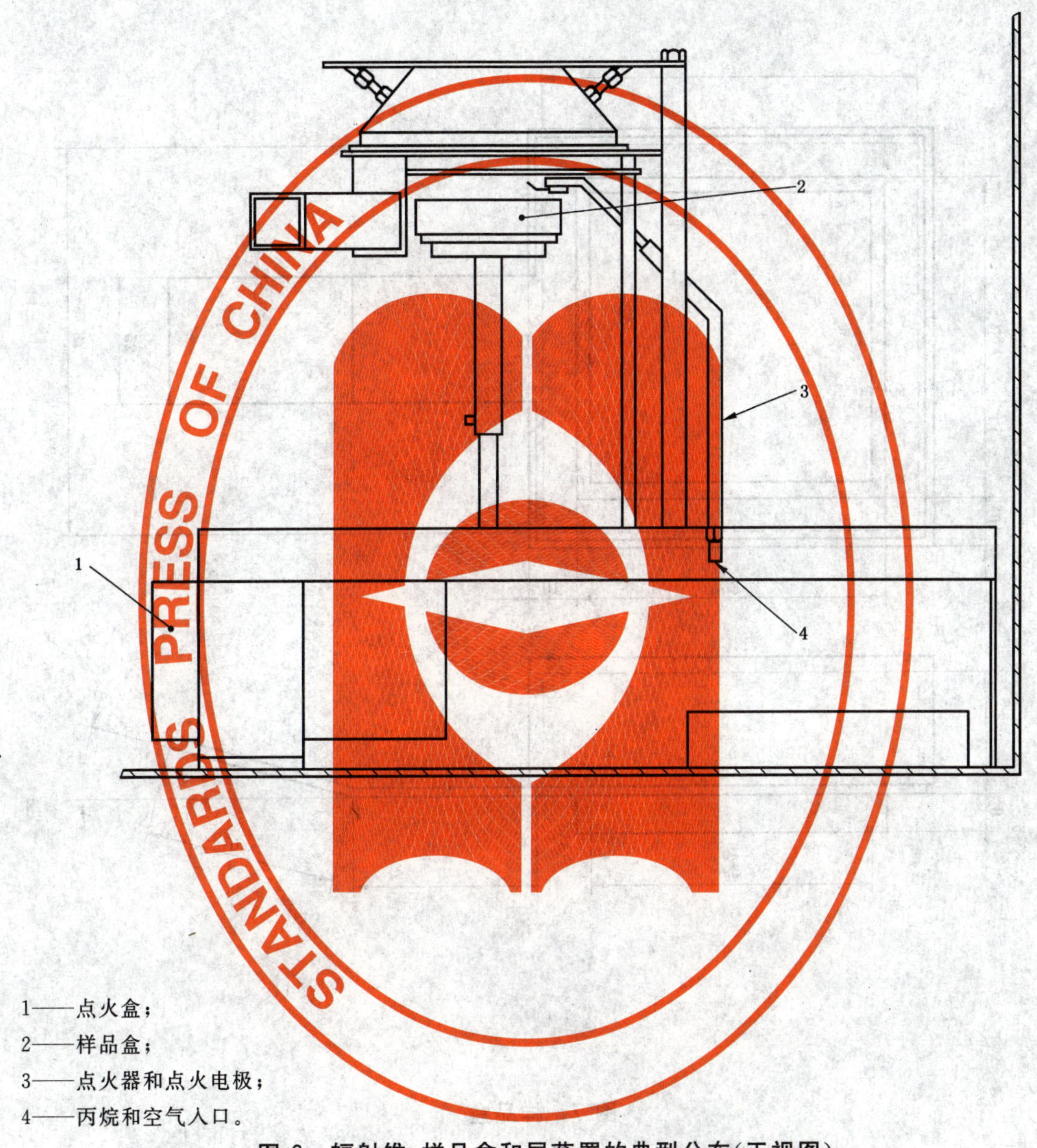

1——点火盒；

2——样品盒；

3——点火器和点火电极；

4——丙烷和空气入口。

图6　辐射锥、样品盒和屏蔽罩的典型分布(正视图)

单位为毫米

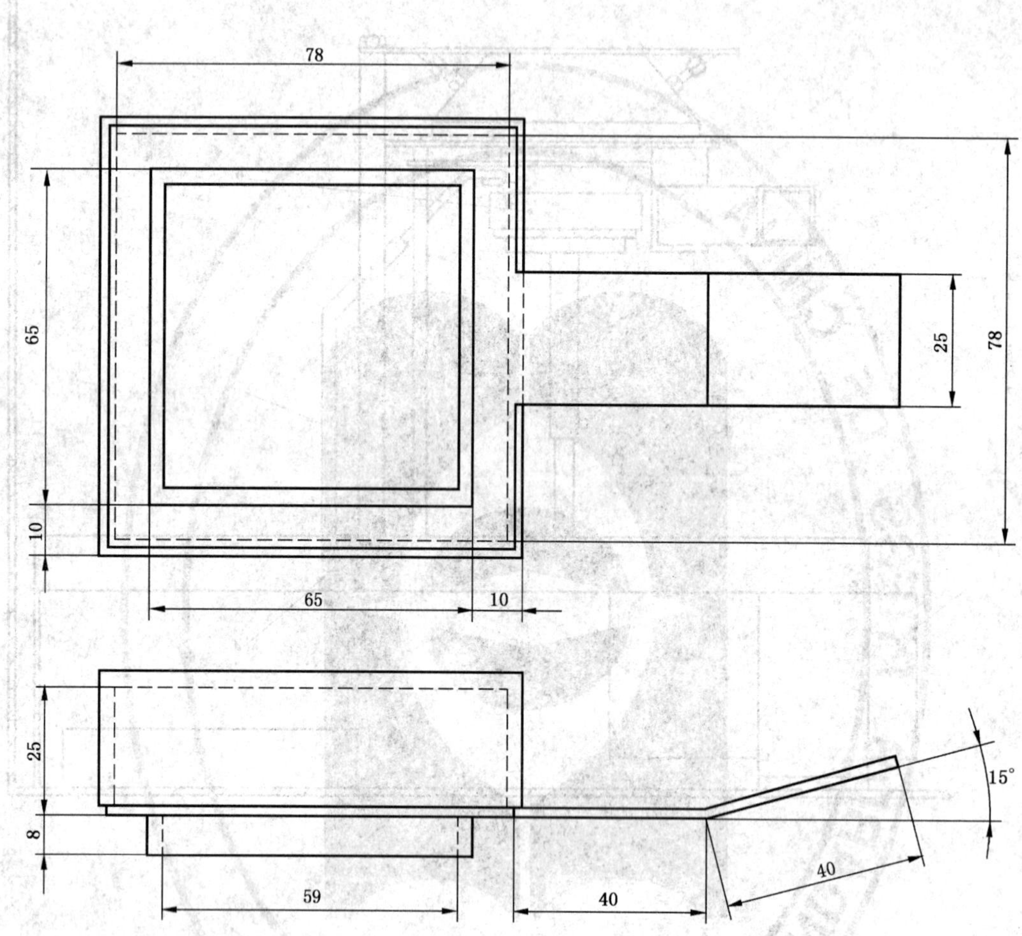

图 7 样品盒

单位为毫米

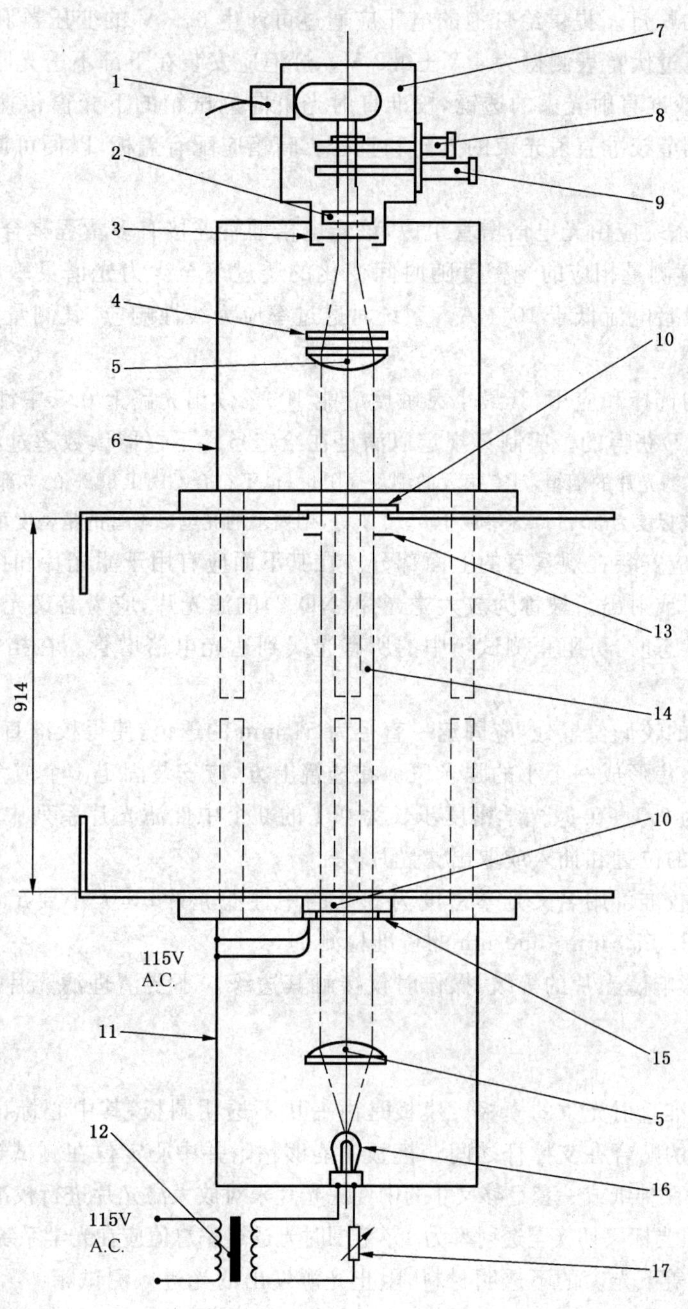

1——光电倍增管和插槽；
2——滤光片；
3——透光孔；
4——中性滤光片；
5——透镜；
6——光学系统暗箱；
7——光学系统上部暗箱；
8——放大滤光片(ND-2)；
9——挡板；
10——光学窗口；
11——光学系统底部暗箱；
12——变压器；
13——不透明圆盘；
14——平行光束；
15——光窗加热器；
16——光源；
17——可调电阻器。

图8 光学系统

7.5.2 光源

光源应为 6.5 V 白炽灯。提供给灯泡的电压应通过可产生 6.5 V 的变压器和可变电阻器，因此灯泡两端的电压有效值通过伏特表测得为 4 V±0.2 V。灯泡应安装在下部不透光暗箱中，还应安装一可提供直径为 51 mm 的校准直射光束的透镜，校准直射光束向测试箱的下光窗传播并透过下光窗，透镜还应配有调节器用于调节校准直射光束的方向和直径。暗箱应配有盖板，以便可调节透镜的位置。

7.5.3 光电探测器

7.5.3.1 光度计测量系统应由光电倍增管组成，该光电倍增管连接有多量程耦合放大器作为记录装置(根据 7.8.6)的，能连续测量相应的光密度随时间变化的透过率至少为光谱灵敏度响应的 5 个数量级类似于肉眼的响应以及暗电流低于 10^{-9} A。系统对透过率应为线性响应，其测量精度应相当于任何标度范围最大读数的±3%。

对于光电倍增管的选择和应用，其最小灵敏度应能 100%读出光路上 0.5 中性滤光片和一个 ND-2 放大滤光片(见 7.5.3.2)获得的。应制订规定以满足在给定条件下仪器读数超过满任何标度的量程。

注 1：不能使用 ND-2 滤光片的烟箱，具有很大的测量局限性，也不符合 GB/T 8323 的本部分。

注 2：若设置测量系统标度为 30、3、0.3 等或 100、10、1 等，则要求的光电倍增管的精密度可较容易得到。

7.5.3.2 光电倍增管应安装在观察室的上面部分。在其下面应有用于滤光片和挡板定位的组合件，以及校准直射光束的入射或射出。被称为放大滤光片(ND-2)的滤光片，应为名义光密度为 2 的中性滤光片。当挡板处于关闭状态时，可阻止测试箱中的所有光线到达光电倍增管。在挡板下面应永久性的安装一滤光片。

7.5.3.3 在上暗箱内的较低位置处，应固定一直径为 51 mm 的透镜，使得校准直射光束能够在上下暗箱之间的透光板处被聚焦形成一个小的强光斑。在透镜上方，应安装固定 1 个或多个补偿滤光器，补偿滤光器是从光学密度为 0.1～0.9、光学密度步长为 0.1 的 9 个中性滤光片系列中选取的。暗箱应配有盖板，以便可调节透镜的位置和插入或取出滤光片。

7.5.3.4 光学系统的校准可用名义光学密度为 3.0 的中性滤光片，其大小要足够覆盖位置较低的光窗，其实际光学密度经过 550 nm～650 nm 的校准检测。

由于指纹可大大影响滤光片的等级，操作时仅接触其边缘。不要清理滤光片的表面。一旦其表面被损坏，应予以更换。

7.5.4 其他设备

7.5.4.1 用于校核校准直射光束的模板。模板是由一块不透明圆板，其中心标记有直径为 51 mm 的同心圆构成，并能很好的贴合在支撑杆之间。模板应能够粘附并中心定位在测试箱上光窗的底部。

7.5.4.2 一块白布、一张棉纸或一套足够尺寸的中性滤光片来对放大滤光片进行校准。这些材料能完全覆盖测试箱下光窗的，并且当标尺切换至透射率为 1%范围时光透过率总值应在光学系统读数的中间位置。

7.5.4.3 一块足够覆盖下光窗的不透明材料，阻止光源发出的光进入测试箱。

7.6 测试箱泄露

按规定组装好仪器及零部件准备测试，并且加热器在 25 kW/m² 稳定 10 min 或 50 kW/m² 稳定 5 min后，测试箱应有足够的气密性满足 9.6 给出的泄露率测试的要求。

注：已知的最可能的泄露源为门的密封、进气口和出气口、以及安全爆破片。

7.7 清洁材料

可用适当的材料来清洁测试箱内部。

注：氨化喷雾清洁剂和软洗涤垫对清洁测试箱壁十分有效，乙醇和软棉纸能有效清洁光窗。将一碟氨水留在测试箱内过夜，有助于降低测试箱内和取样线的酸值。

7.8 辅助设备

7.8.1 天平

其量程大于试样质量，并应易于读取读数，精确至试样质量的 0.5%。

7.8.2 定时装置

能够记录经过的时间，以秒为记录间隔，并能够记录至少 1 h，在 1 h 内的精度至少为 1 s；定时装置用于定时操作和观察。

7.8.3 长度测量装置

直尺、卡尺、量规或其他合适精度的装置用于校核规定的尺寸及其允许误差等。

7.8.4 辅助加热器

若在不利条件下要求测试箱能快速达到温度稳定状态，则可在不使用箱壁上固定的加热器的情况下使用 500 W 的辅助加热器来使温度均匀升高。另外，可在测试箱壁的外部加热以帮助提高测试箱的温度。

7.8.5 保护设备

当测试试样的类型要求时，应使用如手套、护目镜、呼吸器等一类的防护衣和如镊子一类的操作工具。

7.8.6 记录装置

记录装置应能连续测量光电倍增管(7.5.3)输出的毫伏数，精确至满偏的 0.5%。记录装置还应记录热通量输出(见 7.3.4.2)并达到要求的精度。

7.8.7 温度计

能测量 20 ℃～100 ℃，精确至±0.5 ℃。

7.8.8 水循环装置

对热流计进行冷却，以水为冷却介质。

8 试验环境

8.1 测试设备应防止阳光直射或任何其他的强光源，以避免读取非真实的光信号。

8.2 应建立适当的规定以消除潜在危险和来自操作区域的烟雾气体，和其他适当的警告防止操作员曝露在这些烟雾气体中，特别是将样品从测试箱中移出或清洁设备的时候。

9 安装和校准步骤

9.1 概述

组装仪器，并按第 7 章规定将其与装置和控制装置相连接，校检各个系统的功能，包括电气连接以保证有良好的电接触。

逐渐加热升温辐射锥，但不允许在没有空白试样盒、没有装好样品的试样盒或在其下面没有热流计的情况下将其加热或操作。

9.2 光学系统的布置

9.2.1 概述

在重新安置光源或意外错位后，在仪器的初始设置中按 9.2.2 和 9.2.3 的步骤操作，然后一直遵循这个步骤根据 9.3 来选择补偿滤光片。

9.2.2 校准直射光束

9.2.2.1 检查光学平台的刚度。将不透明的模板黏附在上光窗的下表面，让模板的记号环朝下，并以光窗为中心。打开光源，并调整其在模板上所成的像，以便光束完全形成一个直径为 51 mm 的环而没有其他光在环以外。

9.2.2.2 调整可通过移除光源外围的保护盖、松开较低位置透镜的固定并重新调节固定透镜的位置，以获得光图像能够定位在模板中心和正确的大小。另外，若装有外部调节零件的话，也可通过外部调节来重新定位透镜。

注：对于严重失调的情况，有必要对透镜的底座进行重新定位。

9.2.2.3 重新固定透镜安装和保护盖后，确保测试箱有足够的密封性能。从上光窗中移除模板。

这种调整也可能包括有透镜安装位置的优化，因此光电探测器给出的读数为最大值；这一操作要求移除模板，并在如上所述的图像定位的最后校检后进行。

9.2.3 光束聚焦

打开测试箱上部暗室的盖子，移除补偿滤光片固定器和松开透镜支架。当关闭光电探测器系统并打开光源时，调节透镜卡口来实现聚焦调整，使得在光电倍增管暗室的透光孔上光束汇聚形成小的强光斑。拧紧透镜卡口，校检电子束聚焦调整，重新放置补偿滤光片固定器，并关闭密封保护盖。

9.3 补偿滤光片的选择

清洁测试箱内部光窗表面。打开光学系统，在光路上有放大滤光片、打开挡板、在上透镜的上方有ND-0.5补偿滤光器，以及多档位仪表应设置在可记录100%透射光的范围。调整仪器测得的读数是否能为100%。如果能，则无需更换补偿滤光器；若不能，则使用其他能满足要求的补偿滤光器。

通过移除测试箱上部暗室的补偿滤波器、关闭暗室盖、放置测试箱内部下光窗的补偿滤光器以及校检仪器读数可易于知道滤光器或滤光器组合的适用。这一方法决定的补偿滤光器的选择应通过规定的步骤证实。

9.4 线性校检

在光路中有放大滤光器和挡板关闭的情况下，打开光学系统开关。将仪器的量程转化到满量程为0.1%透过率的档位，零位调节到透过率读数为0%；将仪器的量程转换到其他档位检查透过率读数仍为0%。

打开挡板，确保放大滤光器在光路中。调节滤光器跨度，使得仪器档位在满量程为100%透过率时仪器读数为100%。

在下光窗的光路中放置名义光密度为3.0的校准滤光片，打开挡板，测量透过百分率。当用百分比表示观察值和校准值的平均时，两者的差别应在5%以内。

9.5 放大滤光器的校准

在测试箱壁温度稳定在40 ℃±5 ℃时，根据10.2将仪器设置为其普通操作条件。打开光路中有放大滤光器的光学系统开光，关闭挡板。将仪器的量程转化到满量程为0.1%透过率的档位，零位调节到透过率读数为0%。

转换放大器到100%透过率范围，打开挡板，确保放大滤光器在光路中。调节滤光器跨度使得读数为100%透光率。在下光窗上放置一块白布、一张棉纸或一块光密度约为2.5的滤波片，并转换到1%透过率档位。进一步增加滤光片或棉纸片以使得读数约为0.5%——不可调节光学系统的控制部分。记录透过率为T_{with}。

取出白布、纸张或滤光片，重新设置到100%透过率，并从光路中撤出放大滤光片。记录透过率读数T_s，并用式(1)和式(2)计算出放大滤光片的光学密度值d_f和光路中没有放大滤光片时相应的读数校正因子：

$$d_f = \log_{10}\left(\frac{T_s}{T_{with}}\right) \qquad \cdots\cdots(1)$$

$$C_f = 132(d_f - 2) \qquad \cdots\cdots(2)$$

注：对于已知性能的材料，可不需要校准步骤除非光密度大于4。

9.6 测试箱泄漏率测试

在每次使用时(关闭门、排气口和尾气样品管)对测试箱进行气密性测试，经由从气体样品管(或其他合适的进气口)往测试箱内通入压缩空气，直到压力表记录的压力读数超过0.76 kPa(76mm H_2O)，然后关闭供气。测试箱气密性应满足用计时装置记录压力从0.76 kPa下降到0.50 kPa所花的时间应不小于5 min。

9.7 点火装置的校准

设定丙烷和空气的流量，以满足 7.3.6 规定的火焰长度。

注：约 50 cm^3/min 的丙烷和 300 cm^3/min 的空气流量可得到合适的火焰长度。

9.8 辐射锥校准

9.8.1 清理上次试验留在设备内的任何残余物，在测试完成不久后进行辐射锥校准，用空气冲刷测试箱(打开门、排气口和进气口)2 min。将热流计安装在试样的位置上，与辐射锥的距离按 7.3.2 的规定，并连接电气和供水设备。

对于膨胀性材料，热流计安装的位置应为辐射锥加热器底部到热流计表面的距离为 50 mm 处，并在辐射锥加热器的中心。

9.8.2 测试箱壁温度根据 10.2.2 保持稳定时，根据 10.2 将仪器设置为其普通操作条件，从辐射锥上移去辐射屏蔽罩。

9.8.3 关闭测试箱门、打开进气口以及关闭排气口，往热流计通入水以使其冷却。监控热流计的输出以测定何时达到热平衡，然后调整辐射锥，若有必要，给出辐射照度为 25 kW/m^2 或 50 kW/m^2 的等效校准值相应的稳定毫伏数。若在校准期间打开了测试箱门，则在关闭门后应有足够的时间达到热平衡，然后再开始读取最后的毫伏数。

注：对于一些水循环系统，可能会需要轻微的开启测试箱门让管子进入。

在调整时，允许 10 min 来稳定。

9.8.4 在三个位置重复 9.8.3 的步骤对仪器进行校准，即在中心和离中心 25 mm 的两边。

9.8.5 将辐射屏蔽罩复位，并从测试箱中移除热流计，对样品的测试可立即进行。继续保持循环水通过热流计，直到热流计不会引起保护罩在放置时发生融化或变形。

9.9 清洁

使用 7.7 中描述的材料对测试箱内壁、辐射锥和样品盒的支持固定架进行清洁，定期目测。

注：由于测试对样品组分的变化敏感，因此当测试材料从一种变为另一种时应清洁设备，以使得试验结果不受样品间或前次试验残余物的化学或物理反应的影响。即使是对同一种材料进行测试，残余物的囤积会降低烟沉积的总量，从而导致测得的比光密度值增加。

9.10 检查和校准步骤的频率

9.10.1 表 1 给出了周期性的常规检查和校准

表 1 检查和校准频率

设备项目	检查和校准的最低频率	步骤(相关条款)
测试箱内部	在每次样品测试和校准前观察	9.9
辐射锥	每天一次和辐射锥维护或重新定位时	9.8
测试箱(泄漏率)	每天一次和安装安全气爆板或新密封条时	9.6
热流计	12 个月和清洁或再次涂覆仪表时	7.3.4.3 和附录 A
光学系统：		
刻度	样品测试前	10.4
分布	每 6 个月和光源重新定位或发生破坏时	9.2
补偿器	每 6 个月和通过视窗的透过率变差时	9.3
线性	每 6 个月和通过视窗的透过率变差时	9.4
放大滤波器	每 6 个月	9.5

一些材料的燃烧产物可能会腐蚀辐射锥加热元件，可通过调节外加电压来进行一定的补偿。若辐射锥不能按规定输出，则应更换新的加热元件。

9.10.2 在设备的部分更新或维修后，应进行相应的设置程序。

10 测试步骤

10.1 概述

测试在有引燃火焰或无引燃火焰的条件都可进行。

下面给出了优选条件：

a) 试样有引燃火焰或无引燃火焰条件下曝露于 25 kW/m² 的辐射照度。

b) 试样有引燃火焰或无引燃火焰条件下曝露于 50 kW/m² 的辐射照度。

注：当曝露于条件 a)和 b)时，有些材料不会被点燃，可在这些曝露条件下采用无焰模式测量烟产生。

10.2 测试箱的准备

10.2.1 根据第 9 章的要求将辐射锥设置在 25 kW/m² 或 50 kW/m²。对于膨胀性材料，辐射加热器和样品间的距离应为 50 mm，并且引火器应位于辐射加热器底部边缘以下 15 mm 处。

10.2.2 若刚刚完成试验，则关闭测试箱门、打开排气口和进气口，用空气冲洗测试箱直至完全扫清余烟。检查测试箱内部，若有必要清洁箱壁和支撑架(见 9.9)。每次测试前，清洁测试箱光窗内部表面。让仪器稳定，直到测试箱壁温度稳定在 40 ℃±5 ℃的范围(辐射锥为 25 kW/m²)或 55 ℃±5 ℃的范围(辐射锥为 50 kW/m²)。关闭进气阀。

对于膨胀性材料，测试箱壁温应稳定在 50 ℃±10 ℃的范围(辐射锥为 25 kW/m²)或 60 ℃±10 ℃的范围(辐射锥为 50 kW/m²)。

注：若试验温度太高，则可使用排气扇抽取较冷的空气。

10.3 有焰测试

对于有焰测试，燃烧器应在正确的位置，打开燃气和空气，并点燃燃烧器，检查气体流速，若有需要，调节气体流速大小以确保得到 7.3.6 规定的火焰。

10.4 光学系统的准备

调节零点，然后打开挡板，使得透过率读数为 100%。再次关闭挡板，若有需要使用最灵敏的范围(0.1%)重新检查和调整零点。重新检查 100%设定。重复上述操作，直到在打开或关闭挡板时能在放大器和记录仪上得到零点和 100%读数。

10.5 样品的放置

将按照 6.3 和 6.4 包裹好的样品置于样品盒中。将样品盒放置于辐射锥下面的支撑架上。从辐射锥下面移除屏蔽罩，同时开启数据记录系统和关闭进气口。在试验开始后，应立即关闭测试箱门和进气口。

若预测试表明在移除屏蔽罩前引燃火焰就熄灭了，则应立即重新点燃引燃火焰，同时移除屏蔽罩。

10.6 透光率的记录

从试验开始时(即移除屏蔽罩时)便记录连续的透过百分比和时间。为了避免读数小于满量程的 10%，可将光电探测器放大器系统的范围再放大 10 倍。

若透过率很低(即烟密度变得很高)，应报告烟密度 D_s 在 792 以上(即 $D_s > 792$)。

若透过率降低到 0.000 1%以下，遮住测试箱门上的视窗，并从光路中撤回放大滤光片。

10.7 观察

记录样品的任何特殊燃烧特征，如分层、膨胀、收缩、熔融和塌陷，并记录从试验开始后发生特殊行为的时间，包括点火时间和燃烧持续时间。同样也要记录烟特征，如颜色、沉积颗粒的性质。

某些材料生成的烟会根据在无焰模式或有焰模式是否发生燃烧而不同(见 GB/T 8323.1—2008)。因此，在每次试验期间，记录关于燃烧模式尽可能多的信息十分重要。

注：涂层和表面材料，包括层压片、瓷砖、纺织布和用粘接剂安全粘接到基材的其他材料，以及没有粘接基材的复合材料，可能产生分层、破裂、剥落或其他形式的分离而影响其烟的生产。

若点燃火焰在测试期间被气态排出物熄灭并在 10 s 没有再次点燃，则应立即关闭引火燃烧器的供气(见7.3.6)。

若没有剪口的薄样品发生膨胀(见6.4.4),该样品得到的实验结果应舍弃,并重新测试有剪口的样品。

10.8 试验终止

10.8.1 测试持续10 min。若在10 min内没有达到最低透过率值,该测试时间可超过10 min。

10.8.2 若已经使用了引燃火焰则可熄灭引火燃烧器。

注:为了避免与空气混合产生任何燃烧产物或发生爆炸,应熄灭引火燃烧器。

10.8.3 从辐射锥下部移除屏蔽罩。

10.8.4 当水柱压力表显示为小的负压时,打开排气扇和进气口,并持续排气直到在合适量程内记录到透光率最大值,记为"清晰光束"读数 T_c,用于校正光窗上沉积物。

10.9 不同模式下的测试

10.9.1 除非另有协议,4种模式透过百分比的测定应根据下表对每个材料测试3个样品:

模式1:辐射照度为25 kW/m²,无引燃火焰;

模式2:辐射照度为25 kW/m²,有引燃火焰;

模式3:辐射照度为50 kW/m²,无引燃火焰;

模式4:辐射照度为50 kW/m²,有引燃火焰。

10.9.2 对于每个单独的样品,测量最小光透过率,并根据11.1.1计算出最大比光密度 $D_{s,max}$。若在无明显理由的情况下,单个样品的 $D_{s,max}$ 值与该组三个样品的平均值之差超过该平均值的50%,则应采用相同的模式测试同样样品的另外3个样品,并记录6个测试结果的平均值。

注:即使是在同一测试模式下,一个样品可能发生有焰燃烧,而其他样品可能发生无焰燃烧。这便是产生上述差别的原因。

11 结果表示

11.1 比光密度 D_s

11.1.1 对每个样品,建立透过率-时间曲线图,并测得最小透过百分比 T_{min}。使用式(3)计算最大比光密度 $D_{s,max}$,保留2位有效数字:

$$D_{s,max} = 132\log_{10}\left(\frac{100}{T_{min}}\right) \quad\cdots\cdots(3)$$

其中132是从测试箱的表达式 V/AL 算出的因子,V 为测试箱容积,A 为试样的曝露面积,L 为光路的长度。

若有要求,用在10 min时的透过率 T_{10} 代入公式(3),用 T_{10} 代替 T_{min},可得到 D_s 在10 min时的值(D_{s10})。

注1:式(3)中的透过率为所测得的透过率。在前4个10倍的档位,该值由系统直接记录。对于后两个10倍(放大滤光器从光路中移除),应计算相对实际测量范围为0.01%或0.001%的透过率。例如,若将测量范围设定为1%(移除了放大滤光器),则实际测量范围为0.01%。若显示的透过率值为0.523,则实际的测量透过率值为0.005 23%。

注2:对从测试开始到10 min的比光密度变异性已经进行了实验室间验证的初步研究(参见附录B)。

11.1.2 若有要求,对11.1.1中确定的值 $D_{s,max}$ 和 D_{s10} 增加与放大滤光器使用有关的校准因子 C_f。C_f 值为:

a) 0

1) 若记录透过率时($T\geq 0.01\%$)滤光器在光路中,或

2) 光学系统中没有安装可移动式滤光器。

b) 若在测量透过率时($T<0.01\%$)滤光器移除了光路,按9.5规定的步骤测得。

11.2 清晰光束校正因子 D_c

每次试验都应记录"清晰光束"读数 T_c(见10.8.4),来计算校正因子 D_c。像11.1.1中 $D_{s,max}$ 那样

计算 D_c。若 D_c 小于 $D_{s,max}$ 的 5%，则不记录校正因子 D_c。

12 精密度

对从测试开始到 10 min 的比光密度变异性已经进行了实验室间验证的初步研究(参见附录 B)。附录 D 总结了实验室间对膨胀性材料认证试验的结果。

13 试验报告

GB/T 8323 的本部分的试验报告应包括下列内容：

a) 测试实验室的名称和地址；
b) 若可能，测试产品的供应商或制造商的名字和地址；
c) 试验日期；
d) 测试材料的鉴别特征，如名称、类型、来源、尺寸、质量或密度、颜色和表面涂覆率；
e) 样品结果和制备的详细描述(见 6.2.3 和 6.3)；
f) 测试面(见 6.1.2)；
g) 校准因子 C_f；
h) 若仅使用了部分模式，报告试验模式(见 10.9.1)；
i) 是否使用线栅(见 7.3.5)；
j) 每个模式所使用的样品数(见 10.9)；
k) 试验样品的厚度；
l) 每个有效试样的测试模式和光透过率-时间的曲线图以及最大比光密度 $D_{s,max}$，若有需要，试验开始 10 min 时的比光密度 D_{s10}(见 11.1.1)和试验持续时间(见 10.8.1)；
m) 每个有效试验的清晰光束校正值 D_c(见 11.2)；
n) 发生的燃烧现象和发生的时间(见 5.1 和 10.7)，以及任何失效试验的细节和原因；
o) 若需要，每个模式下的 $D_{s,max}$ 和 D_{s10} 值；
p) 声明："该结果仅涉及样品在规定条件下的特性；并不是判断产品实际应用中评估潜在烟雾危险的唯一标准。"

附 录 A
（规范性附录）
热流计的校准

A.1 校准

当对加热器和温度控制器的调节做检查时，应对热流计进行校准。通过与2个工作用热流计相同类型和量程的仪器进行比较来完成校准，该仪器仅作为参考标准。其中一个热流计应每年都经过认证实验室的充分校检。该热流计用于调节加热器温度控制器（见7.3.1.3）。在校准期间，应将该仪器置于样品表面中心的等效位置。

注1：7.3.4.3要求的工作用和参考标准热流计间的对比可使用锥型加热器（见7.3.1），并轮流将热流计安装在校准的位置上（见7.3.1.2），让整个设备达到热平衡。另外，可使用专门的对比用设备（见BS 6809:1987，消防测试中辐射计的校准方法）。

注2：使用两个参考标准能比只使用一个提供更高的参考仪器的灵敏度。

附 录 B
（资料性附录）
在单室测量中测得的烟比光密度的变异性

B.1 概述

根据 GB/T 8323 的本部分，8 个实验室对 16 个材料的同一批次做了实验室间对比试验研究。实验室间对比试验表明一些材料的比光密度 D_{s10} 的变化要大于其他材料。对于那些在 25 kW/m² 没点燃的材料和在无焰模式下的 D_{s10} 高于有焰模式下的 D_{s10} 值的材料，可变性增加。

实验室间对比试验表明 GB/T 8323 的本部分可让使用者区分产生烟水平高或低的材料。表 B.1 和表 B.2 给出了 5 种塑料和 5 种建筑材料的 D_{s10} 的重复性和再现性，根据 GB/T 6379.2—2004，试验方法精密度——实验室间标准试验方法重复性和再现性的测定。

表 B.1 塑料比光密度的重复性和再现性

材 料	厚度/mm	辐射照度/(kW/m²)	评价 D_{s10}	重复性(实验室内)		再现性(实验室间)	
				r	平均%	R	平均%
PMMA	1.0	25 25+pf 50	11 55 54	4 13 11	38 24 20	10 29 17	91 53 32
ABS	1.1	25 25+pf 50	312 441 432	77 146 102	25 33 23	311 205 192	100 46 44
聚氨酯硬质泡沫 (28 kg/m³)	25.0	25 25+pf 50	49 48 145	16 24 48	32 51 33	61 26 97	124 54 67
聚氨酯软质泡沫 (27 kg/m³)	25.0	25 25+pf 50	178 80 127	49 28 46	27 35 36	114 56 80	64 70 63
膨胀性聚苯乙烯 (无阻燃剂； 14 kg/m³)	25.0	25 25+pf 50	112 102 270	75 75 88	67 74 33	196 130 195	175 128 72
注：+pf 表示测试是在模式 2 下进行的(即有点燃火焰)。							

表 B.2 建筑材料比光密度的重复性和再现性

材 料	厚度/mm	辐射照度/(kW/m²)	平均 D_{s10}	重复性(实验室内)		再现性(实验室间)	
				r	平均%	R	平均%
松木	12.1	25 25+pf 50	403 26 196	97 15 191	24 55 98	300 56 191	74 211 98
硬纸板	12.2	25 25+pf 50	411 58 481	47 59 96	12 102 20	187 88 464	45 153 97

表 B.2（续）

材 料	厚度/mm	辐射照度/(kW/m²)	平均 D_{s10}	重复性(实验室内)		再现性(实验室间)	
				r	平均%	R	平均%
夹板	4.2	25	251	31	12	132	52
		25+pf	33	15	47	58	175
		50	113	58	51	82	72
中等密度纤维板	11.9	25	420	127	30	281	67
		25+pf	68	54	62	72	106
		50	688	114	17	413	60
石膏板	25.0	25	20	8	42	21	107
		25+pf	8	8	104	25	314
		50	17	11	64	23	132
注：+pf 表示测试是在模式 2 下进行的(即有点燃火焰)。							

重复性，r，是在同相同试验条件下(同一实验室、同一设备、同一操作员、较短的时间间隔)对同一材料采用同样方法测得的 2 个 D_{s10} 值，在概率水平为 95%的条件下的差值。

再现性，R，是在不同试验条件下(不同实验室、不同设备、不同操作员)对同一材料采用同样方法测得的 2 个 D_{s10} 值，在概率水平为 95%的条件下的差值。

实验室间对比试验表明对试验变异性提出单一的值意义不大。D_{s10} 的数据表明烟产生取决于材料的点火特性。由于点火时间对辐射敏感，应小心测量的辐射照度。

附 录 C
（资料性附录）
质量光密度的测定

C.1 范围

本附录仅为资料性附录，提供了可用于测定材料质量光密度的方法（见 3.7）。该方法测得的质量光密度值规定是样品或装配材料的形状和厚度，同样，也不能将该值视为固有的基本性能。

C.2 测试原理

对比光密度来说，曝露的热条件和烟收集条件是一样的。另外，质量测量是在试验期间对样品进行的，因此，也测定质量损失-时间曲线和质量光密度。

C.3 样品

C.3.1 对材料的适用性采用相同的规定（见第 5 章）。同样的，采用相同的试样数量、制备和状态调节步骤（见第 6 章）。

C.3.2 每个试样都应连同铝箔包装和样品盒一起称重，记为初始质量（m_i）。

C.4 辅助设备

C.4.1 测压元件应能测量 500 g 以内，并精确至±0.1 g。测压元件应按照在密闭容器中（见图 C.1、图 C.2 和图 C.3），并在样品定位棒和密封盒间设立折皱式的密封，以降低进入的烟雾粒子和腐蚀性气体。

测压元件组合应易于从测试箱中移除，因此，进行比光密度测定的步骤操作时若不要求测定质量光密度可不用测压元件。

测压元件应具有一个固定支脚和 2 个可调节的支脚，以调节元件在基板上水平。测压元件的中心应在辐射锥的下方。

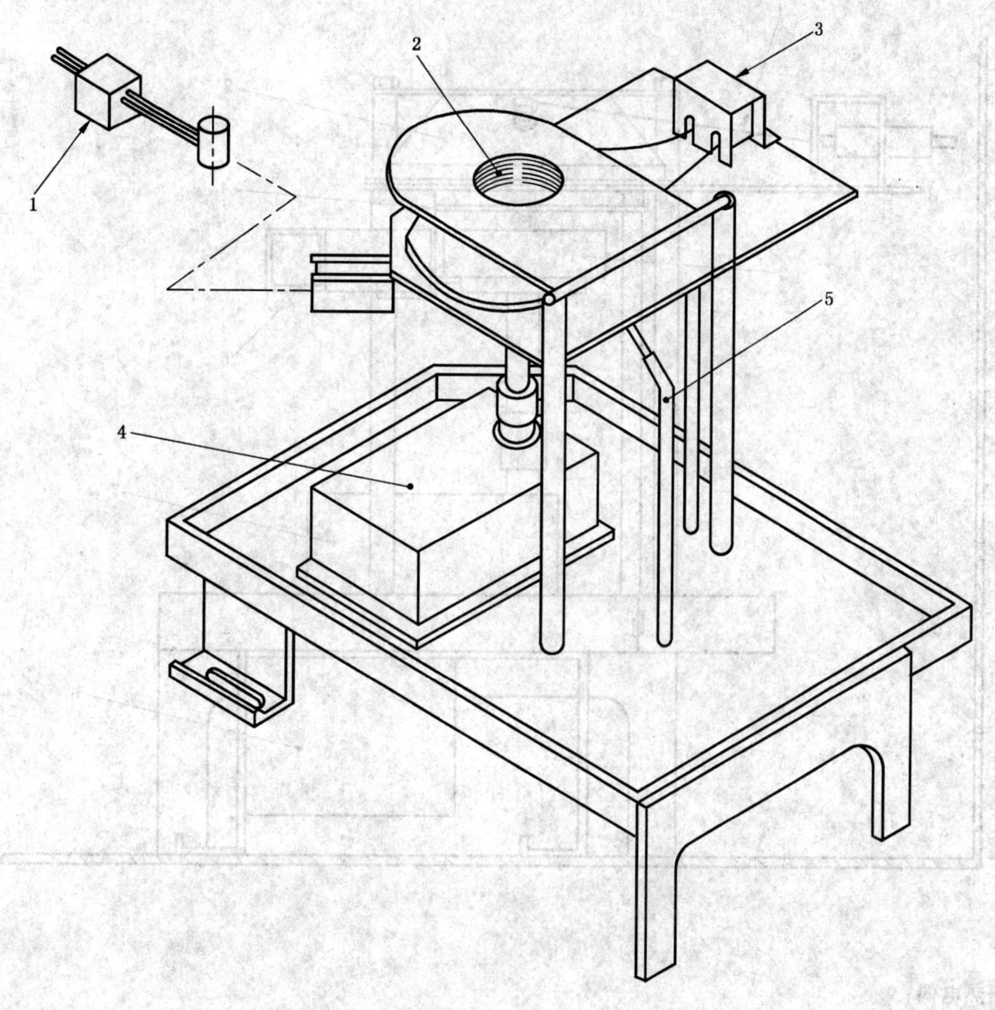

1——加热元件；
2——热电偶插槽和保护罩；
3——热流计和插槽；
4——测压元件；
5——点火装置。

图 C.1 质量光密度测定的辐射锥、样品和热流计的典型支撑框架图

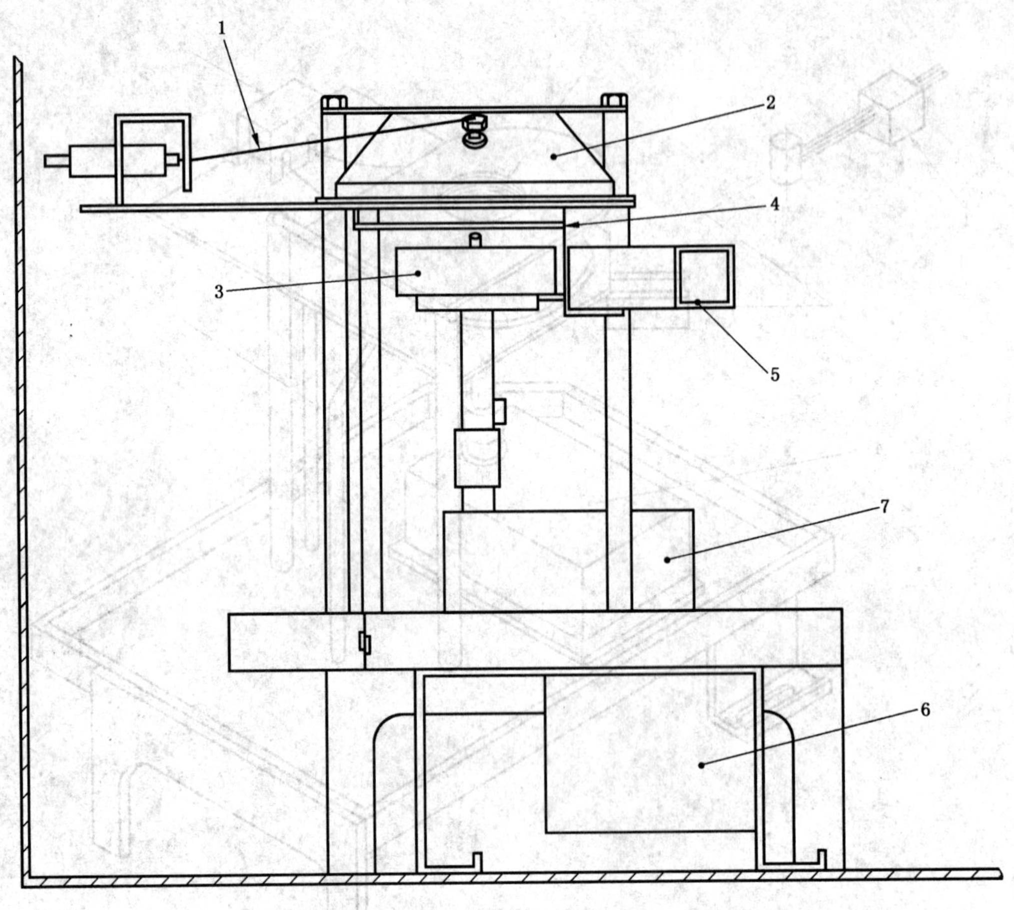

1——热电偶；

2——辐射锥；

3——样品盒；

4——辐射锥屏蔽罩；

5——热流计；

6——点火盒；

7——测压元件。

图 C.2 质量光密度测定的辐射锥、样品和热流计的典型分布图(侧视图)

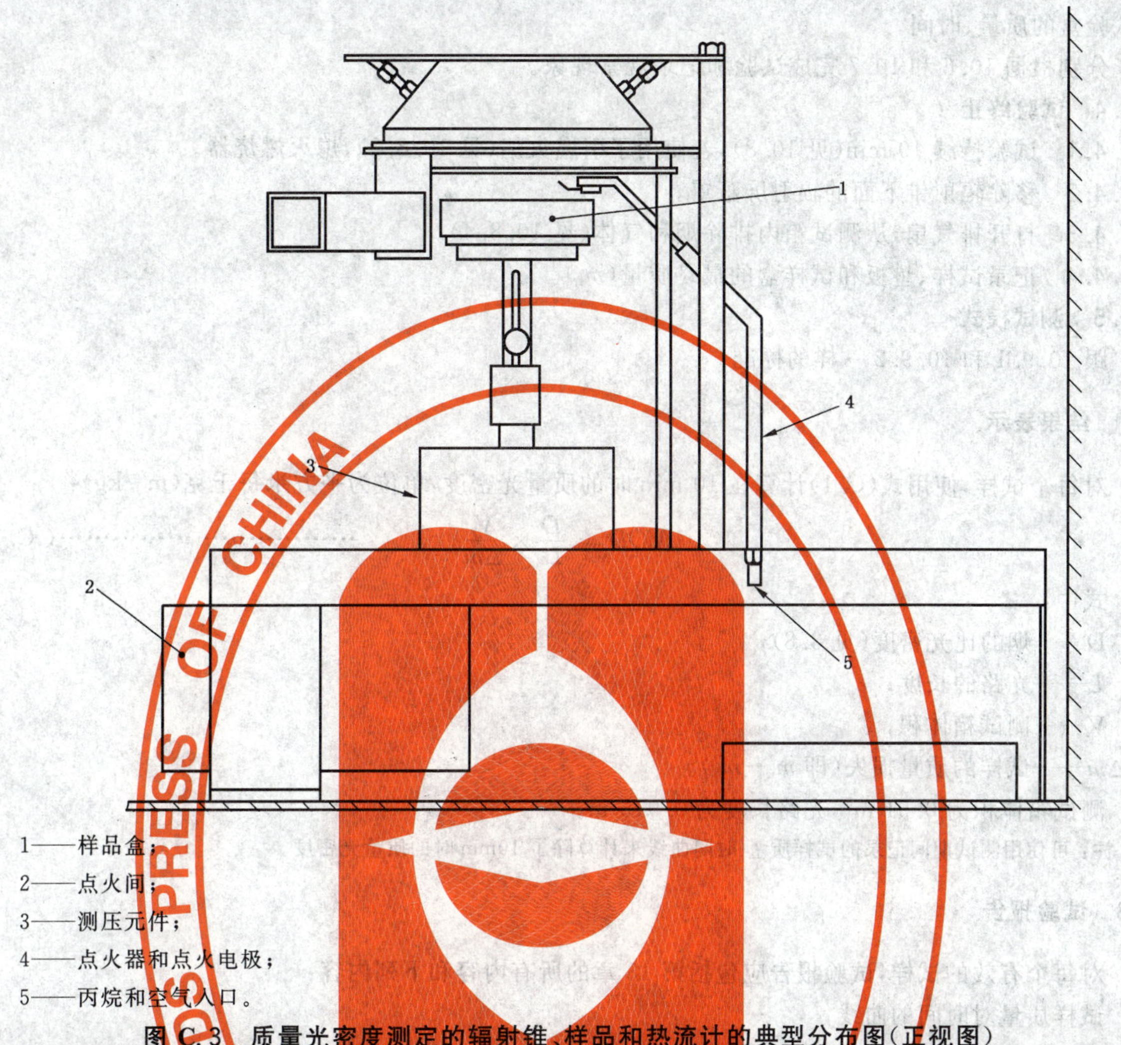

1——样品盒；

2——点火间；

3——测压元件；

4——点火器和点火电极；

5——丙烷和空气入口。

图 C.3 质量光密度测定的辐射锥、样品和热流计的典型分布图(正视图)

C.4.2 测压元件的安全操作温度范围为 15 ℃～70 ℃。在样品热曝露期间，矿物纤维毡的保护罩应按照在测压元件密封间的顶部和侧面，因此，可防止密封间内部过度的温度升高和避免测压元件的温度漂移。

C.4.3 测压元件应与被安装在测试箱外部的驱动控制器相连。该控制器最好为数显，刻度为毫伏输出并便于称皮重。

C.5 校准步骤

在一系列测试前，应采用试样质量范围内的参考标准对测压元件进行校准。

C.6 测试步骤

C.6.1 测试箱的准备

如 10.2、10.3 和 10.4 描述的那样准备测试箱、点火器和光学系统。

C.6.2 试样放置

按 6.3 和 6.4 将包裹好的试样连同垫板放置于试样盒中。将试样盒和试样置于辐射锥下面的测压元件托盘中，并立即关闭测试箱门。使测压元件控制器记录试样、垫板和试样盒的初始质量(m_i)。从辐射锥底部移除屏蔽罩，同时开启数据记录系统，并关闭进气口。

C.6.3 记录透光率和质量损失

从测试开始(即从辐射屏蔽罩移除开始)连续记录或最大时间间隔为 30s 的记录透光百分率、试样和试验盒的质量、时间。

分别根据10.6和10.7完成试验和记录观察现象。

C.6.4 试验终止

C.6.4.1 试验持续10 min(见10.8),若使用了引燃火焰(见10.8.2),熄灭燃烧器。

C.6.4.2 移除辐射锥下面的辐射屏蔽罩。

C.6.4.3 打开排气扇,从测试箱内排除烟和气体(见10.8.4)。

C.6.4.4 记录试样、垫板和试样盒的最终质量(m_f)。

C.6.5 测试模式

跟10.9.1和10.9.2一样的标准。

C.7 结果表示

对每个试样,使用式(C.1)计算在10 min时的质量光密度,单位为平方米每千克(m^2/kg):

$$MOD = \frac{D}{L} \times \frac{V}{\Delta m} \qquad \text{(C.1)}$$

式中:

D——烟的比光密度(见3.8);

L——光路的长度;

V——测试箱体积;

Δm——试样的质量损失(即 $m_i - m_f$)。

测试箱体积为0.51 m^3,光路长度为0.915 m。

注:可使用测试期间记录的试样质量-时间曲线来计算除了10min时的质量光密度。

C.8 试验报告

对每个有效的试样,试验报告应包括第13章的所有内容和下列内容:

试样质量对时间的曲线;

测试开始后,第10分钟时的质量比光密度。

附　录　D
（资料性附录）
膨胀性材料测试数据精密度

D.1　介绍

为了提供修正测试方法对于膨胀性材料使用样品-加热器间距离为 50 mm 基础数据，进行了实验室间对比试验。

D.2　样品

采用两类样品：

——聚碳酸酯，6 mm 厚；

——聚氯乙烯(PVC)板，3 mm 厚。

D.3　参加实验室

9 个实验室参加了 PVC 板的验证试验，10 个实验室参加了聚碳酸酯的验证试验。

D.4　测试方法

根据 GB/T 8323 的本部分进行试验，但是试样-支持系统间的距离调整为样品曝露面和辐射锥底部边缘间相隔 50 mm。辐射锥校准是将热流计安装在试样的位置(加热器底部边缘下面 50 mm 处)，并将加热器的温度设置在试样处的辐射照度为 25 kW/m² 和 50 kW/m²。

点火器定位按 ISO 5659 本部分的规定，即辐射加热器底部边缘下面 15 mm 处。

测试采用 3 个模式：

a)　试样处辐射照度 25 kW/m²，引燃火焰；

b)　试样处辐射照度 25 kW/m²，无引燃火焰；

c)　试样处辐射照度 50 kW/m²，无引燃火焰。

D.5　试验结果

表 D.1 和表 D.2 给出了试验结果。根据 GB/T 6379.2 计算重复性和再现性。根据 GB/T 6379.2—2004 除去外层。表 D.3 给出了在实验室间验证试验测得的辐射加热器和测试箱壁温度。

表 D.1　聚碳酸酯的试验结果

测试条件	参　数	平均值 A	重复性 r	r/A %	再现性 R	R/A %	实验室数量
25 kW/m² 引燃火焰	D_{s10}	8.4	1.6	20.1	3.8	45.2	6
	$D_{s,max}$	17.1	2.1	10.4	5.4	31.8	6
25 kW/m² 无引燃火焰	D_{s10}	8.7	1.2	15.9	2.5	28.4	5
	$D_{s,max}$	22.2	1.8	8.1	3.7	116.7	6
50 kW/m² 无引燃火焰	D_{s10}	a	a	a	a	a	a
	$D_{s,max}$	a	a	a	a	a	a

a 大多数实验室报告 D_{s10} 和 $D_{s,max}$ 超过 500。

表 D.2 PVC板的试验结果

测试条件	参 数	平均值 A	重复性 r	r/A %	再现性 R	R/A %	实验室数量
25 kW/m² 引燃火焰	D_{s10}	260.8	47.8	18.8	74.7	28.6	9
	$D_{s,max}$	296.0	57.9	20.1	96.3	32.5	9
25 kW/m² 无引燃火焰	D_{s10}	472.6	41.6	9.8	124.0	26.2	9
	$D_{s,max}$	504.0	22.7	4.8	101.9	20.2	9
50 kW/m² 无引燃火焰	D_{s10}	376.6	26.8	6.8	110.4	29.3	8
	$D_{s,max}$	491.6	28.7	6.0	95.6	19.5	8

表 D.3 试验期间测试箱温度

试样处的辐射照度/(kW/m²)	辐射加热器温度/℃	测试期间测试箱内壁的最高温度/℃
25	658～716	63
50	855～919	90

参考文献

[1] GB/T 6379.2—2004 测量方法与结果的准确度(正确度与精密度) 第2部分:确定标准测量方法重复性与再现性的基本方法(ISO 5725-2:1994,IDT)

[2] ISO/TR 3814:1989 建筑材料“燃烧反应”试验方法—开发和应用

[3] BS 6809:1987 燃烧试验用辐射仪的校准方法

ICS 83.080.20
G 31

中华人民共和国国家标准

GB/T 8324—2008/ISO 171:1980
代替 GB/T 8324—1987

塑料　模塑材料体积系数的测定

Plastics—Determination of bulk factor of moulding materials

(ISO 171:1980,IDT)

2008-08-04 发布　　　　2009-04-01 实施

中华人民共和国国家质量监督检验检疫总局
中国国家标准化管理委员会　发布

前言

本标准等同采用ISO 171:1980《塑料——模塑材料体积系数的测定》(英文版)。

本标准等同翻译ISO 171:1980,技术内容完全相同。

为了便于使用,对ISO 171:1980做了下列编辑性修改:

——把“本国际标准”改为“本标准”;

——删除了ISO 171的前言,增加了国家标准的前言;

——把“规范性引用文件”一章中一个国际标准用采用该文件的我国国家标准代替,删除ISO 554:1976《状态调节和/或试验标准环境规范》;

——第4章中“计算体积系数所需的表观密度和密度应在ISO 554规定的同一温度下测定”改为“计算体积系数所需的表观密度和密度应在同一温度下测定”;

——第6章加“试验结果取两位有效数字”。

本标准代替GB/T 8324—1987《模塑料体积系数试验方法》。

本标准与GB/T 8324—1987主要不同如下:

——更改了标准名称,增加了前言;

——增加了范围、规范性引用文件、试验温度。

本标准由中国石油和化学工业协会提出。

本标准由全国塑料标准化技术委员会塑料树脂通用方法和产品分会(SAC/TC 15/SC 4)归口。

本标准负责起草单位:国家合成树脂质量监督检验中心。

本标准参加起草单位:北京燕山石化树脂所、中石化北化院国家化学建筑材料测试中心(材料测试部)、国家塑料制品质检中心(福州)、广州金发科技股份有限公司。

本标准主要起草人:宋桂荣、王建东、陈宏愿、宁凯军、丁金海、何芃。

本标准于1987年首次发布。

塑料　模塑材料体积系数的测定

1　范围

本标准规定了由模塑材料未模塑时的表观密度和模塑后的密度测定体积系数的方法。

模塑材料体积系数是模具设计时计算最小模腔体积的基本数据。

2　规范性引用文件

下列文件中的条款通过本标准的引用而成为本标准的条款。凡是注日期的引用文件，其随后所有的修改单(不包括勘误的内容)或修订版均不适用于本标准，然而，鼓励根据本标准达成协议的各方研究是否可使用这些文件的最新版本。凡是不注日期的引用文件，其最新版本适用于本标准。

GB/T 1033.1—2008　塑料　非泡沫塑料密度的测定　第1部分：浸渍法、液体比重瓶法和滴定法(ISO 1183.1:2004,IDT)

ISO 60:1977　塑料　能从规定漏斗流出的材料表观密度的测定

ISO 61:1977　塑料　不能从规定漏斗流出的材料表观密度的测定

3　术语和定义

下列术语和定义适用于本标准。

3.1

模塑材料体积系数　bulk factor of moulding materials

定量的模塑材料体积与其模塑后体积之比。

注：它也是模塑材料未模塑时的表观密度与模塑后的密度之比。

4　试验温度

计算体积系数所需的表观密度和密度应在同一温度下测定。

5　操作步骤

5.1　按 ISO 60:1977 或 ISO 61:1977 测定未模塑材料的表观密度。

5.2　按 GB/T 1033.1—2008 测定模塑后材料的密度。

6　结果表示

按式(1)计算模塑料的体积系数：

$$r=\frac{\rho_{\mathrm{m}}}{\rho_{\mathrm{u}}} \qquad \cdots\cdots(1)$$

式中：

r——体积系数；

ρ_{m}——模塑后材料的密度，单位克每毫升(g/mL)；

ρ_{u}——未模塑材料的表观密度，单位克每毫升(g/mL)。

试验结果取两位有效数字。

注：在计算体积系数时，模塑后密度会与其相对密度(以水作参考物)在数值上一致。

7 试验报告

试验报告应包括下列内容：

a） 注明采用本标准；

b） 受试材料的完整鉴别；

c） 试验温度；

d） 模塑材料的表观密度；

e） 模塑后的密度；

f） 体积系数。

ICS 83.080.01
G 31

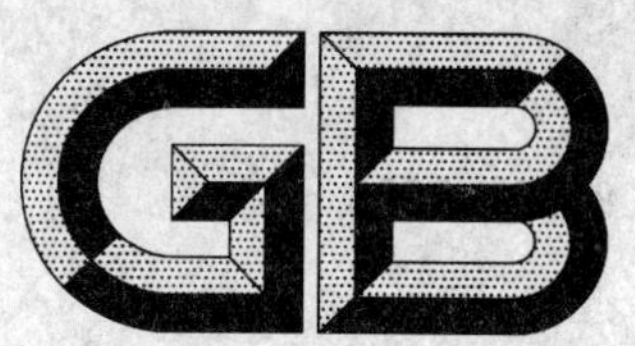

中华人民共和国国家标准

GB/T 8330—2008
代替 GB/T 8330—1987

离子交换树脂湿真密度测定方法

Determination of specific gravity of ion exchange resins in wet state

2008-06-30 发布　　2009-02-01 实施

中华人民共和国国家质量监督检验检疫总局
中国国家标准化管理委员会　发布

前言

本标准代替 GB/T 8330—1987《离子交换树脂湿真密度测定方法》。

与 GB/T 8330—1987 相比，本标准对文字等进行了编辑性修改。

本标准的附录 A 是资料性附录。

本标准由中国石油和化学工业协会提出。

本标准由全国塑料标准化技术委员会通用方法和产品分会(SAC/TC 15/SC 4)归口。

本标准主要起草单位：西安热工研究院有限公司、浙江争光实业股份有限公司、国家合成树脂质检中心、淄博东大化工股份有限公司、江苏苏青水处理工程集团公司。

本标准主要起草人：王广珠、沈建华、王建东、彭章华、翟静华、钱平。

本标准所代替标准的历次版本发布情况为：

——GB/T 8330—1987。

离子交换树脂湿真密度测定方法

1 范围

本标准规定了离子交换树脂湿真密度的测定方法。

本标准适用于湿态颗粒状的各种离子交换树脂湿真密度的测定。

2 规范性引用文件

下列文件中的条款通过本标准的引用而成为本标准的条款。凡是注日期的引用文件，其随后所有的修改单(不包括勘误的内容)或修订版均不适用于本标准，然而，鼓励根据本标准达成协议的各方研究是否可使用这些文件的最新版本。凡是不注日期的引用文件，其最新版本适用于本标准。

GB/T 5475 离子交换树脂取样方法

GB/T 5476 离子交换树脂预处理方法

GB/T 5757 离子交换树脂含水量测定方法

GB/T 6682 分析实验室用水规格和试验方法

3 仪器和设备

3.1 离子交换树脂密度计，如图 1。

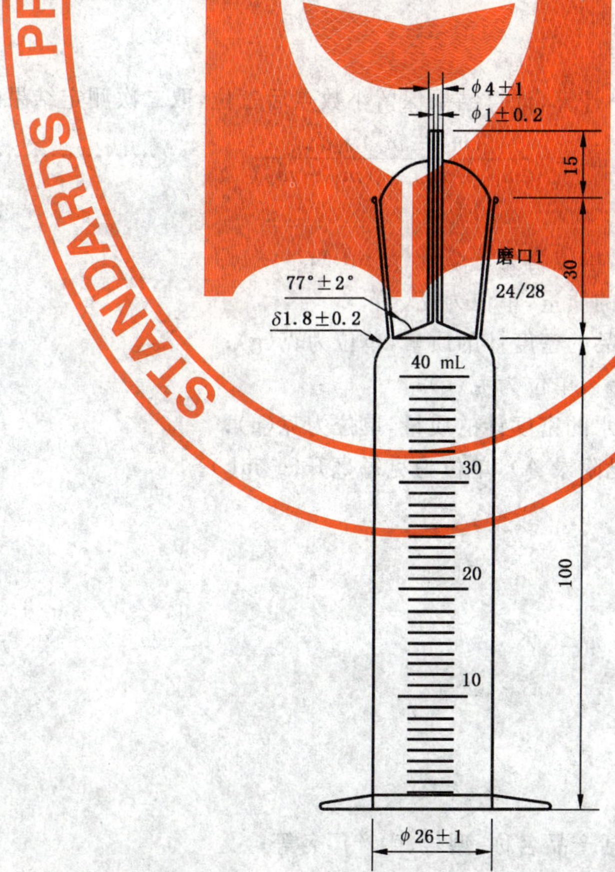

图 1 离子交换树脂密度计

3.2 分析天平，精度 0.1 mg；

4 试剂和溶液

试剂水：满足 GB/T 6682 规定的三级试剂水。

5 操作步骤

5.1 取样按 GB/T 5475 进行。

5.2 试样的预处理按 GB/T 5476 进行。需要将树脂转为某一型态时，可将相应的电解质溶液通过上述预处理后的样品。

5.3 外部水分的除去按 GB/T 5757 进行。

5.4 向密度计内加入(10～30)℃的纯水约(15～20)mL，擦干外壁及磨口部位，盖上磨口塞，在分析天平上称量，记为 m_1。

5.5 再向密度计内直接倒入经 5.3 操作的树脂样品(25～30)mL，盖上磨口塞，在分析天平上称量记为 m_2。

5.6 向密度计内加入(10～30)℃的纯水至磨口部位中间，用玻璃棒轻轻搅动树脂层，除去气泡，玻璃棒不得带出树脂。盖严磨口塞，使水慢慢溢出，保证密度计内无气泡，用滤纸擦干外壁，在分析天平上称量，记为 m_4。

5.7 加满纯水的密度计的称量

向密度计内加入(10～30)℃的纯水至磨口部位中间，盖严磨口塞，使水慢慢溢出，保证密度计内无气泡，用滤纸擦干外壁，在分析天平上称量，记为 m_3。

6 结果表示

离子交换树脂湿真密度按式(1)计算，计算结果保留小数点后三位，取二次测定结果的平均值。

$$d_r = \frac{(m_2 - m_1) \cdot d_w}{(m_2 - m_1) - (m_4 - m_3)} \qquad \cdots\cdots(1)$$

式中：

d_r——离子交换树脂湿真密度，单位为克每毫升(g/mL)；

m_1——加有部分纯水时密度计的质量，单位为克(g)；

m_2——加有部分纯水及树脂样品的密度计的质量，单位为克(g)；

m_3——加满纯水后密度计的质量，单位为克(g)；

m_4——加有树脂样品及加满纯水的密度计的质量，单位为克(g)；

d_w——测定温度下水的密度(见附录 A)，单位为克每毫升(g/mL)。

7 精密度

重复性限(r)：0.005，g/mL。

再现性限(R)：0.013，g/mL。

8 试验报告

试验报告应包括下列各项：

a) 试验方法和标准号；

b) 受检产品的完整标识：包括产品名称、型号、生产厂名等；

c) 测量结果；

d) 试验人员和试验日期。

附 录 A
（资料性附录）
水的密度

温度/℃	密度/(g/mL)	温度/℃	密度/(g/mL)	温度/℃	密度/(g/mL)	温度/℃	密度/(g/mL)	温度/℃	密度/(g/mL)	温度/℃	密度/(g/mL)
0.0	0.999 841	5.2	0.999 961	10.4	0.999 664	15.6	0.999 007	20.8	0.998 035	26.0	0.996 783
0.2	0.999 854	5.4	0.999 957	10.6	0.999 645	15.8	0.998 975	21.0	0.997 992	26.2	0.996 729
0.4	0.999 866	5.6	0.999 952	10.8	0.999 625	16.0	0.998 943	21.2	0.997 948	26.4	0.996 676
0.6	0.999 878	5.8	0.999 947	11.0	0.999 605	16.2	0.998 91	21.4	0.997 904	26.6	0.996 621
0.8	0.999 889	6.0	0.999 941	11.2	0.999 585	16.4	0.998 877	21.6	0.997 86	26.8	0.996 567
1.0	0.999 9	6.2	0.999 935	11.4	0.999 564	16.6	0.998 843	21.8	0.997 815	27.0	0.996 512
1.2	0.999 909	6.4	0.999 927	11.6	0.999 542	16.8	0.998 809	22.0	0.997 77	27.2	0.996 457
1.4	0.999 918	6.6	0.999 92	11.8	0.999 52	17.0	0.998 774	22.2	0.997 724	27.4	0.996 401
1.6	0.999 927	6.8	0.999 911	12.0	0.999 498	17.2	0.998 739	22.4	0.997 678	27.6	0.996 345
1.8	0.999 934	7.0	0.999 902	12.2	0.999 475	17.4	0.998 704	22.6	0.997 632	27.8	0.996 289
2.0	0.999 941	7.2	0.999 893	12.4	0.999 451	17.6	0.998 668	22.8	0.997 585	28.0	0.996 232
2.2	0.999 947	7.4	0.999 883	12.6	0.999 427	17.8	0.998 632	23.0	0.997 538	28.2	0.996 175
2.4	0.999 953	7.6	0.999 872	12.8	0.999 402	18.0	0.998 595	23.2	0.997 49	28.4	0.996 118
2.6	0.999 958	7.8	0.999 861	13.0	0.999 377	18.2	0.998 558	23.4	0.997 442	28.6	0.996 06
2.8	0.999 962	8.0	0.999 849	13.2	0.999 352	18.4	0.998 52	23.6	0.997 394	28.8	0.996 002
3.0	0.999 965	8.2	0.999 837	13.4	0.999 326	18.6	0.998 482	23.8	0.997 345	29.0	0.995 944
3.2	0.999 968	8.4	0.999 824	13.6	0.999 299	18.8	0.998 444	24.0	0.997 296	29.2	0.995 885
3.4	0.999 97	8.6	0.999 81	13.8	0.999 272	19.0	0.998 405	24.2	0.997 246	29.4	0.995 826
3.6	0.999 972	8.8	0.999 796	14.0	0.999 244	19.2	0.998 365	24.4	0.997 196	29.6	0.995 766
3.8	0.999 973	9.0	0.999 781	14.2	0.999 216	19.4	0.998 325	24.6	0.997 146	29.8	0.995 706
4.0	0.999 973	9.2	0.999 766	14.4	0.999 188	19.6	0.998 285	24.8	0.997 095	30.0	0.995 646
4.2	0.999 973	9.4	0.999 751	14.6	0.999 159	19.8	0.998 244	25.0	0.997 044	31.0	0.995 329
4.4	0.999 972	9.6	0.999 734	14.8	0.999 129	20.0	0.998 203	25.2	0.996 992	32.0	0.995 012
4.6	0.999 97	9.8	0.999 717	15.0	0.999 099	20.2	0.998 162	25.4	0.996 941	33.0	0.994 695
4.8	0.999 968	10.0	0.999 7	15.2	0.999 069	20.4	0.998 12	25.6	0.996 888	34.0	0.994 377
5.0	0.999 965	10.2	0.999 682	15.4	0.999 038	20.6	0.998 078	25.8	0.996 836	35.0	0.994 06

ICS 83.080.01
G 31

中华人民共和国国家标准

GB/T 8331—2008
代替 GB/T 8331—1987

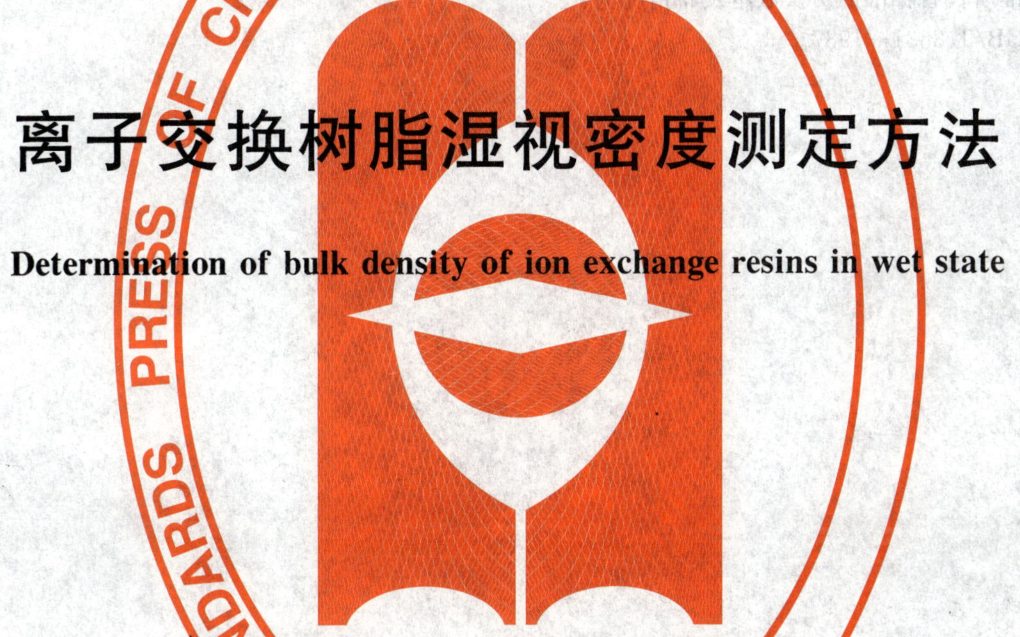

离子交换树脂湿视密度测定方法

Determination of bulk density of ion exchange resins in wet state

2008-06-30 发布　　2009-02-01 实施

中华人民共和国国家质量监督检验检疫总局
中国国家标准化管理委员会　发布

前言

本标准代替 GB/T 8331—1987《离子交换树脂湿视密度测定方法》。

与 GB/T 8331—1987 相比，本标准对文字等进行了编辑性修改。

本标准由中国石油和化学工业协会提出。

本标准由全国塑料标准化技术委员会通用方法和产品分会(SAC/TC 15/SC 4)归口。

本标准主要起草单位：西安热工研究院有限公司、国家合成树脂质检中心、浙江争光实业股份有限公司、江苏苏青水处理工程集团公司、淄博东大化工股份有限公司。

本标准主要起草人：王广珠、王建东、沈建华、崔焕芳、钱平、翟静华。

本标准所代替标准的历次版本发布情况为：

——GB/T 8331—1987。

离子交换树脂湿视密度测定方法

1 范围

本标准规定了离子交换树脂湿视密度的测定方法。

本标准适用于湿态颗粒状的各种离子交换树脂湿视密度的测定。

2 规范性引用文件

下列文件中的条款通过本标准的引用而成为本标准的条款。凡是注日期的引用文件，其随后所有的修改单(不包括勘误的内容)或修订版均不适用于本标准，然而，鼓励根据本标准达成协议的各方研究是否可使用这些文件的最新版本。凡是不注日期的引用文件，其最新版本适用于本标准。

GB/T 5475 离子交换树脂取样方法

GB/T 5476 离子交换树脂预处理方法

GB/T 5757 离子交换树脂含水量测定方法

GB/T 6682 分析实验室用水规格和试验方法

3 仪器和设备

3.1 离子交换树脂密度计，如图 1。

单位为毫米

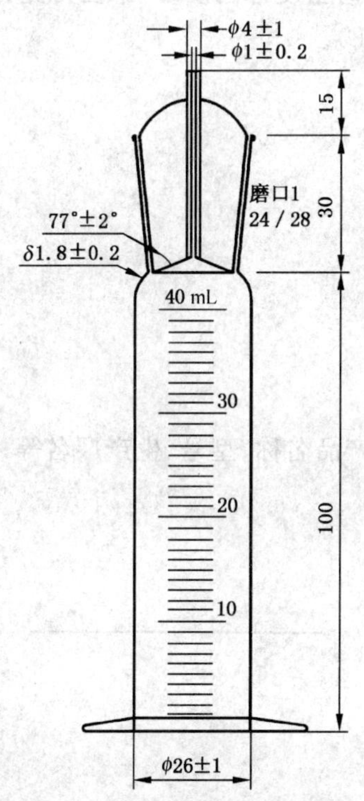

图 1 离子交换树脂密度计

3.2 分析天平，精度 0.1 mg。

4 试剂和溶液

试剂水：满足 GB/T 6682 规定的三级试剂水。

5 操作步骤

5.1 取样按 GB/T 5475 进行。

5.2 试样的预处理按 GB/T 5476 进行。需要将树脂转为某一型态时，可将相应的电解质溶液通过上述预处理后的样品。

5.3 外部水分的除去按 GB/T 5757 进行。

5.4 向密度计内加入(10～30)℃的纯水约(15～20)mL，擦干外壁及磨口部位，盖上磨口塞，在分析天平上称量，记为 m_1。

5.5 再向密度计内直接倒入经 5.3 操作的树脂样品(25～30)mL，盖上磨口塞，在分析天平上称量记为 m_2。

5.6 向密度计内加入(10～30)℃的纯水至磨口部位中间，用玻璃棒轻轻搅动树脂层，除去气泡，玻璃棒不得带出树脂，用洗耳球或橡皮管敲击密度计，并轻轻墩实至树脂体积不变为止，读取树脂体积记为 V。

6 结果表示

离子交换树脂湿视密度按式(1)计算，计算结果保留小数点后二位，取二次测定结果的平均值。

$$d_b = \frac{m_2 - m_1}{V} \qquad \cdots\cdots(1)$$

式中：

d_b——离子交换树脂湿视密度，单位为克每毫升(g/mL)；

m_1——加有部分纯水时密度计的质量，单位为克(g)；

m_2——加有部分纯水及树脂样品时密度计的质量，单位为克(g)；

V——树脂体积，单位为毫升(mL)。

7 精密度

重复性限(r)：0.01 g/mL。

再现性限(R)：0.03 g/mL。

8 试验报告

试验报告应包括下列各项：

a) 试验方法和标准号；

b) 受检产品的完整标识：包括产品名称、型号、生产厂名等；

c) 测量结果；

d) 试验人员和试验日期。

ICS 83.080.01
G 31

中华人民共和国国家标准

GB/T 8332—2008/ISO 9772:2001
代替 GB/T 8332—1987

泡沫塑料燃烧性能试验方法 水平燃烧法

Test method for flammability of cellular plastic—Horizonal burning method

(ISO 9772:2001 Cellular plastic—Determination of horizontal burning characteristics of small speciments subjected to a small flame, IDT)

2008-08-04 发布 2009-04-01 实施

中华人民共和国国家质量监督检验检疫总局
中国国家标准化管理委员会 发布

前　言

本标准等同采用国际标准 ISO 9772:2001(英文版)《泡沫塑料——小试样在小火焰条件下水平燃烧性能测定》。

本标准对 ISO 9772:2001(E)主要做了下列编辑性修改。

——删除了国际标准的前言；

——将国际标准的第 4 章内容列入本标准附录 B；

——将国际标准的精密度数据列入本标准附录 C；

——将国际标准中有关试样的订正 ISO 9772:2001/Amd 1:2003(E)直接写入标准。

本标准代替 GB/T 8332—1987《泡沫塑料燃烧性能试验方法　水平燃烧法》。

本标准与 GB/T 8332—1987 相比主要变化如下：

——采用标准不同,本次修订等同采用 ISO 9772:2001(E),原标准等效采用 ISO 3582:1978；

——增加了资料性附录 A,分级系统；

——增加了资料性附录 B,试验的有关说明；

——增加了资料性附录 C,ISO 9772 的精密度。

本标准附录 A、附录 B、附录 C 为资料性附录。

本标准由中国石油和化学工业协会提出。

本标准由全国塑料标准化技术委员会(SAC/TC 15)归口。

本标准负责起草单位:国家塑料制品质量监督检验中心(福州)、国家合成树脂质量监督检验中心。

本标准参加起草单位:金发科技股份有限公司、中石化北化院国家化学建筑材料测试中心(材料测试部)、国家塑料制品质量监督检验中心(北京)、公安部上海消防研究所、南京市江宁区分析仪器厂。

本标准主要起草人:何芃、兰明荣、程氢、王建东、李建军、者东梅、李洁涛、张正敏、王富海。

本标准所代替标准的历次版本发布情况为：

——GB/T 8332—1987。

泡沫塑料燃烧性能试验方法 水平燃烧法

1 范围

本标准规定了采用水平燃烧法测定泡沫塑料的燃烧性能。

本标准适用于实验室条件下评定按 ISO 845:1985 测定的密度小于 250 kg/m³ 的泡沫塑料小试样在小火焰下的水平燃烧性能。

本标准不作为评定实际使用条件下着火危险性的依据。

2 规范性引用文件

下列文件中的条款通过本标准的引用而成为本标准的条款。凡是注日期的引用文件，其随后所有的修改单(不包括勘误的内容)或修订版均不适用于本标准，然而，鼓励根据本标准达成协议的各方研究是否可使用这些文件的最新版本。凡是不注日期的引用文件，其最新版本适用于本标准。

GB/T 1844.1—2008 塑料 符号和缩略语 第1部分：基础聚合物及其特征性能(ISO 1043-1:2001,IDT)

GB/T 2918—1998 塑料试样状态调节和试验的标准环境(idt ISO 291:1997)

GB/T 6342—1996 泡沫塑料与橡胶 线性尺寸的测定(idt ISO 1923:1981)

ISO 845:1985 泡沫塑料和橡胶——表观(体积)密度的测定

ISO 10093:1998 塑料——燃烧试验——标准火源

ISO/IEC 13943:2000 防火安全——词汇表

3 术语和定义

ISO/IEC 13943:2000 中确立的以及下列术语和定义适用于本标准。

3.1

余焰时间 afterflame time

在特定试验条件下，材料在移开火源后的火焰持续时间。

3.2

余辉时间 afterglow time

在特定试验条件下，材料在移开火源和/或火焰熄灭后的辉光持续时间。

4 试验的说明

试验说明参见附录B。

5 仪器

5.1 实验室通风橱

内部体积不少于 0.5 m³。箱体应能观察进行中的试验并且通风良好使得燃烧有正常的空气热循环通过试样。箱体内壁应为暗色。在试样位置放置一个测光器，面向箱体后壁，所记录的光照度不超过

20 lx。为安全及便利，本橱柜(可完全关闭)应配置排气装置，如排气扇，以去除可能有毒的燃烧产物。

注：可供燃烧的氧气供应量通常对这些燃烧试验是很重要的。当用本方法进行的试验燃烧时间延长时，可能需要超过 0.5 m^3 的箱体以得到可再现结果。

5.2 本生灯

按 ISO 10093:1998 的规定，筒身长(100±10)mm，内径(9.5±0.3)mm。筒身应不带尾部装置，如稳定器。

5.3 本生灯翼顶

翼顶开口的内部长度为(48±1)mm，内部宽度为(1.3±0.05)mm(见图 1)。

单位为毫米

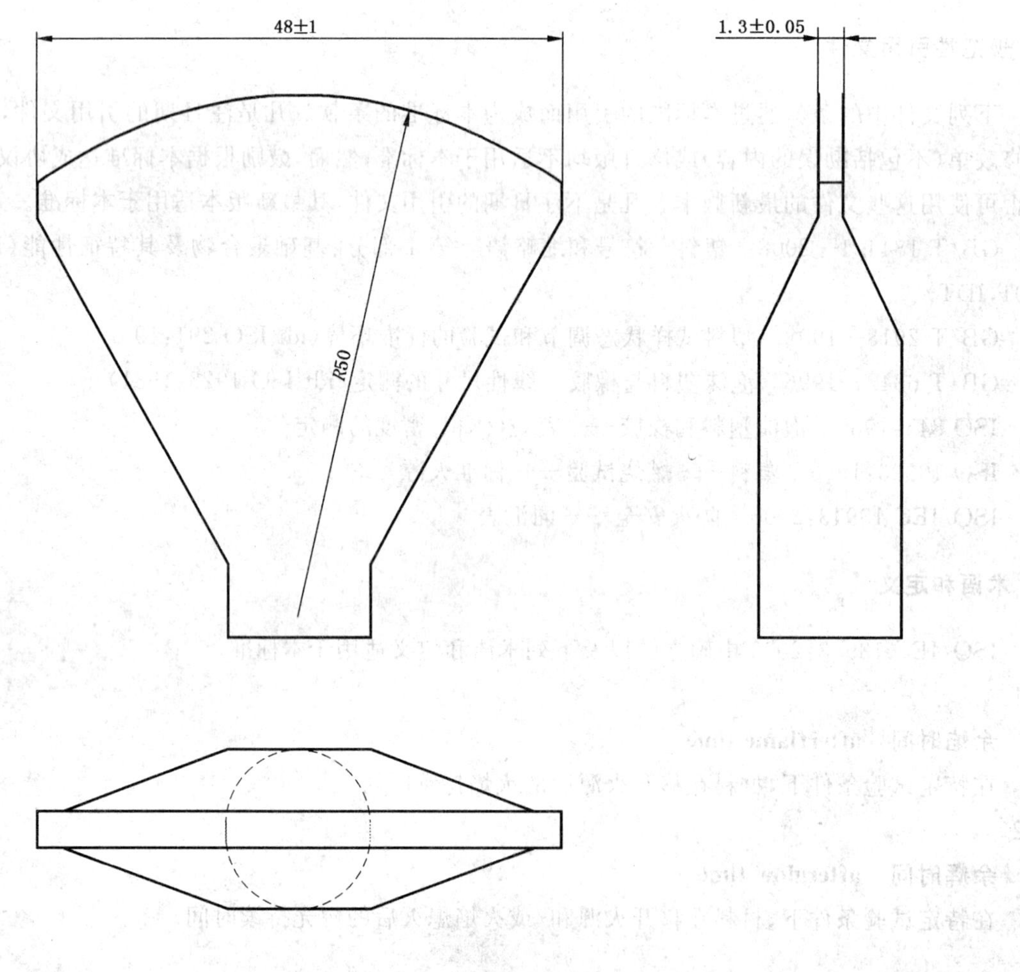

材料：铜或不锈钢

图 1 本生灯翼顶

5.4 托网

长约 215 mm，宽约 75 mm，端部弯成直角、高度 13 mm，如图 2 所示。托网上带有由直径 0.8 mm 的不锈钢丝制成的边长 6.4 mm 的网格。每一个试样应使用不同的托网，除非在试验前烧掉托网上所有残余物。

单位为毫米

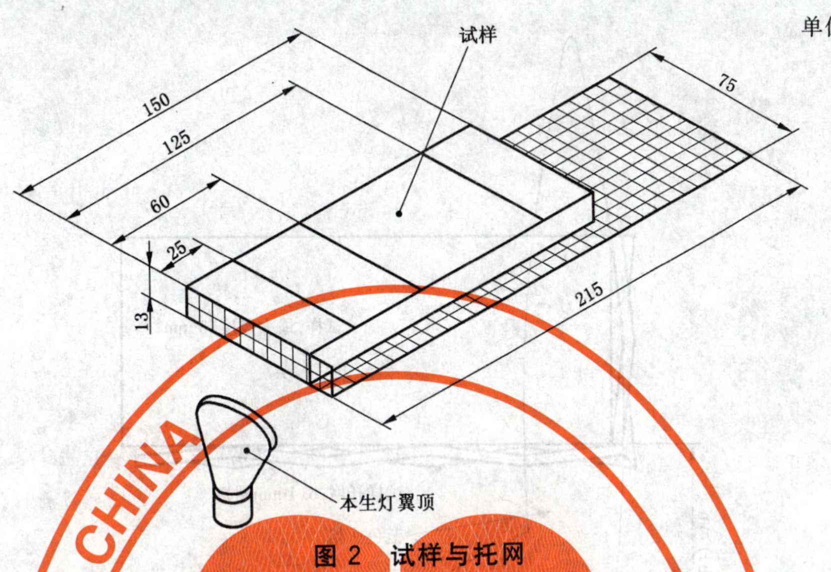

图 2　试样与托网

5.5　托网支架

由两个铁架组成,带可调节至所需角度与高度的夹具,或者是如图 3 所示的由铝或钢制成的满足以下条件的托网支架:

——托网的轴向水平度应在 1°范围之内;

——试样最前端应在本生灯翼顶上方(13±1)mm 处(见图 4);

——试样上、下方空间不应阻塞;

——有合适的装置使本生灯能放置到相对于试样的合适位置,首选滑动装置与止动器,使得本生灯能快速靠近与离开试样;

——试样托网与箱体前、后、两边的距离相同,位于箱体底部上方(175±25)mm 处。

单位为毫米

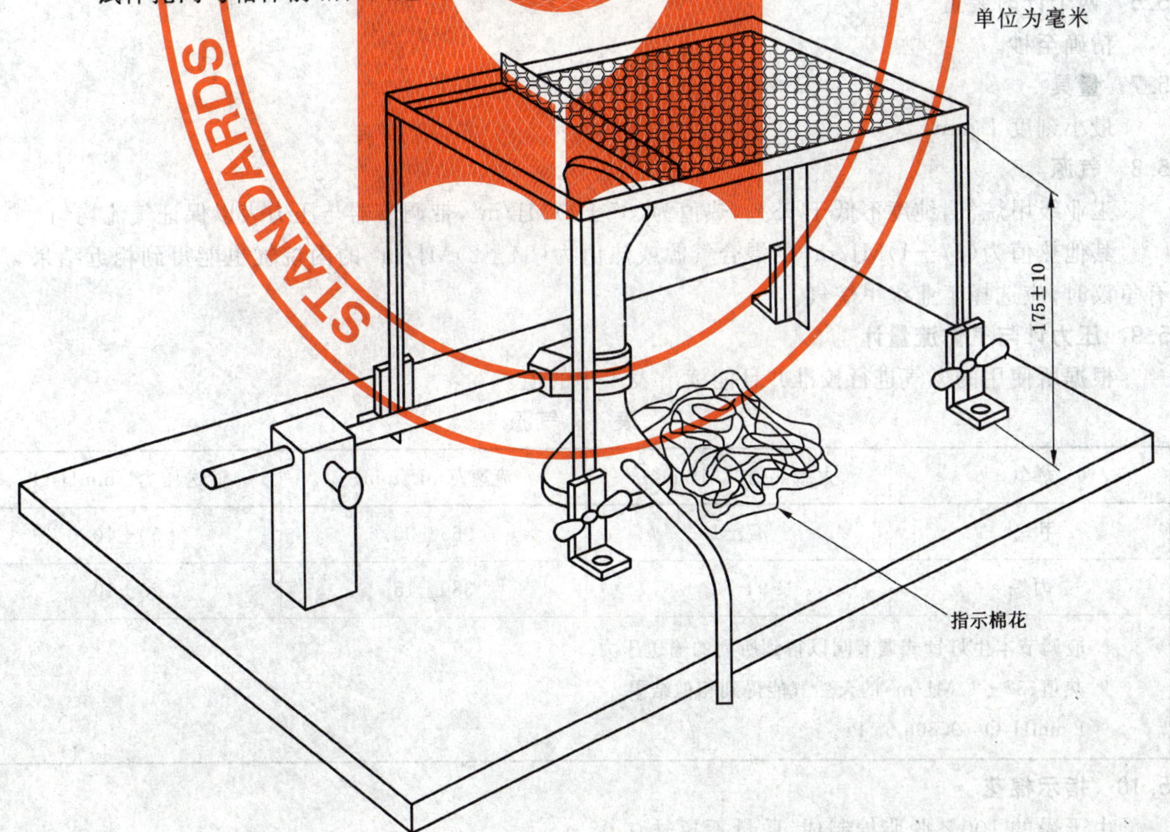

图 3　托网支架

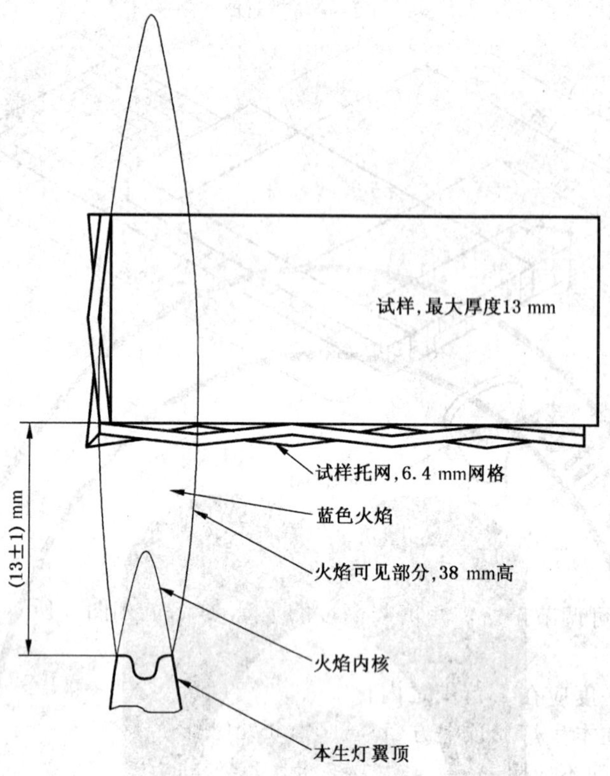

图 4　火焰与本生灯翼顶、试样与试样托网的相对位置详图

注：为保证翼顶开口的宽度一致，在长度方向可以加一个(1.3±0.05)mm 的铁丝网或格栅。

5.6　两个计时装置

精确至秒。

5.7　量具

最小刻度 1 mm。

5.8　气源

工业级甲烷气，纯度不低于 98%，热值为(37±1)MJ/m^3，带调节器与压力表以保证气流均匀。

其他热值为(37±1)MJ/m^3 的混合气源或热值为(94±2)MJ/m^3 的丙烷气也能得到相近结果。在有争议时，应选择工业级甲烷气。

5.9　压力计与气体流量计

根据所使用的燃气进行校准并且能读出表 1 中的值。

表 1　气源

燃气	大致热值/(MJ/m^3)	流速/(mL/min)	输送压力[a]/mmH_2O[c]
甲烷[b]	37±1	965±30	50±10
丙烷	94±2	380±15	25±10

a　应调节本生灯针式调节阀以得到所列的输送压力。

b　热值(37±1)MJ/m^3 的天然气能得到相似结果。

c　1 mmH_2O=9.806 65 Pa。

5.10　指示棉花

由干燥的 100%脱脂棉制成，质量不超过 0.08 g。

5.11 干燥器

含无水氯化钙或其他干燥剂，能确保在温度(23±2)℃下相对湿度不超过20%。

5.12 状态调节室或恒温恒湿室

能保持温度(23±2)℃及相对湿度50%±5%。

5.13 空气循环烘箱

换气次数不少于每小时5次，并能保持(70±2)℃或其他双方商定的温度。

5.14 测微计

用于测量试样厚度，带一个面积为650 mm^2 的测量头，压力为(0.175±0.035)kPa。

6 试样

6.1 所有试样应从材料有代表性的样品上切割(片材或最终产品)。切割完成后，应注意去除表面灰尘与颗粒。切割边缘应平整。

6.2 标准试样为(150±1)mm长，(50±1)mm宽。超过13 mm厚的材料应制成(13±1)mm，一边带表皮。材料厚度小于或等于13 mm的，不必去除表皮，以原厚试验，最低不得小于5 mm。如果需试验带有胶黏剂的材料，只能使用一面带胶黏剂的试样。

注：不同厚度、密度、各向异性材料不同取样方向的试验结果不能相互比较。

6.3 为试验准备不少于20块试样，其中包括为B.2、B.3所述样品或遇到A.3情况附加的10个样品。

6.4 在距试样一端25 mm、60 mm和125 mm的整个宽度上各划一条标线。

6.5 一面带高密度表面(表皮)的试样应该面朝下试验。一面带胶黏剂的试样应该面朝上试验。

7 状态调节

7.1 试样的状态调节

7.1.1 试样应在制作完成24 h后进行状态调节。

7.1.2 在温度(23±2)℃和相对湿度50%±5%环境下，调节两组各5个试样不少于48 h。其中一组是为B.2、B.3或A.3所述复试情况准备。

7.1.3 在(70±2)℃调节两组各5个试样(168±2)h，随后放入干燥器不少于4 h冷却至室温。其中一组是为如B.2、B.3或A.3所述复试情况准备。

注：在各方同意的情况下，可采用其他热老化时间与温度。

7.1.4 所有试样应在温度15 ℃～35 ℃、相对湿度45%～75%的实验室条件下试验。

7.2 棉花的状态调节

在试验前，将指示棉花放置于干燥状态中不少于48 h。

8 试验步骤

8.1 火焰的调节

8.1.1 确认通风橱风扇已关。

8.1.2 使用如图5所示的调节装置为气源，调节燃气流速与输送压力至表1所列值。在远离试样的位置调节带翼顶的本生灯，以提供高度为(38±2)mm的蓝色火焰。通过调节本生灯的气流速率与气阀直到出现(38±2)mm高的带黄色焰尖的蓝色火焰，然后加大空气供应，直到黄色焰尖消失。在柔和光线中测量火焰高度，必要时重新调节。

当使用丙烷气时，调节燃气流速与输送压力至表1所列值。该火焰有黄色焰尖。

注：火焰不稳定或末梢较高可能是因为翼顶开口的空间不合理。

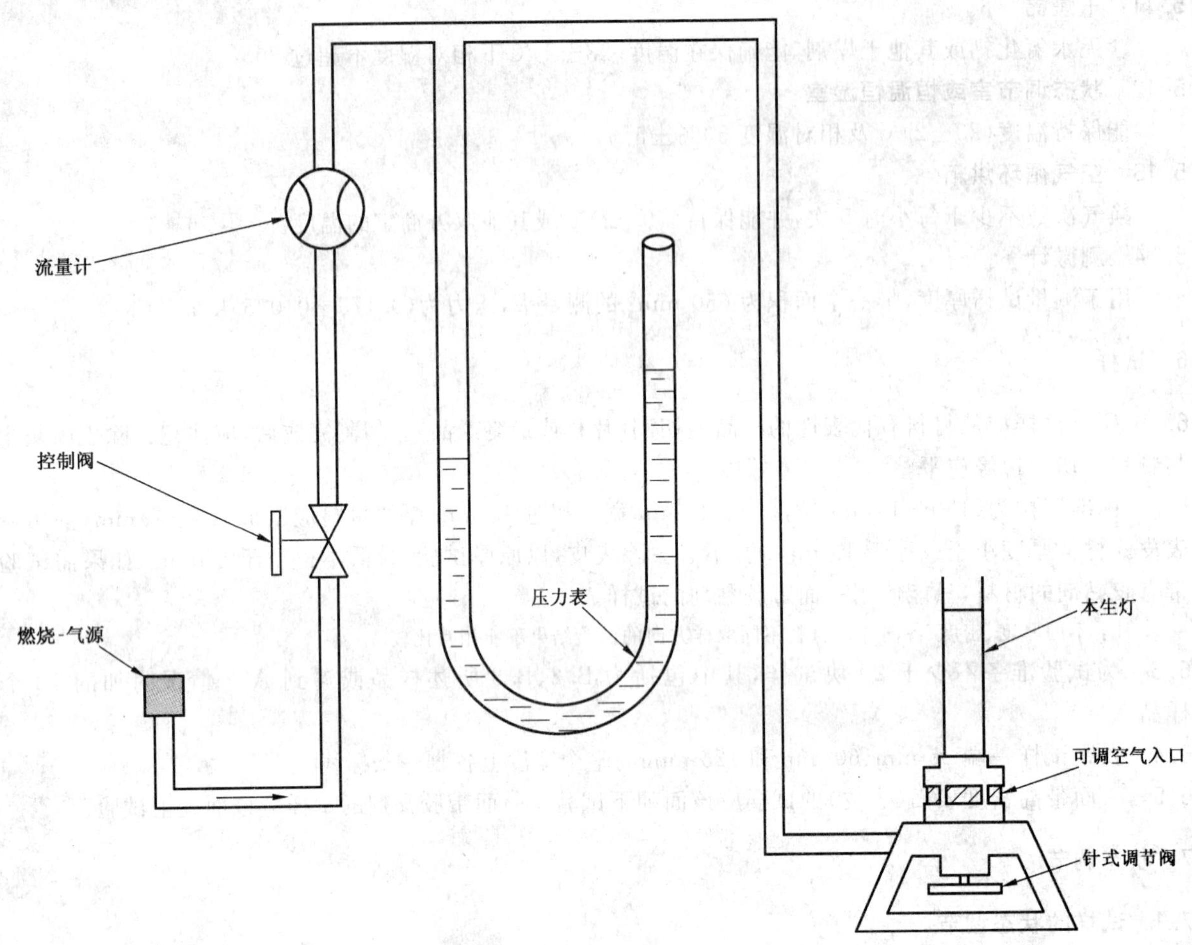

图 5 本生灯供气装置

8.2 试样支撑架的调节

将一个干净的试样架托网放在支撑架上,使试样的下表面处于本生灯翼顶端面上方(13±1)mm处,如图 4 所示。本生灯与支撑架的相对位置是:当点燃本生灯时,火焰长边的一个边缘和试样端线吻合,另一个边缘扩展到试样上,如图 4 所示。翼顶的中心应在试样的中心线下。

8.3 指示棉花的放置

从干燥器中取出 0.08 g 指示棉花,摊薄至大约 75 mm×75 mm 区域并且未压缩最大厚度为 6 mm。将棉花放置在试样托网前端向上部分的下方,如图 3 所示。

8.4 试样的放置

以如下方式将试样放在托网上:

a) 将有划线的一面朝上;

b) 将靠近 60 mm 标线远的一端与试样托网向上弯曲 13 mm 的部分接触;

c) 轴向与托网轴向平行。

8.5 燃烧步骤

8.5.1 迅速将本生灯放置在试样托网前端向上部分的下方并同时开启第一个计时装置。

8.5.2 立即关闭通风橱面板(如果未关),仅沿着面板底部留下一个小的空气缝[例如(50±10)mm]。

8.5.3 点火 60 s 后,移开本生灯至离试样 100 mm 或更远处。

8.5.4 无论燃烧是发生在试样的底部、顶部或边缘,当火焰或阴燃前沿到达 25 mm 标线时开始第二个计时器。

8.5.5 当火焰或阴燃前沿到达 60 mm 标线时，或当试样在 60 mm 标线前停止燃烧或阴燃时，停止第一个计时器。

8.5.6 当试样火焰或阴燃前沿到达 125 mm 标线时，或当试样在 125 mm 标线前停止燃烧或阴燃时，停止第二个计时器。

8.5.7 观察指示棉花是否被火焰滴落物引燃。

8.5.8 滴落物使本生灯火焰产生明显变化时，该试样所做的试验作废，在清洗本生灯和翼顶后，换上一条新试样。

8.5.9 开启通风橱风扇，排空烟雾后，取出试样与试样托网。

8.6 测量

8.6.1 燃烧距离(L_d)：指 25 mm 标线到火焰或余辉燃烧前沿停止的位置，以 mm 表示。如果火焰在 25 mm 标线前熄灭，记录 $L_d=0$。

8.6.2 燃烧时间(t_b)：由第二个计时器测量的时间，以秒表示。从火焰或余辉燃烧前沿通过 25 mm 标线到火焰或余辉燃烧前沿通过 125 mm 标线。

8.6.3 自熄时间(t_e)：当火焰或余辉燃烧前沿未通过 60 mm 标线时，由第一个计时器测量的时间，以秒表示，指的是施加 60 s 火焰后的持续燃烧或余辉燃烧时间。这是余焰时间和余辉时间的总和。

注：当使用附录 A 的分级系统时，宜使用第一个计时器分别记录余焰时间和余辉时间。

8.7 某些试样可能在施加的火焰上卷缩而不着火，在这种情况下试验结果无效。此时需补充一些试样以得到 10 个有效试验结果。若补充的试样在施加的火焰上仍卷缩而不着火，本试验方法不适合于评定该材料。

8.8 下一次试验准备

8.8.1 如果要重复使用试样托网，应燃烧并清洗掉试样托网上的残留物，在使用前冷却至室温。

8.8.2 检查本生灯、翼顶的清洁，必要时作清洗。

8.8.3 每进行 5 次试验应校核火焰(见 8.1.2)尺寸 1 次。

8.8.4 关闭通风橱的风扇，重复 8.2 到 8.5 操作为下一批试样作准备。

9 计算

9.1 如果火焰越过 125 mm 标线，计算燃烧速率 v，单位为 mm/min，按式(1)计算：

$$v=\frac{6\,000}{t_b} \quad\quad (1)$$

式中：

v——燃烧速率，单位为毫米每分钟(mm/min)；

t_b——燃烧时间，单位为秒(s)。

9.2 如果火焰未燃烧至 125 mm 标线，但通过 60 mm 标线，计算燃烧速率 v，单位为 mm/min，按式(2)计算：

$$v=\frac{60L_d}{t_b} \quad\quad (2)$$

式中：

v——燃烧速率，单位为毫米每分(mm/min)；

L_d——燃烧距离，单位为毫米(mm)；

t_b——燃烧时间，单位为秒(s)。

9.3 计算并记录环境处理条件下每组 5 个样品的平均值。

10 精密度

本试验方法的精密度由于实验室间数据尚未得到，故还不知晓。在收到实验室间数据后，等下次修订时，将加进有关精密度的说明(附录 C 提供了 ISO 标准精密度数据)。

11 试验报告

试验报告应包括以下内容：

a) 本标准号；

b) 受试材料的详细说明，生产厂家，批号以及其他鉴别特征；

c) 材料公称的表观密度；

d) 试样的厚度；

e) 试样是否带有表皮；

f) 试样是否带有胶粘剂；

g) 各向异性材料的取样方向；

h) 状态调节条件；

i) 试验前试样处理情况，但不包括切割、梳理和状态调节；

j) 每个试样的试验值，包括：

——燃烧距离(L_d)；

——燃烧时间(t_b)；

——自熄时间(t_e)；

——余焰时间(仅用于附录 A)；

——余辉时间(仅用于附录 A)；

——燃烧速率(v)(同时用于附录 A 中 HBF 分级)；

——指示棉花是否被引燃；

——如果不是使用甲烷气时，所使用的燃气；

——任何非正常燃烧的细节；

k) 试验日期。

附 录 A
（资料性附录）
分级系统

A.1 概述

本分级方法描述了一种用于表征密度小于 250 kg/m^3 的泡沫塑料材料在水平位置的燃烧特性。使用本分级方法是自愿的并且分级是通过检查所试验材料按本标准测试所得的试验结果。每一个级别代表一类性能等级，它简化了材料设计或规范中的描述并方便使用方确定适用的要求。

A.2 分级

按表 A.1 的要求选择一种最符合材料性能的分级。在报告中标明等级(可选)。

表 A.1 分级指标

材料性能	等级		
	HF-1	HF-2	HBF
线性燃烧速率 v/(mm/min)	不适用	不适用	40
每个试样续燃时间/s	5 个中 4 个≤2 5 个中 1 个≤10	5 个中 4 个≤2 5 个中 1 个≤10	不适用
每个试样阴燃时间/s	≤30	≤30	不适用
指示棉花被燃烧颗粒或滴落物阴燃情况	无	有	不适用
每个试样损毁长度(L_d+25 mm)/mm	≤60	≤60	≥60

A.3 HF-1 和 HF-2 级材料

如果一组 5 个试样因以下原因之一不符合表 A.1 中 HF-1 和 HF-2 级材料要求：

a) 仅一个试样燃烧超过 10 s；或

b) 两个试样燃烧超过 2 s 但不到 10 s；或

c) 一个试样燃烧超过 2 s 但不到 10 s，同时另一个试样燃烧超过 10 s；或

d) 一个试样不符合表 A.1 中其他指标。

以同样的条件重新试验 5 个试样。

只有第二组所有试样都符合表 A.1 中要求时，才能将该厚度和密度的该材料定级为 HF-1 和 HF-2。

A.4 HBF 级材料

当一组 5 个试样中仅有一个不符合表 A.1 中 HBF 级材料要求时，以同样的条件重新试验 5 个试样。

只有第二组所有试样都符合表 B.1 中要求时，才能将该厚度和密度的该材料定级为 HBF。

附 录 B
（资料性附录）
试验的有关说明

B.1 本试验方法测量的水平燃烧性能受泡沫塑料的密度、各向异性、熔融特性以及颜色及厚度等因素的影响。

B.2 某些泡沫塑料的水平燃烧性能可能随时间而变化。因此，应试验材料老化前后性能。

B.3 从不同密度、颜色、厚度材料取样试验所得的结果可能不同，对于性能在一定范围变化的材料，试样的选择应能代表所有范围。

B.4 应选择密度极限的样品试验，如果得到的试验结果都落在同一等级，可以认为在此范围内的所有样品都落在该等级。如果燃烧特性不一致，结果的评定只对所试验密度的材料有效，应选择中间密度的材料试验以确定适当的范围。

B.5 应试验无色试样与添加了最大量的有机和无机颜料的试样，如果得到的试验结果都落在同一等级，可以认为在此颜色范围内的所有样品都落在该等级。如果燃烧特性不一致，结果的评定只对所试验颜料添加量的材料有效。如果知道材料中所含某种颜料会影响燃烧性能，也应试验含该颜料的试样。此时试验的试样应为如下：

a) 不含颜料；

b) 添加了最大量的有机颜料；

c) 添加了最大量的无机颜料；

d) 含已知显著影响燃烧性能的颜料。

附 录 C
（资料性附录）
ISO 9772 的精密度

C.1 数据

精密度数据是由实验室间比对试验得到，该比对包含了七个实验室、五种材料（等级）和两次复试，每次采用五个数据的平均值。结果采用 ISO 5725:1986《试验方法的精密度——标准试验的重复性与再现性的确定》（现已撤消）。

C.2 重复性

在正常与正确操作该方法时，由同一操作者在一个短时间间隔内，使用同一设备对同样的材料试验所得到的两个平均值（由 5 个试样得到）之间的差值平均 20 次不超过 1 次会高于表 C.1 所列的重复性值。

C.3 再现性

在正常与正确操作该方法时，由两个不同实验室的操作者对同样的材料试验所得到的两个独立的平均值（由 5 个试样得到）之间的差值平均 20 次不超过 1 次会高于表 C.1 所列的再现性值。

表 C.1 精密度

因素	自熄时间/s		燃烧速率/(mm/min)		
	阻燃 PUR	PIR	柔性 PUR 泡沫	PS 珍珠板	挤出 PS
平均	22.2	0.1	105.2	257.7	97.4
重复性	16.4	0.7	15.3	53.3	28.3
再现性	24.2	0.8	31.9	59.9	28.3
注：材料符号见 GB/T 1844.1—2008。					

C.4 平均

两个超过表 C.1 所列的重复性与再现性的平均值（由 5 个试样得到）应认为是不可信并且是不同的。通过 C.2 和 C.3 所得到的判断大约有 95%(0.95) 的置信区间。

注：表 C.1 只是为了介绍一种有意义的方法，针对某一范围材料使用本方法的大致精密度。这些数据不能生硬地用于材料的接收或拒绝，同样，他们只代表特定的实验室间试验而不能代表其他批、状态、厚度或材料。

实验室间比对使用的火焰高度为(38±2)mm，未测量流速与输送背压。流速与输送背压被作为提高精密度的后续数据列出。然而，影响未被量化。

参考文献

ISO 5725:1986 试验方法的精度——标准试验的重复性与再现性的确定

ICS 83.080.01
G 31

中华人民共和国国家标准

GB/T 8333—2008
代替 GB/T 8333—1987

硬质泡沫塑料燃烧性能试验方法 垂直燃烧法

Test method for flammability of rigid cellular plastic—Virtical burning method

2008-08-04 发布　　　　2009-04-01 实施

中华人民共和国国家质量监督检验检疫总局
中国国家标准化管理委员会　发布

前言

本标准修改采用美国材料与试验协会标准 ASTM D 3014-04a《硬质热固性泡沫塑料火焰高度、燃烧时间及质量损失试验方法》,在技术内容上与 ASTM D 3014-04a 相同。

本标准对 ASTM D 3014-04a 主要做了下列编辑性修改:

——删除了 1.2 和第 3、5、13、14 章等非技术性内容;

——删除了标准的变更汇总;

本标准代替 GB/T 8333—1987《硬泡沫塑料燃烧性能试验方法　垂直燃烧法》。

本标准与 GB/T 8333—1987 相比主要变化如下:

——修改了燃烧火焰的要求;

——增加了通风橱的要求;

——修改了第 2、3、4、5 章部分内容;

——删除了附录 A。

本标准由中国石油和化学工业协会提出。

本标准由全国塑料标准化技术委员会(SAC/TC 15)归口。

本标准负责起草单位:国家塑料制品质量监督检验中心(福州)、国家合成树脂质量监督检验中心。

本标准参加起草单位:金发科技股份有限公司、中石化北化院国家化学建筑材料测试中心(材料测试部)、国家塑料制品质量监督检验中心(北京)、公安部上海消防研究所、南京市江宁区分析仪器厂。

本标准主要起草人:何芃、程氢、兰明荣、王建东、李建军、者东梅、李洁涛、张正敏、王富海。

本标准所代替标准的历次版本发布情况为:

——GB/T 8333—1987。

硬质泡沫塑料燃烧性能试验方法
垂直燃烧法

1 范围

本标准规定了垂直燃烧法测定硬质泡沫塑料的燃烧性能。

本标准适用于实验室条件下评定硬质泡沫塑料的垂直燃烧性能。

本标准不适用于在燃烧过程中发生熔融滴落和熔结的材料。

本标准不作为在实际使用条件下着火危险性的评定依据。

2 规范性引用文件

下列文件中的条款通过本标准的引用而成为本标准的条款。凡是注日期的引用文件，其随后所有的修改单(不包括勘误的内容)或修订版均不适用于本标准，然而，鼓励根据本标准达成协议的各方研究是否可使用这些文件的最新版本。凡是不注日期的引用文件，其最新版本适用于本标准。

GB/T 2918—1998　塑料试样状态调节和试验的标准环境(idt ISO 291:1997)

GB/T 6343—1995　泡沫塑料和橡胶　表观(体积)密度的测定(neq ISO 845:1988)

3 原理

将试样垂直固定在一个前面罩有玻璃的烟筒内，用本生灯点火 10 s，记录试样燃烧时的火焰高度、燃烧时间和残留质量百分数。

4 仪器

4.1 烟筒

由尺寸符合图 1、图 2、图 3 的烟筒和试样支架组成。筒体既可用白铁皮，也可用不锈钢，筒体内部衬有 0.025 mm 厚的铝箔。背部有挂钩的试样支架悬挂在烟筒通道内，并通过三个钉子支撑试样。前壁为耐热玻璃板，安装于耐热玻璃板一侧的标尺用于测量火焰高度(见图 1 和图 4)，标尺底部比烟筒底部高 51 mm，标尺以毫米为单位，分度值为 10 mm。

4.2 计时器

能测量燃烧时间准确至 0.1 s 的计时装置。

4.3 本生灯

灯管内径为(9.5±0.5) mm，燃气为纯度 95%以上的丙烷或天然气，燃气经本生灯应能提供内核高度为(25～35) mm 的蓝色火焰，火焰内核顶端的温度为(960±25)℃。火焰的温度可用热电偶测量。

4.4 天平

用于称量试样质量，精度为 0.01 g。

4.5 通风橱

应相对无风，试验时通风系统应是关闭的，在试验室完成时应能立即打开，以吸走燃烧产物。

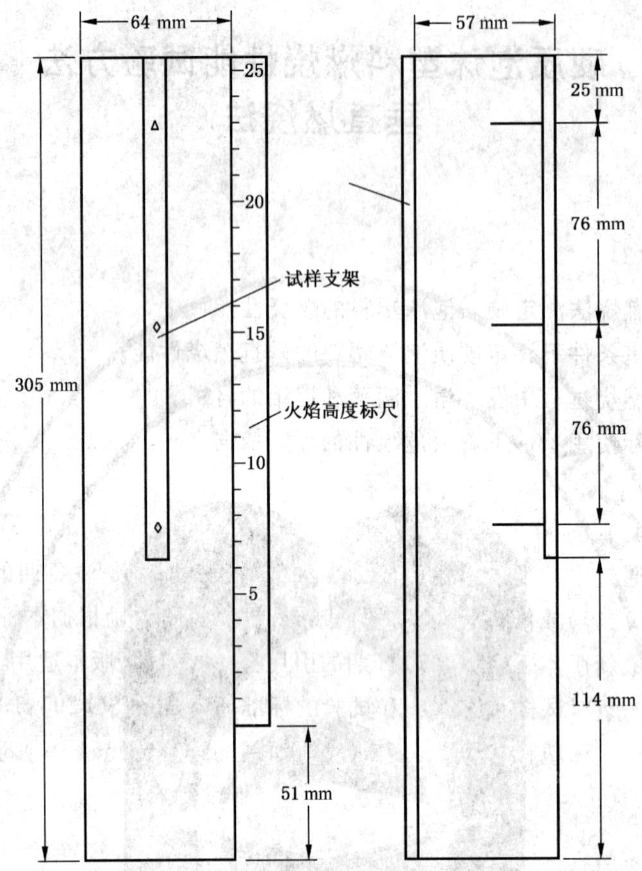

图1 烟筒主要尺寸

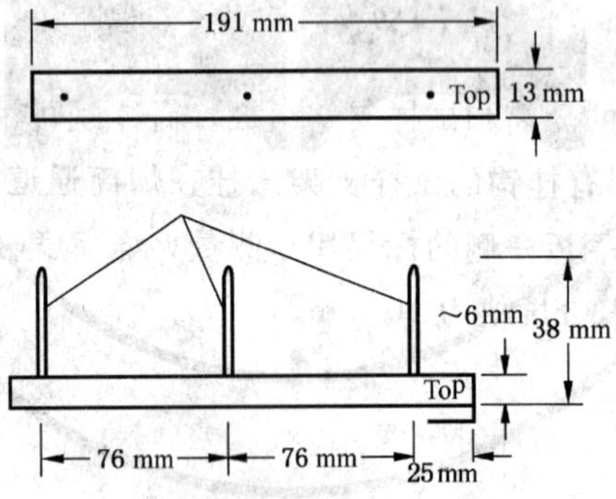

图2 试样支架主要尺寸

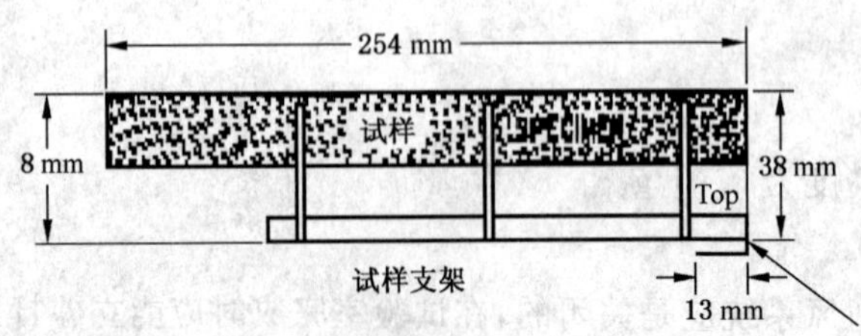

图3 插在试样支架上的试样(侧组图)

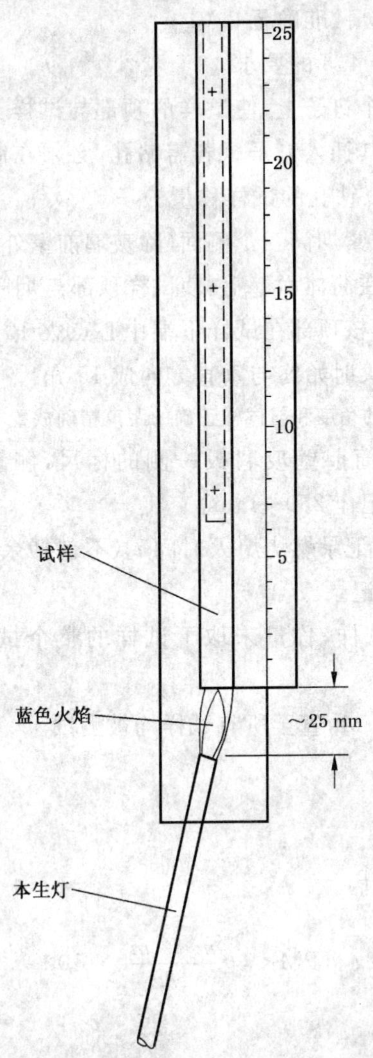

图 4　烟筒中试样下的点火器(本生灯)位置(正视图)

5　试样

5.1　要求

试样为长方体,试样长度应为(254±1) mm,宽度和厚度应分别为(19±1) mm。试样应无灰尘,切割边应光滑。

试样应从密度均一的材料上切取。若某一试样的密度高于每组 6 个试样平均密度的 5%以上时,则此试样不适用于本组试样,应重新更换一个试样至符合要求。

5.2　试样数量

6 个试样。

5.3　状态调节

试验前,试样应按 GB/T 2918 的规定,在温度(23±2)℃,相对湿度 50%±5%的环境中状态调节 24 h 以上。

6　试验步骤

6.1　按照 GB/T 6343 的规定,测试每个试样的密度。

6.2　称量并记录每个试样的质量 m,准确至 0.01 g

6.3 称量并记录试样支架的质量 m_1，准确至 0.01 g。

6.4 点燃并调节本生灯，使之符合 4.3 的要求。

6.5 将试样插入试样支架上的三个钉子上，使试样的顶部与试样支架的顶部齐平，如图 3 所示。密度较高的泡沫塑料可能需要钻孔，使其插入钉子。若需钻孔，必须在制样时将孔钻好，试样应在钻孔后称量。（必须在制样时一并完成，并以钻孔的试样称量。）

6.6 在烟筒内壁衬上铝箔，使其贴紧烟筒三个侧面（除玻璃前壁外），铝箔衬里和筒体上下端面齐平。

6.7 将装好试样的试样支架悬挂在筒体面壁上，使试样顶部与烟筒顶部齐平，如图 4 所示。

6.8 放好玻璃板，用本生灯火焰内核顶部在试样下端中心点火 10 s。在将本生灯火焰移至试样时，立即开动计时器，并保持本生灯在点火时始终与垂直方向成 15°角。

注：使用支承垫块可以帮助以正确的角度和与试样正确的距离精确放置本生灯。

6.9 试样燃烧过程中，用装在烟筒前壁玻璃板一侧的标尺，测量并记录最大火焰高度 H，精确到 10 mm。如果火焰超过标尺顶部，记作 250＋mm。

6.10 试样火焰熄灭时，停止计时，记录燃烧熄灭时间 t_e（不包括余辉时间），精确至秒。如果熄灭时间不到 10 s，继续施加火焰至 10 s 并记录。

6.11 冷却后，取下试样支架与试样，称量未取下试样的整个试样支架的质量 m_2，精确至 0.01 g 并记录。

6.12 清洁试样支架，重复 6.5～6.11，直至所有试样均被测试。

7 计算与结果表示

7.1 计算

残留质量分数按式(1)计算：

$$\mathrm{PMR} = \frac{m_2 - m_1}{m} \times 100 \quad \cdots\cdots(1)$$

式中：

PMR——残留质量分数，%；

m——试样质量，单位为克(g)；

m_1——试样支架的质量，单位为克(g)；

m_2——燃烧试验后，试样和试样支架的质量，单位为克(g)。

7.2 结果表示

7.2.1 试样平均密度。

7.2.2 6 个试样燃烧熄灭时间的平均值，精确至秒。

7.2.3 产生燃烧滴落物的试样数量。

7.2.4 6 个试样残留质量分数的平均值。

7.2.5 6 个试样火焰高度的平均值，精确至 25 mm。

8 试验报告

试验报告应包括以下内容：

a) 本标准号；

b) 材料的种类，制造商名称及其他鉴别特征；

c) 试样状态调节的温度和相对湿度；

d) 试样平均密度；

e） 试样平均燃烧熄灭时间；

f） 试样平均残留质量分数；

g） 试样平均火焰高度；

h） 与本标准的任何偏离；

i） 试验日期。

ICS 21.220.30
J 18

中华人民共和国国家标准

GB/T 8350—2008/ISO 1977:2006
代替 GB/T 8350—2003

输送链、附件和链轮

Conveyor chains, attachments and sprockets

(ISO 1977:2006, IDT)

2008-07-01 发布　　2009-02-01 实施

中华人民共和国国家质量监督检验检疫总局
中国国家标准化管理委员会　发布

前　言

本标准等同采用 ISO 1977:2006《输送链、附件及链轮》(英文版)。

为便于使用,本标准做了下列编辑性修改:

——“本国际标准”一词改为“本标准”;

——用小数点“.”代替作为小数点的逗号“,”。

本标准是对 GB/T 8350—2003《输送链、附件及链轮》的修订。

本标准与 GB/T 8350—2003 相比主要技术内容变化如下:

——对图 2 和图 5 做了技术修订;

——对 5.4 和 5.5 做了技术修订。

本标准的附录 A 为规范性附录。

本标准由中国机械工业联合会提出。

本标准由全国链传动标准化技术委员会归口。

本标准负责起草单位:吉林大学。

本标准参加起草单位:杭州东华链条集团有限公司、浙江恒久机械集团有限公司、青岛征和工业有限公司、杭州西林链条制造有限公司、江苏双菱链传动有限公司、杭州永利百合实业有限公司、常州骏安工程机械部件有限公司。

本标准主要起草人:孟祥宾、叶斌、寿飞峰、金玉谟、马锦华、谈光成、曹永年、王亚香。

本标准参加起草人:张春生、孟丹红、付振明、汪志军、李奇伟、冯鑫、吕少亮。

本标准所代替标准的历次版本发布情况为:

——GB 8350—87、GB/T 8350—2003。

ISO 引言

ISO 1977 是将三个单独的标准结合在一起,即:ISO 1977-1,ISO 1977-2 和 ISO 1977-3,它包含了米制系列的链条、附件和链轮,同时修订了技术内容。

标准中对技术内容的修订主要为:减小了带边滚子直径 d_5 和 MC 链条系列中的外链节内宽 b_3;加大了 M 系列链条以及 MC56,MC112 和 MC224 链条的内链节内宽 b_1;新增了 MC 系列链条的小滚子直径 d_7。标准中也给出了计算链轮齿顶圆直径 d_a 以及在齿根圆直径 d_f 以上齿高 h_a 的新的计算方法。

输送链、附件和链轮

1 范围

本标准规定了用于一般输送和机械化传送用实心和空心销轴套筒链、小滚子链、大滚子链、带边滚子链条以及与这些链条相配的链轮和附件的技术特性。标准中规定的链条尺寸应保证整链和用于维修目的的链节的互换性。

本标准规定的链轮轮齿的适用范围为6～40齿。链轮的控制标准就是保证与链条的正确啮合，运行平稳以及在正常的使用条件下传递负荷。

注：控制条件不一定决定链轮的设计参数。

标准中也对K型附件以及加高链板的尺寸 h_6 做了规定。

2 规范性引用文件

下列文件中的条款通过本标准的引用而成为本标准的条款。凡是注日期的引用文件，其随后所有的修改单(不包括勘误的内容)或修订版均不适用于本标准，然而，鼓励根据本标准达成协议的各方研究是否可使用这些文件的最新版本。凡是不注日期的引用文件，其最新版本适用于本标准。

GB/T 1800.3 极限与配合 基础 第3部分：标准公差和基本偏差数值表(GB/T 1800.3—1998,eqv ISO 286-1:1988)

3 链条

3.1 链条及其零部件术语

链条及其零部件的名词术语见图1。

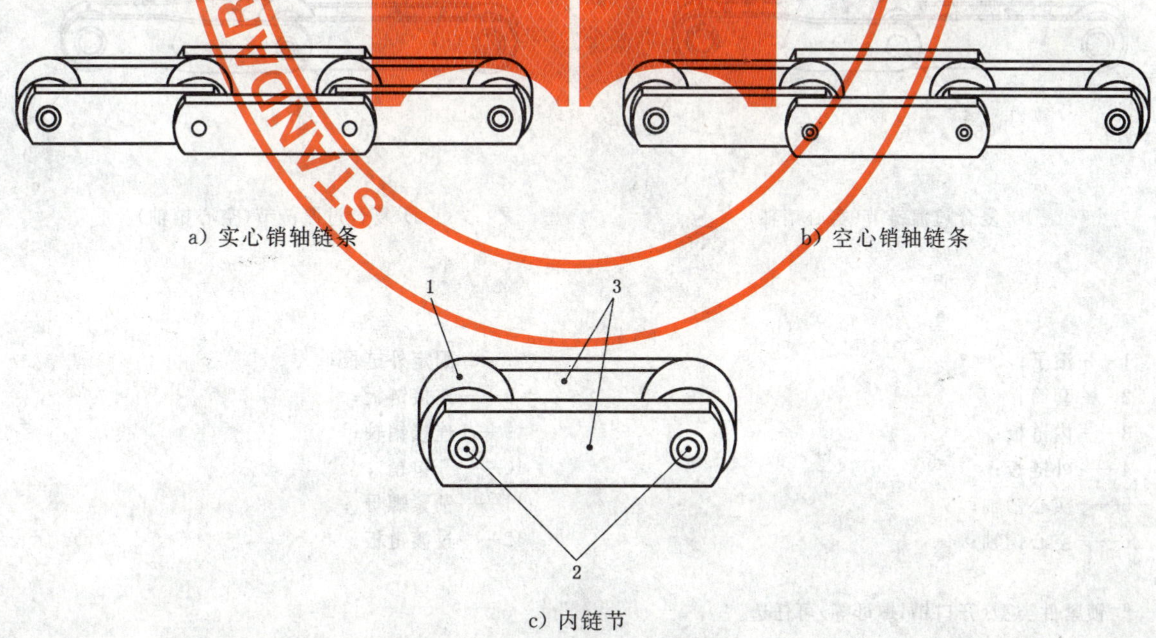

a) 实心销轴链条

b) 空心销轴链条

c) 内链节

图1 链条及零部件

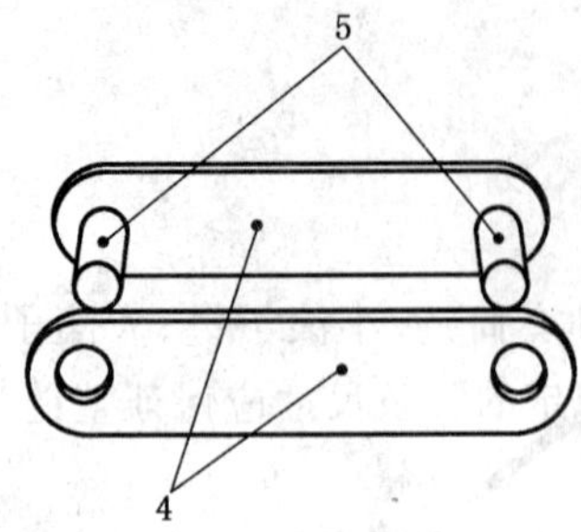

d) 外链节(实心销轴)

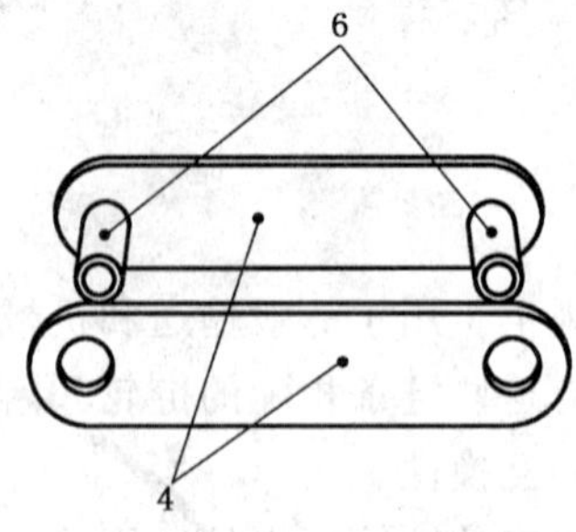

e) 外链节(空心销轴)

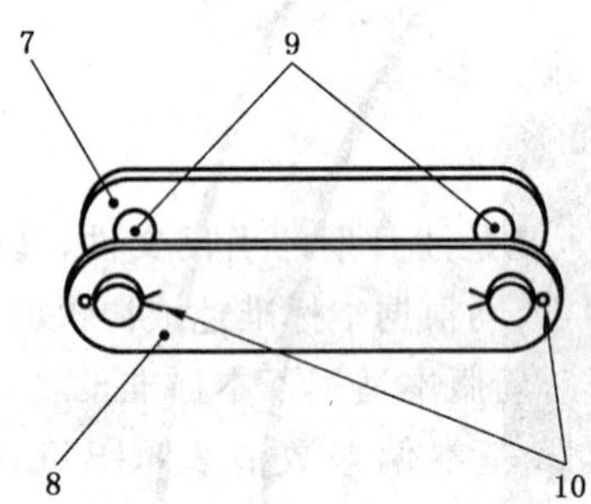

f) 连接链节(开口销式)

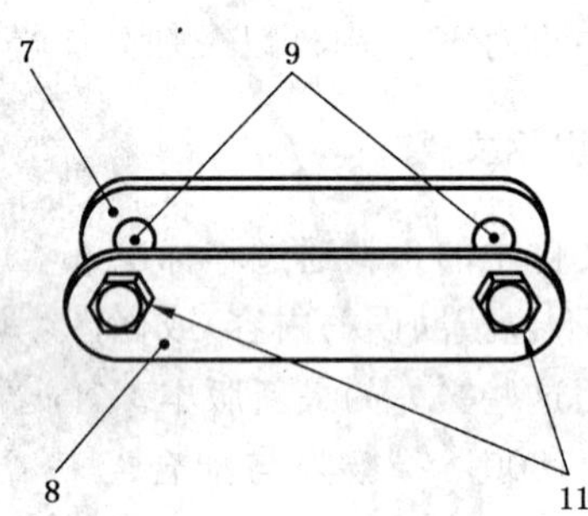

g) 连接链节(螺栓式)

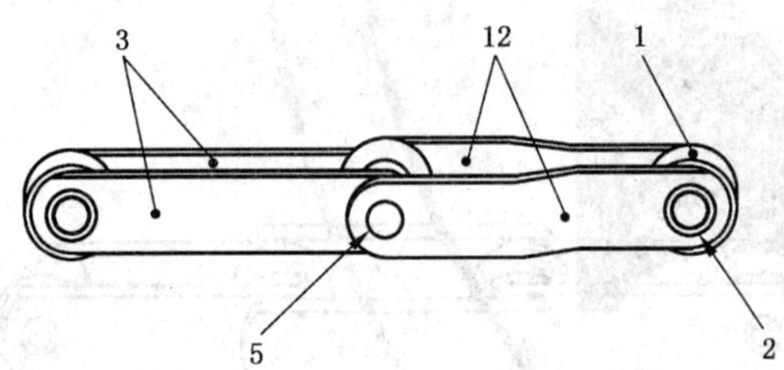

h) 复合过渡链节(实心销轴)

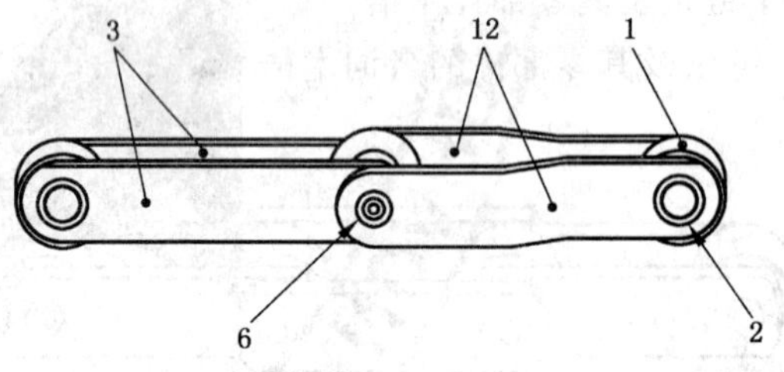

i) 复合过渡链节(空心销轴)

1——滚子；
2——套筒；
3——内链板；
4——外链板；
5——实心销轴；
6——空心销轴；
7——固定外链板；
8——连接链板；
9——连接销轴；
10——开口销[a]；
11——锁紧螺母[a]；
12——过渡链板。

[a] 锁紧件类型(开口销，螺母等)可任选。

图 1(续)

3.2 尺寸

输送链条的尺寸应符合表1或表2(见图2)的规定。规定的最大和最小尺寸是为了保证由不同厂家生产的链节具有互换性。尽管规定了用于互换性的极限尺寸,但链条制造商不要把它作为链条制造时的公差。

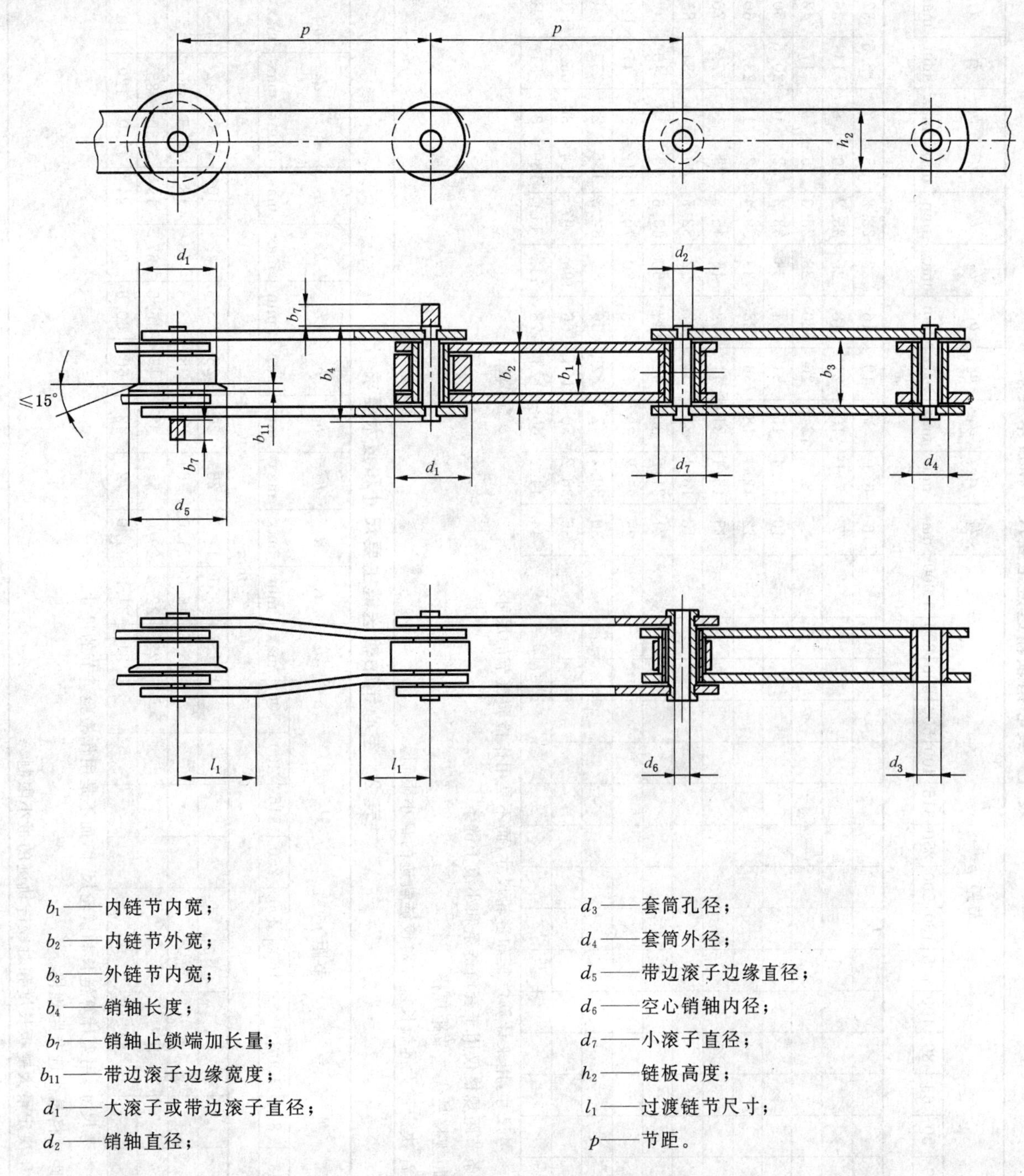

b_1——内链节内宽;

b_2——内链节外宽;

b_3——外链节内宽;

b_4——销轴长度;

b_7——销轴止锁端加长量;

b_{11}——带边滚子边缘宽度;

d_1——大滚子或带边滚子直径;

d_2——销轴直径;

d_3——套筒孔径;

d_4——套筒外径;

d_5——带边滚子边缘直径;

d_6——空心销轴内径;

d_7——小滚子直径;

h_2——链板高度;

l_1——过渡链节尺寸;

p——节距。

注1:销轴可以设计成带肩的,如本图所示,也可以是平直的,如图1所示。

注2:以上图示并不定义链板、销轴、套筒或滚子的真实形状。

图2 链条尺寸和符号(见表1和表2)

表 1　实心销轴输送链主要尺寸和技术要求

链号（基本）	抗拉强度	d_1	节距 p[a,b,c]															d_2	d_3	d_4	h_2	b_1	b_2	b_3	b_4	b_7	l_1^d	d_5	b_{11}	d_7	测量力
	min	max	40	50	63	80	100	125	160	200	250	315	400	500	630	800	1 000	max	min	max	max	min	max	min	max	max	min	max	max	max	
	kN	mm																													kN
M20	20	25	×															6	6.1	9	19	16	22	22.2	35	7	12.5	32	3.5	12.5	0.4
M28	28	30		×														7	7.1	10	21	18	25	25.2	40	8	14	36	4	15	0.56
M40	40	36																8.5	8.6	12.5	26	20	28	28.3	45	9	17	42	4.5	18	0.8
M56	56	42			×													10	10.1	15	31	24	33	33.3	52	10	20.5	50	5	21	1.12
M80	80	50																12	12.1	18	36	28	39	39.4	62	12	23.5	60	6	25	1.6
M112	112	60				×												15	15.1	21	41	32	45	45.5	73	14	27.5	70	7	30	2.24
M160	160	70					×											18	18.1	25	51	37	52	52.5	85	16	34	85	8.5	36	3.2
M224	224	85						×										21	21.2	30	62	43	60	60.6	98	18	40	100	10	42	4.5
M315	315	100							×									25	25.2	36	72	48	70	70.7	112	21	47	120	12	50	6.3
M450	450	120																30	30.2	42	82	56	82	82.8	135	25	55	140	14	60	9
M630	630	140																36	36.2	50	103	66	96	97	154	30	66.5	170	16	70	12.5
M900	900	170									×							44	44.2	60	123	78	112	113	180	37	81	210	18	85	18

[a] 节距 p 是理论参考尺寸，用来计算链长和链轮尺寸，而不是用作检验链节的尺寸。

[b] 用×表示的链条节距规格仅用于套筒链条和小滚子链条。

[c] 阴影区内的节距规格是优选节距规格。

[d] 过渡链节尺寸 l_1 决定最大链板长度和对铰链轨迹的最小限制。

表 2　空心销轴输送链主要尺寸和技术要求

链号（基本）	抗拉强度	d_1	节距 p[a,b]										d_2	d_3	d_4	h_2	b_1	b_2	b_3	b_4	b_7	l_1^c	d_5	b_{11}	d_6	d_7	测量力
	min	max	63	80	100	125	160	200	250	315	400	500	max	min	max	max	min	max	min	max	max	min	max	max	min	max	
	kN	mm																									kN
MC28	28	36											13	13.1	17.5	26	20	28	28.3	42	10	17.0	42	4.5	8.2	25	0.56
MC56	56	50											15.5	15.6	21.0	36	24	33	33.3	48	13	23.5	60	5	10.2	30	1.12
MC112	112	70											22	22.2	29.0	51	32	45	45.5	67	19	34.0	85	7	14.3	42	2.24
MC224	224	100											31	31.2	41.0	72	43	60	60.6	90	24	47.0	120	10	20.3	60	4.50

[a] 节距 p 是理论参考尺寸，用来计算链长和链轮尺寸，而不是用作检验链节的尺寸。

[b] 阴影区内的节距规格是优选节距规格。

[c] 过渡链节尺寸 l_1 决定最大链板长度和对铰链轨迹的最小限制。

3.3 抗拉试验

试验链段至少应由3个自由链节组成。链段的两端应连接到试验机的夹头，由销轴与链板孔或套筒孔连接。试验夹头应设计成能万向移动，实际的试验方法应留给制造商自行选择。当失效发生在与夹头连接处时，则该试验无效。

3.4 链长精度

3.4.1 一般要求

链长的测量要求应按3.4.2,3.4.3,3.4.4的规定。成品链条的链长精度应为测量长度公称尺寸的$^{+0.25}_{\ 0}$%。

注：平行传动的链条应配装，具体由用户和制造商之间协商解决。

3.4.2 标准测量长度

链条的测量长度应接近3 000 mm，节距数为奇数，链条的两端应为内链节。

3.4.3 支撑

在未经润滑的条件下，链条应在整个长度上得到支撑。

3.4.4 测量力

测量力应是抗拉强度的1/50，见表1和表2。

3.5 过渡链节

为了在一挂封闭的链条中获得奇数链节，需要使用一个过渡链节[见图1h)和图1i)]。过渡链节的尺寸 l_1 规定于表1和表2。

3.6 标示

输送链条应根据表1和表2中的链号进行标示。其数值是从最小抗拉强度(kN)派生出来的，数值的前缀为字母M时表示实心销轴链条，前缀为字母MC时表示空心销轴链条。

示例：M80 表示实心销轴链条，其抗拉强度为80 kN；

MC224 表示空心销轴链条，其抗拉强度为224 kN。

其后的字母B,F,P,S分别表示链条的类型，即套筒链、带边滚子链、大滚子链和小滚子链。跟随其后的数值表示链条的节距(mm)。

示例：MC224-F-200 表示链条装有带边滚子，节距为200 mm。

3.7 标记

链条应标有制造商名字或商标，也应标有表1或表2中列出的链号。

4 附件

4.1 K型附板

4.1.1 尺寸

K型附板如图3所示，它们的尺寸见表3。

4.1.2 标示

本标准规定了三种类型的K型附板：

——K1型，在每块附板的中间位置有一个孔；

——K2型，在每块附板上有两个孔(见图3)；

——K3型，在每块附板上有三个孔，第三个孔位于K2型附板两个孔的中心位置；附板可以安装在链条的一侧或两侧。

4.1.3 制造

为方便起见，图3所示的K型附板应由角钢制造。然而，实际的附板是由钢板弯曲而成，制造商可以自由决定它们的结构，可以是整体形式。

附板长度由制造商自由决定。

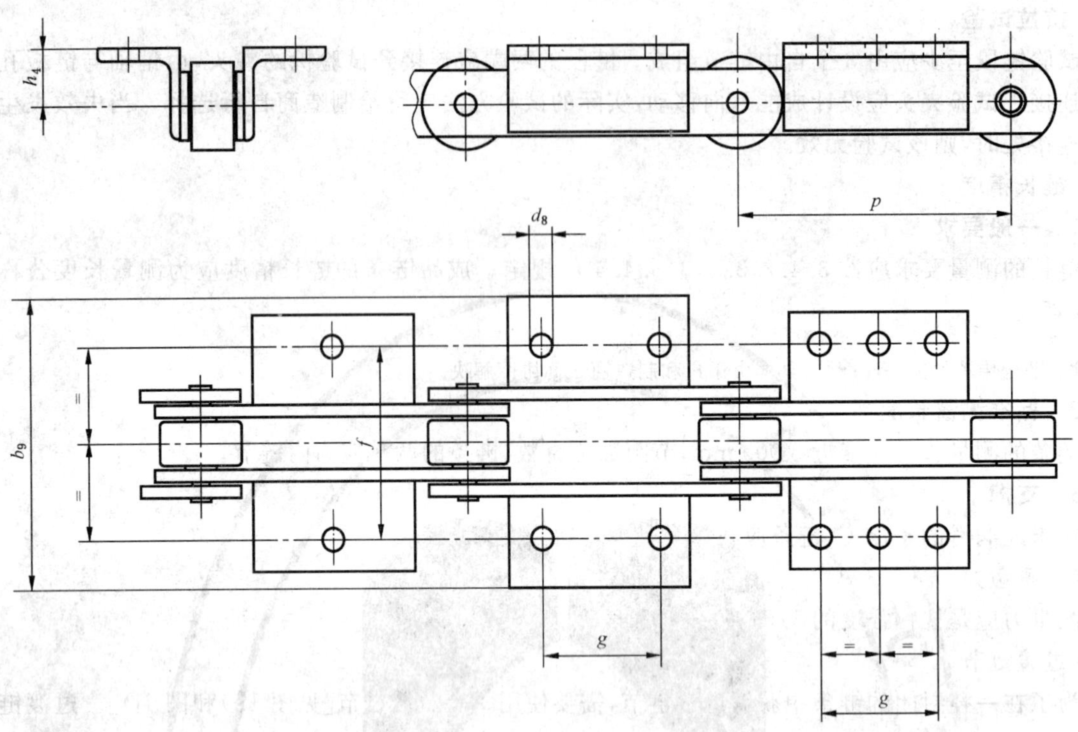

b_9——附板横向外宽；
d_8——附板孔直径；
f——附板孔中心线之间的横向距离；
g——附板孔中心线之间的纵向距离；
h_4——附板平台高度；
p——节距。

图 3　K 型附板尺寸和符号(见表 3)

表 3　K 型附板尺寸

单位为毫米

链号	d_8	h_4	f	b_9 max	纵向孔心距					
					短		中		长	
					p[a] min	g	p[a] min	g	p[a] min	g
M20	6.6	16	54	84	63	20	80	35	100	50
M28	9	20	64	100	80	25	100	40	125	65
M40	9	25	70	112	80	20	100	40	125	65
M56	11	30	88	140	100	25	125	50	160	85
M80	11	35	96	160	125	50	160	85	200	125
M112	14	40	110	184	125	35	160	65	200	100
M160	14	45	124	200	160	50	200	85	250	145
M224	18	55	140	228	200	65	250	125	315	190
M315	18	65	160	250	200	50	250	100	315	155
M450	18	75	180	280	250	85	315	155	400	240
M630	24	90	230	380	315	100	400	190	500	300
M900	30	110	280	480	315	65	400	155	500	240
MC28	9	25	70	112	80	20	100	40	125	65
MC56	11	35	88	152	125	50	160	85	200	125
MC112	14	45	110	192	160	50	200	85	250	145
MC224	18	65	140	220	200	50	250	100	315	155

[a] 对应纵向孔心距 g 的最小链条节距。

4.2 加高链板

加高链板的高度 h_6 如图 4 所示，其值见表 4。其他的规定(包括抗拉强度)见表 1 和表 2。

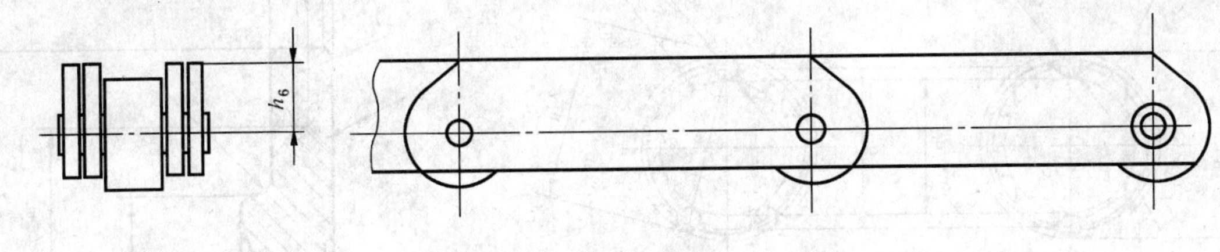

h_6——加高链板高度。

图 4 加高链板高度(见表 4)

表 4 加高链板高度

单位为毫米

链号	h_6	链号	h_6
M20	16	M315	65
M28	20	M450	80
M40	22.5	M630	90
M56	30	M900	120
M80	32.5	MC28	22.5
M112	40	MC56	32.5
M160	45	MC112	45
M224	60	MC224	65
注：包括抗拉强度及其他所有的数据都与第 3 章规定的基本链板数据一样。			

5 链轮

5.1 直径尺寸

5.1.1 概述

链轮的直径尺寸见图 5，详细规定见 5.1.2～5.1.6。

5.1.2 分度圆直径 d

$$d = \frac{p}{\sin \frac{180^\circ}{z}}$$

附录 A 给出了以单位节距表示的常用齿数范围的分度圆直径。

5.1.3 齿顶圆直径 d_a

$$d_{a\,max} = d + d_1$$

最小齿顶圆直径应能保证轮齿工作表面满足 5.2.2 的规定。

5.1.4 量柱直径 d_R

$d_R = d_1$、d_4 或者 d_7，d_R 的极限偏差为 ${}^{+0.01}_{0}$ mm。

5.1.5 齿根圆直径 d_f

根据不同情况，$d_{f\,max} = d - d_1$，$d - d_4$ 或者 $d - d_7$，公差带按 h11。

最小齿根圆直径应该由制造商选择，以提供与链条良好的啮合。

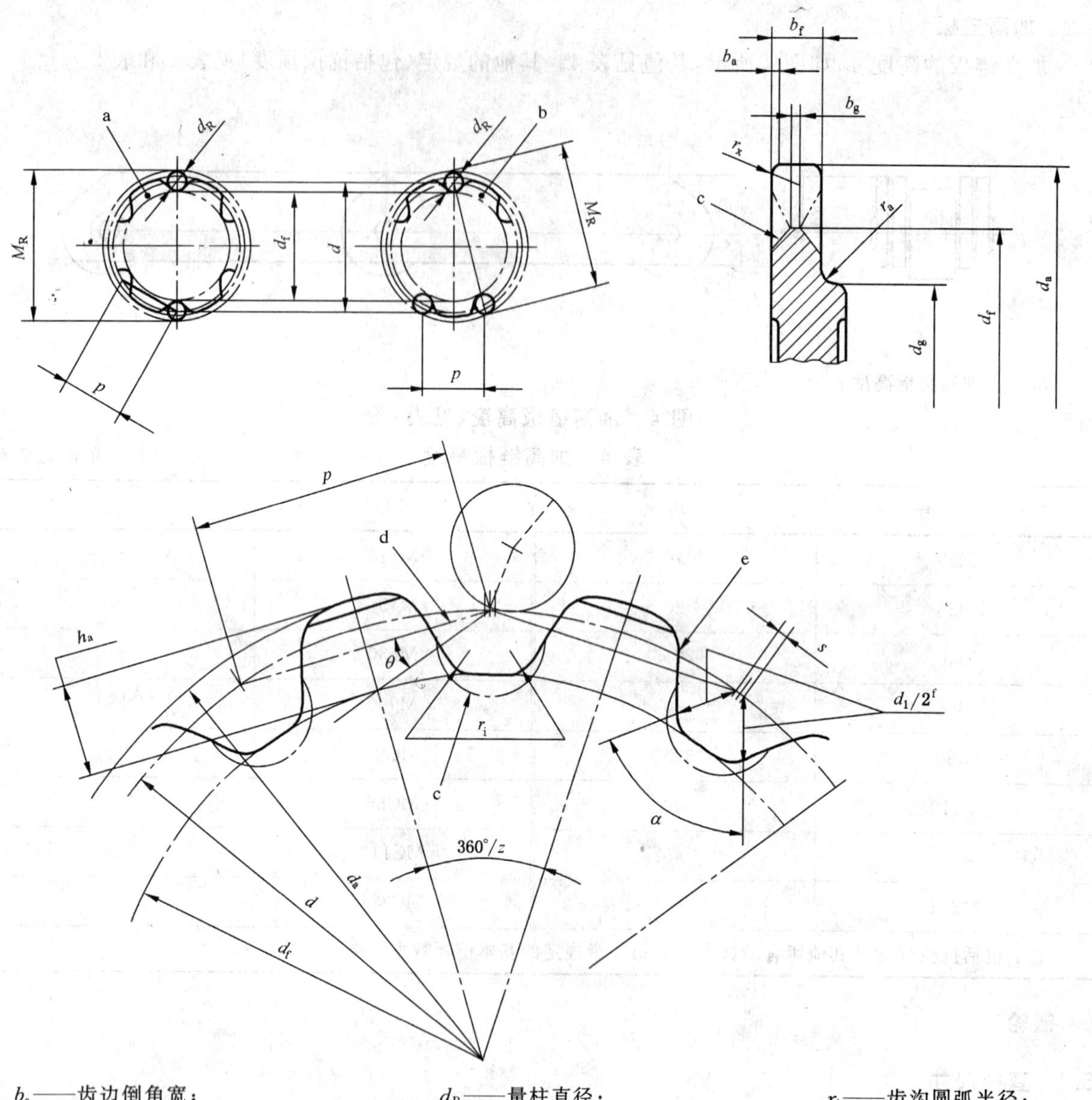

b_a——齿边倒角宽；

b_f——齿宽；

b_g——齿根部最小倒角宽度；

d——分度圆直径；

d_a——齿顶圆直径；

d_f——齿根圆直径；

d_g——最大齿侧凸缘直径；

d_R——量柱直径；

d_1——滚子直径；

d_2——销轴直径；

h_a——齿根圆以上的齿高；

M_R——跨柱测量距；

p——弦节距，等于链条节距；

r_a——齿侧凸缘圆角半径；

r_i——齿沟圆弧半径；

r_x——最小齿边倒圆半径；

s——齿槽中心分离量；

z——齿数；

α——齿沟角；

θ——压力角。

对非滚子链条，用套筒代替滚子。

a 偶数齿。

b 奇数齿。

c 齿沟倒角。

d 节距多边形。

e 齿廓。

f 根据不同滚子类型，d_1 可由 d_4 或 d_7 替换。

图 5 链轮术语及尺寸

5.1.6 **跨柱测量距 M_R**

对于偶数齿的链轮，跨柱测量距 $M_R=d+d_{R\min}$，测量方法是把与链轮相配的两个量柱放在链轮直径方向上相对应的两个齿槽中进行测量。

对于奇数齿的链轮，跨柱测量距 $M_R=d\cos(90°/z)+d_{R\min}$，测量方法是把与链轮相配的两个量柱放在最接近于链轮直径方向上相对应的两个齿槽中进行测量。

测量过程中，两个量柱应该总是分别接触链轮两个对应轮齿的齿根。

跨柱测量距的极限偏差与相应齿根圆直径的极限偏差相同。

5.2 **齿槽形状**

5.2.1 **概述**

齿槽形状应根据 5.2.2～5.2.7 的规定定义(见图 5)。

5.2.2 **工作面**

工作面是链轮齿的有效工作部分。工作面是两个滚子与齿面接触线之间的区域，即其中一个滚子的中心线位于分度圆上，另一个滚子的中心线位于直径等于$\dfrac{p+0.25d_2}{\sin(180°/z)}$的圆周上，这不包括由于齿高的限制而使这个圆周减小的情况，如 5.2.4 所规定的。

工作面可以是平直的，也可以是凸曲面。

5.2.3 **压力角 θ**

压力角是由链节的节距线与链轮工作面和滚子接触点的法线之间形成的夹角。在工作表面任何接触点的压力角应与表 5 一致。

表 5 压力角

齿数 z	压力角 θ	
	min	max
6 或 7	7°	10°
8 或 9	9°	12°
10 或 11	12°	15°
12 或 13	14°	17°
14 或 15	16°	20°
16 至 19	18°	22°
20 至 27	20°	25°
28 以上	23°	28°

5.2.4 **齿根圆直径以上的齿高 h_a**

$$h_a=\frac{d_a-d_f}{2}$$

当 K 型附板的平台上装有板条时，链节就成为了桥梁，此时齿顶高度不应超过分度圆弦线以上 $0.8h_4$，h_4 是附件平台高度，其值见表 3。

5.2.5 **齿槽中心分离量 s**

对非机加工齿链轮：$s_{\min}=0.04p$

对机加工齿链轮：$s_{\min}=0.08d_1$

5.2.6 **最大齿沟圆弧半径 r_i**

根据滚子的不同类型，$r_{i\max}=\dfrac{d_1}{2}$或$\dfrac{d_4}{2}$或$\dfrac{d_7}{2}$。

5.2.7 **齿形**

不管齿沟圆弧半径的大小，也不管齿形是直线的还是曲线的，根据滚子类型的不同，从节距线与齿沟中心分离量尺寸线的交点到齿面之间的距离应等于$\frac{d_1}{2}$或$\frac{d_4}{2}$或$\frac{d_7}{2}$,沿齿沟角尺寸线方向测量(见图 5)。

5.3 剖面齿廓

5.3.1 齿宽 b_f

a) 对于非带边滚子

$$b_{f\,max}=0.9b_1-1\ \mathrm{mm}$$

$$b_{f\,min}=0.87b_1-1.7\ \mathrm{mm}$$

b) 对于带边滚子

$$b_{f\,max}=0.9(b_1-b_{11})-1\ \mathrm{mm}$$

$$b_{f\,min}=0.87(b_1-b_{11})-1.7\ \mathrm{mm}$$

5.3.2 最小齿边倒圆半径 r_x

$$r_x=1.6b_1$$

5.3.3 公称齿边倒角宽 b_a

$$b_a=0.16b_1$$

5.3.4 齿根部最小倒角宽度 b_g

$$b_g=0.25b_f$$

注:在特殊操作条件下,被运送的材料可能被堆积在滚子和轮齿之间,为防止发生故障,可将齿沟部倒角(见图 5)。

5.3.5 齿侧凸缘圆角半径 r_a

实际的齿侧凸缘圆角半径表示为:$r_{a\,act}$。

5.3.6 最大齿侧凸缘直径 d_g

$$d_g=p\cot\frac{180°}{z}-h_2-2r_{a\,act}$$

5.4 径向跳动

在孔和齿根圆之间的径向跳动不应超过从下列公式推导出的数值,但在任何情况下都不能超过 2 mm:

——对非机加工齿:$0.005d_f$ 或 1.5 mm,取两者中较大的数值;

——对机加工齿:$0.001d_f+0.1$ mm 或 0.2 mm,取两者中较大的数值。

5.5 轴向跳动

轴向跳动不应超过从下列公式推导出的数值,但在任何情况下都不能超过 2 mm。测量方法为测量孔和齿部侧面的平面部分:

——对非机加工齿:$0.005d_f$ 或 1.5 mm,取两者中较大的数值;

——对机加工齿:$0.001d_f+0.1$ mm 或 0.2 mm,取两者中较大的数值。

5.6 轴孔公差

除非制造商和用户之间另有协议,否则孔公差应取 GB/T 1800.3 中规定的 H9。

5.7 标记

链轮应作如下标记:

——制造厂名或商标;

——链轮齿数;

——链号(见表 1 和表 2)。

附　录　A
（规范性附录）
分度圆直径

表 A.1 规定了与单位节距链条相配链轮的分度圆直径。对于适用于任何实际节距链条的链轮，其分度圆直径为表中值乘以特定链条的节距数值即可获得。

表 A.1　分度圆直径

单位为毫米

齿数 z	单位节距分度圆直径[a] d	齿数 z	单位节距分度圆直径[a] d	齿数 z	单位节距分度圆直径[a] d
6	2.000 0	18	5.758 8	30	9.566 8
6½	2.151 9	18½	5.917 1	30½	9.725 6
7	2.304 8	19	6.075 5	31	9.884 5
7½	2.458 6	19½	6.234 0	31½	10.043 4
8	2.613 1	20	6.392 5	32	10.202 3
8½	2.768 2	20½	6.550 9	32½	10.361 2
9	2.923 8	21	6.709 5	33	10.520 1
9½	3.079 8	21½	6.868 1	33½	10.679 0
10	3.236 1	22	7.026 6	34	10.838 0
10½	3.392 7	22½	7.185 3	34½	10.996 9
11	3.549 4	23	7.343 9	35	11.155 8
11½	3.706 5	23½	7.502 6	35½	11.314 8
12	3.863 7	24	7.661 3	36	11.473 7
12½	4.021 1	24½	7.820 0	36½	11.632 7
13	4.178 6	25	7.978 7	37	11.791 6
13½	4.336 2	25½	8.137 5	37½	11.950 6
14	4.494 0	26	8.296 2	38	12.109 5
14½	4.651 8	26½	8.455 0	38½	12.268 5
15	4.809 7	27	8.613 8	39	12.427 5
15½	4.967 7	27½	8.772 6	39½	12.586 5
16	5.125 8	28	8.931 4	40	12.745 5
16½	5.284 0	28½	9.090 2		
17	5.442 2	29	9.249 1		
17½	5.600 5	29½	9.408 0		

[a] 实际链轮的分度圆直径为表中值乘以链条节距值即可获得。

ICS 25.040.40;47.020.60
N 10;U 62

中华人民共和国国家标准

GB/T 8355—2008
代替 GB/T 8355—1987

船舶用电动测量和控制仪表通用技术条件

General specifications for marine electrical measurement and control instruments

2008-06-30 发布　　2009-01-01 实施

中华人民共和国国家质量监督检验检疫总局
中国国家标准化管理委员会　发布

前　言

本标准代替GB/T 8355—1987《船舶用电动测量和控制仪表通用技术条件》。

本标准与GB/T 8355—1987(以下称原标准)的主要差异如下：

——将原标准的第1章“引言”改为“范围”,并对内容进行了改写；

——增加了第2章“规范性引用文件”；

——原标准的第2章“术语和定义”改为第3章；

——4.1“一般要求”中增加了4.1.4“安全性”；

——将原标准表8下的注1和注2列入本标准的表8中作为表注,注3改列在本标准4.5.9条文下；

——将原标准的3.5.10“电磁干扰”修改为本标准的4.5.10“电磁兼容性”,并根据中国船级社GD 01—2006《电气电子产品型式认可试验指南》和IEC 60092-504:2001《船舶电气设备　第504部分:特项——控制和仪器仪表》的相关规定,修订了电磁兼容性要求,项目内容从原标准的4项,增加到现标准的8项,并修订了参数；

——根据中国船级社GD 01—2006和IEC 60092-504:2001修改了4.6电源变化的要求；

——5.13“电磁兼容性试验方法”全部引用了GB/T 17626和GB/T 6113系列相关标准；

——对第6章“检验规则”的内容进行了重新编排；

——按GB/T 1.1—2000的规定对全文进行了编辑性修改。

本标准与下列文件和标准协调一致：

a)　中国船级社现行的《钢质海船入级与建造规范》；

b)　中国船级社GD 01—2006《电气电子产品型式认可试验指南》；

c)　GB/T 4798.6—1996《电工电子产品应用环境条件　船用》。

本标准的附录A为规范性附录。

本标准由中国机械工业联合会提出。

本标准由全国工业过程测量和控制标准化技术委员会(SAC/TC 124)第一分技术委员会归口。

本标准负责起草单位:上海工业自动化仪表研究所。

本标准参加起草单位:上海仪器仪表自控系统检验测试所、中海石油(中国)有限公司。

本标准主要起草人:李明华、蔡闻智。

本标准参加起草人:肖红练、芦婷、雷聚涛。

本标准所代替标准的历次版本发布情况：

——GB/T 8355—1987。

船舶用电动测量和控制仪表 通用技术条件

1 范围

本标准规定了船舶用电动测量和控制仪表(以下简称船用电动仪表)的要求、试验方法、检验规则、标志及包装要求。

本标准适用于各种船舶及海洋工程使用的电动测量和控制仪表。

本标准适用的船用电动仪表按其功能可分为:

a) 检测仪表(检测温度、压力、液位、流量、机械量等变量用的仪表);

b) 控制仪表(位式控制器、连续控制器等);

c) 执行器(控制阀、执行机构等);

d) 显示仪表(记录仪、指示仪等);

e) 其他适用的仪表。

对于各类不同产品所特有的技术要求,本标准未予规定的,应符合各自的产品标准或技术条件。

2 规范性引用文件

下列文件中的条款通过本标准的引用而成为本标准的条款。凡是注日期的引用文件,其随后所有的修改单(不包括勘误的内容)或修订版均不适用于本标准,然而,鼓励根据本标准达成协议的各方研究是否可使用这些文件的最新版本。凡是不注日期的引用文件,其最新版本适用于本标准。

GB/T 2423.1 电工电子产品环境试验 第2部分:试验方法 试验A:低温(GB/T 2423.1—2001,idt IEC 60068-2-1:1990)

GB/T 2423.2 电工电子产品环境试验 第2部分:试验方法 试验B:高温(GB/T 2423.2—2001,idt IEC 60068-2-2:1974)

GB/T 2423.4 电工电子产品环境试验 第2部分:试验方法 试验Db 交变湿热(12 h+12 h循环)(GB/T 2423.4—2008,IEC 60068-2-30:2005,IDT)

GB/T 2423.10 电工电子产品环境试验 第2部分:试验方法 试验Fc:振动(正弦)(GB/T 2423.10—2008,IEC 60068-2-6:1995,IDT)

GB/T 2423.16 电工电子产品环境试验 第2部分:试验方法 试验J和导则:长霉(GB/T 2423.16—1999,idt IEC 60068-2-10:1988)

GB/T 2423.17 电工电子产品环境试验 第2部分:试验方法 试验Ka:盐雾(GB/T 2423.17—2008,IEC 60068-2-11:1981,IDT)

GB/T 2423.18 电工电子产品环境试验 第2部分:试验方法 试验Kb:盐雾,交变(氯化钠溶液)(GB/T 2423.18—2000,idt IEC 60068-2-52:1996)

GB/T 2423.24 电工电子产品环境试验 第二部分:试验方法 试验Sa:模拟地面上的太阳辐射(GB/T 2423.24—1995,idt IEC 60068-2-5:1975)

GB 3836.1 爆炸性气体环境用电气设备 第1部分:通用要求(GB 3836.1—2000,eqv IEC 60079-0:1998)

GB 3836.2 爆炸性气体环境用电气设备 第2部分:隔爆型“d”(GB 3836.2—2000,eqv IEC 60079-1:1990)

GB 3836.3　爆炸性气体环境用电气设备　第3部分:增安型"e"(GB 3836.3—2000,eqv IEC 60079-7:1990)

GB 3836.4　爆炸性气体环境用电气设备　第4部分:本质安全型"i"(GB 3836.4—2000,eqv IEC 60079-11:1999)

GB 4208　外壳防护等级(IP代码)(GB 4208—2008,IEC 60529:2001,IDT)

GB/T 6113.101　无线电骚扰和抗扰度测量设备规范(GB/T 6113.101—2008,idt IEC/CISPR 16-1:2006)

GB/T 6113.204　无线电骚扰和抗扰度测量方法(GB/T 6113.204—2008,eqv IEC/CISPR 16-2-4:2003)

GB/T 6994　船舶电气设备　一般规定(GB/T 6994—2006,IEC 60092-101:2002,IDT)

GB/T 10250　船舶电气与电子设备的电磁兼容性(GB/T 10250—2007,IEC 60533:1999,IDT)

GB/T 15464　仪器仪表　包装通用技术条件

GB/T 17212　工业过程测量和控制　术语和定义(GB/T 17212—1998,idt IEC 60902:1987)

GB/T 17626.2　电磁兼容　试验和测量技术　静电放电抗扰度试验(GB/T 17626.2—2006,IEC 61000-4-2:2001,IDT)

GB/T 17626.3　电磁兼容　试验和测量技术　射频电磁场辐射抗扰度试验(GB/T 17626.3—2006,IEC 61000-4-3:2002,IDT)

GB/T 17626.4　电磁兼容　试验和测量技术　电快速瞬变脉冲群抗扰度试验(GB/T 17626.4—2008,IEC 61000-4-4:2004,IDT)

GB/T 17626.5　电磁兼容　试验和测量技术　浪涌(冲击)抗扰度试验(GB/T 17626.5—2008,IEC 61000-4-5:2005,IDT)

GB/T 17626.6　电磁兼容　试验和测量技术　射频场感应的传导骚扰抗扰度(GB/T 17626.6—2008,IEC 61000-4-6:2006,IDT)

GB/T 17626.11　电磁兼容　试验和测量技术　电压暂降、短时中断和电压变化的抗扰度试验(GB/T 17626.11—2008,IEC 61000-4-11:2004,IDT)

JB/T 9253　工业自动化仪表　标度的一般规定

JB/T 9329　仪器仪表运输,运输贮存基本环境条件及试验方法

3　术语和定义

GB/T 17212确立的以及下列术语和定义适用于本标准。

3.1

船舶　ship;vessel

航行或停泊于水域的运载、作业工具,是各种船、艇以及水上浮动作业平台等的统称。

3.2

船舶用电动测量和控制仪表　marine electrical measurement and control instrument

能适应船舶环境条件,并满足船舶使用要求的,以电为动力的测量和控制仪表。

3.3

耐潮材料　moisture-resisting material

标准试样经有关标准(规范)规定的耐潮试验,其绝缘性能不低于规定要求的材料。

3.4

耐霉材料　mildew-resisting material

标准试样经有关标准(规范)规定的耐霉试验,其长霉等级在规定范围内的材料。

3.5

滞燃材料　combustion-delayed material

标准试样经有关标准(规范)的滞燃试验,不传递火焰且连续燃烧的长度不大于规定值的材料。

3.6

抗扰度　immunity

抵抗电磁干扰的能力。

3.7

传导干扰　conducted interference

通过导体传播的无用的电磁能。

3.8

射频干扰　radio-frequency interference

在整个射频频段内的电磁干扰。

4　要求

4.1　一般要求

4.1.1　操作

船用电动仪表的操作应简便、灵活。

4.1.2　可靠性

船用电动仪表应具有与其测量和控制的系统相适应的可靠性。

4.1.3　稳定性

船用电动仪表在测量和控制范围内应是稳定的。

4.1.4　安全性

应通过设计,使船用电动仪表无论是在正常工作还是在故障状态下,对人员或环境造成伤害的风险减小到一个可接受的程度。其功能设计应遵循故障-安全原理。

4.2　设计和结构要求

4.2.1　船用电动仪表的设计和结构应便于试验、调整和维修,尽量用更换组件或插件的办法来进行维修。

4.2.2　为保证接触良好,插头和插座必须保持一定的接触压力。插入式底板或印制线路板应装有锁紧装置。

4.2.3　船用电动仪表内的电子元器件,其电气间隙和爬电距离应符合这些元器件自身技术条件的有关规定。

4.2.4　船用电动仪表的接线柱之间应有足够的间距,对外的每根接线一般应有独立的接线柱,所有接线柱应有清晰耐久的标志。

4.2.5　船用电动仪表外壳机械结构应简单,安装拆卸应避免用专用工具。紧固件连接应锁紧。外壳应有清晰耐久的接地标志。

4.2.6　采用缓冲器或减振底座时,外壳和底座之间应有足够的间隙以允许充分自由移动。

4.2.7　船用电动仪表应考虑防止仪表内部发生凝露的措施。

4.2.8　船用电动仪表如有照明时,照明应良好,不应有阴影和眩光。

4.2.9　船用电动仪表的标度应符合 JB/T 9253 的规定。

4.2.10　船用电动仪表选用的电源电压和频率的额定值应符合表 1 的规定。

表 1 电源

额定电压/V		额定频率/Hz
直流	12,24,36,110,220	—
交流	24,36,(110),220	50 或(60)
	380	50
	(440)	(60)
注：括号内数据仅供出口产品及特殊需要。		

4.2.11 船用电动仪表的指示灯颜色应符合表 2 的规定。

表 2 指示灯颜色

颜色	白色	红色	绿色
工作状态	有电压	自动开关断开	自动开关接通
	准备	过载	工作
	放电	报警	充电
	—	禁止	允许
	—	紧急	正常

4.3 材料要求

4.3.1 船用电动仪表一般应由耐久、滞燃、耐潮、耐霉、耐盐雾的材料制成。滞燃材料按附录 A 规定进行滞燃试验。

4.3.2 船用电动仪表的电缆应为滞燃型。为避免可能的干扰，一般应采用屏蔽的和多股绞合导线。

应采取特殊预防措施，以防振动对电缆及绝缘导线造成机械损坏。

4.3.3 船用电动仪表的导电部件一般应用铜或铜合金制造，其接触部件应具有优异的抗电弧、抗熔焊及良好的热稳定性。

4.4 性能要求

船用电动仪表的性能在预期寿命内应符合各自产品标准或技术条件的规定。

4.5 工作环境要求

4.5.1 高温

船用电动仪表应能在表 3 规定的高温条件下工作，其性能应符合其产品标准或技术条件的规定。

表 3 高温

安装场所	环境温度/℃
无保温措施的甲板舱室	55
敞开甲板	70
动力舱室	＞70
注：＞70 ℃指安装场所邻近主机、锅炉等处的温度。	

4.5.2 低温

船用电动仪表应能在表 4 规定的低温条件下工作，其性能应符合其产品标准或技术条件的规定。

表 4 低温

安装场所	环境温度/℃
敞开甲板及无保温措施的甲板舱室	－25
一般舱室	－10

4.5.3 湿热

船用电动仪表应能在表5规定的湿热条件下工作，其性能应符合其产品标准或技术条件的规定。

表5 湿热

环境温度/℃	相对湿度/%
55	90～95

4.5.4 盐雾

4.5.4.1 安装在室内的船用电动仪表需进行金属零部件的盐雾试验，经48 h盐雾试验后，其外观应符合表6的规定。

表6 金属零部件盐雾试验

镀层类别	底金属	合 格 要 求
锌	钢	主要表面不出现白色或灰黑色腐蚀物
铜＋镍＋铬	钢	主要表面无棕锈
银	铜或铜合金	主要表面无铜绿
金	铜或铜合金	主要表面无铜绿
镍	铜或铜合金	主要表面无灰色或浅绿色腐蚀物
镍＋铬	铜或铜合金	主要表面无浅绿色腐蚀物

4.5.4.2 安装在室外的船用电动仪表需进行整机的交变盐雾试验，整机经交变盐雾试验后应无明显的腐蚀，质变现象。

4.5.5 霉菌

船用电动仪表应具有抗霉菌能力，其暴露于空气中的绝缘零部件和涂层材料经28 d长霉试验后，长霉程度应不超过表7的规定。

表7 长霉程度

长霉等级	长霉程度
0	放大50倍观察不到长霉
1	肉眼难以看到长霉，放大50倍观察则长霉十分明显
2	肉眼明显看到长霉，样品表面霉菌覆盖面积小于25%

4.5.6 倾斜

船用电动仪表应能在相对于规定的安装位置倾斜角度为22.5°的条件下工作，其性能应符合其产品标准或技术条件的规定。

4.5.7 摇摆

船用电动仪表应能在相对于规定的安装位置摇摆角度为22.5°，摇摆周期为10 s的条件下工作，其性能应符合其产品标准或技术条件的规定。

4.5.8 恒加速度

船用电动仪表应能在垂直方向10 m/s^2的恒加速度条件下工作，其性能应符合其产品标准或技术条件的规定。

4.5.9 振动

船用电动仪表应能承受相对于规定的安装位置的三个方向(垂向、横向、纵向)的正弦振动，振动参数按表8规定。仪表在试验时应无机械损坏和不出现误动作，其性能应符合各自的产品标准或技术条件的规定。

注：仪表结构设计应尽量使其固有振动频率不处在2 Hz～100 Hz范围内，若达不到这个要求，则应采取适当的减振措施(例如采用减振器)，以避免出现过大的共振峰值，减振器应与仪表一起进行振动试验。

表 8　振动参数

振动参数	试验 1		试验 2	
频率/Hz	2～13.2	13.2～100	2～25	25～100
位移幅值/mm	±1	—	±1.6	—
加速度幅值/(m/s²)	—	±7	—	±40
注 1：试验 1 适用于安装在一般舱室的仪表。 注 2：试验 2 适用于安装在往复机上及舱机舱内的仪表。				

4.5.10　日光辐射

暴露于日光下的船用电动仪表应具有承受辐射强度为 1.12 kW/m²、允许变化范围为±10%，其光谱能量分布符合表 9 规定的日光辐射的热效应和光效应或劣化效应的能力，其性能应符合其产品标准或技术条件的规定。

表 9　光谱能量分布及允差

光谱名称	波长/ μm	辐射强度/ W/m²[cal/(cm²·min)]	允差/ %
紫外线	0.28～0.40	68(0.1)	±30
可见光	0.40～0.78	560(0.8)	±10
红外线	0.78～3.00	492(0.7)	±20

4.6　电磁兼容性

船用电动仪表应具有符合表 10 所规定的抗电磁骚扰的能力，其性能应符合其产品标准或技术条件的规定。

表 10　电磁兼容性

项目名称	严酷程度
静电放电抗扰度	接触放电：6 kV 空气放电：8 kV 两次放电间隔时间：1 s 脉冲数量：正、负极性各 10 次
射频电磁场辐射抗扰度	频率范围：80 MHz～2 GHz 调制：80%调幅，1 000 Hz 正弦波 场强：10 V/m 扫频速率：≤1.5×10^{-3} dec/s(或 1%/3 s)
低频传导骚扰抗扰度	交流： 试验电压(r.m.s.)： 电源频率的 15 次谐波及以下：10%U_n 电源频率的 15 次谐波～100 次谐波：从 10%U_n 下降到 1%U_n 电源频率的 100 次谐波～200 次谐波：1%U_n，最大功率 2 W 直流： 频率范围：50 Hz～10 kHz； 试验电压(r.m.s.)：10%U_n，最大功率 2 W

表 10（续）

项目名称	严酷程度
射频场感应的传导骚扰抗扰度	频率范围：150 MHz～80 MHz 电压（开路）：3 V(r. m. s.) 调制：80％AM，1 000 Hz 扫频速率：≤1.5×10^{-3} dec/s(或1％/3 s)
电快速瞬变/脉冲群抗扰度	单脉冲时间：5 ns(10％～90％之间值) 脉冲宽度：50 ns(50％值) 电压峰值（开路）：电源线为2 kV(线/地) 控制和信号线为1 kV(线/地) 脉冲重复频率：1 kV时5 kHz，2 kV时2.5 kHz 脉冲持续时间：15 ms 脉冲群周期：300 ms 每一极性持续时间：5 min
浪涌（冲击）抗扰度	脉冲上升时间：1.2 μs(10％～90％之间值) 脉冲宽度：50 μs(50％值) 电压（峰值，开路）：线/地为1 kV，线/线为0.5 kV 重复频率：每分钟至少1次； 脉冲数量：正、负极性各5次 应用：连续
辐射发射抗扰度	安装在桥楼或甲板区域的仪表： 频率范围　限值 0.15 MHz～0.3 MHz　80 dBμV/m～52 dBμV/m 0.3 MHz～30 MHz　52 dBμV/m～34 dBμV/m 30 MHz～2 000 MHz　54 dBμV/m 其中： 156 MHz～165 MHz　24 dBμV/m 安装在一般配电区域的仪表： 频率范围　限值 0.15 MHz～30 MHz　80 dBμV/m～50 dBμV/m 30 MHz～100 MHz　60 dBμV/m～54 dBμV/m 100 MHz～2 000 MHz　54 dBμV/m 其中： 156 MHz～165 MHz　24 dBμV/m
传导发射抗扰度	安装在桥楼或甲板区域的仪表： 频率范围：　限值 10 kHz～150 kHz　96 dBμV～50 dBμV 150 kHz～350 kHz　60 dBμV～50 dBμV 350 kHz～30 MHz　50 dBμV 安装在一般配电区域的仪表： 频率范围：　限值 10 kHz～150 kHz　120 dBμV～69 dBμV 0.15 MHz～0.5 MHz　79 dBμV 0.5 MHz～30 MHz　73 dBμV

4.7 电源变化

4.7.1 船用电动仪表的交流电源电压和频率在表11规定的范围内变化时，其性能应符合其产品标准或技术条件的规定。

表11 交流电源电压和频率变化范围

电源参数	变化		
	稳态	瞬态	
	%	%	持续时间/s
电压	−10，+6，	±20	1.5
频率	±5	±10	5
注："%"指额定值的百分数。			

4.7.2 由蓄电池供电的船用电动仪表，当电源电压在表12规定的范围内变化时，其性能应符合其产品标准或技术条件的规定。

表12 蓄电池电源电压变化

	电压变化/%
充电期间接到蓄电池的仪表	−25，+30
充电期间不接到蓄电池或利用稳压电源的仪表	−25，+20
注："%"指额定值的百分数。	

4.7.3 由直流电源供电的船用电动仪表，当电源电压在表13规定的范围内变化时，其性能应符合其产品标准或技术条件的规定。

表13 直流电源电压变化

	变化/%
电压稳态波动	±10
电压周期性波动	5
纹波电压	10
注1：电压波动"%"指额定值的百分数。 注2："纹波电压"系指以百分数表示的纹波电压幅值对仪表直流额定工作电压之比，即$(U_{max}-U_{min})/U_{d.c.}$%。	

4.8 电源中断

船用电动仪表应经受电源中断试验，试验结果应该满足下列要求：

a) 断电后和再启动时的性能应符合产品标准或技术条件的规定；

b) 数字系统所有的程序和数据不受影响。

4.9 绝缘性能

4.9.1 绝缘强度

船用电动仪表的电源端子、输入端子、输出端子和外壳之间应能承受表14规定的交流正弦波试验电压1 min而无击穿或飞弧现象。

表14 绝缘强度

额定电压/V	试验电压(有效值)/V	频率/Hz
$U\leqslant 60$	500	50
$60<U\leqslant 250$	2 000	50
$250<U\leqslant 650$	2 500	50

4.9.2 绝缘电阻

船用电动仪表的电源端子、输入端子、输出端子和外壳之间的绝缘电阻值应符合表15的规定。湿热试验、低温试验、盐雾试验、性能试验和电源变化试验前后都应测量绝缘电阻。出厂检验时的绝缘电阻值由各自的产品标准或技术条件规定。

表15 绝缘电阻

额定电压/V	试验电压(直流)/V	最小绝缘电阻/MΩ	
		试验前	试验后
$U\leqslant 65$	额定电源电压的2倍,不小于24	10	1
$U>65$	500	100	10

4.10 抗运输碰撞

船用电动仪表在运输包装条件下应能承受下列条件的运输碰撞,碰撞后其性能仍应符合其产品标准或技术条件的规定:

碰撞次数:(1 000±10)次;

加速度:(100±10)m/s^2;

相应脉冲持续时间:(11±2)ms;

脉冲重复频率:(1~1.7)Hz,即(60~100)次/min;

脉冲波形:近似半正弦波。

4.11 外壳防护

4.11.1 船用电动仪表的外壳应有足够的机械强度和刚度,其装配应使其密封结构和内部器件的功能在规定工作条件下可能产生的振动下不受影响。

4.11.2 船用电动仪表的外壳防护型式应根据不同产品的需要,按GB 4208的规定采用相应的防护等级。

4.12 防爆要求

防爆型船用电动仪表应符合GB 3836.1和GB 3836.2、或GB 3836.3、或GB 3836.4的规定,并必须具有防爆合格证。

5 试验方法

5.1 试验大气条件

5.1.1 一般大气条件

除有专门规定外,一切试验均在表16规定的一般大气条件下进行。

在一般试验大气条件下进行某项试验的一系列测量期间,温度和相对湿度应保持稳定。

表16 一般大气条件

温度/℃	相对湿度/%	大气压力/kPa
15~35	30~90	86~106

5.1.2 参比大气条件

参比大气条件按表17规定。

表17 参比大气条件

温度/℃	相对湿度/%	大气压力/kPa
20±2	65±5	86~106

5.2 一般检查

根据4.1,4.2,4.3的规定,对仪表的设计、结构和材料进行检查,确定仪表是否符合其产品标准或技术条件的规定。

5.3 性能

船用电动仪表应按正确安装位置通电进行各项性能试验,确定其是否符合其产品标准或技术条件的规定。

5.4 工作环境条件

5.4.1 高温

5.4.1.1 船用电动仪表的高温试验应按 GB/T 2423.2 规定的方法进行。

5.4.1.2 船用电动仪表放入试验箱(室)有效工作空间内,试验箱(室)内任何一点的温度应保持在规定值的±2 ℃范围内。试验箱(室)温度从初始环境温度升至(55±2)℃,升温速率不超过 1 ℃/min(5 min 内的平均值),并维持 16 h,然后以相同速率升温至(70±2)℃并维持 2 h。升温期间检验试验箱(室)的相对湿度,要求在 35 ℃时不超过 50%。

5.4.1.3 试验期间被试仪表通电工作,在各试验温度的最后 1 h 进行功能试验,观察其性能是否符合表 3 的规定。试验后自然冷却至常温,恢复后进行性能试验。

高温试验过程如图 1 所示。

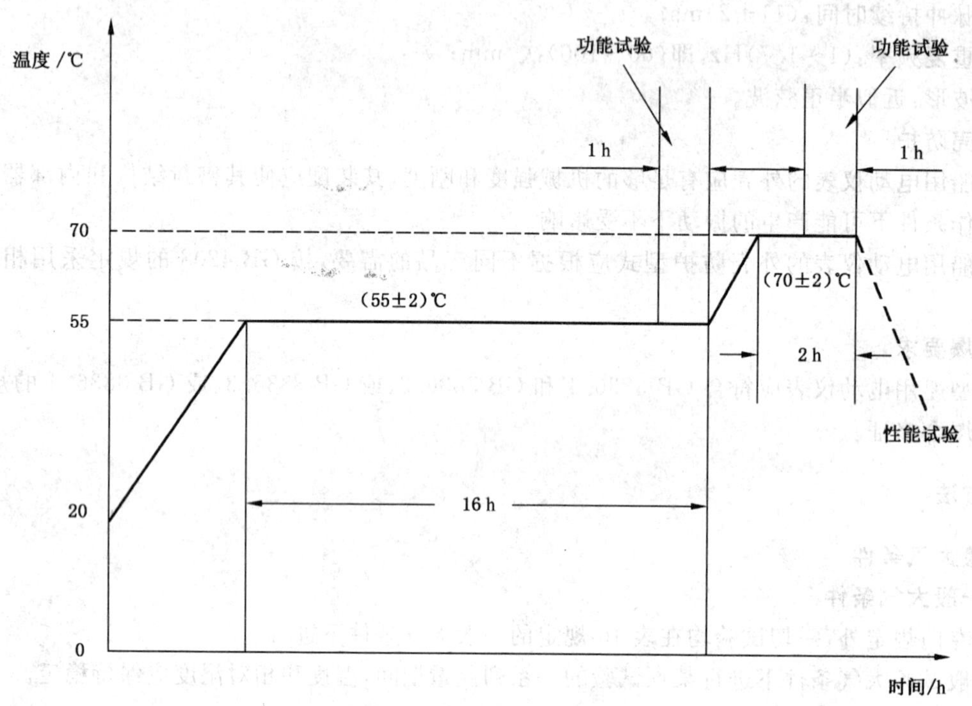

图 1 高温试验过程

5.4.2 低温

5.4.2.1 船用电动仪表的低温试验应按 GB/T 2423.1 规定的方法进行。

5.4.2.2 船用电动仪表放入试验箱(室)有效工作空间内,其中任何一点的温度应保持在规定值的±2 ℃范围内。试验箱(室)温度从初始环境温度下降至规定试验温度的±3 ℃范围内,降温速率不超过 1 ℃/min(5 min 内的平均值),并维持 16 h。低温试验结束后,被试仪表恢复至初始环境温度的时间应不小于 1 h。

5.4.2.3 试验期间船用电动仪表不通电工作,在试验温度的最后 1 h 通电进行功能试验。恢复后测量绝缘电阻,并进行性能试验,判定其绝缘电阻是否符合表 15 的规定,性能是否符合 4.5.2 的规定。

低温试验过程如图 2 所示。

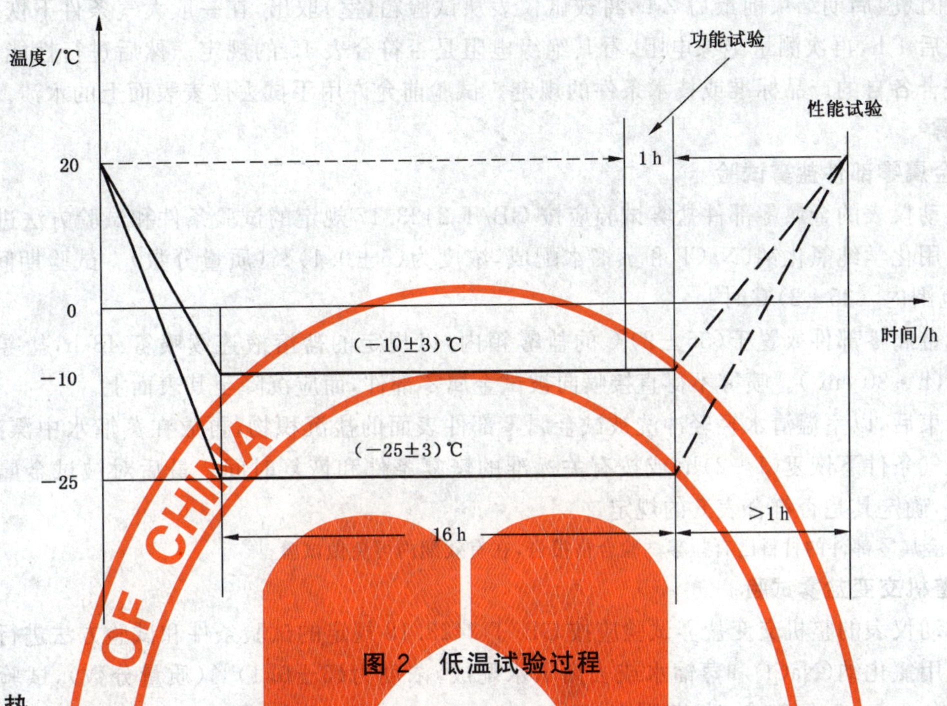

图 2 低温试验过程

5.4.3 湿热

5.4.3.1 船用电动仪表的交变湿热试验应按 GB/T 2423.4 规定的方法进行。

5.4.3.2 船用电动仪表放在试验箱(室)的有效空间内进行两个周期(24 h +24 h)的交变湿热试验。试验箱(室)从初始环境温度起,在(3±0.5)h 内升温至(55±2)℃,相对湿度为 90%~95%,在此条件下保持(12±0.5)h,然后降温至(25±3)℃,降温时间为 3 h~6 h。降温期间试验箱(室)应呈水蒸气饱和状态。至 24 h 第一周期结束,然后开始第二周期的试验。试验过程如图 3 所示。

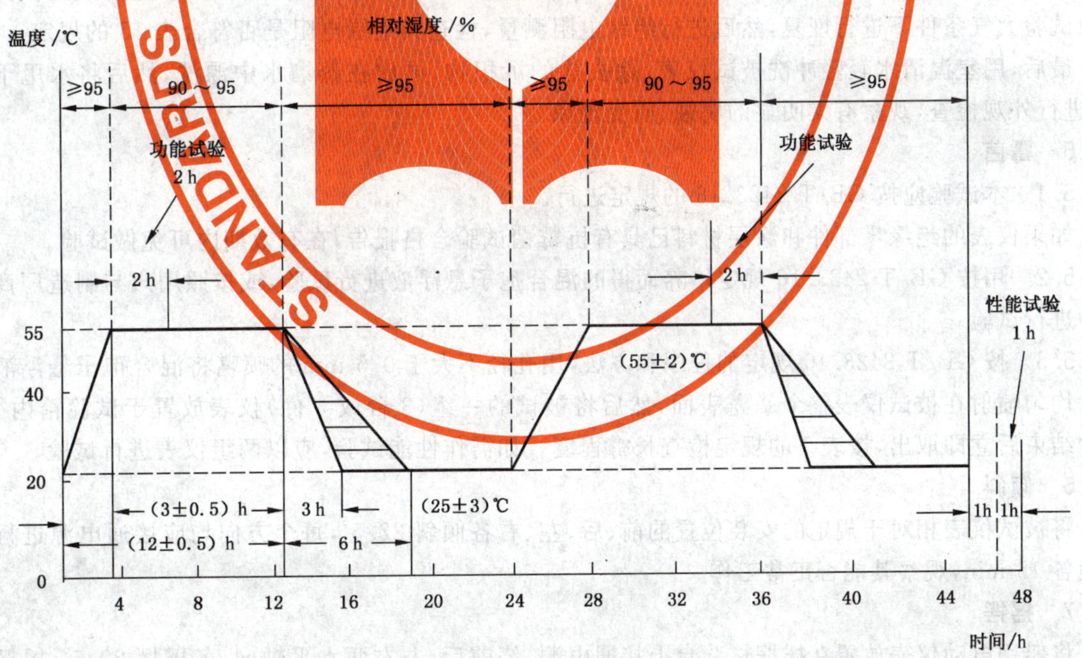

图 3 交变湿热试验过程(两个周期)

5.4.3.3 试验前测量船用电动仪表的绝缘电阻。第一周期船用电动仪表通电工作,第二周期除功能试验外不通电工作。在第一周期高温、高湿阶段的开始 2 h 及第二周期高温、高湿阶段的最后 2 h 通电进行功能试验,观察仪表能否正常工作。

5.4.3.4 在试验周期结束前最后 2 h，将被试仪表从试验箱(室)取出，在一般大气条件下恢复 2 h。在恢复期的最后 1 h，再次测量绝缘电阻，看其绝缘电阻是否符合表 15 的规定。然后进行性能试验，检查仪表是否符合各自的产品标准或技术条件的规定。试验前允许用手拭去仪表表面上的水渍。

5.4.4 **盐雾**

5.4.4.1 **金属零部件盐雾试验**

船用电动仪表的金属零部件盐雾试验应按 GB/T 2423.17 规定的试验条件和试验方法进行。

盐溶液用化学纯氯化钠(NaCl)和蒸馏水配成，浓度为(5±0.1)%(质量分数)。试验期间 pH 应在 6.5～7.2 范围内[(35±2)℃时]。

将被试金属零部件放置于(35±2)℃的盐雾箱内，以规定的盐溶液连续喷雾 48 h，盐雾沉降率为(1～2)mL/(h·80 cm^2)。喷雾不得直接喷向被试金属零部件，而应沉降至其表面上。

试验结束后，以室温清水轻轻冲洗被试金属零部件表面的盐沉积物，再放在蒸馏水中漂洗，然后在一般试验大气条件下恢复(1～2)h，或按有关标准的恢复条件和恢复时间。最后对被试金属零部件进行外观检查，确定其是否符合表 6 的规定。

注：如果金属零部件的材料已有盐雾试验合格报告，在有效期内可免做试验。

5.4.4.2 **整机交变盐雾试验**

船用电动仪表的整机交变盐雾试验应按 GB/T 2423.18 规定的试验条件和试验方法进行。

盐溶液用氯化钠(NaCl)和蒸馏水或去离子水配成，浓度为(5±0.1)%(质量分数)，试验期间盐溶液的 pH 应在 6.5～7.2(20 ℃时)范围内。

被试仪表按使用状态放置于(15～35)℃的盐雾箱内，以规定的盐溶液连续喷雾 2 h。喷雾时，盐雾的沉降量为(1～2)mL/(h·80 cm^2)，喷雾不得直接喷向被试仪表，而应使盐雾沉降至其表面。喷雾后，被试仪表仍按使用状态移置于温度为(40±2)℃、相对湿度为 90%～95%的湿热箱内(转移时，应尽量避免被试仪表上盐溶液的损失)，保持 7 d 为一周期，循环进行四周期为一次试验。

最后一周期结束后，将被试仪表从湿热箱取出(转移时，应尽量避免被试仪表上盐溶液的损失)，在一般试验大气条件下进行恢复，然后进行绝缘电阻测量，检查其绝缘电阻是否符合表 15 的规定。

最后，用室温清水轻轻冲洗被试仪表，除去盐的沉积物，再放在蒸馏水中漂洗，然后将水甩干或吹干，进行外观检查，观察有无明显的腐蚀、质变现象。

5.4.5 **霉菌**

5.4.5.1 本试验应按 GB/T 2423.16 的规定进行。

如果仪表的绝缘零部件和涂层材料已具有抗霉菌试验合格报告，在有效期内可免做试验。

5.4.5.2 用按 GB/T 2423.16 规定培养而得的混合孢子悬浮液进行试验，或按照用户与制造厂商定的菌种进行试验。

5.4.5.3 按 GB/T 2423.16 规定的程序和方法，用孔径不大于 0.5 mm 的喷嘴将混合孢子悬浮液呈细雾状均匀喷射在被试仪表整个暴露表面，然后将被试的一组(3 台或 3 件)仪表放置于试验箱内 28 d。试验结束后立即取出，按表 7 的规定检查长霉程度。如需作性能试验，应以两组仪表进行试验。

5.4.6 **倾斜**

将被试仪表相对于规定的安装位置的前、后、左、右各倾斜 22.5°，每个方向均应接通电源进行功能试验各 15 min，观察其能否正常工作。

5.4.7 **摇摆**

将船用电动仪表放置在摇摆试验台上接通电源，绕前后、左右两水平轴向，各摇摆 22.5°，摇摆周期为 10 s，持续时间为 15 min，进行功能试验，观察其能否正常工作。

5.4.8 **恒加速度**

将船用电动仪表安装在加速度试验机上，以 10 m/s^2 的加速度在仪表正确安装位置的垂直方向进行持续不少于 10 s 的恒加速度试验，观察其能否正常工作。

5.4.9 振动

5.4.9.1 船用电动仪表的振动试验应按 GB/T 2423.10 规定的方法进行。

5.4.9.2 将被试仪表按正常安装位置紧固在振动台上。不能直接安装的,可通过具有足够刚度的过渡结构来安装,以保证振动参数的传递。若在船上安装随带减振装置,则应在试验时一并装上。

5.4.9.3 按表 8 规定频率和幅值,以不超过 1 倍频程/min 的扫频速率,在三个互相垂直的轴向上(其中一向应是与仪表的规定安装位置一致)进行扫频,检查有无共振现象。

5.4.9.4 扫频试验时,若在振动频率范围内发现有共振点,则:

a) 对试验 1,应测量其共振放大因子,若大于或等于 2,应予记录。大于或等于 5 的共振不允许存在。

b) 对试验 2,共振放大因子大于 1.5 的共振不允许存在,应调整或采取减振措施使之降低。

5.4.9.5 耐久振动试验:

a) 对试验 1,放大因子大于或等于 2 的各共振频率,均应在出现共振的轴向上进行 2 h 的耐久振动试验。如无共振,则应在 30 Hz 频率上进行 2 h 加速度幅值为±7 m/s^2 的耐久振动试验。

b) 对试验 2,每次扫描完成后,应在三个互相垂直的方向上在 30 Hz 频率上进行 2 h 加速度幅值为±40 m/s^2 的耐久振动试验。

5.4.9.6 试验时,船用电动仪表通电工作,观察其有无异常及受损情况,性能是否符合产品标准或技术条件的规定。

5.4.10 日光辐射

船用电动仪表的日光辐射试验应按 GB/T 2423.24 规定的方法进行。

5.5 电磁兼容性试验

5.5.1 静电放电抗扰度

船用电动仪表的静电放电抗扰度试验应按 GB/T 17626.2 规定的程序和方法进行。

5.5.2 射频电磁场辐射抗扰度

船用电动仪表的射频电磁场辐射抗扰度试验应按 GB/T 17626.3 规定的程序和方法进行。

5.5.3 低频传导抗扰度

船用电动仪表的低频传导抗扰度试验应按 GB/T 10250 规定的程序和方法进行。

5.5.4 射频场感应的传导骚扰抗扰度

船用电动仪表的射频场感应的传导骚扰抗扰度试验应按 GB/T 17626.6 规定的程序和方法进行。

5.5.5 电快速瞬变/脉冲群抗扰度

船用电动仪表的电快速瞬变/脉冲群抗扰度试验应按 GB/T 17626.4 规定的程序和方法进行。

5.5.6 浪涌(冲击)抗扰度

船用电动仪表的浪涌(冲击)抗扰度试验应按 GB/T 17626.5 规定的程序和方法进行。

5.5.7 辐射发射抗扰度

船用电动仪表的辐射发射抗扰度试验应按 GB/T 6113.101 和 GB/T 6113.204 规定的程序和方法进行。

5.5.8 传导发射抗扰度

船用电动仪表的传导发射抗扰度试验应按 GB/T 6113.101 和 GB/T 6113.204 规定的程序和方法进行。

5.6 电源变化试验

5.6.1 船用电动仪表的电源变化试验应按 GB/T 17626.11 规定的方法进行。

5.6.2 由交流电源供电的船用电动仪按表 18 的组合条件进行电源变化试验。

表 18 电源变化组合

组 合	电压波动/% (稳态)	频率波动/% (稳态)
1	+6	+5
2	+6	−5
3	−10	−5
4	−10	+5
	瞬态(持续时间 1.5 s)	瞬态(持续时间 5 s)
5	+20	+10
6	−20	−10
注:"%"指额定值的百分数。		

5.6.3 由蓄电池电源供电的船用电动仪表按表 12 要求运行 15 min。

5.6.4 由直流电源供电的船用电动仪表按表 13 要求运行 15 min。

5.7 电源中断试验

船用电动仪表的电源中断试验应按 GB/T 17626.11 规定的方法进行。

船用电动仪表应进行 3 次电源中断试验,两次中断时间间隔不少于 30 s,中断时间由各自的产品标准或技术条件规定。

5.8 绝缘性能试验

5.8.1 绝缘强度

船用电动仪表的绝缘强度试验按 4.9.1 的要求在下列端子之间进行:

输入端子—外壳

输出端子—外壳

电源端子—外壳

输入端子—电源端子

输出端子—电源端子

输入端子—输出端子

注:电源端子指交流电源端子。

试验在一般试验大气条件下进行。试验时可将有电子元器件的印制板拆去或短接,以免损坏。

按表 14 的规定先施加试验电压值的 50%,并平稳升至规定值,保持 1 min,然后递降至零。

5.8.2 绝缘电阻

船用电动仪表的绝缘电阻按额定电压用相应的绝缘电阻测试仪测量。

试验时断开电源,但应使电源开关位于接通位置。将输入、输出端子和电源端子分别短接,然后测量 5.8.1 所述各端子之间的绝缘电阻。试验在一般试验大气条件下进行。

5.9 抗运输碰撞试验

船用电动仪表的抗运输碰撞试验应按 JB/T 9329 的有关规定进行。

5.10 外壳防护试验

船用电动仪表的外壳防护性能试验应根据 4.11.2 的要求,按 GB 4208 规定的试验方法进行。

5.11 防爆试验

防爆型船用电动仪表应根据其防爆类型分别按 GB 3836.1 和 GB 3836.2、或 GB 3836.3、或 GB 3836.4 的有关规定进行试验。

6 检验规则

6.1 出厂检验

船用电动仪表须按产品标准或技术条件规定的出厂检验项目进行出厂检验,检验合格后方能出厂。

6.2 型式检验

具有下列情况之一时,应进行型式检验:

a) 新产品的定型鉴定;

b) 当产品的结构、材料、工艺有较大改变,可能影响产品技术性能时;

c) 产品长期停产后,重新恢复生产或转产时;

d) 正常生产的产品按技术条件规定需要定期进行检验时;

e) 出厂检验结果与上次型式检验有较大差异时;

f) 国家质量监督机构提出型式检验要求时。

除另有规定外,船用电动仪表的型式检验应按本标准规定的试验项目及各自产品标准或技术条件规定的全部项目进行。

7 标志

7.1 船用电动仪表外壳的适当位置上应设有标明其型号、名称、厂名、产品编号等的铭牌。铭牌应由耐用、滞燃材料制成,其上的字母和编号应清晰、持久。铭牌上应留有打印船检标志的位置。

7.2 船用电动仪表上应有表明其内部接线图和接线端子的标志。

8 包装

船用电动仪表的包装应符合 GB/T 15464 的有关规定。

附 录 A
（规范性附录）
滞燃试验

本附录符合 GB/T 6994 的规定。

A.1 试验原理

试样应以规定的时间间隔放入指定的火焰中，从材料燃烧或损坏的数量来评定其滞燃性能。

A.2 试验设备

应使用煤气喷灯（普通的本生灯），在静止空气及垂直位置时其火焰高度调节成约为 125 mm，火焰的蓝色部分长度约为 35 mm。

试样应固定在细金属丝上，使其纵轴与水平面倾斜约 45°，而其横轴呈水平。

A.3 试样

试样由至少长为 120 mm、宽为 10 mm、厚为 3 mm 的棒材或带材制成，也可以采用其他尺寸的试样。在使用其垂直截面的尺寸和面积不明显大于 10 mm×3 mm 的矩形管料或型材的情况下，试验可用长度为 120 mm 的试样进行。

A.4 试验步骤

试验应在标准大气条件和避风情况下进行。本生灯轴应垂直放置，使火焰蓝色部分的尖端刚好触及试样的下端，火焰应施加于试样 5 次，每次 15 s，每两次之间间隔 15 s，在最后一次施加火焰之后，应允许试样燃烧至自行熄灭。

A.5 试验结果

如果试样的燃烧部分或损坏部分的长度不大于 60 mm，则认为材料是滞燃的。